KB148389

FASHION DESIGNER &
FASHION ICON

패션 디자이너와 패션 아이콘

FASHION DESIGNER & FASHION ICON

김민자 / 권유진 / 송수원 / 이예영 / 최경희 / 이진민 / 이민선

교문사

PREFACE 머리말

패션 디자인의 창시자인 찰스 프레드릭 워스 이전, 패션은 왕이나 귀족 혹은 상류층의 문화 권력 아이콘으로서 이른바 패션 역사는 '인명 없는 패션'의 기록이었다. 오트 쿠튀르 창설 이후, 패션은 디자이너의 영감과 아이디어, 창조에 대한 표현의 장이며 다양한 취향의 아이콘으로서 이른바 '인명 있는 패션'으로 간주되고 있다.

복식은 다른 어떤 예술 분야보다도 보편적인 시대정신과 이상미, 그리고 트렌드를 좇아야만 했으며 그러한 과정을 거쳤다. 일찍이 19세기 말 라파엘 전파/Pre-Raphaelite/ 화가들이 시도했던 예술적 복식운동이 그 당시 시대적 보편적 패션으로 대중에게 파급되지 못했던 것이 그 예이다. 복식이 시대정신과 유행체계의 속성을 무시하고 디자이너의 예술의지로서만 창조되었을 때 아무리 새롭고 아름다워도 대중에게 받아들여지지 않았던 것이다. 그러나 20세기에는 첨단기술의 혁명, 사회계층의 혁명, 청소년과 여성의 혁명은 패션의 민주화를 이루었다. 21세기에는 인터넷과 소셜 네트워크 서비스/SNS: social network service/를 통해 이루어지는 신속한 패션에 대한 소통, 획기적인 사회적·문화적 사건들을 살펴보면 획일적·보편적인 패션 트렌드를 거부하고, 각자 자신의 취향에 어울리는 패션 디자이너의 아이콘을 선택하고 있다. 이제는 더 이상 역사적 사건이 패션의 변화에 영향을 미치지 않으며, 패션 디자이너의 창조적 영감이 패션의 아이콘을 탄생시키며, 대중의 다양한 취향은 패션 디자이너의 다양한 아이콘을 선택하기에 이르렀다.

흔히 패션을 '사회변천의 거울, 문화 권력의 상징, 자아표현의 매체' 등으로 일컬었지만, 이 책에서는 패션은 '디자이너의 창조의지이자 취향 구별의 아이콘'으로서 현대 패션의 흐름을 살펴보고자 한다. 특히 아이콘/icon/은 스타일의 특징을 드러내는 기호이다. 1920년대 '샤넬 N° 5'와 '리틀 블랙 드레스'는 대량 생산 기능성에 대한 아이콘이며, 1940년대 디오르의 뉴룩인 바 슈트는 19세기 말의 아워글라스 실루엣을 부활시킨 것으로 여성적 취향에 대한 대표 아이콘이며, 1960년대 메리 퀀트의 '미니스커트'는 젊은이의 반란을 대변하는 아이콘이었다. 또 이브 생 로랑의 '르 스모킹 룩'과 '팬츠 슈트'는 여성 혁명의 아이콘으로, 1970년대 비비안 웨스트우드의 '펑크 스타일'은 안티 패션으로 기존 질서와 기성 문화에 대한 저항의 아이콘으로서, 1980년대 레이 카와쿠보, 요지 야마모토, 이세이 미야케의 의상은 인체 비례와 미의 기준을 거부한 '해체주의'의 아이콘으로, 1990년대와 2000년대 마우치아 프라다의 '나일론 백'은 기능적 실용성의 아이콘, 질 샌더의 의상은 '미니멀리즘', 그리고 마크 제이콥스의 의상은 '그런지 패션'과 스트리트 패션의 아이콘 등으로 인식되고 있다.

이 책은 국내 의류·패션학과 교수와 강사 7명이 새롭고 다양한 자료를 바탕으로 NHN에 2년간 제공한 '매일의 디자인: 패션 라이브러리' 콘텐츠를 수정 보완한 것이다. 특히 20세기와 21세기 패션의 흐름을 각 시기마다 사회문화적 배경과 보편적 유행 패션의 특징을 설명하고, 독창적인 60명 패션 디자이너의 라이프 스타일과 작품에 대한 철학, 그리고 대표적인 스타일과 패션 아이콘을 작품 사진과 함께 상세히 설명했다. 사진은 될 수 있는 한 진정성 있는 것으로 선정했으며, 본문 내용은 쉽고 명료하게 정리하고자 노력했다. 따라서 현대 패션의 흐름을 이해하고 패션 디자인의 창조적 발상의 근원으로서 이 책이 패션 관련 학과 연구진을 비롯한 교수, 학생은 물론 패션 문화에 관심 있는 전문가와 일반인, 그리고 독창적인 한국 패션 문화를 창조하고자 하는 모든 사람들에게 도움이 되었으면 하는 바람이다.

이 책이 나오기까지 항상 신뢰와 애정을 가지고 자료 정리에 함께 참여하여 준 대학원생들에게 감사하며, 사진의 사용을 기꺼이 허락하여 주신 퍼스트뷰 코리아/firstview korea/의 유수진 대표이사님, 일러스트레이터 함동협 님, 출판을 맡아주신 ㈜교문사의 류제동 사장님과 항상 끈질긴 편집작업의 진행을 맡아주신 양계성 전무님과 직원 여러분께 감사의 마음을 표한다.

2014년 10월

대표 저자 김민자

CONTENTS 차례

CONTENTS 목차

CONTENTS 목차

1900

Charles Frederic Worth / Paul Poiret / Mariano Fortuny

Chapter 1

모더니즘 출범과 이국 취미의 시대

Chapter 1

모더니즘 출범과 이국 취미의 시대

벨 에포크/belle epoque, 아름다운 시절/라고 할 만큼 20세기 초에는 예술, 문화, 과학, 그리고 패션 분야에서 창의적·열정적인 기운이 팽배했으며 인류는 왕성한 변화와 실험을 시도했다. 영국에서는 1901년 빅토리아 여왕의 서거와 함께 에드워디언/Edwardian/ 시대라고도 부르고, 미국에서는 '풍성한 한 해/the good years/', '옵티미즘의 시대/the age of optimism/'라고 부를 만큼 모든 분야에서 낙관주의와 삶의 즐거움이 풍만한 시대였다. 19세기 말 이래 서양 강대국들은 산업화 이후 원료 공급과 시장 개척을 위해 밖으로는 식민지 지배 정책을 펼치고, 안으로는 세력 간의 균형을 이루었는데, 이러한 물질적 풍요를 바탕으로 아름다움에 대한 관심이 높아졌다.

시대적 특징

창의적인 예술과 과학의 발달

프랑스는 급격한 자유의 신장을 경험한 개인이 늘어나고 창의적인 예술가와 과학자들을 배출하면서 새 세기의 변화를 주도하게 되었다. 예술계에서는 폴 세잔/Paul Cézanne/, 빈센트 반 고흐/Vincent van Gogh/의 표현주의 운동이 일어났으며, 마르셀 뒤샹/Marcel Duchamp/, 막스 에른스트/Max Ernst/ 등은 가장 극단적인 표현주의로 다다이즘 미술양식을 펼쳤다. 파블로 피카소/Pablo Picasso/와 조지 브라크/George Braque/는 입체파 양식을 발전시켰고 현대 미술의 기반을 마련했다. 1900년대 초반에는 알베르트 아인슈타인/Albert Einstein/이 상대성 이론을 발표했고, 굴리엘모 마르코니/Guglielmo Marconi/가 라디오를 발명했다. 1903년 라이트 형제가 하늘을 날았으며, 1903년 최초로 영화 '대열차강도'가 상영되어 서구 사회가 영상오락에 흠뻑 빠지기도 했다. 1900년 파리에서 열린 대규모의 국제 박람회를 통해 파리 디자이너들의 우수성이 세계에 알려졌으며, 파리의 패션 디자이너는 세계 패션의 리더로 군림하게 되었다.

자동차 문화 확산과 기성복 등장

1908년 헨리 포드/Henry Ford/는 T-Ford 모델 자동차를 개발했고, 이 신차를 타려는 사람들을 위한 먼지막이 덧옷이나 베일로 가린 모자 등 새로운 패션이 나타났다. 1913년에는 자동화 공정으로 자동차를 생산했으며, 이는 대량 생산과 역동성이라는 사회문화적 혁신을 창조하는 계기가 되었다. 의류제조 기술이 발전하여 기성품을 생산했으며 새로운 유통 장소로 백화점이 등장했고 중류층 소비가 증가하기 시작했다.

제1차 세계대전 중 패션의 쇠퇴와 여성의 사회참여 확대

1914년 세르비아의 광신적인 한 민족주의자가 오스트리아의 황태자 부부를 향해 쏜 총탄은 전 세계를 전쟁으로 몰아넣었다. 제1차 세계대전은 오스트리아가 세르비아에 선전포고를 하여 시작되었으며 1918년 독일의 항복으로 끝났다. 1917년 레닌은 2월 혁명에 성공하고 전체주의를 시행하면서, 스탈린, 마오쩌둥/毛澤東/, 히틀러로 이어지는 독재정치의 원형을 창출했다.

제1차 세계대전 중 여성들은 물자 부족 등의 이유로 패션에 관심을 기울이지 못하게 되고 노동복, 유니폼, 상복 등을 많이 착용하게 되어, 이 기간은 패션의 쇠퇴기로 평가된다. 많은 여성이 참전한 남성을 대신하여 일자리를 채웠는데 직접 전선에 나가 간호사로 일하거나 공장에서 근무했으며, 배달 운수업에 종사하거나 기술자로 일했다.

1 노동절에 행진 중인 여성 노동자(1916)

미국 패션 디자이너의 대두

오스트리아, 독일로 구성된 동맹국과 영국, 프랑스, 러시아로 구성된 협상국의 양 진영 간 전쟁이 끝나자 독일·오스트리아·러시아의 황실이 몰락했고, 미국은 군수산업의 성장으로 세계 경제에서 막강한 지위를 차지하게 되었다. 제1차 세계대전 전에는 미국 상류사회는 파리의 패션을 모방하거나 직접 수입했으나, 전쟁 후에는 잡지 〈보그/Vogue/〉가 중심이 되어 미국 디자이너가 주도한 패션쇼를 열기 시작했다.

2 1900년대에 인기를 끈 패션 디자이너
왼쪽부터 찰스 프레드릭 워스, 폴 푸아레, 마리아노 포르투니이다.

유행 패션의 특징

패션 디자이너의 탄생과 프랑스 오트 쿠튀르의 형성

찰스 프레드릭 워스/Charles Frederick Worth/ 이전의 복식은 왕족과 귀족의 신분과 취향을 대변해주는 잣대였다. 새로운 패션 스타일은 왕과 귀족의 주문에 의해 탄생되었다. 그러나 워스는 19세기 후반 버슬양식을 창시했고 탁월한 패션 감각으로 왕족과 귀족의 표준 스타일을 정했으며 패션 디자인 분야의 리더로 군림했다. 워스는 패션 디자이너라는 새로운 영역을 개척했다. 20세기 초 파리에서는 오트 쿠튀르/haute couture/가 형성되고 패션 디자이너가 활약하기 시작했다. 영국인 워스를 비롯하여 자크 두세/Jacques Doucet/, 잔느 파퀸/Jeanne Paquin/, 폴 푸아레/Paul Poiret/, 마리아노 포르투니/Mariano Fortuny/ 등 패션 디자이너는 창의적인 감각으로 새로운 패션 스타일을 선보이고 디자인 하우스를 열었다.

S-커브의 아르누보 여성미에서 기능적인 모더니즘으로의 이행

1910년대에는 여성의 사회진출이 증가했고, 자아실현을 원하는 여성들은 클럽을 만들고 가난한 사람들을 돕는 등의 사회봉사활동을 하기 시작했다.

복장에 대한 규범이 느슨해지기 시작했으며 패션의 변화가 더욱 빠르게 전개되기 시작했다. 여성들은 남성의 테일러드 재킷과 셔츠 웨이스트/shirts waist/ 블라우스를 착용했고, 스커트 길이는 짧아졌으며, 고어드스커트/gored skirt/를 주로 입었다. 기능적이고 활동적인 바지를 착용하기도 했는데, 일상복보다는 스포츠웨어로 입었다.

이국적인 취향의 복식

폴 푸아레는 1903년에서 제1차 세계대전 기간 동안 프랑스 최고의 패션 디자이너로 활약했다. 여성이 오랫동안 입었던 코르셋을 폐기시키고 속옷을 줄였으며 느슨한 가운 스타일을 창조하여 육체를 자유롭게 해주었다. 그러나 그는 일명 페그 톱 스커트/peg-top skirt/라고 부르는 밑단이 좁은 호블 스커트/hobble skirt/를 고안했다. 이 스커트는 여성들이 걷기에는 매우 불편했다. 호블 스커트 위에 느슨한 튜닉을 입었는데, 미나렛/minaret, 회교의 뾰족한 탑/ 스타일이라고도 불렀다. 이러한 스타일은 일본의 기모노에서 영향을 받았다. 푸아레는 당시 예술이나 문화에 영향을 준 신고전주의, 동양풍, 그리고 러시아 발레단에서 패션 디자인의 영감을 받았다. 전 시대의 유기적·곡선적·비대칭적인 아르누보 양식에서 벗어나 직선적이며, 단순한 기모노 슬리브, 하이 웨이스트 라인, 대칭적이며 리듬감이 있는 디자인을 선보였다. 동양적인 터번과 깃털 장식, 비즈와 금사 자수를 애용하기도 했다.

마리아노 포르투니도 1906년경부터 1949년까지 패션 디자인을 했는데, 과거 서양 복식과 동양 복식문화에서 영감을 받았다. 그리스 복식 형태에서 영감을 받은 주름이 잡히고 직선적인 드레스는 매우 독창적인 스타일이었다. 포르투니의 디자인은 주로 무용수나 영화배우 등이 선호했으며 대중의 지지는 얻지 못했다. 그러나 동시대의 다른 디자이너들은 그의 창의적인 패션 감각을 높게 평가했다.

3 호블 스커트를 입은 여성

제1차 세계대전의 밀리터리 룩

제1차 세계대전 기간 중에는 원피스 드레스보다는 투피스나 코트 드레스를 선호했다. 싱글이나 더블 브레스트 재킷으로 허리에 벨트를 맸다. 1916년경 스커트는 바닥에서 15.24cm/6인치/나 짧아졌고 테일러드 재킷의 밀리터리 룩이 유행했다. 그 안에 레그 오브 머튼 슬리브/leg of mutton sleeve/의 블라우스를 입기도 했다. 제1차 세계대전 기간에는 군복의 영향으로 여성복에서도 헐렁한 무릎길이의 바지인 니커보커

4 1910년대 스타일로 입은 여성 (1914)

5 남녀가 함께 입은 테일러드 재킷(1907)
이 시기 여성들은 남성들의 전유물이었던 테일러드 재킷을 입었다. 이 그림은 셔츠 회사 '에로우 칼라 & 셔츠'의 광고 이미지이다.

스/knickerbockers/와 승마용 짧은 바지가 생겨났다. 전시/戰時/이므로 여성 의복의 길이는 점점 짧아지거나 심플한 스타일이 유행했으나 그렇다고 기능적인 복장은 아니었다. 이 시기의 여성 의복에서 '캐주얼/casual/'이라는 용어가 생겨났다.

남성의 비즈니스 슈트

남성들은 모닝코트의 정장을 주로 입었으며 베스트와 재킷, 바지로 이루어져 있고 셔츠를 입고 넥타이

6 1900년대 유행한 비즈니스 슈트와 홈버그(1907)
1900년대 남성들은 볼러나 홈버그라고 부르는 모자를 썼다. 그림은 독일계 미국인 휴고 라이징거의 초상화(안데르스 소른 작)로 그가 들고 있는 모자가 홈버그다.

7 볼러와 톱 해트를 쓴 남성들(1914)
테오도르 길만(좌)은 볼러와 체스터필드 코트를, 앤드류 카네기(우)는 톱 해트와 체스터필드 코트를 입고 있다.

를 했다. 제1차 세계대전 후에는 모닝코트는 상류층이나 결혼식의 예복으로 입었다. 정장차림에는 톱 해트를 착용했으며 재킷은 싱글 브레스트, 더블 브레스트 두 종류를 입었다. 20세기 초반에는 재킷 길이가 길고, 라펠이 작으며 단추를 목 가까이에서부터 달은 배럴 실루엣이었지만, 전시 중에는 길이가 짧아지고, 어깨선은 보다 자연스러워졌다. 남성도 편안하고 격식을 차리지 않는 경우에는 캐주얼을 입었는데, 볼러/bowler, 미국식은 더비 임/나 홈버그라는 모자를 썼다. 영국인은 라운지 코트/lounge coat/라고 부르고 미국인은 색 코트/sack coat/라고 하는 슈트 차림이 주를 이루었으며 스포츠웨어로도 색 코트를 입었다.

트렌치코트

제1차 세계대전 중 군인들을 위해 트렌치코트/trench coat/를

8 전쟁 중에 군인을 위해 디자인한 트렌치코트

디자인했는데, 조밀한 조직으로 이루어진 트윌 코튼 개버딘 천에 방수 코팅을 하고, 허리 벨트가 있었다. 이 방수 코트는 전쟁 후에도 유행했으며 남성 레인코트의 기본 의복이 되었으며, 나중에 여성도 레인코트로 착용했다. 후에 버버리/Burberry/와 아쿠아스큐텀/Aquascutum/은 트렌치코트 생산업체의 리더로 군림하게 되었다.

미래주의 패션

1914년 자코모 발라/Giacomo Balla/를 중심으로 한 미래주의 화가들은 유럽의 대도시를 무대로 복식 전반에 대해 직접 디자인했다. 이들은 1933년까지 패션 디자인 분야에서 적극적으로 활동했으며 남성복, 여성복, 모자, 크라바트 등에 대한 선언문을 작성했다. 미래주의 복식 선언문에서는 기존 남성복의 색채, 구성, 조화 등을 부정하고 민첩성, 역동성, 단순성, 편안함, 비대칭성, 가변성 등을 미래주의 복식이 갖추어야 할 조건으로 제시했다.

미래주의자들은 기존 남성복의 엄격함에서 벗어나 강렬한 색채, 기하학적 패턴, 비대칭 구성, 다이내믹한 직물 등을 이용하여 새로운 디자인을 시도했다. 미래주의 패션은 일반인에게 호응을 얻지 못했으나 의복에 대한 새로운 접근 방법과 미래 지향적인 시도는 패션 디자인의 시각을 넓혀 주었다는 점에서 의미가 있다.

FASHION ICON

트렌치코트

트렌치코트

트렌치코트는 말 그대로 혹독하게 추운 겨울 날씨에 참호/trench/ 속 영국 군인과 연합군들을 지키기 위해 만든 것이다. 이 코트에는 코튼 개버딘 소재가 주로 사용되며, 통기성·내구성·방수성이 우수하고 기능성이 뛰어나다. 주로 황갈색/tan color/이거나 베이지색이다. 래글런 소매와 더블 요크/double yoke/, 어깨에 견장/epaulet/이 달렸고 가슴의 비바람을 차단하기 위해 스톰 플랩/storm flap/이 달린 나폴레옹칼라와 바람의 방향에 따라 다르게 여며지는 컨버터블 프론트와 허리 벨트가 있다. 바람이나 추위를 막을 수 있는 손목 조임 장치인 커프스 플랩/cuffs flap/으로 이루어져 있으며, 뒷부분에 주름이 잡힌 헐렁한 실루엣이었다. 1914년 제1차 세계대전 기간 중 토마스 버버리가 영국 육군성의 승인을 받고 레인코트로 사용하기 위해 트렌치코트를 개발했다는 연유로 일명 버버리/burberry/ 코트라고도 한다. 이 코트는 영국 육군장교들의 유니폼이 되었고 전쟁이 끝나자 클래식한 패션 아이템으로 자리를 굳히게 되었다. 최근에는 다양한 디자인과 각종 소재를 이용한 트렌치코트가 많은 이들에게 변함없는 사랑을 받고 있다.

트렌치코트는 영화 속 인물의 독특한 캐릭터를 창조하는 데 빼놓을 수 없는 소품이다. 특히 영화 '애수'의 비가 내리는 워털루 다리에서 버버리를 입은 로버트 테일러/Robert Taylor/가 연인 비비안 리/Vivien Leigh/와 포옹하는 모습은 놀라운 감동을 주는 명장면이다. 영화 '카사블랑카'에서 험프리 보가트/Humphrey Bogart/가 입었던 트렌치코트는 세계의 낭만적인 남성들에게 더 없는 패션의 아이콘으로 각인되었으며, 그 뒤 이 코트는 '험프리 보가트룩'으로 패션 역사에 기록되었다. 미국 드라마 '형사 콜롬보'에서 배우 피터 포크/Peter Falk/는 후줄근하게 구겨진 트렌치코트를 입어 고집스럽고 꾸미지 않는 독특한 캐릭터를 만들었다.

드라마 '형사 콜롬보'에서 후줄근한 트렌치코트를 입은 배우 피터 포크(우)

FASHION DESIGNER

Charles Frederick Worth

찰스 프레드릭 워스 1825~1895

"주문받은 것을 그대로 제작하는 것이 아니라 작품을 창조해내는 것이야말로 내 일이다. 창조력이 나의 성공 비결이다. 나는 사람들이 원하는 것만을 창조해내기를 바라지 않는다."

*찰스 프레드릭 워스*는 종종 '파리 오트 쿠튀르의 아버지', 진정한 의미의 '첫 번째 쿠튀리에/couturier/'로 불린다. 워스는 19세기 후반 프랑스 외제니 황후/Empress Eugénie de Montijo/의 쿠튀리에가 되었는데, 파리를 넘어 유럽 전역과 미국까지 명성을 떨쳤다. 그는 고객의 요구에 맞추어 옷을 제작하는데 만족하지 않고 스스로 스타일의 창조자가 되었고, 패션 디자인을 창조 예술로 격상시켰다. 워스와 같이 미적 창조의 자율성을 주장하는 패션 크리에이터들이 부상하면서 패션의 생산과 유통, 공급을 전문화한 최초 모던 패션 시스템인 파리 오트 쿠튀르 조합이 탄생했고, 파리는 유럽과 북미를 아우르는 국제적 패션 산업의 중심지로 성장하게 되었다.

위대한 남성 쿠튀리에의 탄생

19세기 후반 파리 패션의 명성을 이끈 찰스 프레드릭 워스는 영국 링컨셔의 몰락해가는 법률가 집안에서 태어났다. 워스는 일찍부터 생업에 종사해야 했는데, 런던의 스완 앤 에드거/Swan & Edgar/에서 오랫동안 수습생으로 일하고 루이스 앤 앨런비/Lewis and Allenby/에서 판매직에 종사하며 직물과 복식, 장식품 등을 선별하고 판매하는 기술을 습득했다. 1845년 파리로 간 워스는 유명 직물상인 가즐랭 앤 오피게즈/Gagelin & Opigez/에서 판매 보조직을 얻었고, 거의 12년간 이 상점에 근무하면서 여성복 사업과 관련한 안목을 크게 키웠다. 1849년 숄, 망토 등 기성복 제품을 판매하는 일을 맡게 되자 제품 디스플레이를 효과적으로 하기 위해 아이디어를 냈다.

당시 일종의 모델 역할을 하며 판매를 보조하던 마리 베르네/Marie Vernet, 후일 워스의 아내가 됨/에게 단순한 모슬린/muslin/ 의상을 제작해서 입혔는데, 고객들이 그가 디자인한 옷을 선호하면서 상점 내에 여성복 제작부서의 운영을 책임지게 된다. 워스는 우연히 여성복 제작의 길을 걷게 되었으나 수석 재단사로서 성공적으로 부서를 이끌었으며, 그의 우아한 드레스들은 1851년 런던 대박람회/the Great Exhibition in London/, 1855년 파리 국제박람회/Exposition Universelle in Paris/ 등에 전시되고 가즐랭 앤 오피게즈가 수상하는 데 기여했다.

1858년에 이르러 워스는 동업자 오토 보베르/Otto Bobergh/와 워스 앤 보베르/Worth & Bobergh/를 창설하고 뤼드라페/rue de la Paix/에 하우스를 개장하며 여성복 사업에 본격적으로 뛰어들었다.

워스가 신임 오스트리아 대사 부인인 메테르니히/Metternich/ 공녀에게 접근하여 외제니 황후 및 파리 상류사회의 고객을 확보하게 된 일화는 유명하다. 나폴레옹 3세의 궁정에서 워스는 옷을 선보이게 될 기회를 잡았고 이를 계기로 곧 외제니 황후에게도 드레스를 제공하게 된

9 찰스 프레드릭 워스를 궁정 쿠튀리에로 임명한 외제니 황후
1860년 외제니 황후는 찰스 프레드릭 워스를 궁정 쿠튀리에로 임명했다. 황실 주도의 행사는 엄격한 복식 문화 에티켓을 요구했고, 나폴레옹 3세의 궁정 사교계 진출은 프랑스 제2제정기 파리 고급 패션 취향의 지배자로서 찰스 프레드릭 워스의 권위와 성공을 보증하는 첫걸음이 되었다. 위 그림(프란츠 사버 빈터할터 작, 빅토리아 여왕의 초상)은 프랑스 제2제정기 외제니 황후를 중심으로 한 파리 궁정 사교계의 풍경과 최상류층의 패션을 보여준다.

10 찰스 프레드릭 워스가 디자인한 궁정 드레스

다. 1864년 이후 외제니 황후의 공식석상 의상과 이브닝드레스를 제작하면서 나폴레옹 3세 제2제정 시대에 파리 상류사회의 호화로운 취향과 패션을 선도하는 디자이너가 되었다. 남다른 심미안과 재단 기술, 비즈니스 감각을 두루 갖춘 워스는 전체 직원 20명 남짓으로 출발한 하우스를 1871년 무렵에는 직원 1,200명의 기업으로 성장시켰다. 그는 패션 전문가들이 주도하는 모던 패션 시스템의 탄생을 앞서 개척한 위대한 남성 쿠튀리에였다.

워스의 혁신과 업적

위대한 쿠튀리에인 워스는 고객이 스스로 원하는 옷감과 장식을 선택하여 제작을 의뢰하던 오랜 관행에서 벗어나 쿠튀리에 1명이 재료와 장식 선택, 디자인, 생산 과정을 총괄하는 새로운 여성복 제작 과정으로 변하는 데 기여했다. 워스의 영향력은 당대 유행하는 직물과 장식의 선택까지 광범위하게 발휘되었고 워스의 취향은 리옹/Lyon/에서 생산되는 실크 제품까지 영향을 끼쳤다.

워스는 의복 제작 방식의 혁신에도 뚜렷한 족적을 남겼다. 전성기에 워스 앤 보베르 하우스의 고객은 파리 궁정 상류사회 명사, 영국 왕실과 귀족 계급 여성, 미국의 부유한 시민계급 여성, 고급 화류계 여성까지 광범위하게 분포했고 워스는 늘어나는 고객들의 요구에 부응하기 위해 일부 대량 생산 방식을 도입했다. 워스는 소매, 바디스, 스커트 등 교체가 가능한 표준화된 패턴과 전형적인 드레스 모델들을 개발하고 고객의 취향과 요구에 맞추어 빠른 시간 내에 새 옷감과 색상으로 드레스를 제작할 수 있도록 했다. 유럽과 미국의 백화점 바이어들이 워스의 의상을 구매하여 복제품을 제작하게 되자 그의 명성은 해외 고객들까지 알려지게 된다.

또는 워스는 향후 쿠튀리에의 관행으로 정착하는 중요한 홍보 전략들도 만들었다. 자신의 작품을 하우스 소속 모델에게 입혀 고객에게 제안한 최초 디자이너들 중 하나였고 정기적인 컬렉션을 도입하여 패션 디자인 분야에서 혁신을 일으키기도 했다. 패셔너블한 상류 계층의 모임 장소로 유명한 롱샹 경마장에서 새로운 스타일을 소개하는 모험을 시도하기도 했는데, 아내에게 당시 여성복의 복장 규범을 깨고 숄을 착용하지 않은 채 드레스를 입게 하여 파리 사교계를 경악하게 만들었다.

1860년대 초 이미 하우스 상표를 도입하여 브랜드 네임의 상징적·경제적 가치를 구축하고 홍보하는 데에도 탁월한 능력을 발휘했다. 하우스 상표는 진품과 위조품을 구별하는 목적에 부합했을 뿐만 아니라 일부 대량 생산 방식을 도입한 반기성품 주문 제작 의상들에 쿠튀리에의 미적 권위를 부여하는 데 핵심 역할을 하게 되었다. 이것은 워스 앤 보베르 하우스를 포함하여 파리 쿠튀리에들의 뛰어난 패션 감각을 보여주는 보증서와 같은 역할을 하게 되었으며, 파리 오트 쿠튀르 하우스를 중심으로 하는 현대 패션 시스템을 부상하게 하고 구미 상류층 여성의 패션 취향이 동질화하는 데 커다란 공헌을 하게 된다.

워스의 패션 스타일

찰스 프레드릭 워스는 패션 디자인을 창조 예술의 경지로 끌어올렸다는 평가를 받았다. 워스가 특정 스타일을 혼자 창조했다고는 볼 수 없을 지라도 의복 재료와 장식에 대한 풍부한 지식과 오랜 판매 경험을 통해 새로운 패션 트렌드를 도입하고 유행시키는 데 재능을 발휘했다. 드레스 디자인의 변화에 따라 직물을 선택해야 할 때도 탁월한 솜씨를 보였고 소매, 장식, 색채, 액세서리의 변화에 섬세하게 대응하며 여성 패션의 변화를 선도했다. 워스는 리옹에서

11 워스가 재정의한 크리놀린 드레스
1860년대 중반 오스트리아 황후가 착용한 스팽글이 장식된 튤 소재의 크리놀린 드레스는 당대 전형적인 워스의 라인을 보여준다. 워스는 직물과 재료 선택에서 특별한 능력을 발휘하며 우아하고 섬세한 자신의 변형 크리놀린 스타일을 만들어내었다.

만든 견직물 등 값비싼 소재와 장식을 사용하여 나폴레옹 3세 궁정문화의 의례에 맞는 고급스런 취향의 드레스를 공급했다.

또한 크리놀린 드레스/crinoline dress/, 버슬 드레스/bustle dress/ 등 19세기 후반 주요 패션 스타일을 제안하고 재정의했다. 워스는 미술관에 걸린 거장의 회화와 옛 복식사 자료들에서 자주 영감을 얻었고, 창조적 예술가로서 자신의 이미지를 정교하게 구축하는 데 심혈을 기울였다.

워스의 대표작으로는 거대한 새장형/cage/ 크리놀린을 폐기하고 여분의 옷감을 뒤로 모은 트레인을 지닌 드레스, 17세기 후반 복식사 연구를 통해 탄생시킨 버슬 스타일 등이 자주 언급된다. 이 밖에도 워스는 1870년대 초 바디스와 스커트를 연결하여 제작한 퀴라스/cuirass/ 바디스를 패션에 도입하여 프린세스 라인/princess line/의 발전을 유도했고 1890년대에는 지고 슬리브/gigot sleeves/의 재유행을 이끌었다는 평가를 받았다. 워스는 위대한 쿠튀리에로 19세기 후반 점차 가속화되는 패션의 변화 주기를 능동적으로 주도하면서 1895년 사후 자신의 하우스를 아들들에게 물려줄 때까지 큰 명성을 누렸다.

20세기 모던 패션의 여명은 패션 창조의 주도권을 주장한 찰스 프레드릭 워스와 같은 위대한 쿠튀리에의 등장에 의해 시작되었다.

Paul Poiret

폴 푸아레 1879~1944

"나는 내 옷에 서명할 때마다 나를 이 명작의 창조자로 생각한다."

*폴 푸아레*는 자신을 '패션의 왕/King of Fashion/'이라고 칭했으며 패션에서의 모더니즘의 기반을 만든 초기 모더니스트 중의 한 명이다. 푸아레는 예술 작품이면서 미적 가치를 가진 상품인 패션의 양면성을 잘 보여준 디자이너이자 사업가였다. 찰스 프레드릭 워스/Charles Frederick Worth/에 이어 패션을 응용 미술이나 현대 예술의 한 부분으로 주장하며, 자신의 작품이 프랑스 응용 미술의 품격을 향상시켰다고 자부했다. 또한, 그는 창조적인 디자이너라면 여성의 욕망을 읽고 유행할 트렌드를 예견할 수 있어야 한다는 디자인 철학을 가졌다.

푸아레는 디자이너가 의상뿐만 아니라 미와 관련된 모든 분야의 권위자가 되어야 한다는 프랑스 근대 오트 쿠튀르/haute couture/의 규율을 만들었다고 할 수 있다. 푸아레의 영향으로 패션은 단지 의류만이 아닌 다양한 분야의 업종을 아우르게 되었다. 그는 1911년 샤넬의 No.5보다 10년 앞서서 둘째 딸의 이름을 따서 쿠튀르 하우스의 첫 향수 '마르틴/Martine/'을 생산했으며, 동명의 장식미술 학교를 만들어 인력을 키웠고, 첫째 딸의 이름을 따라 '로진/Rosine/'이라는 인테리어 디자인 회사를 설립하여 사업을 확대했다. 그는 디자이너의 비전과 예술의지를 더욱 표현적으로 전달할 수 있는 패션 일러스트레이션의 위력을 인식하고, 폴 이리브/Paul Iribe/나 조르주 르파프/Georges Lepape/ 같은 예술가들의 생략과 과장 기법을 통해 보다 더 푸아레다운 작품 세계를 세상에 적극적이고 효과적으로 알렸다.

구조적 환원주의와 코르셋으로부터 해방

1910년대에 전성기를 이룬 푸아레는 패션의 역사에 회자되는 주요 디자이너들보다 활동 기간은 짧았지만 1929년 25년 만에 하우스 문을 닫을 때까지 그 누구보다도 새로운 시각으로 혁신적인 디자인을 남겼다. 그는 19세기 말부터 여성의 육체를 S자형으로 성형하고, 특히 현대 기준으로는 비정상적일 정도로 가늘게 허리를 조였던 코르셋/corset/에서 여성을 해방시키는 데 가장 크게 기여한 것으로 알려져 있다. 푸아레는 18세기말 프랑스 총재 정부 시대의 스타일을 부활시킨 디렉투아르/Directoire/ 양식의 하이 웨이스트 엠파이어 라인/high waist empire line/의 날씬하고 헐렁한 디자인을 선보였다. 푸아레의 새로운 여성상은 아내 드니스/Denise/에게서 영감을 받았으며, 푸아레의 모든 디자인은 디렉투아르 양식을 비롯하여 그녀에게 어울리는 디자인이었다. 드니스는 S자형의 굴곡 있는 성숙한 체형에 어울리는 당시 패션과는 달리 어리고 호리호리하며 코르셋을 입지 않은 '소년 같은 소녀/la garçonne/'의 전형이 되었다. 푸아레 스타일은 1920년대 플래퍼 스타일/flapper look/의 전신이라고도 할 수 있다. 1913년 패션 잡지 〈보그〉에서 "아내는 나의 모든 작품에 영감을 준다. 그녀는 내 모든 생각의 표현이다."라고 했듯이 드니스는 푸아레 디자인의 가장 완벽한 모델이었고, 푸아레는 그녀를 위해 디자인했다. 그의 디자인은 이후 단순하고 길이가 짧아지는 방향으로 진행되었다.

12 푸아레가 디자인한 디렉투아르 양식의 드레스

13 푸아레의 뮤즈였던 아내 드니스

패션 역사에서 푸아레의 의미는 코르셋에서 여성의 몸을 해방한 것보다는 '스타일적인 모더니즘'의 선구에 있다. 사실 그의 날씬하고 새로운 드레스들은 허리 대신 엉덩이를 조이는 코르셋이 성형한 인체의 선에 바탕을 두었다. 푸아레가 이끈 근대성은 외관의 장식적 디자인과 강렬한 색채에 가려서 주목을 덜 받았지만 구조적인 단순성이라고 할 수 있다. 르네상스 이래 서양 복식은 찰스 프레드릭 워스와 같은 당대 위대한 디자이너에 이르러 2차원적인 직물을 이용하여 3차원적인 구조물을 만드는 평면 재단과 테일러링 기술이 절정에 이르렀다. 2007년 뉴욕 메트로폴리탄 박물관에서 열렸던 푸아레 작품 전시회에서 코다/Koda/를 비롯한 역사가들은 푸아레는 서양 복식이 발전해온 방향과는 달리 직물을 인체에 둘러서 형태를 만들어내는 새로운 입체 재단의 원리로 옷과 몸에 접근한 디자이너라고 평가했다. 푸아레의 드레스는 3차원적인 형태인 옷이 허리를 비롯한 몸통에 고정되는 것이 아니라 단순한 모양의 직물이 어깨에 걸려서 떨어지는 재단의 새로운 방향을 제시했다. 이러한 환원적인 디자인은 아르데코/art deco/ 양식의 복식에서 볼 수 있는 순수성, 평면성과 함께했다. 기모노 스타일의 구조를 도입한 것도 직물의 솔기를 최소화하여 단순한 구조의 옷을 만들기 위한 노력의 필연적인 결과였을지 모른다.

푸아레는 직물의 재단과 솔기를 최소화하고 입체 재단 기법을 사용하여 나타나는 전혀 새로운 디자인을 선보였다. 여성의 속옷을 뜻하는 슈미즈/chemise/ 실루엣의 드레스는 어깨솔기를 없애고, 어깨 부분에 요크와 다트, 천을 덧대는 거싯/gusset/ 등을 이용하여 목둘레를 제외하고 앞판과 뒤판의 모양이 같은 환원주의적인 근대성을 보여주었다. 이 드레스는 만드는 데 30분밖에 걸리지 않는다고 하여 '로브 드 미뉘트/robe de minute/'라고 불렸다. 드레스 위에 허리끈을 둘러서 몸에 맞추어 입었다. 드니스는 허리끈을 하이 웨이스트하거나 로 웨이스트/low waist/로 하여 착장자가 패션 디자인을 완성시키는 매우 현대적인 개념을 보여주었다.

호블 스커트/hobble skirt/는 푸아레의 또 다른 근대성을 보여주는 옷이다. 이 스커트는 엉덩이 부분의 직물에 카울/cowl/이 생기도록 하거나, 허리 부분에서 주름을 만들면서 아랫단이 매우 좁은 형태의 디자인이다. 이 입체 재단의 기술은 페깅/pegging/이라고 부르는데, 마치 플레어스커트/flare skirt/를 위아래 뒤집어서 허리 부분의 넓은 직물에 주름을 잡아 처리한 것과 같다. 호블 스커트는 마치 바짓가랑이 한 쪽에 두 다리를 다 넣은 것처럼 밑단이 좁아서 걷기가 불편했다. 푸아레는 이에 대해 여성의 허리 대신 발목에 족쇄를 채웠다고 말하기도 했다.

14 푸아레의 이국풍 디자인(1914)

이국풍 디자인의 대가 – 근동 아시아적 요소와 강렬한 색채

구조적인 단순성과 함께 푸아레의 또 다른 특징은 이국풍 디자인이다. 세르게이 디아길레프/Sergei Diaghilev/가 이끌었던 러시아 발레단의 '클레오파트라' 파리 공연의 대성공과 19세기말부터 파리의 백화점에 불어 닥친 이국풍의 소비주의와 맞물려서 터키 등의 근동 아시아적인 요소를 디자인에 많이 도입했다. 푸아레는 무대 의상의 극적인 요소를 매우 좋아하여 요란하고 이국적인 파티를 개최해서 자신의 신제품들을 발표했다. 그 중 가장 유명한 것은 천일야화에서 영향을 받은 듯한 1911년의 '1002번째 밤/Thousand and Two Nights/'이었다. 파티 장소의 장식은 물론이고 자신은 술탄으로 차려입고, 손님 300명에게 근동풍의 의상을 입고 오지 않으면 입구에서 의상을 제공하여 입장하게 하는 등 현대적인 의미의 코스프레 원조라고도 할 수 있다.

밑단에 후프를 넣어서 둥글게 만든 미나렛/minaret/ 튜닉, 터번, 자수 장식, 브로케이드/brocade/, 술/tassel/ 장식 등 여러 가지 이국적인 요소들이 있지만 그 중 패션 역사에서 가장 큰 의미가 있는 것은 할렘/harem/ 스타일 바지다. 1850년대 미국 복식개혁운동가 블루머 여사의 바지/bloomers/ 이후, 푸아레는 처음으로 무릎길이 미나렛 튜닉 아래 할렘 스타일 바지를 코디하여 페르시아 스타일의 파티에서 자신의 아내에게 입혔고 바지를 여성 하이패션의 이브닝웨어로 도입했다. 바지는 지금도 이브닝웨어로 잘 입지 않는 것을 감안할 때 그 당시 일으킨 파장을 짐작할 수 있다. 푸아레의 이국풍적인 요소와 구조적 환원주의가 결합한 디자인 중 성공을 거둔 것은 기모노풍의 짧은 코트이다. 그는 이것을 1906년 '공자/Confucius/'라고 명명했다. 19세기 유럽에 일본의 목판화 프린트 열풍 덕분에 그는 워스 하우스에서 일할 때 기모노를 만들기도 했다.

푸아레 디자인의 세 번째 큰 특징으로 색채를 꼽을 수 있다. 그는 당시 여성복에 쓰이지 않던 채도가 높은 선명하고 강렬하며 풍부한 색채를 사용했다. 직접적인 영향 여부는 정확히 알려져 있지 않으나, 푸아레 디자인의 색채에는 야수파 화가들의 색채와 이국적인 문화의 영향이 공존하는 것으로 이해된다.

근대 패션에서 푸아레의 기여도는 지나간 시간이나 다른 지역의 의복에서 자유를 찾는 역사주의와 오리엔탈리즘에 비해 조명을 덜 받았다. 그의 구조적인 단순성은 직물이 인체에 걸쳐져서 생성되는 공간에 새로운 조형성을 창조했으며, 이는 모더니즘 패션에서 선구적이었다고 말해도 지나치지 않는다. 하지만, 역설적으로 그는 직물과 장식적 단순성을 포기하지 않았고, 기능적이고 시각적으로 훨씬 더 수수한 새로운 세대의 근대적인 디자인에 의해 푸아레의 근대성은 묻혔다. 그는 샤넬이 지평을 연 검정의 모더니즘이나 눈에 띄지 않는 쿠튀르 기법들이 주는 미학과 타협하지 않았고, 기성복 산업의 체계에 적응하지도 않았다. 20세기에는 잘록한 허리를 강조하는 스타일이 잠시 등장했으나, 푸아레 디자인이 코르셋에서 여성을 영구적으로 해방시켰다는 사실을 누구도 부인할 수는 없다.

디렉투아르 양식

디렉투아르/Directoire/ 양식은 프랑스 혁명 이후 패션, 장식미술, 건축 등의 분야에 유행했던 신고전주의 양식을 말하는데, 패션에서는 허리를 조이지 않고 느슨하게 떨어지는 하이 웨이스트/high waist/ 디자인으로 나타났다. 폴 푸아레/Paul Poiret/ 초기 디자인들이 디렉투아르 양식을 보여주었다. 그림은 폴 이리브/Paul Iribe/가 그린 패션 일러스트레이션으로, 18세기말 프랑스 총재 정부 시대의 스타일을 부활시킨 디렉투아르 양식의 하이 웨이스트 엠파이어 라인 드레스/high waist empire line dress/이다. 이리브의 일러스트레이션 속에서 푸아레의 슬림하고 헐렁한 스타일에 적색과 녹색 드레스를 입고 있는 두 모델과 코르셋/corset/으로 허리를 조인 옷을 입은 그림속의 당시 여성은 스타일의 좋은 대조를 보여주고 있다.

폴 푸아레는 패션은 현대 예술의 일부분이라고 믿으며 다른 예술가들과 활발한 교류를 했다. 1911년 에드워드 스타이컨/Edward Steichen/이 찍은 푸아레의 작품 사진은 첫 번째 패션 사진이라고 알려져 있다. 하지만, 푸아레의 작품 세계를 널리 알리는 데 결정적인 역할을 했던 것은 이리브/Iribe/나 르파프/Lepape/ 등 예술가의 일러스트레이션이었다. 아르데코풍의 단순한 라인과 강렬한 색채, 그림 속 모델들은 푸아레 디자인을 더 푸아레답게 보여주었다.

디렉투아르 양식을 보여주는
폴 이리브의 패션 일러스트레이션(1908)

Mariano Fortuny y Madrazo
마리아노 포르투니 1871~1949

"그의 관심과 흥미는 한 단어로는 설명할 수 없는 아주 폭 넓은 것이었다. 그는 디자이너이자 예술가였으며, 발명가였다."
(B. Polan & R. Tredre, The Great Fashion Designers, p.25)

*마리아노 포르투니*는 1871년 스페인의 그라나다/Granada/ 지방에서 태어났으며 유명한 화가였던 아버지, 전통 깊은 예술가 집안 출신의 어머니 사이에서 유복하게 자랐다. 일찍이 화가가 될 재능을 인정받았으나, 그것은 그가 가진 다재다능한 능력의 지극히 일부분일 뿐이었다. 포르투니는 화가, 동판화가, 조각가, 사진가, 건축가, 발명가, 조명기술자, 텍스타일과 의상 디자이너에 이르기까지 예술적·기술적 천재성을 지니고 있었다. 그는 사진용지를 스스로 만들어내고, 자신의 책을 직접 제본했으며, 조명과 가구도 디자인했다. 조광기/調光機, dimmer/와 보트의 프로펠러를 발명했고, 그림 작업에 필요한 물감과 염료, 붓, 직물 생산을 위한 기계류도 직접 고안했다.

1892년 포르투니는 독일의 작곡가 빌헬름 리하르트 바그너/Whilhelm Richard Wagner/가 건립한 바이로이트/Bayreuth/에 있는 극장을 순례하면서, 오페라 장르야말로 예술과 기술이 결합된 가장 완벽한 예술 형식이라고 확신했다. 이후 그는 무대 예술에 심취하여 1899년 바그너 극장의 모형을 만들고, 본격적으로 무대 조명에 전기를 이용하는 방안에 대해 연구했다. 수년간 무대 조명을 담당하며 간접조명과 산광/散光/방식을 도입하는 등 무대 조명을 현대화하여 예술가와 기술가를 넘나드는 다재다능한 능력을 보여주었다.

직물과 패션 세계로의 이동

1906년, 직물 프린팅을 시작하면서 포르투니의 관심은 직물과 패션 세계로 옮겨가게 되었다. 그는 당대 음악계를 후원하던 파리 사교계 여성들을 위해 작은 무대를 설계하면서, 개관에 맞추어 직물을 디자인하고 제작했다. 일명 '크노소스의 스카프/Knossos Scarves/'로 알려져 있는 사각형의 실크 스카프가 그것으로, 1900년대 초 크레타 섬의 옛 도시 크노소스를 발견하면서 알려진 키클라데스 미술/Cycladic Art/에서 영감을 얻은 것이었다. 이 길고 얇은 실크 베일은 고대풍의 기하학 문양이 들어 있었으며, 여러 형태로 쉽게 변형되는 스카프의 특성에 따라 무대 위 댄서들에게 다양한 형식과 용도로 착용되었다. 훗날 전기에서 크노소스의 스카프에 대해 '단순한 스카프로부터 직물과 형태의 융합을 보았고, 이를 통해 내 모든 드레스가 완성되었다.'라고 기록했을 만큼 스카프는 그에게 매우 의미 있는 창조물이었다. 그의 텍스타일 디자인과 직물 생산 작업은 공학기술, 색채학, 디자인과 미술에 대한 모든 지식이 조화를 이룬 것이었으며, 순수한 예술적 천재성이 발휘된 것이었다. 화가 포르투니가 지녔던 '색/色/'에 관한 남다른 지식과 감각은 즐겨 사용하던 직물 염색에 투영되었다. 그는 직물 생산에 필요한 기계들을 직접 고안했고, 다양한 영감의 근원에서 힌트를 얻은 모티프들을 직접 프린팅하는 방식으로 직물을 생산했다.

그가 1922년 베네치아의 주데카/Giudecca/ 섬에 개장한 직물 생산 공장 포르투니 팩토리/The Fortuny Factory/는 오늘날까지 운영되고 있으며, 유명 디자이너, 패션 기업과의 협업을 통해 포르투니 직물 생산의 맥을 이어가고 있다.

고전적 형태미의 부활

포르투니가 패션계에 남긴 가장 큰 업적은 코르셋으로 점철된 19세기 드레스들에서 육체의 해방을 이끌어낸 '델포스 가운/Delphos gown/'이었다. 1900년대 초반에는 대부분의 여성이 파리 패션을 추종했는데, 그가 발표한 델포스 가운은 개성적인 스타일을 선호하던 여성들에게 공감을 얻었다. 초기의 델포스 가운은 매우 실험적인 모던 드레스로 받아들여졌으며, 비슷한 시기 폴 푸아레/Paul Poiret/, 마들렌 비오네/Madeleine Vionnet/ 등의 드레스와 함께 '티 가운/tea gown/'이라는 새로운 의복으로 분류되어 한동안 집안에서만 착용되었으나, 점차 외출복인 이브닝드레스와 데이 드레스로 수용되었다.

포르투니는 델포스 가운을 통해 당대 패션에서 무시하고 있던 '인체'에 대한 존중을 보여주었다. 그의 옷은 여성의 인체를 있는 그대로 수용했으며, 인위적인 변형이나 왜곡이 없는

15 이사도라 덩컨(우)과 델포스 가운을 입은 그녀의 양녀 이르마(좌)

자연스러운 형태를 구현했다. 고대 그리스 키톤/chiton/에서 영감을 얻은 이 고전적 디자인은 어깨에서 바닥까지 직선으로 떨어지는 실루엣에 형태를 강조하는 어떠한 솔기나 패드, 장식을 사용하지 않았다. 아름다운 색으로 염색한 최상급의 실크 4~5폭을 이어 만들었으며, 특수한 방법으로 잔주름을 잡아 형태를 만들고 어깨에서 고정했다. 드레스의 밑단에는 유리구슬을 달아 자연스러운 원통형의 실루엣을 유지했다. 여성들은 델포스 가운을 통해 코르셋을 벗고, 그토록 갈망하던 인체의 자유를 얻을 수 있었다. 덕분에 델포스 가운은 이사도라 덩컨/Isadora Duncan/, 모드 앨런/Maud Allan/, 마사 그레이엄/Martha Graham/ 등 당대 무용가들이 선택한 최고의 의상이기도 했다.

1911년 포르투니의 드레스와 직물 디자인은 파리 루브르 박물관에서 열린 전시회에서 호평을 받았다. 포르투니 패션 작품들은 유행을 따르지 않으면서 당시 모더니즘 사조에 부합하는 심플함, 효율성을 가지고 있으며, 아름다운 색채, 이상적 실루엣, 고급 소재, 높은 수준의 완성도를 갖춘 의복이라는 평가를 받았다.

16 베니스에 위치한 포르투니 스튜디오

그는 1912년 파리 매장을 열었으며, 1929년에는 뉴욕 매장을 오픈했다. 그의 모든 드레스는 팔라초 드 오르페/Palazzo de Orfeu/에 있는 스튜디오에서 생산했다. 그는 오트 쿠튀르의 전통을 따랐으며 주름과 프린트가 들어간 실크, 벨벳, 안감용 울 소재, 디자이너 라벨, 액세서리에 이르는 모든 작업을 수작업으로 직접 생산하여 사용했다.

'변하지 않는 예술'로서의 패션 창조자

포르투니는 정통 쿠튀리에는 아니었지만, 매우 창의적인 복식예술가였으며, 세월이 흘러도 변함없는 영속적인 아름다움을 지닌 드레스를 창조한 디자이너였다. 그는 변덕스러운 파리 패션을 따르지 않았으며, 독자적인 활동을 통해 40여 년간 자신만의 일관된 작품 세계를 이어갔다.

포르투니의 드레스에는 우아한 단순함, 완벽한 재단, 최고급 소재, 아름답고 독특한 색의 아름다움이 담겨 있었다. 그의 작품은 1920~1930년대 대중적인 인기를 끌었던 디자이너이자 동료인 폴 푸아레에게 많은 영감을 주었으며, 1938년 클레어 맥카델/Claire McCardell/의 모내스틱 드레스/monastic dress/에도 영향을 미쳤다. 1976년 미국 디자이너 메리 맥파든/Mary McFadden/은 델포스 가운을 재현하여 시대를 아우르는 포르투니의 아름다운 창조물을 기렸다. 심플한 디자인, 복잡한 주름을 다루는 숙련된 기술이 응집된 그의 작품은 이세이 미야케, 요지 야마모토를 비롯한 20세기 후반의 디자이너에게도 영향을 미쳤다.

비록 그가 남긴 작품은 절대적 수가 많지 않았으며, 스타일도 '주름을 잡은 실크 드레스'라는 본질에서 벗어나지 않았지만, 모든 드레스와 직물은 하나하나 조금씩 달랐다. 그것은 마치 예술품을 창조하듯 작품 하나하나에 독창적이고 특별한 관심을 기울인 결과였다. 포르투니는 패션에서 패션을 고안했으며, 단순한 유행이 아닌 '변하지 않는 예술의 패션'을 창조했던 디자이너로 기억되고 있다.

델포스 가운

1907년 초 마리아노 포르투니가 발표한 '델포스 가운'은 최고급 실크를 사용한 찰랑거리는 롱 시스 드레스/long sheath dress/로, 고대 그리스 복식에서 영감을 받은 것이었다. 델포스 가운은 4~5폭의 실크를 원통형으로 이은 후 어깨에서 고정하는 방식으로 제작되었으며, 네크라인과 소매단은 겉으로 드러나지 않는 기법으로 끈을 끼워 조이는 형태였다. 그리스의 키톤/chiton/에 기본을 둔 델포스 가운은 어깨에서 바닥까지 직선으로 루즈하게 떨어지며, 형태를 강조하기 위한 어떠한 인위적인 솔기나 패드, 장식을 하지 않았다. 또한 특수한 가공법을 이용하여 섬세한 잔주름을 잡고, 밑단에는 유리구슬을 달아 자연스러운 원통형 실루엣을 유지했으며, 포르투니가 직접 여러 차례의 염색 과정을 거쳐 아름답고 독특한 색감을 얻었다. 이 주름 잡힌 실크 드레스는 당시 코르셋으로 조이는 타이트한 드레스로부터의 여성 해방을 상징했으며, 여성들은 그토록 갈망하던 움직임의 자유를 얻을 수 있었다.

이후 델포스 가운은 조금씩 소재를 바꾸는 방식으로 변화를 주어 제작되었으며, 루즈한 실루엣의 벨벳 재킷 또는 케이프와 세트를 이루어 발표되었다.

포르투니의 주름 가공 기술과 델포스 가운은 여러 건의 특허를 낼 만큼 독특한 것이었으나, 가공법은 철저히 비밀에 붙여져 오늘날 포르투니의 주름을 완벽히 재현해내는 것은 불가능하다.

고대 그리스 복식에서 영감을 받은 델포스 가운

1915

Jeanne Lanvin / Gabrielle "Coco" Chanel / Jean Patou

Chapter 2

풍요로운 재즈 시대와 플래퍼 룩

Chapter 2

풍요로운 재즈 시대와 플래퍼 룩

제1차 세계대전 이후 젊은이들은 공허함과 우울증에서 벗어나기 위해 열광적으로 빠른 리듬의 재즈를 즐겼으며, 자동차를 타고 속도감을 즐겼다. 이에 발맞추어 밝고 가벼운 플래퍼/flapper, 말괄량이/ 룩이 유행했다. 기능성과 효율성, 합리성을 추구하는 모더니즘 사조가 패션과 예술 분야에서 더욱 성숙해진 시기였다.

제1차 세계대전 이후 문화적 변화

제1차 세계대전 동안 여성의 사회적 지위와 사상에는 많은 변화가 있었다. 1918년 영국에서는 여성이 참정권을 갖게 되었고, 여성들이 경제적으로 독립하면서 자유로운 생활을 누릴 수 있게 되자 젊은 여성을 상징하는 '플래퍼/flapper/'라는 신조어가 생겼다. 이 용어는 신여성들의 급하고 참을성이 없는 성향을 핵심적으로 보여주며, 관습에 얽매이지 않는 경향을 보여준다. 여성들은 화장을 하고 담배를 피웠으며 주로 단발머리였는데, 이 스타일은 재즈 시대 여성의 자유롭고 독립적인 모습을 반영한 것이다. 빅토리아 시대의 여성미는 전통적인 모성애를 강조하는 성숙한 이미지였으나, 이 시기에는 키가 크고 마른 소년/boyish/의 이미지였다. 여성들은 스포츠를 즐겼으며, 비서나 타이피스트와 같은 사무직에 종사하기 시작했다.

아르데코 양식과 기능주의

1925년 파리에서 개최된 '장식미술 박람회'를 기점으로 1920년대와 1930년대의 장식미술 양식을 아르데코/art deco/라고 부르는데, 아르 데코라티프/art decoratifs/의 약칭이다. 아르데코 양식은 기능주의에 자극을 받아 기능성과 가속성, 단순화를 추구하는 직선적·기하학적 특성이 있고 유선형의 매끄러운 선이 특징이다. 원색과 검은색, 그리고 금색과 은색을 사용하여 강렬하고 뚜렷한 색채대비를 구사했다.

투트마니아

1922년 이집트 파라오 투탕카멘/Tutankhamen/ 무덤의 발견으로 유럽인들은 고대 이집트 문화에 열광하게 되었다. 투트마니아/tutmania/는 패션이나 오브제를 이집트의 모티프와 색채로 장식하는 것을 말한다. 새로운 패션은 이국적인 콥트/coptic/의 블루, 연꽃 문양, 미라/mummy/의 갈색과 홍옥색으로 장식했으며, 아프로-아프리칸/Afro-American/ 취향은 더욱 아르데코 양식을 풍성하게 했다.

미국의 재즈 문화와 영화배우

미국인들에게 1920년대는 굿 올드 데이스/good old days/, 즉 좋았던 옛날을 말한다. 전쟁의 폐허에서 일어나 거리에는 영화, 문학, 재즈, 자동차가 넘쳤고, 격렬한 춤인 찰스턴/charleston/과 파격적인 패션 스타일이 유행했다.

영화 감상은 대중들이 가장 선호하는 오락이었고, 젊은 여성들은 배우의 의상, 헤어스타일, 화장 등을 모방했다. 이 시기에는 유명배우가 유행을 선도했는데, 여배우 그레타 가르보는 당시 만인의 연인과도 같은 존재였다.

멋지게 차려입은 갱들은 거리와 식당가를 누볐다. 시카고의 알 카포네/Al Capone/는 대표적 인물으로 1919년 통과된 금주법을 악용하여 뉴욕에서 밀주를 제조하여 거부가 되었고, 늘 말끔한 양복을 입어 언론과 대중에게 인기를 끌었다. 특히 알 카포네 스타일은 갱 집단의 대표적인 모습으로 정착하게 된다.

1 만인의 연인인 배우 그레타 가르보
할리우드 MGM 사의 인기스타였던 그레타 가르보가 리카르도 코르테즈(Ricardo Cortez)와 함께 출연한 영화 '토렌트(1926)'의 한 장면이다.

2 대중에게 인기를 끈 갱단 두목 알 카포네

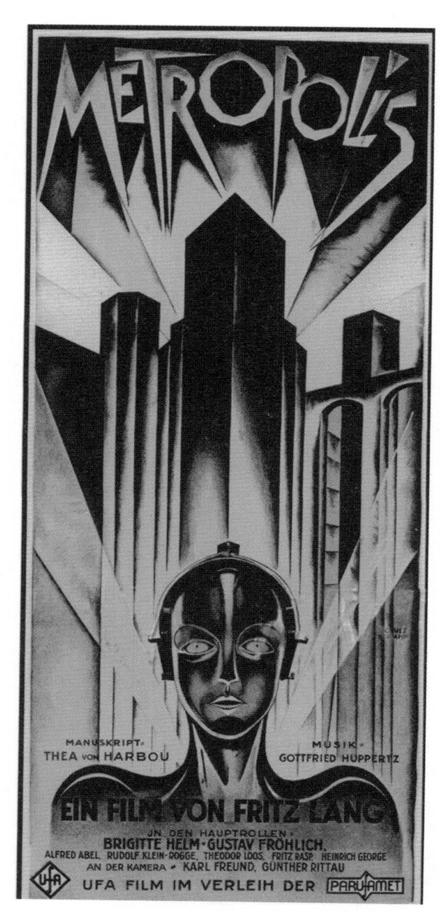

3 번쩍이는 금속 광택이 잘 드러난 영화 '메트로폴리스'(1927)

기계주의 미학

과학기술의 발달로 가사 노동을 줄여주는 기구가 출시되고 자동차가 보급되자 여성들의 여가시간이 늘어났다. 녹음기, 라디오, 전화 등이 보급되자 정보 전달이 신속해졌다. 특히 웨스팅하우스가 KDKA방송을 설립하여 최초로 상업 광고와 재즈음악을 라디오 전파로 송출했다.

인공합성염료의 발달은 자연에서 추출할 수 없는 인위적이고 독특한 색의 조합을 가능하게 했다. 전등이 보급되자 사람들은 19세기까지 볼 수 없었던 새로운 아름다움에 매료되었다. 사람들은 빛이 비친 금속의 광택을 보고 번쩍이고 매끈매끈한 질감을 선호하게 되었다.

번쩍이는 금속 광택은 1927년 프리츠 랑/Fritz Lang/의 영화 '메트로폴리스/Metropolis/'의 로봇, 샤넬의 금속 비즈/beads/, 빛나는 에나멜가죽 구두에 잘 표현되었다. 당시 예술이나 디자인에서는 기능주의가 팽배했으며, 흑인예술을 도입하여 블랙의 아름다움이 현대적인 미로 정착되기 시작했다.

열광적인 스포츠의 인기

1920년대는 모든 사람이 스포츠에 열광했다. 기계주의가 발전하면서 전기로 하는 마사지 기계와 새로운 운동기구가 발명되었다. 선탠/suntan/을 통해 만든 검은 피부색, 스포츠는 부의 상징이었으며 아르데코의 운동감과 역동성을 표현하기 위한 모티프로 제공되었다. 골프, 축구, 수영, 스쿼시, 승마, 요트 등이 유행했으며, 이에 따른 스포츠웨어가 발달했다. 1924년과 1928년 올림픽의 수영 금메달리스트인 조니 와이즈뮬러/Johnny Weissmuller, 영화 '타잔'의 주연배우로 유명/의 선풍적인 인기는 대중을 더욱 스포츠에 빠져들게 했다.

4 수영모를 쓰고 원피스 형태의 수영복과 짧은 바지를 입은 여성들

5 1920년대 수영복을 입은 모습

6 털 트리밍이 있는 오버코트와 저지 투피스를 입은 여성

유행 패션의 특징

플래퍼 룩

화장과 담배, 그리고 칵테일을 즐기는 자유분방한 젊은 여성들은 여성스러움보다는 가슴을 납작하게 하고 허리선이 드러나지 않는 스트레이트 박스/straight box/ 실루엣을 선호했다. 이들은 우아한 포즈로 담배를 피거나 이국적인 분위기를 자아내기 위해 터키 복식에 영향을 받아 헐렁한 털 트리밍/trimming/이 달린 스모킹 슈트/smocking suit/를 입고 터번을 쓰기도 했다. 남성적 요소가 가미된 플래퍼 스타일을 '가르손느 룩/garçonne look/'이라고도 한다.

새로운 슬림/slim/ 실루엣을 만들기 위해 가슴을 납작하게 하는 브래지어/brassière/를 착용하거나, 피카소나 브라크의 입체파 회화와 같이 현대적이며 미니멀하고 기하학적인 구성 라인과 대조되는 색상을 시도했다. 소니아 들로네/Sonia Delaunay/는 플래퍼 스타일을 위해 쟈크 하임/Jacques Heim/과 공동으로 작업하여 화려하고 추상적 문양이 있는 직물을 디자인했다.

플래퍼들은 단발머리/Eton Crop cut/ 위에 군인의 철모와 유사한 클로시/cloche/라는 귀 밑까지 덮는 모자를 썼다. 이 클로시 모자에 묶은 리본은 사랑/love/을 상징했다. 화살 같이 리본을 모자 위에 장식하면 사랑에 빠진 싱글 걸, 리본을 단단히 묶어서 장식하면 기혼녀, 나비처럼 리본을 묶어서 장식하면 독립적이며 자유스러운 여성이라는 뜻이다.

7 털 트리밍이 달린 코트와 모자를 착용한 배우 루이스 브룩스(1927)

8 가터를 착용한 여성
스커트 길이가 짧아지면서 여성들은 가터(garter)와 스타킹, 구두에 신경을 썼다.

9 모자 클로시를 쓰고 플래퍼 룩을 입은 여성

로 웨이스트 라인에 스커트 길이도 무척 짧게 해서 각선미를 노출했다. 스커트 길이가 점차 짧아지면서 여성들은 스타킹이나 구두에 관심을 갖게 되었고 여러 가지 색상의 양말이나 구두가 유행했다. 1925년 후반부터는 스커트 길이가 차츰 길어지면서 여성적인 분위기의 가르손느 룩으로 변해갔다.

샤넬의 카디건 슈트와 리틀 블랙 드레스

1920년대에 활약한 디자이너에는 코코 샤넬/Coco Chanel/, 마들렌 비오네/Madeleine Vionnet/, 잔느 랑방/Jeanne Lanvin/, 폴 푸아레/Paul Poiret/, 장 파투/Jean Patou/ 등이 있다.

샤넬은 대표적인 디자이너로 당시뿐만 아니라 현재까지 패션에 끼친 영향력이 지대하다. 그녀는 편안하고 실용적·기능적 디자인을 추구했다. '간결한 것, 감촉이 좋은 것, 낭비가 없는 것'이라는 기본 철학을 가지고 검은색과 베이지로 구성된 단순한 디자인을 중시했다. 샤넬은 기능성을 살린 니트 재킷, 니트 점퍼, 풀오버/pull-over/ 스웨터, 누빈 코트, 플리츠

10 울 저지 스웨터와 스커트를 디자인한 장 파투(1910년대)

스커트 등을 고안하고 저지를 정장으로 사용한 최초의 디자이너이다. 그래서 샤넬 슈트는 현재까지 대중에게 애용되고 있다. 1920년대 샤넬의 리틀 블랙 드레스, 모조 보석, 짧은 판탈롱, 금속 단추, 쇼트 헤어, 카디건 슈트, 남성용 셔츠, 샤넬 라인 등은 시대와 연령을 초월한 클래식한 디자인으로 현재까지 인기를 끌고 있다.

투피스 스웨터와 스커트

프랑스의 신예 디자이너 장 파투가 디자인한 값비싼 울 저지 스웨터와 스커트는 외출복으로 유행했다. 울 저지의 스웨터와 스커트는 스포츠웨어로도 선호되었고, 미국 여성들의 활동적인 라이프 스타일에 어울리는 패션으로 유행했다.

속옷과 신소재의 발명

이 시기에 전반적으로 H라인 실루엣이 유행하면서 여성들이 코르셋을 착용하지 않게 되었고, 브래지어와 팬티가 중요해졌다. 1920년대가 되자 여성 속옷인 드로어즈/drawers/나 니커스/knickers/는 팬티/panties/가 되었다. 짧고, 허리에 단추가 있거나 고무줄이 있는 형태로 장식적인 것도 있었다. 캐미솔과 팬티가 붙어 있는 형태가 생겨났는데, 카미-니커스/cami-knickers/라고 불렀다. 슈미즈나 페티코트는 슬립/slip/이라고 부르기 시작했다.

1920년대 이후 여성복에는 레이온이 많이 사용되었으며, 1938년 미국 화학기업인 듀폰 사가 나일론을 발명하고 인공합성염료가 발달하면서 색상이 선명한 직물을 생산하게 되었다.

영국 윈저 공의 니커보커스

19세기 후반에 성립된 남성복의 슈트에는 별다른 변화가 없었다. 남성 슈트의 패션 스타일은 재킷 길이, 라펠 너비, 바지폭에서 약간 변화를 추구했다. 1920년대에는 대체로 자연스러운 어깨선, 넓은 라펠, 허리선이 뚜렷한 재킷에 옥스퍼드 대학생이 주로 입었다고 알려진 바지폭이 넓은 옥스퍼드 백스/Oxford bags/를 입었다.

영국의 윈저 공/에드워드 8세/이 입기 시작한 니커보커스/knickerbockers/가 남성들 사이에서 유행했다. 위에는 와이셔츠와 넥타이를 매고 풀오버/pullover/ 스웨터를 입었다. 스포츠웨어로 착용했던 니커보커스는 캐주얼웨어로도 애용되었다. 이 니커보커스는 폭과 길이에 따라 플러스 2/plus twos/, 플러스 4/plus fours/라고도 했다.

11 배우 더글러스 페어뱅크스와 메리 픽포드의 패션 스타일(1920)
캉캉해트(cancan hat, straw boater)를 들고 스프레드 칼라의 셔츠를 입고 있는 페어뱅크스의 모습이 인상적이다. 바지에도 커프스가 있다.

뱀프/vamps/는 팜파탈/femme fatale, 요부 혹은 악녀/로 1920년대 여성 이미지의 하나인데, 패션에 영향을 많이 미쳤다. 뱀프는 남성을 유혹하여 파멸로 몰고 가는 여성상으로 많은 신화와 이야기에서 볼 수 있으며 1920년대 영화에 나타난 여주인공의 특성 중 하나이다. 역사에 널리 알려진 팜파탈은 성경의 이브와 살로메/Salome/, 트로이 전쟁을 일으킨 헬레네/Helene/, 그리스 신화의 영웅인 오디세우스를 유혹하는 키르케/Circe/, 다윗왕이 반한 밧세바, 그리고 현대에는 마를렌 디트리히/Marlene Dietrich/, 리타 헤이워스/Rita Hayworth/, 마돈나/Madonna/ 등을 꼽을 수 있다.

1910~1920년대 무성영화 시대에 뱀프는 빅토리아 시대의 전통적인 착한 여성상과는 달리 나쁜 여성의 이미지, 바람직하지 않은 여주인공을 보여주는데, 대중에게 뱀프가 신과 같은 존재라는 강렬한 이미지와 충격 효과를 주기 위한 것이다. 뱀프의 사악하며 신비로운 힘을 더욱 강조하여 여배우의 페르소나/personas/를 구축하는 데 일조했다. 영화사상 최초로 뱀프 역을 맡은 배우는 테다 바라/Theda Bara/였다. 그녀는 영화 '어 풀 데어 워스/A Fool There Was/'에서 남성을 유혹하고 파멸시켜 얻은 재산으로 살아가는 '뱀파이어/the Vampire/'라는 악명 높은 여인을 연기했는데, 바로 이 영화가 뱀프의 기원이 되었다. 이국적인 짙은 눈 화장과 립스틱을 통해 요염한 눈빛이 생생해졌으며 이국적인 이집트 드레스, 화려한 동양적 장신구는 더욱 환상적인 분위기를 자아내 모호하고 신비롭게 관객을 압도했다.

당시 서구인의 에로틱한 상상은 인도, 중동 등 동방문화, 아프리카문화에 대한 이국 취향과 연관되었다. 세계적 석학 에드워드 사이드/E. Said/는 역사적으로 동양이 학문적·예술적 수용 면에서 서양의 욕망의 대상으로 그려져 왔음을 지적하고 있다. 그러나 이는 서구인의 욕망이 만든 상상의 대용물로, 서양의 주체가 동양을 경험하지 못한 결핍에서 나온 허구의 산물에 불과하다. '이국적/exotic/'의 사전적 정의는 '낯설음/foreignness/에 대한 최초의 인상'이다. 이국적인 것은 특별한 힘을 생성하고, 이상하고도 낯선 것은 아름다우며 유혹적이라는 점을 암시한다. 뱀프의 이미지는 이국적인 직물과 장신구, 화장, 동양적인 화려하고 강렬한 색의 무대 의상으로 그려졌으며, 이것은 1920년대 패션에 영향을 주기도 했다.

영화 '시너스 인 실크/Sinners in Silk/'에서 팜파탈 이미지는 실크나 레이온으로 만든 '매춘부 핑크/prostitute pink/'의 여성용 콤비네이션 속옷/cami-knickers/으로 표현되기도 했다. 1920년대 팜파탈의 대표적인 인물은 미국과 독일 영화배우로, 폴라 네그리/Pola Negri/, 글로리아 스완슨/Gloria Swanson/, 그레타 가르보/Greta Garbo/, 클라라 바우/Clara Bow/ 등이 '잇 걸/It Girl/'로 알려져 있다. 잇 걸은 섹스어필의 이미지를 나타내는데, 짙게 눈썹을 그리거나 빛나는 아이섀도를 칠하고 짙은 빨간색으로 입술을 칠했다.

1928년 루지 그린/lizzie Green/은 'It'이라는 글자가 전면 프린트된 미국산 직물로 잇 걸을 위해 드레스를 디자인하기도 했다.

클라라 바우

마를렌 디트리히

리타 헤이워스

그레타 가르보

폴라 네그리

FASHION DESIGNER

Jeanne Lanvin

잔느 랑방 1867~1946

"랑방은 바느질을 통해 자신의 딸을 눈부시게 했고,
그것은 세상을 눈부시게 만들었다."
(프랑스의 여류 소설가, 루이즈 드 빌모랭)

*잔느 랑방*은 20세기를 대표하는 파리의 패션 디자이너이다. 그녀가 1889년에 설립한 랑방 하우스/The House Of Lanvin/는 현존하는 파리의 디자인 하우스 중 가장 오랜 역사를 자랑하고 있으며, 오늘날에도 로맨틱하고 우아한 파리 패션을 대표하는 디자인 하우스로 명성을 이어가고 있다. 패션 디자이너 칼 라거펠트/Karl Lagerfeld/는 그녀를 "위대하고 위대한 디자이너/great, great designer/"라고 칭송했으며, 화려한 아름다움과 세련된 절제미가 공존하는 랑방 스타일은 현재에도 꾸준히 사랑받고 있다.

위대한 어머니 디자이너 – 지극한 모성의 승리

잔느 랑방은 11남매의 장녀로 태어나 어려운 집안을 돕기 위해 13세가 되던 해 재봉사로 패션계에 입문했다. 그녀는 1883년 모자 디자이너였던 마담 펠릭스/Madame Felix/의 도제로 들어가 훈련을 받은 것을 시작으로, 1885년에는 스페인의 마담 발렌티/Madame Valenti/의 디자인 하우스에서 일하게 되었다. 이 때, 오트 쿠튀르 수준의 의상을 창조하는데 필요한 기술들을 익힐 수 있었다. 랑방은 1889년 파리에서 모자 부티크를 열면서 사업을 시작했다.

랑방은 지극한 모성애를 가졌는데, 1897년 딸 마거릿 마리 블랑쉬/Marguerite Marie-Blanche/의 탄생은 그녀의 인생에서 가장 중요한 순간이 되었다. 랑방은 모자 디자인을 하면서 틈틈이 딸을 위해 아름답고 독창적인 아동복을 디자인하여 입혔다. 딸 마거릿에게 입힌 고운 색상에 자수가 들어간 아동복들이 랑방의 모자 부티크를 찾은 상류층 고객들의 마음을 사로잡으면서 패션 디자이너로서 랑방의 이름이 널리 알려지게 되었다. 1909년에는 소녀, 성인 여성을 위한 라인을 추가하여, 랑방 하우스는 모든 연령대의 여성들에게 로맨틱하고 섬세한 디자인의 의상을 제공했다. 그 해 랑방 하우스/The House Of Lanvin/가 파리 오트 쿠튀르 조합/La Chambre Syndicale de la Couture Parisiene/에 정식으로 가입하면서 프랑스를 대표하는 새로운 디자인 하우스로 입지를 굳히게 된다.

12 손을 맞잡은 모녀를 형상화한 랑방 하우스의 로고
아르데코 스타일을 보여주고 있다.

랑방에게 딸 마거릿 마리 블랑쉬는 영원한 뮤즈, 디자인의 영감, 창조의 원동력이었다. 딸이 아름답고 행복하기를 기원하는 지극한 모성애는 랑방 하우스가 성공하는 데 근간을 이루었다. 이것은 1922년 패션 일러스트레이터 폴 이리브/Paul Iribe, 1883~1935/가 디자인한 엄마와 딸이 손을 맞잡고 있는 랑방 로고에도 잘 드러난다.

프랑스의 낭만적인 여성미

잔느 랑방이 활발하게 활동하던 제1차 세계대전 이후부터 1930년대는 모더니즘의 시대로 장 파투/Jean Patou/, 가브리엘 코코 샤넬/Gabrielle "Coco" Chanel/ 등의 기능적이고 단순한 의상이 인기를 끌었다. 모든 연령대의 여성들이 낭만적이고 우아하게 보이기를 원했던 랑방은 극단적인 모던 스타일에 대응하는 로맨틱하고 여성스러운 스타일을 선보였다.

랑방의 대표적인 디자인은 1919년에 발표되어 1920년대와 1930년대를 풍미한 로브 드 스틸/Robe de Style/로, 18세기와 제2제정기의 궁정문화에서 영감을 받았다. 날씬하고 몸에 잘 맞는 보디스/bodice, 드레스의 상체부분/, 낮은 허리선, 아래로 넓게 퍼지는 풀 스커트/full skirt/에 화려한 자수와 수공예적인 디테일이 들어간 것이 특징이며, 앞뒤가 납작하면서 넓은 스커트의 폭을 유지하기 위해 18세기 파니에/pannier/와 같은 속옷이 사용되었다.

랑방 작품들의 공통된 특징은 화려한 아름다움, 세련된 절제미가 공존하는 로맨틱한 단순미/romantic simplicity/로 요약될 수 있다. 단순하고 절제된 실루엣의 드레스에, 장인 정신이 돋보이는 정교한 수공예 장식을 더하여 로맨틱하고 우아한 여성미를 표현했다. 랑방 드레스의 섬세한 수공예 디테일들은 랑방 하우스의 숙련된 기술자들만이 창조할 수 있는 것으로, 아무도 모방할 수 없는 랑방 하우스만의 시그니처가 되었다. 랑방의 작품들은 시폰, 새틴, 벨벳, 실크 태피터 등 다양한 텍스처의 소재, 리본, 꽃장식, 자수, 비딩, 아플리케와 같은 정교한 수공예 기법, 로맨틱한 컬러가 잘 어우러져 낭만적인 여성미의 극치를 보여준다.

패션을 뛰어넘어 다양한 예술 영역 도전

잔느 랑방은 놀라운 창조성과 업적에도 불구하고, 폴 푸아레/Paul Poiret/, 코코 샤넬/Gabrielle 'Coco' Chanel/과 같은 다른 라이벌 디자이너에 비해서 별로 알려지지 않았다. 이는 그녀의 조용한 성격에 기인한다. 랑방은 사교계에 모습을 드러내고 가십거리에 오르내리면서 자신의 옷을 홍보하는 것보다는 살롱에서 고객들과 소통하여 고객의 요구를 파악하고, 독창적인 디자인 영감의 원천을 찾기 위해 노력했다. 1920년대에 랑방은 이미 50대였으나 왕성한 활동을 계속했다. 그녀는 스스로 예술가와 창조자로 일컬으며 끊임없는 창조에 대한 열정을 드러내며, 패션을 넘어서 다양한 영역에도 도전했다.

랑방은 독창적인 디자인을 선보이기 위한 디자인 영감을 찾는 데에 많은 노력을 기울였다. 전 세계가 곧 랑방의 창조 활동의 장이 되었다. 랑방은 러시아, 이집트, 아프리카, 아시아, 남아메리카 등을 여행하면서 전통 의상, 직물, 보석, 그림들을 수집하고, 책, 성당, 박물관, 갤러리의 미술작품, 정원 등에서 디자인 영감을 찾는 노력을 계속했다. 이런 이국적인 자료들은 트리밍의 장인인 그녀의 손을 거쳐 자수와 비딩, 아플리케의 도안이 되어 20세기 파리에서 현대 패션으로 재창조되었다. 그녀는 아즈텍문명 문양, 이집트 파라오 투탕카멘/Tutankhamen/의 마스크, 중국 팔괘/八卦/, 중국 전통 의상의 용 자수들, 일본 기모노 특유의 컬러 감각과 형태 등과 같은 이국적인 소재를 단순히 1차적으로 차용하여 재현한 것이 아니라, 고유의 디자인 작업을 통해 신비로운 이국미를 지닌 우아한 파리 패션으로 새롭게 탄생시켰다.

13 수공예 장식이 화려한 랑방 드레스를 입은 모녀(1922)
프랑스의 패션 잡지 〈가제트 뒤 봉 통〉에 실린 일러스트이다. 화려한 수공예 장식에서 로맨틱한 단순미를 엿볼 수 있다.

지구 곳곳의 이국적인 문화뿐만 아니라 역사도 좋은 아이디어 원천이 되었는데, 랑방은 특히 중세와 이탈리아 르네상스 시대에 주목했다. 그녀는 중세 천주교 성직자 복식에서 아이디어를 얻어 새로운 실루엣과 모티프가 있는 여성복을 창조했다. 또한, 오래된 미술이나 회화에서 영감을 받아 화려한 수공예 장식과 우아한 실루엣의 픽처 드레스/picture dress/들을 선보였다.

랑방의 창조 활동은 새로운 실루엣의 의상, 독특한 모티프가 있는 장식도안의 개발에만 머물지 않았다. 예민한 색채 감각의 소유자였던 랑방은 인상파 화가들의 색상과 빛의 사용에 매료되었다. 그녀는 완벽한 컬러를 표현하기 위해 1923년에 낭테르/Nanterre/에 랑방 하우스만의 염색 공장을 세웠다. 랑방은 선명하고 미묘한 여성스러운 컬러들을 좋아했는데, 그녀만의 연한 핑크/pale pink/, 자홍색/fuchsia/, 선홍색/cerise/, 엷은 황록색/almond green/ 등이 이 공장에서 조색되었다. 특히 랑방은 푸른색을 즐겨 사용했는데, 프라 안젤리코/Fra Angelico/의 프레스코화에서 영감을 얻은 특유의 푸른색은 '랑방 블루/Lanvin Blue/'라는 이름으로 불리고 있다.

잔느 랑방은 작은 모자 부티크에서 시작하여 아동복, 여성복, 웨딩, 란제리, 스포츠웨어, 모피까지 창조 영역을 넓혔고, 1926년 남성복 라인을 전개하면서 가족 모두를 위한 패션을 제공하는 유일한 디자인 하우스가 되었다. 1924년에 향수 사업까지 영역을 확장했는데, 1927년 마거릿의 30세 생일을 기념하여 출시한 향수 아르페주/Arpège/는 세계적으로 큰 성공을 거두었다. 아르페주의 향수병은 검은색 둥근 병에 조각난 멜론/melon/ 모양의 뚜껑으로 구성되어 있으

14 랑방에게 영감을 준 프라 안젤리코의 산마르코 제단화(San Marco Altarpiece, 1440)

15 랑방 블루 컬러의 원숄더 드레스 (2008 S/S)
이스라엘 출신의 디자이너 알바 엘버즈가 잔느 랑방의 디자인 철학을 계승하며 랑방 하우스를 잇고 있다.

며, 인테리어 디자이너 아르망 알베르 라토/Armand-Albert Rateau/가 디자인했고 일러스트레이터 폴 이리브/Paul Iribe/가 만든 로고, 즉 잔느 랑방과 딸 모습의 일러스트 그림이 금색으로 프린트되어 있다.

1920년 랑방은 패션 영역을 넘어 아르데코 디자이너 라토와 랑방 데커레이션/Lanvin Decoration/을 론칭하여 인테리어 디자인, 장식미술 영역에도 도전했다. 라토와 함께 자신의 부티크와 개인 저택을 아르데코 양식으로 장식했고, 1921년에는 파리 도누 극장/Théâtre Daunou/의 인테리어 디자인 작업에도 참가했다. 아르데코 양식의 정수를 보여주는 그녀의 아파트는 현재 파리 아르데코 뮤지엄/Musée des Arts Décoratifs/에 재현해서 전시되고 있다.

어린 소녀였을 때부터 재봉사로 일하기 시작한 랑방은 끊임없는 열정과 노력으로 패션을 넘어서 라이프 스타일을 제안하는 공급자가 되었으며, 파리 패션계의 공로를 인정받아 1926년에

16 파리 아르데코 뮤지엄에 복원되어 전시 중인 랑방 저택의 침실
프레스코화에서 영감을 얻은 랑방 블루 컬러로 꾸며 있다.

는 레지옹 도뇌르 훈장/Officier de l'Ordre de la Légion d'Honneur/을 받았다.

코코 샤넬과 함께 20세기 프랑스 패션을 대표하는 디자이너인 잔느 랑방은 모성과 경력을 결합한 패션계에서는 보기 드문 특별한 캐릭터였다. 랑방은 딸이 아름답고 행복하기를 기원하면서 젊음, 여성성, 아름다움을 테마로 삼은 패션 디자인을 선보였으며, 프랑스 특유의 우아한 여성미를 표현하는 미학의 전형을 보여주었다. 1946년 79세의 나이로 영면에 들기 전까지 57년간 꾸준히 디자이너로서, 프랑스 패션 산업의 리더로서 일했다. 그녀의 창조적인 힘, 끊임없는 열정의 산물인 랑방 하우스는 오늘날에도 동일한 색깔로 운영되고 있다.

17 정교한 금속 비즈 장식의 톱 (2010 S/S)
잔느 랑방의 정교한 수공예 기법은 랑방 하우스의 디자인의 근간이 되었다.

18 섬세한 칼라의 실크 톱과 스커트 (2011 S/S)
금속 비즈와 자수 디테일, 섬세하고 아름다운 컬러감은 랑방 하우스의 장인 정신을 엿보게 한다.

FASHION ICON

로브 드 스틸

프랑스의 패션 디자이너 잔느 랑방/Jeanne Lanvin, 1867~1946/이 1919년에 처음 선보여 1920~1930년대에 인기를 끈 이브닝드레스다. 랑방의 로브 드 스틸/Robe de style/은 당시 유행했던 날씬하게 직선으로 떨어지는 실루엣의 슈미즈 드레스/chemise dress/와는 달리, 날씬하고 몸에 잘 맞는 보디스/bodice, 드레스의 상체 부분/에 아래로 넓게 퍼지는 발목 길이 치마/full skirt/가 달린 것이 특징이다. 스커트의 폭을 넓게 유지하기 위해 파니에/pannier/와 같은 속옷을 이용했다. 꽃, 리본, 기하학적인 아르데코 디자인 문양, 이국적인 문양 등이 비딩, 자수, 아플리케와 같은 수공예 장식기법으로 표현되었다.

당시 유행하던 플래퍼 스타일/flapper style/이나 가르손느 룩/La Garçonne look/은 좀 더 젊고 혁신적인 여성들이 즐겨 입었다면, 랑방이 제시한 로브 드 스틸은 클래식하고 여성스러운 실루엣이므로 전 연령대 여성들의 사랑을 받았다. 즉, 로브 드 스틸의 로맨틱 페미닌 스타일은 여성성을 상실한 기능적이고 모던한 스타일에 대한 새로운 대안이 되었다.

로브 드 스틸은 젊음/youth/, 여성스러움/feminity/, 아름다움/beauty/을 테마로 삼는 잔느 랑방 디자인 하우스의 시그니처 디자인이 되었으며, 칼로 자매/Callot Soeurs/, 루실/Lucile/과 같은 당시 다른 패션 디자인 하우스들에도 영향을 끼쳤다. 많은 사람들이 그녀의 드레스를 카피하여 저렴하게 공급하려고 했지만, 랑방 하우스의 숙련된 장인들이 손으로 만든 정교한 퀄리티, 놀라운 장인정신은 복제할 수 없었다.

랑방 하우스의 주요 문양인 보우에 진주와 크리스털이 수놓아진 로브 드 스틸 드레스

아르페주

아르페주/Arpège/는 1927년 출시된 랑방 하우스/The House of Lanvin/의 대표적인 향수이다. 잔느 랑방은 딸 마거릿 마리 블랑쉬/Marguerite Marie-Blanche/의 30세 생일을 축하하기 위해 조향사 앙드레 프레이스/André Fraysse/, 폴 바셰/Paul Vacher/에게 의뢰하여 이 향수를 제작했다. 꽃 60종 이상에서 추출한 에센스와 알데히드, 호박과 바닐라향이 가미되었다. 향수의 이름인 '아르페주'는 화음의 각 음을 동시에 연주하는 것이 아니라 연속적으로 차례로 연주하는 주법인 아르페지오/arpeggio/에서 따왔는데 음악적 조예가 깊었던 마거릿 마리 블랑쉬가 향을 맡은 후 지었다.

향수 아르페주는 독특한 향기뿐만 아니라 향수병의 디자인으로도 아르데코 작품의 하나로 평가받고 있다. 둥근 검은색 병에 조각난 멜론 모양의 뚜껑이 있는 아르페주의 향수병은 인테리어 디자이너 아르망 알베르 라토/Armand-Albert Rateau/가 디자인했으며, 일러스트레이터 폴 이리브/Paul Iribe/가 만든 로고가 금색으로 프린트되어 있다.

향수 아르페주는 발매 후 많은 여성들에게 사랑을 받았는데, 프랑스의 여류소설가 루이즈 드 빌모랭/Louise de Vilmorin/은 꽃, 과일, 모피, 잎들을 합한 향이라고 평했다. 다른 여류 소설가인 콜레트/Colette/는 현대적인 향이라고 극찬하면서 1948년에는 아르페주에 영감을 받아 '향의 오페라/L'Opéra de L'Odorat/'라는 시와 일러스트로 구성된 책을 내기도 했다.

1920년대 랑방 하우스를 대표하는 향수 아르페주

Gabrielle Coco Chanel
가브리엘 코코 샤넬 1883~1971

"패션은 단순한 옷 문제가 아니다. 패션은 바람에 깃들어 공기 중에 존재한다. 사람들은 패션을 느끼고 들이마신다. 그것은 하늘에도, 길거리에도 존재하고 모든 곳에 존재한다. 그것은 생각, 격식, 사건에서 비롯된다."

*가브리엘 코코 샤넬*은 1883년 프랑스 남서부의 소뮈르/Saumur/의 가난한 집안에서 태어나 어린 시절 어머니와 사별하고 아버지에 의해 수도원에서 운영하는 보육원에 맡겨졌다. 보육원 시절 직업 교육의 일환으로 바느질을 배웠고, 이렇게 습득한 바느질 기술은 훗날 샤넬이 패션 사업을 시작하여 자신의 패션 감각을 구체화할 수 있는 발판이 되었다. 샤넬은 나중에 보육원을 나와 술집에서 노래를 부르게 되면서 '코코/Coco/'라는 별칭을 사용했는데, 이 별칭이 훗날 샤넬 로고에 사용된 2개 'C'를 의미하는 것으로 추정한다. 샤넬이 거짓말로 숨기려고 했던 자신의 불우한 성장 과정, 정식 교육의 부재는 기존 관습을 깨고 시대적 변화의 흐름에 맞는 발상의 전환을 통해 새로운 스타일을 제안할 수 있는 원동력이 되었다.

기존 질서의 전복을 꾀한 디자이너 데뷔

샤넬은 가수 시절 재력가인 에티엔 발상/Étienne Balsan/을 만나 정부/mistress/가 되고, 그의 재정적 후원을 받아 1910년 모자 가게를 열었다. 당시 프랑스에서는 정부에게 모자 가게를 열어주는 것이 일반적이었는데, 샤넬은 이 모자 가게로 패션 사업을 시작했다. 1913년에는 그녀의 두 번째 애인인 영국인 사업가 아서 카펠/Arthur Capel/의 도움으로 프랑스 휴양지인 도빌/Deauville/에 모자와 함께 단순한 스포츠웨어를 취급하는 상점을 열었다. 이때부터 당시 주로 남성 속옷용으로나 쓰여 보잘 것 없는 소재로 취급하던 편물의 일종인 저지/jersey/를 이용하여 의상을 제작하는 실험정신을 보여주었고, 스웨터나 세일러 블라우스/sailor blouse/와 같은 편안한 의상을 디자인하기 시작했다. 당시 스웨터는 남성들이 스포츠웨어로 착용하던 것으로, 여성복에 이것을 도입한 신선한 시도는 스포츠광인 카펠의 영향에 의한 것으로 추정한다. 세일러 블라우스는 어부들이 착용했던 작업복이 여성복으로 재탄생한 결과물이었다. 또한, 여성의 손을 자유롭게 해준 샤넬 의상의 패치 포켓/patch pocket/은 남성 노동자 복식에서 아이디어를 얻은 것이었다.

이어 샤넬은 1916년 또 다른 휴양지인 비아리츠/Biarritz/에 '메종 드 쿠튀르/양장점, maison de couture/'를 열어 정식으로 첫 의상 컬렉션을 발표했다. 스포츠웨어를 중심으로 편물을 포함한 활동하기 편안한 소재를 활용하여 단순하고 기능적인 디자인을 전개했고, 사교계 여성들에게 고가로 판매했다. 당시 미국〈보그/Vogue/〉와〈하퍼스 바자/Harper's Bazaar/〉에서는 저지를 이용한 샤넬 디자인의 가치를 높이 평가했다. 저지를 이용한 여성복 디자인은 샤넬 이전에 다른 디자이너들도 시도했다. 하지만 샤넬 의상이 저지 소재로 만든 여성복의 일반 대명사로 자리잡을 수 있었던 것은 단순하고 실용적인 디자인 안에서 우아함을 창출할 수 있는 샤넬의 탁월한 디자인 센스에 기인한 것으로 평가하고 있다.

샤넬은 1918년 쿠튀리에르/couturiere/로 등록하고 파리의 캉봉/Cambon/ 거리에 매장을 열었다. 그녀는 여성 라이프 스타일의 모던한 변화를 읽어냈다. 산업 발달에 의해 어느 때보다 기능성이 강조되었으며 여성의 학력 향상, 직업여성 수와 경제력 증가, 여성의 스포츠 참여 기회 확대 등의 변화를 알아차리고 장식성을 배제한 활동적인 의상을 제안했다.

기능성을 키우기 위해 팔의 움직임이 자유롭도록 소매가 편안해지게 주의를 기울였고, 걸음걸이가 자유롭도록 이브닝웨어까지도 종아리를 드러낼 정도로 짧게 디자인했다. 또한, 샤넬의 단순하고 활동적인 디자인은 애인이었던 영국인 웨스트민스터 공작/Duke of Westminster/과 주변 친구들이 착용했던 스포츠웨어의 영향을 많이 받았다. 구체적인 영향은 남성 스포츠웨어의 일부인 스웨터, 카디건/cardigan/, 배기팬츠/baggy pants/ 디자인의 차용, 편물이나 영국산 트위드/tweed/ 같은 활동하기 편안하고 실용적인 소재의 사용에서 찾을 수 있다. 샤넬의 디자인은 상당한 인기를 끌었고, 1920년대 중반에 이미 그녀는 유명 디자이너로 명성을 떨치게 되었다.

샤넬 디자인의 단순미, 기능성의 극치는 1926년 발표한 리틀 블랙 드레스/little black dress/에서 찾을 수 있다. 당시 여성들은 검은 의상을 상복이나 점원 의상으로만 착용했다. 하지만 샤넬

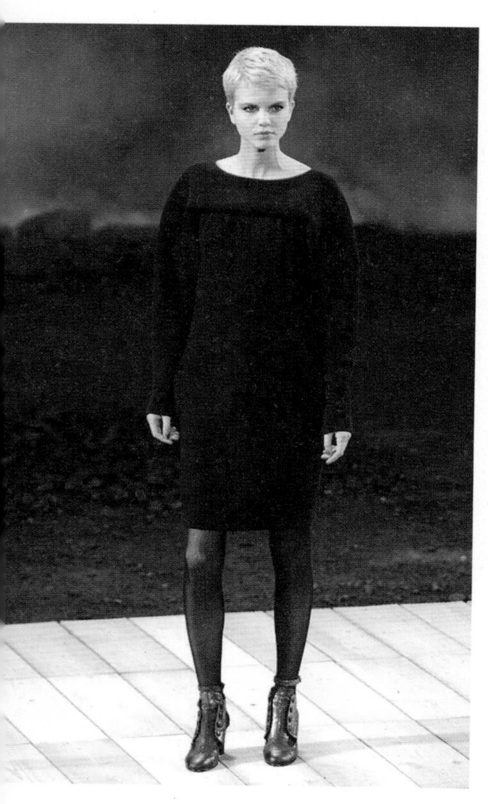

19 리틀 블랙 드레스를 새롭게 재현한 디자인 (2011 F/W)

은 산업혁명 이후 남성복에서 일찌감치 댄디/dandy/가 확립한 검은색의 우아한 미적 가치/elegance/를 최고급 여성복에 도입하는 획기적인 시도를 했다.

리틀 블랙 드레스로 대표되는 샤넬의 단순하고 기능적인 디자인은 복제가 쉬워서 다양한 가격대에서 그에 맞는 다양한 소재로 생산되었다. 특히, 미국에서 샤넬 디자인의 복제가 성행했는데, 샤넬은 이를 꺼려하지 않고 디자인의 가치를 인정한 결과로 생각했다. 샤넬 디자인의 복제는 샤넬 디자인의 홍보 효과가 되었으며 동시에 오리지널 샤넬 상품의 희소성을 높여주는 결과를 낳았다.

샤넬 의상이 인기를 끌 수 있었던 다른 원인에는 사교계의 중심에 있던 샤넬이 스스로 모던한 여성의 전형적 모델로 자신의 디자인을 홍보한 데에 있다. 샤넬은 직업여성으로 상당한 명성과 부를 축적했을 뿐만 아니라, 상류층 인사와 예술가와 교류하면서 사회적 선망의 대상으로 자리했다. 그녀의 마른 몸매와 짧은 머리 스타일은 1920년대를 풍미한 미성숙한 소년의 모습과 활동적인 여성상을 대표했다. 항상 자신이 디자인한 의상과 액세서리를 착용한 모습으로 매체와 대중 앞에 등장했고, 이는 샤넬 상품 자체의 홍보뿐만 아니라, 상품들을 조합하여 탄생할 수 있는 바람직한 스타일의 예를 보여주면서 수요를 창출해냈다. 샤넬 스타일은 샤넬이 맡은 1920년대에서 1930년대 무대 의상과 할리우드 영화 의상 디자인을 통해서도 재현되면서 광고 효과를 발산했다.

발상 전환을 통해 만든 샤넬 N°5와 코스튬 주얼리

샤넬의 향수 사업은 1921년 샤넬 N°5/Chanel No. 5/로 시작했는데, 이후 그녀에게 엄청난 부를 가져다주었다. 폴 푸아레/Paul Poiret/에 의해 이미 다양한 디자이너 향수가 발표된 후였기 때문에 샤넬 N°5가 첫 디자이너 향수라고는 할 수 없지만 이 향수는 디자이너의 이름이 들어간 최초 향수로 알려져 있다. 또한, 숫자 '5'가 들어간 이름과 단순한 용기 디자인은 시대를 앞선 모던함을 보여주었다.

샤넬의 또 다른 과업으로는 1924년 처음 발표한 코스튬 주얼리/costume jewelry/를 들 수 있다. 당시 여성의 보석 치장은 집안 남성의 경제적인 부를 과시하기 위한 수단으로 사용되었다. 샤넬은 이러한 사회적 관습을 깨고, 인조 진주나 크리스털 등의 인조 보석을 제조하여 진짜 보석과 조합해서 다양한 액세서리를 디자인했다. 이 중 대표적인 것이 인조 진주 목걸이로, 여러 줄을 드리워 우아한 모습을 연출했다. 샤넬은 다양한 액세서리 디자인을 통해 그녀의 단순한 패션 디자인에 화려함을 부여했다. 따라서 일부 학자들은 기존에 의상 자체에 나타난 화려함이 샤넬 디자인에서는 단순한 의상과 화려한 액세서리로 분리되어 나타나 다양한 조합에 의한 장식이 가능하도록 재배열되었다고 해석했다.

여성성을 강조한 로맨틱 스타일

샤넬은 단순하고 기능적인 1920년대 디자인에서 벗어나 1930년대에는 레이스나 망사류인 튤/tulle/ 소재를 이용하여 여성의 몸에 꼭 맞고 긴 치마가 달린 일명 로맨틱한 분위기의 의상들을 발표했다. 특히, 1939년에 발표한 와토 슈트/Watteau suit/는 18세기 화가 와토/Watteau/의 회화에 등장한 여성복에서 영감을 얻어 디자인한 의상으로 잘록한 허리 라인과 넓은 스커트로 구성되었는데, 1947년 크리스티앙 디오르/Christian Dior/에 의해 발표된 뉴룩/New Look/과 유사했다. 1930년대 샤넬 디자인이 남성복 요소나 하류층 복식 요소의 도입 등 기존 사고를 뒤집었던 이전 의상들과 성격이 다른 것에 대해 발레리 스틸/Valerie Steele/은 안정적이고 부르주아적이라고 평가했다.

망명 생활과 패션계 복귀

샤넬은 1939년 제2차 세계대전이 발발하면서 쿠튀르 하우스를 닫고 프랑스 남부지역으로 피신했다. 파리가 나치의 손에 넘어간 시기에 샤넬은 독일군 장교와 교제했고 나치에 적극 협력해 그녀의 옛 애인인 웨스트민스터 공작의 친구인 윈스턴 처칠/Winston Churchill/의 마음을 움직이려 했던 공작에 적극 가담했다. 종전 후 샤넬의 이러한 행위가 밝혀지면서 프랑스인 사이에서 샤넬은 배신자로 낙인찍히게 되었고, 이로 인해 스위스에서 망명 생활을 할 수밖에 없었다.

1954년 샤넬은 오랜 망명 생활을 접고 파리로 돌아와 새 컬렉션을 발표했다. 당시에는 디오르, 발렌시아가/Balenciaga/ 같은 남성 디자이너들의 다양한 스타일이 유행하고 있었고, 샤넬은 이들 남성 디자이너가 여성의 인체나 움직임을 전혀 고려하지 않고 여성의 활동을 제한하는 디자인을 발표하고 있다고 비난했다. 샤넬은 이들 디자인에 맞서 1920년대 스웨터의 모습에 가까웠던 저지 카디건 슈트/cardigan suit/를 박시하게/boxy/ 다듬은 편안한 스타일의 카디건 슈트를 발표했다. 샤넬 컬렉션은 파리에서는 예전 디자인과 차이가 거의 없다는 혹평을 받은 반면, 미국에서는 그녀의 실용적이고 모던한 스타일의 재탄생에 박수를 보냈다.

20 1910년대 저지를 이용한 카디건 스타일의 앙상블 (2014 리조트 컬렉션)

이 외에도 샤넬은 1950년대에 길이를 조절할 수 있는 체인 손잡이가 달린 핸드백과 앞부분을 검은 가죽으로 대어 오염을 방지한 슬링 백/sling backs/을 발표했다. 이 액세서리들은 이미 1920년대에 소개했던 누빈/quilted/ 핸드백의 변형이거나, 기존 남성용 신발에서 영감을 얻은 디자인이었다.

이후 그녀는 1960년대에 등장한 미니스커트의 열풍을 강하게 비난하면서 스커트 길이를 줄이지 않았다. 이러한 샤넬의 태도는 사회적 트렌드에 맞는 새로운 디자인의 시도를 두려워하지 않던 초창기 모습과 대조를 이루면서 칼 라거펠트/Kkarl Lagerfeld/에 의해 후기 샤넬 디자인의 한계로 지적되었다. 하지만, 샤넬은 패션계에 복귀하여 세상을 떠난 1971년까지 패션에 대한 열정을 불사르며 샤넬 슈트를 클래식한 스타일로 정착시켰다. 그녀가 평소 가진 샤넬 디자인의 영속성에 대한 확신과 자부심은 "사람들이 샤넬 모드에 대해 이야기하는 것을 원치 않

21 샤넬 고유의 퀼트 핸드백(2007 F/W)
체인 손잡이와 직사각형 잠금장치(mademoiselle lock)가 달린 샤넬 고유의 퀼트(quilted) 핸드백의 최근 디자인이다.

는다. 샤넬은 스타일이다. 모드는 시간이 지나면 유행이 지나간다. 하지만 스타일은 그렇지 않다."라는 말에서 고스란히 드러난다.

샤넬 디자인 하우스는 1983년 이후 칼 라거펠트의 통솔 아래 샤넬의 본래 스타일에 새로운 요소를 접목해가며 끊임없는 변화를 거듭하고 있다.

FASHION ICON

샤넬 N°5

샤넬은 1921년 디자이너 이름을 따서 만든 최초 향수라고 알려진 '샤넬 N°5/Chanel No. 5/'를 발표했다. 몇 가지 플로랄 향으로 제조한 기존 향수와는 달리 N°5는 디자이너 향수로는 최초로 자연성분과 합성성분을 조합했는데, 알데히드를 포함한 83가지가 넘는 재료로 조향했고, 이는 혁신적인 일이었다.

샤넬이 자신의 향수 이름에 왜 번호를 부여했는지에 대해 혹자는 샤넬이 받은 향수 샘플 중 다섯 번째였기에 채택된 이름이라고도 하고, 혹자는 '5'가 샤넬에게는 행운의 숫자였기 때문에 이름으로 지었다고 주장했다. 케네스 E. 실버/Kenneth E. Silver/는 이러한 추측은 모두 신빙성이 없다고 일축했다. 1910년대를 풍미하던 디자이너 폴 푸아레/Paul Poiret/의 의상과 향수에는 '오클레르 드 라 룬/Au clair de la lune, 달밤에/'이나 자신의 둘째 딸 이름을 딴 '마르틴/Martine/'과 같은 드라마틱하고 의미 있는 이름들이 붙었고, 샤넬은 이에 대한 반동으로 자신의 향수에 번호를 부여하여 기존 제품들과의 차별성을 나타내고자 했다. 또한, 샤넬 N°5가 발표될 당시 서구사회에서는 경제적이나 과학적 관점에서 숫자가 지니는 중요성과 효율성을 주시하고 있었고, 이러한 분위기에 의해 입체파나 러시아 구성주의 작가들의 작품에 숫자가 등장하기도 했다. 따라서 샤넬 N°5는 기존 질서에 대한 도전과 함께 효율의 중요성을 고스란히 담고 있다.

샤넬의 기존 질서에 대한 도전과 효율성 추구는 샤넬 N°5의 모던한 용기 디자인에서도 확인할 수 있다. 네모난 투명 유리 용기에 장식성이 배제된 평범한 서체로 제작한 라벨은 기존 화려한 향수용기와는 전적으로 달랐다. 샤넬은 소비자가 환상적인 이름이나 분위기에 휩쓸리지 않고 좀 더 이성적이고 분명한 것을 원하고 있음을 간파했다. 이 용기 디자인은 모서리가 약간 둥글어졌지만 1921년 당시 그대로 오늘날까지 지속적인 인기를 끌고 있다.

디자이너 이름을 따서 만든 최초 향수
샤넬 N°5

FASHION ICON

리틀 블랙 드레스

샤넬이 1926년 발표한 리틀 블랙 드레스/little black dress/에 대해 미국 〈보그/Vogue/〉는 '샤넬의 포드/The Chanel Ford/'라고 소개했다. 이는 이 의상의 대량 생산 가능성을 간파하고 미국 포드 사의 자동차에 비유하여 보낸 찬사다. 이 의상은 전체적으로 튜블러 형태/tubular/의 실루엣에 앞쪽 상하에 사선의 핀턱이 잡혀 있는 단순한 디자인으로 복제를 통해 대량 생산이 용이했다. 또한, 직선적 실루엣, 역동적인 느낌을 부여하는 사선의 사용, 불필요한 장식의 배제는 스피드를 찬양하던 아르데코/art deco/ 양식의 기하학적 특성을 담고 있다.

리틀 블랙 드레스는 기존에 주로 상복으로 사용하던 검은색을 여성 일상복에 도입했다는 데에 패션 디자인 사상 혁신적 의미를 갖는다. 샤넬은 1910년대를 풍미하던 폴 푸아레/Paul Poiret/의 강렬한 색상 디자인에 반발하여, 산업혁명 이후 남성복에 뿌리내린 검은색의 시크/chic/함을 여성복에 담고자 했다. 또한, 철저히 장식성이 배제된 샤넬의 검은색 의상은 여성 점원과 상류층 여성의 구분을 모호하게 했다. 리틀 블랙 드레스의 이러한 특성은 의복에서 성별 및 계급과 관련된 고정 관념을 전복시킨 획기적인 시도로 평가받고 있다.

패션 디자인 역사상 가장 혁신적인 리틀 블랙 드레스

Jean Patou
장 파투 1887~1936

"현대 여성은 활동적인 삶을 이끌어가고 있으며, 창조자는 그녀에게 어울리는 옷을 입혀주어야 한다."

*장 파투*는 패션 역사가는 물론 일반인들에게도 그의 최대 라이벌이었던 코코 샤넬/Coco Chanel/의 그늘에 가려졌지만, 그의 전성기였던 제1차 세계대전 이후인 1918~1929년에는 샤넬과 비견한 영향력 있는 선두 디자이너였다. 파투는 기성복 라인/ready-to-wear line/의 필요성을 인식했던 최초의 쿠튀리에/couturier/ 중 하나로, 이것은 1929년 쿠튀르/couture/에 새로운 방향을 제시했으며 우리가 오늘날 알고 있는 '디자이너웨어/designer wear/' 개념의 전조가 되었다.

파투 디자인의 주된 특징은 특히 미국시장에서 큰 명성을 얻었던 단순하고 깔끔한 라인, 기하학적이며 큐비즘적/cubist, 입체주의/ 모티프, 실용적이면서도 화려한 조합으로 미국적 취향의 심플/simple/과 프랑스의 시크/chic/를 적절히 결합한 것이었다. 아울러 그의 디자인은 현대적 스포츠웨어와 아웃도어 라이프 스타일을 대유행하게 했다.

플래퍼를 통한 패션의 모더니티 미학 구현

1925년 파투의 가을·겨울 컬렉션은 전후 1920년대 모더니즘의 유행과 대량 생산을 하는 시대적 분위기, 그리고 미국 모델을 통한 플래퍼/flapper/ 스타일의 구현을 통해 기성복 라인의 선봉자로서 혁신을 보여주는 일대 사건이었다. 1924년 11월 파투는 자신의 컬렉션 모델들을 구하기 위해 미국으로 향하는데, 당시 그는 프랑스 모델이 아닌 전형적인 미국 모델, 즉 '플래퍼 타입/flapper type/'을 찾고 있었다. 플래퍼는 잘 단련된 근육, 작은 엉덩이와 가슴, 길고 날씬한 다리와 가는 발목을 가진 당시의 시대적인 이상형을 말하는데, 스포츠는 이러한 몸매를 유지하는 데에 중요한 역할을 했다. 파투가 미국 모델을 당시 패션의 상징적·경제적 중심지였던 파리로 데려온 것은 프랑스에서 인종 문제를 불러일으킬 정도로 국수주의적 논란을 일으켰지만, 이것은 동시에 활동적인 현대 여성이자 모더니티/modernity/의 활기찬 상징인 뉴 우먼/New Woman/의 등장을 암시했다. 파투는 미국 모델 8명이 동일한 체크무늬 래퍼/wrapper/를 줄지어 입고 있는, 마치 코러스 라인/chorus line/을 연상시키는 룩을 연출했다. 이 룩은 현대산업사회에서 대량 생산의 자본주의 시스템을 상징적으로 재현했고 큐비즘에 의한 반복 및 추상 패턴을 통해 현대산업 생산의 기계적 이미지, 즉 표준화되고 획일화된 몸을 시각적으로 구현했다.

캐롤린 에반스/2008/는 파투가 구현한 플래퍼 이미지가 1920년대 패션의 포디즘/fordism, 대량 생산 방식/의 미학과 프랑스 쿠튀르 하우스에 구석구석 스며들었던 테일러리즘/taylorism, 과학적 경영 관리법/의 경영기술을 보여주었다고 지적한 바 있다.

여성 스포츠웨어의 혁신자

파투는 여성 스포츠웨어의 발전에 매우 중요한 업적을 남겼으며, 스포츠웨어는 그가 디자이너로서 맹활약을 펼친 분야였다. 1921년 윔블던에서 파투는 테니스 선수 수잔 렝글렌/Suzanne Lenglen/을 위해 흰색 스트레이트 슬리브리스 카디건/straight sleeveless cardigan/, 무릎길이의 흰색 실크 플리츠스커트/pleat skirt/, 매듭 달린 스타킹, 선명한 오렌지색 헤어밴드를 디자인하여 곧바로 선풍을 일으켰다. 이와 같은 보이시 스포티 룩/boyish sporty look/은 여성들이 운동 혹은 일광욕을 즐기거나, 다리를 노출하는 등 전 시대와 다른 1920년대 스타일을 반영하면서 당시 여성 패션을 지배했다.

1922년 파투는 패셔너블한 고객들을 위해 스포츠웨어 스타일을 도입하기 시작했는데, 그 여성들은 사실상 스포츠를 즐겼다기보다는 파투의 의상을 통해 사회적으로 과시하고자 했다. 같은 해, 파투는 자신의 이름을 딴 'JP' 모노그램/monogram/을 디자인에 최초로 활용했다. 또한, 그는 셀러브리티/celebrity/를 패션쇼에 도입한 선구적 디자이너이기도 했다.

그는 홍보활동에도 탁월한 수완을 보여 테니스 스타 수잔 렝글렌 외에도, 메리 픽포드/Mary Pickford/, 다이애나 쿠퍼 부인/Lady Diana Cooper/, 루이스 브룩스/Louise Brooks/, 돌리 시스터스/Dolly sisters/를 위해 디자인한 것으로도 유명했다.

아르데코와 큐비즘, 토털 룩, 1930년대 룩의 선두주자

파투의 디자인은 스포츠웨어 외에도, 당시에 유행하던 아르데코/art deco/와 큐비즘/cubism/으로부터도 영향을 받았다. 아르데코의 주요 요소인 강하고 단순한 선, 큐비즘의 날카로운 기하학적 패턴은 그의 패션의 주된 특징이었다.

특히, 파투는 기하학적 디자인으로 보다 더 잘 알려졌는데, 이 중 가장 유명한 것은 1924년 브라크와 피카소의 회화에서 영감을 받은 컬러 블록/blocks of color/ 스웨터로, 이와 같은 초현실적 모티프는 이후 스커트, 가방, 수영복 등에도 적용되었다. 1925년 파투는 자신의 숍, 코인 데 스포츠/Coin des Sports/에서 이러한 디자인과 더불어 라이프 스타일을 고려한 최초의 토털 룩/total look/을 구현했으며, 1930년에는 최초로 니트 수영복과 모자, 스카프, 장갑을 매치하여 현대 기계-니트웨어/machine-knitted wear/ 산업의 선구자가 되었다.

1925년 봄, 파투는 자연스러운 허리선을 강조하면서 디자인의 변화를 주기 시작했는데, 이후 1929년 겨울 컬렉션에서는 약간의 하이 웨이스트/high waist/, 프린세스 라인/princess line/, 바이어스/bias/ 재단에 의한 드레이퍼리/drapery/를 통해 전체적으로 몸에 밀착되고 스커트 길이가 길어진 새로운 실루엣을 창조했다. 이것은 향후 1930년대 룩을 예견한 것으로, 패션 잡지 〈보그〉는 이것을 '가르손느 모드/garçonne mode/ 이래, 복식 사상 최초의 극적인 변화였다.'라고 지적했다.

향수사업과 파투의 유산

장 파투는 오늘날 향수 하우스로 보다 더 잘 알려져 있다. 그는 1920년대부터 여러 향수들을 개발하기 시작했는데, 이 중에는 당시 트리오/trio/였던 '아무르 아무르/Amour Amour, 열렬한 사랑/', '케세주/Que sais-je?, 나는 무엇을 알고 있는가?/', '아듀 사제스/Adieu Sagesse, 정숙함이여, 안녕/'도 있었다.

그는 1929년에 최초의 남녀 공용 향수, '르시엥/Le Sien, 그 여성의 것/'을 론칭했으며, 특히 1935년에는 '조이/Joy/'를 출시했는데, 이것은 향수 1온스/ounce/를 만드는 데에 장미 336송이와 재스민 꽃 10,600송이가 들어간 '세계에서 가장 값비싼 향기'로 알려지면서 엄청난 수익을 올렸으며 오늘날까지도 그 인기가 지속되고 있다.

파투는 1936년 비록 이른 나이로 사망했지만, 여동생 마들렌 파투/Madeleine Patou/의 남편 레이몬드 바바스/Raymond Barbas/가 파투 하우스를 이어갔다. 이후 파투 하우스는 마르크 보앙/Marc

Bohan/, 칼 라거펠트/Karl Lagerfeld/, 안젤로 탈라치/Angelo Tarlazzi/, 크리스티앙 라크루아/Christian Lacroix/ 등을 포함한 젊은 디자이너들에 의해 그 명성을 이어나갔으며, 2004년부터는 피앤지 프레스티지 보떼/P&G Prestige Beauté/에 의해 운영되고 있다. 이와 같이 장 파투는 사후에도 지속적으로 젊은 디자이너들에게 성공의 기회를 열어주었다.

22 1935년부터 인기를 끌고 있는 파투 하우스의 향수, 조이

수잔 렝글렌

1920년대 쾌락적인 분위기와 직업여성의 증가에 따라 이전까지 남성의 의복으로 인식되던 스포츠웨어가 여성에게 도입되었다. 장 파투는 여성 스포츠웨어의 혁신에 눈부신 기여를 했으며, 이후 스포츠웨어 스타일을 위시한 플래퍼 룩/flapper look/은 그의 디자인에서 핵심을 이룬다.

수잔 렝글렌/Suzanne Lenglen, 1899~1938/은 장 파투의 셀러브리티 뮤즈이자 패셔너블한 뉴 우먼/New Woman/의 전형이었다. 사진은 수잔 렝글렌의 윔블던/Wimbledon/ 테니스 경기 모습을 담고 있다. 1921년 파투는 그녀를 위해 화이트 스트레이트 슬리브리스 카디건/sleeveless cardigan/, 짧은 길이의 화이트 실크 플리츠스커트/pleat skirt/, 매듭 있는 스타킹, 비비드/vivid/ 톤의 오렌지색 헤어밴드/hair band/를 디자인했는데, 이는 당시에 선풍적인 인기를 끌었다.

렝글렌은 1919년부터 1926년까지 여성 아마추어 론테니스/lawn tennis/ 경기를 석권했으며 윔블던 대회에서 6번이나 우승했던 선수로, 당대 하드코트/hard court/ 여성 테니스 선수 가운데 가장 뛰어나다는 평가받았다. 특히 그녀는 시합에서 기발한 행동을 취했던 것과 주로 파투가 디자인한 과감한 복장을 입었던 것으로 유명했는데, 이로 인해 렝글렌은 특정 패션 디자이너 룩을 선호한 최초의 스포츠 챔피언이 되었다.

윔블던 대회에서 파투의 테니스 복을 입은 수잔 렝글렌

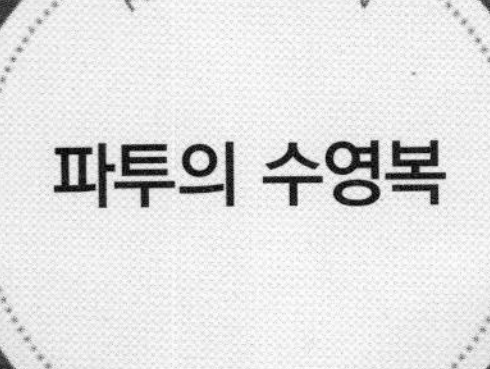

큐비즘/cubism/은 20세기 초 야수파를 전후해서 일어난 미술혁신운동으로, 입체주의라고도 한다. 큐비즘의 미학은 회화, 건축, 조각, 공예 등으로 퍼지면서 국제적인 운동으로 확대되었으며, 당시 패션 스타일에도 영향을 미치게 된다. 특히, 큐비즘은 자연의 여러 형태를 기하학적 형상으로 환원했는데, 이는 패션에서 단순하고 실용적이며 기능적인 디자인으로 나타나 플래퍼 룩에도 영향을 주었다.

파투의 패션에는 풍부한 색채의 기하학적 면이 자주 등장했는데, 이는 스포츠웨어 스타일과 더불어 그의 디자인에 주된 특징을 이룬다. 파투가 디자인한 기하학적 패턴의 투피스 수영복 디자인은 벨트가 달린 스트라이프 니트 톱/top/, 울 저지 쇼츠/shorts/, 수영모로 구성된다.

한편, 파투는 니트 수영복의 최초 개발자이자, 고객의 라이프 스타일을 고려하여 토털 룩/total look/을 제안한 선구적 디자이너이기도 했다.

파투가 디자인한 기하학적 패턴의 투피스 수영복(1928)

Madeleine Vionnet / Elsa Schiaparelli / Adrian

Chapter 3

초현실주의와 엘레강스 룩의 시대

Chapter 3

초현실주의와 엘레강스 룩의 시대

1929년 뉴욕의 주가가 폭락하면서 세계는 대공황에 빠져들었다. 유럽의 많은 국가에서는 민족주의 성향이 고취되었고 전 세계의 거리에서는 실업자가 넘쳤으며 대규모 노동운동이 발생했다. 미국에는 산업현장에서 일하는 여성을 가정으로 되돌려 보내자는 운동이 일어났고 여성에게는 종래의 전통적이며 우아한 아름다움을 원하는 시대적인 분위기가 팽배했다.

시대적 특징

오락산업 증가와 할리우드 영화배우의 글래머 룩

1933년 루즈벨트 미국 대통령의 뉴딜정책/New Deal/은 경제난에 빠진 국민들에게 희망을 주었으며, 1930년대 후반기에는 대공황에서 회복되기 시작했다. 미국인들에게 새로운 에너지와 활력은 다른 생활방식을 제공했으며, 오락산업이 인기를 끌었다. 마를렌 디트리히/Marlene Dietrich/, 그레타 가르보/Greta Garbo/, 조안 크로포드/Joan Crawford/ 등 스타들의 글래머 룩은 일반 여성에게 패션의 영감을 제공했다. 대중이 즐길 만한 오락거리인 '바람과 함께 사라지다'와 같은 대작 영화가 상영되었으며, '백설공주'나 '미키마우스' 등의 디즈니 만화가 인기를 끌었다. 또한 찰리 채플린의 영화 '모던 타임스'가 상영되어 현대에서 중시하는 물질 만능주의와 기계주의를 풍자했다.

에이드리언이 조안 크로포드를 위해 디자인한 퍼프/puff/ 소매가 달린 드레스는 메이시스/Macy's/백화점에 의해 복제되었고 50만 벌 이상 팔리기도 했다. 월터 플렁킷/Walter Plunkett/이 디자인하고 영화 '바람과 함께 사라지다'에서 비비안 리/Vivien Leigh/가 입었던 바비큐 드레스/barbecue dress/는 '스칼릿 오하라 룩/Scarlett O'Hara look/'으로 불렸으며 웨딩드레스로 유행했다. 1937년 라나 터너/Lana Turner/는 영화 '데이 원트 포겟/They Won't Forget/'에

1 물질 만능주의와 기계주의를 풍자한 영화 '모던 타임스'의 개봉 현장

서 브래지어를 이용하여 큰 가슴을 강조한 스웨터를 처음 입었는데, 이러한 스웨터 걸 차림은 1950년대 젊은 층에서 인기를 끌었다.

초현실주의 예술

1930년대를 풍미한 예술사조는 초현실주의였다. 초현실주의 예술가들은 제1차 세계대전의 참상에서 표출된 인간의 파괴적 측면에서 벗어나 무의식의 세계를 통해 인간의 심층심리를 표현하고자 했다. 살바도르 달리로 대표되는 초현실주의 미술양식은 패션 디자이너 엘사 스키아파렐리/Elsa Schiaparelli/에게 많은 영감을 주었다.

영국 왕실과 카페 문화

1936년 영국 국왕 에드워드 8세/웨일즈 왕자, 왕위 포기 후 윈저공으로 칭함/가 미국의 평민인 심프슨 부인/wallis Simpson/과 결혼하기 위해 왕위를 포기한 일은 '세기의 사랑'으로 불릴 만큼 유명했다. 그 당시 심프슨 부인의 아메리칸 스포츠 룩은 영국에서 널리 유행되었다. 왕실이나 부유층들이 파티나 테니스장, 승마장 혹은 스키장에서 입었던 패션은 〈우먼스 웨어 데일리/Women' s Wear Daily/〉, 〈하퍼스 바자/Harper' s Bazaar/〉나 〈보그/Vogue/〉와 같은 패션 잡지나 신문에서 흥밋거리로 게재되었고 대중은 이 패션을 모방했다. 대중들은 여가 활동 시에는 잘 차려입고 카페에 앉아 담소를 나누거나 토론에 열중하면서 새로운 문화를 형성했다.

2 세기의 사랑으로 불린 영국의 윈저공과 심프슨 부인

모더니즘적 사회현상

모더니즘은 19세기 말엽부터 20세기 전반에 걸쳐 서구예술에 풍미한 전위적이고 실험적인 예술운동 혹은 예술작품 형식과 사상을 가리키는 개념이다. 기계 시대가 도래하면서 대량 생산 시스템에 적합한 디자인이 필요했다. 1920년대 월터 그로피우스/Walter Gropius/가 설립한 바우하우스/Bauhaus/의 이념에 나타난 간결하고 기하학적·기능적인 형태는 모더니즘의 특징이다. 20세기 전반기에는 이성에 기반을 둔 객관성의 논리를 전개한 모더니즘을 주요 시대정신으로 추구했다. 모더니즘 시대에는 전체성·보편성·총체성·통일성·획일성 등을 중시했으며, 가장 이상적인 하나의 규범과 체제 아래 인간의 모든 삶이 종속되는 사회구조가 형성되었다.

인체미를 드러내는 새 합성섬유의 개발

여성의 자연스러운 곡선미가 드러나는 부드러운 실크와 울, 합성 소재가 개발되었다. 실크와 유사한 레이온은 드레이프성·염색성이 좋고 가격이 저렴하여 1930년대 여성복과 란제리, 스타킹에서 많이 사용되었다. 1938년에는 듀폰 사의 나일론이 개발되어 레이온 스타킹은 나일론으로 대체되었다. 1936년에 타프타/taffeta/ 소재로 만든 아코디언 주름 가운이 개발되기도 했다. 실크나 코튼, 레이온과 고무/rubber/ 소재의 탄성이 강한 라텍스/Lastex/가 개발되어 수영복이나 란제리에 애용되었다. 또한 메탈/metallic/ 소재인 라메/lamé/가 개발되어 할리우드 룩을 한층 돋보이게 했다. 이 당시에는 지퍼/zipper/가 개발되어 인체미를 드러내는 슬림한 원피스 디자인이 가능해졌다.

3 홀터넥 드레스를 입은 영화배우 돌로레스 델 리오

4 꽃무늬 드레스를 입은 여성 (1930년대)

유행 패션의 특징

1920년대의 젊고 발랄한 미성숙한 소년의 스타일과 대조적으로 1930년대는 회의적이고 우울한 시대적 분위기에 어울리는 여성적이며 우아한 세련미가 강조된 시기였다. 프랑스의 엘사 스키아파렐리, 마들렌 비오네/Madeleine Vionnet/, 미국의 에이드리언/Adrian/ 등이 디자이너로 활약했던 시기이다.

슬림 앤드 롱의 엘레강스 스타일

1920년대에는 가슴을 납작하게 표현한 소년 같은 패션이 중심이었다면, 1930년대에는 가슴을 강조한 성숙한 여성 패션이 중심이었다. 마들렌 비오네의 바이어스 컷/bias cuts/과 극단적으로 등을 노출한 홀터넥/halter necks/의 이브닝드레스는 더욱 우아한 여성미를 자아내었다. 일반적으로 실루엣은 길고 날씬한 스타일이 유행했는데, 이는 바이어스 컷이나 고어드스커트/gored skirt/로 플래어/flare/가 있는 형태였다. 카울넥/cowl necks/이나 넓은 버사 칼라/bertha collars/로 날씬하고 유동적인 실루엣을 더욱 강조했다. 1930

5 베어 백(bare back)의 글래머 스타일 드레스를 입은 영화배우 리비 홀먼

6 어깨가 넓은 디자인의 드레스를 입은 배우 파울레트 고다드
영화 '드라마틱 스쿨(Dramatic School, 1938)'에 출연한 장면으로 어깨가 넓은 드레스를 입고 웨이브 머리형을 하고 있다.

년대의 슬림 실루엣 드레스는 스커트 길이가 길고 허리선은 제 위치로 다시 돌아왔으며, 여성의 가슴, 허리, 엉덩이를 자연스럽게 노출시키는 스타일이었다. 바이어스 컷은 드레이프성이 좋은 조젯/georgette/이나 크레이프 드 신/crêpe-de-chine/, 프린트가 있는 시폰/chiffon/과 잘 어울렸다. 이 당시 여러 가지 파스텔 톤의 꽃무늬 직물이 유행했다.

할리우드의 배우 진 할로우/Jean Harlow/는 금발에 아치형 눈썹의 외모가 인상적인데, 흰색 새틴 소재의 홀터넥 이브닝드레스를 입은 후 섹시심벌로 인기를 끌었고, 이러한 흰색 홀터넥의 이브닝드레스는 '진 할로우 가운'으로 불릴 정도였다.

넓고 각진 어깨선의 재킷과 스커트

1933년 엘사 스키아파렐리는 어깨를 넓게 강조한 재킷과 스커트로 된 투피스를 발표했다. 재킷 어깨에 패드를 넣어 각이 지는 어깨선을 만들었는데, 이것은 전쟁 전후/前後/ 시기에 계속 인기를 끌었다. 여성의 테일러드 슈트는 백화점의 맞춤 코너에서 만들어서 입었는데, 성공한 직업여성들은 테일러드 슈트를 거의 유니폼처럼 입었다. 검은색 테일러드 슈트와 흰색 실크 블라우스, 진주 장식이 있는 흰 장갑, 시크 해트/chic hat/ 옷차림은 그 당시 전문직 여성의 전형적인 차림새였다. 1930년대 초 어깨가 넓고 각이 진 박스형 재킷을 제외하면 대체로 허리가 꼭 끼는 싱글 혹은 더블 브레스트였으며 허리에 벨트를 매기도 했다. 겨울에는 트위드의 울 슈트, 여름에는 리넨의 앙상블/ensembles/이 유행했다.

초현실주의 패션

엘사 스키아파렐리는 초현실주의 예술에서 영감을 받아 1930년대 패션 디자인 분야에서 새롭고 재미있는 방향을 제시했다. 초현실주의 화가 달리와 공동 디자인한 스키아파렐리의 슈 해트/shoe hat/와 입술 모양의 아플리케 포켓이 달린 슈트, 장 콕토가 디자인한 스키아파렐리의 이브닝드레스가 대표적이며, 이 외 트롱프뢰유/trompe-l'œil, 눈속임/ 기법으로 디자인한 리본이 있는 검은색 스웨터가 대표적이다. 이 스웨터에는 마치 흰색 리본을 실제로 맨 것처럼 리본 모양이 입체적으로 보이도록 짜여 있다.

스키아파렐리는 이탈리아 출신으로, 1930년대 파리에서 활동했던 창의적인 패션 디자이너이다. 그녀는 처음으로 주머니나 드레스에 지퍼를 사용했다. 또한 이브닝드레스와 재킷을 함께 입도록 디자인하거나 스웨터와 스커트를 매치시키기도 했다. 그녀의 직물 디자인을 해주던 화가 베라르/Berard/가 발상한 밝은 핑크 색조는 쇼킹 핑크/shocking pink/라는 이름의 대명사가 되었으며 현재까지 패션에서 활용되고 있다.

7 테니스 라켓을 들고 있는 여성

스포츠웨어와 스포츠웨어 룩의 유행

1930년대는 몸매가 드러나는 실루엣이 유행했기 때문에 사람들은 몸매를 가꾸거나 건강 관리에 관심을 가졌던 시기이다. 스포츠는 대중화되었고, 다양한 스포츠를 위한 스포츠웨어와 캐주얼한 스포츠 룩이 유행했다. 주로 풀오버 스웨터와 고어드스커트/gored skirt/나 주름이 많이 잡힌 던들 스커트/dirndl skirt/가 인기를 많이 끌었다. 셔츠 웨이스트 드레스는 운동복에 많이 이용되었고, 이 스타일은 현재까지도 클래식 룩으로 애용되고 있다.

미국에서는 여성용 무릎길이의 반바지가 처음 나오기 시작했고 영국에서도 자건거를 탈 때나 휴일에 레저웨어로 인기를 끌었다. 비치웨어로 바지통이 넓은 파자마 위에 소매가 없는 블라우스를 입거나 등을 노출시키는 일광욕 옷이 유행했다. 캐주얼웨어로 선 드레스/sun dress/와 함께 어깨, 등, 가슴 부분이 많이 파인 디자인에 소매가 없는 비치웨어가 대중에게 인기를 끌었다.

선탠한 검은 피부 – 상류층의 상징

일광욕이 대중에게 일반화되면서 비치웨어나 수영복 패션이 잡지에 자주 소개되었다. 햇볕에 몸을 태우는 것은 사치의 한 방법으로, 국제적인 휴양지인 프랑스 남부 해수욕장은 비치웨어 패션의 경연장과 같았다. 몸에 달라붙는 저지 소재의 원피스형 수영복은 1920년대 말에 등을 드러내는 홀터넥/halter neck/이 되었고, 1930년대에는 좁은 어깨끈이 있고 등을 완전히 드러내는 형태로 변했으며, 스키아파렐리가 디자인한 손으로 짠 니트 수영복이 선풍적인 인기를 끌었다.

슬림한 남성복

1930년대 남성복은 슬림해졌고 영국에서는 윈저공이 남성 복식의 패션 리더였다. 셔츠 칼라는 붙이는 형식이 아닌 현대 셔츠 칼라 모양과 흡사한 형태로 달라졌다. 넓은 어깨, 근육질 몸매는 남성의 이상적인 이미지였다. 재킷에는 각지고 넓은 어깨선, 큰 라펠이 달렸으며, 허리 라인은 슬림하게 제작되어 당시 여성복의 실루엣과 비슷했다. 1930년대 초 허리에 주름이 들어간 더블 브레스트의 비즈니스 슈트는 베스트, 통 넓은 바지와 매치되었는데, 칼라 라펠 부분에 장식 상침을 했고, 양쪽에 주머니가 있으며, 왼쪽 가슴에도 조그마한 주머니가 하나 더 달려 있었다. 바지는 헐렁하고 여유 있는 맞음새를 갖추었으며, 종류가 다양했다. 코트는 박스형의 더블 브레스트였으며, 레인코트도 등장했다.

헤어스타일과 머리장식

1930년대 초에는 여성들 사이에서 짧은 머리가 그대로 지속되다가 점차 긴 머리가 선호되었다. 처음으로 퍼머넌트 웨이브/permanent wave/가 있는 헤어스타일이 유행했다.

남성의 헤어스타일은 처음에는 윤이 나게 기름을 발라 올백으로 올린 짧은 머리가 유행하다가 시간이 지나면서 기름을 바르지 않고 자연스럽게 풀어헤친 머리가 유행하기 시작했다. 머리길이가 길어지면서 퍼머넌트 웨이브가 등장했고 대부분의 남성이 다양한 스타일의 모자를 착용했다.

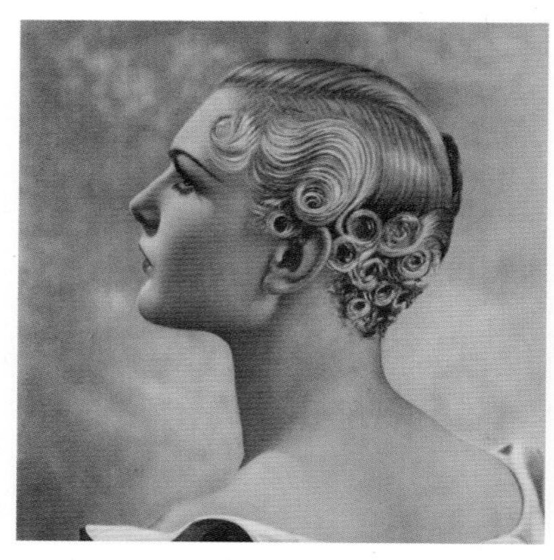

8 1930년대 여성의 헤어스타일

9 1930년대 남성의 올백 머리

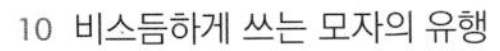

10 비스듬하게 쓰는 모자의 유행

11 모자를 비스듬히 쓰고 퍼프 소매의 드레스를 입은 영화배우 글로리아 스완슨(1937)

모자는 편평하고 챙/brim/이 있는 것으로 한쪽 귀와 눈이 가려질 정도로 비스듬히 기울여 쓰는 것이 유행했다. 1930년대 초에는 베레모를 많이 썼는데, 모자를 비스듬히 쓰고 앞이마에 짧은 베일을 늘어뜨리기도 했다. 이 당시 도시 여성에게 모자는 필수품이었다.

FASHION ICON

할리우드 글래머 스타일

1930~1938

할리우드 글래머 스타일

1930년대는 미국 할리우드 영화배우들이 패션 리더로서 활약했던 시대이다. 당시 할리우드 패션 아이콘은 글래머/glamour/ 스타일이다. 글래머란 용어는 18세기에 'gramarye'라는 스코틀랜드 고어에서 유래한 단어로 마술, 마법을 뜻했으나 영어에서는 부정적이고 사악한 의미로 통용되었다. 19세기 중반 고급 창부들을 뜻하던 글래머는 '기만적이고 마술을 거는 미/美/ 혹은 매력'이라는 면에서 현대적인 의미와 유사하다. 글래머의 사전적 정의로는 '허구적, 망상적, 파악하기 어려운, 유혹적, 환영의, 신비스러운' 등을 의미하며, 미와 매력, 다른 한편으로는 기만과 술책이라는 양면성을 내포하고 있다.

오늘날 패션에서의 글래머는 1930년대 진 할로우/Jean Harlow/, 마를렌 디트리히/Marlene Dietrich/, 조안 크로포드/Joan Crawford/ 등 미국 할리우드 스타의 패션 아이콘과 라이프 스타일을 지칭한다. 즉 사치스런 실크 가운, 다이아몬드, 현대적으로 장식된 화려한 저택, 남성과의 밀회, 법을 무시하는 비도덕적 행동 등으로 묘사되며, 자유로운 라이프 스타일을 뜻한다. 그러나 국내에서는 일반적으로 '허리가 가늘고 가슴이 큰 육감적인 여성', '육체미가 넘치는 것, 즉 육감적'이라는 단편적인 수식어로 사용되고 있다.

1920년대와 1930년대 미국에서는 놀랄 만큼 기술이 진보하고 영화, 라디오, 항공 등 새로운 산업의 발전으로 인해 경제가 호황하며 자본주의의 대중문화와 소비문화가 확대되었다. 포디즘/fordism/ 시스템을 통한 대량 생산 방식에서는 그만큼 소비를 늘려야 했고, 대중문화 중 할리우드 영화는 광고와 홍보를 통해 대중을 극장으로 끌어들여 꿈과 상상을 심어주고 소비하도록 자극했다. 도시민들은 노동시간이 축소되자 여가시간을 즐기기 위해 영화나 스포츠경기를 관람하고 생활스포츠에 참여하여 생산과 소비를 창출했다. 대중신문과 광고도 상품을 미학적으로 접근하여 대중을 경제적 호황을 즐기는 소비 주체로 전환했다. 1929년 대공황을 거치면서 할리우드 영화 산업은 스튜디오와 배우, 의상/costume/ 시스템을 구축하여 유명 스타를 만들어냈고, 할리우드가 연상되는 글래머를 배출했다. 요컨대, 할리우드 글래머 스타는 상품이나 성적 물신주의에 의해 만들어진 아이콘이었다.

글래머에서 표출되는 아우라는 전통적·관능성, 나쁜 취향/키치, kitsch/으로 과시적 사치성, 드러내지 않는 미학을 더한 신비주의 우상성/idol/으로 평가될 수 있다. 남성을 홀리는 부도덕한 뱀프/요부/, 이상적인 젊은 처녀의 이미지를 융합한 글래머는 신비하고 황홀한 아름다움, 우아한 매력의 전통적·여성적 관능성을 지닌다. 남성을 유혹하는 몸가짐, 환상과 욕망을 불러일으키는 의상, 화장품과 보석 등의 꾸밈에 의해 글래머의 관능성은 더욱 포장된다. 1930년대 할리우드 글래머는 1920년대 할리우드 뱀프 이미지에 정신성을 가미한 것이다.

1930년대 신흥부자들은 자동차, 비행기, 해양선박, 요트, 빌라, 이국적 음식, 와인, 보석, 파리 패션, 하인의 완벽한 서비스 등에 열광했으며, 할리우드 영화는 그들의 호기심을 자극하고 욕망을 충족시키는 훌륭한 매개체이자 교육장이었다. 따라서 할리우드 글래머 스타들은 최고급 사치스러운 상품으로 치장을 했으며 호화로운 생활을 했다.

자본주의 사회의 성공여부는 물질적 소유로 측정되기에 성공한 할리우드 글래머 스타는 멋진 옷을 입고, 비싼 차를 몰고, 파티로 세간의 주목을 받았다. 대중은 이들의 라이프 스타일, 멋진 패션을 영화나 잡지 등의 미디어를 통해 보고 대리만족하거나 제스처, 화장, 패션을 따라 하기도 했다.

1932년 영화 '레티 린턴/Letty Lynton/'에서 조안 크로포드가 입은 커다란 퍼프/puff/ 소매에 흰색 러플 드레스에 여성들은 열광했으며, 뉴욕의 메이시스 백화점에서 이 드레스는 50만 벌이나 팔려나갔다. 영화나 미디어에 만족하지 못하는 글래머 중독자들은 보다 직접적인 의사소통을 위해 팬레터를 보내고 팬클럽을 만들기도 했다.

글래머는 인생의 일상적인 면을 감추고 신비스러우면서 예술적이어야만 대중에 의해 우상화되기 때문에 글래머 스타들은 신비롭고 매혹적인 가상 신성을 통해 우상성을 지켜야만 했다. 그래서 글래머는 팬들과 친밀하고 가까워야 하지만, 한편으로는 적당한 거리감을 두고 신비성을 유지해야만 했다.

마를렌 디트리히

조안 크로포드

진 할로우

파울레트 고다드

Madeleine Vionnet
마들렌 비오네 1876~1975

"여성이 웃을 때는 그녀의 옷도 함께 웃어야 한다."

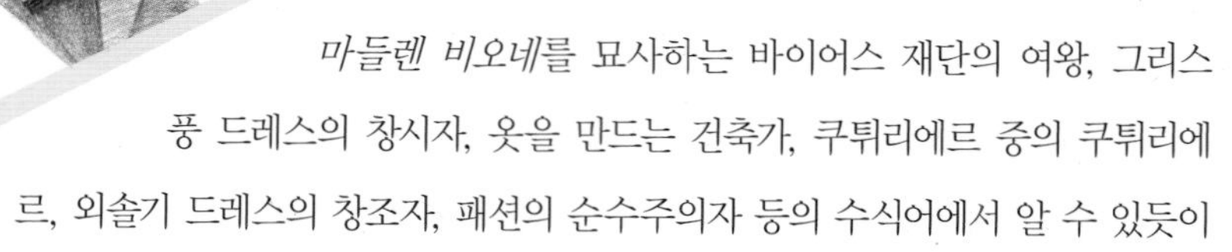

*마들렌 비오네*를 묘사하는 바이어스 재단의 여왕, 그리스풍 드레스의 창시자, 옷을 만드는 건축가, 쿠튀리에르 중의 쿠튀리에르, 외솔기 드레스의 창조자, 패션의 순수주의자 등의 수식어에서 알 수 있듯이 그녀가 패션 역사에 남긴 업적을 한마디로 표현하기는 어렵다. 그렇지만 그녀의 디자인 세계를 알게 되면 이 수식어들이 묘하게도 서로 통하는 것을 알 수 있다. 비오네는 1920~1930년대 여성 복식에 바이어스 재단의 혁신을 가져왔으며, 이에 대한 비전과 기술을 모두 갖춘 디자이너였다.

그녀는 11세 때부터 삯바느질 일을 시작하면서 재봉 기술을 습득하기 시작했다. 그 후 런던에서 당시 패션의 중심인 파리의 최신 스타일을 모방하여 제작하던 케이트 라일리/Kate Reily/ 아래에서 일했고, 파리로 돌아온 후에는 당시 최고의 쿠튀르 하우스인 자크 두세/Jacques Doucet/와 칼로 자매/Callot Soeurs, 칼로 자매들이 운영한 쿠튀르/에서 일하면서 최고급 맞춤 재봉 기술을 연마하는 동시에 자신의 디자인 철학을 발전시켰다.

비오네는 1912년 36세에 칼로 자매 중 하나인 마담 칼로 거버/Gerber/의 패턴사로 일하던 중 자신의 이름을 건 쿠튀르 하우스를 열었다. 제1차 세계대전으로 1914년부터 잠시 하우스를 닫았다가 1918년에 다시 열게 되었는데 1920년대에는 전성기를 이루며 파리 패션의 중심이 되었다. 비오네의 인기는 유럽뿐만 아니라 미국에서도 높아 불법 디자인 복제품과의 전쟁을 했으며, 기성복 라인을 생산하여 미국에 판매했다. 그러나 비오네의 하우스는 1939년 제2차 세계대전으로 인해 문을 닫게 되었다. 비오네라는 이름은 패션 역사에서 영원히 사라질 뻔했으나, 2006년 아르노 드 루멘/Arnaud de Lummen/에 의해 부활되었고, 현재는 고가 아시케나지/Goga Ashkenazi/가 2012년에 하우스를 인수하여 비오네 컬렉션을 전개해오고 있다.

전성기 시절의 파리 비오네 하우스의 점원은 1,200여 명 정도나 되었는데, 비오네는 직원들에게 시대를 앞서 가는 좋은 근무 환경을 조성했다. 유급 휴가, 출간 휴가, 식당, 보육시설, 의사와 치과 의사의 상주 등 직원들에 대한 대우가 파격적이었다. 비오네는 현대 패션의 역사에서 누구와도 비교하기 어려운 독특한 작품 세계를 남겼으며 후배 디자이너와 패션 디자인을 꿈꾸는 이들에게 끊임없는 영감의 대상이 되고 있다.

여성의 인체를 존중한 진정한 옷의 장인

패션 역사에서 비오네가 이룩한 가장 큰 기여는 바이어스 재단/바이어스 컷, bias cut/의 사용이다. 바이어스 재단은 옷감의 대각선 방향으로 옷의 앞중심선이나 뒷중심선이 놓이도록 재단하는 것으로, 사실 비오네가 처음 사용한 것은 아니라 역사적으로 벨트나 거싯/gusset, 옷품을 넓히기 위해 덧대는 천/과 같은 부분이 바이어스로 재단되었다. 비오네는 바이어스 재단의 강점을 본격적으로 여성복에 사용하여 자신의 옷에 대한 철학을 실현시킨 첫 디자이너이다.

손수건을 대각선 방향으로 접어서 목에 감으면 접힌 부분이 부드럽게 감기거나 혹은 보자기의 양 대각선 끝을 묶으면 더 탄력 있게 매듭이 묶이는 것은 천의 바이어스 방향, 즉 대각선 방향으로 신축성이 생기기 때문이다. 비오네는 바이어스 재단을 통한 신축성이야말로 옷에서 인체의 자연스러운 아름다움을 구현할 수 있는 해법이라는 것을 발견했다. 즉, 옷감이 인체의 아름다운 곡선을 반영하고 반응하는 좋은 도구라는 사실을 깨달은 것이다. 비오네는 카울이나 플레어스커트 외에도 다양한 디자인에서 바이어스 재단을 사용했다. 그녀의 다양한

12 바이어스 재단된 비오네의 스커트(1930년대)

디자인에서 공통적으로 느껴지는 우아함도 바이어스 재단에서 나왔다.

비오네는 여성의 인체를 있는 그대로의 미적 대상으로 존중한 디자이너였다. 그녀는 옷이 자연스런 인체의 곡선을 왜곡하거나 성형하지 않아야 한다고 믿었다. 옷은 자유롭게 몸의 모양을 따라야 하고 몸과 함께 움직여야 한다고 생각했다. 따라서 인체를 구속하거나 인위적으로 성형하는 코르셋, 패드와 옷감을 뻣뻣하게 만드는 재료는 모두 피했다. 바이어스 재단이 주는 직물의 유연함을 최대한 보존하기 위해 코트나 재킷도 안감을 사용하지 않거나 목둘레나 앞섶 등에 최소한으로 사용했다. 허리를 잘록하고 가슴을 하나로 모아 죄던 코르셋에서 여성을 해방시킨 디자이너라는 역사적 기록은 비록 폴 푸아레에게 선수를 뺏겼지만, 호블 스커트로 허리대신 다리를 구속한 푸아레와 비교했을 때 비오네는 코르셋이나 옷의 구속에서 진정으로 인체를 해방시킨 디자이너이다. 또 비오네의 디자인은 여성의 관능적인 아름다움을 드러내는 철저히 여성적인 디자인이었다.

비오네는 당시 맨발에 자유분방한 의상을 입고 창작 무용을 추었던 현대무용의 어머니 이사도라 덩컨/Isadora Duncan/의 영향을 받았다. 그녀는 옷에 대한 철학이 완성될 무렵, 덩컨을 통해 두세 하우스에서 열린 첫 컬렉션에 대한 영감을 얻었다고 회상했다. 이사도라 덩컨 외에도 엘사 스키아파렐리와 달리처럼 직접적인 참여는 없었지만, 당시 유럽 미술을 지배했던 입체파/cubist/, 순수파/purist/와 미래파/futurist/의 영향을 받은 것으로 알려져 있다. 입체파 예술가인 타얏/Thayaht/이 그린 비오네 작품의 일러스트레이션에서는 형태적 특성의 분석과 대상의 분해 측면의 경우 그녀의 기하학적인 조형의식과의 연결성을 보여주며, 패션으로의 현대적이고 역동적인 움직임의 도입은 미래파의 영향을 받았다고 볼 수 있다. 당대 예술 사조와의 소통에도 불구하고, 비오네는 스스로 쿠튀리에르나 디자이너보다는 드레스메이커/dressmaker/로 불러주기를 원한 진정한 옷의 장인이었다.

패션의 유클리드

크리스티앙 디오르/Christian Dior/는 "진정한 쿠튀르는 찰스 프레드릭 워스가 아니라 직물이나 장식이 아닌 옷의 재단/cut/에서 독창성을 보여준 비오네나 랑방에서 시작되었다."라고 말했다. 이는 디자이너의 개입이 양식적 변화에 큰 영향을 가져온 점을 높게 평가하는 것이다. 비오네가 제시한 여성의 새로운 아름다움은 할리우드 글래머를 태동시켰고, 관능적이면서 단순하고도 근대적인 아름다움이었다. 그녀는 "단순함/simplicity/은 가장 어려운 경험의 마지막 단계이자, 천재적인 노력의 첫 번째 단계이다."라고 말했다.

비오네 디자인에서 볼 수 있는 단순한 선의 흐름에는 대가들의 작품이 치열한 사고와 연습 과정을 숨긴 채 편안하고/effortlessly/ 쉽게 작품을 창조한듯 보이는 것처럼 겉보기에 쉬워 보이도록 고도로 복잡한 계산과 절제된 단순함, 노력이 숨겨져 있다. 실제로 비오네의 이브닝 가운은 보기에는 드레이프성이 좋은 천을 그저 인체에 걸쳐놓은 듯 보이지만, 만드는 법뿐만 아니라 입는 방법도 복잡하고 어려운 디자인이 많았다.

1925년 패션 잡지 〈하퍼스 바자〉는 비오네를 '패션의 유클리드'라고 불렀다. 베티 커크/Betty Kirke/는 비오네와 꾸준한 관계를 맺어오며 생전부터 사후까지 장기간에 걸쳐 비오네의 패턴 디자인을 연구했는데, 커크가 복원한 옷 패턴들을 보면 비오네의 기하학적인 사고의 복잡성을 짐작할 수 있다. 그 패턴들은 아이들이 가지고 노는 블록 장난감 같은 원, 사각, 삼각형 모양을 하고 있어 완성된 옷을 보기 전에는 패턴의 조합이 만들어낼 형태를 상상하기도 힘들었다. 기하학적인 패턴들은 보디스/몸판/, 소매, 바지, 치마 원형에서 출발하는 평면 재단적 사고방식으로는 결코 나올 수 없는 디자인이었다. 그녀는 인체가 기하학적인 모양들로 이루어져 있다고 믿고, 수없이 많은 연구와 실험을 통해 자신만의 독특한 기법과 패턴을 만들어냈다.

비오네의 기하학은 드레이핑/draping, 입체 재단/에 의한 사고와 실험의 결과물이었다. 입체 재단으로 디자인하는 것은 평면 재단법으로 옷본을 만들어내는 방법과는 커다란 차이가 있다. 디자이너의 머릿속 아이디어를 스케치하고 패턴을 만들고 보정하는 평면 재단과 달리, 비오네에게는 자르지 않은 옷감이 스케치북이었고 옷감의 드레이핑을 통해 디자인 아이디어를 발전시켰다. 디자인 발상의 과정 자체가 전혀 다른 새로운 시도였다. 비오네는 모델에 직접 대고 재단 하거나, 키가 60cm 정도 되는 목각 인형을 사용하여 입체 재단을 했다. 이런 과정을 통해 단순한 바이어스 재단의 사용뿐만 아니라 카울넥, 지퍼나 버튼이 없는 드레스, 솔기가 한 개만 있는 드레스, 홀터 톱, 뫼비우스의 띠를 형상화한 드레스, 천을 꼬거나 고리를 만들어 사용한 다양한 디자인을 남겼다.

13 비오네의 고대 그리스풍 드레스를 현대적으로 재해석한 드레스(2013 F/W)

변하지 않는 아름다움의 추구

비오네는 빠른 속도로 변하는 패션에 거부감을 표현했고, 변하지 않는 고전적인 미를 추구했다. 그녀는 박물관에서 본 고대 그리스 조각상에 깊은 인상을 받았고, 그리스 시대의 의상인 페플로스나 클라미스, 키톤 등에서 영감을 받은 디자인을 많이 보여주었다. 현대 복식에 '그리스풍 드레이퍼리/Grecian drapery/'라는 단어를 만들어냈다. "취미/taste/는 아름다운 것과 단지 과시하기 위한 것의 차이를 구분하는 느낌이다."라는 말에서 알 수 있듯이 20세기 초반 여성의 하이패션에서 많은 부분을 지배했던 과시적인 측면을 벗어난 절대미를 추구했다. 그녀는 옛 유물을 통해 변치 않는 아름다움을 공부했고 후대에게 남겨줄 수 있는 유물과 자료의 중요성에 깊은 관심을 가졌다. 1952년 프랑스 예술의상조합에 자신의 옷 120여 벌 및 패턴과 일러스트레이션을 기부했고, 이는 비오네에 관한 전시회나 연구의 귀한 자료가 되고 있다.

비오네 디자인의 미적 가치는 동시대 샤넬의 디자인이 보여주는 근대성과 명백히 비교되고 있다. 두 디자이너 모두 여성의 인체를 코르셋의 압박에서 해방했으나, 샤넬의 디자인과 비교했을 때 비오네의 디자인은 대량 생산하기 어려운 스타일이었다. 또한 샤넬이 중성적인 아름다움을 보여준다면 비오네는 코르셋에 의해 조형된 여성성을 거부하고 순수한 여성성을 재정의하려고 했다. 이를 고전주의와 모더니즘이 함축하는 남성성을 거부하는 것으로 보는 패션 역사학자들도 있다.

14 비오네 하우스를 계승한 고가 아시케나지의 디자인 (2013 F/W)

소비자들의 인식 속에서 비오네는 동시대 샤넬 같은 디자이너와 맞먹는 브랜드 가치를 만들지는 못했다. 하지만 그녀의 업적은 후배 디자이너들의 작품에 재탄생되어 존재해오고 있다. 할스톤/Halston/, 아제딘 알라이아/Azzedine Alaia/, 이세이 미야케/Issey Miyake/, 존 갈리아노/John Galliano/, 꼼 데 가르송/Comme des Garcons/ 등의 많은 디자이너와 브랜드들이 비오네가 현대 패션에 미친 영향에 대해 찬사를 보내고 있다.

옷감을 제직/製織/할 때 길이 방향의 실을 날실, 가로로 교차하는 실을 씨실이라고 한다. 보통의 재단법은 날실의 방향이 앞뒤 중심선과 일치하여 중력 방향과 평행을 이루고, 씨실의 방향은 인체 길이와 직각을 이룬다. 따라서 일반적인 재단법으로 마름질을 하면 인체의 가슴이나 엉덩이 같은 가로 방향 돌출 부분이 옷감이 늘어나거나 틀어지지 않고 중력에 의해 본래 형태를 유지하려고 한다.

바이어스 재단/bias cut or cross cut/은 이런 정방향 재단과 달리 옷감을 45° 돌려서 옷의 길이 방향이 옷감의 대각선 방향으로 놓이도록 옷본을 배치하여 마름질하는 것을 가리킨다. 바이어스 재단을 하면 씨실과 날실이 수직 중심선에서 좌우로 45° 각도가 되도록 비스듬히 놓여 인체의 굴곡에 따라 자연스럽게 늘어나거나 줄어들어 다트 같은 인위적인 조정 없이도 옷이 인체 선의 흐름을 잘 따르게 된다. 마들렌 비오네는 바이어스 재단을 사용하게 된 이유가 이 신축성에 있다고 말했다. 바이어스는 착용자에게 편안함을 선사하고 다트 없이도 인체의 선을 입체적으로 표현했다. 비오네는 바이어스 재단을 이브닝 가운의 치마, 카울넥, 새시/허리끈, sash/, 데이 드레스, 코트 등 품목에 다양하게 사용했다.

바이어스 재단은 비오네 디자인에서 우아함의 원천이라고 할 수 있지만, 여러 가지 현실적인 어려움을 수반하기도 한다. 우선 직물의 폭이 정해져 있어서 아무리 길게 제직해도 이브닝 가운 같은 긴 옷을 재단하기에는 옷감의 폭이 좁았다. 이를 위해 비오네는 직물의 폭을 약 182cm/2야드/ 더 넓게 특별 주문해서 사용했다. 바이어스 방향으로는 직선을 자르기도 어렵고 솔기가 울지 않도록 바느질하기 어려운 점을 해결하기 위해서 가름솔에 휘갑치기, 올이 풀리지 않는 옷감의 가장자리를 이용한 곡선 솔기 처리, 오목한 모양의 시접에 깊게 칼집 넣기 등의 여러 가지 솔기와 시접 처리를 사용했다. 아일릿 자수, 말아 감치기/rolled hem/, 버튼홀 체인 스티치 등의 단 처리 방법도 사용했다. 옷감을 바이어스 재단하기 위해 45° 돌려서 직물의 모서리가 옷의 아랫단으로 향하게 되는 경우에는 이 모서리를 잘라내지 않고 그대로 사용해 뾰족한 모서리가 치맛단에 보이는 디자인을 선보이기도 했다. 이 모서리가 손수건의 모서리 같다고 해서 이런 치맛단을 손수건 치맛단 또는 손수건 드레스/ handkerchief hem line, handkerchief dress/라고 불렀다.

사진작가 에드워드 스타이컨이 표현한 비오네의 바이어스 재단 드레스(1930년)

정바이어스/45° 각도로 재단/로 재단한 치마를 마네킹에 걸어놓고 장시간 지난 후에 보면 옷감이 전체적으로 아래로 늘어나며, 종종 치맛단이 한쪽으로 더 쳐지는 것을 볼 수 있다. 이는 바이어스로 마름질된 치마가 늘어날 때 정확히 대칭으로 재단되지 않아 좌우가 다른 비율로 늘어나서 생기는 결과이다. 놀랍게도 비오네의 드레스들은 몇 십 년이 지난 후에도 치맛단이 똑바로 유지된다. 아마도 비오네는 충분히 치마가 상하로 늘어나도록 걸어두었다가 한 치의 오차도 없이 정확히 재단했기 때문일 것으로 추정한다. 현대 패션에서도 찾아보기 어려운 비오네 드레스의 재단과 봉재의 정확성은 지금도 미스터리로 남아 있다.

Elsa Schiaparelli

엘사 스키아파렐리 1890~1973

"옷을 디자인하는 것은 내게 직업이 아니라 예술이다. 이것은 가장 어렵고 만족을 허락하지 않는 예술이라는 점을 알고 있다. 옷은 탄생과 동시에 과거의 유물이 되어버리기 때문이다."

*엘사 스키아파렐리*는 1890년 이탈리아 로마에서 귀족 출신 어머니와 유명 학자인 아버지 사이에서 태어났다. 지적, 문화적으로 풍부한 환경 속에서 성장했고 대학에서는 철학을 공부했다. 20대 초, 스키아파렐리는 보수적인 가정의 울타리에서 벗어나고자 독자적으로 런던 행을 감행했다. 이후 신지학자 윌리엄 드 웬트 드 컬로/William de Wendt de Kerlor/와의 순탄치 않은 결혼 생활이 끝나자 경제적 자립을 위해 패션 디자이너의 길을 선택하게 되었다. 스키아파렐리는 직접 디자이너로 일한 경력은 전무했지만, 1922년 무렵 파리에 정착해 독립적인 현대 여성을 위한 모던한 의상들을 선보이며 경력을 쌓기 시작했다.

트롱프뢰유 스웨터의 위트와 독창성

1927년 11월 니트웨어 컬렉션에서 선보인 이른바 트롱프뢰유/Trompe l' oeil/ 스웨터의 성공은 스키아파렐리가 패션 디자이너로 국제적 명성을 얻게 되는 출발점이 되었다. 아르메니아 피난민들의 손을 빌어 제작한 이 검정 울 스웨터에는 실물처럼 보여 눈속임을 일으키는 리본 매듭 패턴이 디자인되었는데, 패션 잡지 〈보그/Vogue/〉로부터 '예술적인 걸작'이라는 찬사를 받았다. 특히 영화 '신사는 금발을 좋아해/1925년 소설 출간, 1953년 영화 상영/'로 유명한 작가 아니타 루스/Anita Loos/가 이 스웨터를 착용하여 큰 홍보 효과를 낳았다. 미국 바이어들로부터 주문이 밀려들면서 성공의 발판이 마련되었다.

그 후 스키아파렐리의의 컬렉션은 보다 다양하게 확장되지만 트롱프뢰유 스웨터에서 보여준 패션에 대한 위트 넘치는 상상과 디자인의 독창성은 작품 세계에서 핵심적인 특성이 된다.

패션과 예술의 만남, 초현실주의 패션의 탄생

1920~1930년대 스키아파렐리는 다다/Dada/와 초현실주의/Surrealism/ 등 아방가르드 예술가 그룹과 활발하게 교류했다. 결혼 생활 중 남편을 따라 수년간 머물렀던 뉴욕에서 아방가르드 예술가들과의 교류가 시작되었다. 이러한 지적·문화적 교류는 파리에서도 지속되었다.

15 장 콕토의 드로잉과 르사주 쿠튀르 자수 공방과의 협업을 통해 탄생한 스키아파렐리의 의상(1937)

스키아파렐리는 옷을 디자인하는 작업 또한 영감과 아이디어를 표현하는 예술의 장이라고 생각했다. 1930년대 후반 그녀는 의복, 직물 자수, 장식, 액세서리, 광고 등 다양한 분야에서 파리 아방가르드 예술가들과 컬래버레이션/collaboration, 협업/을 적극적으로 진행했다. 살바도르 달리/Salvador Dali/, 장 콕도/Jean Cocteau/ 등 초현실주의 예술가와의 공동 작업을 통해 초현실주의 패션으로 불리는 대표작들이 탄생했다. 달리와의 작업을 통해 책상 서랍 장식이 달린 데스크 슈트/Desk Suit, 1936/, 슈즈 해트/Shoe Hat, 1937/, 바닷가재 드레스/Lobster Dress, 1937/, 티어스 드레스/Tears Dress, 1937/ 등이 창조되었고, 콕토의 드로잉은 르사주/Lesage/ 쿠튀르 자수 공방의 숙련된 솜씨와 결합하여 유머와 위트를 표현하는 독특한 예술 의상으로 재창조되었다. 초현실주의 영감은 액세서리와 의복 장식에서 더욱 자유롭게 표현되었다. 새장 모양의 핸드백, 채소나 곤충, 동물, 곡예사 모양의 단추와 장식들, 아스피린 목걸이 등 그녀는 일상의 오브제를 기이하고 환상적인 초현실주의 패션으로 탈바꿈시켰다. 1938년 '서커스 컬렉션/Circus collection/'에서는 의상의 앞면과 뒷면을 바꿔, 이른바 백워드 슈트/Backward suit/를 제안했는데, 의복의 기능과 형태에 대한 고정관념을 깨는 이러한 시도들은 후에 칼 라거펠트/Karl Lagerfeld/ 등 유명 패션 디자이너들의 작품으로 이어지며 20세기 후반 포스트모던 패션의 부상에 중요한 영향을 끼치게 된다.

엘사 스키아파렐리는 초현실주의 패션을 통해 옷의 기능과 목적, 가치에 대한 고정관념에 도전했고 예술적 상상과 유머, 위트를 표현하는 몸 위의 캔버스라는 옷의 새로운 가능성을 열었다. 예술과 패션의 만남을 통해 창조된 독창적인 의상들을 심프슨 부인/Wallis Simpson/ 등의 기이하고 위트 있는 스타일 모험을 즐기는 부유한 베스트 드레서 고객들이 선택했으며, 스키아파렐리는 1930년대 패션의 변화를 이끌었다.

스키아파렐리의 패션 혁신

스키아파렐리는 스스로 삶을 개척한 독립적인 현대 여성이었고 패션에서도 도전과 혁신을 두려워하지 않았다. 디바이디드 스커트, 믹스 앤 매치 스포츠웨어, 랩어라운드 스커트, 현대 여성의 당당함을 과시한 테일러링, 이브닝드레스 재킷 등 실용적이고 기능적인 그녀의 의상을 당대 유명인들이 선택했다. 1931년 윔블던 테니스 대회에서 챔피언 릴리 드 알바레즈/Lili de Alvarez/가 그녀의 디바이디드 스커트를 착용하여 화제를 불러일으키기도 했다.

스키아파렐리의 디자인 혁신성은 특히 재료와 소재 선택 면에서 두드러지게 나타났다. 그녀는 쿠튀르 패션에 지퍼를 처음 사용한 쿠튀리에르 중 한 명인데, 1930년 스포츠웨어, 1935년 쿠튀르 이브닝드레스에 지퍼를 사용한 것으로 기록되었다. 스키아파렐리는 초현실주의 예술에 영감을 받아 시각적 환영을 일으키는 플라스틱, 금속 등 특이한 재료들을 의복 장식과 액세서리에 자주 도입했고 텍스타일 제조업자들과의 협력을 통해 레이온 등 인조 섬유의 가능성을 실험했다. 투명하게 비치는 효과를 만들기 위해 로도판/rhodophane/ 등 유리를 닮은 셀로판 합성 소재를 사용하기도 했다. 이러한 시도는 고급 패션의 소재에 대한 당대 전통적인 관념과는 거리가 있었으나 새로운 인조 섬유에 대한 관심을 확대하는 데 큰 기여를 했다.

한편 스키아파렐리는 자신의 예술적 영감과 아이디어를 표현하기 위해 색채와 명암, 재질과 광택의 극적 대조 효과를 즐겨 사용했다. 스키아파렐리는 특히 강렬함을 주는 밝고 화려한 색상에 몰두했는데, 이 작업 과정에서 탄생한 쇼킹 핑크는 패션 역사에 그녀의 대표적인 컬러로 기록되어 있다. 또한 그녀는 텍스타일 제조업자들과의 협력하여 피카소와 브라크 등 큐비즘 화가들의 작업을 연상시키는 신문 기사 프린트 직물, 변태를 통해 새로운 아름다움을 얻게 된다는 점에서 초현실주의자들이 사랑했던 나비 프린트 직물 등 자신의 예술적 영감을 담은 소재들을 개발하여 디자인에 적극 사용했다.

스키아파렐리는 이 외에도 1938년 '서커스 컬렉션/circus collection/, 파간 컬렉션/pagan collection/' 등

일련의 컬렉션에서 특정 주제를 정하고 음악, 예술, 패션이 하나로 결합된 연극적인 컬렉션을 선보여 오늘날 스펙터클한 패션쇼로 발전하는 데 선구적인 역할을 했다는 평가를 받고 있다.

쇼킹 핑크, 쇼킹 라이프!

스키아파렐리는 제2차 세계대전을 피해 뉴욕으로 이주했다가 전후 파리 패션계에 복귀하지만 변하는 시대에 적응하지 못하고 1954년 오트 쿠튀르 운영을 중단했다. 이후 그녀는 자서전을 집필하면서 자신의 삶과 작품 세계를 정리하고 이를 '쇼킹 라이프/Shocking Life/'라는 제목으로 출간했다. 쇼킹은 1937년 크리스티앙 베라르/Christian Bérard/와의 작업 과정 중 탄생한 스키아파렐리의 핑크 컬러에 붙인 이름으로 밝고 강렬한 쇼킹 핑크는 이브닝 케이프, 립스틱, 액세서리 디자인 등에 널리 사용되며 그녀의 시그니처 컬러로 확고히 자리를 잡았다.

16 스키아파렐리의 시그니처 컬러인 쇼킹 핑크

나아가 스키아파렐리는 1938년 영화배우 메이 웨스트/Mae West/의 몸매에서 영감을 받아 레오노르 피니/Leonor Fini/가 대담하게 디자인한 용기로 유명한 자신의 향수 제품에도 '쇼킹'이라는 이름을 붙였다. 1952년 스키아파렐리 컬렉션 역시 쇼킹 엘레강스로 회자되었다. 마침내 '쇼킹'은 늘 세상에 새로운 충격을 주고자 갈망했던 스키아파렐리의 삶과 독창적인 패션 세계를 집약하는 말로 세상에 남았다.

17 시대를 앞서 갔던 엘사 스키아파렐리의 상상력과 유머, 강렬한 색채와 소재의 감수성을 되살린 스키아파렐리의 오트 쿠튀르 컬렉션(2014 S/S)

트롱프뢰유_

초현실주의 패션의 기법

트롱프뢰유/Trompe l' oeil/는 '눈속임'이라는 뜻으로, 정교한 눈속임 작업을 통해 시각적 환영과 충격을 자극하는 기법이다. 일상적인 오브제의 위치나 용도에 대한 고정관념을 깨는 작업, 원초적인 자연물의 에로틱하고 유머러스한 도입, 오브제의 은유와 변형 등과 더불어 초현실주의 예술과 패션의 대표적인 표현 기법으로 꼽힌다.

엘사 스키아파렐리는 1927년 평범한 검정 니트 스웨터에 실재 같은 눈속임을 일으키는 리본 매듭 패턴을 가미한 일명 '트롱프뢰유' 스웨터의 성공 이후 눈속임 기법을 작품에 자주 도입했다.

트롱프뢰유 기법을 사용한 또 다른 대표작으로는 스키아파렐리가 1938년 2월 '서커스 컬렉션/circus collection/'에서 발표한 일명 티어스 드레스를 들 수 있다. 그녀는 초현실주의 예술가 살바도르 달리의 회화 작업을 바탕으로 살갗이 찢어져 벗겨진 듯한 시각적 착각을 일으키는 트롱프뢰유 프린트 직물을 제작하였고, 이를 이브닝드레스로 만들었다. 드레스와 함께 착용된 베일 또한 이와 유사한 분위기로 제작해 시각적 착각을 유도했다. 그러나 베일은 드레스와 같은 프린트 직물로 만들지 않았고 정교하게 커팅을 하고 핑크 안감을 덧대어 바느질로 완성되었다. 베일에서 보이는 실제 바느질의 흔적과 실감나게 그려졌지만 실상은 가짜인 너덜너덜 찢긴 상처의 프린트의 병치는 실재와 허구 사이의 충돌과 긴장을 유발하고 관객에게 시각적 충격을 주고자 한 위트 넘치는 제스처로 해석된다.

정교한 눈속임 작업을 통해 시각적 환영과 충격을 주는 트롱프뢰유 기법

FASHION ICON

바닷가재 드레스

살바도르 달리와 스키아파렐리는 1930년대 후반 각각 초현실주의 예술과 패션의 대표주자로서 공동 작업을 여러 차례 진행했다. 그 과정에서 탄생한 이브닝드레스는 달리의 스케치를 바탕으로 제작된 일명 '바닷가재 드레스/Lobster dress/'이다. 로브스터, 즉 바닷가재는 태곳적부터 내려오는 원초적인 모습을 간직하고 있으며 요리를 하면 선명한 붉은색으로 변형되기에 초현실주의자들에게 인기 있는 모티프였다. 달리는 1934년 '뉴욕 드림 맨 파인 로브스터 인 펠리스 오브 폰/New York Dream-Man Finds Lobster in Place of Phone/, 1936년 바닷가재 전화기/Lobster Telephone/' 등 주요 작품에서 가재를 등장시켰고 주로 성적 은유와 암시의 대상으로 사용했다.

섬세한 흰색 실크 오간자/organza/ 소재로 제작된 드레스에는 작은 파슬리 조각들 사이에 달리가 그린 붉은 대형 바닷가재가 있어 에로틱한 긴장을 유발하고 있다. 이 드레스는 윈저 공작부인이 된 심프슨 부인이 선택하여 더욱 유명해졌다. 패션 사진작가 세실 비튼은 1937년 캉데 성/Chateau de Cande/의 정원에서 이 드레스를 입고 있는 심프슨 부인의 모습을 사진으로 찍었는데, 그 사진에는 초현실적이면서도 로맨틱한 풍경이 잘 살아나 있다.

살바도르 달리와 스키아파렐리가 공동 작업한 바닷가재 드레스

FASHION DESIGNER

Adrian

에이드리언 1903~1959

"미국은 고유의 스타일을 가진다. 그것은 더 이상 스포츠웨어에 국한되지 않는다. 그것은 파리에 종속되지도 않으며, 할리우드에서 뿜어져 나오는 것이다."

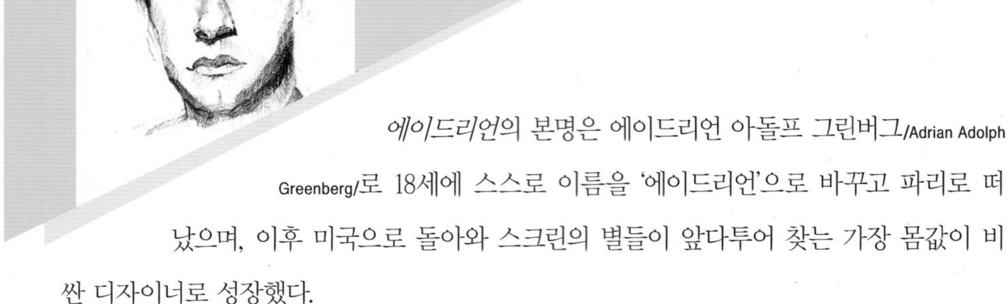

*에이드리언*의 본명은 에이드리언 아돌프 그린버그/Adrian Adolph Greenberg/로 18세에 스스로 이름을 '에이드리언'으로 바꾸고 파리로 떠났으며, 이후 미국으로 돌아와 스크린의 별들이 앞다투어 찾는 가장 몸값이 비싼 디자이너로 성장했다.

파리에서 샤넬과 스키아파렐리 중 누가 더 위대한 디자이너인지 논쟁이 벌어질 즈음, 멀리 떨어진 미국 할리우드에서는 남성 디자이너 한 명의 영향력이 프랑스 쿠튀리에를 추월하고 있었다. 이 남성 디자이너는 에이드리언으로, 영화사 MGM의 수석 디자이너로 할리우드의 황금기를 누리며 그레타 가르보/Greta Garbo/, 조안 크로포드/Joan Crawford/, 진 할로우/Jean Harlow/, 주디 갈런드/Judy Garland/ 등 1920~1930년대 할리우드 스타의 스타일을 창조했다. 1940년대 패션기업 에이드리언/Adrian Ltd./을 설립하고 일반 여성들을 위한 기성복 디자이너로도 활동했다.

영화 속에 나온 그의 디자인은 7번가의 패션업자들이 복제하여 전 세계로 팔려나갔으며 동시대 여성들에게 큰 영향을 미쳤다. 동시대 디자이너 엘사 스키아파렐리/Elsa Schiaparelli/는 "오늘 나온 할리우드 디자인, 내일이면 당신이 입고 있을 것이다."라고 말하며 에이드리언의 대중적 영향력을 언급한 바 있다. 그는 유행 주기를 바꾸는 어떠한 이름 있는 룩이나 스타일을 만들어내지는 않았으나, 수많은 영화에서 새로운 스타일을 창조하고 미국을 비롯하여 전 세계 수많은 여성들에게 실제적으로 영향을 끼친 디자이너였다.

영화 의상 디자이너로의 데뷔

에이드리언은 1903년 미국 코네티컷주 노가턱/Naugatuck/에서 출생했다. 그의 어머니는 화가였고, 아버지는 장인이 하던 모자 가게를 이어받아 운영했으며, 무대 디자이너인 삼촌, 댄서로 활동한 누나 등 예술적인 분위기 속에서 성장했다. 1921년 뉴욕의 파슨스 디자인 스쿨/Parsons The New School for Design/에 입학했고, 파슨스 파리 분교에 교환학생으로 가게 되면서 이름을 '에이드리언'으로 짧게 개명했다.

그가 교환학생으로 파리에 머물렀던 기간은 4개월 정도였는데, 바로 그 때 행운이 찾아왔다. 가장무도회 '발 뒤 그랑프리/Bal du Grand Prix/'에 나가는 친구 의상을 디자인해주었는데, 그 옷을 본 당시 유명 작사가이자 작곡가인 어빙 벌린/Irving Berlin/이 그를 뉴욕의 스튜디오로 초대한 것이다. 어빙 벌린은 당시 뉴욕에서 '뮤직 박스 극장쇼/Music Box Theatre revues, 1921~1925/'를 인기리에 공연 중이었고, 에이드리언은 그 쇼의 의상을 담당하는 기회를 얻게 되었다. 이후 몇몇 브로드웨이 무대 의상 작업을 진행하던 에이드리언은 할리우드 영화배우 루돌프 발렌티노/Rudolph Valentino/의 아내이자 무대 디자인과 의상 감독으로 활동하던 나타샤 램보바/Natacha Rambova/의 관심을 끌게 되었다. 램보바가 그를 발렌티노의 영화 작업에 끌어들이면서 할리우드 진출이 이루어졌다. 이후 미국의 유명 감독이자 제작자였던 세실 B. 드밀/Cecil B. De Mille/의 영화 '왕 중 왕/King of Kings, 1927/'의 의상 디자이너로 일하게 되었고, 세실 B. 드밀 감독과 함께 MGM 영화사로 옮기면서 본격적인 성공 가도를 달리게 된다.

스크린 패션의 대중적 확산

1930년대 할리우드 여배우들이 일반 대중의 패션에 끼친 영향은 엄청났다. 노마 시어러/Norma Shearer/, 조안 크로포드, 그레타 가르보, 진 할로우 등은 자신의 스타일을 에이드리언의 재능에 맡긴 배우들이다. 당시에는 800만 미국인들이 매주 한 번 정도 극장을 찾을 만큼 할리우드의 번영기였고, 의상 제작에 대한 투자도 넉넉해서 에이드리언은 값비싼 프랑스제 자수와 실크, 레이스, 깃

18 에이드리언의 첫 번째 뮤즈 그레타 가르보

19 에이드리언이 디자인한 영화 '오즈의 마법사'의 깅엄체크 앞치마와 빨간 구두

털과 보석을 사용하는 데 무한의 자유를 누릴 수 있었다. 그의 의상은 보다 정교하고 섬세한 디테일을 보여주었으며, 이는 영화 '마리 앙투아네트/Marie Antoinette, 1938/', '크리스티나 여왕/Queen Christina, 1933/', '안나 카레리나/Anna Karenina, 1935/' 등의 시대극에서 더욱 돋보였다. 배우가 자신이 연기할 배역의 삶과 감정에 관해 고민하고 연기하듯이, 에이드리언도 영화 의상을 작업하기 전에 시대적 배경과 배우의 캐릭터에 관해 고민했으며, 꼼꼼하고 숙련된 작업 스타일로 감독과 배우를 모두 만족시켰다.

그는 MGM 사에 소속되어 10여 년을 작업했는데, 첫 영화는 그레타 가르보 주연의 '어 우먼 오브 어페어스/A Woman of Affairs, 1928/'였다. 그레타 가르보는 그의 첫 번째 뮤즈이기도 했는데, 이 영화에서 가르보의 양성적 매력을 어필했고, 영화 속 가르보의 슬라우치 해트/souch hat/와 트렌치 코트는〈우먼스 웨어 데일리/WWD/〉의 지면을 장식했다. 가르보와 작업한 대표적인 작품에는 영화 '크리스티나 여왕/Queen Christina, 1933/'의 웅장한 대관식 드레스와 '춘희/Camille, 1936/'의 크리놀린 드레스가 있으며, '마타 하리/Mata Hari, 1931/'의 이국적 의상도 고유한 스타일로 남아 있다. 영화 '8시 석찬/Dinner at Eight, 1933/'의 진 할로우를 위해 55.88cm/22인치/에 달하는 타조털 커프스와 구슬로 장식한 네글리제를 제작했고, '마리 앙투아네트'에서는 주연급 여배우 34명의 의상과 시대 의상 4천여 벌을 작업했다. 여배우의 호화 캐스팅이 화제였던 영화 '여인들/The Women, 1939/'에서는 우아한 파리지엥풍의 앙상블, 화려한 드레스들을 보여주었고, '오즈의 마법사/The Wizard of OZ, 1939/'에서 주디 갈런드의 블루 앤 화이트 깅엄 체크 에이프런 스커트와 보석이 박힌 빨간 구두도 그의 작품이었다.

1930년대 말까지 영화 의상 디자이너들은 기성복 컬렉션, 패턴 기업들과 밀접한 관계를 유지했고 스크린 패션의 대중화에 관여하고 있었다. 일반인들을 대상으로 영화 의상을 복제하여 판매하는 기성복 유통망이 있었으며 패턴 기업에서는 영화 속 의상을 집에서 직접 만들어 볼 수 있도록 패턴을 만들어 제공했다. 일반 여성들에게 에이드리언의 영화 의상은 그들이 한 번도 경험하지 못한 상류층의 삶과 패션을 볼 수 있는 통로였으며, 영화 의상을 복제하면서 그러한 환상을 현실화할 수 있었다. 그의 의상들 중 가장 대중적으로 인기를 끌었던 스타일은 영화 '레티 린턴/Letty Lynton, 1932/'에서 조안 크로포드가 입은 화려하고 과장된 러플 장식 소매가 달린 롱 드레스로, 일명 '레티 린턴 드레스'로 불린 것이었다. 이를 복제한 기성복이 메이시스 백화점에서만 수십만 벌이 팔릴 만큼 대 히트를 기록했다.

기성복 디자이너로의 출발

1939년 제2차 세계대전이 발발하면서 영화계가 주춤하자 에이드리언은 자신의 역할도 변해야 한다고 인식했다. 그레타 가르보의 마지막 영화인 '두 얼굴의 여인/Two-faced Woman, 1941/'은 MGM 사에서 에이드리언이 작업한 마지막 영화였다. 그는 MGM 사에서 나와 비벌리 힐스에서 패션 기업 '에이드리언/Adrian Ltd/'의 론칭 작업을 시작했고, 자택에서 첫 컬렉션을 개최하며 기성복 사업을 시작했다. 제2차 세계대전 중에 패션 사업을 시작하는 것은 위험한 일이기도 했지만, 한편으로는 파리 패션과의 교류가 끊어지고 자국의 패션 시스템에 의지해야 하는 상황 속에서 에이드리언의 기성복은 조금씩 인기를 얻을 수 있었다. 더불어 에이드리언은 파리에 위치한 거의 모든 패션 하우스의 침체를 가져온 전쟁이 미국 디자이너에게는 기회가 될 수 있다고 생각했고, 동료 디자이너들에게 모험을 시도하라고 강력히 촉구하기도 했다.

패션 기업 에이드리언/Adrian Ltd/은 일반 여성들에게 영화 속의 과장된 페티코트, 과도한 장식이 있는 드레스가 아닌 세련되고 실용적인 슈트를 제안했다. 1942년 8월, 그가 두 번째 컬렉션에서 발표한 각진 어깨의 테일러드 슈트는 조안 크로포드가 뮤즈가 되면서 대성공을 거두었고, 1940년대 가장 유행하는 스타일이자 조안 크로포드의 트레이드마크가 되었다.

그리스풍 자수가 들어간 흰색 원주형 드레스들이 중심이 된 그리스 컬렉션/Greek Collection/, 금사를 사용한 자수 장식이 특징적인 페르시안 컬렉션/Persian Collection/, 저지/jersey/ 소재 드레스 중심의 중세 컬렉션/Gothic Collection/ 등을 통해 이브닝 룩을 제안했다. 또한 그는 울 소재를 즐겨 사용했고, 패치워크, 퀼트 기법을 응용한 드레스나 깅엄 체크를 사용하여 아메리칸 스타일을 표현했다.

종전 후 디오르의 '뉴룩'이 새로운 모드로 등장하여 인기를 얻을 무렵에도 에이드리언은 넓고 각진 어깨의 테일러드 슈트를 고수했다. 그는〈라이프/Life/〉와의 인터뷰에서 "나는 부풀려진 엉덩이가 싫다. 여성의 엉덩이를 부풀리는 요즘 유행은 남성들에게 갑옷을 파는 것과 비슷하다."라고 하며, 디오르의 뉴룩에 대한 공개적인 논쟁을 벌이기도 했다. 그가 논쟁에서 이기기는 어려워 보였지만, 한편으로는 미국의 패션 산업과 디자이너들을 위해 공개적으로 도전적인 태도를 보여준 것이었다.

에이드리언은 1952년 초에 발병한 심근경색으로 비즈니스를 지속할 수 없었고, 가족과 함께 브라질에서 여생을 보내던 중 패션계 복귀를 고민했으나 1959년 다시 찾아온 심장마비로 인해 실현되지 못했다.

에이드리언은 할리우드 황금기에 수많은 여배우의 의상을 통해 대중의 환상을 충족시켜주었던 디자이너이자 그 환상을 대중에게 전파한 기성복 디자이너였다. 또한 파리 패션에 종속되지 않는 미국 고유의 스타일을 확신하며 스포츠웨어의 영역을 뛰어넘어 미국 패션 산업이 성장하기를 기원하고 세계 패션 시장에 도전했던 디자이너였다.

FASHION ICON

레티 린턴 드레스

1930년대 할리우드 황금기의 의상 디자이너 에이드리언은 다른 사람들은 알지 못한 배우의 신체적 장점을 살려내는 능력이 있었다. 그는 신체적인 결점을 옷으로 만회할 수 있다고 믿었으며, 오히려 그러한 결점을 강조하고 강점으로 만들면 새로운 트렌드가 생성될 수 있다고 확신했다. 레티 린턴 드레스/Letty Lynton Dress/는 1930년대 슬림 앤 롱 실루엣을 거스르며 에이드리언의 신념을 성공적으로 확인시켜주었다.

조안 크로포드/Joan Crawford, 1905~1977/는 1930년대 할리우드의 가장 높은 개런티를 받는 여배우 중 한 명이었으며, 영화 '그랜드 호텔/Grand Hotel, 1932/', '레인/Rain, 1932/', '여인들/The Women, 1939/' 등 많은 작품에서 디자이너 에이드리언과 작업을 함께 했던 뮤즈이자 동료였다. 조안 크로포드는 대략 163cm/5피트 4인치/의 그리 크지 않은 키에 남성 배우들과 비교될 만큼 어깨가 넓었는데, 에이드리언은 그녀의 어깨를 감추지 않고, 오히려 강조하는 스타일을 제안했다. 영화 '레티 린턴/Letty Lynton, 1932/'에 등장하여 일명 '레티 린턴 드레스'라고 불린 이 작품은 러플 장식 소매가 달린 오건디 소재 화이트 드레스이다. 패드를 넣은 어깨에 여러 겹의 과장된 러플을 달아 여배우의 신체적 콤플렉스인 넓은 어깨를 커버하는 동시에 배우의 동작을 자유롭게 해주는 구성상의 배려를 포함했다. 넓은 어깨와 대비되도록 날씬한 허리를 강조했고, 스커트 밑단에 또 여러 단의 러플을 장식하여 전체적으로 길고 날씬해보이도록 유도했다.

레티 린턴 드레스는 영화 속 패션이 대중적 패션으로 확산된 가장 대표적인 사례로, 패션업자들에 의해 곧바로 복제되었으며, 그 중 메이시스 백화점에서만 50만 벌 이상이 팔려나가는 대히트를 기록하고 '베스트 셀링 드레스'로 기록되었다. 오리지널 레티 린턴 드레스는 단돈 20달러의 기성복으로 복제되는 과정에서 풍성한 러플이 달린 소매와 드레스 단이 다소 간단한 프릴 단 3겹으로 디자인이 바뀌고 간소하게 변했다. 레티 린턴 드레스의 대유행은 어깨를 강조하는 유행의 촉매제가 되었고, 1940년대 여성복에 어깨 패드를 넣는 스타일이 출현했다.

복제되어 50만 벌 이상 팔린 레티 린턴 드레스의 일러스트레이션

Salvatore Ferragamo / Claire McCardell / Norman Hartnell
Christian Dior / Cristóbal Balenciaga / Pierre Balmain

Chapter **4**

전쟁의 규제와 뉴룩

Chapter 4

전쟁의 규제와 뉴룩

이 시기에는 제2차 세계대전으로 인한 물자 부족으로 유틸리티 클로스/utility cloth/가 생겨났고 전쟁 후에는 풍요와 패션의 부활로 뉴룩/New Look/이 탄생했다.

시대적 특징

제2차 세계대전의 발발

1920년대에 싹튼 극우민족주의 성향의 파시즘이 1930년대에는 만개했다. 1939년 독일의 폴란드 공격, 1941년 일본의 하와이 진주만 기습공격으로 동서양 국가가 참전한 제2차 세계대전/1939~1945/이 시작되었다. 독일, 이탈리아, 일본 등의 추축국/樞軸國/과 미국, 영국, 소련, 중국 등 연합국이 유럽, 아시아, 아프리카 등 전 세계를 넘나들며 맞붙은 전쟁의 초반에는 추축국이 우세했다. 그러나 연합군의 반격, 점령지 민족의 무장투쟁에 의해 양상이 변하기 시작했다. 1944년의 노르망디 상륙작전, 1945년 일본 히로시마와 나가사키에 투하된 원자폭탄으로 인해 1940년대 전반기를 전쟁의 광기로 장식했던 제2차 세계대전은 막을 내렸다.

1945년 종전과 함께 대부분의 식민지는 해방되었다. 한국, 인도, 인도네시아, 베트남 등이 모두 독립했고, 중동과 아프리카도 독립 대열에 합류했다. 수천 년을 나라 없이 떠돌던 유대인도 이스라엘을 건국했다. 평화로운 세계질서를 위한 인류의 염원은 UN이 탄생하면서 결실을 맺었다.

1 제2차 세계대전 중 전시 채권 판매(1943)
남성들은 볼드 룩의 슈트와 여성들은 세미 A라인의 드레스를 입고, 새들 슈즈(saddle shoes)와 바비 삭스(bobby shocks)를 신고 있다.

자본주의와 사회주의의 냉전 시대 개막

종전 후, 독일, 이탈리아, 일본이 패배했고, 소련, 미국, 영국, 프랑스, 중국은 승리했다. 그러나 전후에 5개국 가운데 중국은 공산주의 체제로 돌입하게 되었고, 유럽이 전쟁의 폐허를 복구하기 위해 애쓰는 동안 미국과 소련이 새로운 강대국으로 부상하게 되었다. 세계는 미국을 중심으로 한 자본주의, 소련의 사회주의로 갈라져 냉전체제로 돌입했다. 전후 첫 10년 동안 공산주의 세력과 비공산주의 세력 간의 가장 심각한 충돌은 1950년 한국전쟁에서 일어났다. 미국과 소련 간의 적대적 대립 상황으로 인해 각종 무기가 경쟁적으로 생산되었고, 경제 발전도 가속화되었다.

2 제2차 세계대전 중 전쟁 지원 도우미(1942)
여대생들이 어깨가 넓은 드레스를 입고 있다.

대중문화의 성장과 패션 리더

제2차 세계대전 중에도 여전히 오락은 성행했다. 주크박스에서는 늘 재즈 가수 프랭크 시나트라의 레코드가 돌아가고, 극작가 아서 밀러/Arthur Miller/는 드라마 분야에서 퓰리처상을 수상했다. '카사블랑카', '우리 생애 최고의 해'와 같은 전쟁영화가 인기를 끌었으며, 조안 크로포드, 베티 데이비스/Bette Davis/ 등이 1940년대를 대표하는 할리우드의 여배우였다. 미국에서는 야구가 전 국민의 인기를 끌면서 재키 로빈슨/Jackie Robinson/이 스포츠 분야에 만연하던 백인과 흑인 사이의 장벽을 허물기도 했다. 라디오와 텔레비전, 영화를 통해 대중문화가 형성되고 있었다.

종전 후, 과학과 기술이 발전하여 물자가 풍부해졌으며, 1951년 미국 내 컬러텔레비전의 방영이 시작되고 할리우드 영화 산업의 발전에 의해 대중문화가 확산되자 대중의 라이프 스타일에 큰 영향을 미치게 되었다. 그레이스 켈리, 오드리 헵번, 메릴린 먼로, 엘리자베스 테일러, 브리지트 바르도, 소피아 로렌, 지나 롤로브리지다 등의 여배우들과 말론 브랜도, 제임스 딘과 같은 남배우들, 로큰롤의 제왕으로 등극한 엘비스 프레슬리가 대중문화의 스타로 등장했으며, 대중은 이들의 패션이나 옷차림, 제스처 등을 모방하기 시작했다. 또 파리의 유명 패션 디자이너는 유명 배우의 전속 패션 디자이너로 활약했는데, 지방시/Givency/가 오드리 헵번의 의상을 디자인한 것이 대표적이다.

1952년 25세의 엘리자베스 2세가 영국 여왕으로 즉위했으며, 젊은 지도자로서 대중에게 인기를 끌었으며, 그녀의 패션도 대중에게 많은 영향을 주었다.

3 주름 잡힌 바지를 입고 있는 가수 프랭크 시나트라(1947)

4 발레리나 이브닝드레스를 입고 아카데미 시상식에 참석한 배우 나탈리 우드(1956)
그녀는 당시 청소년의 우상이었다.

5 영국 엘리자베스 2세 여왕과 오스트레일리아 워터 쿠퍼 장관(1954)
엘리자베스 2세 여왕은 페플럼이 달려 있는 짧은 소매의 재킷과 주름이 많이 잡혀 있는 스커트를, 워터 쿠퍼 장관은 더블 브레스트 슈트를 입고 있다.

6 브리스번에 도착한 엘리자베스 2세 여왕(1954)

프랑스 패션계의 위기와 미국 패션계의 부상

제2차 세계대전으로 유럽 전역은 황폐해졌고 독일군이 점령한 나라에서는 예술가나 디자이너가 살아남기 어려워지면서 활발했던 파리 패션계는 침체기에 들어서게 되었다. 1940년 독일군은 프랑스를 침범했고, 전쟁기간 동안 히틀러는 베를린을 세계 문화의 중심으로 만들려고 했으나 당시 오트 쿠튀르 조합장인 뤼시앵 르롱/Lucien Lelong/의 지도로 프랑스 쿠튀르들이 단결하여 무산되었다.

전쟁 중에 뉴욕은 패션의 중심지로 부상했다. 패션 잡지와 로드 앤드 테일러/Lord & Taylor/ 같은 소매점은 미국 디자이너들의 영향력을 증진시켰으며, 클레어 맥카델/Claire McCadell/, 노먼 노렐/Norman Norell/ 등이 두각을 나타냈다. 전쟁 기간 동안 미국은 트렌드 세터/trend setter/로 패션 산업을 리드했다.

파리 오트 쿠튀르의 부활과 황금기

전후 번영의 시대에 발맞추어 파리 오트 쿠튀르 디자이너들은 1년에 두 차례 새로운 스타일을 패션 컬렉션에서 소개했는데, 대부분의 구매자는 미국인이었다. 오트 쿠튀르가 다시 이익을 내기 시작하면서 파리는 세계 패션의 주도권을 쥐었다. 반면에 미국 디자이너들은 기성복 디자이너로 활동하면서 미국은 캐주얼웨어의 중심지로 자리매김을 하게 되었다.

새로운 의류가 생산되고 유통 방법이 개선되어 의류제품의 가격이 내려가고, 대도시와 지방에 관계없이 나오자마자 신속하게 새로운 패션이 소개되고 공급되자 패션의 유행주기는 점차 짧아졌다. 소비자들은 빠르게 변화하는 유행에 적응하기 위해 패션 잡지를 구독하기도 했다.

새로운 소재와 직물 가공

1950년대에는 새로운 섬유소재가 발명되고 가공기술이 발달하여 패션 소재를 다양하게 했다. 1950년 아크릴, 1953년 폴리에스테르, 1954년 트리아세테이트, 1959년 스판덱스가 발명되었다. 빨아도 구겨지지 않고 다림질할 필요가 없는 워시 앤드 웨어/wash-and-wear/ 가공은 실용적이어서 중산층의 호응이 엄청났다. 나일론으로 만든 블라우스, 스커트, 속옷, 스타킹 등의 의류제품이 생산되면서 패션은 새로운 장을 열었다.

유행 패션의 특징

밀리터리 룩

전쟁 중에 여성 패션에서는 밀리터리 룩이 기능적·실용적인 면에서 유행했는데, 밀리터리 룩은 각진 어깨선, 테일러드 슈트, 짧은 스커트로 구성되었다. 전쟁기간 중에는 물자 부족이 계속되자 여성의 스커트 길이가 짧아져 무릎 바로 아래까지 오고, 스커트 폭도 좁은 타이트스커트가 유행했다. 길이가 짧은 볼레로/bolero/ 재킷, 아이젠하워/Eisenhower/ 장군의 군복에서 영감을 얻은 아이젠하워 재킷이 유행했는데, 이는 허리 위에서 주름을 잡아 부풀린 것이다. 종전 후에는 이 밀리터리 룩을 더 대담하고 과장한 스타일로 디자인했는데, 이를 볼드 룩/bold look/이라고 했다.

유틸리티 클로스

1941년 영국에서는 유틸리티 클로스/utility cloth/에 대한 규정을 발표했다. 이것은 옷감을 절약하기 위한 간단한 디자인을 말한다. 모든 의류 생산업자들은 정해진 양의 직물로 옷을 만들어야 했으며, 한 의류회사에서 1년에 50가지 이상의 스타일을 생산하는 것이 금지되었다. 민간인들은 쿠폰 20개를 배급받았고, 주어진 쿠폰으로만 의복을 충당할 수 있었다. 의복 제조에 대한 규제가 강화되어 1가지 모델 당 필요한 옷감의 소요량을 제한하고 장식적 디자인을 없앨 뿐만 아니라, 스커트 길이와 폭의 최대치수, 스커트 주름 수까지도 제한했다. 1943년 상무성의 요청에 따라 기본 의복의 디자인은 옷감 3~4야드, 단추 5~6개로 정해졌다.

7 제2차 세계대전 중에 유행했던 유틸리티 클로스 (1942)

8 유명 비행사 조지 벌링에게 사인을 받는 스커트를 입은 여성(1943)
사진의 여성은 스웨터 안에 블라우스를 입고 세미플레어 스커트를 입고 있다.

9 바지 차림의 영화배우 루시 벨

여성의 바지 착용

끊임없는 공습으로 인해 모든 계층과 연령대 여성들은 사이렌 슈트/siren suit/라는 특수한 바지를 착용했다. 이 바지는 스타킹을 대신하는 인기 있는 아이템으로 애용되었다.

미국의 틴에이저 패션

1940년대에 두드러진 패션 현상 중 하나가 틴에이저 패션문화이다. 10대가 독자적인 패션문화를 형성한 요인은 10대에 대한 교육 기회가 증가하고 졸업 후 스스로 경제적으로 자립할 수 있었기 때문이다. 10대가 패션 잡지 중 〈세븐 틴〉이 선두주자의 역할을 했다. 이들의 패션을 '밍스 모드/minx mode/', '조너선 로건/Jonathan logan/'이라고 불렀다. 10대 학생의 캐주얼한 의복은 직업여성이나 30대 여성에게도 실용적인 의상으로 관심을 끌었다. 그러나 캐주얼한 의복의 하나인 진/jean/은 아직도 노동자 의복으로 생각하는 사람이 많았다.

디오르의 뉴룩과 라인 시대

제2차 세계대전이 끝나고 전쟁 중에 적용되던 의복에 관한 규정들은 철폐되었다. 사람들은 딱딱하고 남성적인 밀리터리 룩에서 벗어나 부드럽고 여성적인 패션에 대한 향수가 생겼다.

1947년 크리스티앙 디오르/Christian Dior/는 뉴룩/New Look/을 발표하여 큰 성공을 거두었다. 어깨는 둥글고 가슴선은 높으며, 허리는 가늘게 조이고 엉덩이 부분에는 패드를 대었으며, 스커트는 무릎 아래 길이로 넓게 주름지게 했다. 엄청난 반향을 불러일으킨 뉴룩 이후 크리스티앙 디오르의 디자인은 파리뿐만 아니라 국제적인 패션으로 널리 유행했다. 1950년대 여성복은 뉴룩을 시작으로, 여러 디자이너의 다양한 실루엣이 발표되었다.

디오르는 H라인, A라인, Y라인, 애로라인/arrow line/을 연이어 발표했다. 1957년 디오르의 사후, 후계자가 된 이브 생 로랑/Yves Saint-Laurent/의 사다리꼴 모양 실루엣, 발렌시아가, 지방시, 파투, 발망 등이 발표한 새로운 라인으로 인해 1950년대는 '라인의 시대'라고 할 수 있다.

라인 시대의 여성은 성숙한 숙녀와 같이 기품 있고 우아하게 차려입었다. 여성들은 뉴룩의 영향을 받아 허리를 강조한 원피스 드레스, 허리 라인이 들어간 재킷의 슈트, 단순하고 실용적인 블라우스, 허리띠 부분 없이 허리선 위까지 올라가는 코르셋 스커트를 입었다. 스커트는 플리츠스커트, 벨 스커트, 고어드스커트, 타이트스커트 등 다양한 형태였으며, 스커트 길이는 무릎 아래였다. 1950년대 후반부터는 허리를 강조하지 않는 H실루엣, A실루엣으로 점차 변했다.

샤넬의 카디건 슈트

1954년 샤넬은 15년간의 공백을 깨고 살롱을 다시 열었다. 샤넬 슈트는 저지나 트위드 소재를 주로 사용했으며, 칼라가 없는 카디건 스타일의 재킷, 무릎을 덮는 길이의 스커트, 재킷 가장자리를 브레이드로 장식을 한 것으로, 특히 미국인들이 샤넬 슈트를 애용했다. 많은 기성복업자들이 샤넬 슈트를 모방했으며, 1960년대에는 크게 유행했다. 샤넬 슈트는 다른 쿠튀르 디자이너의 디자인보다 맞음새가 수월하고 단순했기 때문에 모든 연령의 여성에게 적합했다.

특히 샤넬 슈트는 스카프나 헐렁한 리본 실크 블라우스와 잘 어울렸다. 완벽한 샤넬 룩을 위해 체인이 달린 샤넬 핸드백, 검은색 가죽이나 실크로 된 토 캡/toe caps/, 베이지색 스웨이드 슬링 백/sling back/ 구두를 디자인했다.

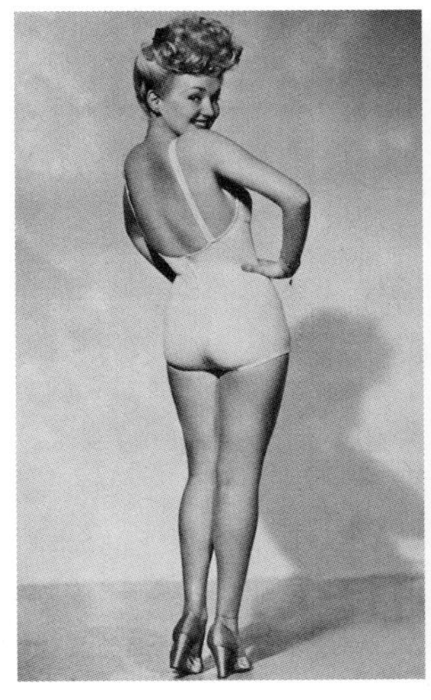

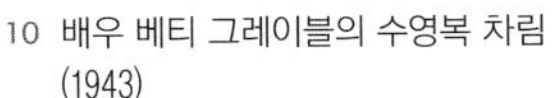

10 배우 베티 그레이블의 수영복 차림 (1943)

11 비키니 수영복을 입은 여성(1952)

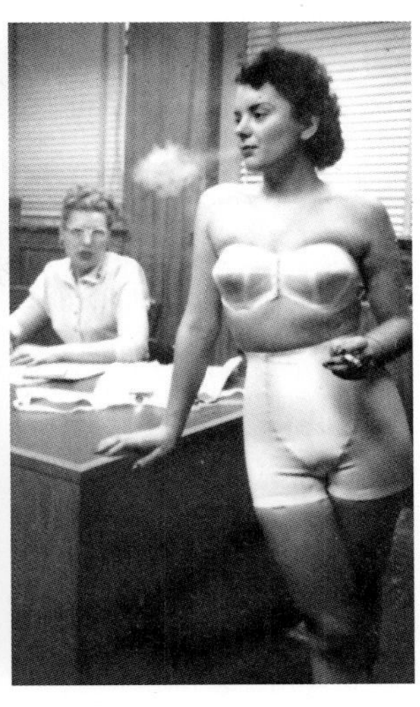

12 끈 없는 브래지어와 거들을 입고 있는 모델(1949)

스웨터와 스포츠웨어

스웨터는 1940년대 가장 인기 있었던 의류 품목의 하나였다. 처음에는 너무 꼭 끼는 스웨터는 직장 여성들이 입기에는 섹시하기 때문에 도덕적으로 용납이 안 되었고, 너무 큰 사이즈의 스웨터는 정전기로 불이 날 위험이 있으며, 기계에 낄 염려 때문에 허용되지 않았다.

1950년대 여성복에서 큰 변화 중 하나는 여성의 바지 착용이 일반화되었다는 점이다. 스포츠웨어로 입기 시작한 무릎길이의 버뮤다 쇼츠/burmuda shorts/, 통이 좁은 바지를 일상복으로 착용했다. 슬로피 조/sloppy Joe/라고 불렀던 크고 느슨한 스웨터나 카디건, 푸들 스커트/푸들이 아플리케 되어 있는 360° 치마/, 발목 양말, 새들 슈즈나 로퍼, 흰색 셔츠나 스웨터, 목에 스카프를 두르는 것이 여대생 사이에서 잠시 유행했다. 스포츠웨어로 '비키니/bikini/' 수영복이 유럽에 먼저 소개되었다. 수영복의 소재로는 면, 나일론, 라스텍스/Lastex/가 많이 사용되었다. 스키용으로는 1956년 이래 스트레치 원단으로 만든 통이 좁은 바지를 착용했으며, 테니스용으로는 흰색 짧은 스커트를 입고 니트 상의를 입었다.

남성의 회색 플란넬 슈트와 캐주얼웨어

전후 여성복에서는 뉴룩, 라인 실루엣 등 급격한 변화가 있었으나, 남성복에서는 전쟁 전에 입었던 영국 슈트와 비슷한 볼드 룩/bold look/이 소개되었다. 재킷 길이가 길고 어깨와 칼라가 넓으며, 더블 브레스트 여밈이 유행했고, 커프스가 있는 바지, 나일론이나 면으로 된 셔츠를 함께 입었다. 그 후 어깨가 좁아지고, 싱글 브레스트 여밈이 압도적으로 많았으며, 어두운 회색이 가장 인기가 있었다. 이러한 연유에서 1950년대를 가리켜 '회색 플란넬 슈트의 시대'라고 하기도 한다. 비즈니스 슈트와 함께 분홍색이나 연한 푸른색의 셔츠를 입었는데, 셔츠 칼라는 작고 버튼다운/button-down/ 스타일이었다.

1950년대 남성의 캐주얼웨어로 더플코트, 타탄/tartan/ 체크의 스포츠 재킷, 가죽 단추의 코듀로이 재킷, 치노/chino/, 버튼다운 셔츠, 크루넥/crew neck/, 문자 문양이 있는 스웨트 셔츠/sweat shirts/의 아이비 리그 룩/Ivy league look/ 등이 유행했다.

1950년대 중반에는 버뮤다 셔츠, 밝은색의 하와이안 프린트 셔츠, 인디안 마드라스 셔츠/Madras shirts/, 니트 폴로를 입었다. 당시 영화배우 제임스 딘과 말론 브랜도의 '반항아' 스타일 티셔츠, 진, 가죽 재킷이 유행하기도 했다. 이브닝웨어로는 턱시도나 디너 재킷을 입었고, 흰색의 디너 재킷은 여름용 이브닝웨어로 인기를 끌었다.

하위문화 스타일 – 테디보이 룩

전후 청소년에 대한 교육이 증가하고 경제적 자립 기회가 늘어나서 그들만의 독특한 스타일을 유행시켰다. 영국의 에이드리언 스타일을 모방한 테디보이/teddy boy/ 스타일이 그 예이다. 약 50년 전 스타일로 회귀한 것으로 재킷은 몸에 딱 맞았으며 바지는 통이 좁았다. 이는 일반 남성의 패션에도 영향을 미쳤는데, 상향전파/trickle-up/ 유행의 한 예이다.

헤어스타일과 머리 장식

1950년대 초반에는 턱까지 오는 길이에 컬이 있는 단순하고 여성적인 헤어스타일이 유행하다가 1950년대 말부터는 머리를 부풀린 부팡/bouffant/ 스타일이 유행했다.

챙 없는 작은 모자의 변형 디자인, 베레모, 미국 케네디 대통령 취임식에서 재클린 케네디가 착용했던 필박스 해트/pillbox hat/가 유행했다. 1950년대 장갑과 모자는 여성들의 필수품이었지만, 1960년대로 가면서 평상시에는 모자를 착용하지 않게 되었다. 여성들의 눈 화장은 1952년 이후 더 강조되었다.

13 영화 '사브리나'에 출연한 배우 마사 하이어의 짧은 머리(1954)

14 짧은 머리의 영화배우 다이안 캐롤 (1955)
플레어스커트와 피터 팬 칼라가 달려 있는 원피스 드레스를 입고 있다.

15 1950년대 청소년의 우상 엘비스 프레슬리 스타일의 밀랍인형(1957)
그의 퐁파두르 헤어스타일과 진바지는 대유행했다.

남성의 헤어스타일로는 전쟁 직후에는 짧게 자른 크루컷/crew-cut/이 유행했다. 또한 영국의 테디보이, 가수 엘비스 프레슬리처럼 앞부분은 컬을 하고, 뒷부분은 뭉툭하게 모양을 낸 헤어스타일이 유행했다.

FASHION ICON

주트 슈트

'주트/zoot/'라는 용어는 1930년대 미국의 재즈 문화에서 비롯되었다. 1935년경 할렘/Harlem/가를 중심으로 시작되었다는 것이 통설이나 기원은 확실하지 않다. 주트 슈트는 1939년 한 레스토랑의 접시닦이가 양복점에서 주문했는데, 재즈 밴드 리더가 '열광적인, 최신의/cutting edge/'라는 뜻의 이름을 붙였다. 주트 슈트는 전체적으로 풍성하고 발목으로 갈수록 통이 좁아지는 패그 톱 트라우저/peg-top trousers/, 어깨 패드가 과장되게 넓고 풍성한 품의 더블 브레스트이며, 무릎길이의 긴 재킷으로 구성되어 있다. 또한 손 염색한 밝고 화려한 색상의 넥타이와 포켓 행커치프, 챙이 넓은 모자, 머리 기름을 발라넘긴 긴 머리, 지나치게 긴 시계 체인으로 치장한다. 이러한 주트 슈트를 입은 사람을 주티/zooties/라고 부르며, 미국 하위문화 스타일의 시발점이 되었다.

1943년경 주트 슈트는 1947년 디오르의 뉴룩만큼 유명했으며, 전시/戰時/ 의류제한정책을 위반했으므로 정부에서는 이 스타일의 유행을 제한하거나 금지하려 했다. 이 스타일은 사회계층과 상반된 패션 아이콘이었다. 뉴룩은 프랑스 오트 쿠튀르에 의한 최상류층 소비의 상징으로 대중들이 좇으려는 유행현상이었으며, 반면 주트 슈트는 할렘가의 나이트클럽에서 유행한 빈민층의 패션 아이콘으로 스트리트 스타일이었다.

주티들의 외모와 옷차림은 군인들이 주둔한 해군 기지 등에서 긴장감을 조성하기에 충분했다. 1942년 전시물자위원회에서 남성복에 사용되는 울의 양을 줄이는 정책을 실시하고, 주트 슈트를 비애국적·불법적이라고 정의하면서 주티들은 반항운동을 전개하기 시작했다. 1943년 미국의 여러 도시에서는 '주트 슈트 폭동/zoot suit riots/'이라는 인종 폭동이 일어났다.

주트 슈트는 미국 흑인뿐만 아니라 젊은 멕시코계 미국인들이 수용했는데, 미국 하위문화의 반항을 상징적으로 전달하며, 1940년대 대중적으로 인기를 누린 재즈 음악인의 기본 정장 차림으로 채택되었다.

또한 겉치장이 과도한 주트 슈트는 절제를 강조하고 장식이 거세된 서구의 전통 남성 복식에 대항하는 상징물이며, 엘리트 문화에 저항하는 하위문화 스타일의 대안이었다.

미국 하위문화 스타일인 주트 슈트를 입은 남성

FASHION DESIGNER

Salvatore Ferragamo

살바토레 페라가모 1898~1960

"나는 구두 제작자가 되기 위해 태어났다. 예순이 넘은 지금 긴 인생 여정을 되돌아보니, 온갖 장애물로 점철된 외길을 쉬지 않고 달릴 수 있게 한 건 내 안의 지칠 줄 모르는 강렬한 열정이라는 것을 분명히 알겠다."

*살바토레 페라가모*의 신화는 벌써 80주년을 넘어선 긴 역사나 13,000여 개에 달하는 기록적 컬렉션이 아니라 '완전한 모더니티/modernity/', 즉 동시대의 창조성과 비전, 그리고 담대한 혁신성에서 나온 것이었다. 왜냐하면 그에게 한계가 기회를 가져왔으며, 필요가 혁신을 촉진했기 때문이다. 모로찌/Morozzi, 2008/는 "만일 신화가 확고한 기반이 있는 스토리라면, 살바토레 페라가모는 모든 신화적 특징들을 갖고 있다."라고 언급한 바 있다. 페라가모의 성공은 비단 작품의 형태적 우수성뿐만 아니라, 천재 디자이너의 재능과 노력이 어떻게 구두의 전설을 이룩했는지를 보여준다. 아울러 페라가모의 사례는 오늘날 기술의 발달과 함께 모든 한계가 쉽게 해결되는 풍요의 시대에 '창조성의 위기'라는 문제를 새삼 생각해보도록 한다.

진정한 혁신자, 구두의 전설

평생 구두의 구조와 재료를 실험했던 페라가모는 발의 장심/arch/을 지지하기 위한 강철 미들 구두창/a steel middle sole/과 같은 참신한 기술적 해결책을 고안했으며, 매우 자유로운 방식으로 다양한 재료들을 실험했다. 특히 그는 삼베, 짚, 목재, 실, 셀로판지 등 값싼 재료를 사용했는데, 이것은 명품이 재료의 종류에 달린 것이 아니라 장인의 아이디어와 품질에 달려 있음을 보여주었다. 그러나 무엇보다도 페라가모의 가장 대표적인 혁신 사례는 웨지 힐/wedge heel/과 인비저블 샌들/invisible sandal/의 발명이었다.

페라가모는 제한된 상황에서도 창조적 방도를 찾아내는 진정한 예술가였다. 제2차 세계대전 중 의복을 제작하기 위한 옷감의 양이나 재료 등이 제한되었지만, 그는 수공예 발명품과 재료의 혁신적 사용 등을 통해 이러한 위기를 기회로 탈바꿈시켰고, 이로부터 웨지 힐이 탄생했다. 웨지 힐은 처음에 초콜릿 상자와 사르데냐/Sardegna/ 코르크를 사용하여 제작되었는데, 초콜릿 상자의 투명한 종이가 마음에 들었던 페라가모는 종이 안에 색실을 넣어 구두 윗판을 제작했고, 강철 미들 구두창 대신 사르데냐 코르크를 이용하여 힐을 디자인했다. 웨지 힐은 힐과 앞발 사이의 공간을 채워 장심 부분에 안전지대를 부여해 가벼움과 내구성이라는 기능적 욕구까지 충족시켰다.

16 페라가모가 디자인한 웨지 힐

전쟁이 끝나갈 무렵, 국경지방의 왕래와 무역의 회복 등을 통해 이탈리아 패션 산업은 전반적으로 풍요의 시대라고 지칭할 만큼 여유로워졌다. 당시 '살바토레 페라가모'는 이탈리아 패션의 환상, 스타일의 탁월한 대변인이 되었다. 1947년 그는 투명 나일론 필라멘트사로 구두 윗판을 고안하여 '인비저블 샌들/invisible sandal/'을 창조했으며, 이것으로 크리스티앙 디오르/Christian Dior/와 나란히 니만 마커스상/Neiman Marcus Award, 패션계의 오스카상/을 받았다. 이처럼 페라가모의 혁신은 단지 전쟁으로 인한 것이 아니라 비관습적 재료를 사용하여 상상력과 창조성을 실험하고 도전하려는 열정에서 비롯된 것이었다. 아울러 이것은 당대 아방가르드의 순환에서 시작된 페라가모의 지적 호기심에서 비롯된 것이기도 했다.

고객맞춤 수제 구두

타고난 제화공 페라가모는 '발에 꼭 맞는 구두의 비밀'에 대한 집착과 지적 갈증을 통해 전설을 만들어갔다. 그는 고향 보니토/Bonito/에서 발의 구조에 대한 흥미와 호기심을 느끼고 있었고, 미국으로 이주한 후에는 거의 광기에 가까울 정도의 열정을 갖고 수개월간 구두를 연구

17 살바토레 페라가모의 발본

하고 탐색하며 실험을 거듭했다. 당시 미국에서는 이미 첨단기술을 이용하여 구두를 대량 생산하고 있었지만, 페라가모에게 그것은 무겁고 세련되지 못한 구두에 불과했다. 그는 보스턴에서 있었던 일화를 다음과 같이 회고한다. "공장으로 갔다. 그곳에서는 기계가 모든 작업을 눈 깜짝할 사이에 해내고 있었다. 그 광경은 전혀 감동적이지 않았을 뿐더러 나는 그것이 몸서리치게 싫었다. 그것은 제화공이 되는 길이 아니라, 바로 지옥이었다……. 거기에서 개인의 기술은 결코 중요한 것이 아니었다."라는 페라가모의 회고는 창조적 명장의 기술과 자존심을 분명하고 직접적으로 보여준다.

이후 캘리포니아주 산타바바라/Santa Barbara/로 건너간 페라가모는 명확하고도 완고하게 '기계가 아닌 손으로' 구두를 만들기를 원했다. 그리고 그는 그 지역에서 구두 수선점을 열어 1914~1927년까지 주로 영화제작소의 배우와 개인고객들을 위한 고객맞춤 수제 구두를 제작했다. 이때의 주요 고객들로 메리 픽퍼드/Mary Pickford/, 더글러스 페어뱅크스/Douglas Fairbanks/, 코스텔로/Costello/ 자매, 폴라 네그리/Pola Negri/, 돌로레스 델 리오/Dolores Del Rio/ 등이 있었다.

현대기술의 진보는 구두에 놀라울 정도의 유연성을 더해주었으나, 페라가모에게는 모든 발의 문제가 발의 형태나 구조에서 생기는 것이었다. 그는 해부학적 탐구와 실험을 거듭한 후 기존의 발 측정 시스템과는 다른 새로운 원리를 도입해야 한다고 생각했고 이러한 원칙으로부터 발이 편안한 구두를 제작할 수 있었다. 1927년 그는 수제 구두 조립라인을 만들기 위해 이탈리아 피렌체로 돌아와 이탈리아 장인들과 함께 우수한 재료로 고객맞춤 디자인 제화를 제작하기 시작했다. 그는 이곳에서 최초의 회사, '살바토레 페라가모'를 설립했고 이후 그의 이름은 브랜드와 동의어가 되었다.

이렇게 페라가모는 이탈리아 구두 산업 전반에 혁신의 물결을 일으켰고, 그의 새로운 치수 측정 기준은 미국 제조업자들과의 협업을 이끌어내면서 전 산업에 영향을 미쳤다. 그는 동시에 구두 제작에 미국의 사이즈 체계를 도입하기도 했는데, 이로부터 다양한 발 모양에 부응한 구두를 제작할 수 있게 되었다. 이처럼 그의 장인정신은 산업사회에서 모든 생산방식이 인간에서 기계로 대체되어 가던 시기에 수공을 통해 숙련된 창조를 이끌어내었고 오늘날까지도 '살바토레 페라가모'가 아름다움, 전통적 솜씨, 품질과 편안함을 보증하는 표식이 되도록 만들었다.

혁신적이고 독보적인 페라가모의 디자인

페라가모는 혁신적이고 독보적인 디자인들을 다수 창조했다. 살바토레 페라가모 사의 장인들이 만들어낸 섬세한 정련과 디테일은 흡사 예술작품과 같았으며, 동시에 대량 생산의 가능성이 있는 그의 아이디어들은 다수의 특허로 이어졌다. 살바토레 페라가모 사의 대표적인 구두 발명품은 프렌치 토/French toe/, 로만 샌들/Roman sandals/, 웨지 힐/wedge heel/, 쉘 솔/shell sole/, 인비저블 나일론 슈즈/invisible nylon shoe/, F-힐/F-heel/, 나선형 힐/spiral heel/, 조각 힐/sculpted heels/, 크리스털 밑창/crystal-soled shoe/, 글로브드 아치/gloved arch/, 스틸레토 힐/stiletto heel, spike hill/, 바라/Vara/, 간치노/Gancini/ 등이 되었다.

페라가모는 1914년에서 1927년 사이 산타바바라에서 영화제작소 배우들을 위해 구두디자인을 했을 때, 당시 유행하던 앞이 뾰족한 구두에 반해, '프렌치 토/French toe/' 스타일을 디자인했다. 프렌치 토 스타일이란 앞의 뾰족한 부분을 잘라내고 발가락 부분을 둥그렇게 만들어 발이 짧고 뭉툭하게 보이지만, 높은 하이힐을 붙여 짧지만 가늘고 날씬한 느낌을 준 것이었다. 그는 또한 사방이 막힌 형태의 당시의 구두와는 다른 샌들을 디자인했는데, 인도 공주가 신은 로만 샌들/Roman sandal/은 프렌치 토와 함께 산타바바라에 센세이션을 일으켰다.

페라가모는 고객맞춤을 위한 독자적인 장식적 스타일을 연구하면서 다른 한편으로는 제품의 기능성에 관심을 기울였다. 점차 그의 구두는 대칭적 무게감을 지닌 장식과 정확한 치수에 의한 균형적 구조를 통해 거의 건축적인 작업이 되었으며, '가볍고 편안한 신발'은 페라가모 디자인의 주된 특징/hallmark/이 되었다. 이러한 특징은 1936년에 개발된 웨지 힐로 나타났으며 웨지 힐은 불과 2년 만에 국제적으로 선풍적 인기를 끌며 페라가모 구두 사상 최고로 인기 있는 스타일이자 그 시대의 트렌드가 되었다.

18 페라가모의 장녀 피아마가 디자인한 바라 슈즈

1938년 페라가모는 당시 유행하던 오리엔탈리즘의 매력에 사로잡혔다. 이로부터 그는 '오리엔탈 뮬/oriental mule/'이라는 발가락 부분이 위로 젖혀진 구두를 창조했다. 그는 위로 젖혀진 구두창을 위해 '셸 솔링/shell soling/'이라는 용어를 만들었다. 1947년 페라가모는 그의 또 다른 혁신적 구두 '인비저블 슈즈/invisible shoe/'를 창조했는데, 이 구두는 발과 발목 주위에 낚시용 필라멘트 와이어를 엮어 만든 매력적이면서도 여성스런 디자인이었다. 이외에도 페라가모는 F, 즉 자신의 시그니처/signature/로 조각된 구조적 하이힐을 도입했다.

1950년대 경제적 붐의 여파로 명품은 상류층 소비자들뿐만 아니라, 명품의 이미지를 통해 사회적 존경을 받고자 했던 중·하류층 소비자들에게도 관심의 대상이 되었다. 따라서 이 시기에는 제품의 품질과 인지도를 보증하는 요소로서 디자이너의 이름과 로고가 중시되었다. 이로부터 그는 '페라가모의 창조/Ferragamo' s creations/'라는 자신의 이름을 사용한 로고를 구두의 라벨뿐만 아니라, 간판, 포장, 광고 등에 사용하여 자신의 창조적 정체성을 부각시키기 시작했다.

한편, 가족 사업을 이어받은 페라가모의 장녀 피아마/Fiamma Ferragamo/는 아버지 사후 20년 만에 나선형 힐과 조각 힐로 니만 마커스상을 수상했다. 그녀는 페라가모의 상징으로 유명한 2가지를 창조했는데, 이는 오늘날까지 살바토레 페라가모 사에서 생산된 어느 것보다도 사랑받는 바라/Vara/와 간치노/Gancino/였다. 바라는 1978년에 발명된 실용적인 중간 힐 펌프스로 리본과 함께 시그니처 금속 버클로 장식된 코트 슈즈/court shoes/이며, 간치노는 1950년대부터 페라가모가 디자인한 가방의 갈고리 장식으로 시작했지만 피아마가 자신의 어머니 완다/Wanda Ferragamo/를 위해 창조한 첫 번째 가방 모델로 전 세계적으로 유명해졌다.

가족 경영과 페라가모의 유산

1940년 페라가모는 고향 보니토에서 완다와 결혼하여 6명의 자녀를 낳고 가족을 이루었는데, 이후 이 가족은 모두 경영에 관여하게 되었다. 1960년 페라가모가 사망한 이후, 사업 경영에서 완다와 6명의 자녀들은 각자 역할을 맡게 되었다. 완다의 사업수완은 페라가모의 창조적 구두 디자인에 비견할 정도로 탁월했다. 완다는 무엇보다 전통에 기반을 둔 페라가모의 명성을 공고히 유지하면서 국제적으로 틈새시장에 초점을 두고 500개가 넘는 판매망을 세웠고, 구두에서부터 액세서리, 남성복과 여성복, 안경, 향수, 시계 등에 이르는 생산 영역을 확장했다.

페라가모의 맏딸, 피아마는 어릴 때부터 아버지 사업의 모든 과정들을 관찰했으며, 페라가모의 사후 회사를 책임지게 되었다. 그녀는 일적·예술적 수제 생산을 제외하고는 대량 생산의 변혁을 시도하여 유통망 확장과 가격경쟁력을 높였을 뿐만 아니라, 살바토레 페라가모 사를 세계적인 회사로 성장시켰다.

여동생, 지오바나/Giovanna Ferragamo/는 가족 사업을 위한 새로운 방향으로 패션 디자인을 도입했다. 1964년 페라가모의 장남인 페루치오/Ferruccio Ferragamo/가 회사 경영에 합류했으며, 1970년대에는 누이 풀비아/Fulvia Ferragamo/가 페루치오의 뒤를 이었는데 그녀는 디자인과 실크 액세서리, 스카프, 타이, 선물용품 등의 생산을 맡았고, 동생 레오나르도/Leonardo Ferragamo/는 페라가모에서 남성복 영역을 마련했다. 그리고 막내, 마시모/Massimo Ferragamo/는 미국 시장을 맡았는데, 이것은 페라가모 사에 가장 큰 수익이 되었다. 오늘날 페라가모 사는 남녀 구두 외에도 높은 품질의 기성복과 패션 액세서리를 생산하고 있으며, 모두 라이선스를 통해 전 세계에서 독점적인 플래그십/flagship/ 스토어를 구축하고 있다.

페라가모 사의 가족 경영은 창립자의 창조적 유산을 토대로 브랜드의 기반을 다지며 엄청난 사업실적을 올렸다. 신발의 역사에 혁명을 일으킨 위대한 디자이너의 부재 속에서도 다른 가족구성원들은 도시적 스타일을 유지하면서, 동시에 전통을 이어가는 높은 품질의 가죽과 솜

19 페라가모의 최근 여성복 스타일(2012 S/S)

씨, 디테일에 대한 관심, 재료의 혁신을 결합시켰다. 페라가모 생전의 스타일이 독창성, 혁신, 독특함에 기반을 두었다면, 그의 사후 가족 경영에서는 보다 큰 시장의 요구에 부응하는 신중한 우아함과 다양한 문화적 요구를 충족시키는 스타일을 선보였다.

페라가모가 남긴 유산은 탁월한 재능, 동시대적 미학, 혁신성과 기능성 외에도 페라가모라는 제품의 강한 문화적 표식이다. 1995년에 설립된 페라가모 박물관/Museo Ferragamo/은 패션이 한 국가의 문화와 예술의 일부가 되었음을 입증한다. 이탈리아 제조 산업의 역사에서 페라가모 사는 가장 오랫동안 살아 있는 이름 중 하나이며, 그 탁월한 품질로 인해 'Made in Italy'를 대표하는 것으로 인식되고 있다. 이러한 성과의 배후에는 상상력과 직관적인 창조적 외고집, 예지력 있는 장인정신으로 이어진 '가족'의 역사가 존재한다.

20 페라가모의 최근 구두 스타일(2010 S/S)

살바토레 페라가모는 혁신적이고 독보적인 디자인을 다수 창조해냈는데, 페라가모 사의 장인이 만들어낸 섬세한 제품들은 흡사 예술작품과 같았을 뿐만 아니라 동시에 대량 생산의 가능성이 있는 수많은 아이디어들을 보여준다.

1938년 코르크 웨지 플랫폼/cork wedge platform/과 힐/heel/

제2차 세계대전 중 시행된 경제 제재는 이탈리아에 원료와 에너지 자원 부족 문제를 악화시켰다. 그러나 이러한 문제는 오히려 장식과 기술적 영역에서 페라가모를 더욱 발전시켰고, 유명한 웨지 힐/wedges heel, lefties/을 탄생시키는 배경이 되었다.

페라가모는 웨지를 발명할 당시 구두 윗판에 새끼염소 가죽을 대체하기 위한 수단으로 초콜릿 포장용 투명 종이를 사용해 그 안에 색실을 넣었고, 에티오피아 전쟁으로 고품질의 강철을 사용할 수 없게 되자 장심에 사르데냐 코르크를 대신 사용했다. 웨지는 플랫폼과 힐 사이의 공간을 채워 장심 부분에 안전지대를 부여하면서 가벼움과 내구성이라는 기능적 욕구를 충족시켰다. 1937년 특허를 받은 웨지는 2년 만에 페라가모 구두 사상 최고의 찬사와 인기를 끈 스타일이 되었을 뿐만 아니라 그 시대의 트렌드가 되었다. 이에 대해 페라가모는 자서전, ≪꿈을 꾸는 구두장이≫에서 "웨지 슈즈는 가장 인기 있는 모델이 되었다. 웨지의 편안함을 칭찬하지 않는 여성은 한 사람도 없었는데, 편안함의 원천은 바로 코르크에 있었다. 사실, 고무는 걸음걸이에 지나치게 탄력을 준 반면에, 코르크는 마치 쿠션 위를 걷는 것 같은 느낌을 주었다."라고 말했다.

1947년 인비저블 샌들

1947년 페라가모는 또 하나의 혁신적 구두인 인비저블 샌들/the invisible sandal/을 제작했는데, 이 슈즈는 니만 마커스상/Neiman Marcus Award/을 수상했다. 그는 투명 낚싯줄로 대어를 낚았다는 낚시 마니아 직원의 말에서 아이디어를 얻어 구두 윗판이 보이지 않는 인비저블 슈즈를 탄생시켰다. 인비저블 슈즈는 발과 발목 주위에 낚시용 투명 나일론 필라멘트사를 엮어 제작한 매혹적이고 여성스런 네이키드/naked/ 슈즈로, 이것은 전후/post-war/ 가장 유명한 패션의 상징이 되었다.

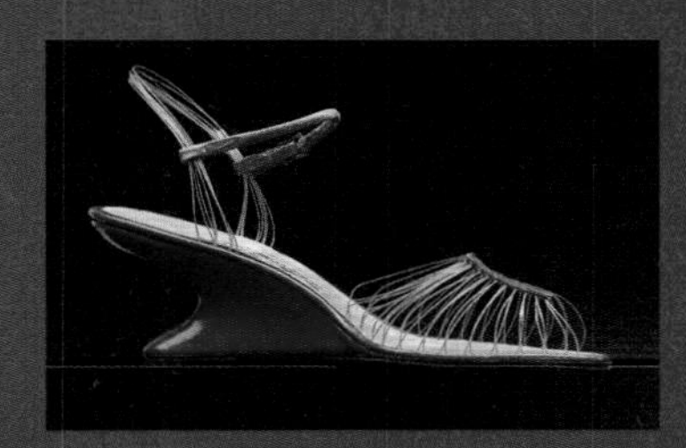

전후 가장 유명한 신발이자 혁신적인 디자인의 인비저블 샌들

이처럼 페라가모는 남들이 사용하지 않는 재료들로 구두를 제작하여 지속적으로 자신의 창조성을 시험하는 열정을 보였는데, 이런 모습은 불가능한 것에 대한 집착처럼 보이기도 했다. 그는 당시 유행 제품이나 소비자의 취향을 예측했으며, 그 시대의 다른 디자이너나 예술가들과 트렌드를 공유했다. 일례로 1947년 페라가모가 니만 마커스상을 받기 위해 퀸 엘리자베스/Queen Elizabeth/호로 여행할 당시, 그와 나란히 수상을 한 크리스티앙 디오르를 처음 만났는데, 그의 구두와 디오르의 의복은 마치 협업한 디자인처럼 완벽하게 잘 어울렸다. 이는 페라가모의 혁신적 창조가 '절대적 모더니티'의 실현을 통해 그 시대를 반영한 패션임을 보여준다.

1940년대 자연 소재를 사용한 쿠튀르 슈즈 디자인

페라가모는 아주 세련되고 값비싼 것부터 가장 최신 발명품이거나 보다 전통적인 것 등의 다양한 재료를 매우 자유로운 방식으로 실험했다. 특히, 1930년대 초부터 라피아야자/raffia/, 짚, 삼, 목재, 실, 코르크, 셀룰로오스 등 값싼 재료들을 광범위하게 사용했다. 또한 그는 예술에 많은 관심을 보였고, 주로 새로운 재료의 사용을 주창했던 미래주의, 추상예술에서 영감을 받은 기하학적 패턴, 초현실주의, 오리엔탈리즘/orientalism/에서도 영향을 받았다.

1940년대 페라가모의 쿠튀르 구두는 염색한 짚과 같은 자연 소재, 강한 컬러 대비를 보이는 기하학적 패턴들로 동양적 풍미의 모자이크를 보여준다. 이는 재료 자체의 본질적 가치가 아니라 혁신적 아이디어와 장인정신을 통해 어떻게 럭셔리/luxury/를 창조할 수 있는지에 대한 예시를 보여준다.

Claire McCardell

클레어 맥카델 1905~1958

"디자이너들은 자기가 가장 잘 알고 있는 것을 주제로 삼는다. 내게는 그것이 미국이다. 내 옷들은 미국처럼 보이고 느껴진다. 그것은 자유다. 민주주의다. 캐주얼한 것이다. 그리고 건강함이다."

*클레어 맥카델*은 미국의 패션 디자이너로, 파리 오트 쿠튀르 하우스의 지배에서 벗어나 미국 여성들을 위한 편안하고 실용적이며 동시에 우아한 아메리칸 룩/American look/을 창조했다. 맥카델 이전에 20세기 초 패션은 파리의 쿠튀르 하우스에서만 창조되었는데, 유럽과 미국의 기성복 업체들은 파리 패션을 맹목적으로 모방하기에 바빴다. 그러나 격식을 차린 파리 패션은 활기차고 운동을 좋아하는 미국 여성들의 생활 방식에는 맞지 않았다. 맥카델의 독창적이고 혁신적인 옷은 끊임없는 피팅/fitting/과 불편함에서 미국 여성들을 해방시켜주었으며, 미국인 특유의 기능적이고 실용적인 미학을 선보였다. 맥카델의 캐주얼 의상은 대량 생산이나 전시/戰時/ 규제와 같은 제약 속에서도 기성복 디자이너가 충분히 창의적이고 경이로운 스타일을 만들어 낼 수 있는 것을 증명했다. 그녀의 작품들은 현재에도 패션 디자인의 고전으로 받아들여지며, 빌 브래스/Bill Brass/, 루디 건릭/Rudi Gernreich/, 페리 엘리스/Perry Ellis/, 도나 카란/Donna Karan/ 등과 같은 후대 미국 디자이너들에게 영향을 끼쳤다.

1990년 미국의 〈라이프〉 지는 클레어 맥카델을 20세기 가장 영향력 있는 미국인 100명으로 선정하기도 했다.

디자이너를 꿈꾸던 말괄량이

클레어 맥카델은 1905년 미국 메릴랜드 주의 부유한 가정에서 태어났다. 그녀는 메릴랜드 주 상원의원이자 은행장인 아버지, 남부 출신의 아름다운 어머니 사이에서 태어났다. 그녀는 3

명의 남동생과 수영, 자전거 타기 등 아웃도어 스포츠를 즐기는 톰보이로 성장했다. 패션에 관심이 많았던 그녀의 어머니는 미국과 유럽의 모든 패션 잡지를 구독했는데, 맥카델은 5세 때부터 패션 잡지를 오려 종이 인형을 만드는 것을 즐겼다. 학업 성적이 별로 좋지 않았던 그녀의 주 관심사는 패션과 스포츠였다. 맥카델은 활동적인 레저 생활에 적합한 옷이 없자 자신의 옷과 남동생의 옷을 분해해서 스스로 고쳐 입기 시작했는데, 이때부터 편안하고 실용적인 남성복의 디테일에 주목하기 시작했다. 집안의 재봉사인 애니 쿠글/Annie Koogle/을 스승으로 삼고 옷의 구조와 몸과의 관계에 대해서 배웠다.

1926년 맥카델은 패션 일러스트와 패션 디자인을 배우기 위해 뉴욕의 스쿨 오브 파인 앤 어플라이드 아트/the School of Fine and Applied Arts, 파슨스 디자인 스쿨의 전신/에 입학하여 전문적인 패션 공부를 시작했다. 그녀는 파리에서 들어온 중고 의상들을 저렴한 가격에 구매해서 분해했다가 다시 재봉틀로 고쳐가며 옷의 구성적인 요소들에 대해서 익혔다. 같은 해에 교환학생으로 파리로 가게 된 맥카델은 마들렌 비오네/Madeleine Vionnet/의 쿠튀르 하우스에서 일할 기회를 얻게 되었다. 그녀는 비오네 하우스에서 훈련을 받으며 원단과 여성의 인체를 이해하게 되고, 바이어스 재단, 끈을 이용한 디자인과 같은 중요한 테크닉들도 익히게 되었다.

1928년 뉴욕으로 돌아온 맥카델은 1929년부터 기성복 디자이너인 로버트 터크/Robert Turk/의 보조 디자이너로 타운리 프록스 사/Townley Frocks Company/에서 일하게 되었다. 초창기 맥카델의 디자인 작업은 다른 미국 디자이너와 마찬가지로 파리 패션을 모방하는 것이었다. 그녀의 주요 업무는 알릭스/Alix, 후에 Madame Grès/, 장 파투/Jean Patou/, 마들렌 비오네/Madeleine Vionnet/와 같은 파리 의상실에서 구입한 샘플 의상들을 분해하여 대량 생산에 맞도록 단순화시키는 작업이었다. 1932년 27세가 되던 해에는 상사인 로버트 터크가 불의의 보트 사고로 갑자기 사망하면서 타운리 프록스 사의 전체 디자인을 책임지는 디자이너의 역할을 맡아 회사를 이끌게 되었다.

아메리칸 룩의 탄생 – 세퍼레이츠/separates/

운동을 좋아하는 활동적이고 건강한 미국 여성의 전형이었던 맥카델은 파리 패션에서 사용하는 원단과 실루엣이 미국 여성에게는 맞지 않는다고 생각했다. 그녀의 옷에 대한 철학은 실용적이고 편해야 한다는 것인데, 왜 여성복들은 내구성이 약한 소재로 만들어지는지, 왜 실용적이고 튼튼하면서 동시에 여성스러울 수는 없는지를 고민했다. 그녀은 1930년대부터 실용성을 미학으로 삼아 미국 여성의 요구에 충실한 활동적이고 실용적인 디자인, 즉 아메리칸 룩을 발표하기 시작했다.

1930~1940년대 미국 패션 디자이너들은 연 2회씩 정기적으로 파리를 방문하며 파리의 디자이너가 발표하는 최신 의상을 모방하기에 바빴다. 맥카델도 다른 디자이너들과 마찬가지로 정기적으로 파리를 방문했지만, 그녀는 파리 쿠튀르 의상에서만 영감을 얻는 것을 거부하고 유럽의 다양한 문화유산에서 아이디어를 얻어 독창적인 디자인을 선보이려 노력했다. 1934년 맥카델은 큰 트렁크 1개와 옷가방 5개를 가지고 유럽을 여행하면서 기존에 한 벌로 맞추어 입도록 구성된 옷들이 너무 큰 부피를 차지하는 것을 깨닫게 되었다. 그녀는 옷 한 벌을 아이템 5개인 블라우스와 홀터 톱/halter top/ 같은 상의, 스커트와 긴 바지, 짧은 바지와 같은 하의로 나누고 이들을 서로 조합해서 다양한 차림을 만들어내는 '세퍼레이츠/separates/'의 개념을 패션계 처음으로 도입하여 여성복의 혁신을 가져왔다. 세퍼레이츠는 소비자가 편안하고 간편한 의상을 저렴한 가격으로 여러 벌 구입하여 개성에 맞게 때와 장소에 따라 스스로 연출할 수 있는 자유를 누리게 했는데, 이는 미국 캐주얼웨어의 근간이 되었다.

그녀를 스타덤에 오르게 한 것은 1938년 발표한 모내스틱 드레스/Monastic Dress/였다. 모내스틱 드레스는 폭이 넓고 아래로 갈수록 퍼지는 텐트 스타일의 드레스로 허리재단선과 가슴 다트가 없었다. 앞뒤 구분이 없고 안에 특별한 구조적 요소들이 없는 심플한 드레스였으나, 허리에 벨트를 두르면 여성의 아름다운 인체 곡선이 잘 드러나 편안하면서도 우아한 느낌을 주었다. 이 드레스는 시장에 출시되자마자 큰 인기를 끌었고 다른 회사에서 복제품을 많이 생산해내기 시작했다. 타운리 프록스 사는 복제품을 생산한 다른 업체를 대상으로 수많은 소송들을 진행하게 되는데, 소모적인 소송 끝에 회사 문을 닫게 되자 클레어 맥카델은 해티 카네기/Hattie Carnegie/ 디자인 하우스로 이직했다.

맥카델은 면, 울, 레이온과 같은 소박하고 실용적인 원단으로 만든 이브닝드레스들을 발표했는데, 파리 패션과 유사한 화려하고 장식이 많은 디자인을 원하는 해티 카네기의 상류층 고객들에게는 맞지 않았다. 그러나 냉담한 고객과 달리 언론에서는 그녀를 주목하기 시작했다. 1939년 미국 패션 잡지 〈하퍼스 바자/Harper's Bazaar/〉는 '맥카델리즘/McCardellism/'이라는 용어를 사용하면서 스포티한 원단으로 만든 이브닝웨어들이 일상복과 이브닝웨어의 경계를 허물었다고 극찬했다. 1940년 타운리 프록스 사가 다시 사업을 시작하자, 맥카델은 다시 타운리 프록스 사로 돌아가 이제 자신의 이름을 건 드레스들을 발표하기 시작했다.

전시 속에서 빛나는 패션 – 팝오버 드레스와 발레 펌프스

1939년 유럽에서 제2차 세계대전이 발발하면서 파리 오트 쿠튀르는 물자 부족, 고객 감소로 인해 침체 상태에 놓이게 되었다. 이를 계기로 미국 패션계는 파리 패션의 절대적인 지배에서 벗어나 미국 특유의 스타일을 찾기 위한 노력을 시작했다.

맥카델은 전쟁을 겪으면서 급격하게 변하는 미국의 사회상과 전시 규제에 맞춘 활동적이고 심플한 여성복을 창조해냈다. 미국 정부는 전쟁 중의 물자 부족을 타개하고자 제한 조치를 내려 불필요한 장식, 특정 원단이나 소재를 사용하지 못하게 했다.

맥카델은 오히려 전시/戰時/ 규제 하에서 일하는 것이 즐겁다고 밝히며, 데님이나 깅엄과 같이 노동자의 유니폼에 주로 쓰이던 소박한 소재를 사용하여 대량 생산 시스템에 적합한 절제된 라인의 심플한, 즉 '이치에 맞는' 옷을 디자인했다. 그녀의 기성복들은 제한된 의류 생산에 반응하여 만들어낸 풍부한 창의력의 완성품이었고, 곧 미국 전역으로 퍼졌다.

제2차 세계대전 동안 전쟁터로 떠난 남성들을 대신하여 미국 여성들의 사회 참여가 증가했다. 직장에서 일을 마치고 온 여성들은 가정에서는 주부로서 역할을 해내야 했다. 1942년 맥카델은 미국의 패션 잡지 〈하퍼스 바자〉의 의뢰를 받아 군수품 공장으로 가정부들을 빼앗겨 직접 집안 살림을 하게 된 귀부인들을 위해 팝오버 드

21 실용성과 여성미를 모두 갖춘 베스트셀러 팝오버 드레스(1942)

레스/popover dress/를 발표했다. 팝오버 드레스는 팔을 껴서 앞쪽에서 여며 입는 랩 어라운드/wrap around/ 스타일의 데님 드레스로 커다란 퀼트 장식의 포켓이 치마에 달려 있고, 분리 가능한 오븐용 장갑이 허리띠에 함께 달려 있었다. 6.95달러에 판매되던 이 드레스는 요리를 좋아하지만 전업주부로만 보이기는 싫었던, 즉 실용적이면서 고급스러운 스타일을 원하는 여성들의 마음을 사로잡았다. 출시 직후 곧바로 큰 반향을 일으켜 75,000벌이 판매되었고 이후 매 시즌마다 새로운 원단으로 생산하는 베스트셀러가 되었다.

맥카델은 새로운 스타일을 창조하는 것뿐만 아니라 기존 특수 패션 아이템들을 일상복에 도입해서 유행시키기도 했다. 1943년에는 무용복으로 주로 쓰이던 레오타드 스타일을 처음으로 평상복 패션에 도입했다. 미국 잡지 〈라이프〉는 그녀의 레오타드 룩을 '퍼니 타이츠/funny tights/'라는 별칭을 붙여서 소개했는데, 긴 바지가 달린 울저지 레오타드는 다른 스커트나 드레스와 함께 착용하여 우아한 느낌을 주었고 보온성도 갖추고 있었다. 이 레오타드 룩은 너무 혁신적이어서 당시에는 큰 인기를 누리지 못했으나 1970년대 다시 등장해서 널리 유행했다.

맥카델은 전시 규제로 가죽의 공급이 원활치 않자 발레 무용수가 신는 펌프스/ballet slipper/를 원단으로 만들어 모델에게 착용하도록 했는데, 이때부터 발레 펌프스가 일반인들에게 크게 인기를 끌게 되었다. 1944년에는 발레슈즈 제화업자인 카페지오/Capezio/를 설득하여 함께 일상에서 착용하는 발레 펌프스를 생산하기도 했다.

단순성과 기능성의 결합

맥카델의 모던한 캐주얼 의상은 1930~1950년대 여성들에게 좀 더 큰 자유를 주었고, 실용적이면서 우아한 미국 캐주얼웨어, 아메리칸 룩의 전형을 마련했다. 맥카델은 혁신적인 아이디어는 문제 해결로부터 나온다고 주장하며, 단순하면서도 기능적이고 실용적인 디자인을 선보였다.

맥카델은 활동성과 기능성을 높이기 위해 큰 주머니/trouser pocket/, 넓은 진동 둘레 등 남성복의 요소를 적극적으로 도입한 여성복을 선보였다. 주머니 때문에 발생하는 추가 비용문제로 인한 논쟁이 있을 때마다, 그녀는 물건을 넣거나 손을 넣을 수 있는 주머니가 반드시 필요하다는 의견을 밝히며 심지어 이브닝웨어에도 주머니를 달았다. 1940년대부터 꾸준히 선보인 셔츠 드레스/shirt dress/도 남성복 셔츠에서 착안한 디자인이었다. 셔츠 드레스의 여밈은 착용이 용이한 앞여밈이었고, 소매는 필요에 따라 걷어 올릴 수 있어 편안함과 활동성을 주었다. 또한 허리 벨트와 넓게 퍼지는 치마는 여성의 인체 곡선을 드러내며 우아함을 자아내었다. 여성복의 내구성을 높이기 위해 작업복이나 어린이 옷에서 즐겨 쓰던 질긴 소재를 사용하며, 튼튼하고 실용적인 바느질을 위해 주로 청바지에만 쓰이는 이중 스티치/double stitches/를 도입하기도 했다.

맥카델은 스파게티 스트랩/spaghetti strap, 가느다란 어깨끈/과 허리끈/sashes/을 즐겨 사용했는데, 이런 디테일들은 대량 생산되는 기성복에서 체형과 사이즈가 다양한 고객들이 자신의 몸에 맞추어 조절할 수 있게 하는 기능을 했다. 1943년부터 꾸준히 선보인 수영복에도 스파게티 스트랩이나 허리 벨트 등을 도입하여 몸에 잘 맞게 조절할 수 있도록 했다. 이밖에 단추보다 쉽게 열고 닫을 수 있는 황동 후크 단추/brass hook and eye/를 고안하여 많이 사용했으며, 여성들이 혼자서도 쉽게 옷을 입고 벗을 수 있도록 하기 위해 등에는 단추나 지퍼를 달지 않았다. 스키를 탈 때 귀가 어는 것을 경험한 후로는 울 저지로 만든 후드가 달린 재킷을 고안하는 등 실용주의 철학과 이치에 맞는 심플하고 절제된 라인의 의상들을 꾸준히 선보였다.

1952년에 맥카델은 오랫동안 몸담아 왔던 타운리 프록스 사의 파트너와 부사장이 되었고, 1953년 '썬스펙스/Sunspecs/'라고 불린 선글라스 라인, 장갑, 주얼리, 신발, 모자, 스웨터, 아동복 라인 등을 추가하면서 활발한 디자인 활동을 전개해 나갔다. 또한 패션 디자이너로는 처음으로 1955년 미국 잡지 〈타임/Time/〉의 커버를 장식했다. 〈타임〉에서는 그녀의 작품 세계를 자세히 소개하여 그녀가 미국 패션 산업에 미친 영향을 극찬했다.

맥카델은 1956년에는 ≪무엇을 입어야 할까?/What Shall I Wear?/≫라는 책을 발표하고 자신의 패션에 대한 철학을 밝히기도 했다. 1958년 유방암으로 갑자기 세상을 떠나기 전까지 끊임없는 아이디어와 열정으로 미국의 모든 소녀들을 위해 옳고/right/, 준비된/ready/, 혁명적인/revolutionary/ 옷들을 만들었다.

클레어 맥카델은 기능과 단순함을 중요시하는 모더니즘 패션을 선보였다는 점에서 파리의 코코 샤넬/Gabrielle "CoCo" Chanel/과 견주어지기도 했다. 두 디자이너 모두 몸을 압박하는 형태에서 벗어나 불필요한 디테일을 제거하고 기능적이고 다목적적인 옷들을 창조했다. 그러나 코

22 풍성한 소매와 스커트에 있는 슬릿이 건강한 여성미를 더하는 셔츠 드레스(2014 S/S 마이클 코어스 컬렉션)

코 샤넬이 상류층 고객들만을 대상으로 한 것에 반해 맥카델은 미국 여성들 나아가 전 세계의 여성의 의생활에 자유를 가져왔다. 맥카델은 사치스럽고 불편한 파리 모드에서 탈피해 대중을 위한 편안하고 실용적이며, 게다가 누구나 사서 입을 수 있는 아메리칸 룩을 선사했다. 이브닝웨어와 데이웨어, 스포츠웨어의 경계를 허무는 맥카델의 검소하고 기능적이며, 스포티한 스타일은 자신감이 넘치고 당당하며 활동적인 자신의 욕구에 충실한 것이었고, 이는 곧 미국 여성, 그리고 현대 여성의 욕구를 충족시키는 것이었다.

레오타드와 셔츠 드레스

'아메리칸 룩'의 창시자 클레어 맥카델/Claire McCardell/의 작품들은 현재까지도 패션 디자인의 고전으로 받아들여지고 있다. 특히 무용복으로 쓰이던 레오타드 스타일과 남성복으로만 여겼던 셔츠를 여성의 일상복으로 도입한 작품들은 여전히 큰 사랑을 받고 있다.

레오타드/leotard/

레오타드는 무용수나 여성 체조 선수가 입는 몸에 딱 붙는 타이츠로 티셔츠와 팬티가 결합된 형태의 의상이다. 19세기 프랑스의 공중 곡예사였던 쥘 레오타드/Jules Léotard/가 입었던 몸에 꼭 붙는 투피스 니트웨어에서 유래되었으며 레오타드 사후에 그의 이름을 붙였다. 주로 댄서나 곡예사들이 착용하는 의상이었으나, 1943년에 처음 클레어 맥카델이 현대풍 의상으로 소개했다. 그녀의 저지 니트 소재의 레오타드는 일체형/all-in-one/에 긴 바지가 달려 있는 형태였는데, 스커트나 드레스와 함께 착용되었다. 당시 클레어 맥카델의 레오타드는 독창성을 인정받으며 미디어의 관심을 받았으나 디자인이 지나치게 혁신적이고, 생산하는데 어려움이 많아 대중화되지는 못했다.

하의패션 아이템의 하나인 레오타드(2009 S/S 장 폴 고티에 컬렉션)

1960년대에는 이탈리아 디자이너인 에밀리오 푸치/Emilo Pucci/가 몸에 딱 달라붙는 신축성 있는 나일론, 실크로 만든 원피스 보디슈트인 캡술라/Capsula/ 디자인을 선보였고, 1970년대에 이르러 날씬하고 건강한 인체를 가꾸기 위해 피트니스와 헬스클럽 열풍이 불면서 레오타드가 일반인의 운동복으로 많이 착용되기 시작했다. 또한, 청바지나 랩스커트/wrapped skirts/와 함께 일상복으로도 많이 착용되었다. 1980년대에는 뛰어난 신축성의 라이크라 섬유로 만든 레오타드가 등장했고, 점점 댄스 스튜디오와 체육관을 벗어나 디스코텍과 거리에서 패션을 드러내는 아이템이 되었다. 최근에는 2008년 미국 가수인 비욘세/Beyoncé/가 '싱글 레이디스/Single Ladies/' 뮤직 비디오에서 착용했고, 레이디 가가/Lady Gaga/, 마돈나/Madonna/와 같은 아티스트들의 무대 의상으로 많이 쓰여 하이패션 아이템의 하나로 자리잡고 있다.

셔츠 드레스/shirt dress/

셔츠 드레스는 남성복의 셔츠에서 디테일을 차용한 스타일의 드레스를 일컫는데, 셔츠웨이스트 드레스/shirtwaist dress/, 셔츠웨이스터/shirtwaister/라고 불리기도 한다. 보통 칼라/collar/가 있으며, 허리까지 단추가 달려 있고/button front/, 커프스가 달린 소매를 가지고 있다. 프랑스 디자이너 코코 샤넬/Gabrielle "CoCo" Chanel/이 고안했다고 알려져 있다. 1920년대 셔츠 드레스는 실크와 같은 고급 소재로 만들어졌으며 여성 스포츠웨어의 중요한 아이템 중 하나였다.

1940년 미국 디자이너 클레어 맥카델은 면, 데님, 깅엄과 같은 내구성이 강한 실용적인 소재의 셔츠 드레스들을 선보여 인기를 끌었다. 셔츠 드레스의 여밈은 쉽게 입고 벗을 수 있는 앞여밈이었고, 필요에 따라 걷어 올려도 되는 멋스러운 커프스 소매로 편안함과 활동성을 주어 활발한 여성들에게 알맞은 의상이었다. 허리 벨트와 아래로 갈수록 넓게 퍼지는 치마 디자인은 여성스러운 느낌을 주어 많은 여성들에게 사랑받았다. 셔츠 드레스는 클래식 패션 아이템의 하나로 현재에도 꾸준히 사랑받고 있다.

캐주얼한 아메리칸 룩을 잘 표현한 셔츠 드레스
(2013 S/S 마크 바이 마크 제이콥스 컬렉션)

Norman Hartnell
노먼 하트넬 1901~1979

"단순함은 영혼의 존재에 대한 부정이다."

*노먼 하트넬*은 영국 엘리자베스 2세 여왕/Elizabeth II/과 그의 어머니인 엘리자베스 왕대비/Elizabeth, the Queen Mother/의 의상 디자이너로 널리 알려져 있다. 어릴 때부터 드레스 그리기를 즐겼던 하트넬은 1919년 케임브리지대학교에 속한 맥덜린대학교/Magdalene College/에서 건축학을 전공했다. 그는 재학 시절 교내 연극 동아리/Footlights Dramatic Club/에서 의상 디자인을 맡아 주목 받은 후, 케임브리지대학 졸업장을 뒤로하고 런던의 큰 패션 하우스에서 의상 제작 일을 시작했다. 그러나 하트넬은 의상 제작자/dress maker/가 되기보다 패션 디자이너가 되고 싶어서 3개월 만에 일을 그만두고, 아버지와 누나의 도움을 받아 1923년 브루톤가/Bruton Street/ 10번지에 자신의 의상실을 열었다.

젊은 디자이너의 탄생

하트넬이 의상 디자인을 본격적으로 시작한 1920년대 초 당시 대부분의 사교계 여성들은 프랑스 파리에서 의상을 구입했다. 사교계에서 같은 의상을 다시 입는 일은 드물었으므로 사교계 여성들을 위한 드레스 시장은 호황이었다. 이에 하트넬은 1927년 파리 컬렉션에 도전했다. 그는 찰스 프레드릭 워스를 롤 모델/role model/로 생각했는데, 워스는 본래 19세기 영국인으로 프랑스에서 패션 디자이너로 이름을 날린 파리 오트 쿠튀르의 선구자였다. 큰 포부를 가지고 파리로 갔지만 결과는 좋지 못했고, 하트넬은 무엇이 문제인지 알지 못했다.

당시 파리 〈보그〉지의 에디터였던 매인 보쉐/Maine Bocher/는 그의 아름다운 디자인들이 기술적인 측면에서 파리 오트 쿠튀르의 수준에 미치지 못하다고 지적했다. 하트넬은 좀 더 수준

높은 기술을 가진 인력을 채용하여 1929년 파리 시장에 재도전해서 성공했고, 파리에 자신의 숍을 오픈했다. 이로써 하트넬은 파리 컬렉션을 통해 1920년대 종아리가 노출되는 길이가 짧은 튜블러/tubular/ 형태의 드레스 시대에 종지부를 찍고, 1930년대 좀 더 길이가 긴 스커트 스타일의 유행을 선도했다. 파리 컬렉션의 성공과 함께 미국의 규모가 큰 백화점에서도 주문이 쏟아졌다. 그는 미국에 진출한 후 1932년 뉴욕의 마천루에서 영감을 얻어 수평선이 강조된 아르데코/art deco/ 풍의 슬림한 디자인을 선보이기도 했다.

하트넬은 사업이 번창하면서 1935년에 브루톤가 26번지로 의상실을 이전했다. 이 의상실 건물에는 하트넬의 정교하고 화려한 의상을 직접 제작할 수 있는 작업장이 갖춰져 있었고, 그곳에서 하트넬 디자인의 주요 특징 중 하나인 다양한 자수 공예가 진행되었다. 절친한 사이였던 유명한 건축가 제랄드 라코스테/Gerald Lacoste/는 하트넬과 파리의 여러 의상실을 둘러본 후 거울로 벽면을 이룬 최신식 인테리어 디자인을 설계했다. 비슷한 시기 하트넬은 윈저 포레스트/Windsor Forest/에 위치한 19세기 초에 지은 건물을 구입하여 인테리어 디자인을 라코스테에게 맡겼다. 이 건물을 로벨 딘/Lovel Dene/이라고 불렀는데, 하트넬은 이곳에서 작품 구상과 스케치에 전념하곤 했다.

영국 왕가와의 인연

사업 초기 하트넬의 손님은 케임브리지대학교 재학 시절 친구의 젊은 친인척들이 대부분이었다. 1930년대에는 친분 있는 여성들의 웨딩드레스를 제작하면서 그는 재정적으로 기반을 다질 수 있었다. 하트넬은 박물관과 갤러리에 전시된 옛 그림들에서 영감을 얻어 웨딩드레스를 디자인했다. 또한 항상 고객의 특성과 분위기에 맞는 디자인을 제시했고, 이에 디자인에 대한 호평이 퍼져 나가면서 많은 사교계 여성과 배우가 그의 고객이 되었다.

그러던 중 1935년 조지 5세의 셋째 아들인 글로스터 공작/Duke of Gloucester/과 버클루 공작/Duke of Buccleuch/의 딸인 레이디 앨리스 공주/엘리자베스 2세의 숙모, Lady Alice Montagu-Douglas-Scott/의 결혼식 의상을 하트넬이 담당하게 되면서 왕가와의 오랜 인연이 시작되었다. 이 결혼식으로 인해 요크 공작부인은 하트넬의 의상실을 직접 방문하게 되었고, 공작부인과 두 공주는 오랜 고객이 되었다. 조지 5세의 지시에 따라 하트넬은 요크 공작부인의 두 딸인 엘리자베스와 마가렛 로즈

공주를 위해 엮은 핑크색의 짧고 귀여운 원피스 드레스를 디자인했다. 요크 공작은 조지 5세의 둘째 아들로, 조지 5세에 이어 왕위에 오른 에드워드 8세가 미국인 이혼녀 심프슨 부인/Wallis Simpson/과 결혼하기 위해 왕위를 포기하면서 1936년 형의 뒤를 이어 조지 6세가 되었다. 즉, 요크 공작부인은 조지 6세의 부인으로 후에 엘리자베스 왕비가 되었고, 조지 6세 서거 후 1952년 여왕이 된 엘리자베스 2세의 어머니로서 왕대비가 되었다.

영국 왕가의 명예를 실추시킨 심프슨 부인은 패션 리더로 알려져 있었다. 이를 의식한 조지 6세는 자신의 부인 엘리자베스 왕비가 심프슨 부인과 구별되는 독특한 패션 스타일을 연출하길 바랐다. 왕은 자신이 원하는 왕비의 이미지를 프란츠 자버 빈터할터/Franz Xaver Winterhalter/가 그린 19세기 프랑스의 외제니 황후 모습에서 찾았고, 하트넬은 이를 참고해서 19세기 중반에 유행한 크리놀린/crinoline/ 스타일을 재해석한 디자인을 선보였다. 엘리자베스 왕비를 위한 하트넬의 크리놀린 스타일은 기존의 크리놀린에 비해 슬림했고, 항상 드레스와 어울리는 장갑, 가방, 신발을 동반했다. 또한, 모자는 챙이 크지 않은 스타일로 왕비의 키가 커 보이도록 디자인했다.

그가 재탄생시킨 크리놀린 스타일의 의상은 1930년대 후반 국왕 부부의 벨기에, 프랑스, 캐나다 방문 시에 큰 찬사를 받았다. 특히 1938년 프랑스 방문 일정을 시작하기 직전 갑작스럽게 왕비의 어머니가 돌아가셔서 왕비가 애도를 표해야 하는 상황에 처했을 때에는 흰색을 상복으로 착용했던 왕가의 전례를 들어 미리 준비했던 왕비의 모든 의상을 흰색으로 다시 만드는 기지를 발휘했다. 영국 왕비의 의상은 프랑스인들에게 깊은 인상을 남겼는데, 그중에는 프랑스의 유명 디자이너인 크리스티앙 디오르/Christian Dior/도 포함되었다. 디오르가 제2차 세계대전 이후 발표한 뉴룩/New Look/에는 여성의 허리와 넓은 스커트를 강조한 당시 하트넬 디자인의 특성이 담겨 있었다.

제2차 세계대전 중의 활약

하트넬은 제2차 세계대전 중에 구성된 런던 패션 디자이너협회/Incorporated Society of London Fashion Designers/의 회원으로 자국 경제 발전에 기여하고자 노력했다. 1942년 결성된 이 협회는 파리가 나치에게 함락된 상황에서 런던을 패션의 중심지로 유지·발전시키기 위해 자국 디자이너들

23 제2차 세계대전 중 기성복 업체인 버커텍스를 통해 생산한 유틸리티 드레스

의 작품을 홍보하는 데 힘썼다. 하트넬은 제2차 세계대전 당시 중립국이었던 터키를 포함한 중동지방의 국가들, 북미, 남미 등에 수출하기 위해 컬렉션을 발표해서 성공적으로 시장 진출을 했다.

제2차 세계대전 중 영국 여성들은 물자 절약을 위해 스타일 면에서 규제를 많이 받았으며, 개개인에게 할당된 한정된 쿠폰을 이용해서 의상을 구매할 수 있었다. 이러한 규제는 왕비를 포함한 왕족들에게도 적용되었으므로 하트넬은 여왕의 기존 의상과 모자를 고쳐 새로운 디자인으로 탄생시키는 작업에도 매진했다.

하트넬은 1942년 드레스 생산업체 버커텍스/Berkertex/로부터 전시/戰時/의 여성복 규제에 맞는 유틸리티 드레스/utility dress/를 디자인해달라는 제안을 받았다. 영국 상공회의소/Board of Trade/는 하트넬의 명성이 유틸리티 드레스를 일반인들에게 알리는 데 큰 효과가 있을 것이라며 그가 적극 협조하도록 권했다. 그는 왕비의 의상을 담당하고 있으므로 일반인들을 위해 대량 생산되는 옷을 디자인하는 것이 왕비의 명예에 해가 될까봐 망설였지만, 왕비는 하트넬이 유틸리티 드레스를 디자인하는 일을 기꺼이 허락했다. 하트넬은 본래 화려한 이브닝드레스 디자인을 즐겼으나, 낮에 착용하는 일상복 디자인에도 재능을 발휘하고 있었다. 하트넬이 디자인한 일상용 유틸리티 드레스들은 그의 이름을 달고 굉장한 인기를 끌었다.

하트넬은 여군복과 적십자 유니폼도 디자인했다. 하트넬뿐만 아니라 당시 유명한 디자이너인 에드워드 몰리뉴/Edward Molyneux/와 찰스 크리드/Charles Creed/도 여군복 디자인을 제안하라는 왕명을 받았으나, 조지 6세는 하트넬의 디자인을 선택했다.

여왕의 의상 디자이너

엘리자베스 2세 여왕이 하트넬의 의상을 처음 착용한 것은 1935년 삼촌인 글로스터 공작 부부의 결혼식이 있던 9세 때였다. 하트넬은 그 후 1947년 남아프리카와 로디지아/짐바브웨/를 방문할 때 입은 드레스에 이어 그녀의 웨딩드레스와 대관식 의상을 디자인했으며, 그 후에도 수많은 국내외 행사용 의상을 디자인했다.

하트넬은 1947년 엘리자베스 2세 여왕의 공주 시절 필립공/Philip Mountbatten/과 결혼할 때 착용할 웨딩드레스를 디자인하라는 왕명을 받고 런던의 갤러리를 돌아다니면서 결혼식 예복을 디자인하기 위해 고심했다. 결국 그는 보티첼리의 그림에서 영감을 받아 디자인한 독창적인 의상을 제시했다. 아이보리색의 실크로 된 새틴/satin/ 드레스와 긴 망사 트레인/train/에는 여러 가지 모양의 꽃과 잎 문양을 진주와 크리스털로 자수를 놓았다. 진주는 미국에서 1만 개를 수입하여 사용한 반면, 새틴은 스코틀랜드의 한 회사에서 생산한 것을 사용하기로 결정했다. 제2차 세계대전의 영향으로 애국심이 투철해져 누에고치가 일본산이나 이탈리아산일지도 모른다는 이유로 반대 의견이 많았지만, 결국 실크의 원산지는 중국으로 밝혀져 대중의 우려를 잠재울 수 있었다.

하트넬은 1953년 엘리자베스 2세 여왕의 대관식 때 착용할 의상으로 8가지 디자인을 제시했다. 이 중 여왕은 자신의 웨딩드레스와 비슷한 실루엣의 흰 실크 드레스에 대영제국 11개 지역

24 엘리자베스 2세 여왕과 필립공의 대관식 의상(1953)

을 상징하는 꽃, 풀, 잎 등을 다양한 색채로 수놓도록 명령했다. 드레스 위에 착용한 장중한 붉은 트레인 역시 자수를 놓았고 흰 털로 가장자리를 장식했다. 하트넬은 결혼식 때와 마찬가지로 여왕의 의상과 함께 그날 행사에 참석한 가족과 시녀들의 의상도 디자인했다. 여왕의 대관식 의상은 창문까지 흰색으로 칠한 하트넬의 작업장에서 비밀리에 제작되었다. 바쁜 와중에도 하트넬은 전 세계의 시선이 대관식에 집중될 것을 염두에 두고, 대관식에 맞추어 '실버 앤 골드/Silver & Gold/'라는 컬렉션에 참여하여 바이어들을 공략했다.

여왕은 1950년 이후 공식복으로 하트넬의 의상과 함께 하디 에이미스, 하트넬의 조수였던 이안 토마스/Ian Thomas/, 영국의 드레스 제조업체인 호록/Horrock/의 의상도 착용했다. 하트넬은 다른 디자이너들과 협조하여 여왕의 공식복을 준비할 때 행사에 참여하는 왕가의 다른 여성들이 서로 같은 디자인이나 색채의 의상을 착용하지 않되, 항상 여왕에게 시선이 집중될 수 있도록 디자인했다. 여왕의 이브닝드레스는 걸을 때 신발이 걸리거나 손으로 잡아 올려야 하는 번거로움이 없도록 했다. 공식 행사에 참여할 때 여왕은 주로 높은 단상에 앉는 일이 많았으므로 앉았을 때 치마가 다리를 지나치게 노출하는 일이 없어야 했고, 갑자기 바람이 불어 치마가 날리는 일도 없어야 했다. 또한, 모자는 챙이 크지 않은 것으로 그녀의 얼굴이 대중에게 잘 보이는 디자인이어야 했다.

이러한 모든 사항들을 고려하여 하트넬은 지나치게 유행에 편승하지도, 유행에서 벗어나지도 않는 우아한 의상을 디자인했다. 여왕은 디자인에 맞는 원단을 직접 고르기도 했고, 여왕을 위해 제시한 디자인 외에 하트넬의 일반 컬렉션에서 의상을 고르기도 했다. 여왕이 선택한 의상은 판매 목록에서 즉시 삭제되었다.

하트넬이 여왕을 위해 디자인한 이브닝드레스들은 대체로 정교한 장식이 더해졌다. 하지만 1952년 영국 영화제 때 착용한 '매그파이/magpie, 까치/' 드레스는 가운데가 흰색, 양옆이 검은색으로 된 비교적 단순한 홀터넥/halter neck/의 새틴 이브닝드레스였다. 여왕의 모습은 참석한 다른 여배우들과 대조를 이루는 데에 성공했고 짧은 시간 안에 대량 생산되어 패션 시장에 널리 퍼졌다.

하트넬의 여왕을 위한 디자인 중 매그파이 룩 외에 깊은 인상을 남긴 것으로는 1961년 바티칸 방문 때 착용한 검은색 드레스를 빼놓을 수 없다. 교황 요한 23세와의 만남에서 스커트를 약간만 부풀린 검은색 레이스의 의상에 검은색 망사/tulle/ 베일과 증조모인 덴마크의 알렉산드라 여왕/queen Alexandra/의 왕관을 착용해서 미디어의 찬사를 받았다. 또한, 1969년 여왕이 아들 찰스에게 웨일스 공/Prince of Wales/의 작위를 내릴 때에는 모던한 무릎길이의 실크 드레스와 코트, 머리에는 르네상스시대 여성의 머리 장식에서 영감을 얻은 이색적인 모자를 착용했다. 그는 1950년대와 1960년대에 여왕을 위해 크리놀린 스타일 외에 버슬 스타일의 의상도 선보였다.

트렌드에 편승한 모던한 디자인의 제시

하트넬은 보수성을 요하는 여왕의 의상 디자이너였음에도 항상 패션 트렌드를 반영한 모던한 의상을 디자인했다. 1920년대에 그의 작품은 튜블러한 실루엣에 화려한 깃털과 모피 장식을 한 드라마틱한 의상들과 바이어스 컷으로 연출한 불규칙한 밑단선/handkerchief hemline, 행커치프 헴라인/의 디자인이 주를 이루었다.

1920년대 후반부터 1930년대에는 여성의 인체 곡선을 드러내면서 좀 더 길이가 긴 스커트의 의상을 디자인했다. 하트넬은 할리우드의 제안을 거절하고 영국 영화의 의상 제작만을 고집하면서 평생동안 영화 의상을 많이 제작했는데, 특히 1930년대 흑백 영화 시대의 그의 의상들은 여배우의 몸에 붙는 실루엣에 반짝이는 시퀸/sequin/과 모피로 화려하게 장식하여 관능미의 절정을 이루었다. 그는 사업 초기부터 모피 사용을 즐겼는데, 팔 부분에 두른 모피 장식은 당시 하트넬 디자인의 큰 특징 중 하나였다. 그는 여우 모피를 다양한 색채로 염색해서 사용한 첫 디자이너로도 알려져 있으며, 1950년대에는 자신의 별장인 로벨 딘에 작은 밍크 목장도 가지고 있었다.

또한 앞서 언급한 것처럼 제2차 세계대전 중에는 물자 절약을 위해 무릎길이에 스커트 폭이 제한된 슬림한 실루엣의 유틸리티 드레스 홍보에 앞장섰고, 의복에 대한 여러 규제가 사라진 1953년 이후에는 디오르의 뉴룩으로 대변되는 엑스 실루엣/X silhouette/의 화려한 의상들을 선보였다. 하트넬은 언니인 엘리자베스 2세 여왕에 비해 외모 관리에서 제약을 덜 받았던 동생 마가렛 로즈 공주/Princess Margaret Rose/의 젊고 단순하면서도 우아한 이미지를 구축해서 그녀를 1950년대 패션 리더로 부상시켰다. 1960년대에 이르러서는 당시 유행을 반영하여 단순한 디자인의 의상과 스페이스 룩의 영향을 받은 의상도 선보였다. 1966년 봄 컬렉션에서는 무릎

이 드러나는 미니스커트를 발표하고, 1970년대까지 스트리트 스타일/street style/을 반영한 다양한 의상을 디자인했다.

사업의 확장과 재정적 난관

하트넬은 고가의 쿠튀르 의상 외에도 향수를 포함한 다양한 사업에 진출했다. 그의 향수인 아키텍처/Architcture/, 그라비어/Gravure/, 펜티르/Peinture/ 등의 용기에는 거울로 장식한 모던한 살롱 이미지를 담았다. 특히, '러브/Love/' 향수는 1950년대에 큰 성공을 거두었다. 또, 그는 제2차 세계대전 당시 일찌감치 대량 생산 제품의 시장성을 파악하여 버커텍스를 통해 유틸리티 드레스를 디자인했고, 그의 상품들은 전후에도 계속해서 인기를 끌었다.

그는 여성용 드레스뿐만 아니라 남성복, 셔츠, 잠옷, 벨트, 가방, 화장품, 나일론 스타킹, 선글라스, 액세서리, 자수 패턴, 의복 패턴 등의 사업 분야에도 진출했다. 하지만 이러한 사업 확장과 왕실의 의상 주문에도 불구하고, 많은 전문 인력을 보유해야 하는 쿠튀르 업계의 특성상 하트넬 하우스는 재정적 어려움에서 헤어나지 못했다. 하트넬은 보다 많은 손님을 유치하기 위해 젊은 디자이너 케네스 패트리지/Kenneth Patridge/를 내세워 르 프티 살롱/Le Petit Salon/이라는 기성복 부티크를 열기도 했다. 하지만 여러 가지 노력에도 불구하고, 1960년대 중반 그는 은행 빚으로 인해 별장인 로벨 딘을 잃게 되었고 건강 상태도 나빠졌다.

여왕은 그가 심장마비로 세상을 떠나기 2년 전인 1977년 왕실에서 오랫동안 일한 노고를 치하하기 위해 기사 작위를 내렸다. 이로써 하트넬은 기사 작위를 받은 유일한 패션 디자이너가 되었다. 그의 하우스는 1990년 디자이너 마르크 보앙/Marc Bohan/에 의해 재탄생하여 쿠튀르 컬렉션을 선보였고, 이듬해 가을 기성복 컬렉션을 발표했다. 하지만 재정적 어려움으로 인해 곧 다시 문을 닫게 되었다.

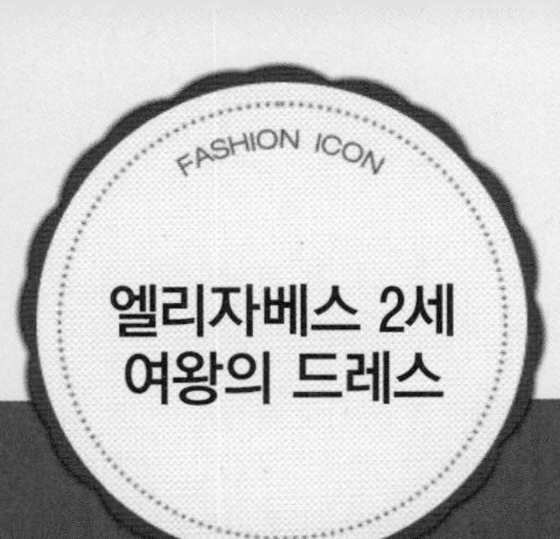

FASHION ICON

엘리자베스 2세 여왕의 드레스

영국 왕실 디자이너 노먼 하트넬/Norman Hartnell/은 여왕 엘리자베스 2세의 결혼 예복은 물론 대관식 의상도 디자인했다. 그는 고심 끝에 8가지 디자인을 제시했다. 이 중 여왕은 자신이 입었던 웨딩드레스와 비슷한 실루엣, 은사와 크리스털로 대영제국 각 지역의 상징물을 수놓은 의상을 선택했다. 하트넬은 명령에 따라 영국의 장미, 스코틀랜드의 엉겅퀴, 아일랜드의 토끼풀, 웨일스의 대파, 캐나다의 단풍잎, 호주의 워틀/Wattle/, 뉴질랜드의 고사리/fern/, 남아프리카의 프로테아/protea/, 인도의 연꽃, 파키스탄의 밀, 면화, 황마, 실론/스리랑카/의 연꽃을 옅은 분홍색, 연보라색, 초록색, 금색, 노란색사와 진주, 다이아몬드, 오팔, 자개를 이용해서 수놓았다. 드레스 위에 착용한 장중한 붉은 트레인도 자수를 놓았고 흰털로 가장자리를 장식했다.

하트넬은 여왕의 의상과 함께 대관식에 참석한 가족과 시녀들의 의상도 디자인했다. 여왕의 대관식복은 창문까지 흰색으로 칠한 브루톤가/Bruton street/에 위치한 하트넬의 작업장에서 비밀리에 만들었으며, 대관식 전까지 보안을 철저히 유지했다.

하트넬이 여왕을 위해 디자인한 이브닝드레스들은 대체로 정교한 장식이 있었으나 1952년 영국 영화제에서 착용한 '매그파이/magpie, 까치/' 드레스는 가운데가 흰색, 양옆이 검은색으로 까치를 연상케 하는 홀터넥/halter neck/의 새틴 이브닝드레스로 비교적 단순한 디자인이었다.

하트넬은 그날 여배우의 화려한 의상과 구분되는 여왕만의 독특한 모습을 연출할 방법을 궁리하다가 매그파이 룩을 제안했다. 결과는 성공적이었지만, 여왕의 드레스가 대중에게 노출된 지 불과 몇 시간 만에 갖가지 색채의 유사한 디자인이 대량 생산되어 인기를 끌었다. 이후 여왕은 공식 석상에 좀 더 정교한 드레스를 입고 참석했다. 이후 매그파이 룩은 1957년 여왕의 파리 공식 방문에서 우아한 코트 드레스의 형태로 재탄생했다. 본래 이 디자인은 1956년 하트넬의 컬렉션에 있었으나 여왕이 선택하여 판매 목록에서 삭제되었다.

노먼 하트넬의 의상을 즐겨 착용한 엘리자베스 2세 여왕

Christian Dior

크리스티앙 디오르 1905~1957

"나는 꽃 같은 여성(flower woman)을 디자인했다."

"우아함이란 구별과 자연스러움, 돌봄(care), 단순성, 이 4가지의 바른 조합으로 만들 수 있다. 이를 벗어나면 가식만이 있을 뿐이다. 이 4가지 중에서 가장 중요한 것은 돌봄이다. 돌본다는 것은 당신이 옷을 고르고, 고른 옷을 입고, 그 옷을 관리하는 것을 말한다."

*크리스티앙 디오르*는 1905년 프랑스에서 출생하여 유럽 사회가 제1차 세계대전의 소용돌이에 휩쓸리기 전 평화롭고 아름다웠던 벨 에포크/La Belle Epoque/ 시대에 어린 시절을 보냈다. 다소 늦은 나이에 패션에 입문하여 로버트 피케/Robert Piquet/와 뤼시앵 를롱/Lucien Lelong/의 쿠튀르에서 보조 디자이너로 약 8년간 근무한 후, 1946년 39세에 자신의 이름을 건 매장을 열었다. 1947년 사업가 마르셀 부삭/Marcel Boussac/의 출자를 받아 본격적으로 쿠튀르 하우스를 시작했는데, 그 해 선보인 첫 번째 컬렉션이 파리는 물론 전 세계를 단숨에 들썩거리게 했고, 1957년 사망할 때까지 11년간 화려한 작품 세계를 보여주며 20세기 패션 역사에 자신의 이름을 확실하게 남겼다.

세계를 놀라게 한 뉴룩

디오르는 첫 봄·여름 컬렉션에서 코롤/Corolle, 꽃부리/과 엥 윗/En Huit, 숫자 8/ 라인 2가지, 총 90개 디자인을 발표했다. 제1차 세계대전의 영향으로 1920~1930년대 복식은 각진 어깨와 짧고 좁은 치마로 다소 남성적이었으나, 디오르는 여성의 경사진 어깨선을 살리고, 잘록한 허리, 종아리까지 내려오는 길고 풍성한 스커트로 파격적인 실루엣을 제시했다. 디오르 컬렉션은 전쟁으로 어려웠던 시절을 끝내며 좋았던 옛 시절, 즉 벨 에포크/영국에서는 에드워디안 시대임/를 향수하는 스타일이었다. 이것은 꽃부리를 엎어놓은 모양으로 1950년대까지 전 유럽과 미국의 하이패션 고객에게 열광적인 인기를 얻었다. 이 스타일은 원래의 이름보다는 뉴룩으로 알려지게 되었는데, 이는 미국 잡지 〈하퍼스 바자〉의 편집장 카멜 스노우/Carmel Snow/가 "참으로 새로운 룩이다/It' s such a new look/."라고 말한 데서 기인했다. 뉴룩의 성공은 제2차 세계대전 당시 나치의 압박으로 피폐해진 파리 패션의 자존심을 살려주었으며, 디오르는 1949년 뉴욕에 기성복 부티크를 열었고 그 해 파리 패션에서 대미 수출액의 75%, 1951년 프랑스 전체 수익의 5%를 차지했다. 디오르가 거둔 판매 수익의 절반은 미국 수출에서 나왔을 만큼 미국에서 뉴룩의 인기는 컸다.

뉴룩에 대한 반응은 양분되었다. 제2차 세계대전 중에는 직물 소비가 제한되었던 터라 풍성한 직물을 사용한 뉴룩은 사치스럽게 보일 수밖에 없었다. 디오르는 주간용/daytime/ 옷 한 벌을 만드는 데 옷감 20마를 사용했고, 이브닝드레스의 경우에는 옷감 42마를 사용했다는 기록이 있다. 1947년 당시 영국에서는 조지 6세가 국민들에게 의복 배급제를 시행했으며 젊은 엘리자베스 공주와 마가렛 공주도 뉴룩을 입지 못하게 금지했음에도 불구하고, 디오르는 왕족만을 위한 비공개 패션쇼를 열도록 초청받았을 정도로 뉴룩의 인기가 좋았다. 반면에 미국에서 〈월스트리트 저널〉에 유명 인사들이 논객으로 참가한 기사가 실렸으며, 짧은 치마를 지지하는 여성들이 '무릎 바로 밑 클럽/Little-Below-the Knee club/'을 결성하여 디오르 스타일에 반발했다.

하지만 디오르는 자신이 여성에 대해 안다고 말하면서 전쟁으로 인해 억제된 소비 심리가 이 풍성하고 화려한 스타일을 받아들일 것이라고 확신했고, 이 전망은 적중했다. 그는 소비자 자신도 미처 인식하지 못하고 내재되어 있던 요구를 가시화해서 시장에 선보인 선도적인 디자이너였다. 뉴룩은 당시 정치적인 필요성과도 맞아떨어졌다. 전쟁 기간 동안 직업 전선에 진출했던 여성들은 일상으로 복귀한 남성들에게 일자리를 내어주고 다시 가정으로 돌아가야 하는 상황이었다. 따라

25 뉴룩이 엄청난 인기를 끌자 출시된 바슈트를 입은 바비인형

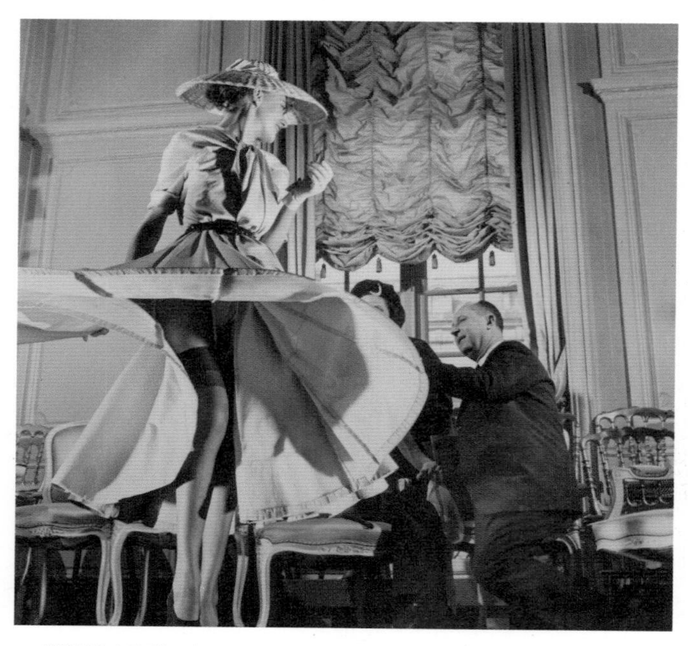

26 디오르와 스타킹(1948)

디오르에 의해 처음으로 스타킹이 패션의 일부로 강조되었다. 하늘색 크레이프 드레스에 짙은 남색 스타킹을 입은 모델의 옷을 디오르가 보정하고 있다.

서 남편과 아이들을 보살피고 행복한 가정을 만드는 여성상이라는 당시 이데올로기와 뉴룩의 복고적인 여성스러움은 찰떡궁합이었다. 디오르의 '꽃 같은 여성/flower woman/'은 활동적이고 진취적이기보다는 꽃같이 아름답고 보수적인 여성상으로 거슬러 올라간 것이다. 실제로 그는 뉴룩을 위해 가슴부터 엉덩이까지 내려오는 코르셋을 다시 여성들에게 권했다.

디오르가 창조한 여성의 이미지는 현재까지도 논쟁의 여지가 많다. 코르셋에서 여성을 해방시켰던 샤넬의 여성미와 플래퍼 드레스와 밀리터리 룩 아래 감춰져 있던 여성의 인체 곡선미를 표현한 디오르의 여성미는 여성미를 규정하는 시대정신이나 이데올로기에 따라 다르게 보일 수 있다. 샤넬의 여성미와 달리 의심할 여지없이 여성스러운 디오르의 뉴룩에 대해 윌슨/1985/은 아이러니하게도 뉴룩의 딱딱하고 뾰족함이 '이상하게 남성적인 모습'이라며, 이를 페티시즘과 연결하여 해석하기도 했다.

27 빛을 흡수하는 벨벳과 광택이 있는 새틴의 대비가 조화를 이루는 여성스러운 슈러그 드레스
이 작품이 소장되어 있는 미국 인디애나폴리스 미술관에는 1948년 작품으로 명기되어 있으나, 디오르 사망(1957) 전 마지막 컬렉션 디자인이라는 설도 있다.

다양한 라인 시대와 국제적인 쿠튀르 비즈니스 전개

디오르는 뉴룩으로 큰 성공을 거두었을 뿐만 아니라, 그의 하우스는 새로운 라인들을 발표하고 1950년대 파리의 최대 쿠튀르가 되었다. 디오르는 여성적인 아름다움이 표현된 형태와 실용적이고 추상적인 모던 디자인과의 조화를 시도했다. 1954년 뉴룩에서 하의의 부피를 줄인 형태인 H라인/상하의 모두 슬림하게 붙어 I라인이라고도 함/을 발표했고, 다음 해에 H라인에서 아래를 넓힌 A라인을 발표했다. 디오르는 그해 가을·겨울 컬렉션에 A라인을 뒤집은 모양인 Y라인을, Y라인에서 허리선을 올린 모양인 애로 라인/Flèche, 화살/을 발표했다. 콜린 맥도웰/Colin McDowell/은 후반기 라인들은 디오르가 샤넬의 실용성과 발렌시아가의 부드러운 건축성에 동화된 것이라고 해석했다. 결과적으로 이 라인들은 1960년대의 길이가 짧은 A라인 시대로 가는 길목이 되었다.

디오르의 옷은 상류 계층 소비자뿐만 아니라 대중문화 분야에서도 강력한 러브콜을 받았다. 디오르는 1957년 3월 4일 미국 잡지 〈타임〉 표지에 실렸고, 수많은 영화배우와 유명 인사들의 옷을 제작했다. 대표적으로 알프레드 히치콕 감독의 영화 '무대 공포증/Stage Fright, 1950/'에서 마를렌 디트리히가 입은 모든 의상과, 마크 롭슨 감독의 영화 '오두막 집/The Little Hut, 1956/'에서 에바 가드너가 입은 의상 14벌을 제작했다. 그 밖에도 배우 제인 러셀, 그레이스 켈리, 리

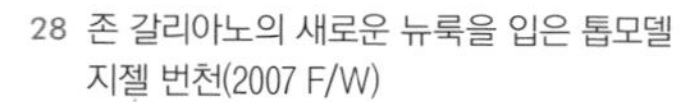

28 존 갈리아노의 새로운 뉴룩을 입은 톱모델 지젤 번천(2007 F/W)

29 존 갈리아노가 재해석한 현대적 뉴룩(2009 S/S)

타 헤이워스, 마고트 폰테인 등이 디오르의 옷을 입었다.

디오르는 사업 감각도 좋은 디자이너였다. 1947년 철저하기로 유명한 사업가 마르셀 부삭의 재정적 지원을 받아 사업을 정비할 때, 부삭이 출자했던 다른 사업체와 비교하여 예외적으로 많은 자율권과 의사 결정권을 따냈다. 그는 사업 감각에 비해 사교적인 성격은 아니어서 영업 책임자 수잔 룰링/Suzanne Luling/ 등을 기용하고 자신의 회사를 현대적으로 운영했다. 쿠튀르에서는 영업 담당자들이 철저하게 자신의 고객과 일대일 관계를 유지했고, 미국의 기성복 매장에서는 단순하고 상업성이 높은 디자인을 판매했다. 디오르의 컬렉션은 새로운 스타일, 익숙한 스타일의 변형, 입증된 클래식의 3가지 기조로 각각 1/3씩 매 시즌의 상품 구성 기획 틀을 유지하여 새로움과 상업성이라는 두 마리 토끼를 모두 잡았다.

디오르는 쿠튀르 하우스의 라이선스 사업을 처음 시작한 인물이기도 하다. 1950년 넥타이를 시작으로 모피, 스타킹, 모자, 핸드백, 장갑, 보석, 란제리, 스카프 등에서 라이선스 사업을 했다. 쿠튀르 하우스의 이미지를 떨어뜨린다는 이유로 당시 쿠튀르조합의 강력한 비난을 받

30 현대 디오르 하우스의 인기에 기여한 존 갈리아노(2012 S/S)

았지만, 결국 다른 쿠튀르 하우스들도 높은 수익을 좇아 합류하게 되었다. 미국의 한 스타킹 제조업체에서는 디오르 라이선스를 획득하려고 당시 어마어마한 금액인 1만 달러를 로열티로 제의했으나, 디오르는 이를 거절하고 판매액의 일정 비율을 로열티로 받는 계약을 체결하여 결과적으로 훨씬 좋은 수익구조를 만들어냈다. 디오르 하우스는 디오르의 사후에도 이브 생 로랑이 발표한 트라페즈 라인/trapéze line, 사다리꼴 라인/ 등의 디자인으로 파리 쿠튀르의 주역이 되었고, 이브 생 로랑을 비롯하여 마르크 보앙/Marc Bohan/, 지안 프랑코 페레/Gianfranco Ferré/, 존 갈리아노/John Galliano/ 등 스타 디자이너들을 양산하며 하우스의 생명을 이어갔다.

뉴룩의 바 슈트

뉴룩은 1947년 디오르가 첫 번째 컬렉션에서 선보인 파격적인 스타일을 본 미국 패션 잡지 〈하퍼스 바자〉의 편집장 카멜 스노우/Carmel Snow/가 "참으로 새로운 룩이다/It' s such a new look/."라고 말한 데서 유래했다. 그중에서도 '바 슈트/Bar suit/'는 뉴룩의 가장 대표적인 디자인으로 알려져 있다. 바 슈트를 뉴룩이라고 부르기도 하지만, 정확하게 뉴룩은 1947년부터 1950년경까지 선풍적인 인기를 얻었던 비스듬한 어깨선과 가는 허리, 종아리 길이의 풍성한 치마로 이루어진 디오르의 아워글라스 실루엣/모래시계 실루엣/ 스타일을 가리키는 용어다.

뉴룩의 가장 대표적인 디자인인 바 슈트

바 슈트에는 제2차 세계대전 기간 중 여성복에서 사라졌던 풍성한 옷감의 사용과 쿠튀르의 제작 기술이 총동원되었다. 재킷에만 하얀 실크 샌텅/shantung/이 4마 정도 들었고 검은색 울 크레이프 주름치마를 포함해서 한 벌을 만드는 데 옷감만 20마 정도가 들었다고 한다. 바 슈트의 완벽한 형태를 만들어내기 위해 퍼케일/percale, 조직이 조밀한 면직물/로 안감을 대고 모든 솔기에 테이프를 붙였으며, 가슴 부분에는 뼈대를 대고 허리를 조이는 벨트를 안에 덧대었다. 스커트는 케임브릭/cambric, 면이나 마로 만든 얇은 천/으로 부풀렸고, 엉덩이 부분에 심지와 패드를 대었다. 따라서 바 슈트는 유연한 곡선이 아닌 뻣뻣한 디자인에 대단히 무거운 옷이었다.

러시아 모스크바 전시회 당시 바 슈트(2011)

19세기까지 여성 복식에서는 코르셋에 전적으로 의존했던 것과 달리 바 슈트의 아워글라스 실루엣을 만들기 위해서는 코르셋의 견고한 옷 구성법 외에도 한 가지가 추가되었다. 이 시기부터 여성들은 육체를 관리하고 통제하기 시작한 것이다. 1949년 〈보그〉에는 하루에 750kcal씩 10일간 하는 '다이어트X'를 소개했고, 이후에도 몇 개 다른 버전의 다이어트를 소개했다. 다이어트를 통해 육체 관리를 시작하면서 19세기의 코르셋은 재등장하지 않았고 브래지어와 탄력성이 있는 거들 정도만으로도 아워글라스 실루엣을 부활시킬 수 있었다. 이로써 20세기 여성들은 코르셋을 벗어 버렸지만, 다이어트라는 눈에 보이지 않는 코르셋을 입게 되었다.

A라인

디오르는 H, A, Y 등 알파벳을 이용하여 각 컬렉션의 실루엣을 보여주도록 이름을 지었다. 그중에서도 1955년 발표한 A라인은 오랫동안 사랑받은 라인이다. A라인은 어깨는 좁게, 가슴과 허리는 다트를 이용하여 잘 맞도록 했으며 허리에서부터 아래로 주름이 넓게 퍼지는 스타일이었다.

A라인은 드레스와 재킷, 또는 스커트와 블라우스, 재킷으로 구성되어 있으며, 스커트 길이가 길어 키가 크고 다리가 긴 사람에게는 어울리지만 일반 소비자에게는 어울리기 어려운 스타일이었다. 하지만, 이 시기 A라인은 1960년대 A라인 미니로 이어지는 전초전이다. 결국 1960년대 A라인은 디오르의 A라인에서 길이만 짧게 한 형태였다. 야코프 라비노비치/Yakov Rabinovich/는 이 기하학적인 형태의 옷은 사람이 입는 게 아니라 옷이 인체에 착륙한 것 같다고 말했다.

FASHION DESIGNER

Cristóbal Balenciaga
크리스토발 발렌시아가 1895~1972

"발렌시아가만이 완벽한 의상을 만들어 낼 수 있다."

"그는 우리 모두의 스승이다."(크리스티앙 디오르)

*크리스토발 발렌시아가*는 크리스티앙 디오르와 함께 제2차 세계대전 이후 파리 오트 쿠튀르의 황금시대를 이끈 쿠튀리에다. 스페인 출신으로 1937년부터 파리에서 컬렉션을 개최했으며 까다로운 최상류층 베스트 드레서 고객들에게 우아함과 기품을 갖춘 완벽한 품질의 의상을 제공하는 것으로 유명했다. 대중 언론을 기피하고 기성복 라이선스 사업 또한 거절하여 발렌시아가의 대중적 명성은 디오르보다는 한발 물러서 있었지만 동료들로부터는 완벽주의자/지방시/, 쿠튀리에의 스승/크리스티앙 디오르/, 패션의 미래를 창조하는 혁신가/세실 비튼/로 존경을 받았다. 샤넬은 발렌시아가에 대해 구상, 재단, 봉재까지 모든 의상 제작 과정을 해낼 수 있는 유일한 쿠튀리에라고 말했고, 스키아파렐리는 자신이 패션에서 이루고자 한 바를 다 이룬 쿠튀르의 진정한 예술가라고 평가했다. 고객의 요구와 자신의 엄격한 기준에 따라 오직 최고 의상을 제작하는 것에 몰두했고, 순수한 작업 과정에서 새로운 재단과 형식을 창조하며 패션의 혁신을 이끈 발렌시아가는 기성복과 패스트 패션이 주도하는 오늘날에도 향수와 경의를 불러일으킨다.

발렌시아가 하우스의 탄생

크리스토발 발렌시아가는 1895년 1월 스페인 북부 바스크 해안의 어촌 게타리아/Guetaria/에서 태어났다. 발렌시아가는 생계를 위해 삯바느질을 했던 어머니의 영향으로 일찍부터 옷에 대한 관심과 재능을 키울 수 있었으며 그의 재능을 발견한 카사 토레 후작 부인/Marquesa de Casa

Torres/의 후원으로 12세 무렵 산세바스티안/San Sebastián/에 위치한 테일러 고메즈 하우스/Casa Gomez/에서 도제 훈련을 받으면서 패션계에 입문했다. 발렌시아가는 왕실과 부유층의 여름 휴양 도시인 산세바스티안에서 스페인 상류 계층의 문화와 취향, 엄격한 영국식 테일러링을 배웠고, 이는 발렌시아가의 작품 세계에서 중요한 기반을 형성했다.

1911년 발렌시아가는 파리 루브르 백화점/Les Grands Magasins du Louvre/의 산세바스티안 지점에서 여성복 테일러로서 경력을 쌓기 시작했다. 뛰어난 능력을 인정받아 2년 만에 여성 테일러링 워크숍의 수석이 되었고 출장 중 파리의 화려한 패션 산업과 오트 쿠튀르 하우스들의 뛰어난 실력을 직접 접하면서 쿠튀리에가 되기로 결심했다. 발렌시아가는 1917년 산세바스티안에서 쿠튀리에로 일하기 시작하고 동업자들의 도움을 받아 1918년 9월 '발렌시아가/C. Balenciaga/'라는 이름으로 첫 번째 컬렉션을 발표했다. 이어 1919년에는 자신의 이름을 내건 독립 스튜디오를 열었다. 1920년에는 매장 위치를 옮겨 어머니의 이름을 딴 '에이사/Eisa/'라는 새로운 브랜드를 만들었다. 왕가를 비롯한 스페인 최상류층 고객들이 발렌시아가의 의상을 선택했고, 1931년 스페인 공화정이 출범하는 위기에서도 변하는 시대상에 신속히 대응하여 마드리드와 바르셀로나로 지점을 확장했다.

1936년 스페인 내전이 일어나자 발렌시아가는 스페인을 떠나 오트 쿠튀르의 중심지 파리로 향했다. 1937년 7월 발렌시아가는 친구 니콜라스 비즈카론도/Nicolas Bizcarrondo/와 동업자 블라치오 자보로스키 다탕빌/Wladzio Jaworowski d' Attainville/과 함께 파리 조르주 5번가/10 Avenue George V/에 발렌시아가 쿠튀르 하우스를 설립하고 1937년 8월 첫 번째 컬렉션을 선보이면서 파리에서 비즈니스를 시작했다. 발렌시아가는 스페인에서 쿠튀르 하우스를 성공적으로 운영한 경험이 있었고, 오래전부터 정기적으로 파리를 방문하여 샤넬, 비오네 등 유명 오트 쿠튀르 하우스의 미학적·기술적 전통을 철저히 연구하고 습득했으므로 준비된 쿠튀리에로서 파리에 성공적으로 정착할 수 있었다. 발렌시아가 하우스는 1950년대 전성기를 맞이했고 1968년 폐점하기 전까지 파리의 최고 쿠튀르 하우스로 명성을 누렸다.

완벽을 추구한 쿠튀리에

발렌시아가 하우스는 최고의 재료, 완벽한 재단과 봉재, 절제되고 기품 있는 우아함으로 명성을 얻었다. 발렌시아가는 숙련된 테일러가 되기 위해 훈련을 받았고 오랜 기간 파리 오트 쿠튀르 하우스의 견본들을 구입하여 연구하고 파리 쿠튀리에의 재단과 봉재법을 익혀왔으므로 완벽한 쿠튀르 기술을 보유하고 있었다.

이에 더하여 발렌시아가는 기술적·미적으로 완벽한 의상을 제작하려는 지칠 줄 모르는 열정을 지니고 있었다. 그는 훌륭한 쿠튀리에라면 설계할 때는 건축가, 형태를 만들어낼 때는 조각가, 색을 다룰 때는 화가, 전체적인 하모니를 창조할 때는 음악가가 되어야 하며, 철학자처럼 절제된 품격을 빚어낼 수 있어야 한다고 믿었다.

완벽한 형태를 만들어내려는 발렌시아가의 열정은 새로운 구성과 재단의 가능성을 찾는 끊임없는 실험을 이끄는 원동력이 되었다. 수많은 소매 형태에 대한 그의 오랜 연구는 이러한 일면을 엿볼 수 있게 한다. 발렌시아가는 착용자의 모든 움직임에 불편함이 없는 동시에 미적으로 아름다운 소매를 만들어내려고 했고 평생 완벽한 소매를 구현하는 데 몰입했다. 이 과정에서 래글런 소매, 기모노 소매, 퍼프 소매, 배트 윙 소매, 벌룬 소매, 멜론 소매 등 여러 유형 소매들의 가능성이 철저하게 연구되었다. 자신의 엄격한 기준에 비추어 완벽하지 않은 소매는 언제나 다시 검토되었고 때로 고객들은 옷을 찾지 못하고 빈손으로 돌아가야 했다. 이러한 작업 과정은 언제나 엄숙한 침묵 속에서 경건하게 진행되었다.

발렌시아가 하우스는 엄격한 피팅으로도 유명했다. 배우 마를렌 디트리히는 자신의 책에서 발렌시아가 하우스의 1번 피팅이 다른 곳에서 하는 3번의 피팅과 같은 정도라고 기록했다. 지방시에 의하면 발렌시아가는 1960년대 후반 에어 프랑스 승무원 유니폼을 의뢰받았을 때, 3,000명이나 되는 승무원들을 일일이 피팅하기를 원했을 정도로 예외적인 완벽주의자였다. 이러한 완벽주의는 그가 기술적·미적 표현의 자유를 얻고 이를 바탕으로 독창적인 의상들을 제작할 수 있게 한 기반이었으나, 다른 한편으로는 발렌시아가 상표의 대중적 확장을 가로막는 장애가 되기도 했다. 발렌시아가는 미국 뉴저지의 기성복 생산 공장을 둘러본 후 기계 생산으로는 결코 자신이 원하는 품질의 옷을 생산할 수 없다고 판단하고 기성복 라이선스 사업을 포기했고 영원히 오트 쿠튀리에로 남게 된다.

절제된 엘레강스의 대명사, 혁신을 추구한 패션의 건축가

1950년대 전성기를 맞이한 발렌시아가 하우스는 슈트, 코트, 데이 드레스 등 현대 여성의 일상복과 호화롭고 기품 있는 이브닝드레스로 유명했다. 발렌시아가는 낭만적 여성성을 한껏 고조시킨 디오르의 작품들에 비해 모던한 분위기를 지닌다고 평가를 받았고 그의 이름은 완벽함, 기품 있는 엘레강스의 대명사가 되었다. 모나 폰 비스마르크/Mona von Bismarck/, 글로리아 기네스/Gloria Guinness/, 폴린 드 로스차일드/Pauline de Rothschild/, 윈저 공작부인/The Duchess of Windsor, 심프슨 부인/, 마렐라 아녤리/Marella Agnelli/, 마를렌 디트리히/Marlene Dietrich/, 잉그리드 버그먼/Ingrid Bergman/ 등 세계 최고의 베스트 드레서가 그의 고객이 되었다.

발렌시아가는 고객에게 헌신적인 쿠튀리에이므로 옷에 여성의 몸을 맞추어야 하는 것이 아니라 옷이 여성의 몸을 따라가야 한다는 신념이 있었다. 그는 재단과 구성의 혁신을 통해 고객의 신체적 결점을 보완하고 장점을 세련되게 부각시킬 수 있는 디자인을 연구했고 현대 여성에 어울리는 절제된 엘레강스의 미학과 실용성을 완벽하게 조화시키고자 노력했다. 발렌시아가의 트레이드마크가 된 목선을 노출시킨 데콜테 네크라인과 스탠드 어웨이 칼라, 일명 브레이슬릿 소매/팔찌 소매/라는 3/4 길이의 소매가 대표적이다. 그는 여성의 목과 팔을 더 길고, 가늘고, 우아하게 보이도록 만들었고 진귀한 보석들을 노출시키며 고급스럽고 우아한 여성미를 표현하는 데 초점을 맞추었다.

1951년 가을 컬렉션에서 발표한 세미 피티드 슈트/semi-fitted suit/ 역시 발렌시아가를 대표하는 독창적인 룩으로 평가되고 있다. 이 슈트는 앞에는 꼭 맞게 구성하고 뒤에는 헐렁하게 떨어져 얼핏 불완전해 보이는 실루엣인데 〈하퍼스 바자〉의 편집장 카멜

31 절제된 엘레강스의 미학과 실용성이 공존하는 세미 피티드 슈트(1952)
1950년대 후반 여성복의 캐주얼한 변화를 예고했다.

스노/Carmel Snow/는 개미허리를 강조한 뉴룩에서 새로운 캐주얼 룩으로 변하는 첫 번째 신호이며 여성 패션에 대변혁을 가져올 것이라고 예견했다.

발렌시아가는 1955년 튜닉 드레스, 1957년 색 드레스, 1958년 베이비 돌 드레스 등 여성의 불완전한 허리선을 감추는 새로운 라인들을 지속적으로 탐험하면서 1950년대 후반 패션의 변화를 이끌었다.

발렌시아가는 완벽한 실루엣을 창조하기 위해 복잡한 재단과 구성의 기술을 실험했지만, 이는 단순하고 절제된 아름다움을 지닌 의상으로 승화되었다. 완벽한 비례로 만들어진 발렌시아가의 구조적 슈트는 발렌시아가 하우스를 대표하는 아이템으로 클래식이 되었고, 프랑스인 에디터 주느비에브-앙투안 다리오/Genevieve-Antoine Dariaux/는 저서 ≪우아함에 대한 안내서/a Guide to Elegance/≫에서 앞서 가는 동시에 유행에서 독립적인 최상의 옷을 선택하고 싶다면 발렌시아가의 슈트를 선택하라고 추천했다.

1960년대에 이르러 발렌시아가는 보다 단순하고 순수한 조형미를 드러내는 작품 제작에 몰두하게 되며 이 과정에서 미니멀리스트의 조각에 비유될 수 있을 정도로 극도의 단순성을 드러내는 의상들이 탄생했다. 발렌시아가의 작업은 엄격한 건축가나 조각가의 작업 과정과 종종 비교되었는데, 세실 비튼은 스케치에서 독창적이고 아름다운 형태로 발전하는 디오르의 드레스 작업 과정과 달리 발렌시아가는 마치 대리석으로 작업하는 조각가와 같은 방식으로 직물을 사용했다고 기록했다.

1967년 7월 〈보그〉에 실린 데이비드 베일리/David Bailey/가 촬영한 웨딩드레스는 단순하고 절제된 순수한 형식에서 우러나오는 우아함을 보여준 발렌시아가의 대표작으로 꼽혔다. 엘리사 디망/Elyssa Dimant, 2010/은 오직 솔기 3개로 구성된 발렌시아가의 두껍고 뻣뻣한 가자르/gazar/ 실크 웨딩드레스의 미학을 강철 덩어리를 재료로 하여 사물의 물성을 순수하게 드러낸 미니멀리스트 조각가 도널드 저드/Donald Judd/ 작품과 연관시켜 조명했다. 건축가나 조각가가 자신의 설계를 완벽히 재현해낼 수 있는 물성을 가진 재료를 선택하듯이 발렌시아가는 코르셋 같은 하부 구조나 인체에 의존하지 않은 상태에서 자신이 구상한 형태를 구축하고 유지할 수 있게 하는 더치스 새틴/duchess satin/, 가자르 실크/silk gazar/ 등 뻣뻣하고 무거운 직물들을 재료로 선호했다.

스페인 문화의 영향

발렌시아가의 고향 스페인은 언제나 그의 작품 세계에 중요한 문화적 영감을 제공했다. 파리 진출 이후에도 누이와 조카를 통해 스페인의 하우스들을 유지했고 이그나시오 술로아가/Ignacio Zuloaga/, 후앙 미로/Joan Miro/ 등 스페인 예술가들과 깊은 친분을 나누었다. 발렌시아가는 스페인의 자연과 정서, 종교, 민속 의상, 화가들의 회화로부터 많은 창조적 영감을 얻었고, 이는 파리 쿠튀르의 전통과 구별되는 극적인 감각과 신비주의, 엄격함을 발렌시아가의 컬렉션에 부여했다.

1939년 가을 컬렉션에서 발표된 인판타 드레스/infanta dress/는 스페인 문화에 영감을 받은 유명한 작품 중 하나이다. 이 드레스에는 아이보리 새틴에 벨벳 트리밍이 달렸는데, 17세기 스페인 필리프 4세의 궁정화가 디에고 벨라스케스/Diego Velazquez/의 회화 속에 등장한 스페인 마리아 테레사/Maria Teresa/ 공주의 드레스에서 영감을 받았다고 알려져 있다. 발렌시아가는 가볍고 밝은 사랑스러운 여성미보다 벨라스케스, 프란시스코 데 수르바란/Francisco de Zurbarán/ 등이 그린 17세기 스페인 회화에 등장하는 범접할 수 없는 위엄을 갖춘 여성들의 아름다움에 매료되었다. 그 결과 인판타 드레스와 같은 금욕주의, 엄격함이 강조된 웅장한 실루엣과 색채의 의상들이 등장했다.

스페인 문화의 영향력은 강렬한 색채와 소재, 장식에서도 표현되었다. 발렌시아가는 엄숙한 가톨릭 문화가 지배했던 스페인을 대표하는 컬러인 블랙과 화이트, 고야의 회화에 등장하는 대지의 컬러인 브라운과 블랙의 독특한 조합, 투우사와 플라멩코 댄서 의상의 화려하고 열정적인 원색을 모두 즐겨 사용했다. 또한 만티야/mantilla/의 블랙 레이스, 투우사가 입은 볼레로 재킷의 화려한 자수와 장식들, 플라멩코 댄서 의상의 러플, 폴카 도트 패턴 등 스페인 민속 의상의 요소들을 작품에 도입했다. 스페인의 르네상스와 바로크 시대 초상화에 등장하는 보석과 자수, 모피 장식 등은 그에게 시대를 초월한 장엄하고 호화로운 패션에 대한 아이디어를 제공했다.

발렌시아가의 유산

1960년대 청년 문화의 부상은 유행 창조의 중심지인 오트 쿠튀르의 권위를 점차 약화시켰다.

32 니콜라스 게스키에르가 참여한 새로운 발렌시아가 하우스(2006 F/W)

최고 쿠튀리에로서 자신의 스타일을 고집했던 발렌시아가는 경제적 어려움을 겪었고 1968년 봄 컬렉션 발표를 끝으로 발렌시아가 하우스의 폐점을 선언했다. 파리, 마드리드, 바르셀로나, 산세바스티안의 하우스가 모두 문을 닫았고 주요 고객들은 그의 충직한 동료이자 친구인 지방시 하우스로 갔다. 일간지 〈런던 이브닝 스탠다드〉의 기자 샘 화이트는 발렌시아가의 폐점 소식을 전하며 패션은 이제 완전히 달라지리라고 전망했다. 발렌시아가는 은퇴한 후 스페인에서 여생을 보냈고 마지막으로 1971년 샤넬의 장례식에서 대중에 모습을 드러냈다.

1972년 발렌시아가는 오랜 우정과 호의에 보답하기 위해 카사 토레 후작 부인의 손녀 카디스 공작부인/Duchess of Cadiz/의 웨딩드레스를 디자인했고, 이것은 마지막 작품이 되었다. 발렌시아가는 1972년 3월 심장마비로 세상을 떠났다.

발렌시아가 사후에는 향수 사업을 포함한 하우스의 경영권이 조카에서 독일 기업으로 넘어갔고 1986년에는 자크 보가트/Jacques Bogart/가 인수했다. 프레타포르테 컬렉션도 론칭했으나 큰 호응을 얻지 못하다가 1997년 니콜라스 게스키에르/Nicolas Ghesquiere/를 크리에이티브 디렉터로 영입하면서 새로운 부흥기를 맞이했으며 구찌 그룹으로 소유권이 이전되었다. 이러한 발렌시아가 하우스의 어려운 여정과는 별개로 크리스토발 발렌시아가의 디자인 유산은 사후부터 최근까지 여러 차례의 회고전을 통해 후대의 디자이너들에게 많은 영감을 주고 있다. 발렌시아가의 작품들은 20세기 패션의 혁신 사례로 세계 주요 패션 박물관에 소장되어 있으며 2011년에는 그의 고향 스페인 게타리아/Guetaria/에 발렌시아가 박물관이 개관했다.

33 1965년 발렌시아가가 웨딩드레스와 함께 발표한 바이저의 재창조(2012 S/S)

FASHION DESIGNER

Pierre Balmain

피에르 발망 1914~1982

"의상은 살아 있는 인체를 대상으로 하는 '움직이는 건축(The architecture of movement)'이다."

*피에르 발망*의 1948년 컬렉션에 대해 파리 아방가르드 예술 운동가 앨리스 B. 토클라스/Alice B. Toklas/는 다음과 같은 평을 한 바 있다. "지난 9월의 피에르 발망의 컬렉션은 아름다운 꾸밈과 여성의 형/形/과 매력에 대한 강조를 통해 진정한 '모드'란 무엇인가에 대한 새로운 이해를 일깨워주었다. 드레스는 더 이상 실용성을 뒷받침하기 위한 장치가 아니며, 실크와 울, 레이스, 깃털과 꽃 장식 등을 통해 우아함과 섬세함을 표현하는 미의 산물로 거듭났다."라고 했다. 평론가들은 종종 아방가르드하거나 센세이셔널 하지않은 것은 진정한 '창조'가 아니라고 얘기하는데, 실제로 주느비에브-앙투안 다리오/Genevieve-Antoine Dariaux/는 ≪우아함에 대한 안내서/A Guide to Elegance/≫에서 발망의 의상은 너무나 따분하다라고 평한 바 있다. 그러나 아방가르드하지는 않아도 장식적 패션이 부활한 것에 대해 감사를 표하는 이들이 있었으며, 앨리스 B. 토클라스도 그중 하나였다. 그녀의 평에는 전쟁 전후기 패션이 아름다움과는 거리를 둔 채 얼마나 추하고 실용적인 것만을 추구해왔는지에 대한 반성이 있으며 앞으로 변화될 모드에 대한 기대가 함께 담겨 있었다.

쿠튀르를 품은 건축학도

1914년 프랑스 사부아/Savoie/ 지역의 한 마을에서 출생한 발망은 어머니와 이모들이 운영하던 작은 부티크에서 각종 옷감과 드레스를 가지고 놀았던 기억을 가장 행복했던 유년시절 추억으로 꼽을 만큼 일찍부터 쿠튀리에의 꿈을 간직했다. 청년이 되고 우연한 기회에 파리 베르나르 하우스/House of Bernard/와 씨 하우스/House of Cie/의 중심축이었던 마담 프리메/Madame Premet/를 알게 되면서 패션계에 발을 들여놓게 되었다. 그러나 군의관이 되길 바라는 어머니의 반대에 부딪혀 패션이 아닌 건축을 공부하기로 하고 에꼴 데 보자르/Ecole des Beaux Arts, 국립미술학교/에 입학하면서 파리에 가게 되었다.

파리에서 건축을 공부하는 동안, 그의 노트는 설계도가 아닌 패션 스케치들로 점점 가득 찼다. 발망은 훗날 쿠튀리에로 활동하면서도 드레이핑보다 드로잉 작업을 더 좋아해서 언제나 정교한 스케치를 시작으로 컬렉션을 구상했고, 그러한 스케치가 현실이 되어가는 과정을 즐겼다. 건축학도 시절에 수많은 드로잉 가운데 몇 개를 디자이너 로베르 피게/Robert Piguet/에게 보냈는데, 그 중 디자인 3개가 채택되어 제품이 되는 기회를 얻게 되었다. 이를 계기로 디자이너 에드워드 몰리뉴/Edward Molyneux/의 보조 디자이너 제안을 받게 되었고, 1934년 몰리뉴의 하우스에서 일을 하게 되면서 비로소 그의 본격적인 패션 인생이 시작되었다.

5년간 몰리뉴의 인정을 받으며 부티크에서 일했던 발망은 1939년 뤼시앵 를롱/Lucien Lelong, 당시 파리 의상조합협회 회장/의 하우스로 옮기게 되었다. 당시 를롱의 패션은 몰리뉴에 비해 양성적인 느낌이 강했으므로, 여성적이며 엘레강스한 스타일을 추구했던 발망의 스타일과는 잘 맞지 않는 면이 있었다. 그래서 그는 얼마 지나지 않아 를롱을 그만두고 고향으로 돌아갔고 그해 여름 제2차 세계대전이 발발하면서 군 복무로 2년을 보내야만 했다. 1941년 군 제대 후 발망은 를롱에서 복귀 요청을 받아 돌아오게 되었고, 새로운 동료 크리스티앙 디오르/Christian Dior/를 만나게 되었다. 이후 몇 년간 발망과 디오르라는 역사적인 2명의 디자이너는 를롱 컬렉션의 책임자로 일하면서 서로 아이디어를 교환하고 작업에 관여했으며, '엘레강스'라는 공통 취향을 공유하며 동료애를 쌓았다. 두 사람은 쿠튀르를 함께 오픈하기로 약속했지만, 디오르가 결정적 순간에 오픈을 망설이면서 약속을 지키지 않았고, 1945년 발망이 먼저 하우스를 오픈하면서 이후 두 사람의 행보는 달라졌다.

전후 시대 오트 쿠튀르의 재건

제2차 세계대전을 치르는 동안 유럽은 극도로 파괴되고 빈곤해지면서 많은 사람들은 예술적인 생활양식과 새로운 패션을 선도하던 파리가 예전 명성과 지위를 되찾기는 어려울 것이라

34 패션모델 루스 포드의 의상을 수정 중인 피에르 발망(1947)

생각하고 절망했다. 이 시기 젊은 디자이너들은 종종 파리를 떠나 뉴욕이나 캘리포니아, 할리우드 등 자신의 재능을 수용해 줄 수 있는 곳으로 옮기라는 권유를 받았다. 종전 기념 파리 컬렉션은 직물을 비롯한 원자재의 극심한 부족, 공급량 감축, 금욕과 내핍이 만연한 분위기 속에 열렸지만 이전 시대 딱딱하고 지루했던 실루엣의 변화를 예고하며, 주요 언론은 물론 미국에서 건너온 바이어들에게까지 창의적이면서도 잠재적인 상업성을 확인시켜 주었다.

1945년 발망도 부드럽고 아름다운 디자인들로 구성된 작은 규모의 컬렉션을 발표하며 파리 오트 쿠튀르 재건에 동참했다. 당시 발망은 수년간 몸담았던 를롱 하우스를 떠나, 어머니의 경제적 지원을 바탕으로 파리 프리미에 거리 44번지에 매장을 오픈한 상태였다. 그는 첫 번째 컬렉션에서 가늘게 조인 허리와 긴 종 모양의 스커트를 선보였다. 컬렉션에 참석했던 앨리스 B. 토클라스는 그것을 '뉴 프렌치 스타일/New French Style/'이라고 명명했는데, 크리스티앙 디오르의 '뉴룩'이 전 세계를 휩쓸기 2년 전이었다. 이처럼 발망은 뉴룩보다 먼저 뉴룩과 유사한 실루엣, 즉 슬림한 허리를 강조한 상의와 길고 풍성한 하의로 구성된 컬렉션을 발표했다. 발망과 디오르, 전설적인 2명의 디자이너들은 르롱의 하우스에서 동고동락했던 사이로, 비슷한 디자인 아이디어로 비슷한 실루엣을 만들어 발표할 만한 충분한 배경을 가지고 있었다. 그러나 결과물에 대한 대중의 관심과 패션계의 반응은 서로 달랐다. 결과적으로는 발망의 뉴 프렌치 스타일보다 디오르의 '뉴룩'이 크게 유행했지만, 발망의 스타일은 새로운 엘레강스 스타일의 귀환을 예고했다는 점에서 의미를 갖는다.

쿠튀르의 안정과 졸리 마담의 시대

1950년대는 사치스럽게 낭만적이며 극도로 여성적인 패션이 특징이었는데, 당시 '여성성'과 '세련됨'은 자연스러운 것이 아닌 인공적으로 완벽하게 꾸며서 전통적인 여성성을 완성하는 것이었다. 발망은 디오르, 발렌시아가 등과 함께 이러한 1950년대 모더니즘 엘레강스 패션을 리드했는데, 화려한 장식보다는 고급스러운 소재, 단순해 보이지만 완벽한 맞음새로 표현했으며, 수공예의 절제된 디테일이 더해졌다.

1950년대 패션 전반에 나타난 화려함과 사치스러움의 복귀 경향에 따라 발망의 의상과 소재도 보다 고급스러워졌다. 1950년대 초 발망은 긴 숄/stole/을 매치한 데이 드레스와 고급스러운 소재의 이브닝드레스로 인기를 얻었고, 재킷 안에 시스 드레스/sheath dress/를 입는 룩을 유행시켰다. 그의 재능은 '정제된 단순함'으로 발휘되었는데, 테일러드 슈트뿐만 아니라 웅장한 이브닝드레스에 이르기까지 슬림하고 엘레강스한 선/line/의 미학을 보여주었다. 특히 발망은 1952년부터 1957년까지 '졸리 마담/Jolie Madame/'이라는 콘셉트로 컬렉션을 발표했다. '졸리 마담'의 시대는 길고 슬림하며 엘레강스한 데이 앙상블, 꼭 맞는 바디스와 허리, 수공예의 디테일, 모피 트리밍이 들어간 이브닝드레스로 대표되며, 오늘날 발망의 패션 스타일을 상징하는 단어로 남아 있다.

35 여성의 잘록한 허리를 강조하는 보디 컨셔스 라인의 드레스(2003 S/S)

발망의 특기이자 대표작인 가는 허리를 강조한 이브닝드레스는 시폰 소재를 주름 잡아 사용하거나 레이스, 실크, 벨벳 위에 자수를 놓은 장식적 디자인이었다. 1950년대 중반 그가 새롭게 발표했던 데이 앙상블은 전체적으로 몸에 꼭 맞으면서 무릎 아래로부터 퍼지는 실루엣, 즉 거꾸로 엎어 놓은 샴페인 잔을 연상시키는 것이었는데, 이것은 그가 디오르의 돔/dome, 반구형/ 실루엣에 대한 대응이었다.

발망은 1960년 영화 '여류 백만장자/The Millionairess/'의 소피아 로렌/Sophia Loren/ 의상을 비롯하여 브리지트 바르도/Brigitte Bardot/, 비비안 리/Vivien Leigh/, 메이 웨스트/Mae West/ 등과 함께 수십여 편의 영화 의상을 작업했다. 토니상의 의상상 후보자로 노미네이트되기도 했으며, 1968년 인도네시아 전통 의상인 크바야/kebaya/를 응용한 싱가포르 에어라인의 승무원 유니폼을 디자인하는 등 정통 쿠튀르 무대 밖에서도 다양한 작업을 진행했다. 또한 방 베르/Vent Vert, 1947/, 졸리 마담/Jolie Madame, 1953/, 이부아르/Ivoire, 1979/ 등의 향수를 발표하여 많은 사랑을 받았다.

의상은 움직이는 건축

발망은 성공한 쿠튀리에이자 복식과 미술을 강의했던 이론가이기도 했다. 그는 종종 건축과 쿠튀르를 비교했으며, 건축가와 쿠튀리에 사이의 교류를 좋아했다. 그는 "어떠한 구조를 돌로 표현한다면, 또 다른 구조는 모슬린으로 만든다."라고 하면서 건축가와 쿠튀리에 모두 동일한 미의 창조자라고 역설했다. 발망은 건축의 경우 설계도의 집행이 곧 설계의 완성을 의미하는 반면, 쿠튀리에의 드로잉은 완성이 아닌 시작에 불과하다고 비교하여 설명했다. 즉 건축은 특별한 변동 없이 설계도 그대로 건축물이 완성되지만, 의상은 드로잉이 완성되었더라도 옷을 만드는 과정이나 인체가 입는 과정에서 많은 변화를 거치며 입는 대상에 따라 다른 결과물을 얻을 수 있다는 의미로 해석된다.

또한 그는 건축과 의상을 비교하면서 두 분야는 모두 적합한 소재를 선택하는 것이 매우 중요하며, 이때 건축가는 건축물이 들어설 '장소'를 고려해야 하고, 쿠튀리에는 의상이 입혀질 사람의 '몸'을 고려하여 소재를 선택해야 한다고 이야기했다. 즉 건축이란 움직임이 없이 고정된 것을 만드는 작업이지만, 의상은 움직이는 인체를 대상으로 하는 것이기 때문이었다. 그는 '의상은 움직이는 건축/The architecture of movement/'이라는 자신이 가장 좋아했던 말을 통해 '옷'과 '몸'의 '움직임'의 관계를 이해했던 쿠튀리에였다.

1950년대의 위대한 디자이너 중 마지막으로 생존했던 피에르 발망은 1982년에 사망했다. 발망이 쿠튀리에로서 항상 염두에 두었던 것은 시대를 초월한 모드였고, 고전적인 여성성에 바탕에 둔 스타일이었다. 실제로 발망의 오리지널 빈티지 의상들은 지금도 여전히 시크하고 세련된 감성을 주므로 전 세계 사교계 인사와 패션 피플들의 사랑을 받고 있다. 그는 엘레강스한 실루엣을 만들어내는 재단과 구성에 관한 테크닉을 잘 알고 있었고, 이를 바탕으로 완벽한 맞춤새와 세련된 디자인으로 많은 대중과 로열패밀리의 의상을 만들어냈다. 그가 떠난 후, 오랜 동료였던 에릭 모르텐센/Erik Mortensen/이 하우스를 이어받았고, 이후 1993년부터 2002년까지는 오스타 드 라 렌타/Oscar de la Renta/가 책임자가 되어 1950년대의 졸리 마담 룩을 재현하기도 했다. 그러나 뒤이은 디자이너들이 부진했고, 200개가 넘는 무분별한 라이선스 판매로 인해 한동안 이미지가 매우 하락했다. 2005년에 하우스 이름을 '발망/Balmain/'으로 짧게 바꾸고, 새로운 크리에이티브 디렉터 크리스토퍼 드카르넹/Christophe Decarnin/을 영입한 후 2009년 파워 숄더 룩으로 발마니아/Balmania, 발망 마니아/ 열풍을 일으키며 브랜드의 르네상스를 맞이하고 있다.

36 졸리 마담 컬렉션의 실루엣을 재해석한 오프 숄더 드레스 (2003 F/W)

피에르 발망은 디오르, 발렌시아가 등과 함께 1950년대 모더니즘 엘레강스 패션을 리드했던 디자이너로, 화려하고 복잡한 장식보다는 고급스러운 소재와 단순해 보이지만 완벽한 맞음새와 실루엣을 구현했으며, 절제된 수공예 디테일을 더했다.

피에르 발망은 1945년 파리에 하우스를 오픈한 후, 1952년부터 1957년까지 '졸리 마담/Jolie Madame/'이라는 콘셉트로 컬렉션을 발표했다. 프랑스어로 'Jolie'는 '예쁜'이라는 뜻으로, '졸리 마담'은 용어 그대로 '예쁜 여성'을 의미하는 단어였다. 비평가들 사이에서는 너무 낡아빠지고 진부하며 무미건조한 제목이 오히려 발망의 명성과 분위기를 해친다는 의견이 있었다. 그러나 그는 무려 5년 동안이나 이 컬렉션 명칭을 고수했고, 오늘날 '졸리 마담'이란 발망의 패션 스타일을 상징하는 단어로 남았다.

졸리 마담 시대 발망의 디자인은 부드러우면서도 날렵하게 재단된 슈트, 글래머러스한 이브닝드레스로 대별된다. 슈트, 곧 데이 앙상블의 실루엣은 가슴선을 살리면서 몸에 꼭 맞는 바디스, 자연스러운 어깨선, 가늘게 조인 허리, 종아리 중간에서 발목 사이 길이로 점점 좁아지는 페그 톱 스커트, 또는 무릎 아래로 넓어지는 스커트로 구성되었다. 그는 머프/muff, 토시/나 모자, 긴 장갑 등의 액세서리를 즐겨 사용했고, 슈트 상의의 칼라와 소매단 등에 다양한 퍼/fur/를 매치하여 고급스러움을 더했다. 1950년대 중반 그가 새롭게 발표했던 데이 앙상블의 스타일은 전체적으로 몸에 꼭 맞으면서 무릎 아래로부터 퍼지는 실루엣, 곧 거꾸로 엎어 놓은 샴페인 잔을 연상시켰는데, 이것은 디오르의 돔/dome, 반구형/ 실루엣에 대응하는 스타일이었다. 시폰 소재를 잔잔하게 주름을 잡아 몸에 꼭 맞게 재단한 드레스, 고급 프렌치 레이스를 사용하여 완벽한 실루엣을 구축한 드레스, 새틴이나 벨벳에 자수를 놓거나 아플리케 장식을 한 드레스들은 우아하면서도 화려하고 정제된 엘레강스를 보여주었다.

오른쪽 사진은 1954년에 발표된 졸리 마담 컬렉션의 이브닝드레스로, 섬세한 디자인의 레이스가 네크라인을 따라 흐르며, 케이프칼라는 붙이거나 뗄 수 있었다. 챙이 넓은 모자와 긴 장갑은 엘레강스 룩을 완성시키는 중요한 액세서리이다.

컬렉션 명칭 자체에 대한 혹평은 있었지만, 1952년 7월 가을·겨울 컬렉션 직후 〈하퍼스 바자〉 미국판의 에디터 카멜 스노우/Carmel Snow/는 이렇게 평가했다. '졸리 마담 컬렉션은 발망의 패션 미학을 완성한 컬렉션'이라고 하면서 여성의 엉덩이와 잘록한 허리를 강조하고, 하이/High/ 칼라와 좁은 폭의 스커트, 둥근 어깨로 구현된 발망의 헤링본 슈트는 엘레강스에 대한 발망의 특별하고도 정제된 감각을 완벽히 구현한 것이라 평가했다. 즉, 졸리 마담 시대는 '완벽하고 세련된 구조물로서의 패션'을 추구했던 발망이 자신의 모던하고 엘리건트/elegant/한 감각을 '졸리 마담'이라는 단어에 투영하며 그 어느 때보다 자신감 있게 쿠튀르를 이끌었던 시기라고 할 수 있다.

검은색 벨벳 위에 흰색 레이스 케이프칼라를 매치한 짧은 이브닝드레스(1954)

Mary Quant / Hubert de Givenchy / Rudi Gernreich / André Courrèges
Pierre Cardin / Paco Rabanne / Emilio Pucci / Yves Saint Laurent / Emanuel Ungaro

Chapter 5

대중문화와 미니스커트

Chapter 5

대중문화와 미니스커트

1960년대는 다양한 트렌드가 유행했던 시대다. 패션에 대한 전통적인 인습이 붕괴되었고, 패션은 사회의 변화에 대한 거울/a mirror of social change/이었다. 박스 형태의 비닐/PVC/ 미니 드레스와 퀄로트/culottes/, 고우고우 부츠/go-go boots/, 비키니가 유행했던 시기다.

시대적 특징

평등의 시대

1960년대에는 제2차 세계대전 이후 베이비 붐 세대가 청소년층으로 성장하여 전체 인구의 높은 비율을 차지하고, 청년문화가 사회 전체 분위기를 주도한 시기다. 다수의 청소년층이 소비 주체로 등장했고, 패션 리더로 부상했다.

특히 미국에서는 민주주의가 성숙되면서 약자에 대한 생각과 가치가 바뀌어 소수에 대한 배려와 차별에 대한 이데올로기가 논쟁의 대상이었다. 이러한 분위기는 권리를 위한 투쟁으로 이어졌고, 흑인과 여성, 청소년의 권리를 되찾자는 운동이 일어났다. 마틴 루터 킹/Martin Luther King/, 말콤 엑스/Malcom X/ 등의 노력으로 흑인 세력이 중요 사회적 이슈로 등장하게 되었다. 여성도 평등권을 주장하고, 여성 해방운동을 전개했다. 이에 따라 여성의 사회적 활동과 참여가 증가했고, 새로운 여성상이 요구되었다.

1 카나비 스트리트의 젊은이들 패션(1969)
1960년대 활기찬 런던(Swinging London)의 분위기를 보여주고 있다.

2 여성의 지위를 향상시킨 미국 케네디 대통령과 재클린 케네디 영부인(1963)
핑크 샤넬 슈트와 필박스(pillbox)는 재키 패션의 아이콘이었다.

3 차별 철폐를 위한 민권법안을 제안한 케네디 대통령과 재클린 케네디 영부인(1962)
영부인 재클린 캐네디는 빨간 시프트 드레스를 입고 있다.

사회적 갈등과 히피 문화 탄생

제2차 세계대전 이후 냉전체제하에 민주주의와 공산주의가 첨예하게 대립했던 무대는 베트남이었다. 1960년대 초, 베트남 전쟁은 이러한 두 정치 이데올로기를 둘러싼 가장 가혹한 갈등이었는데, 젊은이들이 참전하면서 사회적 부조리에 대해 불만을 표출하는 원인이 되었다. 1975년 공식적으로 종전이 될 때까지 미국과 유럽, 일본에서 젊은이들은 반전 시위를 통해 불만을 표출했고, 이는 유혈 충돌로 이어지기도 했다. 미국 젊은이의 불만은 샌프란시스코와 뉴욕에 모이기 시작한 히피/hippies/ 문화로 이어져 또 다른 방향으로 가시화되었다. 이들은 자신을 '꽃의 아이들/flower child/'이라고 부르면서 반/反/ 부르주아적·평화주의적인 태도로 사랑과 이해의 씨앗을 뿌리고자 했다. 이들의 사상과 가치는 외모와 생활태도에 반영되었으며, 1960~1970년대 사회·문화에 많은 영향을 주었다.

우주 시대의 도래

1957년 가을, 소련은 세계 최초의 인공위성 '수프트니크/Sputnik/'를 성공적으로 발사하며 우주 개발 경쟁의 첫 장을 장식했다. 이는 미국에 엄청난 충격을 주었으며, 이후 교육·과학·기술 혁신의 기폭제가 되었다. 1962년 뒤늦게 출발한 미국이 유인위성을 발사했고, 1969년 미국인 우주비행사 닐 암스트롱과 에드윈 유겐 올드린 2세가 우주선에서 나와 지구인으로는 최초로 달에서 걷는 모습이 TV를 통해 방송

되었다. 이로써 전 세계는 우주 시대를 맞이하게 되었으며, 스타 트랙/Star Trek/과 같은 텔레비전 프로그램이 미래상품의 인기를 끌어올리는 데 큰 역할을 했다.

대중문화의 확산과 기성복 산업의 확대

영국과 미국에서는 팝송과 팝아트/pop art, popular art의 준말/ 등 대중문화가 확산되었다. 기술과 산업의 발달은 물질의 풍요를 가져왔고, 이에 따른 대중의 소비문화, 여가 활동과 오락이 확산되었다. 청소년들은 강력한 소비계층으로 패션 리더로 부상했으며, 더욱 실험적이고 창의적인 패션이 요구되었다. 젊은이가 주도하는 대중문화와 거리문화가 패션에 반영되었고, 영국과 프랑스의 디자이너들도 오트 쿠튀르 외에 프레타포르테 디자인을 판매하는 부티크와 기성복 라인을 활성화시켰다. 메리 퀀트/Mary Quant/는 이 시기를 '활기찬/swing/ 1960년대'로 불렀고, 젊은이를 위한 미니스커트를 선보였다.

로큰롤에 이어 1960년대 초에는 트위스트/twist, 상체와 하체를 비틀어서 추는 춤/가 등장했다. 트위스트가 유행한 기간은 짧았지만 그 영향력은 매우 컸다. 팝음악에서 가장 유명한 그룹은 비틀스와 롤링스톤스였다. 비틀스는 모즈 룩/mods look/을 선보였으며, 모즈 룩은 젊은이뿐만 아니라, 디자이너에게도 많은 영감을 주었다. 예술에서도 창의적이고 실험적인 팝아트, 키네틱아트, 옵아트 등 새로운 시도가 있었다. 옵아트의 무늬, 팝아트의 선명한 색채와 구성은 당시 패션계에 많은 영감을 제공했다.

유행 패션의 특징

4 비키니를 입고 있는 여성(1968)

유니섹스 룩과 청바지

1960년대는 여성 해방운동이 전개되었던 시기다. 여성 해방을 주장했던 페미니스트와 새로움을 추구하고자 했던 여성들은 남성복의 스타일을 차용하기 시작했다. 1960년대 초반에는 기능적인 스포티브 룩/sportive look/인 작업복 형태와 디자인이 정장으로 애용되었다. 1960년대 후반에는 여성의 사회 진출이 증가하면서 테일러드 슈트가 여성들에게 인기를 끌었다. 캐주얼뿐만 아니라 정장에서도 남녀 의상이 거의 동일한 형태의 패션이 유행했다. 1967년경에는 모든 패션 컬렉션에서 남녀가 함께 입을 수 있는 유니섹스/unisex/ 의상이 선보였으며, 캠퍼스 룩/campus look/으로 남녀 대학생 사이에 동일한 스타일이 유행했다.

진/jeans/은 남녀가 모두 입었으며, 청년문화의 상징으로 여겨졌다. 청바지는 슬로건과 상징문구가 적힌 메시지 티셔츠와 함께 주로 착용되었다.

젊음에 대한 사회적 분위기는 수영복에서도 획기적인 시도를 가져왔다. 루디 건릭/Rudi Gernreich/은 여성용 수영복으로 남성과 같이 가슴을 드러내는 모노키니/monokini/를 선보였으며, 이는 프랑스에서 인기를 끌었다.

미니스커트와 팬츠 슈트

1960년대는 젊은 층을 위한 문화와 여가 활동, 소비가 활발했던 시기였다. 활기찬 1960년대에 메리 퀀트/Mary Quant/는 젊은 층을 위한 미니스커트/mini skirt/를 선보였다. 최소 무릎 위 10cm까지 올라간 미니스커트는 선풍적인 인기를 끌었다. 1960년대 말 패션업체들은 스커트 길이가 바닥까지 끌리는 맥시/maxi/와 종아리 중간쯤에 오는 미디스커트/mini skirt/를 소개했으나, 소비자들은 여전히 미니스커트를 고수했고, 1970년대 중반에야 맥시와 미디스커트를 입었다.

이브 생 로랑은 여성을 위해 남성 슈트와 유사한 팬츠 슈트를 발표했다. 남성과 같이 여성은 재킷,

5 싱가포르동물원에서 푸치 스타일의 드레스를 입은 여성(1967)

6 털 모자와 털 트리밍으로 장식된 울 슈트를 입고 있는 독일 모델(1966)

블라우스와 조끼를 입고 넥타이를 매었다. 1960년대 후반에는 스커트 슈트를 입는 것보다 팬츠 슈트가 더 애용되었다. 팬츠가 유행되자 니커스/knickers/, 퀼로트, 핫팬츠/hot pants/ 등의 다양한 스타일이 유행했다. 팬츠 슈트는 주로 폴리에스테르나 모직의 니트 직물로 제작되었으며, 재킷 안에는 몸에 맞는 터틀넥/turtle neck/을 입거나 카디건과 풀오버를 함께 입기도 했다.

히피 패션

베트남 전쟁에 반대하며 평화를 원했던 히피집단은 자신의 이념과 사상을 외모로 표현했다. 자유와 반전의 상징인 꽃은 직물의 프린트나 액세서리로 자주 사용되었고, 자연스러운 느낌의 손뜨개나 패치워크 등을 많이 이용했다. 인종차별에 대한 반발을 표현하기 위해 히피집단은 인디언, 아프가니스탄, 인도의 민속 복식을 차용했다. 전원풍의 집시의상이나 주름과 술 장식, 끝이 풀어진 청바지, 길이가 긴 케이프, 동양풍의 자수, 꽃무늬를 수놓은 셔츠 등이 대중적인 패션으로 유행했다. 도시적 물신주의에 항거하며, 전원생활을 원했던 이들은 자유롭게 염색한 티셔츠, 유럽 농부들이 입었던 헐렁한 페전트/peasant/ 블라우스, 폭이 넓고 긴 스커트를 즐겨 입었다.

7 벨 보텀 팬츠와 화려한 머리밴드, 맨발의 히피룩, 유니섹스 모드(1960년대)

8 히피족들의 문화운동인 우드스탁 페스티벌을 즐기고 있는 관객(1969)

스페이스 룩

앙드레 쿠레주/André Courrèges/는 1964년 '문 걸/moon girl/'이라는 주제의 컬렉션을 선보였다. 그는 우주 시대를 위한 패션의 시작으로, 우주복에서 영감을 얻은 미래지향적이며 미니멀한 디자인 선과 기하학적인 형태로 이루어진 스페이스 룩/space look/을 소개했다. 나아가 앙드레 쿠레주는 미래 지향적인 소재인 비닐/PVC/, 인조가죽을 사용하여 여성복을 디자인했다. 이에 영향을 받아 비닐이나 비치는 소재를 사용한 시스루 룩/see through look/이 유행하기도 했다. 피에르 가르뎅/Pierre Cardin/도 1964년 스페이스 룩을 선보였고 파코 라반/Paco Rabanne/은 플라스틱이나 금속 소재를 사용하여 소재에 대한 기존 관념을 깨뜨렸다.

남성복의 비틀스 룩과 로맨틱 룩

1960년대에는 대중문화의 확산과 더불어 팝송, 몸을 비트는 춤인 트위스트/twist/가 유행했다. 대중은 팝스타의 외모와 패션을 모방했다. 비틀스/Beatles/와 롤링스톤스/Rolling Stones/는 전 세계 젊은이들의 우상으로 등장했고, 청소년들은 비틀스의 모즈 룩/Mods look/을 따라 입었다. 초기 비틀스는 에이드리언 시대를 연상케 하는 단정한 복장을 유행시켰다. 비틀스는 대중적 인기를 끌면서 단정한 이미지를 주기 위해 가죽 재킷 대신 피에르 가르뎅의 칼라리스 슈트를 입었고, 머리는 둥그렇게 잘랐다. 또한 슈트에 터틀넥을 받쳐 입는 캐주얼 룩을 입기도 했다. 이러한 비틀스 룩은 1960년대 남성의 기본적인 모즈 룩으로 유행했다.

9 1960년대 젊은이들의 패션에 지대한 영향을 준 비틀스 스타일의 밀랍인형(1964)

1960년대 중반 젊은 남성들은 몸이 드러나는 실루엣에 화려한 색채와 대담한 패턴의 옷감, 여성적인 디테일인 러플 블라우스 등 로맨틱한 스타일을 입었는데, 이를 언론에서는 '피콕 혁명/peacock revolution/'이라고 했다.

헤어스타일과 머리 장식

1960년대에 여성들이 모자를 쓰지 않게 되면서 헤어스타일과 메이크업이 더 중요해졌다.

10 배우 브리지트 바르도의 긴 머리 스타일과 투명한 톱을 입고 있는 모습(1968)

11 배우 바브라 스트라이샌드의 헤어스타일과 크루넥 드레스를 입은 모습(1962)

12 영화 '티파니에서 아침을'의 배우 오드리 헵번 스타일의 밀랍인형(1961)

짧은 머리, 턱까지 닿는 컬이 있는 헤어스타일, 컬이 없는 긴 머리, 길게 컬을 주면서 풀어헤친 히피 스타일 등이 유행했다. 영국의 헤어스타일리스트인 비달 사순/Vidal Sassoon/은 기하학적으로 자른 짧은 헤어스타일을 선보였다.

1960년대에는 남성의 헤어스타일에 큰 변화가 있었다. 젊은이들은 머리를 기르기 시작했으며, 콧수염, 턱수염, 구레나룻을 기르는 남성들도 많아졌다. 당시 인기를 끌었던 비틀스의 헤어스타일은 머리카락이 이마와 목덜미를 덮는 형태로 사회적 관습에 맞지 않았고, 부모세대는 이에 거부감을 느꼈다. 그러나 고등학생이나 대학생들은 어깨 아래로 내려오는 긴 머리를 금지했는데도 불구하고, 비틀스 헤어스타일을 좇았다.

13 트렌드세터인 롤링스톤스의 브라이언 존스(1965)

둥근 헤어스타일이 트레이드마크이다.

14 긴 머리에 수염을 기른 존 레넌(1969)

FASHION ICON

롤리타 룩

인기 걸그룹의 활약으로 인해 대중문화에서 롤리타/Lolita/ 이미지가 사회적 신드롬을 일으키고 있다. 패션에서 롤리타 이미지는 1960년대에 대유행을 했고, 이때부터 여성들은 소녀의 이미지를 창출하고자 다이어트라는 새로운 문화증후군에 시달리게 되었다. 원래 ≪롤리타≫는 1955년 러시아 출신의 미국 소설가인 블라디미르 나보코프/Vladimir Nabokov/의 소설 제목이자 여주인공의 이름이다. 출판 당시 ≪롤리타≫는 12세 소녀와 의붓아버지의 관계라는 충격적인 내용과 선정적인 주제라는 이유 때문에 도덕적인 문제로 많은 파장을 불러 일으켰다. 소설 속 여주인공 롤리타는 수줍음과 유혹, 아름다움과 천박함, 순수함과 추문을 동시에 환기시키는 사회적 아이콘이었다. 롤리타 신드롬은 '유혹적이나 미성숙한 소녀'로 의미가 전환되면서 미성숙한 소녀에 대한 정서적 동경이나 성적 집착을 가지는 현상을 뜻한다. 롤리타 신드롬은 영원한 젊음을 추구하는 인간의 희망과 비밀스러운 인간 욕망의 분출을 뜻한다.

패션에서 '롤리타 룩'은 '스쿨 걸 룩/school girl look/ 혹은 굿 걸'로서 메리 퀀트가 창조한 이미지다. 메리 퀀트는 레인코트가 젖어 보이도록 PVC 소재를 사용하거나, 어린아이처럼 보이도록 데이지/daisy/ 꽃무늬, 멜빵이 있는 학생용 가방, 비달 사순/Vidal Sassoon/의 헤어스타일, 가슴이 작게 보이도록 재단된 시프트/shift/ 드레스, 미니스커트, 보디스타킹 등을 디자인했다. 이 롤리타 룩은 날씬한 소녀의 이미지를 창출했으며, 성적 특성이 없는 어린아이 같은 여성의 이미지였다. 대표적인 인물은 트위기/Twiggy/로, 그녀는 17세에 모델로 데뷔했다. 그녀는 가늘고 긴 다리, 튀어나온 이마와 밤비/bambi/ 눈을 가진 인형/dolly bird/과 같았다. 트위기는 전 세계 10대들의 우상이었고, 최초로 패션모델로서 전 세계에 명성을 떨쳤다. 그러나 '트위기'에 대한 안티 세력도 만만치 않았다. 대중매체에서는 그녀를 '창백하고 굶주린 옷걸이'로 비평을 했으며, 부모들은 트위기를 좇아 다이어트를 하는 자녀들을 비난하기도 했다. 매우 짧게 모델로 활동하다가 은퇴/19세/했음에도 불구하고, 트위기는 1960년대 시대정신의 아이콘이었다. 1990년대 이후에도 성적 특성이 모호하며 어린아이 같은 트위기의 패션 아이콘은 그대로 살아 있다.

롤리타 룩의 대표적인 모델, 트위기

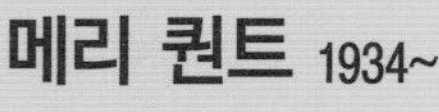

메리 퀀트 1934~

"나는 항상 젊은이들에게 그들만의 패션이 있기를 원했다. 나는 입을 때 즐거운 그런 의복을 만들고 싶었다. 미니를 발명한 것은 킹스로드(King's Road)의 소녀들이었다. 나는 미니를 매우 짧게 만들었지만, 그들은 심지어 내게 '더 짧게, 더 짧게.'라고 외치곤 했다."

*메리 퀀트*는 1934년 2월 11일 런던에서 태어나 독학으로 패션 디자인을 공부했다. 6세 무렵에 침대보를 잘라 의복을 만들었고, 10대에 자신의 깅엄/gingham/ 스쿨 드레스를 수선해 짧게 만들어 입었다. 또한 이때에 그녀는 어린 시절 탭댄스 수업 시간에 보았던 검은색 스키니 스웨터/skinny sweater/, 플리츠 스커트, 흰색 발목 양말, 검은색 페이턴트 구두/에나멜 슈즈/, 타이츠를 신은 한 아이의 모습에서 영감을 받기도 했다.

이후 퀀트는 런던대학교의 골드스미스 칼리지/Goldsmith college/에서 일러스트레이션을 전공했고, 1955년 남편 알렉산더/Alexander Plunkett Greene/와 전 판촉사원이자 사업가인 아치 맥네어/Archie McNair/와 함께 런던 킹스 로드에 '바자/Bazaar/'라는 부티크를 오픈했다. 이곳에서 그녀는 독특하지만 단순하고 깔끔하며 다소 아동복처럼 보이는 젊은 스타일의 의복, 스카프, 모자, 주얼리 등 액세서리, 독특하고 기묘한 잡동사니들로 반체제의 정서를 표현했다. 바자는 점차 선풍적인 인기를 끌었는데, 이는 당시 '젊은이의 반란/youthquake/'으로 일컬어지던 것을 최초로 구현한 점이 특징이다. 퀀트는 당시 새로이 출현하고 있는 대중문화를 활용한 최초의 디자이너들 중 하나로, 모즈/mods/, 로커/rockers/와 같은 청년 하위문화의 영향을 중요한 영감의 원천으로 삼았다. 이처럼 메리 퀀트는 바자에서 하나의 패션혁명을 야기했다.

활기찬 1960년대의 전형이자 스트리트 패션의 혁신가

메리 퀀트는 밝고 눈에 튀며 유쾌한 의복에 대한 사람들의 욕구를 감지하면서 '활기찬 1960

년대/swinging sixties/'에 런던 카나비 스트리트/Carnaby street/의 청년문화에 반응했다.

호황기의 완전 고용 상태에서 정기적으로 급여를 받는 젊은이들은 '기득권', 즉 사회적 계급, 가치, 도덕, 위선이라고 부르는 것에 도전할 수 있는 위치에 있었다. 이 같은 붐을 타고 새로운 매체, 보다 개념적·맥락적·정치적 접근을 하는 패션 출판인, 사진작가, 젊고 도전적인 새로운 세대의 디자이너들이 등장했다. 젊은 기성복 디자이너들이 파리에서 자신의 커리어를 시작할 때에 영국에서는 '활기찬 런던'이라는 음악적 저항의 기운이 나타나고 있었다. 1960년대 중반 팝음악의 비트와 함께, 당시 10대 문화는 미래에 혁신적인 영향을 미칠 카나비 스트리트와 킹스 로드를 장악하고 있었다.

발레리 스틸/Valerie Steele, 1991/은 다음 2가지 이유를 들어 20세기 패션에서 1960년대가 매우 중요한 시대였다고 평가한다. 즉, 젊은이들이 자기만의 스타일을 창조했다는 점과 사람들이 자기가 좋아하는 옷을 입는 데에 자유로워졌다는 점이다. 이러한 패션 전환기의 중심에 메리 퀀트가 있었고, 그녀의 삶과 경력은 활기찬 런던의 전형을 보여주는 것이었다.

미니스커트의 창시자 vs. 도입자

메리 퀀트의 대표적인 혁신 중의 하나는 바로 미니스커트였다. 1962년부터 퀀트의 스커트는 단이 올라가기 시작했고 점차 무릎 위로 올라가 1960년대 중반에는 허벅지에 닿을 정도였다. 1964년은 이른바 미니스커트의 길이를 정의한 시대였다. 미니스커트는 1960년대 청년혁명의 아이콘이자 젊은 여성들을 위한 즐겁고 섹시한 의복으로, 런던이 스트리트 패션의 중심지가 되도록 길을 열어주었다. 미니스커트의 유행은 불과 몇 개월 만에 퀀트의 부티크에서 유럽 전역으로 퍼져 나갔고, 런던의 10대 소녀들을 사로잡았다.

한편 미니스커트를 창조한 사람이 과연 메리 퀀트인지, 아니면 프랑스 디자이너 앙드레 쿠레주/André Courrèges/인지에 대해서는 논란의 여지가 있었다. 쿠레주는 "내가 미니스커트를 발명한 사람이다. 메리 퀀트는 다만 이 아이디어를 상업화했을 뿐이다."라고 했지만 퀀트는 그의 주장을 일축하면서 "그것은 전형적인 프랑스식의 사고방식이다… 크게 상관없으나 그건 내가 기억하고 있는 것과는 다르다……. 아마도 쿠레주가 처음으로 미니스커트를 만들었을지도 모르지만, 설사 그렇더라도 당시에 어느 누구도 그것을 입지 않았다."라고 말했다. 그러나 이러한 논란은 다소 과장된 것으로, 퀀트는 이에 관해 다음과 같이 부언했다. "여하간 미니스커트를 발명한 사람은 나도 쿠레주도 아니며, 진정한 발명가는 그것을 입었던 거리의 소녀들이었다."라고 말했다.

15 비바 비바 컬렉션의 핸드니트 미니스커트를 입은 모델과 메리 퀀트(1967)

퀀트 룩을 통해 부티크 패션의 창조

1955년 첼시의 킹스 로드에 오픈한 부티크 '바자'에서 퀀트는 재고 구매를 맡고 있었으나, 당시 마켓 스타일에 만족하지 못했던 그녀는 야간에 패턴 메이킹 수업을 들으며 자신이 직접 디자인 및 제작을 담당하기도 했다. 기민한 사업가였던 퀀트는 버터릭 패턴/Butterick pattern/을 적용하여 자신이 원하는 룩을 만들어내기도 했는데 버터릭 패턴은 빅토리아 시대 테일러들이 사용한 그레이딩 시스템을 토대로, 에베네저 버터릭/Ebenezer Butterick/이 1863년 발명해서 상업적으로 생산한 가정용 재봉 패턴을 말한다. 이러한 평면 패턴의 단순함은 의복 제작의 좋은 대안이 되었다. 퀀트는 패션 부티크를 통해 젊은이들의 새로운 구매력에 영합했고, 일시적인 유행 상품들의 회전율을 높여 6주마다 자신의 스타일링에 변화를 주었다. 이것은 1년에 2번 개최되는 쿠튀르 컬렉션과는 극명한 대조를 보이는 것으로, '바자'는 전후 쿠튀르 디자인에서 기성복으로의 전환을 보여주는 신호였다.

퀀트는 샤넬처럼 입기 편한 단순한 형태와 구조의 의복들을 디자인했다. 그러나 그녀는 기존 패션 공식을 뒤집었으며 젊은 패션을 추구하는 소비층을 위한 '퀀트 룩/당시의 패션 신조어임/'을 만들어, '부티크 패션의 창조자'로 알려지게 되었다. 퀀트는 주로 미니스커트 길이의 점퍼스커트/피나포어, pinafores/, 튜닉/tunic/, 서스펜더가 달린 플리츠스커트, 니커스/knickers/, 플레이슈트/playsuits, 점프슈트와 유사하며 상의와 팬츠가 하나로 이어짐/에 밝은 컬러의 타이츠를 조합하는 등 마치 아동복 같은 기성복을 디자인했다. 그녀는 의외의 패턴에 밝고 터무니없는 컬러들을 조합했으며 체크 소재와 폴카도트 패턴을 결합하기도 했고, 이브닝 소재에 플란넬/flannel/을 사용하거나 쇼츠 슈트에 새턴 소재를 적용했으며, 긴 끈이 달린 숄더백을 발명했다. 또한 퀀트는 최초로 코트와 부츠 등의 패션아이템에 PVC를 사용했으며, 니트웨어에 다양한 컬러의 팬티스타킹을 도입했고, 패션 란제리를 소개한 디자이너이기도 했다.

퀀트는 '바자'에서 의복뿐만 아니라 여기에 어울리는 언더웨어, 화장품, 구두, 가방, 주얼리 등을 동시에 판매하면서 토털 룩을 강조했다. 특히 퀀트 룩과 어울리는 다양한 색조와 패턴의 팬티스타킹은 미니스커트 및 기하학적 헤어컷과 더불어 많은 인기를 끌었는데, 그것의 편안함, 운동성, 신축성의 3가지 요소는 현대 패션의 토대가 되었다. 그녀는 디자인 영감을 얻기 위해 런던의 빅토리아 앤드 앨버트 미술관/V&A/을 자주 방문했으며, 청소년 대상의 TV 프로그램이나 패셔너블한 런던의 나이트클럽을 주시했다.

퀀트는 미니스커트 외에도 여러 디자인을 통해 인기를 얻었다. 그녀의 가장 성공적인 초기 디자인 중의 하나는 스웨터나 드레스에 부착된 화이트 플라스틱 칼라/plastic collar/였다. 또한 퀀트는 교복과 남성복, 특히 니커보커스/knickerbockers/, 노퍽재킷/norfolk jacket/ 등 전통적인 컨트리풍 의복과 아동용 언더웨어에서 영감을 얻었다. 그녀는 남성용 양복감으로 점퍼스커트를 만들기도 했으며, 그녀가 만든 힙스터/hipster/ 팬츠는 많은 인기를 끌었다. 퀀트는 주로 해러즈 백화점/Harrod's/의 프린스 오브 웨일스/Prince of Wales/ 체크와 헤링본 조직의 소재를 자주 사용했고 니트웨어 제조업자를 설득하여 남성용 카디건을 25cm 더 길게 제작해 드레스를 만들기도 했다.

한편, 퀀트는 편안한 쇼핑공간을 제공해 패션 리테일링/retailing/ 부문에서도 혁신적 변화를 일으켰다. '바자'는 상류층 쿠튀리에의 백화점이나 체인점과 같은 전통적인 패션 매장과는 달리 쇼핑을 즐길 수 있는 공간이었다. 저녁 늦게까지 열려 있는 부티크안에는 커다란 음악 소리와 와인이 있었고, 매장은 끊임없이 새롭고 입고 싶은 디자인들로 채워졌다. 게다가 의복의 가격은 전통적인 패션 하우스에 비해 저렴했지만, 의복의 퀄리티는 높은 수준을 유지했다.

그녀는 제품의 디자인뿐만 아니라, 제조, 유통, 홍보의 전 측면에 관심이 있었다. 따라서 처음에는 단지 부티크를 위한 의류만을 개발하다가 빠르게 대량 생산 방식으로 전환했는데, 이것은 기성복 산업의 기반이 되었다. 그녀는 진지하고 차분한 분위기의 패션쇼 대신에, 모델들에게 무대에서 뛰거나 무대 아래로 뛰어내리도록 지시하기도 했고 런던의 관광지에서 화보 촬영을 하게 하여 자신의 라벨뿐만 아니라 동시에 영국도 홍보했다. 이로부터 퀀트는 패션 리테일링 분야의 발전에 중요한 기여를 하게 된다.

퀀트의 여성 이상

미니스커트로 대표된 1960년대 여성의 이상이 진정한 여성 해방의 상징이었는지에 대해서는 논란의 여지가 있다. 1960년대의 이상적인 여성은 사춘기 '돌리 버드/dolly bird, 매력적이나 똑똑하지는 못한 젊은 여성/' 혹은 '영계/chick, 젊은 여성을 가리키는 모욕적인 말/'의 이미지였다. 이 시기의 여성들은 납작한 가슴, 밋밋한 엉덩이의 여윈 몸에 작은 입술과 천진하게 큰 눈을 가진 아이와 같았고, 파리 쿠튀르에서 영향을 받은 어머니 세대와는 달리 아이처럼 옷을 입고 싶어 했다. 몇몇 페미니스트들은 이러한 1960년대 여성의 이상이 당시 여성들에게 진정한 해방이었는지에 대해 이의를 제기한다. 미니스커트는 의심할 여지없이 1960년대 청년문화의 핵심이었지만 동시에 그것은 여성을 성적 대상물로 전환했으며, 역으로 이러한 태도는 1960년대의 정신성에 위배되는 것이었다.

퀀트는 당시의 여성 이상을 인식한 최초의 인물 중 하나로, 지나치게 격식을 차리고 구속적인 부르주아 같은 유니폼을 입은 어머니처럼 보이기를 원치 않는 세대들에게 아이 같은 모습과 자유를 주기 위해 활동적인 의복을 창조했다. 퀀트는 어려 보이는 활기찬 분위기의 마네킹으로 위트 있는 디스플레이를 선보였으며, 그녀의 모델은 샴페인 잔을 들고 시끄러운 재즈 음악에 맞추어 춤을 추었다. 이러한 스타일은 그전에 어느 누구도 선보인 적이 없는 퀀트의 여성 이상이었다.

퀀트는 1982년 〈가디언〉 지와의 인터뷰에서 "그 시절 우리는 사회적 혁명의 한 가운데에 놓여 있었다. 갑자기 경기가 호황을 타고 있었으며 우리는 이러한 호황기의 첫 세대로, 젊지만 돈이 있었고 스스로의 문화를 창조할 자유가 있었다……. 미니스커트는 이러한 혁명의 일부였다. 그것은 아주 활기 넘치고 순수한 분위기였는데. 돌이켜 보면, 그것이 바로 여성운동의 시작이었다……."라고 말했다.

미니스커트 이후, 메리 퀀트의 행보

1962년 퀀트는 미국 전역에 1,700개의 체인을 소유한 J. C. 페니 사와 디자인 계약을 했으며, 1963년에는 진저그룹/Ginger Group/이라는 보다 낮은 가격대의 세컨드 라인/디퓨전 라인, diffusion line/을

16 빅토리아 앤드 앨버트박물관에 전시되어 있는 메리 퀀트 드레스

론칭했다. 1966년에 그녀는 대영제국훈장/Order of the British Empire/을 수여받았다. 1967년에는 '올해의 디자인 메달/Annual Design Medal/'을 받았으며, 1969년에는 영국 패션협회/British Fashion Council/에서 영국 패션에 위대한 공헌을 한 것에 대한 공로상을 수상했다.

퀀트는 1970년대 전반기에도 여전히 패션계의 선봉으로 남아 있었다. 1971년에 그녀는 '베이비그로/babygro, 유아용 보디슈트/'라고 불리는 면 저지 소재로 만든 여름용 놀이복을 디자인했고, 도트무늬, 데이지 프린트의 긴 플레어스커트/소스(sauce)라고 불림/를 브라 톱과 함께 디자인했다. 그리고 1975년에도 계속해서 스포티한 스타일을 발표했으며, 1978년에는 그녀의 아동복 라인을 소개했다.

1980년대 이후 퀀트는 가구류와 침구류 등을 디자인하며 무수히 많은 상을 수상했다. 언제나 토털 룩을 추구한 퀀트는 비달 사순/Vidal Sassoon/의 기하학적 헤어스타일과 함께 메이크업을 통해서도 유명세를 얻었고 다양한 메이크업 관련 책을 출간하기도 했다. 그중에는 1984년 ≪컬러 바이 퀀트/Colour by Quant/≫, 1986년 ≪퀀트 온 메이크업/Quant on Make-up/≫을 출간했으며, 1996년 ≪클래식 메이크업 앤 뷰티 북/Classic Make-Up and Beauty Book/≫ 등이 있다. 이후 여러 해 동안 퀀트의 이름은 문구, 안경테, 선글라스, 가정용 가구, 카펫, 와인, 장난감 등에서 찾아볼 수 있었다.

퀀트는 1990년대에서 2000년대까지도 진정한 패션의 혁신가로 남아 있었다. 1990년에 퀀트는 영국 산업에 기여한 공로로 영국문화협회에서 상을 받았으며, 1993년에는 산업 예술가 및 디자이너 학회의 선임연구원/Fellow of the Society of Industrial Artists and Designers/이 되었다.

그녀의 화장품 산업 역시 번성하여 2000년대 초반까지 런던, 파리, 뉴욕, 일본 등지에서 약 200여 개 이상의 숍이 운영되었다. 2000년 퀀트는 메리 퀀트 사의 디렉터 자리에서 퇴직했지만, 현재까지도 여전히 자신이 개척한 수많은 제품의 컨설턴트로 활동하고 있다.

FASHION ICON

미니스커트

미니스커트는 1960년대 '젊은이의 반란/youthquake/'을 대변하는 대표적인 패션 아이콘으로, 메리 퀀트/Mary Quant/는 미니스커트의 창시자로 널리 알려져 있다. 사실상 미니스커트를 최초로 창조한 사람은 앙드레 쿠레주/André Courrèges/였지만, 미니스커트를 도입하고 상업적으로 전파시켜 1960년대 청년문화의 상징을 이끌었던 사람이 메리 퀀트였다는 점에는 논란의 여지가 없다. 그러나 퀀트의 언급대로 미니스커트의 진정한 발명가는 다름 아닌 1960년대 스트리트의 소녀들이었다.

경기 호황에 의한 젊고 도전적인 세대의 등장은 '활기찬 1960년대/swinging sixties/'의 런던을 커다란 사회적 혁명지이자 청년문화와 스트리트 패션의 중심지로 탈바꿈시켰다. 메리 퀀트는 1960년대 중반 팝음악의 비트와 함께 출현한 모즈/mods/와 로커/rockers/ 등 청년 하위문화에서 주로 영감을 얻었다. 그녀는 1955년 남편 알렉산더/Alexander Plunkett Greene/, 아치 맥네어/Archie McNair, 전 판촉사원이자 사업가/와 함께 런던 킹스 로드에 '바자/Bazaar/' 부티크를 오픈했다. 여기서 그녀는 단순하고 깔끔하며, 다소 아동복 같은 젊고 신선한 의복과 액세서리 등을 판매해서 패션혁명을 일으켰다.

메리 퀀트의 대표적인 혁신 중 하나는 미니스커트로, 그것은 1962년부터 스커트의 단이 점차 무릎 위로 올라가 1960년대 중반에는 허벅지에 닿을 정도가 되었다. 미니스커트의 유행은 불과 몇 개월 만에 바자에서 유럽 전역으로 퍼져 나갔고, 활기찬 런던의 사춘기 소녀들을 사로잡았다.

당시 미니스커트는 비달 사순/Vidal Sassoon/의 쇼트 커트와 함께 매우 인기가 있었는데, 이것은 '관대한 사회의 짐슬립/gymslip, 점퍼스커트/'이라고 불렸다. 메리 퀀트는 1966년 영국 왕실에서 수여하는 대영제국훈장/Order of the British Empire/을 받으러 버킹엄 궁전에 갔을 때도 미니스커트를 입었다. 미니스커트와 더불어 이와 어울리는 그녀의 컬러풀한 컬러와 패턴의 팬티스타킹도 유행했는데, 팬티스타킹의 편안함, 운동성, 신축성의 3가지 요소는 현대 패션에 커다란 토대를 제공했다.

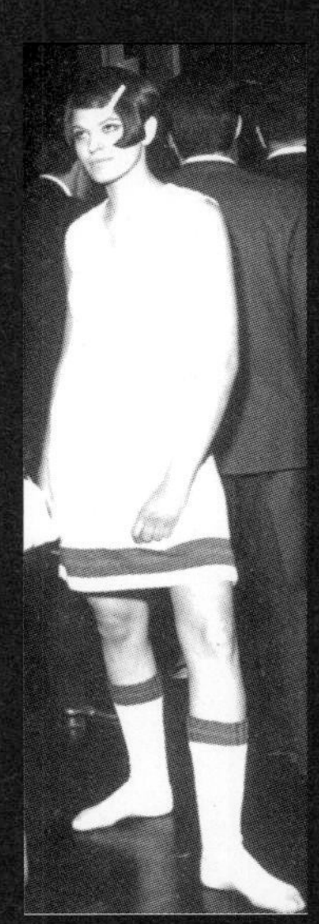

1960년대 미니스커트의 유행

Hubert de Givenchy

위베르 드 지방시 1927~

"창조적 활동 중에는 항상 스스로의 창조적 행동이 나 대담함을 통제할 필요가 있다. 그렇게 하기 위해서는 수많은 훈련과 완벽함이 필요하다. 특히, 나처럼 순수함과 완전함을 이상으로 추구하는 경우에는 더더욱 그러하다."

*위베르 드 지방시*는 대중성을 배제하고 전통적인 쿠튀르 하우스의 전형이던 우아하고 구조적인 이브닝웨어를 재탄생시켜서 클래식하면서도 세련된 스타일을 완성한 디자이너로 잘 알려져 있다. 지방시의 시그니처는 '베티나 블라우스/Bettina blouse/'라고 불리던 흰색 면 셔츠블라우스와그의 뮤즈 오드리 헵번/Audrey Hepburn/의 '리틀 블랙 드레스/little black dress, lbd/'로 구현된 '심플하고 세련된 우아함'이라고 할 수 있다. 지방시가 여배우 오드리 헵번을 위해 디자인한 영화 의상은 영화와 패션의 공생관계의 시초가 되었을 뿐만 아니라 다양한 헵번스타일을 창출했으며, 디자이너 발렌시아가/Balenciaga/와 함께 만든 지방시 스타일은 절제된 심플함을 통한 시간을 초월한 완벽한 미감으로 자리매김하게 된다.

심플하고 우아한 지방시 스타일

1927년 프랑스 보베/Beauvais/의 귀족 집안에서 태어나 예술적으로 풍요롭게 성장한 위베르 드 지방시는 파리의 에콜 데 보자르/École des Beaux-Arts/에서 순수미술을 전공했으며, 유년기부터 패션 디자이너가 되기로 결정했다. 이후 지방시는 1940년대 말과 1950년대 초에 걸쳐 자크 파트/Jacques Fath/, 뤼시앵 를롱/Lucien Lelong/, 로베르 피게/Robert Piguet/, 엘사 스키아파렐리/Elsa Schiaparelli/의 쿠튀르 하우스에서 보조 디자이너로 일했는데, 그때에 익힌 로맨티시즘/romanticism/ 감각은 40년이 넘는 기간 동안 그의 디자인에 영향을 미쳤다.

지방시는 1951년 자신의 쿠튀르 하우스/The House of Givenchy/를 오픈하고 이듬해 프랑스 일류 모델이었던 베티나 그라지아니/Bettina Graziani/를 기용해 첫 번째 컬렉션을 개최했다. 모델의 이름을 따서 붙인 '베티나 블라우스/Bettina blouse/'는 흰색 면 셔츠 감/shirting/에 블랙과 화이트 브로더리 앙글레즈/broderie anglaise, 영국자수/로 장식되었으며 비숍 슬리브/bishop sleeves/가 달린 심플한 블라우스로, 이것은 발표되자마자 선풍적인 반응을 불러일으켜 지방시는 일약 '파리의 신동'으로 불리게 된다. 지방시 디자인의 특징은 당시 파리 쿠튀르를 지배하고 있던 디오르의 보수적인 디자인과 상반되는 젊은 혁신성이었으며, 여기에는 심플한 소재와 깨끗한 라인도 포함된다.

지방시의 또 다른 특징은 별개의 요소들을 상호보완적으로 조합하는 혁신적인 재능에 있었다. 그는 세퍼레이츠/separates, 소재나 무늬가 다른 상하의의 조합/를 통한 믹스 앤 매치/mix & match/를 허용하여 도시적 세련미를 표현하는 디자이너로 칭송받았다.

고전적이고 기품 있는 디자인을 통해 진정한 쿠튀르 스타일을 표방한 지방시 스타일은 몸을 따라 흐르는 실루엣과 장식을 배제한 단순미를 보여주었다. 그것은 형태의 단순함과 구조적인 안정감을 기본으로 하여, 고전미를 나타내는 볼륨과 현대미를 표현하는 비대칭의 조화를 이룬다. 무엇보다 다양한 소재들에 매료되었던 지방시는 소재의 중요성을 매우 강조했다. 그는 실크, 면, 크레이프/crêpe/ 등 다양한 소재들을 사용해 고급스럽고 섬세한 디자인을 발표했고, 주로 벨벳/velvet/, 태피터/taffeta/, 오건디/organdy/ 등 전통적인 고급 소재와 트위드/tweed/, 울/wool/과 같은 무게감 있는 소재의 특질을 잘 살려 시대를 초월한 우아하고 클래식한 스타일을 구축했다. 지방시 스타일은 과시적이거나 공격적인 혁신을 추구했다기보다는 외형적인 단순함과 우아함, 그리고 세련됨 자체로 여성이 옷을 돋보이게 하는 것이 아니라 옷이 여성을 돋보이게 하는 그의 패션 철학을 담고 있다.

지방시의 뮤즈, 오드리 헵번과 영화 의상

지방시는 영화배우 오드리 헵번의 개인 의상이나 공적인 의상의 대부분을 디자인해서 더욱 유명세를 얻었다. 1954년 그가 영화 '사브리나/Sabrina/'를 위해 오드리 헵번과 처음 만난 때는 지방시의 삶에서 매우 결정적인 순간이라고 할 수 있는데, 이 만남을 기점으로 여배우를 중심으로 한 영화와 패션의 공생관계가 시작되었다. 오드리 헵번은 롤랑 바르트/Roland Barthes/가 '신화론/Mythologies/'에서 지적한 '명성의 거래, 옷의 창조자와 그것을 입는 자 사이의 신화적 아우라' 라는 신드롬의 핵심적인 인물이었다. 또 바르트는 "오드리 헵번은 이 세상 언어로는 묘사할 수 있는 형용사가 부족한 여성으로 1950년대에 위베르 드 지방시의 옷을 전 세계적으로 칭송받게 했고, 지방시 역시 이를 통해 자신의 천재성을 인정받았다."라고 언급한 바 있다.

헵번과의 협력은 지방시의 삶의 중심에 있을 정도였으며 그들의 멋진 파트너십은 그의 일평생 동안 지속되었다. 헵번은 지방시의 가장 유명한 모델이자 뮤즈였으며 또한 영원한 친구였다.

그녀는 영화 '사브리나' 이후 자신의 개인 의상뿐만 아니라 다른 영화들의 거의 모든 의상을 지방시에게 의뢰했다. 헵번은 영화 '화니 페이스/Funny Face, 1957/', '하오의 연정/Love in the afternoon, 1957/', '티파니에서 아침을/Breakfast at Tiffany's, 1961/', '샤레이드/Charade, 1963/', '마이 페어 레이디/My Fair Lady, 1964/', '뜨거운 포옹/Paris when it sizzles, 1964/', '백만 달러의 사랑/How to steal a million, 1966/', '혈선/Bloodline, 1979/' 등에서 지방시의 작품을 아주 매력적으로 선보여 지방시를 일약 스타덤에 올려놓았다.

또한 오드리 헵번 역시 영화라는 매체를 통해 자신만의 새로운 스타일을 창조했는데, 이는 패션계에 커다란 영향을 미쳤다. 헵번의 가슴과 힙이 없는 소년 같은 이미지는 지방시

17 영화 '사브리나(1954)'에서 오드리 헵번이 입은 꽃이 수놓아진 지방시의 드레스

의 의상을 통해 우아하고도 보호본능을 일으킬 정도로 가련해 보이도록 변형되었고, 이는 1950~1960년대 후반 젊은 여성들의 로망이 되었다. 지방시의 스타일에 딱 맞는 헵번의 안경테와 모자, 플랫 슈즈, 길이가 짧고 화려하지 않은 오버코트의 라인은 오늘날에도 빈번히 활용되면서 미니멀리즘/minimalism/으로 통칭되는 트렌드를 제시했다. 또한 영화 '사브리나'에서 선보인 '사브리나 팬츠/Sabrina pants/'와 흰 티셔츠나 검은색 레오타드/leotard/는 오늘날 거리에서 쉽게 볼 수 있는 스포츠웨어를 예견했다. 특히, 영화 '티파니에서 아침을'에서 그녀가 입었던 전설적인 '리틀 블랙 드레스/lbd/'는 헵번의 상징이자 오늘날까지도 변치 않는 고전으로 남아 있다. 이처럼 헵번의 심플하고 조화로운 이미지와 라이프 스타일은 늘 지방시의 스타일과 맞물려 있었다.

지방시와 발렌시아가의 만남

오드리 헵번과 더불어 지방시의 삶과 경력에 결정적인 영향을 미친 또 하나의 인물은 크리스토발 발렌시아가/Cristobal Balenciaga/였다. 그는 지방시의 위대한 우상이자 멘토이며 평생지기 친구였는데, 1953년 뉴욕의 한 파티에서 만난 이들은 이후 오랜 우정을 나누며 각자의 작업 방향에 많은 영향을 미치게 된다.

지방시는 발렌시아가의 의복과 스케치들을 철저히 공부했을 뿐만 아니라, 그의 컬렉션 피팅에도 참여해 조수로 도와주며 발렌시아가의 가르침을 받았다. 이 중 지방시 스타일에 커다란 영향을 미친 발렌시아가의 2가지 중요한 가르침은 "결코 속이지 마라."라는 것과 "소재의 특성에 역행하여 작업하지 말라. 거기에는 각각의 특수한 성질이 있다."라는 것이었다.

지방시의 스타일이 점차 성숙해짐에 따라 그것은 발렌시아가 스타일과 더욱 유사해져 보다 단순하고 구조적이 되어갔다. 두 디자이너는 1955년에 슈미즈/chemise/, 즉 '색 드레스/sack dress, 자루 스타일의 드레스/'를, 1957년에 '시스 드레스/sheath dress, 체형에 꼭 맞는 드레스/'를 각각 선보였다. 특히 색 드레스는 발표되자마자 〈타임〉 지에서 혹평을 받았으나 곧바로 1960년대를 지배하는 라인이 되면서 패션의 아방가르드라고 칭송받았고, 1963년 〈보그〉 지는 발렌시아가와 지방시의 혁신이 '지나친 낭비를 요하지 않는 명석한 대담함을 예측했다'라고 격찬했다. 여기에서 유일하게 지방시 스타일이 발렌시아가와 상이했던 점은 컬러에 대한 지방시의 애착이었다. 지방시는 버터컵 옐로/buttercup yellow/, 일렉트릭 블루/electric blue/, 페퍼리 레드/peppery red/, 싱잉 퍼플/singing purple/과 핑크/pink/ 등의 밝은 컬러들을 사용해서 발랄한 여성의 이미지를 제시했다.

지방시는 헵번 이외에도 재클린 케네디/Jacqueline Kennedy Onassis/, 윈저 공작부인/Duchess of Windsor, 심프슨 부인/, 마리아 칼라스/Maria Callas/, 그레타 가르보/Greta Garbo/, 그레이스 켈리/Princess Grace of Monaco/, 글로리아 기네스/Gloria Guinness/, 버니 멜론/Bunny Mellon/, 카푸시느/Capucine/와 같은 수많은 스타일 아이콘의 의상을 담당했다. 이들 중 케네디가의 여성들이 존 F. 케네디/John F. Kennedy/의 장례식 때에 입었던 지방시의 의복은 특히 유명해졌다. 그의 편안한 드레스, 슈트와 코트 등은 현대 직장 여성들에게 바쁘고 다양한 삶을 제시해주면서 많은 여성들로부터 칭송받았다.

지방시 디자인의 미적 특성

지방시 디자인의 미적 특성을 형태, 소재, 색채, 무늬, 장식을 중심으로 살펴보면 다음과 같다. 형태는 고전미, 간결성, 볼륨과 비대칭의 조화를 기본으로 한 구조적인 형태가 기본을 이루고 있다. 지방시는 다트와 솔기로 구성된 입체형 의복에 어깨 패드와 심지, 안감 등을 넣어 딱딱하게 정형화된 구조적 형태를 만들었으며, 소재의 특질을 살리고 기술적인 재단을 이용해서 볼륨 있는 형태를 보여주었다. 또한 그는 장식의 절제와 간결한 직선 커팅을 사용하여 고품위의 시크한 스타일을 창출했으며 네크라인이나 헴 라인/hem line/ 등 비대칭적 균형미를 제시해 현대적인 세련미를 자아냈다.

지방시는 태피터/taffeta/, 벨벳, 울, 크레이프/crêpe/, 저지, 오건디/organdy/, 새틴/satin/, 스웨이드/suede/, 셔츠감/shirting/, 라메/lamé/, 가죽/leather/ 등 주로 클래식한 고급 소재를 사용했다. 그는 이러한 소재가 가진 두께, 중량감, 뻣뻣함, 광택, 질감의 특성을 살려 볼륨감 있는 구조적인 형태를 만들었으며, 서로 다른 광택이나 질감을 갖는 소재를 배합하여 사용했다.

색채로는 검정색과 흰색 또는 선명하고 강한 컬러인 버터컵 옐로/buttercup yellow/, 칠리페퍼 레드/chilli pepper red/, 브라이트 핑크/bright pink/, 브릴리언트 퍼플/brilliant purple/, 가닛/garnet, deep red, 석류석/, 터크와즈/turquoise, 터키석색/, 일렉트릭 블루/electric blue, 감청색/ 등을 사용했고, 라메의 금색은 악센트 컬러로 많이 사용했다. 지방시는 이와 같은 선명한 색상들로 강렬한 색상 조화 및 대비 효과를 주어 화려함을 강조했다.

무늬로는 꽃, 표범, 뱀, 얼룩말, 물방울, 체크, 스트라이프 등을 주로 애용했는데, 지방시는 이처럼 고전적인 꽃무늬로 복식에 화려함과 대담함을 표현했으며 물방울, 체크, 스트라이프와 같은 기하학적인 무늬들을 크기와 굵기에 변화를 주어 자주 사용했다. 그는 1980년대 이후 기하학적이고 추상적인 무늬를 강한 색채와 함께 자주 표현했는데, 이러한 무늬들은 날염, 자카드, 아플리케, 자수 등으로 구현되었다. 지방시는 주로 장식을 절제했으나, 입체적인 꽃과 리본, 자수, 주머니와 벨트, 단추, 술 장식 등을 사용하여 악센트를 주기도 했다.

지방시 디자인 하우스의 계보

지방시는 1952년에 쿠튀르 하우스를 오픈한 후, 자신의 이름을 딴 브랜드 '지방시/Givenchy/'를 모던하고 여성스러운/ladylike/ 스타일로 이끌었다. 지방시의 스타일은 오트 쿠튀르 시대/1952~1967년/, 프레타포르테 시대/1968~1992년/, 영화 의상의 3단계로 구분될 수 있다. 오트 쿠튀르 시대는 지방시가 처음 부티크를 오픈하고 첫 컬렉션을 개최한 1952년부터 기성복을 내놓기 이전까지 맞춤복 중심의 시대로 이때의 디자인은 디오르나 발렌시아가와 같이 현대적이지만 보다 선구적인 젊은 디자인의 위치에 있었다. 프레타 포르테 시대는 기성복 부티크를 오픈한 1968년부터 그의 창작활동 40주년이 되는 1992년까지로, 이때에 그는 1950~1960년대를 기반으로 한 클래식하고 우아한 작품들에 현대미를 가미하면서 프랑스 패션의 특성을 이어 나갔다. 마지막으로 영화 의상에서 지방시는 20세기 중반 배우 오드리 헵번과의 연계를 통해 기존의 관능적이고 성숙한 여성미 대신에 마른 체형의 청순하고 깜찍한 소녀 타입의 '헵번 이미지'를 부각시켰다.

이와 같이 지방시는 1960년대 말까지 자신의 사업 분야를 확장했고 1970년대 부터는 여성 기성복뿐만 아니라 남성복 라인도 시작했다.

지방시는 국내외에서 많은 상을 수상하기도 해서 1983년에는 레지옹 도뇌르 훈장/Chevalier de la Legion d' Honneur, 슈발리에 등급/을 받았다. 또한 1991년에는 파리 의상장식박물관/Musee Galliera de la Mode et du Costume/에서 '창조의 40년/Forty Years of Creation/'이라는 제목으로 지방시 회고전을 열었다. 이후 그는 쿠튀르 하우스를 1988년 프랑스 럭셔리 거대기업인 LVMH/Louis Vuitton-Moët Henessy/에 매각했고, 1995년에 은퇴했다. 한편, 1954년에 시작된 지방시의 향수사업인 퍼퓸 지방시/Societe des

18 1960년대의 지방시를 연상시키는 드레스(2013 S/S)

Parfumes Givenchy/는 1981년에 뵈브 클리코/Veuve Clicquot/로 넘어갔다가 이후 역시 LVMH의 소유가 되었다.

지방시의 은퇴 이후, 능력 있는 젊은 디자이너들이 지방시 하우스를 이끌어갔다. 여성복은 존 갈리아노/John Galliano/가 계승했지만 채 2년도 안 되어 크리스티앙 디오르가 발탁되었고, 이후 알렉산더 맥퀸/Alexander McQueen/이 여성복 라인을 5년간 이끌었다. 2001~2004년에는 줄리앙 맥도널드/Julien Macdonald/가, 2005년 이후부터 현재까지는 리카르도 티시/Riccardo Tisci/가 이끌고 있다. 2005년 남성복 라인은 오즈왈드 보탱/Ozwald Boateng/의 책임 하에 재론칭되었다가, 2009년부터는 역시 리카르도 티시가 이를 이어가고 있다.

19 지방시의 심플하고 깨끗한 화이트 슈트(2013 S/S)

FASHION ICON

지방시의 리틀 블랙 드레스

리틀 블랙 드레스/little black dress/는 1961년 영화 '티파니에서 아침을'에서 영화배우 오드리 헵번/Audrey Hepburn/이 입었던 것으로, 이 등이 깊게 파인 블랙 새틴/satin/ 드레스는 이후 매우 유명해져 헵번의 상징이 된다.

최초의 리틀 블랙 드레스/lbd/는 샤넬/Chanel/의 심플하고 짧은 블랙 이브닝드레스로, 1926년 〈보그〉 지는 리틀 블랙 드레스를 자동차회사 포드의 모델 T에 비유하면서, 여성들을 위한 일종의 유니폼이 될 거라고 예언한 바 있다. 그러나 리틀 블랙 드레스의 상징적 이미지는 '티파니에서 아침을'에서의 오드리 헵번을 위해 디자인한 위베르 드 지방시/Hubert de Givenchy/가 만든 것이었다. 영화를 위해 지방시를 방문한 헵번은 그의 컬렉션 중 등이 깊게 파인 블랙 시스 드레스/sheath dress, 체형에 꼭 맞는 드레스/를 선택했고, 유명한 블랙 드레스에 진주 다이아몬드 목걸이, 업스타일 헤어, 버그 아이 선글라스/bug eye sunglasses/는 오드리 헵번을 불멸의 영화배우이자 패션 아이콘으로 군림하게 했다.

헵번은 지방시의 가장 유명한 모델이자 뮤즈였다. 1954년 헵번이 출연한 영화 '사브리나/Sabrina/' 이후로 지방시와 헵번의 멋진 파트너십은 평생 지속되었다. 헵번은 지방시에게 자신이 출연한 영화 의상뿐만 아니라 사적 의상까지 의뢰했다. 그녀는 '화니 페이스/Funny Face, 1957/', '하오의 연정/Love in the afternoon, 1957/', '티파니에서 아침을/Breakfast at Tiffany' s, 1961/', '샤레이드/Charade, 1963/', '마이 페어 레이디/My Fair Lady, 1964/', '뜨거운 포옹/Paris when it sizzles, 1964/', '백만 달러의 사랑/How to steal a million, 1966/', '혈선/Bloodline, 1979/' 등의 영화에서 지방시의 작품을 매우 매력적으로 선보여 지방시의 이름을 널리 알렸다. 아울러, 오드리 헵번은 영화 매체를 통해 지방시 의상의 모던하고 절제된 우아함을 자신의 이미지와 훌륭히 결합시켜 1950~1960년대 후반 젊은 여성들의 롤모델이 되었다. 헵번의 가련해 보이는 체형, 소년 같은 룩, 심플하고 깨끗한 스타일은 리틀 블랙 드레스가 주는 세련된 우아함과 결합하여 오늘날에도 드레스의 기본 공식으로 여전히 변치 않는 고전이 되었다.

지방시는 1961년에 디자인된 블랙 드레스를 3번이나 복제했는데, 첫 번째 것은 오늘날 마드리드 의상 박물관에서 보관하고 있고, 두 번째 것은 인도 콜카타에서 개최된 크리스티 경매에서 도미니크 라피에르/Dominique Lapierre/의 '시티 오브 조이/City of Joy/' 자선행사 기금을 마련하기 위해 92만 달러에 경매되었고, 세 번째 것은 지방시 패션 하우스에서 보관하고 있다.

리틀 블랙 드레스를 입은 오드리 헵번 스타일의 밀랍인형

FASHION DESIGNER

Rudi Gernreich

루디 건릭 1922~1985

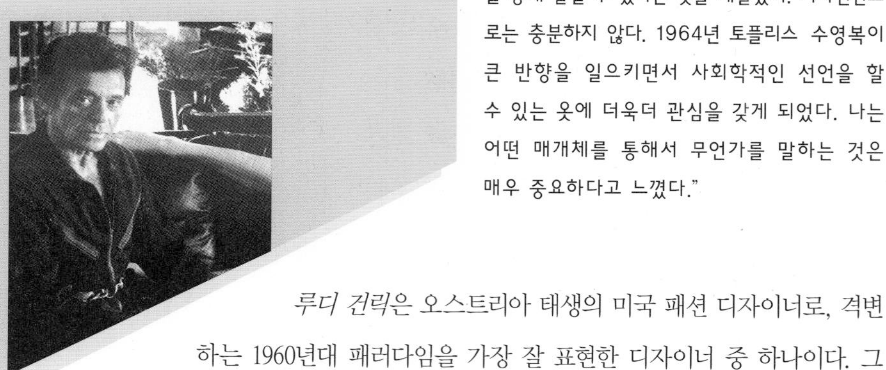

"1960년대 이전까지 옷은 그냥 옷에 불과했다. 옷이 스트리트 패션에서부터 나오기 시작하면서 나는 옷을 통해 말할 수 있다는 것을 깨달았다. 디자인만으로는 충분하지 않다. 1964년 토플리스 수영복이 큰 반향을 일으키면서 사회학적인 선언을 할 수 있는 옷에 더욱더 관심을 갖게 되었다. 나는 어떤 매개체를 통해서 무언가를 말하는 것은 매우 중요하다고 느꼈다."

*루디 건릭*은 오스트리아 태생의 미국 패션 디자이너로, 격변하는 1960년대 패러다임을 가장 잘 표현한 디자이너 중 하나이다. 그는 젊은이들이 주축이 된 새 시대에 맞추어 오트 쿠튀르가 제안해왔던 구태의연한 아름다움이나 겉치레에 불과한 예의범절을 타파하며 패션계에 새로운 바람을 일으켰다. 그는 옷 자체뿐만 아니라 옷이 파급할 수 있는 사회적인 영향력에 주목하고, 옷을 통해 자신의 미의식과 진취적인 신념을 표현했다. 루디 건릭의 혁신성은 무엇보다도 옷보다 옷 안의 신체에 주목했다는 점에서 드러나고 있다. 비닐과 같은 비치는 소재를 이용해서 신체를 노출하는 의상이나 모노키니/monokini/, 노브라 브라/no-bra bra/, 끈 팬티/thong/, 퓨비키니/pubikini/ 등 그의 전위적인 작품들은 신체를 자유롭게 하고, 몸을 노출시키는 것이 음란한 행동이 아니라 자연스럽고 편안해야 한다는 건릭의 신념을 잘 나타내고 있다. 한 저널리스트는 "우리가 현재 입고 있는 모든 의상의 어떤 부분은 그의 디자인에 빚지고 있다."라고 언급했듯이 그의 혁신적인 작품들은 21세기 패션에도 지대한 영향을 끼치고 있다.

캐주얼웨어 디자이너로 도약

루디 건릭은 1922년 8월 8일 오스트리아 빈에서 출생했다. 8세가 되던 해에 니트 제품 공장을 운영하던 아버지 지그문트 건릭/Siegmund Gernreich/이 자살을 하는 불운을 겪었으나 어머니와 이모들의 세심하고 따뜻한 보살핌 속에서 성장했다. 건릭의 이모는 빈에서 부티크를 운영했는데, 훗날 그는 제1차 세계대전, 제2차 세계대전 사이의 궁핍한 세상에서 이 부티크가 좋은 안식처가 되었다고 회상했다. 당시 독일과 오스트리아에서는 작가 개인의 자아/自我/, 감정을 표출하는 표현주의/Expressionismus/ 예술 운동이 유행했는데, 이런 문화적 영향은 후에 기하학적 무늬, 화려한 색채감이 있는 건릭의 의상에서 발견할 수 있다.

1938년 독일의 나치정부가 오스트리아를 합병하자, 유대인이었던 건릭과 어머니는 박해를 피해 미국 캘리포니아로 망명했다. 그가 미국에서 생계를 유지하기 위해 처음 시작한 일은 부검 전의 시체를 닦는 일이었다. 이 경험은 후에 인체 구조를 잘 이해하고 몸에 잘 맞는/body-conscious/ 옷을 디자인하는 데 도움을 주었다. 건릭은 미술학도였지만 무용가 마사 그레이엄/Martha Graham/의 작품에 매료되어 1942년 레스터 호튼/Lester Horton/ 무용단에 입단하고 현대 무용가의 길을 걷기 시작했다.

1949년 건릭은 27세가 되던 해에 무용을 그만두고 뉴욕으로 건너가 조지 카멜/George Carmel/사에서 패션 디자이너로 일하기 시작했다. 당시 뉴욕 패션계는 프랑스 쿠튀르 하우스의 절대적인 권위에 복종하고 있었다. 회사에서 그가 맡은 업무는 프랑스 쿠튀르 제품을 대량 생산이 가능하도록 복제하고 간소화하는 것이었다. 그는 훌륭한 재능을 가진 미국 뉴욕의 디자이너, 에디터, 사업가가 모두 파리 패션에 굴복하는 현실에 환멸을 느꼈고, 파리 패션을 복제하는 일이 능숙하지도 않아 6개월 만에 해고를 당했다.

건릭은 다시 로스앤젤레스로 돌아와 1952년 사업가 월터 배스/Walter Bass/와 8년 계약을 맺으면서 본격적으로 자신만의 패션 디자인 세계를 펼치게 되었다. 그의 첫 작품인 깅엄/gingham/과 면 트위드/cotton tweed/ 드레스가 로스앤젤레스의 유명한 JAX 부티크에서 불티나게 팔리면서, 이후 건릭은 캐주얼웨어 디자이너로 안정적인 행로를 걷게 되었다.

옷의 속박에서 벗어난 인체의 자유로움

무용가 출신의 건릭은 동작을 방해하고 몸을 조이는 속옷, 복잡한 구조물이 있는 옷을 싫어했다. 1940년대 클레어 맥카델/Claire McCardell/이 창시한 편안하고 실용적인 아메리칸 룩/American look/의 정신을 계승해서 새로운 세대를 위해 한층 더 발전시켰다. 1950년대 그는 자신의 사명을 파리 쿠튀르가 제안하는 여성을 구속하는 답답한 옷에서 여성을 자유롭게 해주는 것이라고 믿었는데, 그에 따라 몸에 잘 맞고 활동을 편안하게 해주는 디자인들을 선보이게 되었다.

첫 신호탄은 1952년에 발표한 브래지어가 없는 울저지/wool Jersey/ 수영복이었다. 1955년에 발표한 단추 5개로 앞 중심을 여미는 울저지 수영복은 크게 인기를 끌어 다른 업체들이 많이 복제하여 판매되기도 했다. 1956년 아무런 구조물을 넣지 않은 혁신적인 수영복 디자인으로 그는 〈스포츠 일러스트레이티드/Sports Illustrated/〉 잡지사가 주는 미국 스포츠웨어 디자인 어워드/The American Sportswear Design Award/를 수상하는 영광을 누리게 되었다.

1953년 건릭은 몸에 밀착된 합성섬유 니트 저지로 만든 미니 튜브 드레스를 발표했다. 그는 구조물로 가득한 옷이 여성의 몸을 남성에게 종속적인 존재로 만든다고 생각했다. 따라서 자유를 갈망하는 시대정신의 산물로 구조물이 없는 미니 튜브 드레스를 제안했다. 이 드레스는 1980~1990년대에 크게 유행한 스트레치 미니 드레스/stretch mini/의 원형으로 무려 30년이나 앞선 디자인이었다. 이 드레스가 잡지 〈글래머/Glamour/〉 2월호에 실리게 되면서 그는 패션 미디어와 인연을 맺기 시작했다.

루디 건릭은 일찍이 패션 잡지들이 유행을 선도하는 데 주도적인 역할을 할 것으로 예측했다. 그의 예상대로 1950년대 패션은 〈하퍼스 바자〉, 〈보그〉, 〈마드모아젤〉, 〈글래머〉, 〈라이프〉, 〈룩〉, 〈스포츠 일러스트레이티드〉와 같은 잡지에 실리면 곧 사업적인 성공으로 이어지던 시기였다. 건릭은 이때부터 적극적으로 미디어를 이용하여 디자인의 홍보에 나섰는데, 혹자는 이런 그를 "유명세를 쫓는 사냥개/a publicity hound/."라고 비난하기도 했다. 미디어와 끊임없이 소통하면서 패션계에서 입지를 높인 것은 동시대 다른 디자이너들과 차별화된 그의 전략이었다. 패션 미디어는 그를 극찬하기도 하고 힐난하기도 했다. 건릭과 오랫동안 일했던 모델이자 뮤즈였던 페기 모핏/Peggy Moffitt/은 언론의 선정적인 헤드라인이 그의 업적을 가렸다고 회상했다.

모노키니, 노브라 브라로 성의 혁명을 시도한 전위적인 디자이너

1950년대 미국 패션계에서 새로운 바람을 일으킨 루디 건릭은 1960년대 들어서 한층 더 자유롭고 혁신적인 디자인들을 발표했다. 수영복을 생산했던 웨스트우드 니팅 밀스/Westwood Knitting Mills/와 캐주얼웨어를 함께 생산했던 월터 배스와의 오랜 계약이 만료되면서 1960년 자신의 이름을 딴 'G.R. Design. Inc'을 설립했다.

건릭은 자신의 회사를 통해 젊은 에너지와 밝은 컬러가 가득한 컬렉션을 선보이는데, 이것은 1960년대 스타일을 대표했다. 영국 패션 디자이너 메리 퀀트/Mary Quant/가 미니스커트라고 명명하기 전인 1961년에 이미 무릎 위 길이의 미니 드레스를 발표했다. 그의 드레스는 아무것도 입지 않은 것처럼 느낄 정도로 움직임이 자유로운 것이었다. 또한 건릭은 옵아트, 팝아트에 영향을 받은 다른 동시대 디자이너들의 작품과 맥락을 같이 하여 체스판 무늬, 스트라이프, 물방울무늬/polka dot/, 체크무늬, 대각선 등 기하학적 문양을 사용한 튜닉, 드레스, 바지, 카프탄, 타이츠 등을 선보였다. 그가 과장된 패턴, 요란한 색채를 사용한 것은 점잖고 우아한 색상을 고수하던 보수적인 하이패션에 반기를 든 것으로 새로운 시대의 젊음과 생동감을 상징했다.

미국 일간지 〈뉴욕타임스〉는 1961년 6월 2일자에서 '루디 건릭은 오렌지 이외 캘리포니아의 가장 성공적인 특산품'이라며 그의 재능을 극찬했다. 패션 미디어는 건릭에 열광했지만, 다른 동료 미국 디자이너들은 그를 별로 달갑게 여기지 않았다. 건릭이 1963년 원로 디자이너들을 제치고, 코티상/The Coty American Fashion Critics Award, 코티 전미패션비평가상/을 받자 디자이너 노만 노렐/Norman Norell/은 보이콧의 의미로 자신의 '코티 명예의 전당/Hall of Fame/'을 반납하기도 했다. 단순한 선으로 이루어진 건릭의 디자인은 형편없다는 비난을 받기도 했다. 이는 복잡한 구조물이 들어가거나 장식이 가득한 쿠튀리에의 작품을 기준으로 평가했기 때문이다.

그는 여성 해방운동, 피임약 도입, 동성애 해방운동 등 젊은이의 혁명에 따라 변화되는 패러다임에 주목하고, 저항 정신이 드러나는 옷들을 차례로 탄생시켰다.

1964년 6월 건릭은 토플리스/topless/ 수영복 모노키니/monokini/를 잡지 〈룩〉과 〈우먼스 웨어 데일리〉에서 발표했다. 이 토플리스 수영복에 전 패션계는 경악했다. 모노키니는 멜빵과 같은 끈 2개가 달린 하이 웨이스트 비키니 하의 형태를 한 수영복이었는데, 상의가 없어 가슴이 그대로 노출되었다. 건릭은 여성 해방의 시대를 살고 있는 자유로운 사고를 지닌 여성들이 자신의 가슴을 드러내는 것은 당연하다고 주장하며, 아름다운 가슴은 젊은 육체의 일부라고 밝혔다. 당시 〈보그〉 편집장 다이애나 브릴랜드/Diana Vreeland/는 모노키니의 파급력을 인지하고 건릭에게 모노키니의 생산과 판매를 권유했다.

잡지가 발매되자 수많은 구매 문의가 쏟아지기도 했는데, 보수적인 백화점 주인들은 이 악명 높은 옷을 판매하지 않기로 담합하기도 했다. 판매 중인 가게 앞에서는 반대 시위가 열렸고, 한 상점의 경우에는 폭파 협박까지 받을 정도로 당시 모노키니에 대한 반응은 극렬했다.

당시 모노키니의 가격은 24달러로 총 3,000장이 팔렸는데, 실제로 미국 내에서 착용된 것으로 알려진 사례는 2건에 불과했다. 이 소동으로 인해 루디 건릭은 유명인사가 되었고, 이후 그의 모든 행보는 패션 미디어의 기삿거리가 되었다.

이듬해인 1965년 건릭은 노브라 브라/No-bra bra/라는 모순된 이름의 브래지어를 발표했다. 노브라 브라는 패드나 뼈대가 들어가 있지 않아 부드럽고 비치는 나일론 소재의 브래지어로 당시 유행하던 불릿브라/bullet bra, 포물선 면 모양의 가슴을 높게 만든 브래지어로, 1940~1960년대까지 유행함/와는 대조적인 모습을 띠고 있었다. 그는 패딩과 본딩으로 넣어 가슴을 과장되도록 솟아나게 하는 불릿브라가 여성을 남성의 성적인 대상화에 머물게 한다고 생각했다. 여성의 가슴을 있는 그대로의 형태로 드러나게 한 노브라 브라는 브래지어를 여성성의 인위적인 통제, 구속으로 여기던 페미니스트의 'Burn the Bra/브래지어를 태워라/' 운동과 뜻을 함께하는 것으로 많은 여성들에게 사랑받았다.

시대 변화와 함께하는 다양한 시도들

건릭은 패션 역사상 처음으로 젊은이들이 패션을 이끌게 되었으며, 패션의 핵심권력이 젊은이들에게 있다고 주장했다. 따라서 새로운 주체인 젊은이들이 구매할 수 있는 가격의 제품을 생산하기로 했다. 1966년 그는 미국의 한 판매사 몽고메리 워드/Montgomery Ward/와 대중들을 위한 저렴한 라인을 선보이기로 계약을 체결했다. 하이패션 디자이너와 대중적인 마켓과의 협업은 현재에는 빈번하게 시도되는 것이지만, 당시 유명 패션 디자이너는 체인점에서 물건을 팔지 않는다는 불문율을 처음으로 깨뜨린 것이었다. 이런 시도는 강렬한 인상을 주고 젊은이들에게 자신의 작품을 입히고자 하는 노력의 일환이었다.

같은 해 건릭은 세계 최초로 패션 비디오 '베이직 블랙/Basic Black/'을 선보였다. 사진작가인 윌리엄 클랙스턴/William Claxton/의 지휘 아래 모델 페기 모핏/Peggy Moffitt/, 레온 빙/Léon Bing/, 엘렌 하스/Ellen Harth/가 출연하여 데이비드 루카스/David Lucas/의 사이키델릭 음악에 맞추어 건릭의 패션 세계를 표현했다. 플라스틱 소재의 삼각형 또는 땡땡이를 몸에 부착한 디자인, 속옷, 겉옷, 액세서리, 타이츠, 모자까지 같은 동물 패턴으로 감싼 토털 룩/total look/, 화려한 컬러의 기하학적인 의상들은 비달 사순/Vidal Sasson/의 감각적인 헤어스타일과 어우러져서 자유와 젊음을 표출했다.

1967년 건릭은 '코티 명예의 전당/Hall of Fame/'에 헌정되었다. 〈뉴욕타임스〉는 '미국 패션의 모든 시작은 오스트리아 태생의 44세, 캘리포니아 패션 디자이너로부터 이루어졌다'라고 극찬했다. 같은 해 12월 1일 〈타임〉 지는 루디 건릭을 '가장 특이하고 전위적인 미국 패션 디자이너'라고 소개하면서 표지 디자인에 실었다. 그는 모델 페기 모핏, 레온 빙과 함께 표지를 장식했는데, 그녀들은 건릭의 새로운 컷아웃/cut-out/ 드레스를 입고 있었다. 페기 모핏은 목둘레에서부터 배꼽 아래까지 수직 방향으로 컷아웃된 핑크 울 미니 원피스를 입었고 레온 빙은 수평선 방향으로 가슴 아래와 배 부분이 컷아웃된 베이지색 미니 원피스를 입었다. 컷아웃된 부분은 투명한 비닐 원단으로 덧대어 있었는데, 미래주의 패션의 느낌과 함께 그의 오랜 테마인 인체를 드러내는 스타일이었다.

이밖에 건릭은 1960년대에 걸쳐 다양한 문화, 인종, 종교에서 영감을 받아 의상에 표현했다. 오필리아/Ophelia/, 조르주 상드 룩/19세기 프랑스의 남장 차림을 즐긴 프랑스의 여류 소설가/, 광대, 카우보이, 가부키 무용수, 수녀, 갱, 오스트리아 기병대 장교, 중국 가극 등 다양한 주제를 새롭게 해석하여 발표했다. 건릭은 각각의 주제에 플라스틱, 합성 섬유와 같은 신소재, 강렬한 색채감, 독특한 메이크업, 액세서리 등이 가미한 강렬하고 새로운 패션 디자인을 꾸준히 발표했다.

유니섹스 룩, 끈 팬티 수영복에 나타난 미래지향적인 디자인

1968년 〈우먼스 웨어 데일리〉에서는 루디 건릭이 궁지에 몰렸으며, 최근 디자인들은 실수의 연속이라며 강도 높게 비난하는 기사가 실렸다. 건릭은 1969년 잠시 패션계를 떠나 유럽에서 휴식을 취했고, 다음 해 유니섹스/unisex/ 트렌드에 지대한 공헌을 하면서 컴백했다.

그는 여성 해방과 남녀 평등이 화두로 떠오른 시대에 남성과 여성의 근본적인 매력은 옷이 아니라 사람 각각에 있으며, 기본적인 형태의 옷은 남녀공용으로 입을 수 있다는 유니섹스 개념을 피력했다. 이런 유니섹스 현상은 여성이 화려한 장식이 있는 옷을 통해서 남성을 유혹해야 하는 존재가 아니라 남성과 함께 동등한 인간이라는 점을 대변한다고 밝혔다. 따라서 미래의 옷은 성별 구분이 없을 것이라고 예측했다.

이런 신념을 담아 1970년 건릭은 로스앤젤레스 박물관의 의뢰로 전위적인 유니섹스 룩을 디자인했다. 남성 모델 톰 브룸/Tom Broome/과 여성 모델 르네 홀트/Renee Holt/는 머리카락, 눈썹,

20 1974년 건릭이 발표한 끈 팬티 스타일의 수영복을 입은 여성

음모를 비롯한 모든 털이 제거된 채 나체로 등장하기도 하고, 비키니 하의, 짧은 스커트, 몸 전체를 덮는 카프탄, 수영복, 울 니트 점프 슈트 등 동일한 의상을 입고 등장했다. 두 모델이 착용한 옷들은 그가 그동안 생산하고 판매한 옷이었는데, 머리카락, 눈썹 등이 제거된 두 모델의 충격적인 외형은 옷보다는 두 모델 자체에 시선이 집중되게 했다. 이런 충격적인 시도는 패션의 미학은 옷이 아니라 몸 자체에 있다는 것을 증명했다.

건릭은 1975년 영국 SF 드라마 '우주대모험 1999/Space 1999/'의 극 중 우주인들의 유니폼도 성의 구분이 드러나지 않는 무성화/desexualization/된 유니섹스 룩으로 디자인하기도 했다.

1974년 발표한 건릭의 급진적이고 미래지향적인 정신은 끈 팬티/thong/ 수영복에서도 드러났다. 끈 팬티는 가느다란 원단 끈으로 음부를 가리고 엉덩이를 노출시키는 파격적인 디자인으로 '적으면 적을수록 좋다/Less is more/'는 격언과 뜻을 같이 한다. 끈 팬티 수영복은 나체 상태에서 느낄 수 있는 편안함, 즐거움, 공공장소에서 성기를 노출하면 안 된다는 합법성을 모두 만족시키는 옷이었다. 1970년대 건릭의 가장 단순하지만 혁신적인 창조물이었던 끈 팬티는 현재까지도 가장 많이 팔리는 속옷의 하나로 자리 잡았다. 1975년 그가 여성을 위해 남성용 복서 팬티를 변형한 디자인은 1983년 캘빈 클라인 제품으로 전 세계적으로 큰 성공을 거두기도 했다. 그의 혁신적인 디자인은 항상 시대를 앞서나가는 것이었다.

1981년 루디는 니트웨어 컬렉션을 마지막으로 패션계를 떠났다. 1985년 4월 21일 폐암으로 그가 세상을 떠나기 전 마지막으로 남긴 작품은 퓨비키니/pubikini/였다. 퓨비키니는 앞이 아래로 파여서 음모가 노출되는 비키니 하의였다. 그의 마지막 작품도 더욱더 자유롭게 해방된 육체, 성에 대한 신념이 잘 나타나는 파격적인 것이었다. 죽기 며칠 전에 건릭은 패션 사진작가 헬무트 뉴튼/Helmut Newton/을 집으로 불러 퓨비키니를 사진에 남겼다. 이 사진에서 건릭은 노출이 금기시되는 여성의 음모를 초록색으로 칠하고 드러내어 인체를 완전히 자유롭게 하려는 의지를 표현했다.

미국 패션 역사상 가장 특이하고 전위적인 디자이너라고 불리는 루디 건릭의 디자인 여정은 새로움과 파격으로 점철된다. 건릭의 급진적인 디자인은 패션 미디어에 끊임없는 논란을 일으켰고, 그는 스포트라이트를 받기 위해 술책을 쓰는 사람으로 오해를 사기도 했다. 그는 격동기인 1960~1970년대 젊음의 반란/Youthquake/ 시대 억압과 규범에서 자유, 여성 해방 정신, 남녀평등을 옷을 통해 적극적으로 표현했다. 전직 무용가로 그가 가진 자유로운 인간 육체에 대한 철학은 브래지어를 제거한 울저지 수영복에서 그를 유명세에 올려놓은 모노키니, 컷아웃 드레스, 파격적인 유니섹스 룩, 끈 팬티, 퓨비키니까지 작품 세계 속에서 상징적으로 표출되었다. 사회 변혁가로의 행보는 사후에도 계속되었다. 건릭은 1950년 미국에서 조직된 비밀 동성애 단체인 마타신 소사이어티/Mattachine Society/의 창단 멤버였는데, 전 재산을 미국 시민자유연맹/American Civil Liberties Union/에 기부해 동성애자들의 권리를 위한 소송과 교육을 위해 쓰이도록 했다.

루디 건릭은 구시대의 옷들을 혁명적인 디자인으로 파기시킨 진정한 미래주의자였다. 그의 실험적이고 전위적인 디자인은 반세기가 지난 현재에도 큰 영향을 끼치고 있다.

모노키니/Monokini/는 1964년 오스트리아 태생의 미국 패션 디자이너 루디 건릭/Rudi Gernreich/이 발표한 토플리스/topless/ 수영복이다. 본래 모노키니는 끈 2개가 멜빵처럼 하이 웨이스트 비키니 하의와 연결된 울 저지 소재의 수영복이다. 상의가 없어 가슴이 그대로 노출되었다. 현재는 상의가 없는 여성용 비키니를 뜻하는 총칭으로 토플리스 수영복/topless swimsuit/이라고 부르기도 한다.

루디 건릭이 모노키니를 발표한 1960년대는 격변의 시기였다. 사회 내에서 비주류 세력이었던 젊은이들이 사회 전반에 등장하여 억압과 규제에서 벗어난 자유를 주장하고 젊음을 예찬했으며, 피임약 공급과 성의 해방 풍조로 인해 여성들이 활발하게 여성 해방 운동을 본격적으로 전개했다. 그는 1960년대를 들끓게 한 젊음과 자유, 여성 해방이라는 시대정신을 포착하고 1964년 토플리스 수영복인 모노키니를 통해 '속박에서 해방되는 여성'이라는 사회적 선언을 했다. 모노키니는 1964년 6월 잡지 〈룩〉과 〈우먼스 웨어 데일리〉에서 발표되자마자 전 세계적으로 큰 파장을 몰고 왔다.

열렬한 구매 문의와 함께 도덕적으로 타락했다는 비난이 쏟아졌다. 독실한 기독교인이던 미국의 보수적인 백화점 사장들은 판매를 금지하기로 담합하기도 했고, 곳곳에서 판매 금지 시위가 벌어지기도 했다. 작은 수영복 모노키니를 둘러싼 논쟁은 미국을 넘어 전 세계로 이어졌다. 당시 소비에트 연방의 주력 일간지 '이즈베스티야/Izvestia/'는 모노키니를 구실로 삼아 미국은 개인의 자만심을 위해 사회적 이익도 도외시할 수 있는 도덕적 타락이 만연한 나라라고 비난했고, 덴마크, 네덜란드, 그리스에서는 토플리스 수영복의 착용을 불법으로 정했다. 당시 모노키니의 가격은 24불로 총 3,000벌이 판매되었다. 그러나 보수적인 미국 사회에서 실제로 공공장소에서 착용했다고 알려진 것은 고작 2건에 불과했다. 샌프란시스코의 한 클럽에서 댄서 캐롤 도다/Carol Doda/가 공연을 위해 착용했고, 시카고에서는 토니 리 쉘리/Toni Lee Shelly/라는 19세 소녀가 해변에서 착용했다가 체포되어 벌금형에 처해졌다.

모노키니를 둘러싼 전 세계적인 소동은 디자이너 루디 건릭을 일약 유명인사로 만들었다. 그는 여성 해방의 시대를 살고 있는 지금 여성의 가슴을 드러내는 것은 당연하다고 주장하며, 아름다운 가슴은 젊은 육체의 일부라는 신념을 밝혔다. 또한 가슴을 드러내는 것을 비도덕적이라고 여기는 것에는 위선이 깔려 있으며, 가슴이 섹스심벌이 된 것은 미리 운명적으로 정해진 것이 아니라 우리가 그렇게 만들었기 때문이라고 주장했다.

건릭의 이러한 가슴이 노출되는 옷에 대한 콘셉트는 사실 1962년부터 시작되었다. 잡지 〈우먼스 웨어 데일리〉와의 인터뷰에서 그는 5년 안에 가슴이 노출되는 옷들이 나올 것이라고 예상했다. 또한 〈스포츠 일러스트레이티드〉와의 인터뷰에서는 1964년까지 가슴을 노출한 컷아웃 수영복을 디자인할 것이라고 말했다. 모노키니가 실제로 탄생한 계기는 1963년 잡지 〈룩〉의 기자 수잔 커트랜드/Susanne Kirtland/가 그의 말대로 가슴이 노출되는 미래적인 패션을 디자인해달라고 의뢰하면서 시작되었다. 건릭은 토플리스 옷은 아직 시기상조이며 큰 파장을 몰고 와 자신의 경력을 망칠 수 있다는 것을 알고 있었기 때문에 처음에는 거절했다. 그러나 수잔이 라이벌 디자이너인 에밀리오 푸치/Emilio Pucci/에게 이 디자인 작업을 의뢰할 것을 염려하여 승낙하고 1964년 문제의 모노키니를 발표하게 되었다. 건릭은 모노키니를 실제로 생산할 계획은 없었다. 따라서 모노키니는 일회성 해프닝으로 사라질 뻔했다. 그러나 〈보그〉 편집장 다이애나 브릴랜드/Diana Vreeland/의 권유로 실제로 모노키니가 대량 생산이 되면서 패션의 역사 속에서 중요한 아이템으로 자리 잡았다. 50여 년이 흐른 지금에도 모노키니를 해변에서 보는 일은 드문 일이다. 루디 건릭의 혁신적인 창조물인 모노키니는 섹스에 집착하는 현대 사회에서 인간의 몸의 자유, 여성 해방, 여성의 성적 대상화에 대한 화두를 던지고 있다.

많은 논란을 일으킨 토플리스 수영복인 모노키니

André Courrèges

앙드레 쿠레주 1923~

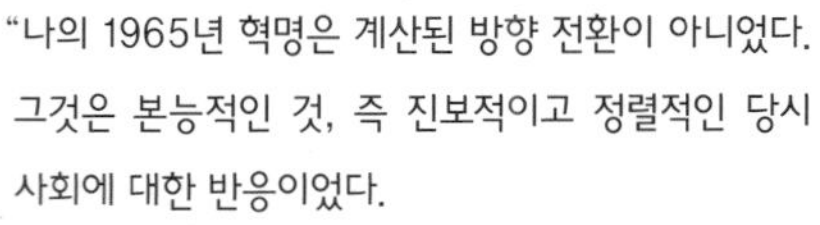

"나의 1965년 혁명은 계산된 방향 전환이 아니었다. 그것은 본능적인 것, 즉 진보적이고 정렬적인 당시 사회에 대한 반응이었다.
디자이너는 사회학자이어야만 한다. 디자이너는 사람의 삶은 물론 그들이 살고 있는 건물의 지어진 방식, 그들이 필요한 것과 관심사를 파악해야만 한다."

*앙드레 쿠레주*는 1960년대 젊은 이미지의 청소년 스타일을 선도한 대표적인 프랑스 디자이너 중 한 명이다. 이전 시대에 유행한 성숙한 이미지의 패션에서 벗어나, 1960년대에는 미니스커트, 청바지, 무릎길이의 양말/knee socks/, 플랫 슈즈/flat shoes/ 등으로 대변되는 청소년 패션/youth fashion/이 런던을 중심으로 세계적인 주목을 받았다. 이에 프랑스 젊은이들도 런던 청소년 스타일을 추종했고, 이러한 사회적인 흐름에 부응하여 앙드레 쿠레주를 비롯해 이브 생 로랑/Yves Saint Laurent/, 피에르 가르뎅/Pierre Cardin/, 소니아 리키엘/Sonia Rykiel/ 등의 프랑스 디자이너들도 젊은이들의 자유분방하고 발랄한 이미지의 스타일에서 영감을 얻은 디자인들을 선보였다. 특히 앙드레 쿠레주는 이러한 청소년층의 패션 스타일과 1960년대 우주 여행에 대한 사회적 관심을 접목한 스페이스 룩을 유행시킨 디자이너로 널리 알려져 있다.

앙드레 쿠레주는 1923년 프랑스의 포/Pau/에서 태어났다. 그는 패션에 입문하기 전 토목공학을 공부했는데, 이때 습득한 사물의 삼차원적 특성에 대한 지식이 후에 패션 디자인 작업에 도움을 주었다. 제2차 세계대전 말기인 1944년에 비행기 조종사로 활동하기도 한 쿠레주는 종전 후 파리의상조합학원/The Chambre Syndicale School/에서 패션 공부를 시작했고, 1951년부터 약 10년여 간 위대한 디자이너인 발렌시아가/Balenciaga/ 밑에서 재단사로 수련하면서 패션에 대한 열정을 키웠다. 그는 "큰 나무 아래에서는 아무것도 자라지 못합니다. 저는 작은 도토리나무이고 당신은 거대한 참나무입니다. 제가 살기 위해서는 당신을 떠나야 합니다."라고 말하며 발렌시아가에게 독립을 허락해 줄 것을 요청했다. 묵묵부답이던 발렌시아가는 3년쯤 지난 후 쿠레주의 독립을 허락하면서 재정적·사업 관리적 지원을 제의했다.

쿠레주 시대의 도래

쿠레주는 1961년 발렌시아가의 스튜디오에서 함께 근무하던 코클린 베리에/Coqueline Barrière/와 함께 자신의 의상실을 개점했다. 한 직장에서 일하면서 쿠레주와 코클린은 서로의 디자인 철학에 대해 잘 이해하는 최고 파트너가 되었고, 1966년에는 부부가 되어 쿠레주 하우스를 함께 이끌었다. 쿠레주의 초기 몇 년간 컬렉션은 발렌시아가의 영향을 받은 구조적인 디자인이 많았다. 쿠레주도 스스로 발렌시아가의 영향에서 벗어나 자신만의 스타일을 창조하는 데 3~4년이 소요되었다고 피력했다. 하지만 1962년 첫 컬렉션에서 낮에는 외출복으로, 밤에는 이브닝웨어로 착용할 수 있는 바지/pantaloons, 판탈룬즈/ 디자인을 선보여 팬츠의 대중화에 기여하기도 했다.

이후 쿠레주는 젊은 층의 패션 스타일에서 영감을 얻은 디자인을 꾸준히 선보였으며, 1965년 1월 '우주 시대/Space Age/'라는 제목의 파격적인 컬렉션을 발표하여 패션계에 큰 획을 그었다. 첫 컬렉션 이후 그의 스커트 디자인은 꾸준히 짧아지고 있었으나, 흰색과 은색을 주로 사용한 '우주 시대' 컬렉션에서는 무릎에서 3인치 이상 올라간 미니스커트를 선보였다. 뿐만 아니라 허리나 등을 드러내거나, 모델들이 브래지어를 착용하지 않고 등장하는 등 당시로서는 굉장히 과감한 모습을 보여주었다. 원피스 드레스와 팬츠 슈트를 포함한 대부분의 의상은 개버딘/gabardine/과 같은 두꺼운 소재로 제작되어 몸에 붙지 않고 형체를 유지할 수 있었다. 소품으로는 헬멧, 고고 부츠/go-go boots/, 고글 등이 제시되었다. 이 파격적인 컬렉션에 의문을 제기한 잡지 에디터도 있었으나, 대중은 뜨거운 호응을 통해 컬렉션의 성공을 증명해주었다. 하지만 호응이 뜨거웠던 만큼 그의 디자인은 수없이 복제되었고, 이로 인한 분쟁으로 쿠레주 부부는 1967년까지 약 700여 일 동안 공개적인 쇼나 잡지 홍보 등을 일절 하지 않고 개별 고객에게만 새로운 디자인을 소개하는 칩거기를 보내게 되었다. 고심 끝에 쿠레주는 기성복 '쿠튀르 퓌튀르/Couture Future/'를 론칭하면서, 패션 사상 최초로 자신의 이름과 아내의 이름 첫 글자를 조합한 'AC' 로고를 자신의 의상에 표시하기로 하고 공개적 활동을 시작했다.

쿠레주는 1967년 상하의가 연결된 몸에 꼭 맞는 보디슈트 스타일의 콜랑/Collant/을 발표하고, 1968년에는 스페이스 룩 컬렉션을 선보이는 등 왕성한 활동을 이어갔다. 그는 1970년대와 1980년대에 점퍼, 우의, 스웨터, 반바지, 후드가 달린 코트, 티셔츠 등 다양한 스포티브 패션/sportive

21 앙드레 쿠레주와 운동복 스타일의 의상을 입은 모델들(1968)
몸에 꼭 붙는 보디슈트, 미니스커트, 고고 부츠, 플랫 슈즈, 니삭스 등으로 구성된 운동복 스타일의 디자인을 착용했다.

fashion/을 소개했다. 그는 첫 컬렉션 이후 줄곧 실제 거리에서 만날 수 있는 청소년의 패션, 우주에 대한 사회적 관심, 자유롭고 편안한 의복에 대한 대중의 요구 등을 포착하여 패션에 반영했고, 이는 1960년대 후반 이후 운동복에서 영감을 얻은 다양한 활동적 디자인의 발표로 이어졌다.

인체의 자유로움에 대한 열망

쿠레주는 한 인터뷰에서 의복으로부터 인체를 해방하고 싶었다고 말했다. 그는 몸에 붙지 않는 원피스 드레스를 통해 여성의 허리를 해방하고자 했고, 몸에 꼭 맞는 니트웨어를 통해 신체에 활동성을 부여하고자 했다. 비록 그가 미니스커트를 제안한 첫 디자이너인지 여부에 대해서는 논란이 남아 있긴 하나, 미니스커트와 반바지로 직접 노출된 여성의 다리를 통해 활동성을 표현하고자 한 것은 사실이다. 또, 브래지어를 착용하지 않은 모델, 운동으로 다져진 탄탄한 몸매를 지닌 모델들을 통해 건강하고 억압되지 않은 신체를 보여주고자 했다. 쿠레주의 이러한 디자인 철학을 통해 청소년층의 자유분방한 패션, 스포티브 패션에 대한 관심을 이해할 수 있다.

미성숙한 소녀 이미지의 연출

쿠레주의 디자인에서도 1960년대 당시 풍미했던 미성숙한 소녀의 이미지를 찾을 수 있다. 그의 디자인에는 아동복에서 흔히 볼 수 있던 요크/yoke/가 등장했고, 소녀들이 착용한 원피스 드레스 디자인, 앞치마, 망토, 장갑, 끈 달린 모자 등도 활용했다. 특히 소녀들의 원피스 드레스에서 볼 수 있는 어깨를 살짝 덮는 소매나 곡선 모양의 가장자리 장식/scalloped edge, 스캘럽트 에지/이 눈에 띄었다. 짧은 미니스커트에 발목 위로 올라오는 양말이나 고고 부츠와 함께 장난스러운 안경을 착용한 모습은 어린이의 모습을 연상하기에 충분했다.

쿠레주가 1960년대에 디자인한 고고 부츠는 굽이 없고 종아리까지 목이 올라오는 부츠를 말한다. 쿠레주는 힐을 신으면 종아리로 시선이 가는 데 반해 이런 굽이 없는 신발을 착용할 경우 허벅지와 엉덩이가 강조된다고 믿었다. 당시 쿠레주 컬렉션에서 고고 부츠는 허벅지가 드러난 미니스커트나 몸에 꼭 맞는 바지와 함께 착용했기 때문에 시선이 종아리 위로 모아진 것은 틀림없다. 그는 낮은 굽의 고고 부츠를 착용한 여성들의 신체 비례를 재계산해서 균형을 되찾기 위해 높은 모자를 착용하는 코디네이션을 제안하기도 했다. 고고/gogo/는 1960년대 청소년 사이에서 유행한 춤을 의미하는 동시에 어원상으로는 생기발랄함을 의미한다. 따라서 고고 부츠라는 이름은 당시 청소년의 자유분방한 패션 스타일을 대변한다고 볼 수 있다.

쿠레주가 중시한 디자인 요소

쿠레주 디자인의 색채적 특징은 흰색의 애용이다. 그는 흰색 중에서도 푸른빛이 도는 새하얀 색채를 선호했는데, 이러한 색채는 염색 기법의 발달로 인해 얻을 수 있었다. 쿠레주는 흰색이 청결과 순수를 나타내며, 과학기술의 발달과 함께 가능해진 현대인의 청결한 삶을 상징한다고 믿었다. 그는 이러한 흰색과 함께 파스텔 색채나 플라스틱에서 볼 수 있는 채도가 높은 색채를 조합하기를 즐겼고, 1960년대 스페이스 룩에서는 금색이나 은색을 함께 사용했다. 쿠레주는 특히 흰색과 푸른색의 조합을 좋아했는데, 이는 그가 1944년 공군으로 복무할 당시 미군의 프랑스 상륙을 목격한 경험에 기인했다. 쿠레주는 미군을 통해 삶의 희망을 보았고, 당시 쿠레주는 흰색과 푸른색으로 된 군복을 입고 있었다고 코클린은 말했다.

쿠레주 디자인은 1960년대 미니멀리즘을 대변한다. 그는 단순한 스타일의 의복을 디자인했고, 민무늬 소재나 기하학적 무늬를 즐겨 사용했다. 특히 1960년대에는 다양한 줄무늬를 두드러지게 사용했고, 의복의 가장자리를 대조되는 색채로 직선적 느낌을 살리며 감싼 디자인을 많이 발표했다. 이러한 디자인 중 일부는 몬드리안 작품에서 볼 수 있는 검은색 테두리의 느낌을 담고 있기도 하다. 또한, 단순화된 꽃무늬를 투명한 천에 아플리케 한 디자인도 있었다.

쿠레주 디자인의 또 다른 특징은 두께감이 있는 서로 다른 소재를 여러 겹 연결하여 사용한 것인데, 이때 양면에 서로 다른 색채나 무늬의 소재를 조합해서 칼라/collar/나 라펠/lapel/ 부분이 접혔을 때 대조를 보이도록 디자인했다. 그는 여러 겹의 소재를 봉제할 때 솔기가 소재 사이인 안으로 들어가도록 하여 안과 겉의 구분이 없도록 했고, 이러한 작업을 통해 뒤집어서도 착용할 수 있는 컨버터블/convertible/한 의복을 디자인하기도 했다.

쿠레주는 데뷔 초기부터 개버딘과 같은 두께감이 있는 소재를 사용해서 의복 자체가 형체를 유지할 수 있도록 디자인하는 것을 즐겼다. 이와 함께 과학기술의 발달과 우주 시대의 이미지를 담은 디자인을 표현하기 위해 비닐이나 셀로판지와 같은 투명한 소재를 사용하거나, 플라스틱이나 금속성 소재도 사용했다. 예를 들어, 금속성 시퀸/sequin/을 달아 장식해서 미래적 이미지를 표현하거나, 겉으로 드러나는 지퍼를 부착하여 의복의 기능적 느낌을 배가하고자 했다. 또한 시폰과 같은 반투명한 소재를 이용하여 인체를 노출하거나, 니트, 스판덱스, 라이크라 등의 신축성 소재를 활용해서 몸매를 드러내는 간접 노출도 했는데, 이는 앞서 언급한 인체의 자유로움을 추구하는 것과 밀접한 관련이 있다.

쿠레주 작품의 의복 구성상 특징은 우선 다트의 부재다. 다트를 이용해서 의복을 삼차원적으로 만드는 대신, 요크를 이용하여 상체 윗부분에 삼차원적 특성을 부여했다. 쿠레주 의상에서는 많은 상침/top-stitching/을 볼 수 있는데, 특히 별도의 밑단이나 안단을 부착하는 일 없이 의복의 가장자리를 2인치에서 3인치 접어 넣고 겉에서 보이도록 박아 처리한 경우가 많았다. 이러한 박음질의 노출은 1920~1930년대 독일과 러시아의 아방가르드 예술가의 작품에서 볼 수 있는 임시 스케치 선들을 연상케 한다는 주장도 있었다.

이 외에도 샤넬 솔기처리/chanel seaming/ 또는 슬랏 솔기처리/slot seaming/라고 불리는 기법도 애용했는데, 이는 의복의 패널과 패널 사이를 일반 솔기로 처리하지 않고 별도의 소재를 대어 위에서 눌러 박아 착용자가 움직일 때마다 살짝살짝 보이도록 하는 디자인이다. 또 웰트 심/welt seam/도 이용했는데, 이것은 연결한 두 패널의 솔기를 한쪽으로 뉘어 다려 안에서 시접을 봉제하고 고정하거나 여기에 상침을 하여 시접 부분에 힘이 생겨 의복의 형체가 유지되도록 하는 방법이다. 가장자리 처리 방법으로는 별도의 천을 대어 감싸는 파이핑/piping/ 기법이 자주 활용되었다.

쿠레주 제국의 확장

쿠레주가 데뷔한 1960년대의 당시 파리 디자이너들은 상류층을 위한 패션 스타일을 제안했다. 이에 반해 런던은 제2차 세계대전 이후 청소년 문화가 발달하면서 청소년 패션의 중심지로 자리하게 되었다. 따라서 쿠레주가 청소년 패션의 영향을 반영한 과감한 스타일을 상류층에 제시한 디자이너라는 점에서 보면 패션 역사상 큰 의의를 지니는 인물이다. 특히, 당시 유명한 프랑스 가수 프랑스아즈 아르디/Françoise Hardy/가 쿠레주의 팬츠 슈트와 고고 부츠를 착용하면서 쿠레주의 영향력을 확인해주었다. 당시 유럽에서는 미국에서 확산된 대량 생산 기술의 발달로 비롯된 파리 디자이너 작품의 복제 열기로 가득했고, 쿠레주 작품도 인기를 끌면서 복제가 성행하기 시작했다. 이에 당황한 쿠레주는 700여 일 동안 공백기를 가지면서 시대적 흐름을 파악한 후, 1967년에 여성 기성복 라인인 쿠튀르 퓌튀르를 론칭했다.

이후 1968년에는 자신의 고향인 포/Pau/에 생산 공장을 설립했고, 1970년에 있었던 신작 발표에서는 기존 오트 쿠튀르 라인인 '프로토티프/Prototype/'와 함께 좀 더 젊은 층을 위한 기성복 라인인 '이페르볼/Hyperbole/', 니트웨어 라인인 '마이유/Maille/'를 소개했다. 이어 1973년에는 남성복 라인인 쿠레주 옴므/Courrèges Homme/를 출시했다. 쿠레주 부부는 의상은 물론, 액세서리, 가방, 향수 등으로 사업 영역을 확장했고, 라이선스를 통해 식품, 가정용품, 주류까지 뻗어나가면서 엄청난 수입을 올렸다. 이후 몇 차례의 매각과 매입을 되풀이하면서 1990년대 중반에는 쿠레주 부부가 직접 사업을 관리하게 되었다. 하지만 쿠레주는 1995년 이후 아내 코클린에게 사업을 맡기고 회화와 조각에 몰두했다. 2012년 쿠레주는 에비앙 리미티드 에디션 용기를 디자인하는 등 창작 활동을 지속하고 있다.

FASHION DESIGNER

Pierre Cardin

피에르 가르뎅 1922~

"내가 선호하는 옷은 평생 동안 만들었으나 아직 존재하지 않는 옷, '미래의 세계' 같은 것이다."

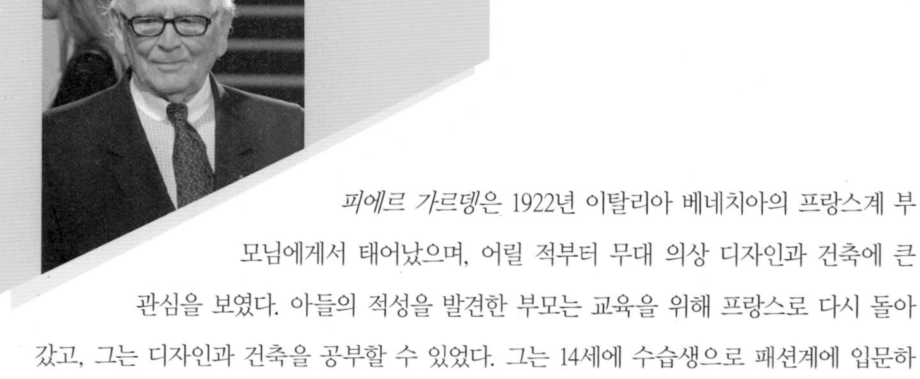

*피에르 가르뎅*은 1922년 이탈리아 베네치아의 프랑스계 부모님에게서 태어났으며, 어릴 적부터 무대 의상 디자인과 건축에 큰 관심을 보였다. 아들의 적성을 발견한 부모는 교육을 위해 프랑스로 다시 돌아갔고, 그는 디자인과 건축을 공부할 수 있었다. 그는 14세에 수습생으로 패션계에 입문하여 자신의 이름을 건 브랜드를 60년이 넘는 세월 동안 유지했다. 극적이고 표현적인 무대 의상과 3차원적인 디자인의 요소가 강한 건축에 큰 매력을 느꼈던 그의 미학은 1960년대 스타일의 전성기를 누리며, 실험적이고 전위적인 우주 시대 룩/Space age look/의 대표 주자로 패션 역사에 이름을 남겼다.

대중을 향해 다가가는 디자이너

피에르 가르뎅은 1945년 제2차 세계대전 이후 파리에서 당대 최고 쿠튀리에였던 잔느 파퀸/Jeanne Paquin/과 스키아파렐리 하우스에서 일했고, 잔느 파퀸과 장식 미술가 크리스티앙 베라르/Christian Bérard/와 일하면서 영화 의상 제작 분야에서 활약했다. 장 콕토/Jean Cocteau/ 감독의 1946년 영화 '미녀와 야수'를 보면 파퀸 하우스 시절에 피에르 가르뎅이 디자인한 영화 의상을 찾아볼 수 있다. 이후 디오르의 뉴룩 작업을 도우며 디오르 하우스에서 테일러로 3년간 일했다. 디오르 하우스에서 두각을 보이면서 디오르의 후계자가 될지도 모른다는 대중의 관심도 받았지만, 피에르 가르뎅은 1950년 자신의 브랜드를 열기 위해 독립했다.

1953년 가르뎅 하우스/House of Cardin/를 열고, 1954년 이브/Eve/라는 여성복 부티크를, 1957년에는 아담/Adam/이라는 남성복 부티크를 열었다. 이 부티크에서 아방가르드한 넥타이나 스웨터, 슈트, 재킷 등을 판매하며 인기를 얻었다. 이 시기에는 쿠튀르 하우스에서 훈련된 탄탄한 테일러링 실력과 극적인 표현력이라는 개성을 살려 무대 의상과 슈트 디자이너로 명성을 쌓았다. 무대나 영화 의상, 연회 가운은 수요가 비정기적이므로 피에르 가르뎅은 슈트와 코트를 디자인하여 사업을 이끌어갔다. 초기 디자인은 우주 시대 룩으로 알려진 대표적인 스타일보다는 1950년대 모드를 자신의 스타일대로 해석한 것이었다. 일상복으로 입는 스커트 정장 슈트와 멋스러운 롤 칼라나 거대한 칼라에 몸판이 날렵하게 떨어지는 코트 등을 만들었고, 1954년에는 버블 드레스를 발표했다.

피에르 가르뎅은 쿠튀리에로 이름을 알리기 위해 1957년 120벌로 구성된 대망의 첫 쿠튀르 컬렉션을 열었고, 이 컬렉션은 즉각적인 반향을 일으켜 그 즉시 오트 쿠튀르 의상조합/Chambre Syndicale de la Couture/에 이름을 올렸다. 그의 전반기 디자인들은 직물로 만든 미니멀리즘 조각품이라고 불러도 좋을 만큼 조형 감각과 테일러링 기술이 돋보이는 작품을 보여주었다.

쿠튀리에로서의 성공적인 데뷔 이후, 피에르 가르뎅은 1959년 오 프렝탕/Au Printemps/ 백화점에서 기성복 라인을 판매하여 또 한 번 파장을 일으켰다. 그는 파리 백화점에 기성복 코너를 오픈한 첫 쿠튀리에였지만, 쿠튀르의 명성에 해를 끼쳤다는 이유로 오트 쿠튀르 의상조합에서 잠시 제명되었다. 그의 과감한 시도는 많은 사람에게 하이패션을 입을 기회를 준다는 평

22 피에르 가르뎅 옷을 입고 있는 모델들(1959)

23 칼라리스 재킷을 입고 있는 비틀스 스타일의 밀랍인형(1963)

등주의적 메시지로 해석될 수 있으며, 또한 라이선스 사업을 통해 보여준 것 같이 패션 산업에서 수익성을 감지하는 탁월한 사업적 감각이라고도 볼 수 있다.

피에르 가르뎅은 여성복뿐만 아니라 1960년 학생 모델 250명을 이용하여 첫 남성복 컬렉션을 발표했고, 이듬해 남성 기성복 라인으로 확대했다. 1966년에는 아동복으로 확대했는데, 그해 컬렉션은 파리의 세쌍둥이가 참가한 컬렉션으로 유명하다. 첫 남성복 컬렉션은 실린더/cylinder, 원기둥/ 라인이라고 불렸는데, 이름에서 보이듯이 거추장스러운 패드나 라펠을 없애고, 슬림한 맞음새에 칼라와 라펠이 없는 칼라리스 재킷과 슬림한 바지로 1960년대 남성복에 청년문화의 젊은 미학을 도입했다고 할 수 있다. 이 실린더 라인은 비틀스가 입은 칼라리스 재킷 디자인의 원형으로 널리 알려져 있다.

우주 시대와 함께 한 디자인

1960년대에는 인공위성이나 우주선의 발사 뉴스가 연일 대중 매체를 장식했고, 교육과 과학 기술뿐만 아니라 패션과 문화에서도 우주 시대가 열렸다. 이에 따라 재단과 구성 기술에 바탕을 둔 피에르 가르뎅의 조형 감각은 1960년대에 접어들면서 전위적인 성향으로 진화했다. 1964년 '우주 시대/Space Age/', 1968년 '우주/Cosmos/' 등의 컬렉션을 통해 피에르 가르뎅이 그리는 공상과학소설의 세계, 우주 비행사, 우주 시대의 미래를 보여주었다. 그는 자신의 실험적이고 전위적인 디자인을 보여주기 위해 비닐, 해머드 금속 링/두드려 만든 링/, 못으로 만든 브로치/carpenters nail/ 등을 사용했고, 캣 슈트/cat suit/, 박쥐 점프슈트, 타이트한 가죽 바지, 헬멧, 비닐 레인코트 등을 선보였다. 피에르 가르뎅은 앙드레 쿠레주/Andée Courrèges/, 파코 라반과 함께 패션의 스페이스 룩을 만들었다고 해도 과언이 아니며, 스페이스 룩은 지금도 많은 공상과학영화에 쓰이는 의상 디자인의 전형이 되었다.

24 우주 컬렉션 중 양모 편성물과 저지로 만든 작품(1967)

조형적인 모험과 실험의 연속

1970년대로 접어들어 주류 패션에서 1960년대 미니멀한 트렌드와 우주 시대적인 요소는 다소 약화되었지만, 피에르 가르뎅은 디자인의 조형적 실험을 더욱 강화했다. 기하학적인 형태와 여러 가지 모양의 컷아웃/cutouts, 천을 잘라낸 것/을 디자인에 응용했다. 1980년대 이후 그의 디자인은 한 스타일로 정의할 수 없는 다양성을 보여주었는데, 인체와 옷에 대한 조형성의 실험은 언제나 디자인의 핵심에 자리 잡고 있었다. 오트 쿠튀르 역사가 마르키/1980/는 이런 디자인의 다양성이 오늘날 피에르 가르뎅의 업적을 가리고 있다고 논평했다.

가르뎅의 모험은 소재를 독창적으로 사용하는 것과 병행되었다. 컷아웃을 이용한 디자인을 위해 활동성이 좋으면서도 컷아웃 형태를 깔끔하게 보여줄 수 있는 두꺼운 모직물 저지를 즐겨 사용했다. 또 가르딘느 드레스에서 볼 수 있듯이 새로운 기술을 이용한 소재 개발을 하여 1960년대 스타일의 단순한 미니 드레스에 실험성을 더했다.

25 자신의 우주 컬렉션을 재해석한 디자인(2009 S/S)

가르뎅은 여성 드레스용 신소재를 가르딘느/Cardin, Cardin의 여성형/로 명명하고, 보라색, 적주황색, 청록색 등 다양한 컬러로 생산

26 아코디언 형태로 만든 프라이팬 드레스 (1973~74)

27 프라이팬 드레스를 새롭게 재해석한 디자인(2009)

1973~74년에 선보인 아코디언 같은 모양의 슬리브리스 드레스 '프라이팬(sauteuse)'을 2009 S/S에서 재해석한 디자인이다. 가르뎅이 직접 디자인한 프랑스 칸느 버블궁에서 컬렉션을 개최했다.

하여 컬렉션에 사용했다. 가르딘느 드레스와 함께 사용된 부츠나 긴 장갑은 안감이 있는 PVC로 만들었으며, 부츠 바깥쪽에 로고가 컷아웃된 금속 장식을 부착했다. 또한 'Sauteuse/소테즈, 프라이팬이라는 뜻/'라고 명명한 드레스는 철사 후프로 스커트 부분의 직물을 늘려서 원통형 치맛단을 만들거나, 이 후프를 반복하여 아코디언 형태로 만든 실험적인 디자인이었다. 이 디자인은 찰스 프레드릭 워스의 크리놀린이나 폴 푸아레의 미나렛/minaret/ 스커트를 연상시키며, 미래적이면서도 가장 고전적인 기법을 사용하는 역설성을 보여주었다.

과장된 어깨선이나 칼라 디자인, 몸판과 소매의 연결을 통한 인체 실루엣 변형, 다양한 크기의 원형이나 구의 형태를 수직으로 또는 수평으로 동체 주변에 위치시키는 등 피에르 가르뎅이 60여 년동안 보여준 조형적인 실험은 여성 인체를 무시한 디자인이라고 해석되기도 하지만, 가르뎅의 실험적인 디자인들은 그의 여성 인체에 대한 독특한 미의식이라고 해석할 수도 있다.

패션 디자인은 인체를 중심에 두고 직물로 형태와 공간을 만들어가는 작업이다. 르네상스 시대 이래 19세기 S-실루엣까지의 디자인이나 디오르의 뉴룩은 코르셋이나 구성적인 기법들을 사용하여 인체를 인식하고 형태를 만들었다. 비오네나 샤넬은 인체를 구속하지 않고 자유롭게 움직일 수 있는 공간을 옷으로 확보해서 인체가 인식되도록 옷을 설계했다. 전자에 해당하는 디자인들은 디자이너의 해석에 의해 명확히 형태가 정의된 후 착의된다면, 후자에 해당하는 디자인들은 인체가 옷을 입었을 때 비로소 공간이 완성된다. 가르뎅은 또 다른 방법으로 인체와 옷의 관계를 정의했다. 그는 인체의 각 부위/목, 어깨, 힙, 동체 등/를 기점으로 주변 공간의 기하학적인 형태로 정의했으나, 인체를 구속하지 않고 인체 주변의 공간을 확장하여 재정의했다고 말할 수 있다.

세계 진출과 사업 다각화

피에르 가르뎅은 외국 진출을 매우 적극적으로 도모했고 외국과의 교류를 활발히 했던 디자이너 중의 하나였다. 1958년 일본 여행을 계기로 문화복장학원/文化服装院, Bunka Fashion College/의 명예교수직을 제안받고, 최고 졸업생에게 수여하는 피에르 가르뎅상을 만들었으며, 그 다음 해 일본 시장에 본격적으로 진출했다. 1978년 중국, 1989년 인도, 1993년에는 베트남에서 컬렉션을 발표하며 활발한 아시아 시장 진출을 꾀했다. 특히 중국에서 사업적 성과를 크게 거두어 프랑스 대통령은 피에르 가르뎅이라고 말하는 중국인이 있을 만큼 인지도가 커졌다. 1986년에는 구 소련/소비에트 연방/에 기성복으로 진출했고, 그 이듬해 모스크바에 쇼룸을 오픈했으며 1991년에는 붉은 광장에서 패션쇼를 한 것으로 유명하다. 1991년에는 유네스코 명예대사로 위촉되어 자선행사를 위해 디자인을 기부했다.

피에르 가르뎅은 패션을 넘어서 다양한 산업 분야로 확장했다. 1970년 문을 연 '에스파스 피에르 가르뎅/Espace Pierre Cardin/'은 극장 겸 식당, 공연장, 전시장으로 사용된 복합문화공간이었고 1980년에는 파리의 '막심/Maxim' s/'이라는 유명 식당을 인수하여 뉴욕, 런던, 베이징 등으로 사업을 확장했다.

원래 건축학도였던 피에르 가르뎅은 자신의 미래주의적 스타일을 가장 잘 표현하는 집 '버블궁/Palais Bulle/'을 디자인했으며, 1972년에는 미국의 자동차 회사 아메리칸 모터스의 모델인 1972 AMC 재블린/1972 AMC Javelin/의 인테리어를 파격적으로 디자인하기도 했다.

피에르 가르뎅의 다양한 문화권 진출과 사업 다각화는 과다한 라이선스 확장에 빛을 가려 제대로 조명받지 못하는 경우가 많았다. 그는 어떤 쿠튀리에보다 공격적으로 라이선스 사업을 확장했는데, 140여 개 나라, 900여 종류의 상품과 라이선스 계약을 체결하여 그의 이름을 사용하고 있다. 이에 대해 FIT/Fashion Institute of Technology/ 박물관장 발레리 스틸/Valerie Steele/은 "그의 패션 라이선스는 극단적이다. 이는 피에르 가르뎅에게 금전적으로는 성공이었지만, 그의

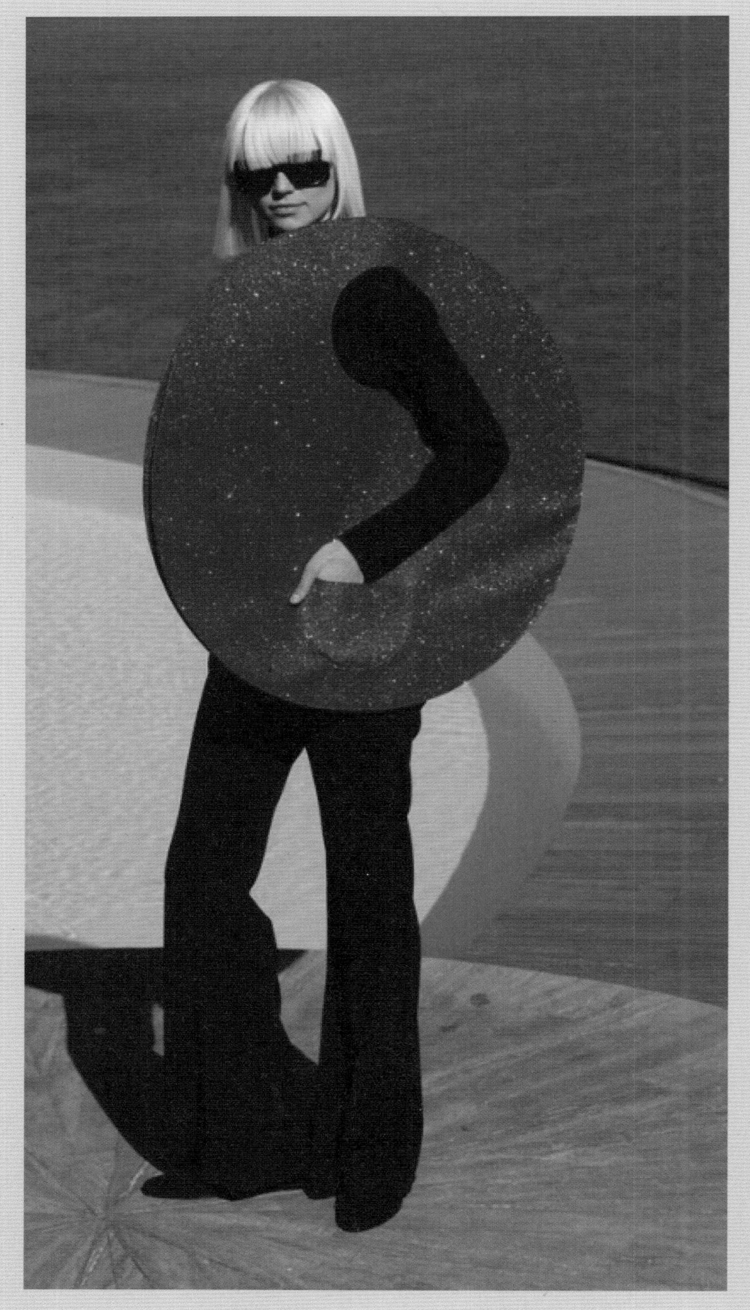

28 실험적인 형태에 대한 탐구(2009 S/S)

이미지를 실추시켰다."라고 말했다. 현대 오트 쿠튀르의 수익 구조가 디자이너 이름에 부여되는 가치에 따라 달라지는 기성복 판매나 라이선스 사업에 의존하게 될 것을 피에르 가르뎅은 누구보다 일찍 감지했고, 그 혜택을 극대화한 사업가였다. 때로는 라이선스를 체결한 상점 때문에 자신의 사업을 접어야 하는 역설적인 경우가 생길 만큼 사기그릇, 변기, 유모차, 난방기에 이르는 다양한 분야로 라이선스를 확대 했고 그가 라이선스에서 벌어들이는 수입은 가늠할 수도 없을 정도다.

피에르 가르뎅은 2014년 92세를 맞이했고 자신의 하우스를 매물로 내놓은 상태다. 여전히 라이선스 사업이 경제적 가치의 극대화라고 확신하며 피에르 가르뎅의 디자인을 사랑하는 사람들의 애정 어린 염려에 개의치 않았다.

29 피에르 가르뎅이 파격적으로 디자인한 자동차 내부 시트
아메리칸 모터스의 포니카, 재블린 SST의 1972년과 1973년 모델에 사용되었다.

피에르 가르뎅은 파코 라반, 앙드레 쿠레주/Andée Courrèges/와 함께 공상과학영화에서 그려지는 미래 우주 시대 의상의 스타일과 이미지를 만들었다. 미니멀한 실루엣에 두꺼운 저지/jersey/, 강한 색채 대비, 혹은 금속이나 비닐 같은 광택 있는 소재를 함께 사용하고, 불투명한 타이츠와 페이턴트 가죽/patent leather/ 부츠로 마무리를 했다. 그는 1960년대 여러 컬렉션에서 스페이스 룩을 선보이며, 디자인 경력에서 정점을 찍었다.

이 스페이스 슈트는 1960년대 미니스커트, 유니섹스 트렌드와 함께 젊고 에너지 넘치는 미학을 보여주었다. 다리 노출에 따라 다양한 타이츠와 부츠 디자인을 함께 선보였다. 불투명 타이츠는 노출로 인한 성적인 이미지를 상쇄시켜 유니섹스 룩을 도모했다.

2010년 그는 87세가 되었고 그해 〈뉴욕타임스〉와의 인터뷰에서 자신의 디자이너 인생을 다음과 같이 회고했다. "내 길은 미래를 그려내는 것이다. 즉 여성이 젊어지고 자유로운 세상을 보는 것이었다. 1960년대에 여성이 내 옷을 입고 일하고, 앉고, 차를 운전하기를 원했다."라고 말했다.

우주 시대 스타일을 재해석한 은색비닐 슈트(2011 S/S)

1967년 우주 컬렉션의 재해석 (2009 S/S)

'스페이스' 드레스와 테이블

비틀스 슈트

비틀스의 1960년대 초반 옷차림을 대표하는 비틀스 슈트는 피에르 가르뎅/Pierre Cardin/과 더글러스 밀링스/Douglas Millings/의 합작품이라고 할 수 있다. 칼라가 없는 라운드 네크라인 안에 좁은 타이가 살짝 보이는 이 슈트는 1960년에 피에르 가르뎅이 발표한 실린더 라인/cylinder line/의 영향을 받아 비틀스의 테일러였던 더글러스 밀링스가 제작했다.

이 칼라리스 슈트는 라펠/lapel/과 노치트 칼라/notched collar/로 구성된 남성 테일러 재킷의 상징적인 디자인에 획기적인 변화를 준 것이었다. 원래 피에르 가르뎅의 실린더 라인 디자인은 버튼 5개에 패치 포켓/patch pocket/이 달려 있었으나, 밀링스는 자개 버튼 3개와 더블 웰트 포켓/double-welt pocket/을 비스듬히 달았다. 소매에는 종 모양의 밖으로 퍼지는 커프스와 커프스 단추/cufflink/를 달았고, 목둘레, 앞섶과 앞단으로 검은색 파이핑을 둘러서 장식했다. 밀링스가 만든 비틀스 슈트는 회색 양모·모헤어 혼방 직물로 만들었고, 여러 가지 색으로 만들었다. 원래 실린더 라인보다 품이 약간 여유롭고, 뒤에는 양쪽으로 트임/vent/이 있어서 공연과 이동을 위한 활동성을 확보했다. 밀링스가 변형을 하긴 했지만, 이 혁신적인 재킷의 공로는 누가 뭐래도 피에르 가르뎅에게 돌릴 수 있다.

여성복의 미니스커트처럼 남성복에서 칼라리스 재킷은 1950년대 성인문화에서 1960년대 청년문화로 변화하는 매개이며 상징이었다. 매우 심플하고 슬림한 이 디자인은 새로운 트렌드를 예고하면서도 고전적인 남성복의 기본 틀 안에서 테일러링을 현대화하여 옛것과 새로움의 조화를 이루었다.

1960년대 초반 대표적인 남성복 스타일, 비틀스 슈트

Paco Rabanne

파코 라반 1934~

"나를 가장 당혹스럽게 만드는 것은 너무나 많은 사람들이 내 컬렉션을 좋아했다고 말하는 순간이다. 내게 독창성은 거절, 거부를 의미하기 때문이다. 창조는 유혹이 아니라 충격을 의미한다."

*파코 라반*은 1934년 2월 18일 스페인 바스크 지방에서 출생했다. 그의 어머니는 오랫동안 발렌시아가 하우스에서 수석 재봉사로 근무했고 아버지는 직업 군인이었다. 1930년대 후반 스페인의 정치적 혼란 가운데 아버지가 돌아가시자 그의 가족은 1939년 프랑스로 망명했고 이후 파코 라반은 프랑스인으로 성장했다. 불우한 어린 시절은 라반에게 반 동조자적 기질을 가지게 하고 현실 도피적인 꿈과 환상의 세계에 빠지게 하는 데 영향을 끼친 것으로 알려져 있다. 어린 시절 초자연적 경험들을 통해 신비주의, 점성술 등에 깊은 관심을 갖게 되었고, 이는 현실을 초월하여 과거와 미래를 아우르는 파코 라반의 독특한 디자인 세계를 구축하는 데 중요한 바탕이 되었다.

파코 라반은 어머니에게 패션에 대한 관심을 자연스럽게 물려받았으나, 쿠튀르 내부에서 오랜 훈련 과정을 거쳐 독립하는 일반적인 파리 쿠튀리에와는 다른 경로를 거쳐 파리 패션계에 입성했다. 그는 1950~1960년대 초 파리 국립고등미술학교/École nationale supérieure des Beaux-Arts/에서 건축을 공부했는데, 이 과정에서 1960년대 전후 건축을 비롯하여 예술계에서 진행했던 혁신적 실험들을 접할 수 있었다. 이러한 배경은 미래를 꿈꾸고 새로운 재료와 기술, 형식, 실험을 두려워하지 않는 도전 정신을 가르쳤으며 독창적인 작품 세계를 만들어 내는 데 영향을 끼쳤다. 라반은 1963년 파리 비엔날레에서 거주할 수 없는 정원 조각 작품으로 수상을 하기도 했다.

파리 쿠튀르와의 관계는 학생 시절부터 시작되었다. 그는 학비를 마련하기 위해 핸드백과 신발을 디자인했으며, 발렌시아가/Balenciaga/, 니나 리치/Nina Ricci/, 매기 루프/Maggy Rouff/, 앙드레 쿠레주/André Courrèges/, 지방시/Givenchy/, 피에르 가르뎅/Pierre Cardin/ 등 유명 쿠튀르 하우스를 위해 액세서리와 코스튬 주얼리를 제작했다. 1965년 플라스틱으로 만든 액세서리가 성공하자 라반은 유명세와 상업적 성공을 동시에 거두게 되고 경력의 전환점이 생겼다. 이러한 인기에 힘입어 그는 같은 재료와 기법을 사용하여 볼레로 등 의상을 제작했고, 이는 파리 아방가르드 숍과 패션 잡지의 환영을 받았다. 1965년 11월 〈보그〉에서는 그의 의상이 오랫동안 인기를 끈 '리틀 블랙 드레스'를 대신하게 될 새로운 패션 스타일이라고 예고했다.

'12벌의 입을 수 없는 드레스' 컬렉션과 미래주의 패션

1966년 2월 1일 파코 라반은 파리 조르주 5세 호텔/Hotel George V/에서 '현대적인 재료들을 사용해서 만든 입을 수 없는 의상 12벌/Twelve Unwearable Dresses Made of Contemporary Materials/'이라는 자신의 첫 번째 컬렉션을 선보였다. 파코 라반은 일종의 선언문과 같은 이 컬렉션에서 플라스틱과 금속 소재를 사용하여 파리 쿠튀르의 오랜 전통을 깨뜨리며 새로운 시대의 패션을 제안했다. 핵심 재료로 사용된 로도이드/rhodoid/는 1965년 무렵 액세서리 제작에 사용하여 큰 인기를 끌었던 가볍고 단단한 플라스틱으로, 그는 이를 작은 조각들로 잘라 구멍을 뚫은 후 금속 고리로 연결해 독특한 패션을 탄생시켰다.

도발적인 첫 컬렉션 이후 1966년 10월 파코 라반은 쇼룸을 개장하고 패션 디자이너로서 본격적인 행보를 보였다. 1960년대는 우주 개발에 박차를 가하는 기술 낙관의 시대이자 기성세대의 문화에 반기를 든 젊은이들의 혁명이 진행되는 시대였다. 파리 패션계에도 오랜 전통이 있는 하우스들의 위상이 약화되는 가운데 앙드레 쿠레주, 피에르 가르뎅 등 새로운 시대의 스타들이 부상하고 있었다. 이 같은 시기에 파코 라반의 패션은 미래주의와 우주 시대의 룩/Space-age look/이라는 패션 트렌드와 연결하여 이해할 수 있었다. 쿠레주의 패션 혁신은 주로 재단과 봉재라는 쿠튀르의 전통적인 제작 방식을 토대로 진행되었지만 망치와 펜치, 절단기를 들고 반짝이는 금속과 플라스틱을 재료로 삼아 패션의 미래를 실험한 파코 라반의 의상은 컬트에 가까웠다. 라반은 1967년 〈마리 끌레르/Marie Claire/〉 인터뷰에서 "내 의상들은 무기입니다. 잠글 때 회전식 권총/리볼버/의 방아쇠 소리가 납니다."라고 말하기도 했으며 스스로 쿠튀리에가 아니라 장인으로 불리기를 원했다.

파코 라반의 실험적인 의상들은 일상적으로 착용하기에는 어려웠으나 스타일 모험을 즐기는 젊은 여성 스타들이 선택했다. 프랑스의 팝 스타 프랑스아즈 아르디/Françoise Hardy/는 그의 패션을 사랑한 대표적인 인물이었고 브리지트 바르도/Brigitte Bardot/도 뮤직 비디오에서 그의 의상을 입었다. 1966년 스탠리 도넌/Stanley Donen/ 감독의 영화 '언제나 둘이서/Two for the Road/'에서 오드리 헵번/Audrey Hepburn/도 파코 라반의 반짝이는 의상을 착용했다. 그의 스타일은 컬트영화와 공상과학영화 속에서 더욱 빛이 났다. 1960년대 〈보그〉 사진작가로도 유명한 윌리엄 클라인/William Klein/ 감독의 1966년 패션계를 비틀어 묘사한 영화 '폴리 매구, 당신은 누군가요?/Qui êtes-vous, Polly Maggoo?/'에서 모델로 등장한 주인공이 패션쇼에서 거대한 철판을 휘감고 등장하는 장면은 라반의 패션을 연상시켰다. 1967년 영화 '007 제임스 본드 시리즈-카지노 로얄/Casino Royale/'에서는 파코 라반 스타일로 만들어진 미래적인 세트와 의상이 등장했다.

로제 바딤/Roger vadim/ 감독의 1968년 컬트 공상과학영화 '바바렐라/Barbarella/'는 그의 의상을 찾아볼 수 있는 대표적인 영화다. 라반은 비닐과 플라스틱, 금속성 소재를 사용한 몸에 꼭 맞는 보디슈트 형태 의상으로 여전사 제인 폰다/Jane Fonda/의 관능적이면서도 미래적인 스타일을 완성했다.

30 플라스틱 조각으로 창조한 미니 드레스(1967)
작은 원형 조각들이 달린 파코 라반의 드레스는 착용자의 움직임에 따라 키네틱아트의 효과를 창조했다.

파코 라반 작품 세계의 독창성과 미학

파코 라반은 디자이너는 대중을 놀라게 해야 하며 대중을 미래로 인도해야 한다는 신념이 있었고, 그 믿음에 따라 자신만의 급진적인 방식으로 패션의 미래를 제안했다. 천과 가위, 실과 바늘을 사용하는 전통적인 쿠튀르 패션과 완전히 다른 방식으로 제작된 그의 작품들에 대한 반응은 양분되었는데, 샤넬은 라반을 단지 금속공/metalworker/에 지나지 않는다고 폄하했으나 〈우먼스 웨어 데일리〉는 '플라스틱과 펜치는 파코 라반의 용감한 새로운 패션 세계의 필수품이다/1966/', 앞서 생각하는 사람이 있다면 그것은 바로 파코 라반이다/1967/'라며 그의 전위적인 독창성에 주목했다. 라반은 전통적인 쿠튀르 패션의 시선으로 자신의 의상을 비판하는 이들을 향해 "왜 의상 재단에 이미 능숙한 이들과 내가 경쟁해야만 하는가?"라고 반문했고 비인습적인 새로운 의상 재료와 제작 방식을 도입하는 데 주저함이 없었다.

31 다시 태어난 1960년대 말 파코 라반의 체인 메일 드레스(2003 F/W)

로도이드 플라스틱 미니 드레스는 파코 라반의 독창성을 보여준 초기 대표작이었다. 로도이드는 가볍고 단단한 플라스틱으로 저렴하면서도 여러 색상으로 제작할 수 있었다. 그는 종이처럼 얇은 판으로 만든 로도이드를 원형이나 사각형 등 기하학적 모양으로 작게 잘라 각각에 구멍을 뚫어 금속성의 고리로 연결하는 방식으로 의상을 만들었다. 이러한 기법은 다양한 형태와 색채의 끝없는 조합을 가능하게 했고 그의 의상은 실용성과 거리가 멀었음에도 새로운 시대의 형식을 갈망하는 젊은 고객들의 욕망을 충족시킬 수 있었다. 철제 디스크 조각에 구멍을 뚫어 비늘처럼 연결하여 만든 메탈 드레스와 중세의 쇠사슬 갑옷을 연상시키는 체인 메일 드레스 또한 파코 라반의 재료와 의상 제작 방식을 대표하는 사례였다.

파코 라반의 의상들은 기하학적 유닛을 반복하여 일정한 패턴 형식을 만들고 플라스틱과 철 등 현대산업사회의 핵심 재료들을 그대로 사용했다는 점에서 동시대 팝아트 및 미니멀리즘 미술의 미학과 통하는 점이 있었다. 뿐만 아니라 의상에 사용된 광택이 있는 금속 조각들과 플라스틱 조각들은 착용자의 움직임에 따라 흔들리며 율동감을 표현했고 여러 방향으로 빛을 반사하면서 시각적 환영/illusion/을 만들어내었다. 이러한 효과가 있는 파코 라반의 의상은 자주 시각적 착시를 실험하는 옵아트/optical art/나 빛의 움직임을 주제로 다루는 키네틱아트와 같이 해석되고 있다.

파코 라반은 새로운 패션 탐험을 지속했다. 1967년에는 페이퍼 드레스 시리즈를 발표하여 패션 소재로 종이의 가능성을 실험했고 가죽과 금속, 모피를 같이 사용하는 독특한 의상 제작 방식을 제안했다. 수많은 삼각형의 금속조각들이 덧붙여진 그의 의상은 미래적인 느낌을 주는 동시에 중세 갑옷을 연상시켰다. 이어 1968년에는 알루미늄 저지를 앞서 사용했고 자투리 모피를 모아 짠 코트를 발표하여 모피 패션의 새로운 가능성도 보여주었다. 자신이 꿈꾸는 솔기가 필요 없는 미래적인 의상으로 특수 몰딩 기법을 사용하여 이른바 지포/Giffo/ 의상을 제작하기도 했다. 이러한 급진적인 패션 실험은 1970년대 패션의 보수적 분위기에서도 지속되었고 파코 라반의 독창적인 작품 세계를 구축하는 배경이 되었다. 1999년 은퇴할 때까지 그는 PVC, 특별한 방법으로 주름을 잡은 금속성 페이퍼, 고무, 라메, 액정 코팅 소재, 플렉시글라스, 빛을 통과시키는 광섬유 등 새로운 재료들을 컬렉션에 추가했다.

파코 라반 하우스의 현재 동향

32 의상과 액세서리의 경계를 허문 디자인 (2003 S/S)

파코 라반은 1971년 공식적으로 파리 오트 쿠튀르조합/the Chambre Syndicale de la Couture/의 멤버가 되었고 진지하고도 독창적인 작품 세계를 인정받아 1977년 황금 바늘상, 1990년 황금 골무상을 수상하며 파리를 대표하는 쿠튀리에가 되었다. 1970년대 패션의 보수적인 변화로 파코 라반의 미래주의 패션의 영향력은 작아지고 상업적으로도 타격을 입게 되지만, 1969년 론칭한 여성 향수 '칼랑드르/Calandre/'의 성공과 1973년 남성 향수 '파코 라반 푸르 옴므/Paco Rabanne Pour Homme/'의 국제적 성공에 힘입어 파코 라반 하우스가 유지될 수 있었다.

그러나 1986년 뷰티 그룹 푸이그/Puig/에 하우스를 매각한 이후 1990년대에 파코 라반은 1991년 궤도라는 뜻의 ≪Trajectoire≫, 1997년 ≪Journey: From One Life to Another≫, 1990년 ≪The Dawn of the Golden Age: A Spiritual Design for Living≫ 등 여러 저서를 저술하며 패션보다는 영적 세계에 대한 자신의 지대한 관심과 주

33 금속성의 원형 디스크를 반복시켜 빛의 반사 효과를 도입한 미래주의적 드레스

장을 세상에 널리 알리는 데 온 힘을 쓰게 된다. 그는 자신의 전생을 이야기하고 러시아의 미르 우주 정거장이 파리에 추락할 거라고 예언하는 등 기이한 언행으로 언론의 주목을 끌었고 1999년 7월 마지막 컬렉션을 끝으로 파리 쿠튀르의 세계에서 은퇴했다. 파코 라반은 프랑스 패션에 기여한 공로로 2010년 레지옹 도뇌르 훈장을 받았다.

오늘날 파코 라반의 향수 브랜드는 그의 하우스를 소유한 푸이그 그룹이 전개하고 있고 파코 라반 패션 컬렉션은 새로 영입된 수석 디자이너의 지휘 하에 진행되고 있다. 2011년 10월에는 새로 영입된 인도 출신 디자이너 매니시 아로라/Manish Arora/에 의해 수년간의 공백을 깨고 라반의 2012년 봄·여름 파리 컬렉션을 발표했다. 1960년대 파코 라반의 디자인 유산을 되살린 아로라의 드레스를 레이디 가가/Lady Gaga/가 선택하여 2011년 MTV EMA/유럽 뮤직 어워드/ 시상식을 통해 언론에 대대적으로 노출되었다. 이와 더불어 새롭게 재탄생한 파코 라반의 핸드백 Le 69이 잇 백으로 떠오르면서 파코 라반 브랜드는 제2의 전성기를 도모하고 있다.

34 되살아난 파코 라반의 패션 미학(2012 S/S)
마니쉬 아로라(Manish Arora)의 지휘 하에 1960년대 파코 라반의 패션 미학을 재창조했다.

FASHION ICON

Le 69 - 세상을 변화시킨 백

Le 69는 1969년 세상에 소개된 파코 라반의 백이다. 라반은 전통적인 쿠튀리에와 달리 망치와 펜치를 들고 플라스틱 드레스, 알루미늄 드레스 등 자신만의 비전이 담긴 독특한 의상들을 만들었다. Le 69은 파코 라반의 독창적인 기법을 찾아볼 수 있는 대표작으로 원형 디스크 형태로 작게 자른 금속 조각들에 구멍을 뚫고 수많은 고리로 일일이 연결해 수작업으로 완성되었다. 브리지트 바르도/Brigitte Bardot/에 의해 언론에 노출되면서 세상에 널리 알려졌고, 프랑스와즈 아르디/Francoise Hardy/ 등 프랑스 젊은 스타들의 사랑을 받았다. Le 69는 미래적이면서 전위적인 1960년대 새로운 젊은 문화를 상징했고, 당대의 '잇 백'으로 떠올랐다. 런던 디자인 박물관은 후에 Le 69백을 '세상을 변화시킨 50개의 백' 중 하나로 선정했다.

파코 라반의 계승자들은 Le 69 백을 새롭게 재창조했다. 꼼 데 가르송/Comme des Garcos/의 레이 가와쿠보는 검정 고무, 투명 아크릴, 알루미늄 등으로 Le 69를 변신시켰고, 금속, 가죽, 뿔, 스웨이드 모피 등으로 만든 Le 69 백이 추가되었다. 2011년 파코 랩의 초청 디자이너 주디 블레임/Judy Blame/은 파코 라반의 유산과 자신의 펑크 성향을 섞어 동전, 옷핀, 열쇠 등을 체인에 꿰어 길게 늘어뜨린 과감하고 장식적인 새로운 Le 69를 제안했다. Le 69 백은 탄생 40여 년이 지나서도 여전히 패션계에 영감을 주고 있다.

새롭게 탄생한 핸드백, Le 69(2012 S/S)

Emilio Pucci

에밀리오 푸치 1914~1992

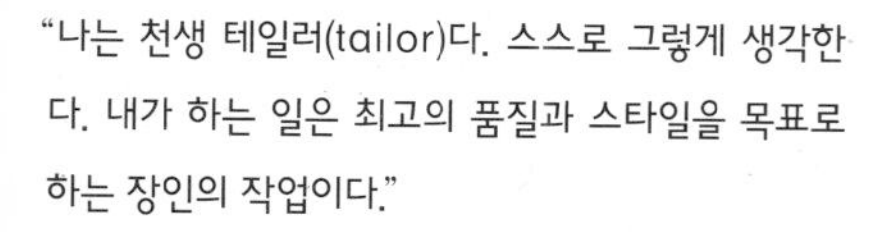

"나는 천생 테일러(tailor)다. 스스로 그렇게 생각한다. 내가 하는 일은 최고의 품질과 스타일을 목표로 하는 장인의 작업이다."

*에밀리오 푸치*는 패션 디자이너라기보다 패브릭 디자이너라는 말이 더 어울리는 사람으로, 전후 이탈리아 디자인 산업을 부흥시킨 위대한 공헌자 중 한 명이다. 카프리 팬츠의 창시자인 그는 의상의 소재와 무늬에 중점을 두고, 물결치는 듯 추상적이면서 과감한 패턴과 톡톡 튀는 색감을 심플한 형태에 결합시켜 주목을 받았다. 생동감과 낙관주의로 가득 찼던 1960~1970년대 푸치 디자인은 제트족의 상징으로 명성을 구축했다.

이탈리아 귀족가문 자제의 창조적인 모험

푸치의 창조적 모험은 1940년대 후반~1950년대 초반부터 시작되었다. 당시 국제 패션시장은 전적으로 파리 오트 쿠튀르 시장에 의존하고 있었고, 미국은 스포츠웨어를 중심으로 하는 무역 시장이 점차 번성 중이었다. 특히 당시 미국인은 우아하면서, 동시에 심플하고 편안한 실용적인 옷을 요구하고 있었는데, 푸치는 미국에서 공부를 하고, 미국 문화에 익숙했기 때문에 이러한 시장의 변화를 이해하고 반응한 디자이너였다.

본래 그는 이탈리아의 유서 깊은 명문가인 바르센토/Barsento/ 가의 자손으로, 보티첼리, 라파엘, 도나텔로, 레오나르도 다빈치의 그림들이 장식된 피렌체의 대저택/palazzo/에서 나고 자랐다. 그는 펜싱, 비행, 스키, 수영, 테니스에 능했고, 여행을 좋아했으며, 귀족적 배경을 가지고 있었지만 현실적인 변화와 현대 문화에 더 매료되었다. 그는 미국의 조지아대학교/University of Georgia/과 리드대학교/Reed College/에서 정치학을 전공한 후 고국으로 돌아가 이탈리아 공군이 되기를 희망했고, 실제 공군 장교로 제2차 세계대전에 참전하여 여러 차례 훈장을 타기도 했다.

푸치는 올림픽 스키 경기에 국가대표로 출전할 만큼 출중한 스키 실력을 지녔었는데, 1936년 리드대학교 스키팀의 주장을 하면서 팀의 유니폼을 처음으로 디자인했다. 1947년, 그는 오래전 직접 디자인한 스키복을 친구에게 우연히 보여주었는데, 후드 달린 아노락/anorak/, 스트레치 소재의 타이트한 고리바지/stirrup pants/와 셔츠로 구성된 것이었다. 그의 친구이자 패션 사진가였던 토니 프리셀/Toni Frissell/은 스키 앙상블을 보고 '우아하면서도 여성의 체형에 딱 맞는 스키복'이라며 열광했고, 스키복의 사진을 찍어 당시 미국 〈하퍼스 바자〉의 편집장이자 패션계에서 영향력을 행사하던 다이애나 브릴랜드/Diana Vreeland/에게 전달했다. 훗날 푸치를 가장 헌신적으로 홍보해주었던 브릴랜드는 푸치 디자인의 대중적 성공 가능성을 감지하고, 1948년 바자 12월호에 '이탈리아 스키어/skier/의 디자인'이라는 제목으로 특집 기사를 실었다. 더불어 그녀는 5번가의 거대 백화점 중 하나인 '로드 앤 테일러/Lord & Taylor/'의 바이어를 만나 푸치 디자인이 미국 시장을 파고들 수 있는 모든 요소를 갖추고 있다고 역설했다. 그렇게 하여 푸치는 로드 앤 테일러를 위한 스키복 컬렉션을 디자인하면서 패션계에 발을 들여놓게 되었다.

1949년 초, 푸치는 카프리 섬에 '에밀리오/Emilio/'라는 이름의 첫 번째 부티크를 오픈하고, 수영복을 중심으로 하는 작은 컬렉션을 발표하여 성공을 거두었다. 이어 로마에 두 번째 부티크를 오픈했고, 1951년 피렌체에서 열린 패션쇼에 참가했는데, 이 때 많은 미국 바이어들이 참석하여 미국 시장에 푸치의 이름을 본격적으로 알리게 된다. 동시에 그는 니만 마커스/Neiman Marcus/, 삭스피프스애비뉴/Saks Fifth Avenue/, 버그도프 굿맨/Bergdorf Goodman/ 등과 같은 미국 거대 백화점과의 협업을 계속하며 매장을 확장했다. 그 결과 1954년 무렵 '에밀리오 스타일'은 미국 백화점에서 가장 중요한 매장 중 하나가 되었으며, '니만 마커스상'을 수상하면서 예술적 창조성과 시장성을 동시에 인정받게 되었다.

자연과 이국문화에서 영감을 얻은 컬러와 문양

그의 디자인 영감이자 단시간에 '프린트의 왕자'라는 닉네임을 얻게 해준 고유의 패턴 디자인은 자연과 예술, 특히 멀리 떨어진 대륙의 정취와 문화 등 이국적인 아름다움으로부터 많은 영향을 받았다. 푸치 프린트의 추상적 모티프, 직선과 곡선의 조합 등은 르네상스 회화를 비롯하여 아시아, 아프리카 문화의 상징적 문양과 장식성 등에서도 영향을 받은 것이었다.

특히 디자인 작업 초기에는 '카프리 섬/Capri/'이 그의 문양과 컬러 및 디자인 전반에 많은 영향을 끼쳤다. 카프리 섬의 하늘, 지중해 연안의 화려한 꽃, 바닷가의 야생 식물들로부터 영감을 얻었고, 카프리 섬으로 쉬러 오는 사람들 사이에서 여유로움을 만끽하며 디자인에 집중할 수 있었다. 그는 한동안 카프리 섬에 애정을 쏟았으며, 그러한 관심은 지중해의 정취에 어울리는 '카프리 팬츠/1954/'를 탄생시키기에 이르렀다.

그는 이탈리아 주변의 지중해 국가들에서 많은 영감을 얻었으며, 점차 프랑스와 러시아, 인도네시아, 아프리카, 남아프리카 등으로 관심이 옮겨갔다. 1960년대 동안 지속되던 이국적 영감은 낯설고 먼 곳에 대한 개인적인 열정과 동경, 그리고 동양의 종교와 음악에 대한 특별한 관심을 반영한 것이었다. 그의 디자인 영감을 떠올리게 하는 근원은 컬렉션 제목에 투영되었는데, '시칠리아나/Siciliana, 1955~1956/', '팔리오/Palio, 축제, 1957/', '캐주얼 룩/Casual Look, 1960~1961/', '로맨틱 레이디/Romantic Lady, 1961/', '발리/Bali, 1962~1963/' 등의 제목들을 발표했다.

자연적·고전적·민속적 뿌리에 대한 관심과 함께, '속도/speed/'에 대한 열정도 중요한 영감의 요소가 되었다. 그는 멀리 떨어져 있거나 또는 높은 위치에서, 때로는 움직임 중에도 쉽게 인지될 수 있는 간결한 이미지를 추구했고, 그에 따라 시각적 관점이 단순한 기하학적 문양으로 모듈화되었다.

또한 푸치는 컬러에 대한 광범위하면서도 체계적인 분석을 통해 무한대의 새로운 조합을 이끌어내었다. 그의 프린트는 10가지 이상의 색상이 필요한 복잡한 패턴으로, 지중해의 라이프 스타일에 영향을 받은 자홍색/fuchsia/, 청록색/turquoise/, 군청색/ultramarine/, 바다색/sea-green/, 레몬 옐로/Lemon-yellow/ 등 아름답고 화려한 색을 기본으로 했다. 이후 수백 개의 그러데이션/거의 500개 다른 색감/ 시리즈를 제안했고, 그것에 모두 '오션/Ocean/, 문/Moon/, 카디널/Cardinal/, 사파이어/Sapphire/, 라벤더/Lavendar/' 등과 같은 고유의 이름을 붙였다. 그는 염색전문가들과 함께 자신이 생각한 색조가 직물에 그대로 표현될 때까지 색을 직접 섞어가며 다양하게 실험하고 표현하는 노력을 멈추지 않았다. 화려하고 사이키델릭한 색감이 주를 이루는 가운데, 1962년 발리 컬렉션에서는 인도네시아 문화와 전통 바틱/batik/에서 영감을 얻은 흑백컬러, 과감한 모티프의 결합이 나타나기도 했다.

혁신적인 소재의 가볍고 심플한 옷

1950년대 푸치는 보다 밝아진 색감과 과감한 패턴의 실크 스카프, 스트레치 소재 블라우스, 주름방지 가공을 한 실크 소재 프린트 드레스 등을 발표하며 디자인의 영역을 넓혀갔다. 푸치는 디자인 초기부터 소재에 특별한 관심을 가졌는데, 소재와 관련된 특허도 많이 획득했다. 그가 사용한 혁신적인 소재는 새로운 형태 창조에 영향을 미치며 푸치 디자인을 주도했다. 그는 소재의 혁신을 통해 의복의 무게와 볼륨을 조절했으며, 인체의 과장과 강조에 의한 인위적인 실루엣, 여러 겹의 레이어링을 생략하는 대신 착용자의 정체성을 강조하는 방향으로 디자인을 전개했다. 패션이 여성에게 부여한 제약들-거들, 코르셋, 페티코트 등-을 경멸했던 그는 소재의 혁신과 심플한 디자인을 통해 자연 그대로의 본질을 바탕으로 하는 여성성을 추구했던 것이다.

그의 첫 번째 혁신적인 소재는 실크 저지/silk jersey/였다. 여러 차례 실험을 거쳐 탄생한 실크 저지는 이탈리아 코모/Como/의 최고급 실크 공장인 보셀리/Boseli/와의 협업을 통해 대중화되었다. 그의 실크 저지는 최상급의 섬유원료를 사용하여 250g도 안 되는 가벼운 무게가 특징이었고, 둘둘 말아 가방에 넣고 다녀도 구김이 생기지 않는 실용성을 갖추고 있었으며, 실크가 갖는 고급스러운 이미지까지 추가되어 다양한 디자인으로 만들어졌다. 실크 저지는 그를 상징하는 소재라고 할 정도로 1960년대 전반에 걸쳐 광범위하게 사용되었고, 1967~1968년 가을·겨울 컬렉션에서 면 저지/cotton jersey/ 의상을 새롭게 발표하여 가볍고 편하며 매혹적인 소재 사용의 맥을 이어갔다.

1960년 봄, 푸치는 '에밀리오 폼/Emilio Form/'을 발표했는데, 산퉁 실크 45%와 나일론 55%가 조합된 직물이었다. 이 직물은 푸치의 스키복에 처음 사용되었는데, 마치 입지 않은 듯한 편안한 착용감을 주는 것이 특징이었다. 에밀리오 폼은 1980년대 에어로빅복이나 보디슈트, 액티브 스포츠웨어 아이템에 사용된 기능적이면서도 패션성을 갖춘 소재의 시초가 되었다. 이 외에도 푸치는 새로운 직물과 염색기법의 개발을 위해 방법을 모색하고 실험했는데, 1964년 〈보그〉 지에는 '푸치는 벨벳이나 타월지에 프린트를 하거나 새로운 조직의 울을 짜거나, 캐시미어에 실크를 혼합하여 신축성 있는 직물을 만들거나, 실크와 마섬유를 섞은 직물을 개발하는 등 여러 모험적인 시도를 통해 직물기술을 선도해 나간다.' 라는 기사가 실리기도 했다.

또한, 푸치에게는 훈련된 재단과 정확한 형태의 조합에서 오는 '단순함'이 있었다. 그가 활동을 막 시작했던 1950년대 패션은 파리 오트 쿠튀르를 중심으로 완벽한 비율과 실루엣을 중시하며 극도로 엘레강스하고 섬세하지만, 그다지 실용적이라고는 할 수 없는 스타일이 유행하고 있었다. 여성들은 당시 오트 쿠튀르에서 보이는 이상적인 체형에 보다 가까워지기 위해 코르셋과 거들을 착용했다. 이에 자연 그대로의 본질적 여성미를 추구했던 푸치는 의상의 가장 기본적인 요소라고 여긴 란제리 부문에서 새로운 시도를 보여주었는데, 그것은 1959년 시카고의 폼피트 로저스/Formfit-Rogers/ 사와 손잡고 란제리 라인을 론칭한 일이었다. 그는 실루엣을 지나치게 강조하지 않으며, 보다 부드럽고, 가벼운 스타일을 유지하기 위해 특별한 패턴을 넣은 '비바 팬티/Viva Panty/'를 발표하여 인기를 얻었다. 이 제품은 최상의 스트레치 실크를 사용하여, 조이거나 누르지 않으면서도 매우 자연스러운 인체 실루엣을 만들어주었다. 고유의 프린트가 들어간 나이트 셔츠를 포함한 전체 란제리 라인을 발표했고, 여성들은 한결 가벼워진 란제리를 통해 푸치의 패션을 누리게 되었다.

1960년대 엠파이어 웨이스트의 시프트 드레스, 몸에 꼭 맞는 슈미즈, 마이크로 미니스커트, 브이넥 보디슈트 등은 푸치의 전형적인 아이템으로, 여성들이 일상에서 자유로움을 느낄 수 있도록 디자인한 것이었다. 그는 경제적인 면에서나 의복 자체의 무게 부담에서 인체가 해방되기를 원했으며, 활동 시 좀 더 기능적이며 편해야 한다는 것을 늘 염두에 두었다.

제트족 시크/Jet Set Chic/ – 상류사회의 상징

1950년대 푸치가 상류층 여성의 사랑을 받으며 미국에서도 성공을 거두게 된 이유 중 하나는 전후 급부상한 중산층에게 빠른 속도로 호응을 얻었기 때문이었다. 그들은 높아진 경제적 지위에 대한 상징물이 필요했고, 전형적인 오트 쿠튀르 스타일에서 벗어난 아방가르드한 푸치의 디자인은 그러한 욕구를 충족시켜 주었다.

1960년대 초 푸치는 제트족/Jet set, 제트기를 타고 세계 각지로 여행을 다니는 부자들/이 가장 좋아하는 디자이너가 되었다. 그는 제트족들에게 독특한 프린트의 고급 실크 의상으로 명성을 얻었는데, 일상이나 여가시간, 도시나 휴양지에서 푸치 디자인을 입는 것은 그들이 누릴 수 있는 차별적 특혜였다. 푸치 디자인은 가볍고 심플하면서도 섹시했다. 푸치 의상임을 단번에 알아차릴 수 있는 독특함과 세련된 매력은 그를 성공으로 이끌었으며, 그레이스 켈리, 메릴린 먼로, 로렌 바콜, 엘리자베스 테일러 등 영화배우까지 매혹시켰다. 당대 유명 배우들이 편안하고 세련된 푸치 의상을 선택하면서, 푸치는 상류사회 제트족의 상징이 되었다.

35 프랑스 파리의 에밀리오 푸치 매장(2006)

푸치는 많은 디자이너들이 시도하지 못했던 액세서리와 비의류상품의 디자인을 처음으로 시도했다. 옷과 동일한 문양이 들어간 모든 종류의 액세서리–핸드백, 우산, 모자, 스카프, 벨트, 스타킹, 신발 등–를 비롯하여 속옷과 향수, 타월, 러그/rug/에 이르기까지 다양한 아이템을 생산했다. 모든 디자인은 그가 직접적으로 주관하여 일관된 고품질을 유지하고자 노력했다. 제트족을 비롯한 푸치의 고객들은 이러한 토털 패션을 기꺼이 소비했다.

1980년대와 그 이후 푸치 하우스의 동향

푸치의 명성은 1970년대 후반 들어 잠시 쇠락하는 듯 했다. 정치적·경제적·사회적으로 격동의 시기인 1970년대에는 화려한 프린트와 밝은 색상, 우아한 상류사회 이미지를 갖춘 푸치 의상이 다소 어울리지 않는 듯 보였으나, 푸치는 시대와 타협하지 않으며 계속해서 자신의 스타일을 고집했다. 그러나 1980년대에 이르러, 미국 내 백화점을 중심으로 매장을 다시 오픈하며 부활했다. 밝은 색상의 고유 프린트가 들어간 보디슈트와 레깅스, 사이키델릭 프린트가 들어간 셔츠, 블라우스 등이 라이크라 스판덱스나 니트 쟈가드 등 1980년대의 새로운 소재와 만나 현대적으로 재탄생했다.

푸치는 1992년 이탈리아 피렌체에서 78세를 일기로 사망했다. 푸치의 디자인은 스포츠웨어와 타운웨어 간의 퓨전 스타일이었고, 수공예와 산업, 이탈리아 스타일과 미국의 시장 수

36 푸치 프린트의 원숄더 이브닝드레스(2008 F/W)

요가 결합된 퓨전 스타일이었다. 오늘날, 푸치의 오리지널 스카프와 의상은 수집가 사이에서 컬트적 지위를 얻고 있으며, 미국 메트로폴리탄 코스튬 인스티튜트/Metropolitan costume institute/와 FIT 박물관 등이 그의 의상 컬렉션을 소장하고 있다. 2000년, 글로벌 패션 기업인 LVMH가 푸치의 지분을 확보했고, 이후 푸치 하우스는 2003년 크리스티앙 라크루아/Christian Lacroix/, 2006년 매튜 윌리암스/Matthew Williamson/를 크리에이티브 디렉터로 각각 임명했으며, 현재는 '에밀리오 푸치 앤드 로시뇰 부티크/Emilio Pucci & Rossignol Boutique/'라는 이름으로 여성복과 액세서리 및 소규모의 남성복 라인이 전개되고 있다.

37 이국적 분위기의 푸치 프린트 튜닉과 팬츠(2002 S/S)

'프린트의 왕자'라는 닉네임이 상징하듯이 독창적이고 화려한 프린트 디자인은 푸치 패션을 성공으로 이끈 가장 핵심적인 요소였다. 그는 1950~1960년대 이탈리아의 자연과 전통문화, 고전적인 예술작품, 멀리 떨어진 대륙으로 향하는 여행, 낯선 지역의 문화 등 다양한 곳에서 영감을 얻었으며, 이는 그의 프린트 문양과 색채에 그대로 투영되었다.

그는 처음부터 화려한 프린트를 사용하지는 않았다. 1950년 카프리 섬에 첫 번째 부티크를 오픈했을 당시만 해도 프린트가 아니라 밝고 화려한 색채로 주목을 받았다. 당시 그는 스키복, 수영복, 사이클복 등 스포츠웨어와 리조트웨어를 주로 작업했는데, 스포츠웨어의 성격상 색채만으로 관심을 끄는 데는 한계가 있음을 알았다. 그리하여 그는 실크 스카프와 셔츠에 카프리 섬과 주변 환경을 섬세하게 그린 지도를 직접 그려 넣었는데, 이것이 푸치 의상에 프린트를 적극 활용하게 된 시초가 되었다.

1950년대 디자인 초기, 르네상스 화가들의 그림과 이탈리아 전통 문화를 바탕으로 표현해낸 푸치 프린트 문양들은 당시에도 초현대적이며, 아방가르드했다. 그의 관심은 이탈리아와 주변의 지중해 국가들에서 점차 프랑스, 러시아, 인도네시아, 아프리카 등으로 확장했으며, 이들 지역을 여행하면서 얻은 독특하고 이국적인 요소들을 디자인에 반영했다. 특히 여행지에서 얻은 절대적인 영감은 1960년대 모든 컬렉션의 문양으로, 색상으로, 실루엣으로 표현되었다. 바로크의 소용돌이 문양, 피사/pisa/의 사탑, 보티첼리의 그림, 두오모/Duomo/ 성당 등의 예술작품도 훌륭한 프린트 모티프가 되었다.

1960년대 푸치 프린트들은 추상적이었고, 색채는 열정적이었으며, 양식화된 역동적 곡선과 기하학적 직선 간의 조화를 시도했다. 1960년에는 발리 여행에서 영감을 얻은 자연적인 모티프 위에 전통 바틱 염색기법을 더하여 화려한 꽃과 기하학적인 문양이 사실적으로 표현된 프린트를 발표했다. 1960년대 내내 그의 컬렉션에서는 자수와 비즈로 장식을 한 꽃들과 기하학무늬의 인도네시아풍 직물이 나타났다. 1962년 파리에 부티크를 연 후 파리의 아름다움에 심취하여 바로크적인 패턴이 나타났으며, 스페인과 포르투갈, 터키 여행에서 얻은 깃털, 부채, 모스크, 스테인드글라스, 타일 무늬 등이 영감으로 작용했다. 1965~66년 컬렉션에서 나타나는 강렬하며 자극적인 색상의 프린트는 아프리카의 태양과 강, 사막 등에서 영감을 받아 기하학적인 무늬와 줄무늬의 조합으로 표현된 것이었다. 자연과 예술적 영감 외에도 푸치는 속도/speed/에 대한 열정이 있었는데, 멀리서나 높은 곳에서 감지되는 이미지의 간결함과 속도에 의해 움직이는 역동적인 형태를 표현하고자 했다.

푸치의 프린트 디자인은 모두 조금씩 다르고 다양한 모티프가 새로 발표될 때마다 색채 조합도 늘 달라졌다. 그는 패턴 하나에 10가지 이상의 색을 동시에 사용하여 화려하고 밝은 색감을 보여주었으며, 그러데이션 시리즈를 500개 이상 만들고 이름을 붙여 프린트 디자인에 활용했다. 그는 끊임없이 색채를 재발견하고 새로운 조화를 찾아내었으며, 어울리지 않는다고 여겨졌던 색들의 새로운 조화를 시도하며 이전의 규칙들을 과감하게 깨는 작업을 했다.

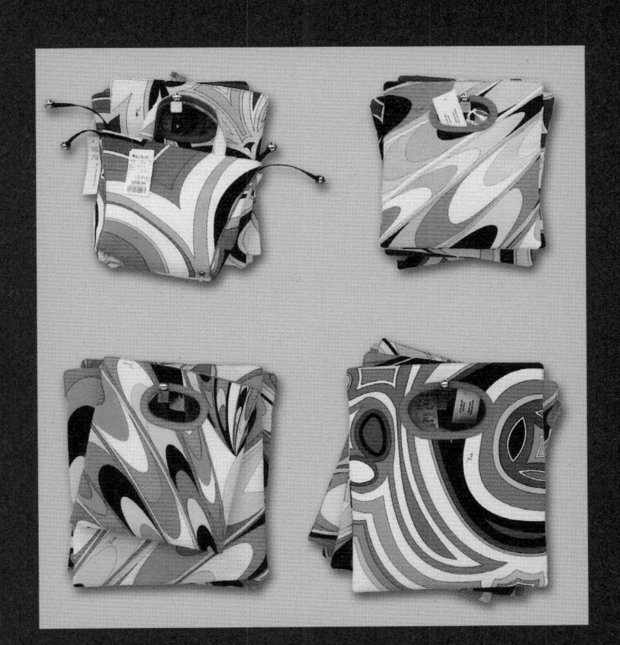

푸치 프린트로 만든 백

Yves Saint Laurent
이브 생 로랑 1936~2008

"나는 우아함(elegant)이라는 단어를 좋아하지 않는다. 그것은 오트 쿠튀르(Haute Couture)처럼 구식이라고 생각한다. 나는 또한 남성을 즐겁게 하기 위해서 옷을 입는 여성을 매력적(appealing)이라고 생각한다. 매력(appeal)이라는 단어가 우아함(elegant)을 대체했다. 모든 것이 바뀌었다. 옷 입는 방식보다 삶의 방식이 중요하다."

*이브 생 로랑*은 프랑스의 패션 디자이너로, 본명은 이브 앙리 도나 마티유 생 로랑/Yves Henri Donat Mathieu-Saint-Laurent/이다. 1957년 21세의 나이에 파리 최대 오트 쿠튀르 하우스인 크리스티앙 디오르/Christian Dior/의 수석 디자이너로 혜성과 같이 패션계에 등장한 이래, 2002년 65세 나이로 은퇴할 때까지 혁명적이고 독창적인 작품으로 20세기 후반 패션을 이끌었다. 프랑스인들이 파리 오트 쿠튀르의 황태자/Yves the Dauphin/라고 칭하기도 했던 생 로랑은 스트리트 패션을 사랑해 기성복 라인/ready-to-wear/을 론칭하고 여성에게 바지를 입히는 등, 사회의 흐름을 읽고 그에 맞는 새로운 패션을 제시한 혁명가로 불리고 있다. 이국의 문화, 문학, 예술에 대한 관심과 열정은 매 시즌 선보이는 독창적이고 새로운 디자인 영감의 원천이 되었으며 20세기 패션 디자이너 중 가장 탁월한 색채 감각을 가졌다고 평가받고 있다. 평생 우울증, 약물 중독, 알코올 중독에 시달렸던 연약한 사람이었던 이브 생 로랑은 시대를 읽는 눈과 놀라운 창조력으로 생전에도, 사후에도 전설적인 영향력을 끼치고 있다.

수줍은 소년에서 파리 쿠튀르의 황태자로의 변신

이브 생 로랑은 1936년 당시 프랑스령이었던 북부 아프리카의 알제리에서 태어났다. 부유한 집안에서 태어난 생 로랑은 가정에서는 다정한 부모님, 두 여동생과 행복한 시간을 보냈지만, 학교에서는 약한 몸에 운동을 못하는 소심한 성격의 소유자였기 때문에 동급생들에게 끊임없는 폭력과 괴롭힘을 당했다. 이브 생 로랑은 1991년 프랑스 잡지 〈피가로/Le Figaro/〉와의 인터뷰에서 자신이 동성애자라고 공개했는데, 어린 시절 가정, 교회, 학교와 같은 엄격한 가톨릭 커뮤니티에서 자신의 성적 취향을 숨기고 다른 동성애자 아랍 소년들과 몰래 교제해왔다고 고백했다. 불우한 학교생활을 보내던 그는 파리 탈출을 꿈꾸었는데, 9세 무렵에는 자신이 언젠가 샹젤리제 거리/Avenue des Champs Élysées/에서 이름을 빛낼 것이라고 말하곤 했다.

그는 부르주아 출신의 패셔너블한 어머니, 두 여동생, 할머니 등 많은 여성들에 둘러싸여 지냈으며 어머니와 함께 패션 매거진 〈르 자댕 데 모드/Le Jardin des Modes/〉, 〈파리 마치/Paris Match/〉, 〈보그〉를 즐겨보았고, 두 여동생의 인형 옷을 만들어 입히기도 했다. 14세가 되던 해, 생 로랑은 프랑스의 저명한 예술가 크리스티앙 베라르/Christian Berard/의 무대 디자인과 무대 의상을 접하게 된 후 연극에 매료되어 집에서 작은 무대 세트와 무대 의상을 디자인하는 등 창작에 대한 꿈을 키워나갔다.

이브 생 로랑은 디자이너, 크리스티앙 디오르, 위베르 드 지방시/Hubert de Givenchy/, 자크 파트/Jacques Fath/ 등이 심사하는 국제양모사무국 디자인 컨테스트/International Wool Secretariat Competition/에 참가하여 1953년에는 '드레스' 분야에서 3등을, 18세인 1954년에는 '드레스' 분야 1등을 수상했다. 참고로 같은 해 칼 라거펠트/Karl Lagerfeld/가 드레스 분야 2위, 코트 부분 1위를 차지했다. 그의 뛰어난 스케치 실력을 눈여겨보게 된 〈보그〉 편집장 미셸 브뤼노프/Michel de Brunhoff/의 권유로 생 로랑은 파리의상조합학교/the Ecole de la Chambre Syndicale de la Couture Parisienne/에 진학하지만, 교육 과정에 곧 흥미를 잃고 몇 달 만에 그만두었다. 이후 미셸 브뤼노프가 크리스티앙 디오르에게 생 로랑을 소개하면서 1955년부터 파리 최대 쿠튀르 하우스인 크리스티앙 디오르에서 조수로 근무하게 되었다. 당시 이브 생 로랑은 어린 나이였지만 디오르 하우스가 발표한 80벌의 드레스 중 50벌이 그의 디자인이었을 정도로 스승에게 재능을 인정받았다. 1957년 10월 23일 크리스티앙 디오르가 갑자기 타계하자 21세의 이브 생 로랑이 디오르의 후계자로 지목되어 디오르 하우스의 아트 디렉터를 맡게 되었다.

38 어깨 폭이 좁고 아래로 넓어지는 트라페즈 라인 드레스
이브 생 로랑이 디오르 하우스에서 1958년 1월에 발표했다.

이듬해 1월에 이브 생 로랑은 어깨 폭이 좁고 아래로 갈수록 넓어지는 트라페즈 라인/trapeze line, 사다리꼴 라인/ 컬렉션을 선보이는데, 전통적인 우아한 스타일에 젊은 감각을 가미했다는 극찬을 받으며, 파리 쿠튀르의 구원자로 인정받았다. 큰 키에 깡마른 몸매의 수줍은 청년이었던 이브 생 로랑은 파리 언론을 매혹했고 위대한 디오르의 전통이 계속될 것이라는 기대감을 주었다.

르 스모킹 – 젊음과 성의 혁명, 여성 패션의 혁명

39 이브 생 로랑 하우스의 로고
1961년 프랑스의 그래픽 디자이너 아돌프 모론 카산드르(1901~1968)가 디자인한 로고이다. Y, S, L 글자가 서로 얽혀 있다.

파리 쿠튀르의 황태자로 떠오른 이브 생 로랑은 아이러니하게도 상류층들만의 오트 쿠튀르가 지루하다고 느끼기 시작했다. 1950년대 말의 유럽과 북미는 전쟁의 궁핍에서 벗어나고 있었고 경제적 수입이 있는 여성과 10대들이 등장했다. 젊은이들은 자신만의 새로운 문화를 창조하기 시작했고 사치스러운 상류층의 패션을 답습하는 것이 아니라 기성세대와 차별되는 스타일, 스트리트 패션/street fashion/을 창조했다. 20대 젊은이인 이브 생 로랑도 패션의 선도자는 우아함과 화려함을 추구하는 상류층이 아니라 젊은 세대라는 것을 직감하고 그들의 문화와 패션에 눈을 뜨게 되었다. 1960년 이브 생 로랑은 레프트 뱅크/Left-Bank, 파리 센 강 좌안에 보헤미안이 사는 지역/에서 비트족의 스트리트 패션에 영감을 받은 '유연하고 경쾌한 삶/Souplesse, Legerete, Vie/' 컬렉션을 발표했다. 밍크 트리밍의 악어가죽 재킷, 터틀넥 스웨터 등 검은색의 비트 룩은 우아하고 화려한 것을 기대하던 살롱의 고객들에게 충격을 주었고, 언론의 혹평을 받게 되었다. 이 문제의 컬렉션은 그의 마지막 디오르 하우스 컬렉션이 되었는데, 생 로랑은 후에 이 컬렉션이 자신의 디자이너 인생에서 큰 전환점이 되었다고 회고했다. 디오르의 소유주였던 마르셀 부삭/Marcel Boussac/의 권유로 입대를 하게 된 이브 생 로랑은 군대 생활에 큰 충격을 받고 이때부터 약물과 알코올에 의존하는 삶을 살게 되었다.

어려움에 처한 이브 생 로랑을 구원해준 이는 그의 동성 연인 피에르 베르게/Pierre Berge/였다. 베르게는 이브 생 로랑을 해고한 디오르 하우스를 상대로 거금 10만 불의 보상금을 받아내었고, 미국인 투자자 제스 마크 로빈슨/Jesse Mark Robinson/에게 투자금을 받아냈다. 이브 생 로랑과 피에르 베르게는 1961년 12월 이브 생 로랑 쿠튀르 하우스/Yves Saint Laurent Couture House/를 설립하고 1962년 대망의 첫 컬렉션을 개최했다. 선원들이 즐겨 입는 피 재킷/pea jacket/과 바지, 튜닉 등을 소개한 첫 컬렉션은 큰 반향을 일으켰고, 미국 잡지 〈라이프/Life/〉는 '이브 생 로랑은 샤넬 이후에 최고의 슈트 메이커/Suit Make/'라며 호평했다. 이듬해 생 로랑은 1963년에는 보이시 룩/Boysh look/을 발표했는데, 선원재킷, 농부 셔츠, 어부 방수복 등이 트위드, 새틴과 같은 소재로 다시 태어나고 무릎까지 오는 긴 부츠와 함께 착용되어 여성들에게 활동성과 자유로움을 선사했다.

1966년 이브 생 로랑은 혁명적인 이브닝웨어 '르 스모킹/Le Smocking, 턱시도를 뜻하는 프랑스어/'을 발표했다. 당시 여성들은 모임에서는 화려한 드레스를 착용했는데, 그는 1930년대 여배우 마를렌 디트리히/Marlene Dietrich/의 남장 사진에서 영감을 받아 여성을 위한 턱시도를 새로운 이브닝웨어로 제안했다. 여성의 몸에 꼭 맞는 긴 재킷, 일자로 떨어지는 바지와 주름 장식인 자보/jabot/가 달린 오건디/organdy/ 소재의 셔츠, 헐렁거리는 넥타이, 실크 새틴의 벨트로 구성된 르 스모킹은 성의 혁명/the Sexual Revolution/ 시대의 새로운 여성상에 꼭 맞는 혁명적인 의상이었다. 생 로랑은 르 스모킹을 생애 가장 중요한 작품이라고 불렀고 1966년 이

40 선원 재킷을 여성에게 제안한 1962년 컬렉션의 피 재킷(2002년 고별 패션쇼)

41 새로운 여성상에 꼭 맞는 1966 S/S 컬렉션의 르 스모킹 룩(2002년 고별 패션쇼)

42 현대 시스루 패션의 시초가 된 1968년 시스루 드레스(2002년 고별 패션쇼)

래 2002년 은퇴할 때까지 매 시즌 새로운 스타일을 소개하며 이브 생 로랑 디자인 하우스의 트레이드 마크로 삼았다. 이후 1967년에 선보인 핀 스트라이프 무늬의 팬츠 슈트/pant suit/는 여성복의 새로운 장르가 되었으며, 여성의 파워를 드러내는 주요한 의상으로 1970년대를 풍미하게 되었다. 이브 생 로랑은 1968년 시스루 드레스/see-through dress/를 발표해 시스루 현대 패션의 선구자가 되었다. 비치는 소재는 여성의 아름다운 신체를 자연스럽게 노출시켰는데, 여성의 인체를 여과 없이 당당히 드러낸 것은 달라진 여성의 위상을 드러내며 팬츠 슈트, 르 스모킹과 함께 여성 파워를 상징하는 현대 패션의 한 장르가 되었다.

1967년 이브 생 로랑은 베이스 코튼 드릴/cotton drill/ 사파리 재킷을 선보였는데, 어깨에 견장이 있으며, 플랩 디테일의 4개의 패치포켓이 달린 이 재킷도 여성과 남성 의상의 구분이 모호해지는 변화된 사회상을 보여주는 전형이 되었다. 남성복에서 영감을 얻어 여성들을 위한 하이패션으로 재탄생시키고 시대에 뒤떨어지는 성의 구분을 타파한 것은 젊은 시절의 코코 샤넬과 뜻을 같이 한다. 시대의 변화와 그에 따른 새로운 여성복에 대한 요구를 이해한 두 사람은 모두 편안하면서 동시에 우아한 의상을 선보였으며 샤넬의 블랙 리틀 드레스와 이브 생 로랑의 르 스모킹은 유행을 뛰어넘는 클래식한 패션 아이템이 되었다. 실제로 1968년 코코 샤넬은 이브 생 로랑의 창조성을 높이 평가하여 프랑스의 TV 쇼 'Dim Dam Dom'에 나와 정신적인 계승자/Spiritual Heir/로 그를 지목하기도 했고 생 로랑은 존경하는 디자이너로 샤넬을 꼽곤 했다.

상류층 고객만을 위한 옷을 디자인한 샤넬과 달리, 이브 생 로랑은 "심드렁한 백만장자들을 위한 옷을 만드는 것에 대해 질렸다."라고 밝히며 새로운 행보를 보였다. 생 로랑은 1966년에 젊고 덜 부유한 여성들을 위한 '생 로랑 리브 고슈/Saint Laurent Rive Gauche/'라는 기성복 라인을 시작했다. 직접 운전해 직장에 출퇴근하며 신문을 읽는 자신감에 찬 현대 여성이야말로 그가 원하는 여성상이었다. 이브 생 로랑은 그의 뮤즈를 위해 베이직하고 심플한 라인의 옷을 꼼꼼한 맞음새, 아름다운 프로포션, 완벽한 원단으로 만들었고 더 많은 여성들이 그의 혁신적인 디자인을 입을 수 있게 되었다.

에스닉 룩 – 이국적인 것에 대한 사랑

시대를 읽고 새로운 여성상에 맞는 혁명적인 옷을 선보인 것 이외에 1960~1970년대의 이브 생 로랑 작품들의 또 다른 테마는 다문화주의/multiculturalism/였다. 북부 아프리카 알제리 출신인 그는 다른 파리 출신 디자이너들과는 달리 비서구권 문화에 일찍 눈을 뜰 수 있었고, 이국적인 풍경, 색채감, 문화, 전통 의상에 매료되었다. 이런 경험들은 그의 독창적이고 천부적인 컬러 감각과 함께 다채로운 컬렉션을 탄생시켰다.

43 아프리카 밤바라족 민속 의상에서 영감을 받은 1967년 아프리칸 컬렉션의 구슬드레스 (2002년 고별 패션쇼)

1967년 이브 생 로랑은 아프리카의 밤바라족/Bambara/ 예술 작품과 민속 의상에 영감을 받은 아프리칸/African/ 컬렉션을 발표했다. 오트 쿠튀르에서는 사용되지 않는 소재인 조개껍데기, 나무 구슬, 동물 이빨 모양의 비즈/beads/ 등을 사용하여 여러 가지 색상의 실들로 엮어 만든 드레스는 쿠튀르 장인의 기술력과 혁신적인 디자인의 결합으로 가능한 작품이었다.

이브 생 로랑은 1976년 발표한 러시안 룩/The Russinan Look/은 후에 러시아 혁명/Russian revolution/이라고 불리기도 했는데, 〈뉴욕타임스〉는 이것이 세계 패션의 미래를 바꿀 혁명적인 컬렉션이라고 극찬하기도 했다. 누빔 재킷, 페전트 블라우스, 긴 스커트 등 러시아와 모로코, 오스트리아, 체코슬로바키아의 전통 의상이 오렌지, 핑크, 보라색, 노란색, 그린, 빨간색과 같은 강렬한 컬러와 함께 새로 창조되어 화려함을 더했다. 이 컬렉션으로 이브 생 로랑은 20세기 패션 디자이너 중 가장 훌륭한 색채 감각을 지녔다는 평판을 얻게 되었다. 후에 생 로랑은 이 컬렉션을 자신의 가장 아름다운 디자인으로 꼽기도 했다.

44 러시아 인형에서 영감을 받아 만든 니트 소재의 웨딩드레스(1965)

생 로랑은 이 밖에도 옷을 통해 스페인, 고대 중국, 페루, 모로코, 중앙아프리카, 몽골, 터키, 베네치아의 전통 의상과 문화를 소개했고, 1960년대 후반에서 1970년대 에스닉 룩에 유행의 선도적인 역할을 했다. 또한 그의 비서구권 문화에 대한 관심과 사랑은 모델의 선택으로도 이어져 그는 패션쇼에 흑인과 동양인 모델을 기용한 첫 번째 쿠튀르 디자이너였다. 1980년대에는 기니 출신의 프랑스인 흑인 모델 카토우차 나이안/Katoucha Niane/을 뮤즈로 삼아 작업을 진행하기도 했다.

예술과의 교류를 통해 창조한 패션 디자인

이브 생 로랑을 예술의 세계로 이끈 것은 연극 '아내들의 학교/L' Ecole des Femmes/'였다. 이브 생 로랑과 피에르 베르게는 현대 예술 작품의 열렬한 수집가였다. 이런 문학과 예술에 대한 열정은 패션 디자인의 원천이 되어 독창적인 패션 디자인으로 창조되었다. 이브 생 로랑은 다른 예술가들과 활발한 교류와 협업을 통해 새로운 컬렉션을 완성하기도 하고, 평소 존경하는 예술가들의 작품을 소재로 삼아 오마주한 컬렉션을 창조했다. 그는 예술가와 예술 작품에서 얻은 영감을 정교한 재단, 쿠튀르의 수공예 기술, 천부적인 색채 감각을 더해 걸어 다니는 예술 작품, 입을 수 있는 예술로 재탄생시켰다.

45 예술가의 회화를 오마주한 1965년 몬드리안 드레스 (2002년 고별 패션쇼)

예술작품을 소재로 한 이브 생 로랑 컬렉션의 첫 신호탄은 1965년 가을에 발표한 몬드리안 드레스였다. 신조형주의 화가인 피에트 몬드리안/Piet Mondrian/의 '빨간색, 파란색, 노란색의 구성'의 회화를 그대로 옮겨 놓은 듯한 울 저지 시프트 드레스/shift dress/는 큰 반향을 일으켰는데, 미국 잡지 〈우먼스 웨어 데일리〉는 이를 두고 '패션의 왕 자리에 올랐다.'고 평가했다.

1966년에는 앤디 워홀/Andy Warhol/의 영향을 받아 달, 해, 여성 인체 등을 이용한 강렬한 색상의 팝아트/Pop Art/ 의상을 선보였다. 앤디 워홀은 이브 생 로랑이 자주 어울리던 예술가 중 하나로 후에 이브 생 로랑을 찍은 폴라로이드 스냅 사진을 보고 초상화를 그리기도 했다. 이브 생 로랑은 1969년 조각가 클로드 라란느/Claude Lalanne/와 함께 조젯 크레이프/Georgette Crepe/ 소재의 드레스에 청동 '가슴' 조각을 단 드레스와 '허리' 조각을 단 드레스를 발표했다. 옷으로 감추어야 하는 인체 부위가 청동으로 만든 인체 조각을 통해 역설적으로 드러나는 초현실주의적인 드레스는 놀라운 아이디어 산물이었다.

이후 1979년 '피카소, 디아길레프' 오마주 컬렉션을 시작으로, 1980년 '기욤 아폴리네르, 장 콕토, 루이 아라공', 1981년 '마티스 앤 페르낭 레제', 1987년 생 로랑 리브 고슈 라인에서 '데이비드 호크니', 1988년 '조르주 브라크' 오마주 컬렉션까지 거장 예술가와 작가의 작품들이 이브 생 로랑을 통해 아름다운 의상으로 탈바꿈되었다. 특히 1988년 빈센트 반 고흐/Vincent van Gogh/의 해바라기 그림을 모티프로 한 재킷은 오트 쿠튀르의 자수 대가 장-프랑수아 르사주/Jean-Francois Lesage/와의 협업을 통해 이루어졌다. 그 재킷의 해바라기 문양에는 600여 시간에 걸쳐 스팽글 35만개와 자개 10만개를 수놓아 화제에 오르기도 했다.

46 1988년 반 고흐의 그림에서 영감을 받은 앙상블 (2002년 고별 패션쇼)
후기 인상주의 작가인 반 고흐의 그림을 자수사 장-프랑수아 르사주와 협업을 통해 재킷으로 재탄생시켰다.

이브 생 로랑은 패션 디자인뿐만 아니라 발레, 오페라, 연극 무대와 무대 의상 디자인, 영화 의상으로 활동영역을 넓혔다. 1957년 롤랑 프티 발레단/Roland Petit' s Ballet/의 '시라노 드 베르주라크/Cyrano de Bergerac/'의 무대 의상을 디자인했고 이후 롤랑 프티 발레단과 꾸준히 협업하여 무대 의상을 디자인했다. 1963년 영화 '핑크 팬더'의 배우 카퓌신/Capucine/ 의상, 1966년 영화 '아라베스크'의 소피아 로렌/Sophia Loren/ 등 프랑스 최고 여배우들과 함께 작업했다. 이브 생 로랑은 늘 아름다운 여인들에 둘러싸여 있었지만 실제로 진정한 우정을 나눈 사람은 여배우 카트린 드뇌브/Catherine Deneuve/였다. 생 로랑은 그녀를 뮤즈로 삼아 주요작 '세브린느/Belle de Jour, 1967/, 열애/La Chamade, 1968/, 미시시피의 인어/La sirene du Mississipi, 1969/, 리자/Liza, 1972/, 악마의 키스/The Hunger, 1983/' 등의 영화 의상을 디자인했다.

이브 생 로랑은 "나는 2류 아트/minor art/를 했지만 결국에는 2류는 아니었다."라고 밝히기도 했는데, 그의 독창적이고 개성적인 디자인은 패션을 예술로 격상시키는 데 중요한 역할을 했다. 실제로 그의 작품들은 예술성을 높이 인정받아 1982년 12월부터 1984년 9월까지 뉴욕 메트로폴리탄 미술관에서 '이브 생 로랑: 25년 동안의 디자인/Yves Saint Laurent, Twenty Five Years of Design/'이라는 제목으로 전시되었는데 생존 패션 디자이너로는 처음으로 열린 회고전이었다. 이후 베이징, 파리, 모스크바, 도쿄, 상트페테르부르크 등 전 세계에서 전시가 이어졌다. 1998년 프랑스 월드컵에서는 결승전 게임 전 스타디움에서 이브 생 로랑 패션쇼가 전 세계로 생중계 되었는데, 각국에서 선발된 모델들이 의상 300벌을 선보이는 대규모 패션쇼였다.

47 2002년 이브 생 로랑의 고별 패션쇼
자신의 뮤즈인 프랑스 여배우 카트린 드뇌브와 함께 이브 생 로랑이 피날레 인사를 하고 있다.

프랑스 정부는 그의 공로를 인정해서 2000년 레지옹 도뇌르 훈장/Commandeur de la Legion d'honneur, 코망되르 등급/을 수여했다. 이브 생 로랑은 2002년 파리의 퐁피두센터에서 이브 생 로랑 디자인 하우스의 40주년을 기념하는 패션쇼를 마지막으로 65세 나이에 은퇴했고 2008년 6월 1일 지병인 뇌종양으로 영면했다.

이브 생 로랑의 신화는 사후에도 계속되었는데, 비즈니스 파트너이자 전 연인이었던 피에르 베르게는 그들이 평생에 걸쳐 수입했던 미술품 컬렉션 700점을 전부 경매로 처분했다. 2009년 '세기의 경매'라고 불렸던 이 컬렉션의 총액은 3억 7천 3백 50만 유로/한화 7,290억원/에 달해 단일 경매 사상 최고의 낙찰액으로 화제가 되었다. 그 수익금의 반은 피에르 베르게-이브 생 로랑 재단으로, 나머지 반은 에이즈 연구에 기부되었다. 2002년에 설립된 피에르 베르게-이브 생 로랑재단/the Foundation of Pierre Berge and Yves Saint Laurent/에서는 이브 생 로랑의 오트 쿠튀르 의상 5,000여 벌과 그림 150,000장, 스케치, 액세서리, 그 밖의 잡화용품들과, 생 로랑 리브 고슈/Saint Laurent Rive Gauche/ 디자인 1,000점을 보관하고 있는데, 습도와 온도를 과학적으로 관리하고 있다. 이 재단이 소장하고 있는 이브 생 로랑의 작품들은 파리, 미국, 스페인 등을 돌며 전시되면서 많은 이들에게 감동을 선사하고 있다.

이브 생 로랑 쿠튀르 하우스는 2002년 PPR그룹/Pinault-Printemps-Redoute/에 인수되었으며, 2004~2012년까지 이탈리아 출신 디자이너 스테파노 필라티/Stefano Pilati, 1965~/가 이끌었다. '세상에서 가장 옷을 잘 입는 남성'이라고도 불리는 스테파노 필라티는 이브 생 로랑 브랜드에 현대적인 감각과 절제된 관능미를 더했다는 평을 받으며 크리에이티브 디렉터로서 역할을 톡톡히 해냈다. 2012년 3월 모기업 PPR그룹은 에디 슬리먼/Hedi Slimane, 1968~/을 이브 생 로랑 디자인 하우스의 여성복 컬렉션을 총괄하는 새로운 수석 디자이너로 임명했다. 에디 슬리먼은 '이브 생 로랑'의 남성복 컬렉션과 '디오르 옴므/Dior Homme/'을 성공적으로 이끈 화려한 경력의 소유자인데, 디오르 옴므에서 선보인 '스키니/skinny/' 실루엣은 남성복에 혁명을 가져오며 패션 디자이너 칼 라거펠트를 42kg 감량하게 한 것으로도 유명하다. 에디 슬리먼이 성에 따른 전통적인 패션의 관례에 도전한 것은 1960~1970년대 여성용 팬츠 슈트를 발표해서 센세이션을 일으킨 이브 생 로랑과 꼭 닮아 있다. 에디 슬리먼은 오랜 전통의 '이브 생 로랑/YSL/'에서 '생 로랑 파리/SLP, Saint Laurent Paris/'로 브랜드명을 바꾸고 브랜드의 혁신을 꾀한다고 밝혔으며, 첫 2013년 봄·여름 '생 로랑 파리' 컬렉션은 호평 속에 출발했다. 남성복 디자인만을 해온 에디 슬리먼이 이끄는 이브 생 로랑은 앞으로 어떤 모습일지, 그가 남성복에서 일으킨 혁명 신화를 여성복에서도 볼 수 있을지 귀추가 주목된다.

르 스모킹과 팬츠 슈트

1960년대 여성들이 바지를 입는 것은 일반적인 일이 아니었다. 프랑스뿐만 아니라 미국에서는 학교, 직장과 같은 공공장소에서 여성들이 바지를 입는 것을 금하기도 했다. 이브 생 로랑은 1960년대 여성의 권리를 주장하는 여성 해방 운동에 주목하여 꽃 같은 여인들이 아니라 급변하는 사회에 새로 등장한 자신감이 넘치고 당당한 여성을 위한 새로운 옷을 발표했다.

1966년 이브 생 로랑은 남성의 이브닝웨어인 턱시도 정장/tuxedo/을 여성화한 '르 스모킹/Le Smoking/'을 발표했다. 턱시도는 본래 벨벳이나 기타 화려한 옷감으로 만드는 남성용 재킷으로, 벨벳이나 새틴으로 된 숄칼라가 달려 있다. 1850년대에는 집에서 편하게 손님 접대를 할 때 착용했으나 이후 공식적인 행사에서 남성들이 착용하는 이브닝웨어로 자리잡았다. 르 스모킹은 프랑스어로 턱시도를 뜻한다. 당시 공식적인 이브닝 행사에는 남성은 테일 코트/tail coat/ 또는 턱시도를 입고, 여성은 사치스럽고 화려한 장식의 이브닝드레스를 입는 것이 오랜 관례였다. 이브 생 로랑은 성의 혁명이 일어나는 시대상에 맞추어 여성의 몸에 잘 맞는 긴 재킷, 스트레이트 팬츠, 주름장식/자보, jabot/이 달린 오건디/organdy/ 소재의 셔츠, 너풀거리는 넥타이, 새틴 소재 벨트로 구성된 혁명적인 의상인 르 스모킹을 제시하여 이브닝웨어의 오래된 관습을 타파한 '패션의 혁명가'라는 별명을 얻게 되었다.

남성의 이브닝 웨어인 턱시도 정장을 여성화한
르 스모킹 룩(1966 S/S)

이브 생 로랑의 르 스모킹은 단순히 남성복을 차용한 의상이 아니라 여성의 몸에 잘 맞는 테일러드 재킷이 여체를 아름답게 부각하고, 비치는 소재의 스목 블라우스/smock blouse/나 새틴 벨트 같은 여성스러운 장식이 여성을 매혹적으로 만드는 옷이었다. 그의 오랜 비즈니스 파트너이자 연인이었던 피에르 베르게/Pierre Bergé/는 코코 샤넬이 여성의 몸을 해방시켰다면 이브 생 로랑은 그 몸에 파워를 부여했다고 했다. 이브 생 로랑의 르 스모킹은 샤넬의 리틀 블랙 드레스에 버금가는 혁명적인 옷으로, 스승인 크리스티앙 디오르, 코코 샤넬과 함께 이브 생 로랑을 20세기 가장 영향력 있는 패션 디자이너의 반열에 오르게 했다. 생 로랑은 생전에 르 스모킹을 가장 중요한 컬렉션으로 꼽으며 1966년부터 2002년 은퇴할 때까지 꾸준히 새로운 버전의 르 스모킹 룩을 선보였다.

이브 생 로랑이 1967년에 선보인 팬츠 슈트/pant suit/는 일상복이나 이브닝웨어로도 입게 되어 여성복의 새로운 장르가 되었고 여성의 파워를 드러내는 주요한 상징물이 되었다. 팬츠 슈트는 재킷과 바지를 함께 입는 전통적인 형태 혹은 허벅지 길이의 튜닉과 바지를 입는 형태로 나타나기도 했다. 이브 생 로랑은 남성 재킷에 상응하는 여성들의 유니폼을 만들고 싶다며 르 스모킹처럼 여성성과 남성성이 잘 조화된 옷을 만들어냈다. 넓고 각진 구조화된 어깨라인, 뾰족한 노치트 칼라/notched collar/ 재킷, 앞 주름이 있는 스트레이트 팬츠는 남성성을 드러내고, 시폰 블라우스, 허리 끈, 액세서리, 하이힐 등은 여성성을 드러내는데, 이는 여성스러운 매력을 포기하지 않고 당당히 권리를 주장하는 현대 여성의 정체성을 드러내는 것이다. 팬츠 슈트는 이후 1970년대 직장 여성들의 유니폼이 되었다.

여성의 파워를 드러내는 팬츠 슈트(1978 S/S)

뉴욕 사교계 명사인 난 켐프너/Nan Kempner/가 이브 생 로랑의 1968년 컬렉션의 튜닉과 블랙 새틴 팬츠 슈트 앙상블을 함께 입고 뉴욕 식당/La Côte Basque/을 찾았다가 입장을 거부당하자 그녀는 바지를 벗고 튜닉만을 미니 드레스인 것처럼 입는 기지를 발휘해서 입장을 허락받은 일화가 있었다. 팬츠 슈트는 1975년 패션 사진계의 거장인 헬무트 뉴튼/Helmut Newton/의 대표 작품에도 등장하여 패션의 남성성과 여성성에 대해 화두를 던지기도 했다.

Emanuel Ungaro

엠마뉴엘 웅가로 1933~

"나는 옷감을 애무하고 냄새를 맡고 옷감이 스치는 소리에 귀를 기울인다. 그러면 옷감 한 장이 분명 여러 가지 방법으로 내게 말을 걸어온다."

*엠마뉴엘 웅가로*는 프랑스 남부의 엑상 프로방스/Aix-en-Provence/에서 태어났다. 웅가로의 부모는 파시스트를 피해 프랑스로 이민을 온 이탈리아인이었다. 웅가로는 양복점의 테일러/tailor/였던 아버지의 영향으로 20세 이전에 이미 맞춤복을 제작할 수 있는 기술을 가지고 있었다. 하지만 웅가로는 패션에 대한 더욱 큰 꿈을 가지고 있었기에 20대 초반 고향을 떠나 파리에 정착했다.

거장 발렌시아가와의 만남

파리로 온 웅가로는 양복점에 테일러로 취직해서 3년 동안 일했다. 이후 1958년에는 앙드레 쿠레주/André Courrèges/의 소개로 파리 쿠튀르계의 거장인 발렌시아가/Cristóbal Balenciaga/의 조수가 되었다. 일찍이 샤넬은 발렌시아가의 타고난 디자인 감각과 손수 의상을 제작할 수 있는 능력을 들어 진정한 오트 쿠튀르 디자이너는 오직 그밖에 없다고 칭송한 바 있었다. 웅가로도 처음 발렌시아가를 만났을 때 그의 '예지, 엄격함, 강인함, 위대함'에 충격을 받았다고 했다. 웅가로는 보수적이고 엄격한 발렌시아가에게서 6년여 동안 가르침을 받으면서 수석 디자이너의 위치까지 올랐다.

발렌시아가와의 인연은 웅가로가 독립한 이후 그가 디자이너로 살아가는 동안에도 지대한 영향을 미쳤다. 웅가로는 "훌륭한 디자이너는 계획에서는 건축가이자 형태에서는 조각가이면서 색채에서는 화가이고, 또 철학자여야 한다."는 발렌시아가의 패션 철학을 이어받았으며 형태와 색채의 완벽한 조화를 통해 자신의 아이디어를 표현하려 노력했다. 이러한 과정에서 웅가로는 발렌시아가와 마찬가지로 오직 자신이 원하는 디자인을 추구했을 뿐 고객의 의견을 받아들이지 않았다. 또, 작업 방식에서도 스케치를 통해 자신의 디자인을 표현한 후 소재를 이용해서 의상을 제작하는 일반 디자이너의 작업 과정과는 달리, 웅가로는 자신의 디자인 아이디어를 원단과 핀을 이용해서 실제 인체에 직접 재단한 후 스케치로 옮기는 발렌시아가의 작업 방법을 고수했다.

젊은 패션 테러리스트

웅가로는 발렌시아가에서 독립하여 1965년 스위스 출신 그래픽 디자이너인 소니아 냅/Sonia Knapp/과 함께 첫 컬렉션을 선보였다. 웅가로는 첫 컬렉션에서 냅이 디자인한 프린트 소재를 이용해서 자기 또래의 젊은 여성을 위한 의상들을 선보였는데, 대체로 몸에 꼭 끼지 않는 A 실루엣/A silhouette/의 미니 시프트 드레스/shift dress/, 테일러링된 코트와 슈트, 반바지와 재킷을 조합한 앙상블 등이 주를 이루었다. 그는 첫 컬렉션을 준비하기 전 발렌시아가를 떠나 쿠레주를 위해 잠시 일했었는데, 웅가로의 첫 컬렉션에서는 당시 '스페이스 룩'으로 주목을 받았던 쿠레주의 영향을 볼 수 있었다. 하지만, 〈우먼스 웨어 데일리〉 지는 웅가로를 '테러리스트'라고 지칭하고 파리에 새 바람을 일으킨 젊은 디자이너의 데뷔에 찬사를 보냈고, 그의 디자인은 수없이 복제되어 젊은 층을 타깃으로 한 시장을 점령했다.

이후 그의 디자인은 기성복 시장에서 복제가 거듭됐지만, 그는 매 시즌 새로운 스타일을 소개하면서 패션계의 호평을 한 몸에 받았다. 이러한 능력에 힘입어 재클린 케네디 오나시스/Jacqueline Kennedy Onassis/나 마리엘린 드 로스차일드/Marie-Hélène de Rothschild/ 같은 사교계 유명 인사들을 고객으로 유치할 수 있었다.

이탈리아가 가미된 프랑스풍 로맨틱 스타일의 창조

웅가로는 여성을 너무나 사랑했고, 자신이 사랑하는 여성의 인체 특징을 살려 매혹적이고 로맨틱하게 표현하고자 했다. 이러한 성향은 1970년대에 들어 부드러운 소재를 이용하여 여성의 몸매를 드러내는 디자인으로 구체화되었다. 그는 직접적인 노출을 피하면서도 부드러운 소재 아래 감추어진 여성의 몸을 간접적으로 드러내어 에로틱하고 유혹적인 모습을 연출했

48 부드러운 소재의 의상과 테일러링의 공존(2001 F/W)

다. 하지만, 그는 부드러운 소재를 이용해서 표현한 흐르는 듯한 실루엣과 함께 완벽한 테일러링의 흔적을 나타내는 구조화된 재킷이나 코트를 발표하여 서로 다른 특성이 공존하는 앙상블을 보여주었다.

웅가로의 작품과 작업 과정은 정통 오트 쿠튀르의 특성을 보여주었다. 그의 고객은 가봉을 위해 작업실을 3번 이상 방문해야 했다. 그의 작업실에는 원피스 드레스와 테일러링 전문 직원이 각각 15명 이상 상주하면서, 단추 구멍, 지퍼, 주름, 자수 등의 디테일을 손으로 작업했다. 웅가로의 작품은 너무나 완벽하여 옷 안도 겉과 마찬가지로 아름다웠다. 이러한 작품은 완성하는데 수 주일에서 수개월이 소요되었다.

웅가로를 '프린트의 시인' 또는 '색채의 마술사'라고 불렀는데, 이는 그의 디자인 특징이 무늬와 색채라는 것을 보여준다. 데뷔 이후 웅가로 디자인의 대표적인 특징 중 하나는 무늬의 활용이었다. 그의 디자인은 한 가지 무늬를 사용하는 것을 넘어 서로 다른 무늬를 조합해서 사용하는 방향으로 변했다. 그는 여러 무늬를 조합하거나 겹쳐 프린트한 소재를 이용해서 의복을 제작했고, 각각 무늬를 프린트한 소재를 재단하여 조합한 의복도 디자인했다.

또, 다양한 무늬로 된 의복을 겹쳐 착장한 레이어드 룩/layered look/을 선보이기도 했다. 특히, 그는 일반적으로 서로 어울리기 힘들다고 생각되던 무늬들을 조화롭게 어우르는 감각으로 주목을 받았다. 한 예가 격자무늬와 줄무늬의 병치였다. 이 외에도 물방울무늬, 얼룩말무늬, 꽃무늬 등을 조화롭게 사용하여 한 폭의 그림과 같은 작품들을 탄생시켰다. 이러한 무늬의 조합과 함께, 그의 디자인에 특징으로 자리 잡은 것이 다양한 색채의 조합이다. 그는 컬렉션을 통해 1970년대 후반부터 다양한 색채의 흥미로운 배합을 보여주었다. 웅가로는 작업할 때 클래식이나 오페라 음악을 즐겨 들었는데, 이러한 음악들은 종종 그에게 영감을 제공했다. 이러한 영감은 프린트와 색채로 표현되었다.

49 다양한 색채의 조화를 보여주는 디자인(2000 F/W)

영화 의상 제작과 향수 사업

웅가로의 영화 의상 제작은 1975년 '낙원의 침입자/Le Sauvage/'에 출연한 카트린 드뇌브/Catherine Deneuve/의 의상을 담당하면서 시작되었다. 이후 1980년대 초까지 '글로리아/Gloria/'에 출연한 제나 로우랜즈/Gena Rowlands/, '송어/la Truite/'의 이자벨 위페르/Isabelle Huppert/, '데들리 런/Mortelle Randonnée/'의 이자벨 아자니/Isabelle Adjani/의 영화 의상을 디자인했다. 1983년부터는 자신의 연인이었던 아누크 에메/Anouk Aimée/가 영화 '비바 라 비/Viva la vie/', '석세스 이즈 더 베스트 리벤지/Success is the Best Revenge/', '남성과 여성-20년 전에/Un homme et une femme, 20 ans déjà/' 등에서 착용한 의상을 디자인하여 주목을 받았다. 이 외에도 1990년대 후반 영화 '부자들, 미인들 등등/Riches, belles, etc./'의 마리사 베렌슨/Marisa Berenson/과 영화 '뮤즈/The Muse/'의 샤론 스톤/Sharon Stone/의 의상을 제작했다.

디바/Diva/는 1983년 출시된 웅가로의 첫 향수로 1990년대 초반까지 큰 인기를 끌었다. 이 향수는 웅가로의 오랜 여자친구였던 프랑스 여배우 아누크 에메의 이미지를 따서 만든 것으로 에메가 이 향수의 홍보에 직접 나섰던 것으로 유명했다. 디바 이후에 여성 향수로 센소/Senso/를 1987년에 발표했고, 1990년에는 웅가로/Ungro/를 출시했다. 남성용 향수로는 1991년의 웅가

50 화려한 색채와 문양의 조화를 보여주는 웅가로 브랜드(2002 F/W)

로 포 멘/Ungaro for me/을 시작으로 1992년, 1993년에 각각 웅가로 푸어 옴므 II/Ungaro pour l' Homme II/와 웅가로 푸어 옴므 III/Ungaro pour l' Homme III/를 발표했다.

세계로 진출한 웅가로의 라이선스 브랜드

웅가로는 자신의 디자인 감각을 오트 쿠튀르를 통해서만 발산하지 않고, 기성복 시장까지 확장하려 노력했다. 그는 1967년에 GFT/Gruppo Finanziario Tessile/라는 기성복 제조업체와 손을 잡고 파라렐/Parallèle/ 브랜드를 만들었다. 초기에 웅가로는 GFT 공장을 일주일에 여러 번 직접 방문해서 의복 제작 방법을 가르치는 열정을 보여주었다. 처음에 파라렐은 여성복 라인만 생산하다가 1970년대에는 신사복도 제작하게 되었다. 이 브랜드는 1970년경 미국의 백화점 본위트 텔러/Bonwit Teller/, 니만 마커스/Neiman Marcus/, 아이 매그닌/I. Magnin/과 일본에 수출되었다.

파라렐이 1970년대에 이미 미국에 수출되었지만, 웅가로의 이름이 미국에 알려진 것은 1990년대에 이르러서였다. 웅가로 디자인은 이전에 이미 패션계에서 큰 주목을 받았지만 광고나 홍보가 충분히 이루어지지 못했다. 1991년부터 여성복 브랜드인 '엠마뉴엘'에서 시작해 남성복 브랜드로 변모한 '엠마뉴엘 바이 엠마뉴엘 웅가로'라는 대중적인 라이선스 브랜드가 미국에서 불티나게 팔리면서 그의 이름이 미국에서 널리 퍼지게 되었다. 하지만 이 브랜드들은 웅가로의 이름만 빌렸을 뿐, 디자인은 웅가로의 손을 전혀 거치지 않았다. 웅가로의 이러한 라이선스 브랜드는 1990년 수십여 개에 달했고, 대부분 계약자는 일본 기업이었다.

명성을 되찾기 위한 노력

라이선스 브랜드들에서 벌어들이는 로열티는 1990년대 중반 웅가로 수입의 대부분을 차지했다. 반면, 웅가로의 숍은 미국의 3곳을 포함해 전 세계에 19개에 불과했고, 오트 쿠튀르는 1

년에 300여 벌만이 팔리며 엄청난 적자를 기록했다. 이러한 상황에서 그는 자신의 하우스를 페라가모/Ferragamo/에 매각하기로 결정했다. 그의 용단은 거대자본에 넘어간 다른 오트 쿠튀르 하우스와는 더 이상 경쟁이 되지 않는다는 판단에 근거한 것이었다. 웅가로는 페라가모가 웅가로 하우스의 전통인 프랑스와 이탈리아 감각의 조화를 유지하면서 세계적인 명성을 얻을 수 있도록 사업을 확장하고 적극적으로 홍보해주기를 기대했다.

페라가모가 웅가로를 인수하자마자 벌인 조치 중 하나는 웅가로의 이미지에 맞지 않는 라이선스 브랜드와의 계약 해지였다. 웅가로의 라이선스 브랜드는 의복 외에도 욕실 타워, 커튼, 침대 커버 등을 포함하고 있었다. 또, 보수적인 페라가모의 경영 방침에 따라 라이선스 브랜드의 생산지를 대부분 프랑스와 이탈리아로 옮겨 상품을 직접 관리하고자 했다. 하지만, 이러한 조치는 웅가로 브랜드를 널리 알리는 데는 장해가 되었다. 또 엎친 데 덮친 격으로 1990년대 후반 아시아 지역의 경제 위기로 인해 동남아시아 숍들을 닫아야 하는 상황에 직면했다. 페라가모는 불가리와 손을 잡고 1997년 엠마뉴엘 웅가로 퍼퓸스/Emanuel Ungaro Parfums/를 설립하여 '플뢰르 드 디바/Fleur de Diva/'라는 향수를 출시하는 등 일시적으로 희망이 보였으나, 역시 제대로 광고조차 이루어지지 않았다.

페라가모에 대부분의 지분을 넘긴 후에도 웅가로 오트 쿠튀르는 지속되었고, 웅가로는 2004년까지 스스로 컬렉션을 책임졌다. 하지만, 여러 가지 노력에도 불구하고 적자가 계속되면서 결국 2005년 파키스탄계 미국인 IT 사업가 아심 압둘라/Asim Abdullah/에게 재매각이 되었고, 이후에는 벵상 다레/Vincent Darré/, 피터 둔다스/Peter Dundas/, 에스테반 코타자르/Esteban Cortázar/ 등의 디자이너/크리에이티브 디렉터/를 영입했다. 이렇게 여러 명의 디자이너가 들어오고 나가다가, 결국 2009년에는 타개책으로 할리우드 스타 린제이 로한/Lindsay Lohan/을 아티스틱 어드바이저로 영입하기도 했다. 하지만, 홍보 효과를 가져오기는 커녕 패션계의 엄청난 혹평을 받은 로한은 웅가로에서 사퇴할 수밖에 없었다. 이후 2010년 봄부터 영국 출신인 자일스 디컨/Giles Deacon/을 디자이너로 맞아 웅가로 하우스의 과거 명성을 되찾기 위해 노력했으나, 오래지 않아 잔느 라빕 라무르/Jeanne Labib-Lamour/를 거쳐 파우스토 푸글리시/Fausto Puglisi/로 디자이너가 바뀌는 등 힘겨운 여정이 계속되고 있다.

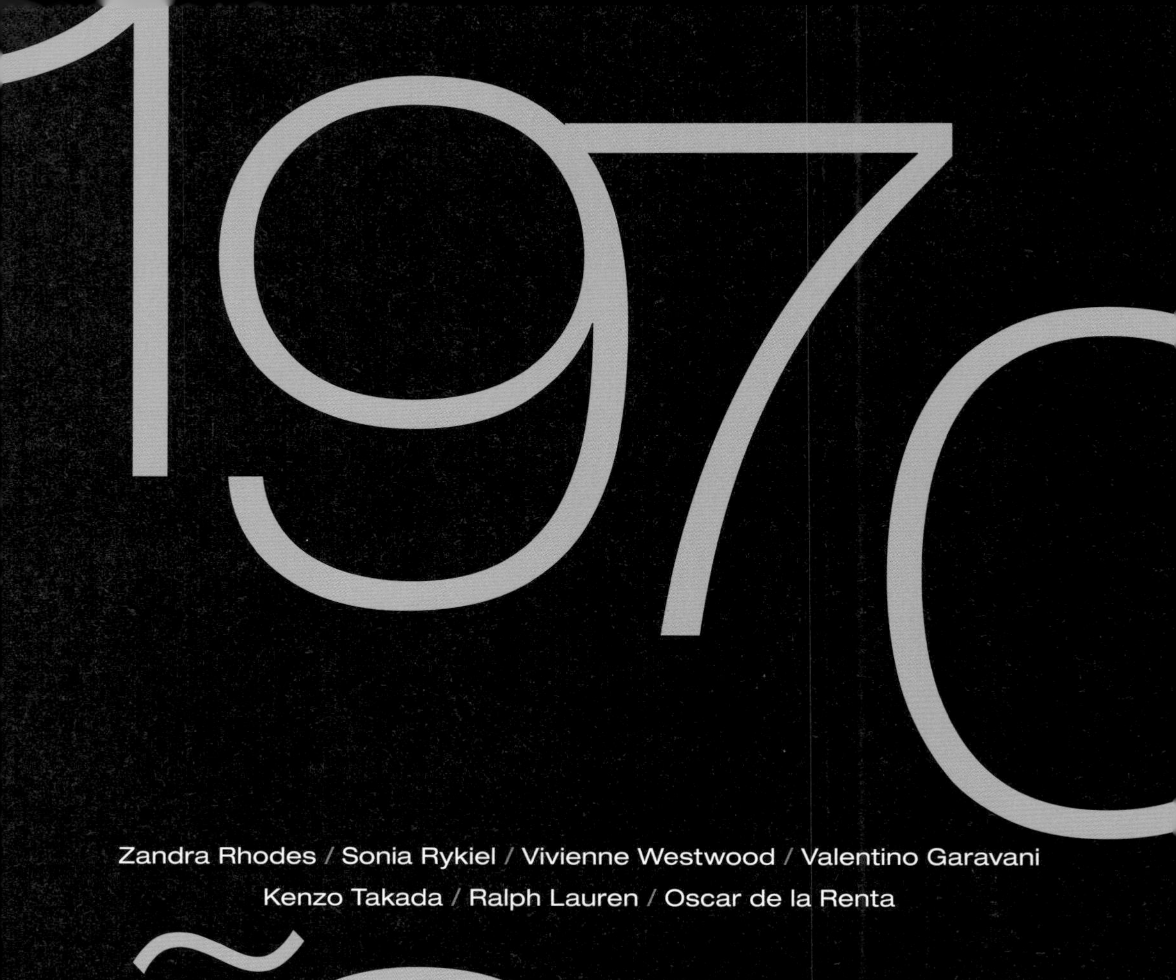

Zandra Rhodes / Sonia Rykiel / Vivienne Westwood / Valentino Garavani
Kenzo Takada / Ralph Lauren / Oscar de la Renta

Chapter 6

절충주의와 안티 패션

Chapter 6

절충주의와 안티 패션

절충주의 시기에는 핫팬츠/hot pants/와 벨 보텀/bell bottom/, 히피 룩과 미니스커트, 미디스커트, 맥시스커트 등 다양한 스커트 길이가 유행했고, 레이온이나 저지 등의 합성섬유로 만들어진 스리 피스 슈트/three-piece suits/로 구성된 '디스코 룩/disco look/'과 주류 패션에 대항하는 펑크 패션이 등장했다.

시대적 특징

불황의 시기

1970년대 세계 경제는 인플레 현상이 심한 불황의 시기였다. 높은 인플레이션, 늘어가는 실직률, 산업 환경과 기술에 대해 불만이 커져갔다. 1960년대 낙천적이고 소비가 미덕이었던 풍조는 지나갔고, 소비자들은 좀 더 실제적이고 합리적인 생활을 추구했다. 1970년대 중반에 접어들면서 영국과 미국에서는 실업률이 증가했으나, 세계 경제는 안정을 되찾았고 생활수준은 향상되었다.

미국과 소련의 냉전체제가 지속되는 가운데 1979년 미국의 동맹국인 이란의 팔레비 국왕이 국외로 쫓겨나게 되고 마지막 절대군주제가 종말을 고했으며, 이슬람 공화국이 선포되었다. 유가는 급등했고 금 가격도 폭등했으며, 에너지 위기를 맞이하게 되었다. 중동은 여전히 갈등의 불씨를 안고 있었다. 1975년 베트남 전쟁은 종전되었다. 중국에서는 등소평이 닉슨과 핑퐁 외교를 벌이는 등 개혁정치를 추진하면서 냉전 분위기가 서서히 가라앉기 시작했으며, 중국이 문호를 개방하여 새롭게 주요국으로 부상했다.

석유파동과 환경문제

1970년대 두 차례의 석유파동이 일어나자 에너지 확보가 처음으로 중요하게 인식되었고, 환경문제가 부각되었다. 1970년대 패션 산업에서는 자연섬유를 생산하거나, 인조 모피를 개발하고, 직물을 생산·폐기하는 친환경적인 방법을 모색하고 실천했는데, 이와 같이 패션 산업을 통해 발생하는 환경오염을 최대한 줄이고자 했다.

팝 뮤직과 대중문화

1970년대는 다원주의의 시대로, 개념 미술, 대지미술, 페미니즘 예술 공예, 미디어아트, 비디오아트, 퍼포먼스아트 등이 새로운 예술매체로 등장했다. 대중문화가 확산되고 팝송가수나 영화배우가 문화의 주체로 대중의 생활양식과 가치에 많은 영향을 미쳤다. 청소년들은 데이비드 보위/David Bowie/, 마돈나/Madonna/, 그레이스 존스/Grace Jones/, 보이 조지/Boy George/, 신디 로퍼/Cyndi Lauper/, 마이클 잭슨/Michael Jackson/ 등 록 가수의 외모와 패션 스타일을 모방했다. 마이클 잭슨의 베르사체풍 패션, 마돈나의 란제리 룩, 보이 조지의 앤드로지너스 룩 등이 그 대표적인 예이다. 광택 있는 천과 번쩍거리는 장식의 글램 룩, 찢어진 청바지나 색이 바래진 옷 등의 그런지 룩, 펑크족의 허무주의적인

1 아방가르드 패션을 선보인 데이비드 보위 (1970년대)

2 가죽 점퍼 차림과 화장이 눈에 띄는 영국 펑크그룹 수지 앤드 더 밴시스

3 트레이드마크인 길게 딴 머리의 펑크의 선구자 린 로비치(1979)

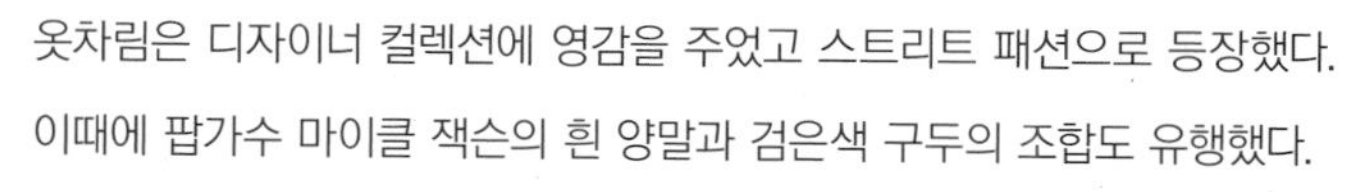
옷차림은 디자이너 컬렉션에 영감을 주었고 스트리트 패션으로 등장했다. 이때에 팝가수 마이클 잭슨의 흰 양말과 검은색 구두의 조합도 유행했다.

1977년 영화 '스타워즈/Star Wars/'의 미래주의적인 패션과 '토요일 밤의 열기'의 디스코/disco/ 춤과 의상은 큰 인기를 끌었다. 배우 존 트라볼타가 입었던 밝은색 셔츠, 폴리에스테르 슈트, 금색 체인, 플랫폼 신발과 여배우들이 입었던 트리코 니트 원피스, 스판덱스 상의는 대중 패션으로 유행했다. 영화 '탑 건', '월 스트리트'와, 미국 텔레비전 프로그램인 '달라스'와 '다이너스티'의 의상들이 패션에 영향을 주었다.

신디 크로포드/Cindy Crawford/, 린다 에반젤리스타/Linda Evangelista/ 등 슈퍼 모델도 패션 리더로 유명해졌다.

1981년 설립된 MTV/Music Television/는 텔레비전, 음악, 패션의 완벽한 조합을 보여주었다. 뮤직 비디오 속 많은 가수들의 모습은 대중 패션에 영향을 주었다. 비보이/B-boy/의 배기팬츠/baggy pants/, 야구 셔츠, 거꾸로 쓴 야구 모자, 묶지 않고 발목까지 오는 운동화 등 힙합풍의 패션이 유행했다.

4 핫팬츠와 벨 보텀 팬츠, 남성의 목까지 내려오는 장발의 유행(1971)

5 프린지로 장식된 스웨이드 미니스커트를 입은 여성

6 핫팬츠와 미니스커트를 입고 대학 캠퍼스를 걷는 학생들(1973)

유행 패션의 특징

미디스커트와 통 넓은 팬츠 슈트

1960년대 즐겨 입었던 무릎 위 길이의 미니스커트는 1970년 중반 이후 점차 길어져 종아리 중간까지 오는 미디스커트/midi skirt/나 발목 바로 위까지 오는 맥시스커트/maxi skirt/로 바뀌었다. 특히 석유파동 이후 불황의 시대에 소비자들은 발랄한 미니스커트 대신 미디스커트와 맥시스커트를 선호했다. 1970년대 고급 여성복의 경향은 팬츠 슈트였다. 스커트 길이에 따라 다른 유행을 좇는데 지친 패션 추종자들은 통 넓은 팬츠 슈트를 입었다. 팬츠는 굽이 높은 구두나 웨지 힐/wedge heel/의 이브닝 샌들과 함께 '플레어스/flares/'와 '백스/bags/'로 나타났다. 플레어스는 엉덩이와 허벅지가 꼭 끼고 무릎 아래부터 넓어져 아래가 벨 모양이 되도록 재단한 팬츠이다. 이를 미국에서는 벨 보텀이라고 불렀고, 한국에서는 판탈롱이라고 했다. 백스는 1920년대 유행한 '옥스퍼드 백스'와 유사한 팬츠 모양으로 앞주름이 들어간 헐렁한 바지에서 온 것으로, 엉덩이둘레가 꼭 맞게 디자인되었고 굽이 높은 구두나 부츠와 함께 착용되었다.

7 홀터 톱과 플레어스 팬츠를 입고 있는 스웨덴 출신 모델 울라 존스

8 미니스커트와 맥시스커트를 입고 있는 독일 모델들(1972)

9 1970년대 유행한 플레어 진스와 플랫폼 슈즈

에스닉 룩

미국과 중국의 핑퐁 외교에서 시작된 동양과 서양의 문호개방은 패션 트렌드에도 많은 영향을 주었다. 1975년 겐조 다카다는 중국의 마오 인민복에서 영감을 얻은 마오 아 라 모드/Mao à la Mode/를 발표했다. 이브 생 로랑 역시 러시아, 모로코, 코사크의 민속복식에서 아이디어를 얻어 에스닉 룩을 선보였다. 나아가 극동 지방의 카프탄 드레스, 일본의 기모노, 말레이시아의 사롱은 서구 디자이너에게 영감의 원천으로 등장했다.

레이어드 룩

석유파동 이후 사람들은 실용적이고 가격이 저렴한 옷을 선호했다. 팬츠 위에 미니스커트, 그 위에 재킷을 겹쳐 입어 다양한 효과를 낼 수 있는 레이어드 룩/layered look/을 시도했으며, 전체적으로 헐렁하게 입는 루스 룩/loose look/ 혹은 빅 룩/big look/을 선호했다. 또한 1970년대 말에는 솜으로 패딩한 코트, 오리털 코트가 방한용으로 유행했다.

복고풍 스타일

10 복고풍 의상을 보여주는 어느 가족의 모습 (1970년대)

1970년대 초반 젊은이들은 베트남 전쟁에 대한 반전시위를 전개했으며, 이러한 사회적 분위기는 밀리터리 룩으로 표현되어 군복이나 반전시위 문구를 새긴 티셔츠가 유행했다. 이러한 밀리터리 룩과 달리 여성들은 더 여성스럽게 디자인된 프릴/frill/ 달린 부드러운 소재의 블라우스, 미디 길이의 개더스커트를 입었다. 로라 애슐리/Laura ashley/는 전원풍으로 주목을 받았는데, 그녀는 섬세한 꽃무늬와 레이스 장식, 팝 슬리브, 개더스커트, 피전트 드레스/peasant dress/ 등 복고적이며 낭만적인 디자인을 내놓았다.

과거에 대한 향수나 자연으로 돌아가려는 욕망을 표현하고자 나체로 질주하는 스트리커/streaker/가 등장했다. 1974년 상영된 영화 '위대한 개츠비/The great Gatsby/'에서 주인공들이 입었던 흰색 슈트와 1930년대의 여성스러운 슬림 룩과 가든 파티 드레스는 여성의 향수적 취향을 자극했고, 개츠비 룩은 곧 널리 유행했다.

스포츠웨어

11 낚시를 즐기는 아이젠하워 대통령의 손자인 데이비드 아이젠 하워 부부(1971)

1970년대는 건강과 여가에 대한 관심이 고조되던 시기였다. 따라서 스포츠와 몸매에 대한 관심이 매우 높아졌고, 이에 따라 활동적인 운동과 몸매를 유지하기 위한 트레이닝/training/이 중시되었다. 남녀가 조깅을 즐겼으며, 풀오버 상의와 바지, 올 인원 트랙 슈트/all-in-one track suit/를 착용했다. 사람들은 이 편안한 조깅복을 캐주얼웨어나 레저복으로 입기도 했다.

디스코 스타일

디스코의 열풍은 남성복을 획기적으로 변화시켰다. 당혹스러운 색상의 합성섬유로 만들어진 재킷과 바지, 베스트로 이루어진 스리 피스 슈트/three-piece suits/가 대유행했다. 스리 피스 슈트의 라펠은 넓고, 통이 넓은 플레어 바지와 허리선이 올라간 베스트로 구성되었다. 넥타이는 폭이 넓고, 와이셔츠의 칼라는 넓고 끝이 길었다. 목에 스카프를 매는 것이 여성들에게 유행했다. 몸에 꼭 끼는 스판덱스 바지나 튜브 톱, 레오타드가 유행하기도 했다.

12 넓고 끝이 긴 칼라의 와이셔츠를 입은 영부인 팻 닉슨

13 1970년에 유행한 폭이 넓은 넥타이를 맨 남성

원래 펑크 스타일은 런던의 비비안 웨스트우드/Vivienne Westwood/와 파트너 말콤 맥러렌/Malcolm McLaren/에 의해 시도되었다. 비비안 웨스트우드는 1976년 노동계층이 모여 있는 킹스 로드에 '렛 잇 록/Let It Rock/'이라는 매장을 열고, 주로 페티시/fetish/ 의상을 팔았는데, 이는 반체제적 스타일이었다. 말콤은 펑크록 밴드인 섹스 피스톨스/Sex Pistols/의 매니저였으며, 밴드의 멤버들은 비비안 웨스트우드의 의상을 입었다. 찢어진 진과 티셔츠, 가죽 재킷, 헝클어진 머리스타일, 피어싱/piercing/, 타투/tattoo/, 보디 페인팅/body painting/ 등이 유행했다. 비비안 웨스트우드는 전통적으로 '아름답다거나 추하다'는 가치를 무시하고 새로운 스타일을 창조했으며, 팝음악과 함께 펑크 스타일을 전 세계에 확산시켰다.

펑크는 전통적 인습과 체제, 미신적 관습에 의한 오류 등에 대해 저항하거나 공격하는 사람이다. 펑크는 속어로 비성숙한 풋내기 젊은이, 불량소년·소녀, 순진하고 어리석은 사람 혹은 꽃미남, 저질이거나 값어치가 없으며, 정신과 건강이 허약한 사람을 뜻한다. 어원에서 풍기듯이 펑크 스타일은 기존 질서와 균형 잡힌 미에 대한 반동을 뜻한다.

1970년대 경제적 불황기를 맞은 국제 정세에 따라 실업률의 증가는 10대들에게 불안과 초조함을 불러일으켰다. 특히 실직에 대한 불안은 영국에 이민 온 소수 인종인 흑인과 파키스탄계 인도인의 자녀들에게는 심각한 것이었다. 영국 정부의 인종차별에 심한 반발을 느낀 런던의 10대들은 이 소수집단의 좌절, 절망, 분노, 공포를 은연 중에 자신의 스타일에 풍자적으로 표현하여 정치적인 항거운동을 해나갔다. 펑크는 아프리카 문화를 동경했고, 아무 것도 갖고 있지 않는 무산계층, 프롤레타리안, 보헤미안들이었다. 물질만능에만 가치를 둔 출세 지향적인 10대들을 지탄했으며, 스스로 반성취주의/anti-achievement statement/를 택했다. 또한 펑크는 히피의 경건한 지식주의의 도취에서 벗어나 반지식주의를 지향했다. 펑크는 질서와 균형을 무시한 예술파괴주의/Vandalism/를 신봉하는 자들로 아방가르드 그룹에 속하는 미술대학생들에게 열광적으로 퍼져 나갔다. 펑크는 아프리카인의 모히칸/Mochican, or spike/ 헤어스타일에 빨간색, 파란색 등의 염색과 보디 페인팅/body painting/, 클립/clip/과 옷핀의 장신구, 담뱃불로 지져 구멍을 내거나 일부러 찢어서 구멍을 낸 티셔츠 위에 '우리에게 미래는 없다', '나를 죽이시오', '인생은 지루하다' 등의 메시지를 프린트한 충격적 스타일을 입었다. 특히 이들은 무산계급의 상징인 남루한 옷차림을 좋아했고 중고가게에서 1940년대 옷을 구입하거나 떨어진 옷을 패치워크 하는 등 그런지/grungy/풍의 스타일을 선호했다.

펑크는 인류 역사의 영원한 숙제인 사회계층 간의 갈등, 인종차별에 대한 무언의 항거, 기성세대가 독점한 사회에서 겪는 좌절, 미래에 대한 야망의 포기로 인해 철저한 허무주의, 무질서, 무정부주의/anarchism/로 도피하게 된다. 잔드라 로즈/Zandra Rhodes/는 펑크의 허무주의와 예술파괴주의를 그녀의 패션 디자인에 적극 도입했다. 옷감을 찢고 구멍을 내거나 옷핀으로 연결시키고, 체인으로 장식한 그녀의 웨딩드레스는 기존 웨딩드레스와 아름다운 옷이라는 개념을 전복시켰다. 이제 옷은 '입는' 단순한 오브제가 아니라, '이념'을 표현하는 것이자 물질만능에 대한 도전이며, 인간성 말살에 대한 고발의 장/field/ 역할을 하고 있다.

펑크 스타일을 보여주는 섹스 피스톨스의 존 라이든(1977)

1970년대 말 전형적인 펑크족의 모습

FASHION DESIGNER

Zandra Rhodes

잔드라 로즈 1940~

"구석에 숨어 있으려는 사람들을 위해 디자인하지 않을 것이다. 패션은 공작새가 되기 위한 것이어야 한다."

*잔드라 로즈*는 독창적인 텍스타일을 기반으로 자신만의 패션 세계를 구축한 영국의 패션 디자이너이다. 영국 켄트 주 채텀/Chatham/ 출신으로, 어렸을 때부터 드로잉에 재능을 보였고 가족들과 주변 풍경을 스케치하기를 즐겼다. 시슬리 메리 바커/Cicely Mary Barker/의 유명한 꽃 요정 일러스트레이션은 그녀가 어린 시절 즐겨 모사한 작품들이다.

텍스타일 디자인 전공한 아티스트

1957년 17세가 되자 잔드라 로즈는 메드웨이 예술학교/Medway college of art/에 입학하여 전문 미술 교육을 받기 시작했다. 파리의 워스/Worth/하우스에서 일한 경력이 있었던 그녀의 어머니 역시 같은 대학교에서 드레스 메이킹 강의를 하고 있었다. 그러나 잔드라 로즈는 일부러 패션 코스를 피해 텍스타일 디자인과 석판화 등을 수강했고, 1961년부터는 영국 최고의 예술 학교인 왕립예술대학교/Royal college of Art/에서 텍스타일 디자인을 본격적으로 공부했다. 그곳에서 그녀는 독창성의 기반이 될 프린트 기법을 깊이 연구했고, RCA 주변의 예술가, 디자이너 지망생들과 교류하면서 독특하고 극적인 스타일의 취향을 발전시켰다.

런던 스트리트 문화와 팝아트에 받은 영감

1960년대 젊고 자유분방한 런던의 분위기는 잔드라 로즈의 작품 세계에 큰 영향을 끼쳤다. 당시 런던에서는 자신만의 라이프 스타일과 패션을 따르려는 새로운 청년 세대가 등장하여 젊고 혁신적인 문화 혁명이 진행되었고, 팝아트 화가 데이비드 호크니/David Hockney/, 미니스커트와 핫팬츠를 창시한 메리 퀀트/Mary Quant/ 등 예술학교 출신의 젊은 예술가와 디자이너들이 런던의 새로운 미학을 이끌었다. 그녀는 런던 주변의 유명 뮤지엄과 아트 갤러리의 전시회들을 방문하고 친구들과 교류하면서 많은 영감과 아이디어를 얻었다. 그리고 1964년 RCA 디플로마쇼에서 1960년대 팝아트 작가들에게 영감을 받은 대담하고 신선한 텍스타일 디자인을 선보였다. 그녀의 작품 중에는 데이비드 호크니/David Hockney/ 작품에서 직접적인 영감을 받은 메달/medal/ 시리즈의 디자인도 있었다.

팝아트에서 영감을 받은 잔드라 로즈의 대담하고 화려한 디자인은 기성 텍스타일 제조업자들의 눈에는 지나치게 실험적으로 보였다. 쉽게 판매되지 않자 그녀는 1964년 남성 친구 알렉스 매킨타이어/Alex MacIntyre/와 프린팅 스튜디오를 설립하고, 예술학교 강사 일을 병행하면서 텍스타일 비즈니스를 시작했다. 이 무렵 패션 잡지에 소개된 에밀리오 푸치/Emilio Pucci/의 화려한 프린트 의상들은 그녀가 텍스타일 디자이너로서 진로를 결정하는 데 중요한 영향을 끼쳤다. 그녀는 자신의 몸을 캔버스 삼아 종이에 그린 2차원적 디자인이 3차원의 인체에 입혀졌을 때 어떤 효과를 나타내는지 거울을 보며 연구했고, 하나의 리피트/repeat, 텍스타일 도안의 한 단위/가 의상 한 벌을 완성하는 새로운 방식으로 텍스타일 프린트 디자인에 접근했다.

1964년 12월, RCA 출신의 듀오가 이끄는 포울 앤드 터핀/Foale and Tuffin/ 부티크에서 만든 스타 트렐리스/Star Trellis/ 프린트 의상이 잡지 〈퀸/Queen/〉의 표지를 장식하여 그녀는 첫 성취의 기쁨을 맛보았다. 이어 1965년에는 유명 사진작가 헬무트 뉴튼/Helmut Newton/이 촬영한 그녀의 독특한 메달 프린트와 레인보우 프린트가 〈보그〉 지에 게재되었다. 1960년대에 잔드라 로즈는 일상적인 소재들을 미술에 끌어들인 팝아트 작가들의 아이디어를 적용했고, 주변의 관심 있는 것들을 스케치하며 작품의 아이디어를 모으고 발전시켰다.

1967년 패션 부티크 첫 개점

잔드라 로즈는 텍스타일 디자이너였지만 자신이 완성한 텍스타일 디자인을 패션 디자이너들이 임의대로 잘라 사용하는 점에 불편을 느꼈고, 패션 디자인에 관여할 방법을 찾았다. 1967년 로즈는 동료 강사이자 패션 디자이너인 실비아 에이튼/Sylvia Ayton/과 함께 스튜디오를 마련

14 팝아트의 영향을 받아 일상의 전구를 오브제로 사용한 디자인

하고 공동 작업을 시작했으며, 1968년 함께 첼시에 풀햄 로드 클로스 숍/The Fulham Road Clothes Shop/을 열었다. 이들의 부티크는 독창적인 프린트 직물로 독특한 패션을 창조하여 언론의 관심을 받았다. 1967년 잡지 〈노바/Nova/〉 4월호에서는 잔드라 로즈의 백열전구 프린트 드레스를 게재했고, 1969년 〈우먼스 웨어 데일리〉에서는 모든 이들이 평범하고 저속한 것으로 여기던 것을 새로운 예술로 바꾼 잔드라 로즈의 독창성에 주목했다.

이 시기 잔드라 로즈는 RCA 시절 시작한 텍스타일 디자인의 주제들과 모티프들을 계속해서 발전시키는 한편, 대중문화에서 얻은 새로운 영감들을 적극적으로 작품에 반영했다. RCA 시절 시작한 백열전구 시리즈는 일회용 패션의 유행에 맞추어 페이퍼 드레스로 제작되었고 상업적으로도 성공을 거두었다. 그녀는 크리스티앙 디오르의 립스틱 광고에서 아이디어를 얻어 위트 넘치는 립스틱 프린트를 제작했고, 파코 라반의 로도이드 플라스틱 디스크 드레스에서 영감을 얻어 시퀸 프린트 드레스를 만들기도 했다. 만화, 옛 도자기 화병 문양, 백열전구, 립스틱 광고, 비누 광고, 테디베어 등 주변의 일상적 소재들을 자신만의 독특한 텍스타일 프린트로 발전시켰다. 그러나 이러한 독창적인 패션은 상업성과는 거리가 있었고 재정 적자의 폭이 커지면서 동업은 실패로 끝났다.

1969년 첫 솔로 컬렉션의 성공

잔드라 로즈는 1969년 손뜨개질 경험에서 모티프를 발전시킨 첫 컬렉션 '니티드 서클/The Knitted Circle/'을 발표했다. 정식으로 패션 디자인을 배우지는 않았지만 로즈는 자신의 몸을 이용하여 새로운 스타일을 창조하는 실험을 적극 진행했고, 프린트 디자인을 가장 잘 살려낼 수 있는 디자인을 스스로 찾았다. 실루엣을 위해 옷감을 재단하는 일반적인 경우와 달리 그녀는 프린트 디자인이 실루엣을 결정하도록 했고, 실크 시폰으로 만든 원형의 니티드 서클 프린트를 그대로 사용하여 독특한 드레스를 제작했다. 그녀의 컬렉션에는 이국적인 드레스와 카프탄/caftan, 터키 사람들이 입는 셔츠 모양의 기다란 상의/, 펠트 코트 등이 포함되었고, 체인 스티치의 프린트와 시그니처 모티프로 발전되는 구불구불한 위글스/Wiggles/ 패턴의 프린트가 등장했다. 그녀의 컬렉션은 곧 미국 〈보그〉와 〈우먼스 웨어 데일리〉에 소개되었고 뉴욕백화점 헨리 벤델/Henri Bendel/에 판매되면서 뉴욕의 최상류층 소비자에게 다가갔다. 패션 미디어는 그녀의 의상들을 경쾌하고, 환상적인 꿈에 비유했다.

1970년 이후 작품 세계

잔드라 로즈는 첫 솔로 컬렉션의 성공으로 자신감을 얻고 프린트 텍스타일에 기초하여 자신만의 독특한 패션 세계를 발전시켰다. 1970년 두 번째 컬렉션에서 로즈는 셰브론 숄/Chevron shawl/ 프린트를 사용한 코트와 드레스, 카프탄 스타일의 자카드 드레스 등을 선보였고 '인디언 페더/Indian Feather/' 컬렉션에서는 아메리칸 인디언의 깃털 장식을 모티프로 사용한 환상적인 의상을 소개했다. 그녀는 드레스 가장 자리에 배치된 깃털 프린트를 일일이 손으로 잘라내어 흡사 날개와 같이 만들었고, 1971년 '엘리자베션 슬래시드 실크/Elizabethan Slashed Silk/' 컬렉션에서는 지그재그 패턴과 더불어 영국 튜더 시대의 슬래싱 기법을 도입했다. 강렬한 프린트의 실크 시폰 의상은 때로는 문신, 때로는 화려한 나비의 날개와 같은 효과를 부여하며 잔드라 로즈를 대표하는 아이템으로 부상했다. 그녀는 솔기를 옷의 외부 장식으로 처음 노출시키기도 했다. 이러한 잔드라 로즈의 다문화적이고 이국적인 작품 세계를 창조하는 영감의 핵심적인 기반은 일상과 여행, 박물관 방문 등이었다.

15 잔드라 로즈의 1970년 대표작인 프린트 펠트 코트(2012 F/W)

16 1970년 셰브론 숄 컬렉션에서 선보였던 이국적인 퀼트 코트(2012 F/W)

1972년 잔드라 로즈는 올해의 디자이너상을 수상하며 영국을 대표하는 디자이너의 반열에 올랐다. 핸드 프린팅에서 의상 제작까지 수작업에 의존하는 그녀의 의상은 예술성과 장인 정신의 측면에서 쿠튀리에의 작업에 견줄 수 있었다. 주간지 '옵서버/Observer/'는 1972년 그녀의 작품을 '새로운 쿠튀르'라고 칭했다. 그녀의 컬렉션은 낭만적 서정성과 이국적인 독특함을 동시에 발산했고, 그룹 퀸의 프레디 머큐리와 다이애나 왕세자비 등 영국 상류층의 선택을 받았다. 1973년 '러블리 릴리스/Lovely Lilies/' 컬렉션에서 발표한 고상하고 기품이 있는 흰색 브이넥 새시 드레스는 우아한 여성들의 사랑을 받으며 그녀의 대표작이 되었고, 1977년 스트리트 펑크의 미학을 결합하여 저지에 구멍을 뚫고 안전핀을 장식한 드레스를 선보인 콘셉트추얼 시크/Conceptual Chic/ 컬렉션을 통해 그녀는 '펑크의 사제', '펑크의 공주'라는 칭호를 얻었다.

17 1973년 러블리 릴리스 컬렉션에서 등장한 후 대표작으로 사랑 받아 온 드레스(2012 F/W)

잔드라 로즈는 독창적인 프린트 텍스타일을 기반으로 하여 아름다움과 추함, 좋은 취향과 나쁜 취향의 경계를 넘나들며 작품 세계의 지형을 확장했다.

잔드라 로즈의 현재 동향

잔드라 로즈는 영국 패션에 기여한 공로를 인정을 받아 1997년 영국 여왕으로부터 CBE 작위를 받았다. 그녀는 자신의 몸을 캔버스 삼아 작품을 창조해왔고, 쇼킹 핑크의 헤어 컬러와 화려한 메이크업은 트레이드마크가 되었다.

잔드라 로즈의 예술적 창조성은 2001년 샌디에이고/San Diego/ 오페라단의 '마술 피리' 공연을 시작으로 오페라 의상 제작에서도 열정적으로 발휘되었고, 그녀는 패션 분야를 넘어 로얄

18 1977년 콘셉트추얼 시크 컬렉션에서 선보인 펑크 웨딩드레스(2012 F/W)

덜튼의 도자기와 맥의 메이크업 라인, 벽지 디자인 등 다양한 분야와의 협업을 진행했다.

2003년에는 그녀의 오랜 작품 세계를 모아 런던에 '패션 앤드 텍스타일 박물관'이 개장했고, 그녀의 의상은 인기 있는 빈티지 아이템으로 디자이너들과 호사가들의 주요 수집품이 되었다.

잔드라 로즈는 1960~1970년대를 거치며 진행한 몇몇 작품의 주제를 여전히 탐구 중이며 2012년 가을·겨울 컬렉션에서는 회고전을 진행했다. 표준화된 제품에 너무나 익숙한 오늘날에도 화려한 공작새의 날개를 달고 주인공이 되려는 이들에게 잔드라 로즈의 의상은 여전히 꿈의 의상으로 기억되고 있다.

19 40년간의 독창적인 텍스타일과 예술성, 장인 정신이 살아 있는 잔드라 로즈의 회고전(2012 F/W)

Sonia Rykiel

소니아 리키엘 1930~

"니트를 사랑하는 이유는 그것이 마치 마법과도 같은 매력이 있기 때문이다. 우리는 실 한 올을 가지고도 수많은 것들을 만들 수 있다."

*소니아 리키엘*은 샤넬처럼 독특한 일상복 디자인의 선구자였다. 1960년대 기성복 혁명 이래 그녀는 줄곧 자신을 모델로 한 의복을 꿈꾸어 왔는데, 이것은 그녀의 패션 철학을 보여준다. 패션 디자이너에게는 시즌별 컬렉션을 발표해야 하는 대단히 중요한 의무가 있는데도 불구하고, 소니아 리키엘은 지난 40여 년 동안 '논패션/non-fashion/'을 만들면서 클래식과 모던을 혼합해 오랫 동안 패션계를 이끌어 왔는데, 이 과정에서 그녀만이 갖고 있는 수수께끼 같은 디자이너의 진수를 보여준다.

> 논패션/non fashion/
> 유행에 좌우되지 않는 스타일이다. 유행에 민감하지 않고, 자기 나름대로의 소화력으로 유행적 요소를 없애는 등 디자인 과잉의 경향으로부터 벗어나려는 패션을 말한다.

패션을 초월한 논패션의 창조자

소니아 리키엘은 전형적으로 여성적인 파리지엥/Parisian/ 디자이너이다. 그녀는 딸, 나탈리/Nathalie/를 임신했을 때부터 디자이너로서의 경력이 시작되었는데, 그때에 그녀는 편안하면서도 부드러운 스웨터와 패셔너블한 임부복을 찾다가 직접 자신의 옷을 만들기 시작했다. 그러나 이후에 그녀는 오히려 몸에 맞고 섹시해 보이는 의복을 창조할 방법을 생각하기 시작했다. 그 대표적인 예가 그녀가 가장 좋아하는 옷인 '푸어 보이 스웨터/poor boy sweater, 몸에 꼭 끼고 골이 지게 짠 스웨터/'로, 이것은 너무 타이트해서 마치 줄어든 것처럼 보이는 블랙 스웨터였다. 1962년부터 리키엘은 남편 샘 리키엘/Sam Rykiel/의 부티크인 '로라/Laura/'에서 자신이 디자인한 옷을 판매하기 시작했고, 1968년에는 레프트 뱅크/Left Bank, 파리 센 강의 좌안/에 자신의 이름을 딴 부티크를 오픈했다. 1960년대 초반부터 시작된 기성복으로의 전환기와 거대한 문화적 격변기를 거치면서 그녀는 오트 쿠튀르의 구속적인 스타일을 거부하고, 젊고 모던한 이미지를 투영한 프랑스 아방가르드 의복으로의 극적인 전환을 선도했다.

20 시그니처 룩인 블랙 바탕에 컬러풀한 스트라이프 니트 스웨터(2000 S/S)
스트라이프 브리프와 액세서리와 함께 토탈 룩을 보여준다. 특히 몸에 밀착된 스웨터는 높은 진동과 좁은 소매로 슬림하면서도 관능적인 실루엣을 제시한다.

디자이너 소니아 리키엘은 트레이드 마크인 레드헤어, 창백한 안색, 날씬한 블랙 의상으로 유명하다. 더불어 몸에 꼭 맞지만 움직임이 편안한 니트, 라인스톤/rhinestone, 모조 다이아몬드/으로 장식된 추상적 패턴과 컬러풀한 스트라이프, 이브닝 가운처럼 부드러운 울, 솔기를 바깥으로 드러내고 헴/hem, 의복의 가장자리, 단/과 안감을 없앤 미완성 룩으로 잘 알려져 있다. 니트와 저지로 대표되는 소니아 리키엘의 독특한 스타일은 자유를 추구하는 젊은 여성들의 욕구를 충족시켰을 뿐만 아니라, 착용자를 기분 좋게 하는 온화한 조화로 스웨터의 세련된 예술을 제시했다. 그녀의 의상은 특히 1980년대 직장 여성들에게 높은 인기를 끌었는데, 이것은 그녀의 디자인이 엄격한 비즈니스 의상에서 벗어나 직업적으로 성공한 한 인간이면서 동시에 매우 여성스러워 보이는 이미지를 제안했기 때문이었다.

40여 년 동안 컬렉션에서 소니아 리키엘이 모방한 유일한 사람은 항상 자기 자신이었다. 그녀는 개인적인 스타일 경향과 동일한 패션을 창조해서 타인의 눈에 투영된 자신을 바라보았으며, 패션계의 격렬한 변화와 유행에 반하는 연속성을 보여주었고 진정한 예술작품으로서의 패션을 창조했다.

이렇듯 블랙 실루엣에 빨간 머리를 한 수수께끼 같은 디자이너, 소니아 리키엘은 컬렉션을 통해 지속적인 메시지를 전달했다. 그녀가 디자인한 의상은 자신의 이미지를 근간으로 하면서 동시에 모든 여성을 대상으로 하는 역설을 보여주었으며 패션의 창조자로서의 그녀는 쿠튀리에 세계를 구축했다. '컬렉션이 끝나도, 그 컬렉션은 결코 끝나지 않는다/Collection ended, collection never-ending/'는 그녀가 자신의 책에 붙인 제목 중의 하나이다. 리키엘은 한 시즌에서 다음 시즌까지 계속해서 다양하고 무한히 변화할 수 있는 의복을 꿈꾸었는데, 그녀는 이렇게 '논패션'을 제시함으로서 유행에 맹종하지 않는 자유로운 여성들을 기렸다. 리키엘의 스타일과 패션 철학은 시즌별 헴라인의 위치나 컬러에 의존하는 트렌드와는 무관한 것으로, 일관성과 반복성이 만들어낸 미적 스타일에 기초한다. 특히 리키엘이 즐겨 쓰는 색상인 레드와 블랙은 그녀에게 초월적 삶을 재현하는 것이었다. 리키엘의 니트웨어는 부드러운 울과 함께 무형의 창조를 야기했는데, 그것은 바로 리키엘의 패션 방식인 영원성의 표식을 보여주었다.

제2의 피부이자 스타킹 같은 의복을 개발한 니트의 여왕

디자이너, 소니아 리키엘의 강점은 바로 니트웨어 디자인이다. 리키엘의 우아하면서도 편안한 라운지 룩/lounge look/은 전형적인 프랑스 스타일로, 그녀는 이러한 자신의 의상을 '새로운 고전주의'라고 불렀다. 1930년대에 많이 사용되었던 슬림한 선, 절제된 색상의 유동적인 저지/jersey/, 통 넓은 바지와 래글런/raglan/ 소매의 스웨터는 리키엘의 트레이드마크가 되었으며, 루렉스/lurex/ 니트는 이브닝웨어로도 입을 수 있을 만큼 충분히 세련된 것이었다. 특히 리키엘은 진동이 높고 좁은 소매와 몸에 밀착된 의복을 재단하여 자신만의 특징적인 실루엣을 창조했다. 그녀는 부티크 '로라'에서 자신의 디자인을 판매할 때부터 지속적으로 옷의 폭을 줄이고, 진동이 높은 타이트한 소매와 짧고 타이트한 바지통으로 착용자의 팔다리를 좀 더 길고 가늘어 보이도록 했다. 소니아 리키엘의 의상이 일본에 도입되었을 때에 패션 잡지 〈소엔/Soen/〉의 1969년 12월 판에서는 그녀의 의상을 '스타킹 같은 의복'이라고 소개했다. 리키엘은 일상복을 새롭고 스타일리시한 감각으로 제시했는데, 착용자는 속옷을 입지 않고 피부 바로 위에 니트 스웨터와 스커트 혹은 바지를 입었다. 이처럼 스타킹처럼 피부에 입혀진 의복은 '피부 = 몸'과 '의복 = 몸을 덮는 것'이라는 기존 공식을 재정의하는 것이었다. 이렇게 리키엘은 니트웨어를 하나의 완전한 패션으로 만들었다. 울과 앙고라 니트는 스웨터뿐만 아니라, 재킷, 드레스, 바지, 코트, 모자, 스카프로도 만들어졌으며, 그것들은 피부 바로 위에서 매우 섬세하고 타이트하게 따로 잘 맞아 속옷이 필요하지 않았다.

소니아 리키엘은 창조, 자유, 평등, 해방에 사로잡힌 세대의 여성들에게 '시크함'을 선사했고, 미국인들은 그녀를 '니트의 여왕' 혹은 /저지의 취향을 공유한/ '새로운 샤넬'이라고 칭했다.

미완성의 룩으로 일본 패션계에 끼친 영향

소니아 리키엘은 주로 정체성과 익명성 사이의 패션의 주변부에서 작업한다. 그녀의 의상은 부정적인 것으로, 그것은 누군가에게 입혀질 때에만 긍정적으로 전환된다. 이는 그녀가 만든 옷이 착용자의 움직임에 의해 파악되는 것으로, 착용자가 입지 않는다면 형체를 알 수 없는 디자인이기 때문이다. 리키엘의 날씬한 니트 아이템은 여성적 우아함을 보여주지만 다트/dart/와 헴/hem/이 없으며 내외부를 구분하기 어려운 그녀의 '미완성의 룩'은 지금까지의 의상의 관례와는 매우 동떨어진 것일 뿐만 아니라 일본 여성의 의복에 대한 이미지와도 겹치는 것이었다. 이러한 사실은 소니아 리키엘의 니트웨어가 몸을 스타킹처럼 감싼다는 사실과도 관련된다. 근본적으로 서양 의복은 아름다운 형태를 창조한다는 전제가 있지만, 그녀는 신체를 재현하는 부정형/不定形/, 즉 착용자가 그것을 입기 전까지는 형태를 알 수 없는 의복으로, 착용자에 의해 그 독자적 라인을 찾아나간다. 따라서 그녀의 옷들은 상황에 따라 움직이고 몸에 달라붙고 자유로운 형태로 변하는 그런 의복이다. 그녀의 옷에 나타난 내외부의 부재는 마치 뫼비우스 띠처럼 이전의 사고를 완전히 무시하고 새로운 세계를 여는 것이다. 소니아 리키엘의 이중적인 측면, 즉 근본적인 형에 대한 일관성과 함께 의복을 재위치시키는 점은 일본의 전통 복식 의 개념에서 강조하는 것이다.

이와 같은 리키엘의 패션 철학과 창조적 에너지는 1970년대에 일본에 그녀의 브랜드 '소니아 리키엘'이 도입되자 많은 인기와 관심을 불러 모으는 동인이 되었다. 그것은 시대에 부합한 브랜드로 파급력을 보여주었는데, 이는 그녀의 디자인이 당시 사회적 구속에서 벗어난 해방된 여성을 위한 것이었기 때문이었다. 또한 이것은 리카엘의 기획력과도 관련되는데, 그녀는 1980년에 급부상한 일본의 경제적 영향력에 주목해 일본 시장을 공략했으며 판매량이 급증했다.

소니아 블랙

블랙 컬러는 초기 기독교에서 죽음과 애도의 의미로 사용되기 시작되었다가 19세기 후반 산업화 시대에 이르러 중산층의 미덕과 근면을 상징하면서 종교적 의미에서 세속적 차원으로 차츰 변모했다.

블랙 바탕에 독특한 팝 컬러의 스트라이프 니트는 소니아 리키엘의 시그니처/signature/ 패션이 되었다. 리키엘은 블랙만을 고수하지는 않았지만 블랙에 매우 열정적이었으며 그녀에게 블랙은 하나의 집착이 아닌 중요한 기초이자 무조건적인 참조의 색이었다. 리키엘은 블랙의 세계에 관능적 경외감과 더불어 문학적이며 예술적인 열정을 느끼면서 접근했다. 블랙은 그녀가 가장 선호하는 유혹의 수단 중의 하나였으며, 시적이면서도 보들레르적인/Baudelairean/ 테마/우울, 악덕, 외고집, 레드 헤어, 레드 루즈, 주얼리의 행렬/였다. 그것은 그녀에게 여성을 사로잡고 매혹하며, 놀라운 신화와 더불어 미적이면서 에로틱한 황홀감을 주는 살아 있는 예술작품의 수단이었다. 블랙은 순간적 미에 대한 영원한 추구를 의미할 정도로 중요한 것이었다.

2001년 12월 소니아 리키엘은 국가 공로 훈장/Ordre National du Merite/을 받은 후 수상소감으로 블랙에 대해 다음과 같이 언급했다. "블랙이여, 고맙다. 당신은 나를 아주 많이 도와주었다. 술취한 블랙, 별이 박힌 블랙, 예술가의 블랙, 파괴하는 블랙… 중요한 블랙, 그것은 당신을 다소 취하게 하며 함께 유희한다. 밝은 블랙, 치명적인 블랙이여, 고맙다."라고 말했다.

21 블랙 스웨터와 위트 있는 라인 스톤 장식 모티프
블랙은 '소니아 블랙'이라는 명칭이 생길 정도로 리키엘에게 중요한 컬러였으며, 화려한 팝 컬러의 라인스톤은 흥미로운 위트를 자아낸다.

진정한 여성을 위한 리키엘의 여유

리키엘은 "나는 한 명의 여성이다. 따라서 여성의 입장에서 생각하며, 여성의 입장에서 디자인하고, 열정과 욕망이 있는 여성의 입장에서 고안한다. 모든 것은 확실히 근본적으로 내 여성적인 창조에서 나타난다."라고 언급한 바 있다. 리키엘의 디자인에 나타난 '진정한 여성/La vraie Femme/'은 바로 그녀 자신이면서 동시에 양성적 여성, 즉 가르송 망케/garçon manqué, 사내 같은 여자아이/였다. 그녀에게 본질적인 여성은 남성적이면서 동시에 여성적이고, 강하고 호전적이면서 동시에 육감적이며 신비로운 여성이었다. 이처럼 소니아 리키엘의 성공은 일하는 현대 여성의 출현에 기반한 것이었으며, 이 여성은 그녀의 자유롭고 세련된 스타일과 동일시될 뿐만 아니라 동시에 소위 '어머니와 연인이 되는 것에 대한 근원적인 본능'을 드러낸다.

1970년대 소니아 리키엘의 퀼로트/culotte/는 남성적인 바지로 여체의 곡선을 감싸고 섹슈얼리티와 여성성을 부인하지 않으면서 직업 세계에 뛰어든 여성들을 찬양하는 것이었다. 이렇듯 무릎 바로 아래에서 잘린 넓은 통바지인 퀼로트 디자인은 전통적으로 남성적인 의복에 여유를 주고 여성성을 재현하는 것이었다. 그것은 활동에 자유롭고 여유 있는 편안한 것이면서 한편으로는 여성의 육감적인 몸을 강조하기 위해 몸에 밀착되는 하이웨이스트/high-waisted/ 디자인이었다. 퀼로트에서 느껴지는 여유는 리키엘의 본질을 표현하는 데에는 매우 적절한 단어이다. 그녀는 이처럼 패션의 여유로움을 통해 세련된 여성의 본질적인 자유, 관습, 한계를 탐구하며, 주류의 이상에 도전하는 예술적이며 해방된 여성을 꿈꾸었다. 리키엘의 의복은 여성의 지성뿐만 아니라 내적인 삶과 감성적 구조를 고려하며, 그녀의 니트는 적절한 곳에 여성적인 곡선을 유지하면서 솔기를 노출하는 방식으로 여유 있는 구조를 드러냈다. 여기에 퍼플/purple/, 크림슨/crimson, 다홍색/, 크림/cream/, 번트 오렌지/burnt orange, 연한 적등색/ 등의 컬러를 사용하여 다소 독특하면서도 고급스러움을 표현했다. 리키엘의 세계에서 여성은 다면적이며 다차원적인 존재로, 용감무쌍한 방랑자이며 관습에서 자유로운 존재였다.

이러한 여성은 소니아 리키엘 자신을 반영하는 것이었다. 그녀는 예술과 사업 분야에서 모두 진정한 탐구자였다. 리키엘과 딸 나탈리가 런웨이에 내세운 모델들은 접근할 수 없는 환상으로만 존재하는 것이 아니라, 자연스런 우아함을 지닌 채 움직였고 무대 위에서 미소 짓고 즐겁게 농담했다. 거기에는 패션 퍼레이드의 위압적인 엄숙함이 아닌 태연함과 시크함, 관능성과 함께 창조성의 감각이 존재했다.

22 리키엘 패션쇼의 자유롭게 움직이는 모델들
컬러풀한 니트 의상을 입고 무대에 오른 모델들이 자연스럽게 움직이고 대화하는 모습은 리키엘 패션쇼의 특징이다.

예술가이자 문학가, 소니아 리키엘의 최근 동향

소니아 리키엘은 패션 디자이너일 뿐만 아니라, 예술적 표현의 한계를 넘나드는 실험적인 문학가이자 가수이고 배우였다. 리키엘은 책 14권을 쓴 저자일 정도로 시, 소설, 동화를 쓰는 작가이기도 했는데, 그녀의 글과 메시지는 그녀의 의복이 가지는 독특한 이미지를 매우 매력적으로 바꿔 놓았다. 그녀의 인생관, 철학, 옷에 대한 사고는 고객뿐만 아니라 학자와 연구자, 그리고 패션에 관심 있는 사람들 사이에서 충분한 흥미를 끌었다. 또한 리키엘은 사진작가 도미니크 이서만/Dominique Issermann/과의 약 20여 년의 성공적인 협업을 통해 패션 사진의 예술 시대를 가져왔다. 그들이 만들어낸 이미지는 새로운 고전주의를 초월해서 아름다움에 대한 영원불변의 이미지를 보여주면서 동시에, 리키엘 스타일을 최고로 세련되게 연출했다는 평가를 받는다.

소니아 리키엘은 '가족경영사업'이라는 21세기 사업을 위한 신 모델을 제시하기도 했다. 그녀는 자신의 이름과 트레이드마크로 라이선스 라인들을 확장하여 1990년에 플래그십 스토어/flagship store/를 오픈했다. 1993년에는 여성복뿐만 아니라, 아동복, 남성복, 구두, 향수를 잇달아 론칭했는데, 이 모든 라인에는 리키엘만의 개성이 담겨 있었다. 특히, 소니아 리키엘 란제리, 섹스 아이템, 섹스 장난감 라인은 기발한 아이디어들로 가득했다. 딸 나탈리는 1984년에 '소니아 리키엘 앙팡/Sonia Rykiel Enfant/'을 시작으로 지난 20여 년간 소니아 리키엘 브랜드에서 중요한 역할을 담당해 왔으며, 다른 딸 롤라/Lola/도 가족 사업에 관여했다. 이처럼 리키엘 브랜드는 완전히 여성이 경영하는, 여성 소유의 브랜드라고 할 수 있다.

디자이너로서 리키엘의 다양한 관심은 끊임없는 진보를 가능하게 했다. 그녀는 새로운 마켓, 아이디어, 표현을 탐구해내는 미래주의자이며, 동시에 트렌드와 무관한 진정한 현대 여성, 즉 40여 년이라는 긴 세월에 걸쳐서도 여러 세대와 소통이 가능한 여성상을 보여주었다. 리키엘은 1973~1993년까지 프레타포르테 쿠튀리에와 패션 디자이너들의 무역연합/Chambre syndicale du prêt-a-porter des couturiers et des createurs de mode/ 부회장을 역임했다. 1985년에는 레지옹 도뇌르 훈장/Chevalier de la Légion d'Honneur/을 받았고, 1998년에는 파리 외 국제적인 행사로 자신의 성공적인 룩을 제시하는 30주년 기념 쇼를 개최했으며, 2008년에는 40주년 기념일을 맞이했다.

소니아 리키엘은 창조 영역에서 '미다스/midas/ 손'으로 불리는 예술과 문화의 아이콘이자 다재다능한 '니트웨어의 여왕'으로 남아 있다. 딸과 손녀와 함께 3명의 여성이 이끄는 가족경영으로 그녀의 니트웨어 룩은 영원히 유지될 것이다.

23 무대 인사를 하는 소니아 리키엘(2005 F/W)

Vivienne Westwood

비비안 웨스트우드 1941~

"일부러 혁명을 일으키려고 했던 것은 아니다. 왜 한 가지 방식으로만 해야 되고 다른 방식으로 하면 안 되는지 알고 싶었을 뿐이다."

*비비안 웨스트우드*는 펑크의 여왕이자 영국 패션의 대모로 널리 알려져 있다. 그녀는 1970년대 런던 펑크 문화의 탄생 과정에서 중요한 역할을 했고, 1980년대 이후에는 패션 디자이너로서 경력을 쌓는 가운데 역사와 전통, 문화, 섹슈얼리티와 관련된 지적 탐구의 과정을 작품 세계에 표현했다. 웨스트우드에게 패션 디자인의 의미는 고객의 목적과 요구를 해석하고 만족시키는 작업이 아니었다. 그녀는 사회적 인습을 재생산하는 보수적인 주류 사회의 통념을 공격하고, 미래의 대안을 제안하는 적극적인 문화의 장으로 패션의 잠재력을 탐구했다. 이러한 반권위주의에 대한 열망은 오늘날까지도 그녀의 독특한 작품 세계를 지속하게 만드는 원동력이 되고 있다.

말콤 맥라렌과의 만남과 패션계 입문

비비안 웨스트우드는 1941년 4월 8일 잉글랜드 더비셔/Derbyshire/의 작은 마을 글로숍/Glossop/에서 평범한 노동자 가정의 장녀로 태어났다. 16세 무렵 가족과 함께 런던 북부로 이사한 후 해로 아트 스쿨/Harrow School of Art/에서 잠시 수업을 듣기도 했으나 보다 안정된 직업을 갖기 위해 한 학기 만에 그만 두고 사범학교에 진학하여 초등학교 교사가 되었다. 1962년 데릭 웨스트우드/Derek Westwood/와 결혼하여 그녀는 웨스트우드라는 성을 가지게 되었다.

1965년 말콤 맥라렌/Malcolm McLaren/과의 만남은 비비안 웨스트우드의 삶과 경력에 대전환점을 마련했다. 중산층 가정에서 태어나 예술학교에 다녔던 맥라렌은 기성세대의 문화를 비웃으며 성과 마약, 로큰롤에 탐닉하고 아방가르드 미학에 심취했던 당대의 전형적인 반항아였고, 무엇보다 패션을 사랑한 댄디/dandy, 멋쟁이 남성/였다. 맥라렌과의 만남으로 웨스트우드는 주류 문화에 대한 반권위주의적 태도를 갖게 되고, 이를 표출하는 패션의 힘을 배우게 된다. 커플이 된 이들은 1971년 런던 킹스 로드에 첫 번째 숍, '렛 잇 록/Let it Rock/'을 열고 젊은 아웃사이더들을 위한 도피처를 만들기 시작했다. 이를 계기로 비비안 웨스트우드는 영원히 패션의 세계에 머무르게 된다.

1970년대 킹스 로드 시절

말콤 맥라렌과 비비안 웨스트우드는 1971년 런던 킹스 로드 430번지에 '렛 잇 록/Let it Rock/'을 개점하고 로큰롤과 1950년대 테디 보이 스타일을 추종하는 테드들을 위한 의상을 판매하며 패션 사업을 본격적으로 시작했다. 1972년 그들은 '제임스 딘/James Dean/'에 영감을 받아 '투 패스트 투 라이브 투 영 투 다이/Too Fast to Live, Too Young to Die/'라고 숍 이름을 변경하고 가죽 바이커 재킷 등을 판매했다. 1974년에는 '섹스/SEX/'로 새롭게 변신시켜 주류 문화의 모럴리티/morality, 도덕성·윤리성/에 도전하는 컬트 패션을 제공했다. 이 숍에서는 섹스와 포르노그래피를 연상시키는 고무와 가죽 의상을 팔았고, 티셔츠에는 기성세대가 금기시했던 나치문양을 사용했다. 1976년에는 '선동가들/Seditionaries/'로 이름을 변경하고 가죽 끈과 지퍼 등을 사용하여 성적 페티시즘을 자극하는 본디지 의상/bondage wear/을 판매했다. 이즈음 말콤 맥라렌은 펑크록 그룹 섹스 피스톨스/Sex Pistols/의 매니저였으므로 맥라렌과 웨스트우드는 이들의 스타일링을 담당하고 펑크 스타일의 기호를 확산시키는데 핵심적인 역할을 했다.

도발적인 펑크 스타일은 대량 패션 시스템의 질서에서 벗어나 스스로 원하는 것을 직접 만들어내는 DIY/Do-It-Yourself/ 전략을 기반으로 탄생했다. 번들거리는 싸구려 가죽과 고무, 과격한 장식, 포르노그래피 티셔츠는 구세대의 가치와 금기에 반항하고 도전하는 펑크의 무정부주의적 미학을 여과 없이 과시했다. 펑크 시절의 경험은 웨스트우드가 획일적인 주류 패션의 미적 질서에 저항하여 자신만의 비전을 창조하는 패션 디자이너로 성장해가는 데 지대한 영향을 끼쳤다.

해적 컬렉션 – 미래를 위한 노스탤지어의 시작

1979년 킹스 로드 430번지는 월드 엔드/World's End/라는 이름으로 거듭났다. 웨스트우드는 패션 디자이너로서 자의식이 보다 확실해졌고, 옛 의상과 이국 문화의 의상 패턴들을 연구하며 새로운 아이디어를 얻었다.

1981년 봄에는 월드 엔드의 첫 번째 패션쇼인 '해적/pirate, 1981년 가을·겨울/' 컬렉션이 열렸다. 18세기 해적의 황금 시대에 주목한 웨스트우드는 옛 남성복 재단법에서 영감을 받은 헐렁하고 비구조적인 셔츠와 바지, 노란색, 주황색, 황금색의 화려한 컬러, 프랑스 역사의 혁명기에 등장했던 멋쟁이들/Merveilleuses/의 과시적인 이각모/bicorne/를 등장시켜 이국적이고 낭만적인 컬렉션을 선보였다. 해적 컬렉션은 맥라렌이 매니저를 담당하고 있던 팝 그룹 바우 와우 와우/Bow Wow Wow/의 스타일링에 사용되며 뉴 로맨틱 스타일의 유행을 견인했고, 그녀의 독창적인 재단법에 주목한 빅토리아 앤드 알버트 미술관은 1983년 해적 컬렉션의 의상들을 구입했다.

이후 웨스트우드는 과거의 역사와 문화를 되돌아보고 현대 문화에 결핍된 요소들을 찾아 대안을 모색하는 작업 방식을 더욱 발전시키게 된다. 1982년 두 번째 발표된 '새비지/savage, 봄·여름/' 컬렉션에서 그녀는 북미 원주민들의 문화에 영감을 받아 기하학적 패턴의 이국적인 의상들을 선보였고, '버팔로/buffalo, 1982년 가을·겨울/' 컬렉션에서는 페루 원주민 여성에게 영감을 받은 부푼 페티코트 스커트, 갈색 새틴 브래지어를 티셔츠 위에 덧입힌 파격적인 스타일링으로 큰 주목을 받았다. 이는 서구 복식 문화에서 오랫동안 규범으로 확립된 겉옷과 속옷의 개념과 형식을 무시하고 해체시킨 것으로, 패션 비평가들은 20세기 후반에 부상한 포스트모던 패션의 중요 사례로 기록하고 있다.

미니 크리니 – 창조적 전환점

비비안 웨스트우드와 말콤 맥라렌은 1983년 가을·겨울 컬렉션을 끝으로 결별했고 웨스트우드는 비즈니스 파트너인 카를로 다마리오/Carlo d' Amario/를 만나 1984년에는 이탈리아로 기반을 옮겼다. 이 시기를 전후하여 그녀의 컬렉션에는 영화 '블레이드 러너', 뉴욕 그래피티 예술가 키스 해링의 작품과 힙합 스타일링, 도쿄의 네온사인과 새로운 스포츠웨어 소재 등 동시대의 문화와 패션 요소들이 다양하게 반영되었다. 그러나 그녀의 개성을 뚜렷이 각인시키며 창조적 전환점을 만든 것은 1984년 10월 파리에서 발표한 '미니 크리니/Mini-Crini, 1985년 봄·여름/' 컬렉션이었다.

비비안 웨스트우드는 발레 '페트루슈카/Petrushka/'에서 영감을 받아 엄숙한 빅토리아 시대의 상징인 크리놀린을 축소시킨 '미니 크리니'를 소개하여 센세이션을 일으켰다. 플라스틱 뼈대로 만든 가벼운 미니 크리놀린은 미니마우스를 연상시키는 커다란 폴카 도트 스커트, 플랫폼 슈즈와 결합되어 미성숙함과 섹시함이 공존하는 미묘한 에로티시즘을 불러일으켰다. 이는 1980년대 여피/yuppie/들이 주도했던 어깨를 강조한 남성적인 파워 슈트 스타일과 달리 여성스러움을 강조하는 새로운 룩을 제안하는 것이었고, 웨스트우드는 시대를 앞서가는 디자이너로서 독창성을 주목 받기 시작했다.

해리스 트위드 컬렉션 – 영국적인 것에 대한 애정과 패러디

1987년 '해리스 트위드/harris tweed, 1987년 가을·겨울/'는 웨스트우드가 런던으로 다시 돌아와 발표한 첫 컬렉션이었다. 그녀는 영국 문화에 대한 새로운 관심을 드러내며 트위드, 개버딘, 니트 등 영국을 대표하는 직물과 테일러링 기술, 여왕의 왕관, 대관식 케이프 등 영국 왕실을 상징하는 요소들을 대거 등장시켰다. 그러나 웨스트우드는 왕실의 근엄한 상징을 가볍고 섹시한 패션의 재료로 바꾸어버리면서 전통에 대한 애정과 현대 영국 문화의 보수성에 대한 조롱을 함께 나타냈다. 여왕의 어린 시절 사진 속 프린세스 코트에서 영감을 받아 디자인한 붉은 트위드 재킷은 미성숙한 에로티시즘을 유발하는 미니 크리니와 결합되었고, 트위드 천 조각으로 만든 여왕의 관, 가짜 모피 케이프가 등장하여 눈길을 끌었다.

후에 빅토리아 앤드 알버트 미술관의 큐레이터인 에이미 드 라 헤이/Amy de la Hey/는 웨스트우드야말로 전통적인 테크닉과 재료를 모더니

24 영국 왕실의 상징적 유산들로 창조한 해리스 트위드 (1987 F/W)

25 '영국성'에 대한 패러디
가짜 담비털로 만든 케이프를 두르고 헝겊 조각들로 제작한 여왕의 관을 쓴 섹시한 금발 모델은 그녀의 작품에 영국 복식의 전통에 대한 애정과 보수적인 영국 지배문화에 대한 불경스런 조롱이 뒤섞여 있음을 암시한다. 비비안 웨스트우드는 전통적인 테크닉과 재료를 모더니티와 위트로 결합해 영국적인 것을 어느 누구보다 잘 활용해낸 디자이너로 꼽힌다.

티/modernity/와 위트로 결합하여, 영국적인 것을 어느 누구보다 잘 약탈해낸 디자이너라고 평가했다. 그녀의 작업은 전통과 현대성, 전통과 혁신의 결합이라는 트렌드의 부상에 큰 영향을 끼쳤다.

'영국은 이교도가 되어야 한다' 시리즈

웨스트우드는 '영국은 이교도가 되어야 한다/British must go pagan, 1988~1990/'로 알려진 연작 시리즈 컬렉션에서 보수적인 현대 영국 문화에 대한 불만과 영국 복식 전통의 잠재력에 대한 탐험을 지속했다. 그녀는 '파간 I/pagan i, 1988년 봄·여름/'부터 '파간 V/pagan V, 1990년 봄·여름/'에 이르는 5개의 연작 컬렉션에서 영국 복식 문화의 전통과 함께 고대, 르네상스, 18세기 프랑스 등 성적으로 개방되고 복식 문화의 예술적 가치가 높이 평가되었던 시절의 유산들을 등장시켰고, 어울리지 않아 보이는 시대와 의상을 혼합하여 섹스와 누드, 도덕을 둘러싼 금기에 도전했다.

파간 I에서는 영국을 대표하는 남성복 소재인 프린스 오브 웨일스 체크 재킷과 고전적 드레이퍼리/drapery, 옷을 입었을 때 생기는 자연스럽게 흐르는 주름/로 가슴 윤곽을 강조한 섹시한 코르셋이 결합되었다. 코르셋은 현대 여성들이 오랜 구속의 상징으로 벗어 던진 것이었지만 그녀는 이를 여성의 성적 매력을 강조하는 현대적인 패션 아이템으로 복권시켰고, 영국 남성 복식의 전통에 속해 있던 요소들과 병치했다. '키테라 섬으로의 순례/voyage to Cythera, 1989년 가을·겨울/'에서는 완벽하게 테일러링이 된 새빌 로 스타일의 트위드 재킷을 나뭇잎으로 국부만을 가린 듯 외설적으로 보이는 누드 타이츠와 함께 매치했다. 그녀가 의상을 공개적으로 착용하고 언론에 노출하자 즉각 센세이션을 일으켰고 시각적 충격과 긴장을 유발했다. 그러나 바로 이러한 긴장감과 불편함이야말로 다른 디자이너들이 흉내 낼 수 없는 웨스트우드만의 개성을 만드는 근원이었다. 1989년 패션 전문지 〈우먼스 웨어 데일리〉의 편집장 존 페어차일드/John Fairchild/는 이브 생로랑, 크리스티앙 라크루아, 조르조 아르마니, 엠마누엘 웅가로, 칼 라거펠트와 더불어 비비안 웨스트우드를 패션 분야의 진정한 스타이자 영향력 있는 디자이너로 선정했다.

비비안 웨스트우드의 역사주의

1990년대에 비비안 웨스트우드는 역사와 문화 예술, 전통을 가로지르며 더욱 왕성한 창조력을 발휘했다. 이 시기 작품 세계를 아우르는 큰 특징은 역사주의였다. 그녀는 마치 역사가가 된 것처럼 박물관과 미술관의 소장 자료들을 면밀히 연구했고, 이를 창작의 기반으로 삼았다. 빅토리아 앤드 알버트 미술관의 큐레이터 수잔 노스/Susan North/는 웨스트우드가 18세기 형태에 기초하여 현대적으로 재창조한 코르셋의 정확함에 감탄을 표하면서 역사주의에 대한 웨스트우드의 관심은 다른 디자이너들과는 수준이 완전히 다르다고 말하기도 했다.

웨스트우드의 역사주의 경향은 특히 프랑스 패션 연구에서 두드러지게 나타났다. 그녀는 귀족적 우아함과 세련됨을 지닌 문화적 이상으로 프랑스 로코코 시대의 궁정문화에 깊은 관심을 가졌고, 18세기 회화, 도자기, 가구들에서 영감과 아이디어를 얻었다. 18세기 회화에서 영감을 얻은 '초상화/portrait, 1990년 가을·겨울/' 컬렉션, 18세기 프랑스 귀족들의 낭만적인 살롱 문화에 심취하여 로코코 회화를 프린트한 코르셋을 등장시킨 '살롱/salon, 1992년 봄·여름/', 1780년대 프랑스를 지배했던 영국 문화와 복식에 대한 프랑스인들의 열정을 다룬 '앵글로마니아/anglomania, 1993년 가을·겨울', 프랑스 벨 에포크 시대의 쿠튀르 패션에서 영감을 받아 시대착오적으로 보이는 실크 드레스 가운을 선보인 '카페 소사이어티/café society, 1994년 봄·여름/' 등 웨스트우드의 역사 연구는 수년간 지속되었다. 이 시기 그녀의 작품들은 미니멀리즘과 캐주얼이 주도하는 일반 패션의 경향과는 정반대로 지나치게 연극적이었고, 웅장한 실루엣을 추구했다.

과거의 문화는 웨스트우드에게 창조적 영감을 제공했을 뿐만 아니라 프랑스 패션과 영국 패션의 전통을 비교 연구하는 중에 테일러링과 편안한 매력을 지닌 영국 패션의 정체성, 디

26 1993 F/W 앵글로마니아 컬렉션에서 선보인 플랫폼 슈즈
플랫폼 슈즈는 타탄 킬트를 착용한 슈퍼모델 나오미 캠벨이 워킹 도중 넘어져 화제가 되었다. 웨스트우드는 25.4cm(10인치) 높이의 이 구두가 마치 조각상의 받침대처럼 그 위에 있는 여성을 멋진 영웅으로 만들어 준다고 생각했다. 이 구두는 빅토리아 앤드 알버트 미술관에서 소장하고 있으며 관객들이 가장 사랑하는 전시품이다.

자인과 프로포션의 엄격함을 강조하는 프랑스 패션의 정체성에 대한 차이를 이해하게 되었다. 그녀는 양국의 복식 문화 전통을 비교하기 위해 디오르의 슈트를 새롭게 재창조하는 작업을 시도하기도 했다. 또한 영국 테일러링의 전통과 모직물의 잠재력을 높이 평가하고 이를 현대화하는 작업에도 적극 참여했다. 그녀는 1993년 록캐런/Lochcarron/ 사와 협업을 진행하여 새 남편을 위한 '맥안드레아스/McAndreas/'라는 특별한 타탄을 개발했고, '앵글로마니아/1993년 가을·겨울 anglomania/' 컬렉션에서 이를 선보였다. '자유론/on liberty, 1994년 가을·겨울/' 컬렉션에서는 타탄 체크, 킬트 스커트, 아가일 니트, 잉글리시 테일러링, 승마복 등을 통해 역사 속에서 빛을 발했던 영국풍에 대한 향수를 패션계에 고취시켰다.

비비안 웨스트우드의 현재 동향

비비안 웨스트우드는 문화적 영향력의 측면에서 명실공히 영국 패션계의 여왕 지위를 갖고 있다. 웨스트우드가 참여했던 펑크 문화는 영국을 대표하는 혁신적인 하위문화 스타일로 정착되었고, 그녀가 열정적으로 탐구했던 트위드, 타탄 체크, 니트 트윈 세트, 클래식 테일러링 등은 여전히 가장 영국적인 패션 요소들로 조명되고 있기 때문이다. 웨스트우드는 영국 패션의 발전에 기여한 공로를 인정받아 1990년과 1991년 연속으로 '올해의 영국 디자이너/British Designer of the Year/'로 선정되었고, 영국 여왕으로부터 1992년 OBE/대영 제국 훈장/에 이어 2006년 DBE 작위/2등급의 작위급 훈장/를 받았다.

27 영국적 전통과 글래머러스한 여성성이 결합한 디자인(2006 F/W)

28 17세기 바로크 시대에서 영감 받은 컬렉션 (2012 F/W)

2003년 빅토리아 앤드 알버트 미술관에서는 비비안 웨스트우드의 방대한 작품 세계를 정리하는 대대적 회고전을 진행했다. 전시회를 총괄한 클레어 윌콕스/Clair Wilcox/는 웨스트우드의 삶을 이끈 것은 위대한 지적 호기심이었다고 언급하면서, "내가 진정으로 믿는 것은 문화뿐이다."라는 그녀의 말을 인용했다. 웨스트우드는 개성과 혁신을 추구하는 아방가르드 디자이너의 감수성과 여성으로서의 자의식, 문화적 전통에 대한 향수를 혼합하여 자신만의 스타일을 창조해냈고, 옛 문화와 전통이 창조적 혁신의 요소가 될 수 있음을 보여주었다. 오늘날 패션의 문화적 의미와 가치를 보존하고 확장시키는 복식 박물관에서 그녀의 의상은 꼭 소장해야 할 주요 품목 중 하나가 되었다. 이러한 과거를 뒤로하고, 웨스트우드는 여전히 자신의 직관과 믿음에 따라 주류 문화의 독선을 거절하고 새로운 미래를 찾으려는 행보를 이어가고 있으며 역사와 문화에 대한 관심은 2000년대 비비안 웨스트우드 컬렉션에서도 이어지고 있다.

29 보수적인 영국 전통을 개성적인 현대 패션으로 재창조한 디자인(2013 F/W)

Valentino Garavani

발렌티노 가라바니 1932~

"나는 여성이 무얼 원하는지 안다. 그들은 아름다워지고 싶어 한다."

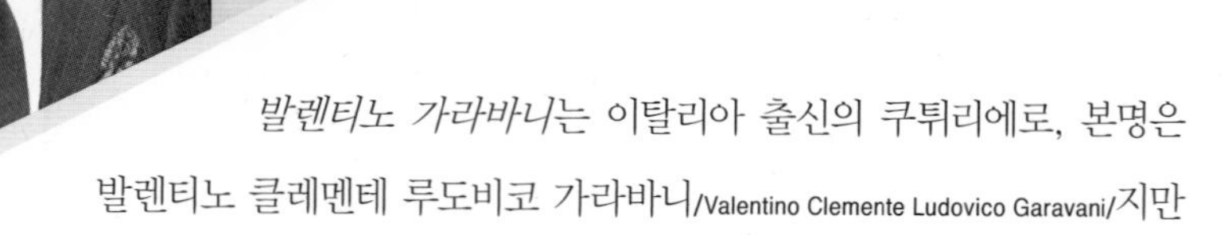

*발렌티노 가라바니*는 이탈리아 출신의 쿠튀리에로, 본명은 발렌티노 클레멘테 루도비코 가라바니/Valentino Clemente Ludovico Garavani/지만 통상 발렌티노라고 부른다. 그는 1932년 이탈리아 롬바르디아주 보게라/Voghera/에서 태어났다. 일찌감치 그의 패션에 대한 열정과 재능을 발견한 부모님의 도움으로 파리의 에콜 데 보자르/École des Beaux-Arts/와 오트 쿠튀르조합/Chambre Syndicale de la Couture Parisienne/에서 공부했다. 공부를 마치고 장 데세/Jean Desses/와 기 라로쉬/Guy Laroche/에서 수습기간을 마친 후, 그 당시 디자이너들에 선망의 도시인 파리를 과감히 뒤로하고 고국 이탈리아로 돌아와 로마에서 사업을 시작했다. 그는 1960년 발렌티노 하우스를 열어서 일상용과 예장용 바지 슈트로 이름을 알리기 시작하여, 1962년 피렌체 팔라초 피티/Palazzo Pitti/에서 첫 국제 컬렉션을 열었고, 1960년대 중반부터 이미 이탈리아 쿠튀르의 간판 디자이너가 되었다. 발렌티노는 1968년 화이트 컬렉션/White collection/으로 패션계를 놀라게 한 이래, 늘 한결 같은 스타일로 이탈리아 쿠튀르의 자존심을 지켜왔으며, 2008년 봄·여름 쿠튀르 컬렉션을 마지막으로 화려하게 은퇴했다.

이탈리아 문화와 쿠튀르의 부활

발렌티노 가라바니의 스타일은 '섬세하고 우아하고 사치스러운 쿠튀르 드레스'라고 하면 떠올릴 수 있는 여성이면 인생에 한 번쯤은 입어보고 싶어 하는 그런 드레스를 말한다. 발렌티노 가라바니 디자인에는 전통에 대한 경외와 디자이너의 자신감이 있다. 패션계에서 발렌티노의 업적은 혁신보다는 프랑스와 이탈리아의 고급문화와 쿠튀르를 한층 더 영광되고, 화려하며, 장엄하게 꽃피워 21세기까지 유지한 거라고 할 수 있다.

발렌티노가 단번에 국제적인 디자이너로 명성을 쌓은 것은 1968년 발표한 화이트 컬렉션이었다. 이 컬렉션부터 발렌티노의 상징인 V 자 로고를 사용하기 시작했고 주머니 또는 라펠에 V 자를 사용했다. 1960년대 유행을 반영한 비교적 짧은 스커트와 타이츠 등의 모던한 디자인이 많았는데, 가장 특징적인 것은 색채의 사용이었다.

모든 옷이 흰색과 미색, 상아색, 바닐라색 등 흰색에 가까운 다양한 색들로 이루어졌으며, 완벽한 재단과 단순하지만 수려한 디자인들은 1960년대 미니멀한 디자인에서 잠시 후퇴했었던 여성성과 우아함을 다시 가져왔다. 영국 중심의 1960년대 패션 청춘 시대에 발렌티노 가라바니는 이탈리아의 풍성함과 고급 소재에 프랑스 쿠튀르의 섬세한 기술을 결합한 이탈리아의 피에르 발망 같은 존재였다.

특히 발렌티노 가라바니의 또 하나 유명한 흰색 옷은 재클린 케네디 오나시스의 결혼식을 위해 만든 미니스커트 투피스다. 그녀는 물결 모양으로 레이스가 사용된 상의와 미니 플리츠 스커트에 플랫 슈즈에 가까운 굽이 낮은 펌프스를 신었다. 넉넉한 맞음새, 밴드 칼라에 긴 소매는 품위 있고 우아한 인상을 만들었고, 무릎 위로 살짝 올라오는 치마 길이는 아직 나이가 30대였던 그녀에게 어울리는 경쾌함을 함께 보여주었다.

발렌티노는 1970년대 국제적인 주목을 받으며 미국을 포함한 전 세계에서 크게 상승세를 탔고, 1980년대에는 여성들의 파워 드레싱/power-dressing/과 함께 디자이너 경력에서 절정을 이루었다.

패션의 롤스로이스이자 글래머의 왕

발렌티노 가라바니는 자신의 화려한 라이프 스타일과 고급 취향을 쿠튀르 드레스로 표현했다. 발렌티노는 로마, 파리, 런던, 뉴욕에 저택을 두고 전 세계를 누비면서 사는 제트족/jet-setter/이었으며, 앤디 워홀이나 사이 톰블리/Cy Twombly/ 같은 유명 작가와 교류하는 등 실제 삶에서도 쿠튀르 같은 화려한 생활을 즐긴 것으로 유명했다. 발렌티노는 매스컴에 많이 노출되는 디자이너 중의 한 명이다. 메릴 스트립이 주연한 영화 '악마는 프라다를 입는다'에 깜짝 출연하고 레드 카펫에서 유명 여배우들을 에스코트하며 플래시 세례에도 당당하게 포즈를 취하는 등 카메라 앞에서 수줍음이 없는 사람이었다. 아카데미 시상식이나 골든 글로브 시상식, 칸 영화제 같은 행사에서 발렌티노 드레스가 빠지는 일은 거의 없으며, 엘리자베스 테일러, 오드리 헵번, 소피아 로렌, 줄리아 로버츠, 우마 서먼, 귀네스 팰트로, 앤 해서웨이 등 셀 수도 없이 수많은 은막의 스타들과 다이애나 왕세자비, 유럽 사교계의 유명 인사들이 발렌티노의 친구이자 오랜 고객이었다.

30 피날레로 레드 드레스를 선보이는 발렌티노 가라바니 (2002 F/W)

이런 발렌티노 작품의 대표적인 색채가 빨간색인 것은 우연이 아니다. '발렌티노 레드'라고 불리는 이 빨간색은 강렬한 홍색에 주홍색 기운이 살짝 감도는데, 그의 화려하고 사치스러운 감성을 표현하는 최고의 색상이다. 발렌티노는 어떤 쿠튀리에보다 빨간색 드레스를 많이 디자인했다. 디자이너 인생 45년을 마감하는 마지막 컬렉션의 피날레에서 빨간 드레스를 입은 모델들과 함께 손을 흔드는 발렌티노의 모습은 자신의 디자이너 인생을 압축해서 보여준 상징적인 장면이다.

발렌티노 가라바니의 화려함은 빨간색뿐만 아니라, 섬세한 비즈 장식/beading, 작은 구슬을 수놓음/과 화려한 레이스, 최고급 장인이 수놓은 자수, 물결치는 러플, 발렌티노 컬렉션만을 위해 제작된 날염물과 화려한 직물, 고급스러운 장식, 다양한 재단 기술을 이용한 완벽한 맞음새 등에서 나왔다. 발렌티노는 자세히 보면 섬세하고 한없이 복잡하지만, 한눈에 봤을 때 통일된 인상을 만드는 탁월한 능력이 있었다.

그는 2007년 로마의 아라 파키스 박물관/Ara Pacis Museum/에서 자신의 디자이너 인생 45년을 정리하는 회고전을 성대하게 열었다. 2006년 개관한 아라 파키스 박물관은 '평화의 제단/Altar of Peace/'이

31 2007년 발렌티노 회고전에서 선보인 오드리 헵번이 입었던 드레스
섬세한 비즈 장식과 러플이 특징인 디자인이다.

라는 역설적인 단어가 조합된 박물관으로, 국제적으로 활동하는 미국 건축가 리처드 마이어/Richard Meier/가 로마 시대의 예술과 건축을 부활시킨 디자인을 담아 설계한 공간이었다. 발렌티노는 이 전시회를 열면서 "나는 감정으로 꽉 차 있다."라는 말로 전시회에 대한 흥분을 표현했다.

발렌티노는 3일간 열린 회고전을 위해 14개 국어로 평화라는 단어를 표기한 상징적인 드레스를 만들어 대리석과 유리로 만들어진 화려한 중앙 전시실 전면에 전시하고, 이를 화이트 드레스들이 둘러싸도록 배치했다. 그 뒷면으로는 레드 드레스들을 전시하여 강렬한 배경을 연출했다. 박물관의 다른 쪽에는 블랙 드레스들을 전시하고, 드레스 200여 벌뿐만 아니라, 액세서리, 일러스트레이션, 발렌티노 드레스를 입은 유명 인사들의 사진 등을 전시하는 등 다채로운 섹션으로 구성했다.

그는 2008년 봄·여름 쿠튀르 컬렉션을 마지막으로 패션계에서 은퇴를 선언하자, 발렌티노라는 이름은 샤넬이나 디오르처럼 브랜드명으로만 패션계에 존재하게 되었다. 발렌티노의 디자인 인생은 2008년 만들어진 영화 '발렌티노, 마지막 황제'를 통해 공개되었으며, 그의 오랜 파트너인 지앙카를로 지아메티/Giancarlo Giammetti/와의 파트너십도 이 영화를 통해 알려지게 되었다. 영화는 베니스 영화제에서 시사되어서 많은 매스컴의 관심을 받았다. 발렌티노 가라바니는 은퇴했지만, 자신의 초기 작품들을 포함한 전시회 '발렌티노, 회고- 과거, 현재, 미래'를 기획하여 더 많은 관객에게 자신의 작품 세계를 소개하고 있으며, 이 전시는 파리, 호주, 싱가포르 등에서 순회 전시를 했다.

또 전시회에 직접 오지 못하는 사람이나 발렌티노 드레스를 사

32 화려한 감성을 보여주는 2007년 발렌티노 회고전의 발렌티노 레드 드레스 섹션

33 발렌티노 회고전에서 선보인 네덜란드의 막시마 왕세자비가 입었던 우아한 웨딩드레스

키의 3배에 이를 정도로 긴 베일이 뒤로 달려 있고, 걸을 때 살짝 보이게 되는 치마 아랫단의 코사지 디테일도 주목할 만하다.

34 발렌티노 회고전의 화이트 드레스 섹션

35 발렌티노 화이트 드레스(2008 S/S)

36 발렌티노 회고전의 블랙 드레스 섹션　37 발렌티노 블랙 드레스(좌-2006 S/S, 우-2007 F/W)

랑하는 사람들을 위해 2011년 5월 자신의 공식 웹사이트에 '발렌티노 가라바니 가상 박물관'을 개관했다. 50여 년간 활동했던 작품과 인터뷰 영상, 여러 일러스트레이션 작가들이 그린 발렌티노의 디자인, 그의 옷을 입었던 여러 배우 사진 등은 발렌티노 웹사이트에서 프로그램을 다운받아 감상할 수 있다/www.valentino-garavani-archives.org/. 회고전이나 가상 박물관에서 그의 작품들이 하얀색, 빨간색, 검은색, 흑백, 꽃무늬, 애니멀 프린트, 자수 등 주제별로 섹션이 나뉘어 있고, 그 밖에 볼거리가 다채롭다. 일부 디자인은 360° 돌려볼 수도 있어서 쿠튀르 드레스의 재단법을 좀 더 자세히 볼 수 있다.

발렌티노 가라바니는 쿠튀르 산업에 기여한 업적을 인정받아 2006년 프랑스의 자크 시라크 대통령으로부터 디자이너로는 처음으로 레지옹 도뇌르 훈장/Chevalier de la Légion d'Honneur/을 받았다. 그는 패션에서 옛것을 버리고 새로운 시대를 열거나 실루엣을 창조하지는 않았지만, 옛것을 더욱 풍성하게 만들어 그 누구보다 가장 쿠튀르다운 디자인, 쿠튀르의 진정성을 보여준 디자이너였다.

발렌티노 레드

발렌티노 레드는 이탈리아 디자이너 발렌티노 가라바니가 자신의 쿠튀르 컬렉션에 자주 사용했던 빨간색을 말한다. 발렌티노는 스페인에서 이 빨간색의 영감을 받았다고 했는데, 강렬한 홍색에 주홍빛이 살짝 감도는 색으로 오랜 세월 동안 발렌티노 디자인에서 자주 사용되었다. 누구보다 화려하고 우아하며 가장 쿠튀르에 어울리는 디자인 세계를 구축했는데, 발렌티노 레드는 그가 추구한 디자인 철학의 핵심을 요약해서 보여주는 색상이라 해도 과언이 아니다. 정교한 자수와 비즈 공예, 화려한 레이스, 입체 재단에 의해 만들어지는 유려한 곡선만큼 그가 사용한 빨간색은 가장 화려하고 사치스러운 감성을 만들어내는 중요한 요소라고 할 수 있다.

여성의 인체에서 흐르는 듯한 다양한 디자인의 빨간 이브닝드레스는 드레스를 입은 여성을 화려하게 하고 돋보이게 했다. 레드 카펫에서는 빨간 드레스를 잘 입지 않는 관습에도 불구하고, 발렌티노의 레드 드레스는 영화제나 시상식에서 자주 등장하는 클래식 아이템이 되었다.

2007년 로마 아라 파키스 박물관에서 열린 발렌티노의 회고전에는 200여 점의 대표 작품이 전시되었는데, 그 중 한 섹션이 발렌티노 레드 드레스로 구성될 정도로 이 드레스는 그의 작품 세계에서 매우 중요한 부분을 차지하고 있다. 발렌티노의 레드 드레스 세계를 좀 더 자세히 보고 싶다면, 2011년 오프라인에 개관한 '발렌티노 가라바니 가상 박물관/www.valentino-garavani-archives.org/'의 레드 드레스 섹션으로 경험할 수 있다. 자신의 빨간색을 사랑했던 발렌티노는 2008년 고별 컬렉션의 피날레로 레드 드레스 라인을 선택하여 디자인 인생을 '발렌티노 레드'로 마무리했다.

발렌티노의 화려하고 우아한 레드 드레스(2002 S/S)

컬렉션에서 선보인 발렌티노 레드 드레스
(좌부터 2002 F/W, 2003 F/W, 2004 F/W, 2005 S/S, 2008 S/S, 2008 F/W)

Kenzo Takada

겐조 다카다 1939~

"여행은 영감을 주는 훌륭한 원천이다. 나는 모든 문화를 사랑하고 후에 기억 속에 젖어든다. 그때가 돼서야 나는 스케치를 시작한다."

*겐조 다카다*는 철옹성 같은 파리 패션계에 성공적으로 진출한 최초의 일본계 동양인 디자이너이다. 서구인의 눈으로 바라보는 이국적인 취향이 아니라, 이방인이 스스로 발신하는 매력적인 에스닉 룩/ethninc look/의 아름다움은 1970년대 파리 패션계를 열광시켰다. 겐조는 여유로운 원단들의 평면 재단, 다채로운 컬러의 사용, 전통과 현대의 만남을 특징으로 하는 신선하고 독특한 작품 세계를 선보였으며, 의상들을 통해 '삶의 환희/joie de vivre/,' 조화, 범세계성을 노래했다. 그의 이름을 딴 패션 하우스 '겐조/Kenzo/'는 1993년 럭셔리 브랜드 회사인 LVMH에 인수되어 파리 프레타포르테의 중요한 패션 하우스로서 명성을 이어가고 있다.

히메지 출신 일본인의 프랑스 패션계 진출

겐조 다카다는 1939년 일본 효고현 히메지의 아버지가 운영하는 찻집에서 태어났다. 겐조의 아버지는 5번째 아이이자, 3번째 아들로 태어난 그에게 '현명한 셋째 아들'이라는 뜻의 '겐조/賢三/'라는 이름을 지어주었다. 이름에 걸맞게 명석했던 겐조는 학과성적이 매우 우수했지만, 내성적인 성격의 조용한 소년이었다. 그는 어린 시절 또래 소년들과 어울리기보다는 누나들의 패션 잡지를 보는 것을 즐겼다. 패션 잡지 속 외국 모델처럼 눈이 큰 예쁜 여자 아이의 그림을 그리고, 잡지 부록으로 온 패턴으로 옷을 만들면서 어린 소년은 패션계와 본고장인 유럽에 대한 동경을 품었다.

겐조는 부모님의 뜻에 따라 문학을 공부하기 위해 고베대학교에 진학했다. 그러던 어느 날

누나의 결혼식 준비를 위해 함께 간 기모노 매장에서 꽃, 새, 나무, 풀, 산, 강 등 아름다운 자연이 그려진 교 유젠/京 友禅, 헤이안 시대에 교토를 중심을 발달한 견직물 최고의 염색 방법/ 실크 원단의 아름다움에 사로잡히게 되었다. 패션이 자신의 길임을 직감한 그는 대학을 중퇴하고 도쿄로 건너가 문화복장학원/Bunka Fashion College/에 진학했다. 일본의 유서 깊은 패션 스쿨인 문화복장학원은 1958년이 되서야 남학생의 입학을 허용했는데, 겐조는 그곳의 첫 번째 남성 신입생이 되었다. 그는 생계를 위해 도장일을 하고 학교에서는 준코 코시노/Junko Koshino/와 같은 재능 있는 다른 학생들과 경쟁하면서 3년간 학업에 정진했다. 1960년 겐조는 잡지 패션 콘테스트에서 소엔상/装苑賞/을 수상하면서 일본 패션계에서 주목받는 신인 디자이너로 떠올랐다. 졸업과 함께 미쿠라/ミクラ, Mikura/, 산아이/三愛, San-ai/와 같은 브랜드에서 기성복 디자이너로 일하기 시작했다. 일본에서 기성복 디자이너로 일한 경험은 젊은 고객들의 욕구를 파악하고 빠른 시간에 많은 디자인을 해내는 좋은 훈련이 되었다. 그러던 중 그가 살던 도쿄 아파트가 철거되어 거액의 보상금을 받는 행운이 찾아왔다. 이 보상금은 겐조가 항상 동경하던 유럽으로 향하는 여비가 되었다. 겐조는 편도 이등석 티켓을 구입하고 프랑스 마르세유/Marseille/로 가는 배에 승선했다.

정글 잽 – 서구 패션과 기모노의 믹스

1965년 1월 겐조는 6주간의 항해를 마치고 파리에 도착했다. 프랑스어 한 마디 할 줄 모르는 26세의 왜소한 일본 청년은 파리 문화, 파리지엥, 파리 패션에 압도되어 생면부지의 도시 파리에 남기로 결심했다. 그는 매일 새로운 디자인을 스케치하고, 디자이너 부티크와 잡지사를 찾아가 자신의 디자인을 선보이며 파리 패션계의 바닥부터 경력을 쌓기 시작했다. 겐조는 디자이너 루이 페로/Louis Féraud/의 눈에 띄기 시작하면서 여러 백화점의 프리랜서 디자이너로 활약하게 되었고 후에 '릴레이션 텍스타일/Relation Textiles/'에서 니트 디자인 테크닉을 익히게 되었다.

겐조가 느낀 당시 파리 패션은 아름답게 재단되어 흠잡을 데 없이 완성되고 몸의 곡선에 따라 꼭 맞는 '너무나 완벽한/too perfect/'것이었다. 옷의 형태, 소재의 선택, 색의 조합 등 옷을 만드는 것뿐만 아니라 착장하는 것에도 엄격한 규범들이 존재하는 것으로 느껴졌다. 그러나 1968년 프랑스 5월 혁명을 목격한 겐조는 파리의 오트 쿠튀르와 프레타포르테가 더 이상 자유와 평화를 노래하는 반체제 성향의 젊은이들을 만족시킬 수 없음을 감지하게 되었다. 기존

38 일본 전통의상을 캐주얼웨어로 탈바꿈한 기모노 슬리브 스웨터(2007 S/S)

엘리트주의와 전통적인 것에 이의를 제시하는 저항적인 패션문화에 대한 요구를 간파한 겐조는 새로운 컬렉션을 선보이기로 했다.

겐조는 1970년 파리에 입성한 지 5년 만에 문화복장학원 친구들의 도움을 받아 자신의 부티크 '정글 잽/Jungle Jap/'을 오픈했다. 그는 앙리 루소/Henry Rousseau/의 이국적인 화풍을 연상케 하는 정글 그림을 내부에 가득 그려놓고, 동양적인 요소가 믹스된 새로운 작품을 선보였다. 당시 자금이 충분치 않았던 겐조는 새로운 원단을 구입할 수 없었다. 때문에 일본에서 사온 유카타/浴衣, 목면으로 된 홑겹 기모노로 여름철의 평상복이나 목욕 후 착용하는 의복/용 프린트된 실크와 면 원단, 주변 벼룩시장에서 구입한 값싼 원단으로 옷을 만들었다. 그러나 예상치도 않게 첫 컬렉션 작품 중 하나인 마의 잎사귀 문양이 있는 일본직물로 만든 헐렁한 셔츠가 1970년 6월 잡지 〈엘르/Elle/〉의 표지를 장식하면서 그는 파리 패션계에 새로운 스타로 등장했다. 정글 잽은 곧바로 젊고 패셔너블한 젊은이들의 아지트로 부상했다.

그가 어린 시절에 보았던 게이샤들의 화려한 자수, 프린트의 기모노처럼 한 벌의 의상에 체크무늬와 꽃무늬, 스트라이프 문양들을 섞어서 제작한 옷들은 동일한 원단으로 상·하의 한 벌을 제작하는 엄격한 규칙의 파리 패션계에 신선한 충격과 함께 큰 활력을 가져왔다. 밝은 색의 사용, 꽃, 줄무늬, 체크문양 등의 자유로운 조합뿐만 아니라 겐조는 기모노의 직선적인 평면 구성을 도입한 디자인들을 선보여 실루엣에도 큰 변화를 가져왔다. 그는 1960년대에 주를 이루었던 좁은 어깨와 폭이 좁은 소매의 날씬한 실루엣에서 탈피, 진동 둘레가 넓은 소매와 다트 없이 헐렁하게 직선 라인으로 재단된 풍성한 옷들을 여러 겹 겹쳐 입는 넉넉하고 풍성한 디자인을 발표했다.

일본의 복식학자 후카이 아키코/深井晃子/는 겐조의 일본 전통 의상에 대한 현대적 해석은 기존 서구 디자이너들이 기모노 스타일을 차용한 것과는 완전히 차별화되었다고 했다. 폴 푸아레/Paul Poiret/, 잔느 랑방/Jeanne Lanvin/ 등과 같은 서구 디자이너는 기모노의 화려함과 같은 감각적인 면에만 주목했다. 그들은 서양인의 관점에서 바라보는 신비로운 동양의 관능미, 화조풍월/花鳥風月/을 상류층을 위한 오페라 코트 등의 패션 아이템으로 재탄생시켰다. 여기에서 꽃과 새/花鳥/는 풍월/風月/과 함께 자연의 정취를 대표한다는 뜻에서 아취/雅趣/ 또는 풍류/風流/를 비유하는 말이다. 반면 겐조는 서민적이고 일상적인 유카타와 기모노를 영감의 근원으로 삼아 젊고 편안한 서민적인 스타일을 선보였는데, 이것은 1970년대 패션의 시대정신에 부합되는 것이었다. 겐조 다카다는 파리 거리에서 젊은이와 패션을 관찰하고 그들의 욕구를 파악한 다음 일본 고유의 전통 의상에서 출발했지만 동시에 일본풍의 스타일이 아닌 캐주얼하면서도 세계적으로 보편성을 갖는 옷으로 탈바꿈시켰다. 이는 일본에서 태어나 파리에서 활동하는 진정한 코즈모폴리턴 겐조만이 할 수 있는 것이었다. 이러한 겐조의 활약은 '기모노 슬리브/kimono sleeve/'라는 단어를 패션 용어 사전에 올라가게 만들었고, 1980년대 일본계 디자이너들의 성공적인 파리 진출을 가능케 한 신호탄이 되었다.

문화의 혼합, 국경 없는 패션의 빅 룩, 에스닉 룩

1970년대 중반 겐조는 이미 이브 생 로랑/Yves Saint-Laurent/, 소니아 리키엘/Sonia Rykiel/과 함께 파리 프레타포르테/prêt-â-porter/의 주역이 되었다. 그는 파리 기성복 조합/Chambre syndicale du prêt-â-porter des couturiers/의 멤버로 활약하면서 더욱 활발한 활동을 전개하게 되었다. 1976년에는 미국에 진출하면서 비속어를 포함한 '정글 잽/Jungle Jap/'이 아닌 '겐조/Kenzo/'라는 이름으로 작품을 발표하기 시작했다.

겐조를 1970년대 파리 패션을 대표하는 주요 디자이너로 자리매김하게 한 것은 그가 선보인 넉넉한 오버사이즈의 의복, '빅 룩/big look/'이었다. '자유'를 평생 가장 중요한 테마로 생각한 겐조

39 여러 민족풍의 빅 룩 패션(2004 F/W)
오버사이즈의 상·하의가 빅 룩을 이루고 있다.

40 일본 전통 문양에서 영감을 받은 프린트의 오버사이즈 보디슈트 (2011 S/S)
일본 전통 신발인 '게다'를 변형한 신발과 함께 보디슈트를 코디네이션하여 일본 전통 복식을 현대화해 소개했다.

는 기교적이고 몸에 딱 맞추던 날씬한 실루엣 대신 넉넉한 원단으로 직선 재단한 옷들을 여러 겹 겹쳐 입어 부피감을 주는 빅 룩을 선보였다. "너무 큰 것이 곧 알맞은 사이즈다/Much too big is the right size/."라고 주장한 겐조의 '빅 룩'은 르네상스 시대, 로코코 시대, 바로크 시대의 거대한 구조물에 의해 인위적으로 연출된 것이 아니라 자연스럽고 편안한 것이었다. 면과 같은 자연 소재의 풍성한 긴 스목 셔츠/smock shirt, 작업용으로 주로 입었던 헐렁한 오버사이즈 셔츠/, 꽃무늬 서큘러스커트/circular skirt, 블라우스·코트·스커트·바지 따위의 단인 밑단 또는 도련(botton hem)을 펼쳤을 때 원을 그리는 여유 있는 스커트/, 화려한 니트웨어가 누빔 재킷, 케이프 등과 함께 여러 겹 레이어드되면서 자연스럽게 부피감을 형성했다. 그는 긴 셔츠, 헐렁한 배기팬츠, 텐트 드레스/tent dress, 어깨에서 아래쪽으로 향할수록 삼각형으로 펴지는 헐렁한 드레스/ 등의 아이템을 추가하면서 패션에 '빅 룩'이라는 새로운 패러다임을 추가했다. 특히 겐조의 '빅 룩'은 다채로운 컬러, 패턴, 소재가 혼합되고 어우러지면서 자유롭고 유머러스한 분위기를 연출했다.

겐조는 전통적인 일본 의상 외에 다른 문화권의 전통 의상, 예술, 문화에도 깊은 관심을 보였다. 1964년 파리로 오는 6주간의 항해는 수많은 전통 문화, 외국인, 외래문화를 접할 기회를 주었다. 미지의 것, 새로운 문화에 대한 호기심과 열정, 이국의 문화에 대한 존경과 사랑은 '에스닉 룩'을 겐조 디자인 하우스의 트레이드마크로 자리잡게 했다. 그는 여행에서 영감을 얻어 새로운 디자인을 만들어내고, 새로 창조된 디자인을 다른 디자인으로 나아가는 출발점으로 사용했다. 겐조는 전 세계의 전통 의상에서 얻은 칼라, 패턴, 다양한 구성법 등을 혼합하여 패션계에 이국적인 취향의 미학 시대를 열었다.

트위드 소재의 기모노, 바둑판무늬의 사롱/sarong, 말레이시아, 인도네시아 등지에서 남녀가 허리에 두르는 의상/, 꽃무늬의 페전트 스커트/peasant skirt, 농민들이 즐겨 입던 소박하고 헐렁한 개더스커트/ 등 이질적인 요소들의 예상치 못한 조합은 관습과 규칙들을 뒤흔들었다. 기모노의 단순한 형태에 남미, 극동, 스칸디나비아의 자수, 디테일 장식을 혼합하기도 했다. 또 스페인식 볼레로/bolero/, 오스트리아의 로덴/loden/ 소재 재킷, 인도 바지, 중국 튜닉, 베두인족/Bedouin, 천막 생활을 하는 아랍 유목인/의 큰 숄, 브르타뉴 지방/Bretagne/의 앞치마, 심지어 디즈니랜드의 미니마우스까지 현대적인 패션으로 다시 재창조되었다. 동아시아의 바틱/batiks/ 염색, 일본의 전통 염색, 페루의 화려한 니트웨어 문양, 브레이드/braid/, 아플리케 등과 같은 수공예 기법이 파리 패션에 등장해서 범세계적인 아름다움을 인정받았다. 1970년대 유행하던 많은 스타일들, 즉 튜닉, 중국의 마오쩌둥 스타일 칼라, 레이어드 룩, 숄, 길고 화려한 문양의 자카드 스카프, 페루 스타일의 다채로운 칼라 니트, 털실방울 디테일, 오버사이즈의 사각형 모양 점퍼, 기모노 슬리브, 헐렁한 조끼, 배기팬츠, 프릴/frill/과 주름단 장식/flounce/의 타프타 드레스 등은 모두 겐조의 작품에서 영향을 받은 것들이었다. 겐조는 당시 가장 많이 복제되는 디자이너의 하나로 후에 미국의 리미티드/The Limited/ 사와 협업해서 컬렉션을 디자인하기도 했다.

이국적 정취를 적극 반영한 겐조만의 독특한 디자인 정체성은 그가 스스로 동양과 서양, 양극적인 두 문화를 모두 체험한 것에서 출발했다. 전통적인 일본에서 태어나 자라고, 프랑스를 새로운 고향으로 받아들였으며, 정글을 주제로 한 부티크를 오픈하고, 향수에 '킹콩'이라는 이름을 붙인 것은 그가 국경을 초월한 진정한 세계인이었기 때문에 가능한 일이었다. 완전한 일본인도, 완전한 프랑스인도 아닌 겐조 다카다는 동서양의 두 문화 사이에서 균형을 찾고 거기에서 편안함을 느끼며, 전 세계의 모든 문화를 겐조의 패션 세계로 초대했다.

자유인 겐조와 패션 하우스 겐조의 새로운 행보

1970년대는 저마다의 개성을 강조하는 가운데 상이함, 이국적인 것을 찬양하는 히피들의 시대로, 겐조는 '히피의 황제', '1970년대 불후의 디자이너'라는 칭호를 얻었다. 그러나 1980년대 불황은 겐조에게 시련을 가져왔다. '성공을 위한 옷차림/Dress for Success/'이 강조되면서 전문직 여성들의 슈트 착용이 증가했고, 낭만적이고 즐거움을 추구하는 겐조의 스타일은 가장 무도회 드레스, 옛 시대의 향수로 전락할 위기에 놓이게 되었기 때문이다. 특히 1980년대 원가 상승은 다양한 원단을 풍부하게 사용하는 그에게 사업적으로도 타격을 주었다. 그러나 겐조는 부드러운 면 저지 꽃무늬 프린트를 개발하는 등, 적절한 비용으로 자신의 디자인 철학을 유

41 다채로운 컬러와 패턴의 니트웨어 앙상블(2005 F/W)
스트라이프 문양, 꽃무늬 등이 믹스된 캐주얼한 느낌을 주는 니트웨어는 다채로운 컬러, 패턴이 믹스 앤 매치되어 젊은이에게 자유를 선사하는 겐조 다카다의 디자인 미학이 잘 드러나 있다.

지하려는 노력을 계속했다. 1983년 남성복 라인을 발표하고 겐조 진, 겐조 주니어, 겐조 베베, 겐조 메종 등 사업을 다각화하고, 1988년부터는 향수 라인을 론칭하기도 했다. 겐조는 특유의 이국적 취향에 실용성과 활동성을 가미한 스타일로 1980~1990년대에도 성공 신화를 이어갔다.

겐조의 디자인 하우스는 1993년 세계 최대의 명품 그룹인 LVMH/Louis Vuitton Moet Hennessy/에 인수되었다. 대기업의 후원으로 안정적인 디자인 작업을 진행하던 겐조는 1999년 60세에 "30

년 동안 일을 한 것으로 충분하다."라며 돌연 은퇴를 선언하여 패션계를 놀라게 했다. 그는 2005년 이후 '고칸 코보-오감의 작업실/Gokan Kobo, workshop of the five senses/'이라는 라이프 스타일 브랜드에서 가구, 인테리어, 식기 등을 디자인하고 있다.

2009년 70세가 된 겐조는 새로운 인생의 장에 들어섰다며 20년간 살아온 집과 함께 중국 조각상, 아프리카 마스크 등 자신이 평생에 걸쳐 수집해왔던 예술품을 모두 경매에 넘겨 처분했다.

2010년 6월에는 파리의 작은 갤러리에서 꽃무늬 기모노를 입은 자화상 8점을 전시하는 등 은퇴 후에도 젊음의 정신과 열정을 가지고 끊임없이 새로운 도전을 일삼으며 지내고 있다.

겐조는 패션에 대한 열정 하나만 가지고 파리로 건너가 동서양의 아름다움을 혼합한 패션을 선보이며 파리 패션계를 풍성한 색채의 꽃으로 물들였다. 그는 젊음의 정신과 진취적인 기상을 지닌 진정한 자유인으로 프랑스인이 아닌 동양인이 파리에 패션 하우스를 세울 수 있다는 것을 처음으로 증명해보였다. 겐조는 파리에서 꿈을 포기하지 않고 한 걸음 한 걸음 내디딘 것이 자신의 인생을 크게 변화시켰다고 회상했다. 그의 새로운 꿈과 도전은 지금도 계속되고 있다.

겐조 디자인 하우스는 2003~2011년 가을·겨울 컬렉션까지 이탈리아의 출신의 안토니오 마라스/Antomion Marras/가 바통을 이어받아 아트 디렉터로 활약했다. 안토니오 마라스는 겐조가 했던 것처럼 전통과 수공예를 기반으로 디자인 작업을 진행했으나, 지나치게 예술적인 요소에 치중했다는 평가를 받았다.

2011년 7월 LVMH는 미국 출신의 캐롤 림/Carol Lim/과 움베르토 레온/Humberto Leon/을 새로운 아트 디렉터로 영입하는 인사를 단행했다. 파리의 전통 있는 겐조 디자인 하우스와 뉴욕 소호의 셀렉트 숍인 '오프닝 세레모니/Opening Ceremony'의 공동 대표들의 이질적인 조합은 '부조화스러운 것의 아름다운 하모니'라는 겐조의 디자인 정체성과 상통하고 있다. 이를 계기로 겐조 디자인 하우스는 위트 넘치는 젊은 브랜드로 새롭게 도약하고 있다.

빅 룩/big look/은 크고 넉넉한 것이 특징인 패션 스타일이다. 파리에서 활동한 일본인 디자이너 겐조 다카다/Kenzo Takada, 高田賢三/가 1970년대 중반에 처음 선보였다. 그는 몸에 잘 맞는 파리의 클래식한 패션에 싫증을 느꼈는데, "너무 큰 것이 곧 알맞은 사이즈다/Much too big is the right size/."라고 주장하면서 다양한 스타일의 빅 룩을 선보였다.

처음에 그가 선보인 빅 룩은 서큘러스커트/circular skirt/ 위에 긴 셔츠, 코트, 케이프를 함께 겹쳐 착용한 것이었다. 여기에서 서큘러스커트는 블라우스·코트·스커트·바지의 밑단인 도련/botton hem/을 펼쳤을 때 원을 그리는 여유 있는 스커트를 말한다. 몸에 꼭 맞는 날씬한 실루엣, 딱 달라붙는 소매가 아니라 큰 진동둘레에 부피감이 큰 풍성한 빅 룩은 활동적인 멋을 주었다. 특히 다트가 없는 큰 직사각형 모양의 누빔 재킷, 케이프 등은 기모노의 직선과 평면 구성에서 유래한 것으로 파리의 구축적인 디자인과 차별화된 것이었다.

빅 룩은 텐트 드레스, 긴 셔츠와 배기팬츠 등의 넉넉한 실루엣이 다양한 민속풍의 패턴, 화려한 디테일과 결합하면서 독특한 형태로 나타났다.

빅 룩은 겐조 다카다에 이어 1980년대 파리에 진출한 다른 일본 디자이너들에 의해 더욱 발전했다. 이세이 미야케/Issey Miyake/, 요지 야마모토/Yohji Yamamoto/, 레이 카와쿠보/Rei Kawakubo/의 빅 룩은 남녀 구별 없이 입을 수 있는 크고 헐렁한 디자인이 대부분이며, 주로 무채색을 사용한 것이었다. 패드를 넣은 넓은 어깨, 큰 진동둘레의 소매, 여유로운 실루엣의 롱 코트는 빅 룩의 중요한 아이템 중 하나였다. 미야케는 합성섬유와 메탈 원단으로 된 주름 장식의 특수 원단을 개발하고, 기모노를 기본 개념으로 하여 평면 구성으로 옷을 만들어 몸에 붙지 않고 걸쳐 입는 스타일을 선보였다. 요지 야마모토와 레이 카와쿠보는 원단을 걸치거나 두르고 휘감는 등의 방법을 이용해서 몸을 헐렁하게 감싸 볼륨을 주는 레이어드 스타일의 옷을 발표하여 일본 특유의 미학을 선보였다.

몸의 곡선을 드러내는 것을 충실히 따르는 패션계의 불문율을 깨고 일본의 디자이너들이 선보인 비구축적이고 몸에 자유를 주는 '빅 룩'은 패션계에 신선한 돌풍을 일으켰고, 1980년대 초반 재패니즈 룩의 유행을 가져왔다.

여유 있는 원단을 이용한 비구축적인 디자인의 빅 룩(2004 F/W)

Ralph Lauren

랄프 로렌 1939~

"내가 파는 것은 옷이 아니라 꿈입니다."

*랄프 로렌*은 폴로/Polo/ 브랜드의 창시자로, 일반인들이 동경하는 상류사회의 스타일을 보편화한 디자이너다. 그는 단순히 상류층 스타일의 의상을 소개하기보다 상류층의 라이프 스타일을 함께 제시하여 대중으로 하여금 그의 의상을 통해 누구나 특권층의 일부가 될 수 있다는 환상을 심어주었다. 이러한 환상 마케팅은 주류 계층으로 편입을 꿈꾸는 다양한 문화적 배경의 인종들로 구성된 미국인의 아메리칸 드림을 공략하는 데 성공했다. 로렌 역시 가난한 유태인 이민자 가정 출신으로 자수성가하여 폴로 왕국을 이루어냈다는 측면에서 아메리칸 드림의 실현 가능성을 대변하는 상징적 인물로 자리매김했다.

위대한 스타일리스트의 탄생

랄프 로렌은 1939년 뉴욕 브롱크스/Bronx/의 유태인 이민 가정에서 태어났다. 그의 본래 성은 리프시츠/Lifshitz/로, 유명한 랍비를 여럿 배출한 집안이었기 때문에 어머니도 세 아들 중 한 명은 랍비가 되어주길 바랐다. 하지만 막내였던 랄프의 관심은 종교가 아닌 경제적 성공에 있었고, 형제는 놀림거리가 되었던 성마저도 로렌/Lauren/으로 바꾸었다.

학창시절 로렌은 남다른 패션 감각으로 친구들의 주목을 받았다. 로렌은 두 형들만큼 잘생기거나 운동을 잘 하지도 못했고 집안 사정도 넉넉하지 않았지만, 그는 항상 잘 다린 카키색 바지와 셔츠로 프레피 룩/preppy look, 미국 명문 사립 고등학교 학생의 교복을 본뜬 캐주얼 스타일/을 연출했다. 그의 트레디셔널한 브랜드와 룩에 대한 집착은 고등학교 시절 캠프 루즈벨트에서 일할 때 접한 부유층 유대인 학생들의 옷차림, 영국신사 이미지의 영화배우 캐리 그랜트/Cary Grant/, 탭 댄스로 유명한 뮤지컬 배우 프레드 애스테어/Fred Astaire/의 영향을 받아 생긴 것이다.

폴로의 창시 – 사회적 지위의 상징물로 부상한 폴로 로고

뉴욕 시립대학교에서 경영학을 전공하면서 패션 관련 판매원 일을 병행하던 로렌은 학교를 중퇴하고 실무를 통해 경영을 배우기로 마음먹었다. 그는 트레디셔널한 스타일의 의복을 생산하던 브룩스 브라더스/Brooks Brothers/를 거쳐 남성 넥타이 제조업체인 리베츠 앤 컴퍼니/Rivetz & Co./에서 판매원으로 일했다. 남성 넥타이를 판매하던 로렌은 당시에 유행하던 회색톤의 좁은 넥타이가 아닌 넓고 두꺼운 원단에 화려하게 수를 놓은 넥타이를 디자인했고, 1967년 넥타이 제조업체인 보 브럼멜/Beau Brummell/의 도움을 받아 폴로/Polo/라는 이름으로 이 넥타이들을 판매하게 되었다. 로렌은 자신의 넥타이를 스포티하면서도 우아함을 추종한다는 의미에서 '폴로'라고 명명했다. 로렌의 넥타이는 초기에 이 로고를 넣지 못하고 판매업소명으로 거래되었으나, 디자인이 인기를 끌면서 곧 폴로라는 상표를 부착할 수 있게 되었다.

42 채를 들고 공을 치려는 폴로 선수의 모습이 그려진 브랜드 폴로의 로고
랄프 로렌과 폴로 브랜드의 성장과 함께 이 로고 역시 사회적 지위의 상징물로 부상했다.

넥타이의 성공에 자신감을 얻은 로렌은 이듬해인 1968년, 의류로 제품을 확장하여 남성복 라인을 선보였다. 그는 기존 브룩스 브라더스나 멜르단드리/Roland Meledandri/의 트레디셔널한 스타일과 차별화되는 섹시한 아이비리그 스타일을 발표했다. 폴로 남성복의 인기를 감지한 뉴욕 블루밍데일스/Bloomingdale's/ 백화점은 로렌의 제안에 따라 폴로의 다양한 제품을 한 자리에서 구매할 수 있는 폴로 바이 랄프 로렌/Polo by Ralph Lauren/의 첫 부티크를 열어주었다. 폴로 남성복 라인은 큰 성공을 거두었고, 1970년 로렌은 첫 코티상/Coty/을 수상했다.

이에 힘을 얻어 1971년에는 여성용 테일러드 셔츠를 출시했는데, 이는 남성복 셔츠를 여성용 사이즈로 제작한 것으로 처음으로 소맷부리에 채를 들고 공을 치려는 폴로 선수 모습의 로고를 수놓기 시작했다. 이 셔츠의 성공으로 폴로 선수 로고는 사회적 지위를 나타내는 상징물로 부상하게 되었다. 하지만, 이 셔츠의 성공은 1930년대부터 폴로라는 명칭을 붙인 옥스퍼드 셔츠를 생산하고 있던 브룩스 브라더스와의 법적 마찰을 불러일으켰고, 로렌은 급히 폴로 뒤에 자신의 이름을 넣어 폴로 랄프 로렌이라는 이름으로 로고를 변경했다. 후에 로렌은 브룩스 브라더스로부터 폴로의 상표 권리를 사들였지만, 오늘날까지도 폴로의 여성복 라인에는 랄프 로렌의 이름이 함께 쓰여져 있다. 그는 셔츠의 성공에 힘입어 1972년 랄프 로렌 여성복 라인을 출시했고, 1976년 여성복으로 두 번째 코티상을 수상했다. 그는 빠른 스타일 변화를 기본으로 하는 여성복 시장에서의 성공을 인정받아 디자이너가 아닌 재단사라는 불명예스러운 꼬리표에 종지부를 찍을 수 있었다.

평범함에 새로움을 부여하는 탁월한 능력

오늘날 폴로 프레피 룩의 핵심 아이템인 폴로 니트 셔츠는 1972년 처음 소개되었다. 폴로의 니트 셔츠는 기존 것을 바탕으로 변형을 가해서 만들었다. 1960년대에는 1930년대 유명 테니스 챔피언인 르네 라코스테/René Lacoste/가 입었던 피케 니트 셔츠의 변형이 큰 인기를 끌고 있었다. 하지만 이 라코스테 셔츠는 3가지 색상으로만 출시되었고, 소재도 폴리에스테르와 면 혼방이었다. 이 점에 착안한 로렌은 그의 디자인 팀과 아이디어를 모아 면으로 된 폴로 니트 셔츠를 24가지 색상으로 생산했고, 이는 큰 인기를 끌어 오늘날까지 폴로의 상징적 아이템으로 남게 되었다.

기존 의상으로부터 새로운 스타일을 창조해내는 그의 특별한 재능은 1970년 초 이탈리아 방문 일화에서도 찾을 수 있다. 이탈리아 방문 중 그는 한 레스토랑의 웨이터에게 간곡히 부탁하여 그 웨이터가 입고 있던 슈트를 구입해 미국으로 가져왔고, 이 슈트에서 영감을 얻어 소프트한 숄더의 셔츠와 재킷을 자신의 컬렉션에 포함시킨 바 있다. 이 제품들은 소량만 생산해서 희소성을 노렸고, 그 실용성과 평범치 않은 스타일로 큰 인기를 끌었다.

다양한 아메리칸 스타일의 창조

로렌은 그의 의류 라인을 통해 상류층 라이프 스타일과 접목된 다양한 테마의 아메리칸 스타일을 소개했다. 그의 디자인 테마는 나바호 인디언에서 영감을 얻은 산타페 룩/Santa Fe Look/

부터, 아이비 리그 룩, 전원적 아메리칸 패밀리 룩, 퀼트를 비롯한 포크 아트 룩, 카우보이 룩, 식민지 시대 아프리카풍, 영국적 스타일, 1930년대 여배우들의 매니시/mannish/ 스타일, 빈티지 룩, 보헤미안 룩에 이르기까지 다양했다. 이러한 디자인 테마는 그의 아내를 비롯한 가족이나 지인들, 골동품, 영화 등에서 영감을 얻어 발전했다.

43 카우보이 스타일에서 영감을 얻은 디자인(2011 S/S)

영화 의상과 유니폼 디자인 제작

로렌은 영화를 사랑했고, 영화에서 디자인 영감을 많이 얻었는데, 그에게 영화 의상을 만들어 제공할 수 있는 기회가 찾아 왔다. 그는 1974년 로버트 레드포드/Robert Redford/ 주연의 영화 '위대한 개츠비/The Great Gatsby/'와 1977년 우디 알렌/Woody Allen/의 영화 '애니 홀/Annie Hall/'에 폴로 의상을 제공했다. 그는 이 두 영화의 의상 디자인을 마치 자신이 담당한 것처럼 언론에 발표하여 실제 두 영화의 의상 디자이너들과 마찰을 일으킨 바 있다. 또, 우디 알렌은 '애니 홀'의 여주인공 다이앤 키튼/Diane Keaton/의 경우 평상시 폴로의 옷을 즐겨 입었고, 영화 속 애니 룩으로 알려진 남성용 큰 셔츠, 바지, 조끼, 넥타이의 레이어드 룩은 그녀가 연출해낸 스타일이라고 밝힌 바 있다. 로렌의 영화 의상 디자인 여부와 관계없이 폴로는 이 두 영화를 통해 큰 홍보 효과를 얻었다.

로렌은 다양한 종류의 유니폼을 디자인하기도 했다. 2005년의 US 오픈과 2006년의 윔블던/Wimbledon/ 테니스 대회의 유니폼을 디자인했고, 2008년부터 2014년까지 네 차례에 걸쳐 미국 올림픽 선수단의 유니폼을 디자인했다.

예산에 구애받지 않는 최상의 인테리어 추구

블루밍데일스 백화점에 개점한 폴로의 첫 부티크에 이어 1971년에는 캘리포니아 비벌리힐스의 로데오 드라이브에 첫 독립 매장을 오픈했다. 또 폴로는 1981년 해외 첫 매장을 런던의 뉴

44 뉴욕 라인랜더 맨션에 자리한 폴로 매장
19세기 말에 지은 이 고풍스러운 건물에 위치한 폴로 매장에는 폴로가 지향하는 라이프 스타일을 고스란히 연출한 것으로 유명하다. 랄프 로렌은 상류층의 분위기를 구현하는 매장 인테리어를 통해 폴로의 이미지를 격상시켰다.

본드 스트리트/New Bond Street/에 개점한 것을 시작으로, 오늘날 유럽은 물론 모스크바와 터키의 이스탄불에 이르기까지 전 세계에 매장을 보유하고 있다. 각 매장의 고풍스러운 인테리어는 1980년대부터 본사에서 직접 가이드를 배포해서 관리하고 있다.

폴로의 매장 중 최고로 손꼽히는 곳은 뉴욕 매디슨가에 위치한 라인랜더 맨션/Rhinelander mansion/이다. 라인랜더는 19세기 말 이 맨션의 건축을 의뢰했던 부인의 이름을 딴 것으로 폴로는 1986년 매장을 오픈하기 위해 이 건물을 빌려 기존에 입점한 상인들을 모두 내보낸 후 2년여 동안 최소 500만 달러를 들여 인테리어 공사를 실시했다. 이 매장에는 로렌이 바란 대로 폴로의 모든 제품이 입점되었고, 제품들은 인테리어를 통해 폴로가 지향하는 라이프 스타일을 고스란히 연출했다. 미국과 유럽 각지에서 구입한 골동품으로 꾸며진 매장의 직원들은 주로 상류층 출신이었고, 이들은 고객을 위한 최고의 서비스를 제공하기 위해 3개월 동안 교육받았다. 라인랜더 맨션은 개장 첫 주에 100만 달러 이상의 매출을 거두었고, 다른 폴로 매장의 매출 증가에도 도움을 주었다. 라인랜더 매장은 또한 매 시즌 이국적인 상류층 분위기로 탈바꿈하며 고객들을 환상의 세계로 초대하고 있다.

환상적인 라이프 스타일을 제시한 이미지 광고

로렌은 사업의 확장을 위해 광고를 적극 활용했다. 삭스 피프스 애비뉴가 폴로를 위해 게재한 1975년 뉴욕타임스 전면 광고에 여성 모델 2명과 함께 로렌이 처음 등장하여 그의 얼굴이 대중에게 알려지기 시작했다. 이어 1977년에는 폴로에서 직접 광고 책자를 만들어 고객에게 배포하여 큰 인기를 끌었다. 이 책자에 '패션이 아니라 스타일이다/Style, not fashion/'라는 문구가 처음으로 등장하여 이후 폴로의 모토가 되었다. 이듬해 워너브라더스/Warner Brothers/와 공동 설립한 워너·로렌사를 통해 휴대용 위스키병과 빅토리아 시대 잉크병 모양의 용기에 든 남녀 향수인 폴로와 로렌을 출시했는데, 이 때 워너브라더스의 조력으로 영화 장면에서 영감을 얻어 제작한 TV와 인쇄 광고를 전국적으로 내보내기도 했다.

폴로의 영화와 같은 이미지 광고는 유명 사진작가인 브루스 웨버/Bruce Weber/와의 만남을 통해 정점에 달하게 되었다. 웨버는 1980년대 중반부터 폴로의 라이프 스타일을 알리면서 마치 영화와 같은 여러 페이지의 이미지 광고를 제작했다. 그는 남성 모델의 섹슈얼리티를 드러내는 데에 천부적인 소질을 가지고 있었고, 이는 로렌을 감동시켰다. 폴로는 브루스 웨버와 함께 엄청난 제작비를 들여 카우보이, 운동선수, 대학생, 록큰롤스타, 오래된 영화의 패러디 등을 통해 미국적 이미지를 완성시켰고, 이는 다른 나라의 광고 사진에도 큰 영향을 미쳤다. 웨버는 폴로뿐만 아니라 세계적인 유명 디자이너들과 많은 작업을 수행했다.

폴로에 대한 사회적 비판

폴로는 사업의 확장 및 성공과 함께 사회적 비난의 대상이 되기도 했다. 1981년 산타페 컬렉션에서 선보인 디자인을 보고 한 큐레이터는 폴로가 국보급 물건을 마구 훼손하고, 구호품을

45 랄프 로렌이 선보인 미국 상류사회 스타일(2012 F/W)
랄프 로렌은 미국 상류사회의 스타일을 제시하여 주류사회로의 편입을 꿈꾸는 대중의 심리를 공략했다. 그러나 일부에서는 그가 지향하는 백인 중심의 와스프 스타일에 대한 비판이 있기도 한다.

모방한 상품을 고가에 판매한다고 비판했다. 또, 미디어에서는 폴로의 캐시미어 니트 제품이 현지의 값싼 노동력을 착취해서 큰 이익을 남기고 있다고 폭로했다. 나아가 폴로가 제시한 프레피 룩은 프레피 룩 본래의 격을 떨어뜨렸을 뿐만 아니라, 그의 제품들은 소비자들에게 환상을 심어주며 돈을 쓰게 한다고도 비난했다.

이에 로렌은 자신이 스타일의 민주화를 가져왔고, 이러한 비판의 뒤에는 반유대주의가 숨어 있다고 주장했다. 하지만, 아이러니하게도 폴로 사내에서 백인 위주의 인종차별이 이루어진 사실이 드러난 적이 있었다. 이는 폴로가 지향하는 와스프/WASP, White Anglo-Saxon Protestant의 약자로 미국 주류계층을 의미함/ 스타일과 연관성을 지녔다. 또, 폴로의 여성복 컬렉션은 매우 날씬한 여성만이 착용할 수 있다는 사이즈 상의 문제점을 지적받아 스타일의 민주화와는 거리가 있었다. 이는 로렌이 날씬한 자신의 부인 리키/Ricky/와 여직원들의 사이즈에 맞추어 옷을 제작했기 때문이다. 그는 날씬하고 몸매가 좋은 여성만을 위해 옷을 디자인했던 것이다. 그러나 폴로는 시대적 변화에 편승하기 위해 1990년대부터 광고에 타이슨 백포드/Tyson Beckford/와 같은 흑인이나 장애인 모델을 기용해 다양한 소비자를 겨냥하고 있다.

사업의 확장과 사회적 환원

로렌은 사업을 확장하여 남성복과 여성복 컬렉션 외에도 다양한 패션 및 가정용품을 생산했다. 1976년에는 남아복/Polo for boys/, 1978년에는 남녀 향수, 1983년에는 가정용품인 랄프 로렌 홈/Ralph Lauren Home/, 1990년에는 남녀용 폴로 골프/Polo Golf/, 1993년에는 폴로 스포트/Polo Sport/, 유아복, 남성용 캐주얼웨어인 RRL, 1994년에는 유로피안 스타일의 고급 테일러링 라인인 퍼플 라벨/Purple Label/, 1995년에는 랄프 로렌 페인트, 1996년에는 기존 랄프 로렌 여성복 컬렉션에 비해 저렴한 여성복 라인인 로렌 바이 랄프 로렌/Lauren by Ralph Lauren/, 젊은이들을 위한 저렴한 가격의 캐주얼웨어 라인인 폴로 진/Polo Jeans Co./, 1998년에는 폴로 스포츠의 기능성 운동복 라인인 RLX를 출시했다. 이어, 2000년에는 NBC와의 파트너십을 통한 랄프 로렌 미디어/Ralph Lauren Media/와 폴로닷컴/Polo.com/, 2002년에는 여성용 트레디셔널웨어인 블루 라벨/Blue Label/, 2004년에는 대학가 근처에서만 판매되는 프레피 스타일인 럭비/Rugby/, 2005년에는 남성용 성장 라인인 블랙 라벨/Black Label/, 2009년에는 액세서리 라인인 와치 앤드 주얼리/Watch and Jewelry Co./를 순차적으로 론칭했다.

로렌은 1970년대부터 여성복을 비롯해 다양한 라인의 제품을 라이선스 체결을 통해 생산했다. 초기에 라이선스 사업은 폴로에 막대한 이익을 가져다주었으나 점차 여러 가지 문제점을 드러내었다. 폴로는 1990년대에 사업을 정비하면서 라이선스를 상당부분 되찾아왔다. 1997년 기업 공개를 통해 주식 상장이 이루어졌고, 한동안 사업상의 진통을 겪다가 안정을 찾아가고 있다. 로렌은 전문 경영인을 영입하여 대대적인 구조조정과 함께 그동안 무절제하게 사용되었던 각종 비용을 절감하여 사업의 효율화를 꾀했을 뿐만 아니라, 신선한 인재의 등용을 통해 소비자가 원하는 제품을 디자인하기 위해 노력했다. 그 결과 폴로는 2009년 50억 달러의 수익을 냈다. 억만장자의 꿈을 이룬 로렌은 수많은 골동품과 고가의 희귀한 자동차를 수십여 대 보유하고 있을 뿐만 아니라 집 6채와 대규모의 목장을 소유하고 있다.

한편 로렌은 뇌종양 수술을 통해 암의 고통을 알게 되어, 이를 계기로 암 환자를 돕고 부의 일부를 사회에 환원하기 위해 연구비를 기부하면서 지원 기금 마련을 위한 캠페인을 전개하고 있다.

Oscar de la Renta

오스카 드 라 렌타 1932~

"내가 디자이너로서 해야 하는 역할은 여성이 최상의 모습을 보이도록 최선을 다하는 것이다. 옷은 여성이 착용해야만 비로소 패션이 된다."

*오스카 드 라 렌타*는 라틴아메리카 출신의 유명 패션 디자이너이다. 그의 다양한 색채, 이국적이고 화려한 디자인, 여성스럽고 우아한 의상은 1960년대부터 지속적인 사랑을 받고 있다. 그의 작품들은 고향인 카리브해 지역의 자연환경에서 영향을 받아 빛, 색채, 반짝임과 함께한다. 또한 그의 의상은 항상 자수, 꽃무늬, 털 장식, 러플 장식, 구슬 장식, 라틴풍을 포함한 이국적 디테일 등으로 화려하게 마무리된다. 그는 부드럽고 광택이 있는 천연 소재를 주로 사용하여 여성스러운 스타일을 연출하곤 했다.

작품에서 우아함과 여성스러움을 중요시하는 드 라 렌타는 자칫 딱딱해 보일 수 있는 소재나 재킷도 칼라/collar/를 잘라내고 여성의 몸매가 드러나도록 재단하거나 꽃무늬 등으로 화려하게 장식하여 자신만의 스타일을 만들어냈다.

예술가 드 라 렌타의 탄생

오스카 드 라 렌타는 1932년 도미니카공화국의 수도인 산토도밍고에서 태어났다. 보험업을 하던 아버지는 아들인 그가 사업을 물려받길 바랐지만, 그는 어릴 적부터 그림 그리는 것을 즐겼고 도미니카공화국의 국립예술학교/La Escuela de Bellas Artes Las Mercedes/를 거쳐, 1951년에는 스페인 마드리드의 산페르난도 왕립미술아카데미/Academia de Bellas Artes de San Fernando/에 진학했다. 미술 공부를 지지해주던 어머니의 사망 후 아버지는 본국으로 돌아오라고 했으나 드 라 렌타는 학업을 계속하기 위해 패션 디자이너의 새로운 작품을 잡지 광고용 일러스트레이션으로 옮기는 아르바이트를 시작했다.

드 라 렌타의 스케치를 눈여겨본 당시 유명 패션 디자이너 발렌시아가/Balenciaga/는 그를 채용하여 전 세계 고객들에게 보낼 카탈로그 일러스트레이션을 그리게 했다. 이 일러스트레이션을 본 스페인 주재 미국 대사 부인/Mrs. Lodge/은 자신의 딸이 사교계에 데뷔할 때 입을 드레스 디자인을 의뢰했고, 그의 첫 작품인 흰색의 풍성한 드레스는 큰 호응을 얻어 잡지 〈라이프〉의 표지로 실리게 되었다. 이를 계기로 그는 발렌시아가의 살롱에서 조수로서 본격적인 패션 디자이너 일을 시작하게 되었다.

패션에 대한 열정은 1960년 드 라 렌타를 파리로 이끌었다. 그는 안토니오 델 카스티요/Antonio del Castillo/와의 인터뷰 후 랑방-카스티요/Lanvin Castillo/ 회사에서 일을 시작했다. 당시 카스티요는 드 라 렌타가 당연히 재단, 드레이핑/draping/, 봉제 기술을 모두 습득했다고 예상하고 채용했기 때문에, 드 라 렌타는 일을 시작하기 전에 학원에 의뢰해서 2주 만에 이 모든 기술을 익혔다. 그는 카스티요와 디자인 면에서 잘 통했기 때문에 좋은 관계를 유지했고, 랑방-카스티요에서 기성복 디자인을 시작했다.

엘리자베스 아덴을 통한 미국 진출

드 라 렌타는 미국 출장에서 엘리자베스 아덴/Elizabeth Arden/을 만났다. 디너파티에서 우연히 만난 그들은 우아하고 여성스러운 스타일을 선호하는 공통점을 발견했고, 아덴은 드 라 렌타에게 디자이너 자리를 제안했다. 엘리자베스 아덴은 화장품 사업을 시작해서 1943년에는 패션까지 사업 영역을 확장한 상태였다. 드 라 렌타는 패션을 통해 경제적 성공을 거두기 위해서는 기성복 시장의 메카인 미국 진출이 필요하다고 생각했고, 드디어 1962년 미국행을 결정했다.

그는 엘리자베스 아덴과 크리스티앙 디오르의 기성복 디자인 사이에서 고민하다가 미국 잡지 〈보그〉의 편집장인 다이애나 브릴랜드/Diana Vreeland/의 조언에 따라 1963년부터 엘리자베스 아덴에서 미국 활동을 시작했다. 드 라 렌타는 프랑스 〈보그〉 편집장이자 친구인 프랑수아즈 드 랑글라드/Françoise de Langlade/의 소개로 브릴랜드를 만났고, 브릴랜드는 크리스티앙 디오르로 이직할 경우에는 드 라 렌타의 이름이 브랜드 명성에 가려질 것이라는 이유로 엘리자베스 아덴 행을 권했다. 엘리자베스 아덴에서 그는 '엘리자베스 아덴 바이 오스카 드 라 렌타/Elizabeth Arden by Oscar de la Renta/'라는 브랜드명으로 상류층 여성의 다양한 상황에 맞는 맞춤복 디자인을 선보여 큰 사랑을 받았다.

기성복 디자이너로서의 독립과 성공

기성복 디자인에 대한 미련을 버리지 못한 드 라 렌타는 2년 후인 1965년 제인 더비/Jane Derby Company/로 직장을 옮겼다. 제인 더비 사로 옮긴 지 몇 달 만에 암으로 갑작스럽게 세상을 뜬 더비를 대신해서 드 라 렌타가 회사를 인수했다. 드디어 'Oscar de la Renta'라는 자신의 이름이 적힌 상표를 부착한 우아한 제품들을 생산하게 되었다.

드 라 렌타의 디자인은 호평을 받아 1960년대 후반 코티상/코티 전미패션비평가상, The Coty American Fashion Critics' Award/을 2번이나 수상했다. 첫 번째는 1967년 러시안 룩으로, 바닥까지 내려오는 코트, 털 장식, 화려한 문양과 보석 장식이 가득한 컬렉션이었다. 이 컬렉션은 어린 시절에 도미니카공화국에서 만난 삼촌 친구인 아름다운 러시아 여인이 들려준 이야기에서 영감을 얻었다. 이어 1968년에는 19세기 후반에서 20세기 초반까지 유행한 의복에서 영감을 얻은 벨 에포크 룩/Belle Époque Look/으로 주목 받았다. 벨 에포크는 말 그대로 20세기 전후한 프랑스의 평화롭고 아름다웠던 시절을 의미하는 것으로, 당시 이 컬렉션이 인기를 끌었던 데에는 존 F. 케네디 대통령이나 마틴 루터 킹 같은 저명인사의 저격 사건, 각종 인권 운동의 활성화, 베트남전 반대의 물결 등 혼란스러웠던 사회적 상황이 영향을 주었을 것으로 추정된다.

드 라 렌타의 회사는 1969년에 리치턴/Richton/ 사에 매입되어, 미국 증권 거래소에 상장된 최초의 패션 디자이너 회사가 되었다. 그는 당시 쿠튀르, 기성복 부티크, 모피, 장신구 라인을 가지고 있었다. 리치턴 사에게 주요 결정권을 빼앗겼던 드 라 렌타는 재투자를 통해 1973년 회사의 핵심 결정권을 되찾았다.

드 라 렌타는 1973년에서 1976년까지, 또 1987년에서 1989년까지 두 차례에 걸쳐 미국 패션 디자이너협회/The Council of Fashion Designers of America, CFDA/의 회장을 역임했다. 당시 많은 디자이너가 향수 사업에 진출한 상황이었기 때문에 그는 협회 회장으로 취임한 후 화장품 업체인 코티사/Coty/와의 이권 분쟁으로부터 자유로운 CFDA만의 독자적 상을 만들어 패션 디자이너들의 자유로운 사업 확장을 도모했다. 그도 1977년 '오스카 드 라 렌타'라는 브랜드명의 향수를 출시하여 오래도록 사랑받고 있다. 그는 이 제품으로 1991년 향수재단 장수상/Fragrance Foundation Perennial Success Award/을 받았고, 1995년에는 미국 향수협회의 '살아 있는 전설/Living Legend/'상을 받았다. 1990년에는 CFDA 공로상을, 2000년과 2007년 두 차례에 걸쳐 CFDA 올해의 여성복 디자이너상을 받기도 했다.

46 여성스러움을 강조한 스타일 (2012 F/W 피에르 발망 컬렉션)

오스카 드 라 렌타 사는 인기에 힘입어 미국 전역은 물론, 유럽, 아시아, 남미까지 진출했다. 그러던 중 드 라 렌타는 1992년부터 프랑스 피에르 발망/Pierre Balmain/ 사의 디자인을 책임지게 되었다. 1970년에 미국 시민권을 취득한 상태였던 드 라 렌타는 프랑스 쿠튀르 하우스의 디자인을 맡은 최초의 미국인이 되었다. 그는 2002년까지 피에르 발망의 디자인을 맡아 1년에 1월, 2월, 9월 3개월을 파리에서 일하며 회사가 회생하도록 기여했다. 그의 공로는 프랑스 레지옹 도뇌르 훈장/French Legion of Honour/의 수상으로 이어졌다. 주로 내국인에게만 수여하는 이 훈장을 외국인인 그가 받았다는 점에서 드 라 렌타의 탁월함을 확인할 수 있다.

'오스카 드 라 렌타' 브랜드의 확장은 지속되어 1997년에는 새로운 기성복 브랜드를 출시했고, 1999년에는 남성용 향수와 플러스 사이즈 상표, 2001년에는 오스카 액세서리/Oscar Accessories/, 2002년에는 오스카 드 라 렌타 홈/Oscar de la Renta Home/, 2004년에는 중저가 브랜드인 오/O/, 2006년에는 신부복인 오스카 브라이덜/Oscar Bridal/을 론칭했다. '오'의 경우 각 아이템 가격이 모두 100달러 이하의 제품들로 구성되어 메이시스 웨스트/Macy's West/나 딜리아즈/Dillard's/ 등의 중저가 백화점에서 판매되었다. 하지만 '오'는 드 라 렌타 고유의 화려한 디테일과 고급 소재를 유지하면서 가격을 맞추기가 쉽지 않아 상품의 품질이 낮아질 수밖에 없었고, 곧 생산이 중지되었다.

이 외에도 드 라 렌타는 1974년에 다른 디자이너들과 함께 보이 스카우트 유니폼을 디자인했고, 1980년대 초반에는 장난감 회사인 마텔/Mattel/사의 의뢰로 바비 인형의 의상도 디자인했다. 그는 바비 인형의 의상 디자인이 어려우면서도 쉽다고 했는데, 그 이유는 바비 인형은 오래도록 움직이지 않고 핀에 찔려도 울지 않지만 너무 작아 부자재 부착이나 디테일 처리가 힘들기 때문이라고 말했다.

사랑과 아픔

드 라 렌타는 1967년 프랑스 〈보그〉 편집장이었던 프랑수아즈 드 랑글라드와 결혼했다. 그녀는 잡지사에서 일하기 전 유명 디자이너 엘사 스키아파렐리/Elsa Schiaparelli/의 살롱에서 일했으므로 패션에 대한 탁월한 안목을 지니고 있었다. 그녀는 드 라 렌타와의 결혼생활을 위해 미국으로 이주해서 엘리자베스 아덴의 컨설턴트로 일하면서 뉴욕 사교계의 핵심 인물로 부상했다. 그녀는 남편의 디자인에 대해 공정한 비평가의 입장을 고수했지만, 사교계 인사들과의 인적 관계를 통한 홍보 효과는 그녀가 세상을 떠난 1983년까지 그의 사업 확장에 큰 역할을 했다.

이후 드 라 렌타는 1989년 사교계 인사이자 오랜 친구인 아네트 리드/Annette Reed/와 재혼했다. 그녀의 딸 중 한 명인 엘리자/Eliza Reed Bolen/와 사위인 알렉스 볼렌/Alex Bolen/은 드 라 렌타 사업에 크게 관여했다. 볼렌은 원래 월 가의 경영진이었는데, 1995년 오스카 드 라 렌타 사의 라이선스 부서의 부사장으로 임명되었다가, 후에 CEO가 되었다. 패션에 대해 문외한에 가까웠던 그가 과연 잘 해낼 수 있을지에 대한 논란이 있었으나, 볼렌 내외는 드 라 렌타의 사업에 큰 도움을 주었다.

활발한 자선 사업과 예술 분야의 후원

드 라 렌타는 자선 사업가로도 널리 알려져 있다. 그는 1982년 어린이들을 위한 안식처인 라 카사 델 니뇨/La Casa Del Niño/의 건립과 운영을 위해 상당한 금액을 기부한 것으로 알려져 있다. 이 기관에서는 무료로 보육원을 운영하면서 동시에 각종 교육을 담당하고 있다. 그는 첫 번째 부인인 프랑수아즈의 죽음 이후 외로움을 느껴 이곳을 통해 아들 모이세스/Moisés/를 입양

했다. 또한 그는 '마미 앤드 미/Mommy and Me/' 드레스 라인을 출시해서 엄마와 어린 딸이 같은 디자인의 옷을 살 경우에는 어린이 드레스 각 아이템의 매출 당 100달러를 어려운 아이들에게 자동 기부되도록 했다.

예술과 문화를 사랑하는 그는 메트로폴리탄 오페라, 뉴욕 오페라 하우스, 카네기홀, 히스패닉/Hispanic/ 문화의 이해를 돕기 위해 노력하는 기관과 단체의 후원자로도 활동하고 있다. 이러한 노력을 인정받아 1970년에 이미 도미니카공화국 대통령에게 기사 작위를 받았고, 1996년에는 히스패닉 문화유산재단/Hispanic Heritage Foundation/에서 공로상을 받았다.

드 라 렌타의 의상을 사랑하는 유명인사

오스카 드 라 렌타의 고객으로는 사라 제시카 파커, 비욘세, 페넬로페 크루즈 등의 할리우드 스타들은 물론, 영국 앤드류 왕자의 전 부인인 사라 퍼거슨, 스웨덴의 마들렌 공주 등 왕족들, 재클린 케네디 오나시스, 낸시 레이건, 힐러리 클린턴, 로라 부시 등의 영부인이 있다.

할리우드 스타 출신의 낸시 레이건은 날씬하고 세련된 스타일로 1989년 CFDA 공로상을 받았다. 힐러리 클린턴은 드 라 렌타의 도움으로 검은색 의상의 딱딱한 이미지에서 벗어났는데, 부드럽고 화사하며 여성스러운 색채와 소재를 이용하여 이미지 변신에 성공했다. 하지만 2004년 부시 대통령의 취임식에 다시 검은색 의상을 착용하고 나타나 드 라 렌타를 화나게 했다. 클린턴에 이어 로라 부시도 드 라 렌타의 의상을 애용했다. 그녀는 딸과 함께 드 라 렌타의 뉴욕 쇼룸을 직접 방문하기도 했고, 2008년에는 결혼식을 위해 딸의 웨딩드레스와 본인의 드레스 디자인을 의뢰하기도 했다.

47 드 라 렌타가 디자인한 조지 W. 부시 전 미국 대통령의 딸 제나 부시의 웨딩드레스(2008)

반면 미셸 오바마는 이전의 영부인과는 달리 비교적 저렴한 신진 디자이너의 의상이나 제이크루/J.Crew/와 같은 대중적 브랜드의 의상을 애용하곤 하는데, 이를 두고 드 라 렌타는 영부인이 미국 패션계의 활성화를 위해 고가의 디자이너 작품을 착용해야 한다고 주장했다. 특히 그녀가 영국 버킹엄 궁전에서 엘리자베스 2세 여왕을 만났을 때 카디건을 착용한 모습을 두고 크게 비난하여 역으로 대중의 공격을 받기도 했다. 하지만 이후에 미셸 오바마가 드 라 렌타의 아들인 모이세스의 의상을 착용하여 세간의 눈길을 끌었다. 모이세스는 2004년 아버지의 컬렉션을 위해 티셔츠를 디자인한 이래 사진에 관심을 가지고 활동하다가 2009년 MDLR/Moises de la Renta/이라는 캐주얼 브랜드를 론칭하여 활동하고 있다.

48 배우 카트리나 보우든이 입은 드 라 렌타의 드레스(2011)
미국의 하트 트루스 레드 드레스 컬렉션 패션쇼(The Heart Truth's Red Dress Collection Fashion show)에서 이 드레스를 입었다.

드 라 렌타는 2008년 이브 생 로랑/Yves Saint Laurent/ 사에서 일하던 루루 드 라 팔래즈/Loulou de la Falaise/와 함께 인도 무굴제국에서 영감을 얻은 밝고 화려한 보석으로 된 액세서리 디자인을 선보이는 등 왕성한 활동을 이어가고 있다. 이에 힘입어 2009년에는 패션 그룹 인터내셔널/The Fashion Group International/로부터 슈퍼스타상/Superstar Award/을 받았다. 그는 "지금처럼 열심히 일했던 적은 평생 없다. 하지만 매 순간을 사랑한다. 나는 스튜디오에서 디자인하는 시간을 가장 좋아한다."라고 말했다.

49 여성미를 보여주는 이브닝드레스(2012 S/S)
꽃무늬 레이스와 경쾌한 머스터드 컬러의 풍성한 드레스가 우아함과 여성미를 잘 드러내고 있다.

Azzedine Alaïa / Rei Kawakubo / Yohji Yamamoto / Karl Lagerfeld / Giorgio Armani
Calvin Klein / Perry Ellis / Franco Moschino / Paul Smith / Donna Karan
Issey Miyake / Jean Paul Gaultier / Christian Lacroix

Chapter 7

포스트모더니즘과 파워 슈트

Chapter 7

포스트모더니즘과 파워 슈트

몸에 꼭 끼는 상의와 통이 넓고 헐렁한 하의를 입었던 1970년대와 달리 1980년대에는 헐렁한 상의와 몸에 꼭 끼는 하의가 유행했다. 남성과 여성은 부와 권력을 과시하고자 파워 슈트/power suit/를 입는 경향이 있었다.

시대적 특징

보수와 실용을 중시하는 정책

1980년대 서양 주요 국가에서는 보수적인 성향의 정권이 집권했다. 1979년 영국에서는 마거릿 대처/Margaret Thatcher/가 이끄는 보수적인 공화당이, 1982년 서독에서는 우익정당들이 집권했다. 1985년 소련에서는 고르바초프가 대내적으로 개혁을, 대외적으로는 개방정책을 쓰면서 실용정책을 펼쳤다. 1980년대 국제 정세의 이슈로는 나토의 중거리 로켓을 유럽에 배치하려는 움직임, 미국의 SDI/대륙 간 탄도 미사일 방어장비개발계획/, 그리고 전반적인 군비 축소와 핵전쟁 억제를 위한 움직임을 들 수 있다. 1989년 베를린 장벽이 무너지고, 1990년 동·서독이 통일되었다. 1980년대 중반에 확산된 에이즈/AIDS/ 역시 치료약이 없는 불치병으로, 세계를 불안하게 하는 원인이 되었다.

여성파워와 여피의 새로운 라이프 스타일

1960년대 이후 여성 해방운동으로 인해 여성의 사회적 지위가 향상되고 사회적 역할이 증가되었다. 1960~1970년대는 청소년들이 문화 창조의 주체이자 패션의 리더였다면, 1980년대는 직장 여성들이 새로운 소비자집단으로 부상한 시기였다. 1980년대 전후 베이비 붐 세대에 의한 새로운 라이프 스타일의 경향이 나타났는데, 미국의 대도시 교외에 살면서 전문직에 종사하는 젊은 엘리트층인 여피/yuppie, young urban professional과 hippie의 합성어/는 산업계와 정계에서 갑자기 두각을 나타내기 시작했다. 이들은 물질주의와 소비주의가 팽배한 사회에서 직업적 성공과 경제적인 부에 가치를 두며 여가를 즐기는 데도 투자를 아끼지 않은 부류였다.

기성복 시장의 확대와 디자이너 브랜드 출현

1970년대 말부터 프레타포르테 디자이너들은 대중을 위한 기성복 라인을 만들고, 라이선스 상품을 선보였다. 이브 생 로랑/Yves Saint Laurent/, 피에르 발망/Pierre Balmain/, 위베르 드 지방시/Hubert de Givenchy/, 피에르 가르뎅/Pierre Cardin/, 엠마뉴엘 웅가로/Emanuel Ungaro/ 등의 프랑스 디자이너, 이탈리아와 일본의 디자이너들이 프레타포르테 디자이너로 활약했다. 이탈리아의 조르조 아르마니/Giorgio Armani/, 지안 프랑코 페레/Gianfranco Ferré/, 돌체 앤 가바나/Dolce & Gabbana/, 크리지아/Krizia/, 살바토레 페라가모/Salvatore Ferragamo/, 프라다/Prada/, 미소니/missoni/, 펜디/Fendi/, 구찌/Gucci/ 등과 일본의 이세이 미야케/Issey Miyake/, 요지 야마모토/yohji yamamoto/, 꼼 데 가르송/Comme des Gracons/, 겐조 다카다/Kenzo Takada/ 등이 대표적 디자이너 브랜드였다. 미국에서는 도나 카란/Donna Karan/, 페리 엘리스/Perry Ellis/, 랄프 로렌/Ralph Lauren/, 캘빈 클라인/Calvin Klein/ 등이 캐주얼웨어 디자이너로 활약했으며, 세계적으로 캐주얼웨어가 유행하는데 일조했다.

영국에서는 1977년경 잔드라 로즈/Zandra Rhodes/가 펑크 스타일을 유행시켰고, 1980년대 스트리트 패션에서 영향을 받은 다양하고 혁신적인 스타일을 선보였다. 1980년대 영국의 다이애나 왕세자비/Princess Diana/는 패션 리더로서 영국 패션계를 후원하기도 했다. 1979년 피에르 가르뎅은 중국에서 컬렉션을 여는 등 서구 패션 디자이너들이 해외 진출을 꾀했다. 미국에서는 1985년경 홈쇼핑 네트워크가 시작되어 더욱 기성복의 판매가 확장되었고 소비자들의 선택의 기회도 넓어졌다.

1 대중을 위한 기성복을 디자인한 이브 생 로랑

2 레이건 대통령과 이브 생 로랑의 슈트를 입고 있는 영부인 낸시 레이건 여사

3 이탈리아 패션을 대표하는 디자이너 조르조 아르마니

4 미국의 캐주얼웨어 디자이너 도나 카란

포스트모더니즘의 영향

1980년대 문화·예술적 측면에서 포스트모더니즘/postmodernism/의 영향으로 국가와 국가 간의 뚜렷한 경계가 해체되고 서구 중심적인 사고에서 벗어나 제3세계의 문화에 대한 관심이 고조되었다. 서구디자이너들은 주변 문화로서 그동안 소외되었던 아시아, 아프리카, 중남미 등의 토속적인 문화나 민속복식에서 영감을 받아 에스닉 룩/ethnic look/을 파리무대에서 선보이기도 했다. 뿐만 아니라 포스트모더니즘의 해체주의적 사고는 성에 대한 고정관념을 탈피하여 패션 디자인에서 남성적인 요소와 여성적인 요소의 절충과 혼합을 통해 앤드로지너스 룩/androgynous look/을 새롭게 창조했다.

자연과 환경에 대한 우려

특히 1986년의 체르노빌 원전 사고, 우주비행사 7명을 태운 우주왕복선 챌린저호의 폭발 사고는 기술적 진보에 대한 우려, 자연과 환경에 대한 인식을 강화시켰다. 1980년대 중반 프레미에르 비종/Première Vision/에 환경을 염두에 둔 친환경 소재에 대한 논의가 제기되었으며, 1989년 엑스포필/Expofil/ 섬유소재전시회에서는 지구 보호에 대한 관심이 반영된 '녹색으로 가자/Going green/'라는 주제로 유행 경향이 제시되었다.

5 1980년대 패션에 막대한 영향력을 행사한 마돈나 스타일의 밀랍인형(1987)

6 영국 다이애나 왕세자비가 선보인 로맨틱 룩(1985)

가수 마돈나와 영국 다이애나 왕세자비의 인기

1950년대 영화배우 메릴린 먼로의 영향을 받은 팝송 가수 마돈나는 여성성과 에로티시즘을 강조한 외모와 패션으로 선풍적인 인기를 끌었다. 영국 다이애나 왕세자비의 결혼식은 온 세계인의 주목을 끌었으며, 그녀의 로맨틱한 패션은 대중에게 널리 유행했다.

유행 패션의 특징

파워 슈트

1980년대는 여성의 지위 향상과 사회적 진출로 인해 직업여성의 수가 증가된 시기였다. 이러한 추세에 발맞추어 여성의 슈트에는 남성적인 요소가 강조되어 어깨를 강조한 새로운 슈트 스타일인 빅 룩/big look/이 유행했다. 빅 룩은 어깨심을 넣은 넓은 어깨와 엉덩이를 덮는 길이의 재킷, 무릎 위 10cm 올라간 짧은 스커트로 이루어졌으며, 이를 파워 슈트/power suit/라고 일컬었다. 이러한 스타일을 여성의 '성공을 위한 옷차림/dress for success/'이라고 불렀으며, 남성 슈트와 비슷하게 어두운 색의 테일러드 재킷과 스커트로 이루어진 정장, 남성 와이셔츠와 유사한 블라우스를 입도록 제시했다.

파워 슈트는 1980년대 전 시기에 걸쳐 여성들 사이에 유행했다. 1980년대 후반에는 스커트 대신 팬츠를 재킷과 함께 입기도 했다. 팬츠 슈트는 캐주얼웨어나 이브닝웨어로도 입을 수 있었으며, 폴리에스테르 니트와 울 개버딘으로 만들어졌고, 다양한 가격대에서 구매할 수 있었다. 남성복의 재단법을 여성복에게 적용한 조르조 아르마니의 팬츠 슈트가 큰 인기를 끌기도 했다. 아르마니는 디바이디드 스커트/divided skirt/와 재킷을 제안했고, 이 쇼츠 슈트/shorts suit/는 짧은 스커트 대신 반바지를 입기도 했다.

하위문화 스타일로의 펑크 패션

1970년대 후반 히피 문화를 뒤좇아 청소년 하위문화 스타일로서 새로운 펑크/punk/족이 탄생했다. 펑크란 '쓸모없는 혹은 보잘 것 없는'이라는 뜻으로, 주류문화인 기성세대에 대한 반항의 의미를 가지고 있다. 이들은 영국의 중산층 자제로 물신주의와 인종차별에 대한 항거의 상징으로 찢어진 청바지, 검은색의 스터디드/studded/ 가죽옷, 모히칸 헤어스타일, '우리에게 내일은 없다' 등의 허무적이고 비관적인 이미지나 슬로건이 새겨진 문자 티셔츠, 옷핀 장식, 드라큘라 화장 등을 했다. 이러한 펑크의 충격적인 모습은 산업화와 더불어 물신화된 사회에서 자아정체성을 찾으려는 표현의 도구였다. 영국의 잔드라 로즈나 비비안 웨스트우드는 펑크의 이미지를 하이패션에 도입한 대표적인 디자이너들이다. 이들은

7 얼룩말 무늬의 톱과 짧은 가죽 장갑으로 멋을 낸 소녀(1980)
포스트 펑크 패션의 영향을 받았다.

8 모히칸 헤어스타일과 펑크 차림의 프랑스 남성

9 고딕 패션에 영향을 받은 드라큘라 화장의 영국 가수 수지 수(1986)
블랙 의상, 창백한 피부에 짙은 눈 화장, 붉은 입술을 강조한 드라큘라 화장을 하고 있다.

찢어진 진, 1930년대 초현실주의의 찢겨진 옷처럼 보이게 한 눈속임의 기법/트롱프뢰유 기법/, 진주나 작은 금속판의 장식, 지그재그의 프린지 등 기존 패션 디자인에서 보이지 않았던 요소들을 적극 도입하여 패션의 해체주의를 시도했다.

일본 디자이너의 아방가르드 룩

1980년대 초반 일본 디자이너 이세이 미야케, 요지 야마모토, 레이 카와쿠보 등의 아방가르드 룩은 서구 패션계에 커다란 반향을 불러일으켰다. 1980년대는 포스트모더니즘의 바람이 패션계에 강하게 불었던 시기로 주체/서양/와 타자/제3세계/ 간의 문화적 경계가 해체되기 시작했다. 서로 다른 문화와의 교류가 활발해지면서 아시아 문화는 서양의 패션 트렌드에 신선한 영감을 주었고, 독특한 아시안 에스닉 룩이 형성되었다. 재패니즈 트렌드가 부상했을 때 일본 이미지의 옷은 서구의 전통적인 의복 제작 기술을 무시한 것으로 새로운 옷의 개념을 서구인들에게 각인시켰다.

이세이 미야케는 최첨단 기술과 일본의 전통복식미를 융합시킨 디자이너이다. 일본 전통 복식의 비구조적인 평면형과 비대칭적인 무정형 디자인이 착장에 의해 다양한 형을 창출하는 디자인을 개발했다. 미래지향적이며 아방가르드한 스타일을 창조한 그는 남성용 기모노의 각진 어깨를 부드러운 플리츠로 처리하여 어떠한 체형에도 착용할 수 있는 형태를 추구했다. 그는 1976년 1장의 천으로 만들어진 옷/A Piece of Cloth, A-POC/을 디자인했다. A-POC 의상이란 1장의 저지로 다양한 의복을 만들 수 있는 긴 튜브의 형태이다. 이는 컴퓨터로 조작하는 편물기로 대량 생산할 수 있으며, 낭비를 최소화하고, 버려지는 소재를 모두 이용할 수 있는 혁신적인 디자인이었다.

스포츠웨어의 등장

건강과 몸매에 대한 관심이 높아지면서 에어로빅, 브레이크 댄스, 조깅 등의 스포츠를 즐기는 라이프 스타일이 증가했다. 스포츠가 일상생활의 일부가 되고, 스포츠웨어가 캐주얼웨어로 받아들여질 정도로 대중화되면서 트랙 슈즈/track shoes/, 레그 워머/leg warmer/, 러닝 슈즈/running shoes/, 발레 펌프스, 헤어밴드가 일상복의 패션으로 유행되었고, 스니커즈가 스포츠나 레저용으로 유행했다.

10 근육질 몸매로 인기를 얻은 배우 실베스터 스탤론
1980년대는 액션 무비 스타의 시대로 실베스터 스탤론은 스포츠웨어 스타일에 근육질 몸매를 보여주었다.

11 에어로빅 레깅스 차림으로 운동을 즐기는 여성들(1985)

에콜로지 룩의 등장

자연보호에 대한 대중의 인식이 고조되면서 패션에서 에콜로지/ecology, 생태학/가 테마로 등장했다. 꽃이나 나무, 물고기 등과 같은 자연물의 모티프, 오염되지 않고 깨끗한 산림과 바다를 상기시키는 녹색과 파란색, 천연 소재의 사용 등으로 자연 친화적인 이미지를 애용했다. 나아가 인류의 자원을 보호하고 절약하기 위해 재활용 패션상품에 관심을 갖기 시작했으며, 빈티지 패션/vintage fashion/과 리사이클링 패션/recycling fashion/이 유행했다. 실루엣도 자연스럽고 편안한 내추럴 스타일이 제시되었으며, 아메리칸 이지 스타일/American easy style/이 유행했다.

앤드로지너스 룩

1980년대는 고정관념 해체의 시기였다. 종래는 성역할에 따른 남성성·여성성의 이분법적인 사고는 복식에서도 남성적·여성적인 디자인 요소로 표현되었다. 여성의 사회적 진출은 성에 대한 고정관념을 해체시켰고, 복식에서도 양성적 특성이 뚜렷한 앤드로지너스 룩/androgynous look, 양성적/이 유행했다. 남성적인 스타일에 실크 블라우스나 액세서리를 착용하여 부드러운 여성성을 가미하거나, 반대로 여성적인 스타일에 남성적 요소를 도입하는 등 복식을 통해 성의 구분을 모호하게 하거나 양성적인 이미지를 형성했

12 장 폴 고티에의 양성적 특징이 뚜렷한 앤드로지너스 룩(2013 S/S)

13 1980년대 대유행한 보디 컨셔스 스타일의 라이크라 미니스커트

14 블랙 스판덱스 팬츠를 입은 영국 뉴웨이브 밴드의 웬디 우(1980)
이 당시 일자형의 팬츠나 진을 남녀 모두 즐겨 입었다.

다. 그러나 1980년대 중반 이후에는 여권운동이 약화되면서, 일본 디자이너들이 제시한 비구조적인 빅 룩/big look/에 대응하여 여성의 몸매가 드러나는 보디 컨셔스/body conscious/ 스타일이 아제딘 알라이아/Azzedine Alaïa/에 의해 제시되었다. 보디 컨셔스 스타일이란 가슴과 허리, 힙의 곡선이 드러나도록 구조적인 구성으로 통해 여성의 인체 곡선을 강조하는 것이다.

여피의 슈트

나이가 젊고 전문직에 종사하는 여피/yuppies/는 유명 브랜드에 관심을 가졌다. 파워 슈트를 입은 숙녀와 회색 플란넬 슈트를 입은 신사가 우아함을 대표하게 되었고, 남성들은 셔츠와 넥타이 등의 조화에 큰 관심을 가졌다.

앤드로지너스 룩

1980년대는 포스트모더니즘의 영향으로 패션에서 해체주의가 시작됐다. 복식에서 성·연령·상황 등에 따른 고정관념이 해체되었다. 서구 복식의 역사를 보면 중세 이후 수세기 동안 남성은 바지, 여성은 치마를 입는 것이 관습이었다. 그러나 20세기에 들어오면서 복식의 혁명 중 하나는 성의 혁명으로, 여성이 남성의 스타일을 수용하여 전통적인 여성의 가시적 이미지는 해체되었다.

생물학적 구분인 남성과 여성은 사회적·심리학적·문화적으로 규정짓기에는 문제점을 안고 있다. 중국의 음양설에서도 음과 양이 완전히 분리되어 한 대상에는 양 혹은 음만 존재하는 것은 아니라고 설명하고 있다. 즉 여성은 태음이라고 하여 여성에게도 양의 특질과 음의 특질이 함께 공존할 수 있고, 남성도 소양이라고 하여 역시 음의 특질과 양의 특질을 함께 지닐 수 있는 것이다.

이미 오랫동안 생물학자들은 인간이 신체적으로 남성·여성 호르몬을 동시에 가지고 있다고 믿었고, 심리학자들 또한 심리적으로 남성적·여성적 특질이 공존한다고 했다. 산드라 뱀/Sandra Bem/은 양성/androgynous/의 개념을 주장했는데, 남성성·여성성의 양분화된 범주로 인간을 국한시키는 것은 위험하며, 남성이나 여성은 모두 남성적 특질과 동시에 여성적 특질을 함께 지닐 수 있다고 했다. 일찍이 플라톤은 성에 대한 신화를 소개하면서, 반은 남성이고 반은 여성인 인간을 묘사했다.

복식에서 이 앤드로지너스 룩은 대체로 남성보다는 여성이 남성 복식의 이미지를 수용하여 좀 더 남성적 특질을 강하게 드러내고자 하는 측면으로 인식되었으나, 2000년대에 들어와서는 남성도 여성적 특질을 차용하고 있다.

여성이 보이시 룩/boyish look/을 처음 수용한 것은 1920년대였다. 샤넬과 장 파투는 남성의 전유물인 테일러드 슈트, 파자마, 커프스 단추로 채우는 오픈 넥 셔츠를 변형시켜 여성용 패션을 창조했다. 짧은 단발머리, 납작한 가슴, 짧은 치마로 다리를 드러내는 '가르손느 룩'이 대유행했다. 1960년대에는 여성 해방운동과 더불어 젊음을 찬양하고 숭배하는 새로운 시대 풍조에 어울리게 남녀가 같이 입는 티셔츠, 진 등의 유니섹스 모드가 대유행했다. 1970년대는 페미니즘의 두 번째 물결이 몰아쳤다. 남녀가 긴 머리와 티셔츠, 진을 선호했으며, 특히 1980년대에는 이브 생 로랑의 여성용 팬츠 슈트인 르 스모킹 슈트가 대유행했다.

1980년대 중반의 스트리트웨어와 작업복은 남녀가 같이 입을 수 있는 유니섹스 모드로 정착했다.

유니섹스라는 용어는 로버트 P. 오덴발트/Rebert P. Odenwald/의 '사라진 성/Disappearing Sex/'에서 처음 사용했다. 이는 남성과 여성이 혼용하는 복식으로, 입는 사람의 성을 더 이상 구별할 수 없으며 나아가 복식은 더 이상 유혹의 수단으로 사용될 수 없음을 시사하는 것이다. 이 유니섹스 모드 이외에 '드레스 얼라이크스/dress alikes/', '히즈 앤드 허즈/his and hers/', '커플 룩/couple look/'도 앤드로지너스 룩으로 사용한다.

장 폴 고티에의 양성적 이미지의 앤드로지너스 룩(2013 S/S)

FASHION DESIGNER

Azzedine Alaïa

아제딘 알라이아 1939~

"나는 반드시 실제 몸으로만 작업하는데, 왜냐하면 나의 옷은 몸을 존중하는 것이기 때문이다."

*아제딘 알라이아*는 튀니지 출신의 디자이너로, 1980년대 패션의 흐름과는 다른 모습을 보여준다. 1980년대 초의 패션쇼 캣워크/catwalk/는 다양성이 공존하는 다소 혼돈스런 양상을 보였지만, 그 중에서도 주된 흐름은 이브 생 로랑/Yves Saint Laurent/, 칼 라거펠트/Karl Lagerfeld/, 초기 지아니 베르사체/Gianni Versace/의 절제되고 부드러운 로맨티시즘과, 장 폴 고티에/Jean Paul Gaultier/, 티에리 뮈글러/Thierry Mugler/, 클로드 몬타나/Claude Montana/의 팜파탈/femme fatale/과도 같은 공격적이면서도 성숙한 여성을 환상적으로 재현하는 것이었다. 이 시기 여성의 몸에 밀착하는 요부와 같은 의상의 '영웅'은 바로 아제딘 알라이아였다. 그에게는 〈우먼스 웨어 데일리〉가 지칭한 '밀착의 왕/King of Cling/'이나, 조르지나 하웰/Georgina Howell/에 의한 '타이트의 거인/Titan of Tight/'이라는 별칭이 붙었다. 알라이아는 옷 자체보다는 그것이 입혀지는 방식을 통해 새로운 종류의 엘레강스의 비밀을 제시한다. 그는 여성이 갈망하는 특성을 암시하면서 여체를 재구성하고 조각하는데, 이를 통해 폭력성, 정숙성, 에로티시즘/eroticism/이 드러난다.

패션계에 등장한 튀니지의 소년

알라이아는 1940년경 남 튀니스/Tunis, 튀니지의 수도/의 스페인계 아라비아 가정에서 태어났으며, 15세의 나이에 에꼴 데 보자르/Ecole des Beaux-Arts/에서 조각을 공부했다. 그러나 곧이어 그는 형/形/에 대한 관심을 따라 패션 분야로 진로를 바꾸게 된다. 어린 알라이아는 한 지방의 산파, 피노 부인/Madame Pineau/의 조수로 일하면서 그녀의 클리닉/clinic/ 대기실에 있는 패션 잡지를 보며 점차 여성의 세계와 오늘날까지도 그가 사랑하고 존경하는 여성의 부드러운 몸에 몰입하기 시작했다.

이후 그는 양재사의 조수로 튀니지의 부유한 고객들을 위해 유명 파리 쿠튀리에들의 쿠튀르 가운 제작을 보조하는 일을 했는데, 이러한 일은 이후 알라이아의 탁월한 작업들을 위한 기초가 되었다. 알라이아는 1957년 파리로 건너가서 크리스티앙 디오르/Chrisitan Dior/에서 일을 했으나 단 5일 만에 해고당했다. 당시 프랑스와 알제리 전쟁의 여파로, 이 젊은 아랍 소년은 환영받지 못했던 것이다. 이후 그는 기 라로쉬/Guy Laroche/에서 의복 구성의 기초를 배우면서 2차례의 컬렉션을 도우며, 개인 고객들을 구축해나갔다. 이때에 그는 이브 생 로랑/Yves Saint Laurent/의 몬드리안/Mondrian/에서 영감을 받은 시프트 드레스/shift dress/의 원형을 창조하기도 했다.

1970년대에 알라이아는 변화하는 패션의 경향에 반응하여 관습적인 가운에서 벗어나 젊고 분별 있는 고객들을 위한 기성복으로 전환했다. 그는 티에리 뮈글러/Thierry Mugler/와 찰스 주르당/Charles Jourdan/에서 일을 했고, 이후 1981년 자신의 첫 컬렉션을 열었는데, 이는 곧바로 프랑스 패션계를 비롯한 언론계의 찬사와 함께 국제적인 성공을 거두게 되었다. 1982년에 그는 자신의 기성복 라인을 뉴욕의 버그도프 굿맨/Bergdorf Goodman/에 선보였고 1983년에는 비벌리 힐스/Beverly Hills/에 부티크를 오픈했다. 그러나 그는 대부분의 패션하우스에서 연간 4~5차례 쇼를 하는 관례를 '상업주의의 불'로 간주하면서, 기껏해야 2번의 컬렉션만을 했을 뿐 아니라 스스로 준비가 되었다고 느낄 때에만 자신의 옷을 발표했다. 알라이아의 기본적인 패션 스타일은 30년이 넘도록 변하지 않았으나 그의 추종자들에게는 늘 예기치 않은 선풍을 불러일으켰으며, 1985년 프랑스 문화부는 그에게 올해의 디자이너 상을 수여했다.

영향력 있는 여성들과의 만남

아제딘 알라이아의 성공 배경에는 항상 사회적으로 영향력 있고 아름다운 여성들과의 만남이 있었다. 그들은 패션에 열정을 보인 알라이아를 마스코트처럼 늘 보살펴주고 그의 일에 관심을 보였으며 많은 도움의 손길을 내밀었다. 그들 중 첫 번째 여성은 피노 부인으로, 알라이아는 그녀의 조수로 일할 때 여성의 출산에 대한 매혹과 경이로움을 목도하게 되는데, 그로 인해 그는 어린 나이부터 여성의 몸에 대한 존경심을 가지게 되었다. 또한 그는 그 시절 조산원 대기실에 있는 패션 잡지들에서 본 아름다운 드레스와 여성의 형/形/을 찬미했는데, 이것은 그에게 앞으로의 진로에 대한 확신을 심어주었다.

이후에도 아름다운 여성들은 항상 아제딘을 돌보았는데, 파리에 기반을 둔 저명한 건축가 베르나르 제르퓌스/Bernard Zehrfuss/의 아내 시몬느 제르퓌스/Simone Zehrfuss/는 알라이아를 기 라로쉬에게 소개해주었을 뿐만 아니라 사업자본도 제공해주었다. 이후 그는 블레지에르 백작 부인/Comtesse de Blegiers/의 집사이자 양재사로 5년간 일하면서 자신의 첫 번째 디자인을 시작했다. 그는 백작부인의 도움으로 점차 친구와 고객들을 늘려갔는데 그 중에는 프랑스의 여류 소설가 루이즈 드 빌모랭/Louise de Vilmorin/, 전설적인 여배우 그레타 가르보/Greta Garbo/, 사교가 세실 드 로스차일드/Cécile de Rothschild/, 그리고 특히 친밀했던 여배우 아를레티/Arletty/가 있었다. 아를레티는 평생토록 알라이아의 절친한 친구였으며, 그의 스타일이자 특별한 뮤즈였다. 마침내 1980년대 초반 아제딘 알라이아는 자신의 지배적 위치를 입증하면서 벨샤스/Bellechasse/ 가에 그의 아파트이자 첫 스튜디오를 오픈했는데, 여기에서 그는 오랜 기간 다수의 충실한 선납 고객들의 개인 쿠튀리에로 일했다.

알라이아는 대중적인 인기를 끌었을뿐만 아니라, 사적으로도 개인 고객들과 친밀한 관계를 유지했다. 이 고객들 중에는 티나 터너/Tina Turner/, 마돈나/Madonna/, 그레이스 존스/Grace Jones/, 그리고 슈퍼모델과 영화계 스타들도 포함되어 있었다. 그는 항상 키가 크고 강한 여성에게 이끌렸으며 그녀들에게 옷을 입히는 것을 즐겼다. 그 중에는 제시 노먼/Jessye Norman/, 파리다 켈파/Farida Khelfa/, 미셸 오바마/Michelle Obama/ 등이 있었으며, 그와 가장 가까웠던 여성들 중에는 나오미 캠벨/Naomi Campbell/과 스테파니 시모어/Stephanie Seymour/와 같은 국제적인 톱모델들도 있었다. 그들은 종종 알라이아를 '파파/papa/'라고 부를 정도로 친밀한 관계를 유지했다. 특히 오랫동안 길들여지지 않은 아름다움과 완벽한 몸매를 가진 파리다 켈파는 10년이 넘도록 알라이아의 오랜 뮤즈/muse/이자 친구였다. 또한 헬레나 크리스텐슨/Helena Christensen/, 타트자나 파티츠/Tatjana Patitz/, 클라우디아 리히터/Claudia Reiter/와 같이 '여성적인' 몸매를 가진 모델들은 사적으로도 알라이아의 디자인을 선호했다.

알라이아는 소심하고 자신감 없던 16세 소녀 나오미 캠벨의 미모와 신체적 특성을 끌어내어 그녀를 위대한 모델이자 셀러브리티로 만들었다. 지금은 세계적인 잡지에 등장하는 이 흑인 슈퍼모델은 알라이아가 발굴한 가장 흥미로운 인물이다.

이처럼 알라이아는 패션 자체에 관심이 있다기보다는 다른 사람들의 열망에 보다 관심을 기울였다. 그의 디자인은 타인을 향한 사랑과 관심에서 우러나온 매혹에 기반했는데, 이것은 그의 사회적 교류의 발판이 되었다. 무엇보다 그는 영향력 있는 여성이나 아름다운 여성들과의 만남을 즐겼는데, 그들은 모두 마치 변화하는 유혹의 세계에서 하나의 욕망의 대상이 된 듯, 마침내 알라이아의 사람이 되었다.

밀착의 귀재라고 불리는 알라이아의 스타일

알라이아의 테크닉은 전통적인 쿠튀르를 통해 형성되었지만, 그의 스타일은 근본적으로 모던하며 제2의 피부와 같이 날씬하고 밀착되는 의복으로 가장 잘 알려져 있다. '미의 기본은 몸'이라고 일컬었던 알라이아는 '밀착의 귀재'로 여체를 아주 훌륭하게 다루는 전문가였다. 1980년대 초 그가 제작한 두꺼운 니트로 된 신축성 있는 드레스와 보디슈트/bodysuit/는 라이크라/lycra/의 혁명을 확연하게 보여주었다. 1980년대 스타일로 자주 등장하는 몸에 착 달라붙는 드레스에 하이힐을 신은 마치 아마존에서 온 듯한 건강미 넘치는 모델들은 일명, 드레스-투-킬/dress-to-kill, 주로 이성에게 강한 매력을 끄는 옷 입기/ 풍의 매끈하고 섹시한 옷을 입었는데, 이는 아제딘 알라이아가 1987년 봄·여름 컬렉션에서 선보인 의상들이다.

1980년대 대중과 패션계는 전형적인 단순성, 명료한 끝처리, 몸매가 드러나는 관능미로 표현되는 아제딘 알라이아의 스타일을 무조건적으로 추앙했다. 알라이아는 1980년대에 명성을 얻은 이후 수많은 명사들을 위한 스타일을 제안하고 디자인했는데, 그럼에도 불구하고, 그는 소량의 주문복에만 응하거나 한정된 컬렉션만을 선보이며 진정한 쿠튀르의 면모를 보여주었다. 이후 정통한 패션 에디터들/fashion editors/의 제안과 연이은 성공에 고무된 알라이아는 1980년 자신의 작은 아파트에서 기성복 라인을 고안하기 시작했다. 이 첫 번째 기성복 컬렉션은 모두 블랙에 빅 숄더/big shoulder/로, 그의 캐리커처/caricature/였던 곡선라인을 선보였으며, 펑크 스타일의 대각선 방향 지퍼, 핀, 바늘 등을 제시했다. 파리의 언론은 이를 극찬했고, 〈우먼스 웨어 데일리〉에서 미국의 사진작가 빌 커닝햄/Bill Cunningham/이 이 컬렉션을 '제2의 피부 입기/second-skin dressing/'라 칭하며 촬영한 이후, 미국 전역에서도 알라이아에 환호했다. 이 컬렉션 중 아마도 가장 눈에 띄었던 것은 알라이아의 새로운 의복, 즉 몸의 발명이었다. 날씬한 실루엣은 그의 주된 룩이 되었으며, 그는 일상복에 댄서/dancer/의 레오타드/leotard, 아래 위가 붙은 형태의 소매가 없고 몸에 꽉 끼는 옷/를 적용시켰다.

이와 같이 몸에 밀착된 스타일을 위해 알라이아는 패션계에 몸담기 시작하면서부터 소재에 흥미를 보였는데, 이를 통해 그는 매끈하게 흐르는 듯한 라이크라와 같은 신소재를 발견했고 비스코스/viscose/와 같이 그간 도외시되었던 소재가 인기를 끌도록 했다. 그는 가죽과 레이스, 실크 저지와 트위드/tweed/ 등 이질적 소재의 재구성을 시도하기도 했으며, 가죽에 금속 스터드/stud/ 장식을 결합해서 페티시즘/fetishism/의 측면을 부가했다. 또한 알라이아는 스포츠웨어용 스트레치 소재로 여성의 몸을 감싸며 가능한 한 부드러워 보이도록 만드는 기술을 사용하면서 놀라울 정도의 다양성을 보여주었다. 이들 중에는 피부를 노출하는 지퍼가 달린 저지 시스 드레스/sheath dress/, 스트레치 라이크라 밴드로 만든 드레스, 타이트한 재킷과 미니스커트, 스트레치 셔닐/chenille/과 레이스 보디슈트, 레깅스, 컷아웃 스키니/cut-out skinny/, 점퍼 드레스, 나선형의 지퍼 드레스 등이 있으며, 그는 이 모든 작품들에 뷔스티에/bustier/와 넓고 구멍 뚫린 가죽벨트, 카울넥/cowl neck/ 가운, 브로데리 앙글레즈/broderie anglaise, 금색 그물 미니 드레스/, 뻣뻣한 튤/tulle/ 웨딩 가운을 추가했다. 이러한 스트레치 소재와 정교한 구조의 조합은 여성에게 깃털처럼 가볍고 구속받지 않으면서도 편안한 동작을 허용했고, 그의 옷을 입은 섹시한 여성의 모습은 무척이나 유혹적이었다. 오늘날 몸을 신축성 있게 감싸는 드레스와 피부에 밀착된 톱/tops/과 레깅스/leggings/가 도처에서 나타나는데, 이들은 본래 알라이아의 창조물이었다. 20세기 후반 알라이아가 스트레치 소재를 통해 일으킨 혁명은 과거 샤넬이 저지 소재를 통해 이룬 창조와 필적할 만큼 온화하지만 놀라운 혁명을 야기했다.

그는 어둡거나 무채색 컬러를 선호했다. 그가 선호한 색은 주로 블랙/black/, 네이비/navy/, 브라운/brown/, 베이지/beige/, 그레이지/greige/, 회갈색/taupe/, 오프화이트/off-white/의 부드러운 파스텔/pastel/으로 매우 고급스런 느낌을 주었다. 이와 같은 무채색 컬러의 소재로 정교한 재단과 몸을 드러내는 방식은 결코 천박하지 않게 여성적인 곡선을 드러냈다. 또한 알라이아는 디자인에서 모든 부수적인 디테일을 절제했다. 그는 지퍼 이외의 장식적인 디테일이 거의 없는 깨끗하고 간결한 것을 선호하며 극소수의 액세서리만을 사용했다. 대신에 그는 여성의 곡선적 몸매의 매혹으로 전적으로 섹시하게 보이기보다는 오히려 여성적으로 보이기를 원했다. 알라이아는 여러 번 드레이핑/draping/하고 피팅/fitting/하고 재단하면서 실제 여성의 몸에 바로 작업했는데,

여기에서 그에게 중요한 영감의 원천은 마들렌 비오네/Madelein Vionnet/의 다솔기/multi-seaming/ 테크닉과 바이어스 컷/bias-cut/이었다. 이를 통해 그는 1980년대 초반 수천 명의 여성들을 위해 현대적 취향과 완벽히 조화를 이루는 새로운 '몸'의 구조를 창조했으며, 여성들의 움직이는 방식을 변화시켰다.

15 간결함을 강조하여 여체의 곡선을 드러낸 드레스(1986~1987)
알라이아는 장식적인 디테일이 없는 간결함으로 여체의 곡선을 잘 표현하는 새로운 구조를 창조해냈다.

재단의 명장이자 여성의 몸의 조각가

전통적으로 드레스는 어깨에서부터 맞고 스커트는 허리에서부터 맞지만, 알라이아의 옷은 이러한 지점으로부터 '떨어지기'보다는 오히려 '매달려' 있다. 그는 몸의 미세한 움직임을 따르면서도 여전히 그 본질적인 형태를 유지한 밀착된 의복을 창조했다. 이런 식으로 여성은 마치 살아 있는 조각처럼 조각가이자 패션 디자이너라는 알라이아의 2가지 직함을 종합적으로 구현한다. 알라이아는 스스로 여성의 몸의 조각가가 되고자 했다. 쿠튀르의 전통은 최신 유행하는 이상적인 형태를 이상적이지 않은 몸에 부과하는 것으로, 쿠튀르 구조와 테크닉은 주로 들어 올리고 지지하며 조이고 납작하게 하여 곡선을 창조하기도 하고 제거하기도 하는 것이었다. 알라이아는 이러한 테크닉을 습득했을 뿐만 아니라, 자신이 가장 좋아하는 마들렌 비오네와 크리스토발 발렌시아가/Cristubal Balenciaga/를 포함한 쿠튀리에들의 시대 의상과 원본 드레스들을 꼼꼼히 모으고 분해해 재구조화함으로써 자신의 기술을 정련하고 양재의 기법을 발견해나갔다.

알라이아는 스스로 '바티스외/batisseur/', 즉 구성하는 자라고 칭할 정도로, 테일러링에 특출났다. 그는 패턴을 잘라 만든 획일적인 드레스들의 원형을 실제 모델에게 조합하면서 소재를

16 등과 엉덩이의 일부를 강조하여 여체의 아름다움을 표현한 블랙 드레스(2007)
모델 다리아 워보위가 입은 블랙 드레스에서 살아 있는 조각과도 같은 완벽한 테일러링을 선보였다.

조각하고 드레이핑했다. 비록 그의 의복은 일견 단순해 보일지라도 실상은 무수히 많은 요소들을 포함하는데, 이 중에는 코르셋 스티치와 완벽한 조각적 형태를 이루기 위한 곡선적인 솔기 등이 있다. 특히, 그는 스트레치 소재를 사용하여 모든 여성의 성적인 부위를 부드럽게 강조하는 재단법을 발전시켰다. 또한 좀 더 대담한 고객들에게는 몸매를 과시하며 주로 등과 엉덩이의 일부를 강조하는 스타일을 제안했다. 이렇게 해서 알라이아의 의복은 조르지아 하웰의 지적처럼, 힘이 들어갈 부분과 이에 대한 저항의 균형감을 통해 여성의 몸에 딱딱하고 부드러운 표면장력을 만들었다.

이처럼 알라이아의 비밀은 여성의 몸에 대한 많은 지식과 그것을 섹시하게 보이도록 만드는 방법에 있었다. 이러한 지식은 그의 상상력과 결합하여 알라이아만의 독자적인 기술을 위한 기반을 형성했는데, 이는 현대 여성의 요구와 새로운 의복 제조 과정 및 소재에 적용되어 타의 추종을 불허하는 아제딘 알라이아의 스타일을 창조했다. 그의 디자인은 모던하고 유행을 타지 않으며, 성적이기도 하고 중성적이기도 하다. 알라이아는 여성의 몸을 완전히 변형시켰으며, 많은 다른 디자이너들은 부지불식간에 그의 영향을 받았다. 알라이아의 성공 배경에는 그의 아이디어의 강점인 몇 개의 핀만으로 시공간에 걸쳐 흐르는 듯한 움직임을 보여주는 완벽한 몸, 즉 제2의 피부가 있었다.

알라이아의 최근 동향

알라이아는 늘 중국 노동자처럼 마오/mao/ 스타일의 블랙 차이니즈/chinese/ 실크 재킷만을 고수했다. 그는 1990년대 초 파리의 쇼룸을 마우지/Moussy/ 가에 있는 19세기 유리 지붕과 철제 프레임이 있는 커다란 스튜디오 빌딩으로 이전했다. 유명한 뉴욕의 현대 예술가이자 수년간 좋은 친구였던 쥴리앙 슈나벨/Julian Schnabel/이 디자인한 이 건물은 패션의 성지와도 같았는데, 비순응주의자였던 알라이아는 1993년 이래 자신의 컬렉션을 이 아틀리에에서만 선보였다.

알라이아는 몇 시즌 동안 파리, 뉴욕, 로스앤젤레스에 부티크/boutique/를 오픈하여 세계 전역의 매스마켓에 영향을 주면서 기성복 시장을 지배했다. 그러나 그는 자신의 개인 고객들을 위해 더 많은 시간을 투자하면서 주의력이 분산되었고, 그의 완벽주의 기질을 기성복 컬렉션을 계속 미루게 하는 요인이 되었다. 이는 쇼 자체뿐만 아니라 언론과 바이어들에게도 좋지 않은 인상을 주게 되었는데, 1986년 10월 〈우먼스 웨어 데일리〉는 알라이아의 늑장과 전문가 정신의 결핍을 지적하면서 그의 시대가 끝났음을 알리는 편집 기사를 게재했다. 결국, 1992년 알라이아는 기성복 컬렉션을 중단했고, 2000년 이탈리아의 프라다/Prada/ 그룹은 헬무트 랭/Helmut Lang/과 질 샌더/Jil Sander/와 함께 알라이아 사를 매입했다. 그러나 2007년에 알라이아는 럭셔리 그룹 리치몽 사/Companie Financiere Richemont/로부터 차환하여 다시 자신의 브랜드를 매입했으며, 리치몽 사는 마레/Marais/에 있는 그의 스튜디오 옆에 알라이아 재단을 짓고 30년 동안 창조한 그의 샘플과 패턴 15,000개를 보유하게 된다.

알라이아는 장-폴 구드/Jean-Paul Goude/ 등 위대한 사진작가들과 특별한 관계를 유지하면서 이미지 메이커/image maker/로서의 자신의 역할에 열정적이었다. 또한 1985년에는 장-루이 프로망/Jean-Louise Froment/ 감독이 보르도 현대미술 박물관/Museum of Contemporary Art - CAPC/의 전시홀에 헌정한 알라이아의 10년간 작업에 관한 영화를 통해 패션에 관한 자신의 혁신적인 아이디어들을 일반인들과 공유했다. 이후 알라이아의 작업은 1998년 네덜란드의 그로닝거 미술관/Groninger Museum/과 2001년 런던의 빅토리아 앤드 앨버트 박물관/Victoria and Albert Museum/에서 열린 회고전으로도 이어졌다.

Rei Kawakubo

레이 카와쿠보 1942~

"나는 이전에는 존재하지 않았던 새로운 옷을 만들고자 노력한다. 그 옷을 사람들이 입었을 때 힘을 얻으며, 긍정적인 감정을 느끼기를 희망한다. 창조성은 인생에서 꼭 필요한 부분이라는 것을 믿는다."
(Radical Fashion, p.72)

*레이 카와쿠보*는 일본의 디자이너이자 꼼 데 가르송/Comme Des Garçons/이라는 쿠튀르 하우스의 설립자로, 일반적인 관습을 개의치 않는 대신 기존 것들에 대한 의문을 주저하지 않고 제기해왔다. 그녀의 패션은 고전적인 스타일링과는 의식적으로 거리를 두며, 실험적 실루엣과 해체주의로 대표된다. 블랙, 레이어링, 사이즈에 구애받지 않는 그런지 룩, 미니멀리즘, 안티 패션 등은 그녀의 디자인을 설명해주는 용어들이다. 레이 카와쿠보는 대단히 실용적이거나 전혀 이해할 수 없는 옷을 만드는 혁신적이며 도전적인 디자이너였으며, 지금도 여전히 그러하다.

꼼 데 가르송의 탄생

레이 카와쿠보는 1942년 도쿄에서 출생하여 게이오대학교에서 미술과 문학을 전공했다. 1964년 대학 졸업 후 일본에서 가장 큰 섬유화학 기업인 아사히 카세이/Ashahi Kasei/의 마케팅 부서에서 직장생활을 시작했다. 그녀의 업무는 텔레비전과 지면 광고물을 제작하는 일로, 섬유소재에 패셔너블한 이미지를 부여하여 시각적으로 보여주는 작업을 주로 했다. 업무와 관련하여 패션계 사람들을 접할 기회가 많았으며, 1967년 지인의 도움으로 일본 최초 스타일리스트로 활동하게 되었고, 얼마 지나지 않아 프리랜서로 독립하게 된다. 그러나 스타일링만으로는 옷을 만들고 싶은 그녀의 욕구를 충족시킬 수 없었고, 1969년 부인복의 제작과 판매를 통해 디자이너로서의 활동을 시작했다. 처음에는 브랜드명 없이 작업을 시작했으나, 1973년에 회사를 설립하게 되었고, 꼼 데 가르송/Comme Des Garçons/이라는 브랜드를 론칭했다. 꼼 데 가르송은 프랑스어로 '소년들 같은/like boys/'이라는 뜻으로, 뭔가 특별한 의미가 담긴 듯하지만 단지 프랑스어의 어감이 좋다는 이유만으로 채택된 이름이었다.

카와쿠보는 정규 패션 교육이나 훈련 과정을 거치지 않았지만 그에 대한 후회는 없었다. 그녀는 보다 자연스러운 방법으로, 오랜 시간동안 스스로 천천히 키워온 미적 감각이 더욱 중요하다고 언급한 바 있다. 1975년 그녀는 '감각'에 대한 신뢰를 바탕으로 도쿄에서 첫 번째 여성복 컬렉션을 개최하고 플래그십 스토어를 오픈했다. 그녀는 건축가 타가오 카와사키/Takao Kawasaki/와의 협업을 통해 매장 인테리어를 매우 특별하게 한 것으로 유명하다. 그녀는 꼼 데 가르송 매장을 단지 옷을 사고파는 장소만이 아닌 그 이상으로 만들고자 했고, 상품의 성격을 극도로 배제한 채 마치 갤러리의 미술작품이나 인테리어 장식의 일부처럼 옷을 디스플레이 했다. 또한 그녀는 철저하게 본인이 의도한 방향으로 스타일링을 진행하여 카탈로그를 제작했다. "나는 단지 내 옷만을 고려하지 않는다. 액세서리와 패션쇼, 매장, 심지어 나의 작업실에 이르기까지 나를 보여주고자 노력한다. 단지 바깥에 나온 미완성의 솔기나 검은색만이 아니라 꼼 데 가르송 전체를 볼 수 있어야 한다."라는 말은 디자이너로서의 그녀의 철학을 보여주는 것이다.

서양 패션에 충격을 준 추/醜/의 미학

레이 카와쿠보는 파리 진출 이전에 이미 꼼 데 가르송과 꼼 데 가르송 옴므를 통해 일본에서 성공적인 비즈니스를 이어가고 있었고 40세의 나이에 파리 진출이라는 새로운 도전을 시도했다. 1981년, 꼼 데 가르송은 디자이너 요지 야마모토/Yohji Yamamoto/와 함께 파리에 첫 발을 내딛었다. 당시 파리는 흠잡을 데 없이 완벽한 차림새의 파워 드레싱과 '글래머러스'를 키워드로 하는 여성적인 이브닝드레스가 유행하던 시기였다. 그러나 그러한 유행과는 상관없이 그녀의 첫 파리 패션쇼는 주류와는 완전히 다른 안티 패션/anti-fashion/의 성격을 띤 의상들로 채워졌고, 이는 파리 패션계에 충격과 이슈를 불러왔다.

그녀의 의상은 '아름다움'을 추구해온 서구 패션 미학에 대한 새로운 도전으로 받아들여졌다. 1981년 첫 번째 파리 컬렉션에서 선보인 옷들은 검은색을 중심으로 온통 무채색을 사용했고, 소박하다고 하기에는 너무 낡고 거칠고 너덜너덜한 소재를 사용한 이브닝웨어가 중

17 추의 미학을 구현하는 레이 카와쿠보의 블랙 드레스(2009 S/S)

심이 되었다. 그것은 납작한 신발에, 회색이나 검은색 계열의 장식이 거의 없는 튜닉을 입고 끈으로 허리를 묶었으며, 크고 작은 구멍이 잔뜩 뚫린 풀오버를 걸치는 스타일이었다. 옷감은 아무렇게나 구겨지고, 접혀지고, 여러 겹으로 감겨 있었다. 네크라인의 트임, 즉 목이 들어가는 구멍이나, 팔을 끼우는 구멍의 위치는 가슴이나 어깨 쪽으로 뒤틀려져 인체의 형태는 왜곡되고, 비대칭적으로 보였다. 컬렉션의 옷들은 매우 엄숙하고, 청교도적이며, 어딘가 이상하고 서투른 듯 보였다. 그녀가 사용했던 블랙 컬러는 샤넬의 블랙과는 달랐는데, 엄격함과 금욕적, 철학적인 메시지를 내포하는 동시에 힘과 권력, 폭력과 슬픔에 대한 상징으로 해석되었다. 결과적으로 모델들은 헝클어지고 낡은 듯한 옷차림에, 부스스한 헤어스타일, 화장기 없는 얼굴에 아무렇게나 립스틱을 바른 모습으로 스타일링되어 '아름다움'과는 거리가 먼, 이른바 추/醜/의 미학을 구현했다.

1982년 가을·겨울 컬렉션의 일명 '레이스 스웨터/Lace Sweater/'라고 불린 검은색 울 스웨터는 해체주의 패션의 효시로 카와쿠보의 대표적 디자인 중 하나로 기억되고 있다. 아무렇게나 뚫은 듯한 구멍은 기계 니트의 완벽함에 대한 도전이었으며, 1937년 파리의 쿠튀리에 엘사 스키아파렐리의 '티어 드레스/tear dress/'와 비견되는 포스트-펑크적인 표현이었다.

1983년 가을·겨울 컬렉션은 매우 극단적인 반응을 가져왔다. 패션 저널리스트 샐리 브램튼/Sally Brampton/은 카와

18 카와쿠보의 아방가르드와 해체주의(2012 S/S)

쿠보의 모델들에 대해 '그들의 메이크업에서 미적 소외감을 느낀다.'라고 언급했다. 카와쿠보는 실루엣이 드러나지 않는, 사각형의 옷감으로 체형보다 크게 재단된 코트 드레스를 선보이며 파괴적인 컬렉션을 이어갔다. 많은 의상이 비대칭으로 재단되었으며, 라펠과 단추, 소매가 엉뚱한 위치에 놓였다. 모델들의 눈과 입주위는 시퍼런 멍이 칠해졌고, 시커멓게 그을린 오렌지와 크롬 컬러를 메이크업의 주 컬러로 사용했다. 모델들은 검은색과 회색의 직물로 만들어 누더기처럼 보이는 옷으로 매우 쇠약해 보이는 가녀린 몸을 겹겹이 감쌌고, 너덜너덜한 가장자리가 펄럭거리는 코트를 레이어링했다. 패션쇼는 음악이 흐르는 대신 금속성의 소음만 들릴 뿐이었고, 모델들은 무표정한 얼굴로 냉정하고 차분한 캣워크를 연출했다.

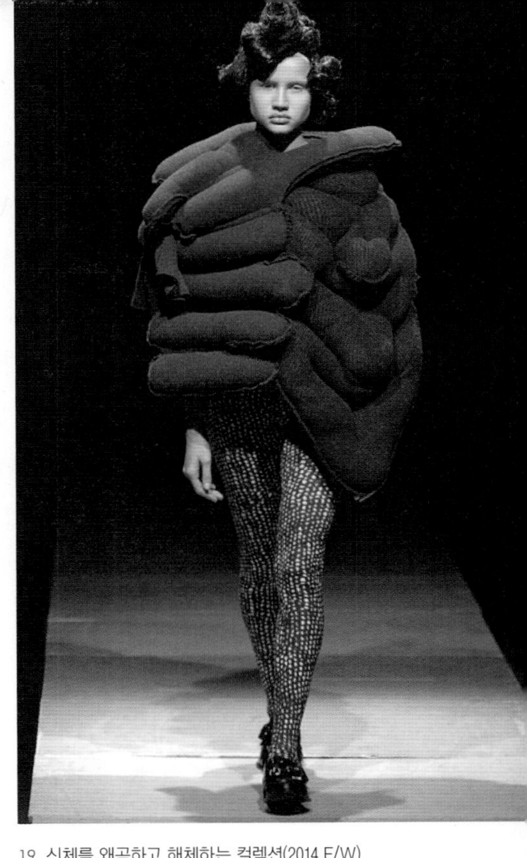

19 신체를 왜곡하고 해체하는 컬렉션(2014 F/W)
과장된 패딩 조형물을 신체 부위에 위치시켜 신체를 왜곡하고, 옷과 몸의 관계를 해체한다.

파리 진출 초기 작품들에 대해 비평가들은 '전후/戰後/시대 넝마주이 패션', '일본 여성 노숙자 패션', '종말론적 스타일', '포스트 히로시마 룩/post-Hiroshima look/' 등 불쾌하고 공격적인 시각에서 그녀의 컬렉션을 평가했다. 또한 패션계는 꼼 데 가르송 디자인의 효과 및 수요에 대해 매우 부정적인 평가를 내놓았다. 그러나 그녀의 옷들은 기묘하면서도 추상적인 형태를 통해 흥미를 불러일으키는 매력을 가지고 있었고, 얼마 지나지 않아 파리의 주류 패션계와 대중들은 그녀의 넝마주이 스타일을 기꺼이 수용하게 된다.

무/無/에서 시작하고 미완성으로 완성한 불완전의 미

카와쿠보의 디자인은 '미완성'과의 놀이이며, 유행을 타지 않으며, 착용자에게 창의력을 발휘할 공간을 부여한다. 그녀에게는 꼼 데 가르송의 정해진 이미지라는 것이 없었다. 현재의 디자인에 대해 생각하고 새로운 아이디어를 제시하지만, 컬렉션이 끝난 후에는 이전의 콘셉트에 구애받지 않았다. 그녀는 형식이라는 틀에 얽매이는 것을 몹시 싫어했으며, 미완성의 헴라인, 너덜너덜한 솔기, 복잡하게 얽혀 꿰매기, 구겨진 옷감, 비대칭과 비조화, 다양한 찢기, 입는 방법이 정해지지 않은 옷 등을 통해 미완의 미를 추구했다.

전통적인 서양 의복이 몸에 잘 맞으면서 앞과 뒤가 확실히 구별되는 입체적 형식이었다면, 카와쿠보는 그것을 개념적으로 구현하고자 했다. 즉 겉으로 보이는 카와쿠보의 의상은 평면적인 일본 전통 복식에 뿌리를 두고, 종종 매우 큰 사이즈이거나 사이즈에 구애 받지 않거나, 과장되게 부풀려지는 경우가 많았고, 비대칭과 불균형, 레이어링 등을 통해 보다 강조되었다. 그녀는 종종 미리 워싱된 낡은 느낌의 옷감을 이용하여 몸을 감싸거나 드레이프가 있게 했으며, 그러한 형태는 옷을 입는 방법이 정해져 있는 것이 아니라, 착용자의 자유의사에 따라 상상력을 발휘하여 매우 다양한 방법으로 입을 수 있는 여지를 남겨두는 방식이었다.

또한 카와쿠보는 디자인 초기부터 대량 생산된 옷감의 획일성에 도전한 디자이너였다. 그녀는 자신이 직접 직물을 디자인하고, 수공예적 기법이나 최신 기술을 이용하여 독창적인 직물을 만들어 사용했다. 그녀는 동일한 소재를 반복해서 사용하는 것을 싫어했으며, 한 번 사용한 소재 및 부자재는 다시 쓰지 않았다. 그녀의 고유한 디자인으로 간주되는 구멍난 스웨터는 밑에 겹쳐 입은 것이 보이도록 의도하여 노출과 은폐의 새로운 차원을 제시했다. 마치 찢긴 듯 보이는 다양한 크기의 구멍들은 직조기의 나사를 일부러 느슨하게 풀러서 얻은 이른바 '룸 디스트레스트 위브즈/room distressed weaves/' 기법을 이용한 것이었다. 그것은 기계 니트의 완벽함에 대한 도전이었으며, 불완전의 미학을 내포하는 것이었다.

본능적 혁신자의 계속되는 실험

1984년, 평론가 레오나드 코렌/Leonard Koren/은 카와쿠보를 모든 디자이너들 중에서 가장 빈곤하고, 가장 완고하며 강한 아방가르드의 시각을 가진 디자이너라고 평가했다. 그 말처럼 그녀는 매 컬렉션마다 아방가르드한 디자인으로 이슈가 되었다. 그녀는 본능적인 혁신자로서, 끊임없이 자신의 독창성에 도전해왔다.

겸손한 성격에 언론에 좀처럼 모습을 드러내지 않는 카와쿠보는 오직 일에만 집중하는 스타일로 알려져 있다. 카와쿠보의 디자인 철학은 처음부터 지금까지 변함이 없다. 그것은 이전에는 존재하지 않았던 새로운 무언가를 통해 사람들에게 에너지와 희망, 발전 기회를 선사하는 것이었다. 1년에 4일 정도만 휴식을 취할 정도로 새로운 것을 위한 그녀의 창조적 도전은 쉬지 않고 이루어져 왔으며, 현재도 계속되고 있다. 이러한 그녀를 런던 디자인 뮤지엄의 디렉터 데이언 수직/Deyan Sudjic/은 '진정한 모더니스트'라고 정의하기도 했다.

그녀는 2010년 10월, 보그 코리아와의 인터뷰에서 꼼 데 가르송, 곧 그녀 자신을 정의했다. "나는 비즈니스와 창의적인 디자인 작업을 균형 있게 유지하기 위해 끊임없이 조율하고 또 조율한다. 옷을 디자인하는 것뿐만 아니라 회사 전체를 디자인한다. 그런 면에서 꼼 데 가르송 자체가 내 디자인이라고 말할 수 있다. 꼼 데 가르송은 레이 카와쿠보 나 자신이다. 나는 강한 것, 새로운 것을 좋아하고, 그것을 늘 추구한다. 그것이 꼼 데 가르송의 임무이자 사명이다. 그것이 조금이라도 진전되도록 하는 것이 바로 꼼 데 가르송이다."라고 말했다.

레이 카와쿠보는 2008년 '거부하는 패션/Refusing Fashion/'이라는 전시를 통해 예술과 패션이라는 장르를 초월해 놀라운 반향을 가져온 바 있으며, 에이치앤엠/H&M/과의 컬래버레이션을 비롯하여 전 세계 곳곳에 기존 상식과 질서를 파괴한 꼼 데 가르송만의 독특한 매장을 계속해서 오픈하는 등 활발한 활동을 지속하고 있다. 2012년 가을·겨울 컬렉션에서 레이 카와쿠보는 '2차원이 미래다'라는 명제 하에 단순하게 펠트 2장을 잇고, 자르고, 접어 만들어 2차원의 종이옷 같은 거대한 볼륨의 의상들을 선보였다. 이 의상은 역시 이전에는 없던 새로운 것으로, 디자인을 통해 새로운 것을 끊임없이 시도하는 카와쿠보의 실험 정신을 보여주었다.

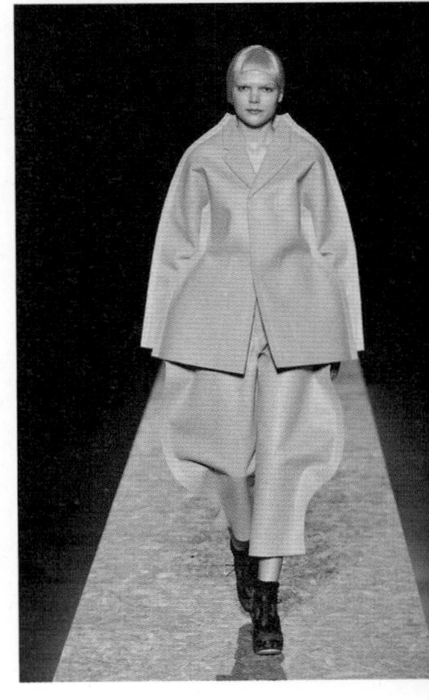

20 2차원 종이옷 같은 거대한 볼륨의 의상을 선보인 컬렉션 (2012 F/W)
카와쿠보는 컬렉션마다 아방가르드한 디자인으로 이슈가 되었다.

해체주의/deconstruction/ 패션은 일반적인 규칙을 거부하고, 모든 관습들을 파괴한다. 해체주의는 인체 비례와 미의 기준에 대에 의문을 제기하며, 옷의 형태와 구조를 바꾸었다. 패션계에서 해체주의적 트렌드는 1980년대 파리에 진출한 일본 디자이너를 중심으로 시작되었는데, 레이 카와쿠보는 요지 야마모토/Yohji Yamanoto/, 이세이 미야케/Issey Miyake/와 함께 중심에 있었다.

컬렉션마다 늘 새로운 소재와 의복 형태를 창조했던 카와쿠보는 일본 전통 복식에 뿌리를 둔 평면적 의복을 바탕으로 옷은 몸에 잘 맞아야 한다는 서구 미학의 원칙을 해체하며, 파괴적인 이미지를 제시하는 옷을 만들었다. 1982년 가을·겨울 컬렉션에 발표된 비정상적으로 구멍이 나고 찢어진 스웨터는 일명 '레이스 스웨터/lace sweater/'라고 불렸던 옷으로, 의복의 파괴를 암시하는 해체주의 패션의 효시로 볼 수 있다. 레이스 스웨터는 여리고 섬세한 기존 레이스와는 반대되는 역설적인 의미였으며, 의도적으로 의상을 찢고 구멍을 내고 손상시켜서 은폐와 노출의 양면가치와 함께 완성과 미완성 사이의 미적 고정관념을 해체했다. 또 의복은 신체를 덮는다는 기본 개념과 새것이어야 한다는 물질적 개념을 파괴하여 충격효과와 긴장감을 나타내었다/전은비, 2010, p.33/.

1994년 가을·겨울 컬렉션에 발표된 아미 룩/army look/은 솔기의 시접이 겉으로 튀어나오고 실밥이 너덜거리며, 시각적으로 불쾌감을 주어 서양 복식이 추구해 온 표면적 아름다움을 해체하고, 황폐화된 이미지와 미완성의 미를 제시했다. 또한 1995년 가을·겨울 컬렉션에서는 옷의 기능적 전환을 통해 옷의 기본 개념을 해체했다. 그것은 마치 소매가 달린 코트처럼 보이는 스커트와 네크라인이 허리로 간 디자인, 앞은 뒤가 되고 뒤판은 앞이 되는 드레스 등을 통한 형태적 파괴를 보여주었다.

신체 형태의 왜곡과 부정을 통해 옷과 몸의 관계를 해체한 1997년 봄·여름 컬렉션은 카와쿠보의 컬렉션 중 가장 당황스러움을 안겨 주었다. 그녀는 여성의 아름다운 인체를 보여주는 대신, 부풀리지 않아도 되는 부위에 과장된 패딩을 더하여 인체를 왜곡하고, 불균형적 실루엣을 창조했다. 카와쿠보는 불규칙한 형태의 덩어리를 일컫는 '럼프/Lumps/'라는 별칭이 붙은 이 컬렉션에서 깡마른 모델들의 어깨와 가슴 사이, 등과 배 부위 등에 거위털 패딩 덩어리들과 타이어 형태의 코일을 더하여 기본적인 신체를 무시하며, 과장되고 파괴적인 형태를 보여주었다. 왁스를 입힌 종이 소재의 과장된 벌룬형 스커트, 영국풍 체크 또는 소녀풍의 깅엄 체크 소재의 톱과 재킷 등은 대중과 수집가들 사이에서 높은 가격으로 모두 판매되었다. 비평가들은 이 컬렉션에 대해 페미니스트적인 관점에서 여성 신체의 성적 특성에 대한 반전과 비판적 의식의 표현이라고 언급했으나, 이에 대해 카와쿠보는 옷은 그 자체가 목적이며 전부라고 믿기 때문에 디자인 의도에 관한 설명은 하지 않았다. 단지 '몸은 드레스가 되고 드레스는 몸이 되다/body becomes dress becomes body/.'라는 말로 몸과 옷의 전통적 관계를 재정의했다.

해체주의적 패션 트렌드는 1990년대에 들어서면서 패션계 전반적으로 보다 다양하게 표현되었으며, 레이 카와쿠보를 비롯하여 앤 드뮐미스터/Ann Demeulemeester/, 마틴 마르지엘라/Martin Margiela/, 후세인 샬라얀/Hussein Chalayan/ 등을 통해 현대 패션의 주류를 형성하게 되었다.

카와쿠보의 해체주의(2014 F/W)

옷과 몸의 관계를 해체한 럼프 컬렉션의 재해석 (2003 F/W)

Yohji Yamamoto

요지 야마모토 1943~

"완벽함은 추하다고 생각한다. 나는 인간이 만든 물건 어딘가에서 흉터, 실패, 무질서, 왜곡을 발견하고자 한다."

*요지 야마모토*는 1943년 도쿄에서 태어났다. 그의 아버지는 제2차 세계대전 중에 징집되어 전쟁터에서 사망했기 때문에, 편모슬하에서 성장했다. 야마모토는 어머니의 바람에 따라 일본 명문사립대학인 게이오대학교/Keio University/에서 법학사를 취득했으나, 의상실을 운영하던 어머니의 영향 때문인지 패션 디자이너가 되고 싶다는 확신이 생기게 되었다. 어머니가 디자이너로 정식 트레이닝을 받으라고 하자 야마모토는 다시 일본 문화복장학원에 진학했다. 그는 어머니의 의상실 일을 도우며 1969년 문화복장학원을 졸업했고, 동시에 일본 신진 디자이너 등용 콘테스트상인 소엔상을 수상하여 주목받기 시작했다. 1972년 자신의 의류회사인 Y's를 설립했고, 1977년에 도쿄에서 첫 패션쇼를 열었으며, 1981년 레이 카와쿠보/Rei Kawakubo/와 공동으로 파리에서 첫 컬렉션을 선보이면서 요지 야마모토/Yohji Yamamoto/ 여성 기성복 라인을 론칭했다.

포스트모더니즘적 안티 패션

야마모토와 카와쿠보의 1981년 첫 파리 컬렉션은 패션계에 큰 반향을 불러일으켰다. 당시 여성의 몸매를 드러내던 서구의 유행 스타일과는 대조를 이루는 검은색 일색의 헐렁하고 거대한 의상들을 가리켜 혹자는 '홀로코스트 시크/Holocaust chic/' 또는 '포스트 히로시마 스타일/post-Hiroshima Style/' 등과 같이 부정적으로 표현한 반면, 혹자는 이들 일본 디자이너들이 제시한 새로운 스타일의 지적이고 탈중심주의적 특성에 찬사를 보냈다. 이들의 디자인은 밑단이나 솔기 처리가 제대로 되지 않거나 찢긴 듯한 미완성적인 모습이었고, 칼라와 포켓은 일반적인 크기나 위치에서 벗어나 있었으며, 의상의 구조는 해체되어 불규칙하고 비대칭적으로 재구성된 모습이었다. 완벽함을 거부하고 잡동사니를 모아놓은 듯한 이러한 스타일은 '빈곤한 룩/poverty look/'이라고 불리기도 했는데, 1980년대 당시의 경제적 불황을 상징적으로 구현했다고도 해석된다. 특히, 런웨이 위의 모델들은 시체와 같은 창백한 얼굴에 빗질하지 않은 머리와 퍼렇게 멍든 듯한 입술 화장으로 충격을 더했다. 실제로 야마모토는 독일의 사진작가 아우구스트 잔더/August Sander/가 렌즈 안에 담은 빈곤층의 모습에서 디자인의 영감을 받기도 했다. 야마모토와 카와쿠보는 몇 해 앞서 파리에 진출해 있던 이세이 미야케/Issey Miyake/와 함께 일본을 대표하는 아방가르드 패션 디자이너 3인방이라고 불리고 있다.

야마모토의 컬렉션에서는 대부분 검은색이 주를 이룬다. 그는 검은색을 겸손하면서도 거만하고, 게으르면서 편안하며 동시에 신비롭다고 표현했다. 그는 불필요한 의미나 감정을 담고 있지 않은 검은색의 단순함을 사랑하는데, 이는 불필요한 장식이나 액세서리를 거부하는 디자인 성향과도 맥을 같이 한다. 또한 야마모토는 착용자의 나이나 유행에 구애받지 않는 디자인을 지향하는데, 검은색은 이러한 디자인에 최적이라고 할 수 있다. 야마모토의 검은색 의상을 즐기는 마니아들을 '까마귀족/crows/'이라고도 부르는데, 야마모토와 카와쿠보는 1980년대 시크한 옷차림의 대명사로 검은색의 유행을 선도했다고 평가받는다. 이들이 제안한 검은색의 해체적 디자인들은 기존 질서에 반기를 들었다는 측면에서 암울한 사회현실에 대한 좌절과 반항을 검은색 의상으로 표현했던 펑크 스타일과도 유사성을 지닌다.

야마모토의 디자인은 또한 중성적이다. 앞서 언급한 바와 같이 초기 파리 컬렉션 작품들은 커다랗고 헐렁한 실루엣으로 인해 여성의 인체 곡선이 드러나지 않았다. 이러한 스타일은 그의 성장 배경과도 밀접한 관계가 있

21 중성적인 느낌의 여성복 디자인
인체 곡선의 실루엣을 드러내지 않으면서 일상적인 코트의 비대칭적 변형을 보여주는 중성적인 여성복 디자인으로 야마모토의 이러한 검은색 옷을 사랑한 마니아들은 까마귀족(crows)이라고 불렸다.

22 몸의 실루엣을 드러내지 않는 니트디자인(좌)과 구조적이면서 비구조적인 특성이 공존하는 디자인(우)(2003 F/W)

다. 어머니가 운영하던 의상실은 도쿄 신주쿠에 위치한 환락가인 가부키초에 있었기 때문에, 그는 어린 시절부터 남성에게 즐거움을 주기 위해 꾸민 여성들의 모습을 관찰할 수 있었다. 이러한 여성들은 야마모토에게 강한 혐오감을 일으켰고, 남성의 놀잇감으로 여겨질 만한 여성의 모습을 연출하는 의상은 디자인하지 않기로 결심하게 된다. 이러한 이유로 그는 여성이 성적 특성을 노골적으로 드러내는 것을 거부한다. 따라서 남성과 여성이 동시에 착용하기에 손색이 없어 보이는 의상들을 발표해왔다. 그러나 1980년대 후반부터는 좀 더 몸에 꼭 맞고 구조화된 의상도 발표했는데, 이러한 작품들은 그의 뛰어난 테일러링 실력을 보여준다.

야마모토는 1984년 파리에서 첫 남성복 컬렉션을 선보였다. 그는 이후 순차적인 컬렉션을 통해 새로운 남성복 스타일의 대중화를 가져왔다. 야마모토는 기존 남성 재킷의 어깨를 좁고 둥글게 변형시켰고, 패드와 안감을 제거해서 가볍게 제작했다. 소매는 길고 라펠은 좁게 디자인했으며, 바지 역시 좁고 짧아지기도 했다가 다시 주름을 잡아 헐렁하게 만들기도 했다. 좌우 불균형한 칼라와 일상적인 위치에서 벗어난 주머니가 부착된 의상들은 몸에 잘 맞지 않는 중고의류와 같은 모습이었다. 또한 2002년에는 남성 정장용 긴 스커트를 선보이기도 했다.

분노 – 창의적 디자인의 원동력

야마모토는 자신의 디자인 원동력이 마음 깊이 내재해 있는 분노에 있다고 설명했다. 그는 디자이너가 창의적이기 위해서는 기존 상황에 반발하고 바꾸고자 하는 분노가 커야 한다고 주장했다. 실제로 그는 자신의 삶과 디자인 세계에 대해 집필한 자서전의 부제를 '나의 소중한 폭탄/My dear bomb/'으로 붙여 창의성의 활력을 자신 안에 내재한 폭탄으로 비유한 바 있다. 그의 분노는 다양한 디자인 영감을 불러일으켰다.

야마모토는 1990년대에 들어서면서 과거 파리 오트 쿠튀르 거장의 의상에서 영감을 얻은 컬렉션들을 대거 발표했다. 이중에는 오트 쿠튀르의 창시자인 찰스 프레드릭 워스/Charles Frederick Worth, 1825~1895/를 연상케 하는 19세기 중반의 크리놀린 룩/crinoline look/, 이브 생 로랑/Yves Saint Laurent, 1936~2008/의 르 스모킹, 코코 샤넬/Gabrielle Coco Chanel, 1883~1971/의 리틀 블랙 드레스, 장 폴 고티에/Jean Paul Gaultier, 1952~/의 뷔스티에/bustier/, 크리스티앙 디오르/Christian Dior, 1905~1957/의 뉴룩, 파코 라반/Paco Rabanne, 1934~/의 리벳 드레스/riveted dress/ 등이 포함된다. 그는 자신만의 독특한 스타일로 과거 거장들의 의상을 재구성했다.

야마모토는 과거의 전통 복식에서 영감을 얻기도 했다. 자신의 첫 파리 컬렉션에서 일본적 요소가 표현되었다는 평을 매우 싫어했는데, 이는 그가 파리에서 컬렉션을 연 목적이 해외에 일본을 알리는 것이 아니었기 때문이다. 그는 단지 자신의 디자인 세계를 파리 패션 시스템에 소개해서 가치를 평가 받고 싶었던 것이다. 하지만, 1995년 봄·여름 컬렉션에서는 기모노의 형태와 일본의 전통 홀치기 염색법인 시보리/shivori/를 활용한 디자인을 선보이기도 했다. 이 외에도 1990년대에는 러시아 인형, 태국과 아프리카 전통 복식의 요소, 에스키모 복식, 1930년대 사진 등에서 영감을 얻은 디자인들을 발표한 바 있다.

야마모토는 다양한 컬래버레이션 작업도 진행했는데, 대표적인 예가 아디다스와의 공동 작업을 통한 스포츠 캐주얼웨어 디자인이다. 그는 아디다스 Y-3 브랜드의 크리에이티브 디렉터가 되면서 2000년대 초 컬렉션에서 아디다스의 스트라이프를 활용한 해체적 디자인들을 처음 선보였다. 만다리나 덕, 미키모토 주얼리, 에르메스와도 컬래버레이션 작업을 했다.

23 1930년대 사진에서 영감을 받은 원피스 드레스(1998 S/S)
프랑스의 사진가 자크 앙리 라르티크(Jacques Henri Lartique)의 애인인 루마니아 모델 르네 펠레(Renee Perle)의 1930년 사진에서 영감을 얻은 1930년대풍 원피스 드레스로, 다트나 절개선 없이 천을 트위스팅해서 제작했다.

야마모토는 또한 무대 의상과 영화 의상도 디자인했다. 그의 첫 무대 의상 디자인은 1990년 리옹 오페라 프로덕션의 '나비 부인/Madame Butterfly/'이었다. 이후 뮤지컬 '트리스탄과 이졸데/Tristan und Isolde/', 오페라 '인생/Life/', 영화 '형제' 등의 의상을 디자인했다.

야마모토는 지금까지 일본 내에서 다수의 패션상을 수상했고, 1999년에는 미국 패션 디자이너협회/CFDA/의 해외 디자이너상을 받은 바 있다. 2002년에는 파리에서 오트 쿠튀르 컬렉션을 처음 발표했고, 현재 Y's, Yohji Yamamoto, Y-3 등의 의류 브랜드와 함께 액세서리와 향수 라인도 선보이고 있다.

24 야마모토와 아디다스가 협업한 Y-3(2013 S/S)

Karl Lagerfeld

칼 라거펠트 1933~

"내 생애 최고의 날은 아직 오지 않았다."
(WWD, 1991. 11. 20)

*칼 라거펠트*는 독일 북부 도시 함부르크/Hamburg/에서 스웨덴 출신 아버지와 독일인 어머니 사이에서 태어났다. 그의 어린 시절 이름은 칼 오토 라거펠트/Karl Otto Lagerfeldt/로 연유 사업을 했던 부친 덕에 비교적 여유로운 어린 시절을 보냈다고 알려져 있다.

라거펠트의 삶을 집요하게 추적해서 저서를 쓴 알리시아 드레이크/Alicia Drake/에 의하면, 그는 어려서부터 드로잉에 뛰어났고 친구들과 어울리기보다 혼자 책을 읽고 공상을 즐겼으며 예술과 옷에 지대한 관심을 드러냈다고 한다.

파리 쿠튀르의 이방인

1952년 프랑스로 이주한 독일인 칼 라거펠트는 1954년 국제양모사무국/International Wool Secretariat/ 콘테스트에서 코트 부문 1등을 수상하면서 파리 패션계에 입문했다. 라거펠트는 1955년부터 피에르 발망/Pierre Balmain/ 하우스에서 수습 디자이너로 일하게 되었고, 3년 후에는 장 파투/Jean Patou/ 하우스로 자리를 옮겨 5년간 쿠튀르 컬렉션을 진행했다. 그러나 라거펠트는 보수적이고 느린 변화를 추구하는 파리 쿠튀르의 세계에 점차 염증을 느꼈고, 결국 1963년 프리랜서 디자이너로 독립하여 자신의 비즈니스를 시작했다. 이는 같은 경연대회에서 드레스 부문 1등을 차지하고 비슷한 시기에 쿠튀르에 입문하여 디오르의 천재적 계승자로 부상한 이브 생 로랑과는 완전히 대조적인 행보였다. 1961년 자신의 쿠튀르 하우스를 설립한 이브 생 로랑과 달리 칼 라거펠트는 파리 패션계의 아웃사이더였는데, 마리오 발렌티노/Mario Valentino/, 크리지아/

Krizia/, 찰스 주르당/Charles Jourdan/, 슈퍼마켓 체인점 모노프리/Monoprix/ 등 다양한 브랜드를 위해 온갖 디자인을 제공하면서 디자이너로서 자신의 가능성을 모색했다.

끌로에와 펜디의 성공

1960년대 중반 이후 칼 라거펠트는 당대 쿠튀리에보다 한 등급 낮게 평가를 받던 기성복 디자이너/styliste/로 활동했다. 당대 패션의 최고급 취향과는 결별했지만 새로운 젊은 세대의 취향과 교감하고 패션의 변화에 적응하는 순발력을 습득할 기회를 얻었다. 또한 라거펠트는 서서히 좋은 결과를 만들어갔다. 라거펠트는 1964년부터 끌로에/Chloé/에 수석 디자이너로 합류하여 브랜드를 성공적으로 이끌었고 잘 팔리는 컬렉션을 만드는 디자이너로 인정받기 시작했다. 1972년 무렵 끌로에 컬렉션은 패션 미디어의 헤드라인을 장식하게 되고 라거펠트는 패션을 이끌어가는 디자이너로 국제적 명성을 얻게 되었다. 끌로에와의 협력 관계는 그가 샤넬로 옮기기 전까지 20년간 지속되었고, 9년간의 공백이 지난 다음인 1992년부터 1997년에도 이어졌다.

1965년 시작된 이탈리아 패션 하우스 펜디/Fendi/도 칼 라거펠트의 명성을 확립하는 데 큰 기반이 되었다. 1925년 로마에서 탄생한 펜디는 숙련된 모피 가공 기술로 유명했으나 새로운 시대에 걸맞는 브랜드 혁신이 필요한 시점이었다. 라거펠트는 펜디에 합류하여 펜디 가/家/의 자매들과 함께 펜디의 상징이 된 더블 F 로고를 창조하여 브랜드의 정체성을 뚜렷이 가시화하는 한편, 무겁고 둔탁한 모피를 가볍고 세련된 패션으로 변화시키는 작업을 진행했다. 전통적으로 부와 사치의 상징이었던 모피는 해체와 재조합의 실험 과정을 통해 젊고 현대적인 디자인으로 거듭났다. 1969년에는 프레타포르테 컬렉션이 시작되었고 펜디는 명실공히 모피, 가죽 트렌드를 이끌어가는 세계적인 브랜드로 부상했다. 펜디는 1977년 기성복 라인을 출시하고, 1984년 넥타이, 선글라스 등 액세서리 컬렉션을 추가하면서 세계적인 토털 패션 브랜드로 거듭났고 라거펠트와의 협력 관계를 오랫동안 유지했다.

라거펠트는 끌로에, 펜디와의 성공적인 협력관계를 통해 브랜드의 정체성을 꿰뚫어보는 정확한 판단력과 시대 변화에 신속하게 적응하는 자신의 능력을 증명해냈다. 그는 1978년 3월 2일 〈우먼스 웨어 데일리〉 인터뷰에서 "변화를 지지한다. 내가 하는 작업은 내 관점에서 세상의 변화를 창조하는 것이다."라고 말하며 동시대성을 반영하는 끊임없는 변화야말로 자신의 작업을 지속시키는 굳건한 기반이라고 선언했다.

20세기 말 샤넬 제국의 건설

1982년 9월 샤넬은 칼 라거펠트를 영입한다고 공식 선언했다. 독일인이자 기성복 디자이너라는 그의 정체성과 경력이 거센 반발과 논란을 불러일으켰으나 라거펠트의 샤넬 입성을 막지는 못했다. 100여 년간 패션의 변화를 이끈 파리 쿠튀르의 파워와 위상은 1970년대를 거치면서 수익과 트렌드 영향력에서 모두 크게 약해졌고, 쿠튀르 하우스들은 생존을 위해 세상의 변화를 받아들여야 했다. 샤넬의 소유주는 샤넬 하우스에도 새로운 시대에 어울리는 적극적인 변화와 혁신이 필요하다고 직시했고 라거펠트를 적임자로 판단했다. 그는 수년간 파리 쿠튀르에서 훈련 받은 경험이 있었고 치열한 기성복 세계에서 노하우를 갈고 닦으며 성공했기 때문에 샤넬의 변화와 혁신을 이끌 최적임자로 선택되었다.

25 라거펠트가 변신시켜 캐주얼하고 새로워진 샤넬(2007 S/S)
칼 라거펠트는 샤넬을 대표하는 트위드 슈트와 샤넬 로고 등을 과감하게 응용하여 새로운 세대가 열망하는 젊고 캐주얼한 샤넬을 창조했다.

1983년 1월 샤넬 오트 쿠튀르 컬렉션 데뷔 무대를 통해 칼 라거펠트는 죽은 샤넬을 환생시켰다는 평가를 받으며 쿠튀르의 세계에 돌아왔다. 끌로에 계약이 종료된 직후인 1984년부터는 샤넬의 프레타포르테까지 감독하며 크리에이티브 디렉터로서 샤넬 제국의 건설을 주도했다. 그는 시그니처 트위드 슈트, 로고, 샤넬을 상징하는 까멜리아/Camellia/, 리틀 블랙 드레스와 클래식 트윈 세트, 퀼팅 백, 커스텀 주얼리, 1930년대/샤넬의 낭만주의 시대/ 이브닝드레스에 이르기까지 샤넬의 역사 전반을 검토하고 샤넬 하우스의 핵심 디자인 요소들을 재정비했다. 또한 샤넬의 근본정신을 계승하되 동시대의 새로운 취향을 가미하여 새로운 생명력을 부여했다. 라거펠트는 샤넬의 오랜 클래식 아이템들을 대중적인 거리문화 요소들과 섞어서 젊고 캐주얼하게 변하게 했다.

패션계 일각에서는 라거펠트가 상업적인 성공만을 위해 샤넬 하우스의 고상함과 순수성을 훼손했다고 비난했지만 그는 결국 샤넬을 젊은 세대가 열광하는 브랜드로 변신시키는데 성공했고 샤넬과의 협력 관계를 유지했다. 뿐만 아니라 영민하게도 그는 샤넬 이미지의 변신과 별개로 샤넬이 최고급 럭셔리 브랜드의 명성을 구축하는 데에도 힘을 기울였다. 샤넬 쿠튀르는 오직 샤넬을 위해 특별히 제작된 값비싼 소재들, 깃털 공방 르마리에/Lemarie/, 자수 공방 르사주/Lesage/, 단추 공방 데뤼/Desrues/, 구두 공방 마사로/Massaro/ 등 프랑스 최고 수공예 공방의 기술로 제작되었다. 쿠튀르 컬렉션을 통해 라거펠트는 패션의 오랜 전통이 소멸되어 가는 시기에 범접할 수 없는 샤넬의 위상을 확립했고 이는 샤넬 제국의 명성을 이루는 굳건한 기반이 되었다. 샤넬의 화려한 부활과 더불어 그에게는 '파리 패션의 귀족, 제왕'이라는 수식어가 따르게 되었고 라거펠트의 역사는 새로운 시대가 요구하는 창조적 디자이너의 상을 설명하는 대표적인 사례가 되었다.

칼 라거펠트의 작품 세계

칼 라거펠트는 1984년에는 브랜드 '칼 라거펠트/Karl Lagerfeld/', 1998년 '라거펠트 갤러리/Lagerfeld Gallery/' 론칭을 이어가며 자신의 브랜드도 진행했다. 그러나 라거펠트는 끌로에, 펜디, 샤넬 등 기존 브랜드를 혁신하고 재창조할 때 더 큰 능력을 발휘했으며, 특히 샤넬과의 작업에는 그의 작품 세계 특징을 이해하는 데 가장 중요한 자료가 있다. 라거펠트는 "위대한 옷이 있을 뿐, 그 뒤에 숨겨진 위대한 이론 따윈 없다."라고 했지만, 그의 세계는 종종 포스트모더니즘의 맥락 안에서 이해된다. 특정 문화적 전통에 대한 존경과 경배를 거부하고 자신의 미학적 판단에 의해 모든 것을 자유롭게 혼합하는 성상파괴주의적/iconoclasm/ 태도와 유희적 절충주의는 그의 세계를 설명하는 핵심 표현이다. 라거펠트는 샤넬의 역사를 참조했지만 존경을 표하기보다 가볍고 위트 있게 변형시키는 데에 관심을 두었고, 하이패션과 스트리트 패션, 과거 역사와 현대 문화의 요소들을 자유롭게 혼합하여 샤넬 브랜드에 동시대의 가치, 즉 재미와 자유를 부여했다. 앤드류 볼튼/Andrew Bolton, 2005/은 유희적 절충주의, 역사주의와 혼성 모방, 해체주의 태도를 보여주는 라거펠트의 작업들이 포스트 모더니티 시대의 특성과 깊이 연결된다고 해석했다.

26 칼 라거펠트가 되살린 샤넬의 정신(2002 S/S)
칼 라거펠트는 고급 문화와 스트리트 문화의 자유분방한 요소들을 혼합하여 20세기 초 시대 변화를 주도했던 샤넬의 정신을 되살리고, 20세기 말 부상한 포스트모더니즘의 절충주의 미학을 표현했다.

유머와 위트를 사랑한 라거펠트는 샤넬의 라이벌이었던 엘사 스키아파렐리/Elsa Schiaparelli/의 초현실주의적 디자인에서 창조적 영감을 얻었다. 1981년 끌로에 컬렉션에서 기타 드레스를 선보였고, 1983년 샤넬 데뷔 무대에서 실크 크레이프 드레스에 르사주 공방의 자수로 샤넬 백의 체인 무늬를 가미하여 흡사 벨트가 늘어진 것 같은 트롱프뢰유/Trompe l' oeil/ 효과를 선보이면서 샤넬의 새로운 가능성을 실험했다. 그의 초현실주의적 디자인들은 1984년 케이크 모자, 1985년 소파 형태 모자, 1986년 옷의 앞뒷면을 바꿔 디자인한 백워드 슈트/Backward suit/ 등으로 이어졌다. 라거펠트는 샤넬과 마찬가지로 단순함을 추구하는 시대에 액세서리가 줄 수 있는 극적 효과에 주목했고, "액세서리는 재미있어야 한다. 유머가 필수다. 나는 언제나 나를 즐겁게 만드는 액세서리들을 만든다."라고 말했다. 1991년 봄·여름 칼 라거펠트 컬렉션에는 해마 모양의 귀걸이가 등장하기도 했다.

라거펠트는 보수적인 샤넬 클래식의 전통을 해체시키는 과정에서 역설적으로 샤넬의 젊은 시절에 가졌던 변화를 두려워하지 않는 모더니티의 정신을 되살릴 수 있다고 보았다. 그는 샤넬 슈트의 구조를 해체시키고 재조합하는 과정에서 새로운 창조의 가능성을 찾았다. 다양한 모양과 재료의 브레이드 장식이 샤넬 슈트에 덧붙여졌고 클래식 샤넬 슈트는 샤넬이 경멸했던 미니 스타일로 대담하게 변형되었다. 1992년 가을·겨울 컬렉션에서 라거펠트는 바이커 스타일의 퀼트 가죽 재킷과 아름다운 실크 태피터 드레스를 결합시켰고, 이로써 엘리트 문화와 대중문화, 남성 문화와 여성 문화, 기성 문화와 반문화 사이의 질서에 도전했던 젊은 샤넬의 정신을 새롭게 과시했다. 샤넬 슈트는 격식을 갖춘 상류층 패션이었지만 라거펠트가 재킷으로 따로 분리하여 레깅스, 데님 등과 함께 입게 했고 샤넬의 로고와 까밀리아는 과시적인 장식과 액세서리로 부각되어 샤넬 브랜드를 대대적으로 홍보하는 데 이용되었다. 그는 1920~1930년대의 샤넬 작품들을 연구하여 1930년대 샤넬의 로맨틱한 이브닝드레스도 부활시켰고, 샤넬과 자신의 관점에서 역사주의라는 새로운 트렌드의 탐구도 진행했다.

27 젊고 대담한 미니 스타일로 변한 샤넬의 전통(2005 F/W)

영원한 젊음을 꿈꾸는 패션계의 멀티 플레이어

칼 라거펠트의 이미지는 오랫동안 검은 안경과 백발 포니테일의 뒤에 가려져 신비주의로 포장되었다. 그러나 그는 이제 휴가도 잘 즐기지 않는 일중독자이자 열정적으로 지적 탐구를 하는 사람으로 더욱 유명하다. 그는 출판업자이자 서점 '7L'의 소유주가 되었고, 자택에 장서 20만 권 이상을 보유하고 있다.

뿐만 아니라 1987년 우연한 계기로 샤넬의 첫 번째 프레스 키트/press kit, 기자회견 자료집/를 촬영한 이후 사진의 세계에 빠져들어 자신의 광고 캠페인을 직접 촬영하고 유명 패션 잡지의 화보 촬영을 진행하고 있다. 라거펠트의 오랜 성공은 패션을 넘어 문화, 예술 전반에 걸쳐 광범위하게 구축된 지적 토대와 탁월한 언어 능력, 그리고 무엇보다 끊임없이 자신을 재창조해야 한다는 굳은 믿음에서 비롯되었다. 2000년에는 에디 슬리먼/Hedi Slimane/이 디자인한 디오르 옴므/Dior Homme/ 슈트를 입기 위해 13개월 동안 다이어트를 하여 무려 42kg을 감량했는데, 이는 젊음과 변신에 대한 그의 욕망을 보여주는 대표적인 사건이었다.

28 칼 라거펠트가 선보인 샤넬의 위상(2009 F/W)
세계 패션을 움직이는 토털 패션 브랜드 제국인 샤넬의 위상을 아주 잘 드러냈다.

라거펠트는 샤넬의 크리에이티브 디렉터로서 샤넬 제국을 이끌고 있으며 펜디와의 협력 관계도 동시에 진행하고 있다. 그는 패션계의 멀티 플레이어로 밀라노의 라 스칼라, 비엔나 궁정 극장, 몬테-카를로 발레단 등을 위한 무대 의상을 디자인하고, 마돈나의 콘서트 투어를 위해 의상을 디자인하기도 했다. 또한 단편 영화들을 제작했고, 2008년에는 유명 건축가 자하 하디드/Zaha Hadid/와 함께 패션과 현대 미술을 융합시킨 '모바일 아트전'을 기획하여 새로운 문화 예술 트렌드를 이끄는 샤넬의 역량을 과시하기도 했다. 2004년 에이치앤엠/H&M/과의 컬래버레이션은 칼 라거펠트 브랜드의 효과를 여실히 보여주었고, 이를 계기로 그는 2006년에는 케이 칼 라거펠트/K Karl Lagerfeld/ 2012년에는 칼/Karl/과 라거펠트/Lagerfeld/를 론칭하며 젊은 세대를 위한 대중적 브랜드를 개발하는 데 적극 참여했다.

칼 라거펠트는 브랜드와 디자이너가 만드는 성공적인 협력 관계의 새로운 모델을 제시했고, 크리에이티브 디렉터라는 직함을 패션계에 정착시켰다. 구찌의 톰 포드/Tom Ford/ 등 많은 디자이너들이 그의 길을 뒤따랐다. 한 때 파리 패션의 아웃사이더였으나 1986년 황금 골무상/De d' or/ 수상하고 2010년 6월 프랑스 최고 훈장인 레지옹 도뇌르 훈장을 받으며 명실공히 파리 패션의 최고 지위에 올랐다. 최근 라거펠트는 전 파리 보그 편집장이었던 카린 로이펠드/Carine Roitfeld/와 함께 ≪The Little Black Jacket: Chanel's Classic Revisited≫를 발간했으며 여전히 현역 디자이너로 왕성한 활동을 진행하고 있다.

FASHION DESIGNER

Giorgio Armani

조르조 아르마니 1934~

"패션은 프로의 일이다. 나는 아틀리에가 아닌 백화점에서 출발했다. 내가 고객들을 위해 무언가 다른 것을 해 볼 수 있겠다는 생각이 들었을 때– 그것은 고객과 직접 부딪혀온 결과이기도 했다. –나는 옷에 대한 새로운 방식을 찾을 수 있었고, 이것이 내 인생이 될 것임을 깨달았다."
(Renata Molho, Being Armani)

*조르조 아르마니*가 1982년 4월 5일 〈타임〉 지 표지에 등장했을 때, 그는 1957년 크리스티앙 디오르 이후 표지모델로 등장한 두 번째 디자이너였다. 그는 그레이와 베이지 등 중간 계열의 색조로 남성과 여성의 '파워 드레싱/power dressing/'을 주도했다. 그는 종종 '80년대의 샤넬'이라고 불리며 거의 모든 현대 남성복 디자이너에게 영향을 미쳤으며, 20세기 후반기 남성복과 여성복에 조용한 혁명을 가져온 디자이너였다.

젊은 의학도가 선택한 패션

아르마니는 1934년 이탈리아 북부 피아첸차에서 출생했다. 전쟁을 겪으며 생활고에 시달렸던 아르마니는 가족들의 바람대로 밀라노 국립 의대에 진학했으나, 자신과 맞지 않는다는 것을 깨닫고 2년 후 의학공부를 중단했다. 그는 진로에 대한 고민을 품은 채 입대했고, 군 복무 중이던 1957년 우연한 기회에 밀라노의 라 리나첸테/La Rinascente/ 백화점의 쇼윈도 디스플레이를 시작하게 되었다. 뒤이어 1963년까지 백화점 광고판촉부의 보조 사진사를 거쳐 남성복 구매 업무담당자로 백화점에서 근무했다. 백화점에서 일을 시작한 것은 단순히 경제적인 이유였고, 패션을 직업으로 하는 것에 대한 뚜렷한 의식도 없는 상태에서 출발했지만, 패션 분야의 여러 일을 경험하며 그의 창조적인 능력이 발현되었다. 전기/傳記/에서 '나는 아틀리에가 아닌 백화점에서 출발했고 고객과 직접 부딪힌 결과, 옷에 대한 새로운 방식을 찾을 수 있었으며, 그것이 내 인생이 될 것임을 깨달았다.'라고 회고했듯, 당시 그는 백화점의 머천다이저 근무를 통해 패션을 산업적인 관점에서 생각하게 되었고, 고객의 취향을 파악하게 되는 등 훗날 디자이너에게 필요한 중요한 것들을 배울 수 있었다.

백화점에 재직 중이던 1961년, 지인의 소개로 디자이너 브랜드 니노 세루티/Nino Cerruti/에 들어가면서 패션 바이어에서 패션 디자이너로 변신하게 되었다. 니노 세루티는 남성복과 여성복을 만들던 사업가로, 새로운 남성복 라인 '히트맨/hitman/'을 위해 일할 보조 디자이너를 찾고 있었다. 니노 세루티는 비록 아르마니가 공식적인 패션 교육은 받지 않았으나 누구보다 창조적인 재능을 가지고 있음을 한눈에 알아보고 아르마니를 1개월여 간 공장에서 훈련시킨 후 곧바로 '히트맨'의 디자인을 맡겼다. 아르마니는 '히트맨' 브랜드를 위해, 일반 남성복에 쓰던 소재보다 가볍고 부드러운 소재를 선택했고, 보다 차가운 컬러를 채택했다. 전통적인 슈트에서 겹겹의 구조적인 장치를 생략하고, 어깨 패드를 축소했으며, 단추와 포켓의 위치를 옮겨서 남성 슈트의 딱딱한 격식을 파하고, 여유 있고 편안하며 젊어 보이는 스타일로 바꾸었다.

1970년 니노 세루티에서 독립한 후, 힐턴/Hilton/, 로에베/Loewe/, 웅가로/Ungaro/, 에르메네질도 제냐/Ermenegildo Zegna/ 등 이탈리아, 프랑스, 스페인의 브랜드들에서 한동안 프리랜서 디자이너로 활동했다. 1975년에 이르러 마침내 사업 파트너이자 친구인 세르지오 갈레오티/Sergio Galeotti/와 함께 조르조 아르마니를 설립하고 1976년 봄·여름 시즌을 위한 첫 컬렉션을 개최했다. 첫 컬렉션에서는 구조적인 해체를 통해 한결 부드러워진 재킷과 바지로 구성된 남성 슈트를 선보였고, 여성복에서도 직장 여성을 타깃으로 하는 블레이저 슈트를 발표했다.

1981년 남성 잡지 〈GQ〉는 아르마니를 최고의 남성복 스타일리스트로 선정했다. 그는 최고의 남성 패션 디자이너에게 주는 커티 삭 어워드/Cutty Sark Award/와 1983년 미국 패션 디자이너 협회/CFDA/상, 1987년에는 아카데미 의상상을 수상했으며, 1990년 미국에서는 11월의 한 주간을 조르조 아르마니를 위한 감사주간으로 지정하는 등 명성을 얻었다.

캐주얼 엘레강스 스타일을 통한 중성적 럭셔리 창시

1970년대 말~1980년대까지 아르마니는 빠르게 변하는 사회 속에서 여성의 역할이 어떻게 변하게 될지에 대해 예상하면서 재킷을 바꾸었다. 해체를 통해 전형적인 재킷의 형태를 부드럽게 하고 길이와 비례에 변화를 주면서, 여성들에게 그간 익숙하지 않았던 권위를 부여했다.

29 절제된 엘레강스 스타일을 보여주는 아르마니의 슈트 디자인(2010 S/S)

그때까지 여성복에서는 눈에 띄게 화려하거나 우아한 색상, 주름 장식과 다양한 액세서리들이 인기를 얻었으나, 이는 여성이 사회에서 맡고 있거나 맡고 싶어 하는 좀 더 활동적인 역할과는 대조를 이루는 것이었다. 그는 재킷을 통해 여성복에 조용한 혁명을 불러일으키며 패션역사/fashion history/에서 중요한 위치를 차지하게 되었다.

한편, 제르다 북스바움/Gerda Buxbaum/은 '20세기 패션 아이콘/Icons of Fashion: the 20th century/'에서 아르마니의 창조성의 원천을 '기능주의'라고 보았다. '새로운 클래식'으로 불리며 복잡함에서 단순함으로의 회귀를 추구했던 아르마니의 기능주의는 남성복에 전통적으로 내재되어 있던 것이었다. 1975년 남성복을 론칭했을 때, 그는 현대 남성복의 기능에 대해 질문을 던지며, 절제된 캐주얼 엘레강스 스타일에 기초한 새로운 스타일을 발전시켰다. 그는 보다 부드럽고 유연한 소재를 사용하여 남성복을 해체하고 다시 재단했다/re-cut/. 슈트 재킷의 뻣뻣한 안감과 심지, 불필요한 디테일을 모두 제거하여 보다 여유로운 맞음새와 비례를 만들었으며, 셔츠와 넥타이라는 전형적인 이너웨어 조합을 심플한 티셔츠로 교체했다. 어깨와 단추는 내려왔고, 라펠/옷깃/은 좁아졌으며, 내부의 구조도 바뀌었다. 그의 슈트는 권력의 상징이라기보다는 자신감과 관능성의 상징이 되었다.

아르마니는 새로운 소재와 중간 색조의 조합을 통해 남성복을 재규정한 이듬해, 이를 여성 패션에 적용하여 여성복의 변화를 주도했다. 변화의 중심에는 바로 남성 슈트이면서 남성 슈트처럼 보이지 않는 '파워 슈트/power suit/'가 있었다. 아르마니가 오늘날까지 자부심을 가지고 있는 분야도 여성 재킷의 해체이다. 구조적인 블레이저는 남성복의 상징이었지만, 아르마니의 여성복 버전은 몸에 꼭 맞는 전형적인 실루엣을 지향하지 않았으며, 심지와 안감, 다트를 없애 부드럽고 여유 있는 맞음새를 구축하고, 어깨를 넓히고 라펠은 길게, 재킷의 길이는 짧게 하는 등의 변화를 통해 새로운 비례와 디자인으로 바꾸었다. 재킷의 라펠은 허리나 허리 바로 아래 높이에서 단추 하나로 여며지며, 자연스럽게 흘러내리는 듯한 선을 만들어 내었는데, 이 모든 것은 정확히 계산된 재단에 의한 것이었다. 남성복에 주로 쓰이던 소모사/梳毛絲/와 트위드를 채택했고, 때로는 그가 직접 디자인한 패턴의 고급스런 울 소재를 사용하면서 동일한 패턴의 스커트나 반바지, 긴 바지, 퀼로트 등과 조합하여 재킷과 스커트의 조합만이 성공을 위한 옷차림이라는 생각을 바꾸도록 했다.

30 아르마니의 테일러드 슈트(2014 S/S)

그의 여성복은 도시 지향적이며, 차분하고 중성적인 느낌이 주조를 이루었고, 자신의 일을 가지고 성공을 향해 전진하는 많은 여피/yuppie/들에게 편안함과 더불어 절제된 권위를 표현하는 스타일로 인식되면서 절대적인 호응을 얻게 되었다.

그는 실제 라이프 스타일에 맞는 실용적인 감성으로 옷을 디자인했고, 밀라노에 이어 1976년 미국 시장에 진출하여 성공적으로 안착했다. 1970년대 후반부터 1980년대에 경제활동에 뛰어든 미국 여성들은 회사에서 입을 수 있는 재킷이면서, 동시에 여성적 매력을 드러낼 수 있는 옷으로 아르마니의 파워 슈트를 선택했다. 그것은 아르마니의 디자인이 특징 없고 단조로운 의상에서 벗어나 정제된 감각과 럭셔리한 소재, 세련되고 유연한 재단과 디테일, 액세서리의 완벽함으로 표현되었기 때문이었다. 그가 즐겨 사용한 컬러인 베이지, 크림, 차콜 그레이, 네이비, 블루, 오프-화이트 등은 벤치마킹의 대상이 되었다.

1983년 '더 가디언/The Guardian/'과의 인터뷰 내용은 여성복에 대한 아르마니의 시각을 잘 보여준다. 그는 "내 옷은 경제력이 있는 부유한 여성을 위한 옷이며, 10대를 위한 옷은 아니다. 내가 말하는 부유한 여성이란 스스로 옷을 살 수 있는 금전적 여유가 있으며, 낭비하지 않는 여성이다. 패션에 대해 생각할 수 있는 성숙한 여성이며, 무엇을 입을지에 대해 고민하는 여성이다. 여성들이 어려보이고 싶어 하는 것은 당연하지만, 어린아이나 베이비돌처럼 보이고자 하는 트렌드는 자연스럽지 못하다고 생각한다."라고 말했다.

미스터 할리우드라고 불린 셀러브리티 의상의 대부

그의 슈트 못지않게 이브닝드레스도 편안하고 여유 있으면서 여성의 글래머러스한 매력을 드러내주는 것으로 유명하다. 아르마니 이브닝드레스의 정교하고 섬세한 비즈 장식과 반짝이는 자수, 생동감 있는 컬러와 기하학적 무늬는 드라마틱한 면을 보여준다. 활동 당시 아르마니의 취향과 극과 극을 달렸던 고/故/ 지아니 베르사체는 베이지 컬러를 가지고 섹스어필이 가능할지에 대해 냉소를 보내기도 했지만, 아르마니의 의상은 우아하면서도 섹시했다. 그것은 직접적인 노출에서 느껴지는 것이 아니라 부드러운 소재의 촉각적인 감성을 통한 섹시함이며, 흐르는 듯한 유연한 재단은 착용자로 하여금 관능적이면서도 편안한 느낌을 가질 수 있도록 배려하고 있다.

어린 시절 넉넉지 않은 환경에서 성장했던 아르마니는 알프레드 히치콕/Alfred Hitchcock/과 루치노 비스콘티/Luchino Visconti/의 영화를 보며 현실의 초라함을 잊곤 했고, 영화를 통해 훗날 자신의 패션 본거지가 되는 할리우드를 처음 만나게 되었다. 그는 현재까지도 여전히 고전 영화들에 대한 열정을 가지고 있으며, 1940~1950년대 할리우드의 글래머러스한 특징들을 컬렉션에 종종 반영하곤 한다.

1978년 영화 '애니 홀/Annie Hall/'의 배우 다이앤 키튼/Diane keaton/이 오스카상을 수상하면서 아르마니의 재킷을 입고 시상식 무대에 오른 것을 시작으로, 아르마니는 국제적 디자이너의 반열에 올라서게 되었다. 1980년 영화 '아메리칸 지골로/American Gigolo/'의 리처드 기어/Richard Gere/는 아르마니 슈트의 관능적 매력을 전 세계 관객들에게 알렸다. 리처드 기어의 의상은 넓지만 딱딱하지 않은 어깨, 좁은 라펠과 꼭 맞는 허리, 부드러운 소재와 절제된 디자인을 통해 섹시함을 표현했다. 1980년대, 영화배우 미셸 파이퍼/Michelle Pfeiffer/와 조디 포스터/Jodie Foster/, 더스틴 호프만, 잭 니콜슨, 다이애나 로스 등이 그의 옷을 입고 아카데미 시상식에 등장하면서 레드카펫과 아르마니는 불가분의 관계가 되었다. 1987년, 아르마니는 그에게 가장 의미 있는 영화 중 하나인 '언터처블/untouchable/'의 의상을 디자인했고, 이 영화로 오스카 최우수 의상상을 수상했다. 영화 '언터처블'의 의상은 1930년대와 1940년대에서 종종 영감을 얻곤 했던 그의 스타일을 완벽하게 보여 주었다. 1990년대 아네트 베닝, 안젤리카 휴스턴, 케빈 코스트너, 톰 행크스 등은 영화 의상뿐만 아니라 개인적으로도 아르마니의 옷을 즐겨 입는 배우들이었다. 오늘날 아르마니의 이름은 '미스터 할리우드'라고 불릴 만큼 스타들 사이에서 매우 유명하다. 그의 글래머러스한 드레스가 없는 아카데미 시상식은 없으며, 패션쇼의 맨 앞줄은 언제나 그의 옷을 입은 셀러브리티들이 자리하고 있다.

실용성을 바탕으로 삼은 라이프 스타일 창조

겉으로 보이는 화려한 면을 넘어 아르마니는 사회를 이해하는 남다른 능력이 있었다. 그가 영감을 받았던 디자이너는 샤넬과 이브 생 로랑이었다. 샤넬과 이브 생 로랑이 사람들의 라이프 스타일을 이해하고 사람들이 희망하는 삶의 방향에 초점을 맞추었다는 점에 주목했고, 자신도 새로운 현대성, 새로운 우아함을 만들어내려 노력했다. 패션에 대한 그의 폭넓은 시각이나 절제된 디자인은 우연히 나온 화려한 결과물이 아니라 사회·문화적 양상을 이해하고 반영한 미적 결과물이었다.

31 아르마니의 식지 않은 열정을 보여주는 아르마니 프리베 컬렉션(2014 S/S)

실용성을 중시했던 아르마니는 슈퍼모델을 내세우는 화려한 쇼의 분위기가 실구매자들을 멀어지게 한다고 생각하여 1983년에는 쇼 대신 정적인 디스플레이로 컬렉션을 소개하는 모험을 단행했고, 나아가 자신의 패션쇼에 깡마른 모델들을 세우지 않은 최초의 디자이너이기도 했다.

아르마니는 식지 않은 열정으로 마니/Mani, 1979/를 시작으로 르 꼴레지오니/Le Collezioni, 1979/, 엠프리오 아르마니/Emporio Armani, 1981/, 아르마니 진스/Armani Jeans, 1981/, A/X 아르마니 익스프레스/A/X Armani express, 1991/를 론칭했다. 1982년 첫 번째 향수 아르마니/Armani/를 출시한 이래, 아르마니

32 패션 제국을 구축한 아르마니의 엠프리오 아르마니 매장

남성 콜론/Armani men's Cologne, 1984/, 지오/Gió, 1992/, 아쿠아 드 지오/Aqua di Gió, 1995/, 엠프리오 아르마니/Emporio Armani, 1998/ 등을 발표했다. 2000년 아르마니 홈 컬렉션/Armani Casa Homewares/과 화장품 라인을 시작했고, 2005년에는 아르마니 호텔과 바/bar/, 리조트 및 이브닝웨어 중심의 오트 쿠튀르 컬렉션인 아르마니 프리베/Armani Privé/를 론칭하는 등 다양한 영역으로 비즈니스를 확장했다.

더불어 주니어웨어, 언더웨어, 수영복, 스키복, 골프복을 비롯하여 안경, 신발, 휴대폰, 시계와 자동차, 심지어 초콜릿에 이르기까지 거의 모든 소비 시장에 브랜드를 론칭하고 직접 디자인에 관여하고 있다. 아르마니의 비즈니스가 이렇듯 다각화되고 있지만, 주목할 만한 사실은 프라다, 구찌, 루이 뷔통 같은 유명 브랜드들의 경우 브랜드 확장 과정에서 옷이 아닌 구두, 가방, 가죽 제품 등에 주력한 반면, 아르마니는 여전히 의상이 생산과 판매의 주요 분야라는 점이다.

아르마니는 사생활에서 일에 이르기까지 절제된 엘레강스 콘셉트를 유지하는 것으로 유명하다. 그는 노출을 꺼려하여 이곳저곳에 모습을 드러내지 않으며, 파티에도 거의 나타나지 않는다. 그의 드레스가 아카데미 시상식에 매번 등장하는 것과 달리, 시상식에도 겨우 두 번 모습을 나타냈을 뿐이다.

1985년 동업자 세르지오 갈레오티가 죽은 후 아르마니가 기업의 수장으로 본격적으로 나선 이래, 5,000명 이상의 직원과 전 세계 500여 개 매장을 거느린 패션 제국을 구축했다. 거대 기업으로 소유권이 넘어간 다른 디자이너 브랜드들과는 달리 아르마니 그룹은 현재까지도 아르마니 소유이며, 최근까지 이탈리아에서 가장 세금을 많이 내는 기업으로 꼽힐 만큼 건재함을 과시하고 있다. 조르조 아르마니는 지난 십수년 동안 거의 변함없는 외모와 집중력으로 자신이 하나의 패션이 되었으며, 아르마니의 스타일 아이덴티티를 확고히 했다. 살아 있는 전설, 무채색의 마술사, 엘레강스 캐주얼의 창시자, 그가 바로 아르마니이다.

파워 슈트

조르조 아르마니는 1975년 여성복을 론칭한 이후, 절제된 디자인과 럭셔리한 소재로 전문직 여성들을 위한 스타일을 디자인했다. 새로운 소재와 중간 색조의 조합을 통해 남성복을 재규정한 이듬해, 이를 여성 패션에 적용하여 여성복의 변화를 주도했는데, 변화의 중심에는 바로 남성 슈트이면서 남성 슈트처럼 보이지 않는 '파워 슈트/power suit/'가 있었다. 파워 슈트는 권력과 부의 이미지가 융합된 '파워 드레싱/power dressing/' 중 성공을 위한 여성의 옷차림을 의미한다. 특히 남성의 영역이라고 생각되던 직장에서 전문적이고 권위적인 이미지를 가시화하기 위한 남성적인 비즈니스 슈트 스타일을 파워 슈트라고 할 수 있다/최호정, 하지수, 2005/. 이러한 파워 슈트는 1980년대 미국 뉴욕을 중심으로 출현했던 여피/yuppie/들을 중심으로 수용되었으며, 특히 아르마니의 여성복은 도시 지향적이며 차분하고 중성적인 느낌이 주조를 이룬다. 자신의 일을 갖고 성공을 향해 전진하는 많은 여피들에게 편안함과 더불어 절제된 권위를 표현하는 스타일로 인식되면서 절대적인 호응을 얻었다.

'여피'는 'Young Urban Professionals'의 준말로, 뉴욕을 중심으로 한 메트로폴리탄 지역에 거주하며, 고소득 전문직에 종사하는 젊은이들을 지칭하는 용어였다. 그들의 패션 키워드는 '럭셔리/luxury/'와 '클래식/classic/'이었는데, 남성 여피들의 경우 클래식하면서 조금 과장된 실루엣의 1930년대풍 비즈니스 슈트로, 여성들의 경우에는 남성 동료처럼 성공의 지름길을 가고자 하는 희망을 내포하는 파워 슈트를 착용하여 능동적이며 권위적인 이미지를 가시화했다.

파워 슈트는 남성 중역들의 옷차림에서 시작되었던 것으로, 본래는 여성성을 강조하지 않는 직선적이고 헐렁한 실루엣이었다. 넓은 라펠의 더블 브레스트 재킷, 무릎길이의 스트레이트 스커트, 네이비, 베이지 등의 차분한 컬러, 역삼각형 실루엣을 만들어주는 패드가 들어간 넓은 어깨는 필수적이었다. 그러나 아르마니는 남성 슈트에서 그랬던 것처럼 몸에 꼭 맞는 전형적인 실루엣을 지향하지 않았으며, 부드러운 고급 소재를 사용하고, 뻣뻣한 심지와 안감, 다트 및 불필요한 형식을 해체하고 다시 재단하는 방식을 통해 그만의 새로운 파워 슈트를 디자인했다. 재킷의 진동둘레 모양을 변형하고, 마무리 디테일들을 단순화했으며, 부드럽고 차분한 색조를 만들기 위해 7~8개 다른 색상의 실을 섞어 제직한 옷감을 사용했다.

또한 그는 둥근 목선의 단순한 실크 블라우스 위에 넓은 어깨와 품이 넉넉한 굵은 체크의 개더스커트를 매치하거나, 침착한 색상의 최고급 울과 실크를 사용한 위아래가 나눠져 있는 세퍼레이츠/separates/를 발표하며 중성적 매력이 가미된 엘레강스의 미를 보여주었다. 아르마니는 스커트를 재단하기도 했지만 그보다는 좀더 가벼운 스타일의 편안한 재킷과 바지를 더 자주 보여주어 재킷과 스커트의 조합만이 성공을 위한 옷차림이라는 생각을 대체했다.

파워숄더 재킷과 스커트로 구성된 아르마니 슈트(2001 F/W)

Calvin Klein
캘빈 클라인 1942~

"그는 진정한 미국의 퓨리턴이다. 시간에 따라 진화할 지라도, 그의 스타일은 언제나 불필요한 것을 제거하고 가능한 한 최고의 순수함을 유지하는 의상에 대한 고민과 관련 있다."
(Time Magazine)

*캘빈 클라인*은 랄프 로렌, 도나 카란과 더불어 20세기 말 아메리칸 스타일의 성장과 세계적 확산에 기여한 미국을 대표하는 디자이너 중 한 명이다. 그는 아메리칸 스포츠웨어를 시대 정신에 맞게 새롭게 선보였고, 군더더기 없는 깔끔한 재단과 뉴트럴 컬러에 기초한 모던하고 세련된 스타일로 유명해졌다. 그러나 그를 대중적으로 더욱 유명하게 만든 것은 진과 향수, 언더웨어 비즈니스 등에서 진행된 과감한 홍보 전략이었다. 누드와 성적 표현의 금기에 도전한 캘빈 클라인 광고는 큰 논쟁을 불러일으키고 동시에 캘빈 클라인 브랜드에 차별화된 아우라를 만들어내며 거대한 패션 제국을 건설하는 토대가 되었다. 오늘날 캘빈 클라인 의상들은 아메리칸 클래식 스타일, 미니멀리스트 패션으로 조명되고 있으며 평론가들은 그를 시대를 앞서 간 마케팅 천재로 평가하고 있다.

뉴욕 브롱크스 출신 소년의 패션계 입문

캘빈 클라인은 1942년 11월 뉴욕 브롱크스/Bronx/의 이민자 가정에서 태어났다. 당시 이 지역은 동유럽, 아일랜드, 이탈리아 등 다양한 문화적 배경을 지닌 이민자들로 가득한 문화의 용광로였고 그의 아버지도 어린 시절 부모 손에 이끌려 미국에 도착한 헝가리 이민자 출신이었다. 캘빈 클라인과 장차 사업 파트너가 되는 친구 배리 슈워츠/Barry Schwartz/, 후에 미국 패션을 이끌게 되는 랄프 로렌은 모두 성공한 중산층 미국 시민이 되기 위한 열망과 이에 도달하기 위한 엄격한 노동 윤리가 지배했던 이곳에서 성장했다. 어려서부터 스케치에 소질을 보였던 클라인은 미술 고등학교를 졸업한 후 뉴욕의 FIT/fashion institute of technology/에 입학하고 패션의 세계에 발을 들여놓았다. 전기에 따르면 패션에 대한 클라인의 관심은 패션에 관심이 많고 우아한 여성이었던 어머니와 숙련된 재봉사 출신으로 어린 시절 그에게 바느질을 가르쳐 주곤 했던 할머니로부터 영향을 받은 것이다.

브랜드의 탄생과 전설이 된 성공 스토리

캘빈 클라인은 1963년 FIT를 졸업한 후 뉴욕 7번가의 의류제조업자들 밑에서 본격적으로 일을 시작했다. 당시 뉴욕 패션은 파리 패션에 의존적이었고, 자신의 이름을 내건 몇몇 디자이너를 제외한 어패럴 제조업자들은 대개 파리 컬렉션에서 영감을 얻었다. 스케치 솜씨가 좋은 클라인은 댄 밀스타인/Dan Millstein/에서 일하면서 복제품 생산을 위해 파리 오트 쿠튀르 컬렉션을 보고 그것을 카피하여 스케치하는 업무를 수행했고, 파리 패션의 노하우를 학습할 기회를 얻었다. 하지만 그는 무명 카피 디자이너로서의 삶에 만족할 수 없었고 자신의 컬렉션을 만들고 싶은 열망을 키워갔다. 결국 클라인은 1968년 오랜 친구이자 사업 파트너가 된 배리 슈워츠의 재정적 도움을 받아 자신의 회사/Calvin Klein, Ltd./를 설립하고 패션 비즈니스의 세계에 직접 뛰어들었다.

1968년 3월 캘빈 클라인은 뉴욕 7번가의 요크 호텔/York hotel/ 613호를 빌려 작은 쇼룸을 열었다. 바로 여기에서 훗날 전설이 되는 사건이 발생했다. 본위트 텔러/Bonwit Teller/ 백화점의 머천다이징 매니저였던 돈 오브라이언/Don O' Brian/이 실수로 엘리베이터에서 잘못 내리는 바람에 클라인의 코트들을 보게 되었고, 당시 패션계의 막강한 실력자였던 밀드레드 커스틴/Mildred Custin/ 사장에게 보여줄 수 있도록 미팅을 주선하여 그는 마치 영화처럼 성공의 기회를 잡게 되었다. 캘빈 클라인 컬렉션을 인상 깊게 본 밀드레드 커스틴은 그 자리에서 5만 달러의 주문을 제안했고 이를 계기로 그의 쇼룸에는 바이어들이 몰려들었다. 본위트 텔러/Bonwit Teller/의 전폭적인 지원으로 쇼윈도에는 그의 컬렉션이 전시되고 〈뉴욕타임스〉에도 광고가 게재되었다. 이를 계기로 캘빈 클라인은 불과 20대의 젊은 나이에 사업 기반을 확립하고 미국 패션을 이끄는 디자이너로 도약할 힘을 얻게 되었다.

아메리칸 클래식의 단순함을 계승한 미니멀리스트

캘빈 클라인은 클래식 아메리칸 스포츠웨어를 보다 젊고 현대적인 디자이너 패션으로 변신시키는 데 뛰어난 능력을 발휘했다. 심플하면서도 세련된 그의 세퍼레이츠/separates, 재킷, 블라우스, 스커트, 팬츠 등의 분리된 의상을 짝지어 한 벌이 된 의복/ 의상들은 페미니즘의 영향 가운데 남성과 대등한 직업적 성공을 갈망하는 1970년대 젊은 여성들의 커리어우먼 의상으로 선택되었다.

클라인은 1973년 코티상/Coty American Fashion critics Awards, CFDA의 전신/을 수상하며 미국을 대표하는 패션 디자이너로 인정받기 시작했고, 1970년대 중반 무렵에는 명실공히 미국 패션을 이끄는 톱디자이너의 반열에 올라서며 패션계의 명사가 되었다.

캘빈 클라인 컬렉션은 중간 색조의 뉴트럴 컬러 팔레트, 여유롭고 편안하지만 군더더기가 없는 깔끔한 직선적 라인, 장식을 절제한 신중한 미니멀리즘 스타일이 주요 특징이다. 클라인은 실크, 부드러운 스웨이드와 가죽, 캐시미어, 트위드 등 유럽산 최고급 소재들을 사용하여 아메리칸 스포츠웨어의 캐주얼과 절제된 럭셔리의 세계를 연결했고 거기에 우아함을 더했다.

〈타임 매거진〉은 불필요한 것을 제거하는 디자인의 단순함과 순수함에 주목했고, 그는 〈우먼스 웨어 데일리〉 등 주요 언론과의 인터뷰에서 순수함/pure/과 단순함/simple/, 깨끗함/clean/, 모던함/modernity/ 등을 자신의 컬렉션의 주요 특징으로 언급했다. 캘빈 클라인에게 성공의 날개를 달아준 밀드레드 커스틴도 후에 그와 처음 만난 순간을 회상하면서 "가장 인상적이었던 것은 그의 의상들이 가진 라인의 순수성과 디자인의 단순함이었다."라고 밝혔다. 단순성과 순수성, 절제된 우아함의 원칙은 캘빈 클라인 브랜드의 미적 근간으로 현재까지 유지되고 있다.

33 절제된 아메리칸 클래식을 선보인 컬렉션(2002 F/W)

34 아메리칸 스포츠웨어의 실용주의와 단순함의 전통을 이어가는 앙상블(2003 S/S)

캘빈 클라인 제국의 성장

1970~1980년대를 거치며 캘빈 클라인 브랜드는 액세서리, 디자이너 진, 향수와 코스메틱, 언더웨어, 시계 등 다양한 상품 영역으로 확장되었고 캘빈 클라인 패션 제국의 건설이 본격화되었다. 남성복 컬렉션이 전개되면서 1978년에는 토털 남성복 컬렉션 라이선스 사업 계약이 체결되었고 디자이너 진 비즈니스 또한 시작되었다. 이 시기에 타임스퀘어의 대형 옥외 광고판에 등장한 캘빈 클라인 진의 도발적인 광고 캠페인은 보수적인 여성계에 커다란 충격을 준 반면, 몸과 성/性/에 대한 욕망에 솔직한 젊은 세대의 지지 속에 새로운 유행을 이끄는 브랜드로서 캘빈 클라인의 위상을 만들어내었다.

캘빈 클라인 진의 성공은 그에게 더 큰 모험과 성공의 발판을 제공했고 언더웨어, 향수 분야에서도 성공하며 점차 거대한 패션 제국을 형성했다. 캘빈 클라인은 1982년 〈우먼스 웨어 데일리〉와의 인터뷰에서 "우리가 파는 것은 하나의 이미지, 하나의 애티튜드/attitude, 태도/이다. 나는 모든 마켓에서 그 이미지가 유지되길 원할 뿐이다."라고 밝혔고, 새로운 마켓을 겨냥한 신제품들이 속속 등장하면서 캘빈 클라인이라는 이름은 리사 마쉬/Lisa Marsh/의 비유처럼 점차 도처에 존재하는 코카콜라와도 같은 위치에 다가서게 되었다.

섹스어필 광고로 성공한 캘빈 클라인 진과 향수

캘빈 클라인은 강렬한 성적 이미지를 사용하여 브랜드에 특별한 아우라를 만들어내는 데 탁월한 능력을 발휘했다. 유명 사진작가 출신인 리처드 애버던/Richard Avedon/ 감독과 카피라이터 둔 아버스/Doon Arbus/가 제작하고 브룩 쉴즈/Brooke Shields/가 모델로 나온 캘빈 클라인 진 TV 광고는 지금까지도 유명하다. 당시 15세이던 브룩 쉴즈는 "나와 캘빈 사이에 무엇이 있는지 알고 싶나요? 아무것도 없어요/Want to know what comes between me and my Calvins? Nothing./"라는 당돌한 멘트로 엄청난 반응과 논쟁을 불러일으켰다. 브룩 쉴즈는 광고 상영 전인 1978년 개봉된 루이 말/Louis Malle/ 감독의 영화 '프리티 베이비/Pretty baby/'에서 사창가에서 성장하는 창녀의 딸로 출현했고, 광고는 곧 캘빈 클라인 진과 그녀 사이의 외설적 관계를 연상시켰다. 곧바로 몇몇 방송국에서는 해당 광고에 대해 방송 제재 조치가 내려졌고 그 광고는 TV 토크쇼의 뜨거운 논쟁 주제로 떠올랐다. 하지만 이 같은 악명은 역설적으로 캘빈 클라인 진에 대한 엄청난 대중 노출과

35 캘빈 클라인 진의 섹스어필 옥외광고(2006)
성적 표현의 금기에 도전하는 이미지로 유명해진 캘빈 클라인 진의 옥외광고이다. 캘빈 클라인은 논쟁을 유발하는 노이즈 마케팅을 통해 캘빈 클라인 진의 홍보효과 상승 및 매출 상승에 성공했고 시대를 앞선 마케팅 천재로 인정받았다.

홍보효과를 가져다주며 매출을 가파르게 상승시켰고, 캘빈 클라인은 표현의 금기에 도전하며 논쟁을 유발하는 노이즈 마케팅 기법을 계속 유지했다.

'옵세션/Obsession/' 향수 광고 또한 포르노그래피와 동성애, 벌거벗은 남녀의 스리섬을 연상시키는 이미지로 논란을 불러일으켰다. 이 시기에는 고급 디자이너 브랜드에서 섹스어필의 이미지를 전면에 내세운 것은 대단히 예외적인 일이므로 그에게 '성도착자 혹은 마케팅 천재'라는 이중적 평가가 내려졌다. 스튜디오 54/studio 54/ 같은 뉴욕 셀러브리티들의 쾌락적인 밤 문화를 즐겼던 그의 라이프 스타일은 이 같은 의심을 더욱 부채질했다. 전통적인 상류층의 좋은 취향을 따르는 랄프 로렌과 달리 캘빈 클라인은 도덕과 관습을 벗어나는 일탈을 즐겼고, 때로 이것은 그의 제국을 위협하는 요소가 되었다.

1999년 어린이를 등장시킨 캘빈 클라인 칠드런 언더웨어 광고는 대중의 격렬한 항의로 인해 채 하루도 지나지 않아 철거되었다. 하지만 캘빈 클라인의 마케팅 전략은 베네통이나 게스, 톰 포드의 구찌 광고로 이어졌고, 결국 그는 시대를 앞선 마케팅 천재로 인정받았다.

새로운 젠더 이미지를 표상한 캘빈 클라인 언더웨어

캘빈 클라인 언더웨어는 광고를 통해 새로운 시대의 젠더 이미지를 표상하고 속옷에 대한 고정관념을 바꾼 것으로 유명하다. 1982년 사진작가 브루스 웨버/Bruce Weber/가 올림픽 장대높이뛰기 선수인 톰 하인노스/Tom Hintnaus/를 모델로 촬영한 캘빈 클라인의 속옷 광고는 남성의 몸과 성을 표현하는 규범에 도전하며 새로운 남성 이미지의 부상을 예고했다.

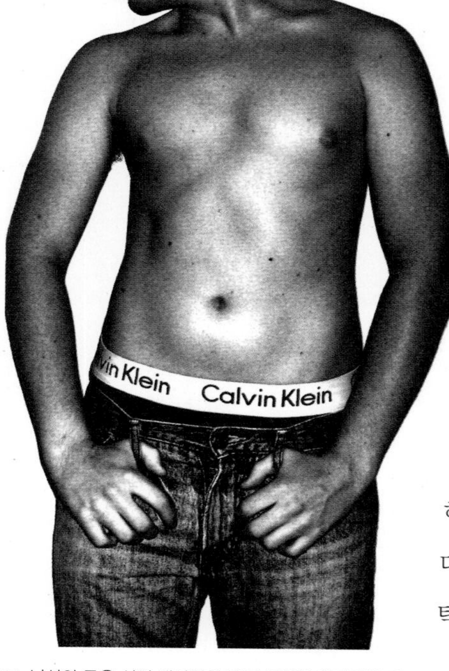

36 남성의 몸을 성적 대상화한 캘빈 클라인 언더웨어 광고
캘빈 클라인은 20세기 말 패션, 미용에 지대한 관심을 가지는 '뉴맨'의 도래를 예견했다.

타임 스퀘어에 세워진 거대한 옥외 광고판에는 그리스 산토리니 섬의 흰 건물과 파란 하늘을 배경으로 흡사 그리스 신화의 영웅 같은 구릿빛의 근육질 몸매를 드러낸 남성 모델이 등장했다. 모델이 유일하게 착용한 것은 타이트한 흰색 브리프로 허리 밴드에 캘빈 클라인의 로고가 드러나 있었다. 이 광고는 남성의 몸을 성적 대상으로 에로틱하게 표현하여 논란을 야기했고, 남성 동성애자들에게 호소하는 광고라는 의혹을 받기도 했다. 그러나 미용과 패션에 관심을 쏟기 시작한 새로운 세대는 캘빈 클라인 속옷 광고에 열광했고 버스 정류장에 설치된 포스터들이 도난당하는 사건까지 일어났다. 결국 웨버의 사진은 1980년대 새로운 남성 이미지의 등장을 보여준 대표작으로 남았고, 캘빈 클라인은 옷을 팔기 위해 남성성을 적극적으로 사용한 첫 번째 디자이너로 기억되고 있다.

캘빈 클라인은 남성 속옷에 이어 여성 속옷도 출시했다. 앤드로지너스한 여성 스타일의 매력을 항상 높게 평가했던 클라인은 여성이 남성 옷을 입는다는 생각을 속옷에도 적용하여 1983년 남성 속옷 스타일의 여성용 속옷을 선보였다. 클라인은 앞가림 천/fly opening, 플라이 오프닝/이 달린 박서 쇼츠/boxer shorts/를 여성용으로 제안했고 이것이 여성 속옷을 더 섹시하게 만든다고 주장했다. 그의 속옷은 전통적인 여성의 이미지와 패션 스타일에 대한 고정관념에 도전하며 남장여성 처럼 보이는 효과가 있었다. 〈우먼스 웨어 데일리〉는 '비키니 브리프 이후 가장 핫한 여성 란제리 룩'이라고 이를 평가했다.

1990년대 시대정신을 담은 cK 라인

1980년대 후반 결혼과 가족을 둘러싼 사회적 분위기의 변화는 그의 비즈니스에도 변화가 생기게 했다. 가족과 헌신적인 사랑을 주제로 한 향수 '이터니티/Eternity/'의 출시는 이를 상징적으로 보여주는 사건이었다.

이러한 가운데 1990년대 초 캘빈 클라인은 매출 부진과 심각한 재정 위기 상황을 맞이했고 이를 극복하기 위해 새로운 제품 라인을 기획했다. 캘빈 클라인은 부상하는 새로운 세대에 주목하고 1993년 가을에 X세대를 겨냥한 새로운 cK 컬렉션을 선보였다.

1990년대를 상징하는 X세대는 나르시즘에 빠진 1970년대 미제너레이션/me generation/이나 1980년대 탐욕스런 세대와는 다르게 자신이 고유한 존재로 여겨지기를 원하고 삶에서 깊은 의미를 찾으려고 한다고 분석되었다. 새로운 세대는 고급 디

37 1994년 출시 후 성공한 남녀 공용 향수, cK one
화려하고 관능적인 자극보다 순수하고 상쾌한 치유의 향을 원하는 젊은 세대를 위해 1980년대 옵세션(Obsession)과는 다른 새로운 향수를 제안했다. cK one은 순수하고 지속성이 짧은 향기, 특별한 메시지를 배제한 이름, 극도로 단순한 디자인의 용기, 보다 저렴한 가격이 특징이었고 큰 성공을 거두었다.

자이너 라벨이 전하는 글래머러스한 상징성보다 비싸지 않더라도 진짜를 원하며 자신의 퍼스낼리티와 스타일 감각을 표현할 수 있는 적절하고 현실적인 옷을 찾았고 캘빈 클라인은 단순하고 베이직한 세퍼레이츠 아이템으로 구성된 보다 저렴한 가격대 의상들을 소개했다. 광고 캠페인은 글래머러스한 1980년대 슈퍼모델을 대신하여 캘빈 클라인의 새로운 시그니처 모델이 된 케이트 모스/Kate Moss/를 주인공으로 전개했다. 평범하지만 개성 있는 이웃집 소녀를 연상시키는 케이트 모스의 이미지에 힘입어 cK 컬렉션은 성공을 거두었고, 1994년 남녀 공용 향수로 출시된 'cK one'도 큰 인기를 끌었다.

1993년 가을, 캘빈 클라인은 패션계의 아카데미상으로 불리는 CFDA/The Council of fashion designers of America' s American Fashion Awards/에서 올해의 여성복 디자이너와 남성복 디자이너 두 부문에 모두 선정됐다.

cK 컬렉션의 부상과 더불어 캘빈 클라인 진과 향수, 언더웨어에서도 케이트 모스와 래퍼 마크 월버그/Mark Wahlberg/를 모델로 내세워 젊은 이미지로 변화를 시도했고, 이는 대단히 성공적이었다. 캘빈 클라인은 1995년 뉴욕 메디슨 가에 플래그십 스토어를 오픈하고 1997년 사상 최고의 실적을 올리며 새로운 전성기를 맞이했다.

캘빈 클라인의 퇴장과 변화

캘빈 클라인은 다가올 시대의 취향을 앞서 리드한 디자이너였지만, 라이선스 사업과 글로벌 비즈니스로 엄청나게 확대된 패션 제국을 감당하기는 쉽지 않았다. 1990년대 말 캘빈 클라인 사의 매각이 한 차례 시도되었으나 결실을 맺지 못하고 캘빈 클라인 진을 제조·판매하는 와나코그룹/Warnaco Group/과 캘빈 클라인 사 사이에 법적 공방이 발생했다. 캘빈 클라인 사는 자사 브랜드의 신제품 청바지를 할인점에 저가로 공급하여 브랜드 이미지를 훼손했다는 이유로 소송을 제기했고, 양자 사이의 격렬한 공방이 언론에 노출되면서 명성에 큰 타격을 입었다.

2003년 캘빈 클라인과 배리 슈워츠는 캘빈 클라인 사를 필립스 반 호이젠/Phillips-Van-Heusen/에 매각하기로 결정했고, 캘빈 클라인은 자신이 세운 패션 제국의 수장 자리에서 물러났다. 최근 캘빈 클라인의 디자인은 여성복 컬렉션을 이끄는 프란시스코 코스타/Francisco Costa/, 남성복 컬렉션을 이끄는 이탈로 주첼리/Italo Zucchelli/, 캘빈 클라인 진과 cK 캘빈 클라인 등을 담당

38 섹시한 미니멀리즘을 선보이는 캘빈 클라인의 디자인(2000 S/S)

하는 케빈 커리건/Kevin Carrigan/ 등 크리에이티브 디렉터 여러 명이 전개하고 있으며 캘빈 클라인이 남긴 미니멀리즘의 단순성과 순수성, 미국적 실용주의의 유산은 새로운 개성, 시대정신과 만나 새롭게 재창조되고 있다.

Perry Ellis

페리 엘리스 1940~1986

"나는 패션의 관례를 바꾸기로 결심했다. 옷의 허세라고 부르는 것에서 벗어나 더 쉽게 구할 수 있고, 더욱 편안하고, 그러나 궁극적으로 더욱 스타일리시하고 위트가 넘치는 옷을 디자인하기로 결심했다."

*페리 엘리스*는 가장 미국적인 패션세계를 보여준 디자이너로 일컬어지고 있다. 그는 1970년대 후반 여전히 파리의 기성복 브랜드들만이 유행의 선도자로서 미국 패션계에 위세를 떨치던 시기에 미국인 특유의 편안한 감성의 아메리칸 스포츠웨어 디자인을 선보이며 큰 반향을 일으켰다. 페리 엘리스는 "나는 유행을 창조하지 않는다. 나는 옷을 만든다."라고 밝혔는데, 그 말처럼 최신 경향과 유행에 휩쓸리지 않고, 다채로운 컬러감의 편안하면서 위트 있는 디자인으로 대중의 마음을 사로잡았다. 페리 엘리스는 랄프 로렌/Ralph Lauren, 1939~/, 캘빈 클라인/Calvin Klein, 1942~/과 함께 미국 캐주얼 패션계의 트로이카로 불리며 1980년대 미국 캐주얼웨어의 전성시대를 이끌었다.

백화점 바이어에서 신예 패션 디자이너로의 전향

페리 엘리스는 1940년 미국 버지니아주 포츠머스/Portsmouth/에서 태어났다. 그는 석탄과 원유 회사의 소유주였던 아버지 에드윈 엘리스/Edwin Ellis/와 어머니 위니프레드 엘리스/Winifred Ellis/의 외아들로 태어나 유복한 환경에서 자랐다. 그는 9세까지 할머니 소유의 오래된 저택에서 살았는데, 그곳에는 남부 출신의 멋쟁이 고모들이 남기고 간 형형색색의 아름다운 빈티지 의상들과 모자, 장갑, 옷감들이 가득했다. 그는 홀로 보내는 시간이 많아 고모들의 옷장을 뒤지거나 엄마가 구독한 〈보그〉 잡지를 읽으며 패션에 대한 관심을 키워나갔다. 페리 엘리스는 후에 자신의 유년 시절은 원단과 화려한 색채로 가득했다고 회상했다.

페리 엘리스는 1957년 버지니아의 윌리엄 앤드 메리대학교/College of William and Mary/에 진학하여 경영학을 전공하고, 뉴욕으로 건너가 뉴욕대학교/New York University/에서 리테일링/Retailing/ 석사학위를 받았다. 그는 1963년 버지니아의 밀러 앤 로드/Miller & Rhoads/ 백화점에서 대학생들 대상의 옷을 구매하는 바이어로 패션계에 입문하게 되었다. 페리 엘리스는 바이어로서 소비자의 욕구를 읽고 색상, 소재 등에 대한 탁월한 감각을 지녔으며 1967년부터 거래처였던 존 마이어 오브 노르위치/John Meyer of Norwich/ 사에서 머천다이저/merchandiser/로 일했다. 1975년 그는 뉴욕의 베라/Vera/ 사로 옮겨 스포츠웨어 디자이너로 일했다. 이듬해 페리 엘리스는 포트폴리오/Portfolio/라는 상표의 33벌을 발표했는데, 이 컬렉션으로 그는 잡지 〈우먼스 웨어 데일리〉에 주목해야 할 신인 디자이너로 소개되었고, 곧 언론과 바이어들의 극찬과 함께 뉴욕 패션계의 신성으로 떠올랐다.

무심한 세련미의 캐주얼웨어

1978년 페리 엘리스는 베라/Vera/의 모 회사인 맨해튼 인더스트리/Manhattan Industries/의 지원을 받아 페리 엘리스 스포츠웨어/Perry Ellis Sportswear. Inc/를 설립하고 본격적으로 자신의 이름을 건 브랜드의 디자이너로서 행보를 시작했다. 페리 엘리스는 히피족들의 청바지도, 성공을 위한 옷차림/Dress for Success/도 입기 싫은 젊은 여성들을 위한 옷이 없다는 것에 주목했다. 그는 곧 미국 여성들의 새로운 욕구에 부합하는 편안하면서 멋스러운 옷, 즉 보수적이면서도 젊은 감각의 의상들을 선보였다. 그의 디자인은 전통적인 남부의 와스프/WASP, White Anglo-Saxon Protestant, 앵글로색슨계 백인 신교도. 미국 사회의 주류를 이루는 지배 계급으로 여겨짐/로 태어났지만, 전통적인 삶을 살지 않는 디자이너 자신을 꼭 닮아 있었다.

페리 엘리스는 패션을 심각하게 다룬다거나, 과도하게 옷에 신경을 써서는 안된다는 패션에 대한 철학을 가지고 있었다. 푸른색의 옥스포드 셔츠와 카키색 바지, 톱 사이더 구두/Topsider, 톱사이더 상표의 미국 캐주얼 구두/의 차림만을 고수한 페리 엘리스에게 옷은 과시하거나 허세를 부리기 위한 수단이 아니라, 재미와 편안함을 주는 것이었다. 그는 일상생활에서 즐겨 입을 수 있는 '수고스럽지 않은 우아함/effortless elegance/', 즉 편안한 아름다움의 디자이너 스포츠웨어를 비전으로 삼아 디자인을 전개해나갔다.

페리 엘리스는 패션 디자인에 대한 정식 교육이나 수련을 받은 적이 없어 스케치를 할 줄

39 편안하면서 세련된 우아함을 계승한 디자인(2003 F/W)
일상에서 즐겨 입을 수 있게 간결하고 편안하면서도 세련된 우아함을 지닌 옷을 디자인하고자 한 페리 엘리스의 정신을 계승했다.

몰랐다. 그러나 그는 젊고 유능한 디자인팀과 함께 작업 하며 자신의 비전을 가시화해나갔다. 패션 디자인에 대한 전문지식의 결여는 오히려 장점이 되었는데, 디자인의 원리나 법칙에 얽매이지 않고 더욱더 순수한 관점에서 옷을 디자인하는 것을 가능케 했기 때문이다. 또한, 그는 생산, 유통과 같은 패션 산업에 대한 이해를 바탕으로 예술성과 권위를 강요하는 패션 디자이너의 시각이 아니라 바이어 혹은 소비자들의 시각에서 대중이 원하는 '새로운 클래식 룩/New Classic/' 디자인을 제시했다. 페리 엘리스의 의상은 간결하고 입기 쉬우면서 동시에 세련된 옷의 대명사가 되었다.

혁신과 전통의 병치, 젊은 감각과 활력이 넘치는 클래식

페리 엘리스의 새로운 클래식 룩은 혁신과 전통의 병치를 통해 완성되었다. 그의 디자인의 주요 진보적인 요소는 과감한 컬러의 사용, 예민한 소재의 선택, 새로운 비율의 의상의 조합에서 드러난다. 화려하고 경쾌한 컬러감은 젊고 대담한 그의 패션 디자인의 트레이드마크가 되었다. 그는 카키, 샌드와 같은 뉴트럴 컬러에 짙은 초록색, 짙은 와인 컬러, 마린 블루와 같은 고채도의 악센트 컬러를 함께 사용하여 감각적인 색채 조합을 제안했다.

페리 엘리스는 1980년에 남성복 라인을 론칭했는데, 이런 과감한 컬러의 사용은 남성복에서도 나타났다. 그는 여성복에 비해 보수성이 강한 남성복 디자인에 다채로운 컬러와 문양을 도입하여 남성복에 새로운 바람을 일으켰다.

페리 엘리스는 소재를 고르는 데에도 탁월한 감각을 발휘했다. 당시의 대중적인 캐주얼웨어들은 폴리에스테르/polyester/를 주로 사용하여 제작되었다. 그러나 그는 면, 리넨, 모, 캐시미어, 실크와 같은 자연 친화적인 천연 소재를 사용하기를 즐겼다. 특히 그는 구김이 가도 멋스러운 리넨 소재를 좋아했는데, 공들여 다리지 않아도 멋스러운 리넨 셔츠는 그가 추구하는 '편안한 우아함/effortless Elegance/'에 적합한 소재였다. 텍스처가 살아 있는 천연 소재는 가끔은 토속적인 느낌을 주기도 했는데, 씨앗, 먼지, 나뭇가지가 묻어 있는 콜롬비아산 양털로 만든 핸드니트 스웨터/Hand-knit Sweater/는 기계로 짠 스웨터와는 확연히 다른 손맛을 선사했다.

40 자연친화적 컬러의 조합이 돋보이는 페리 엘리스 브랜드의 남성복과 여성복(20014 S/S)

이밖에도 그는 셰틀랜드 울/shetland wool/, 두꺼운 골의 코듀로이, 아이리시 트위드/Irish tweed/, 피케/piqué/, 페어 아일 패턴/Fair Isle pattern/의 니트, 케이블 니트 조직 등과 같은 전통적인 소재들을 섞고, 거기에 경쾌한 컬러들을 입혀 젊고 대담한 디자인으로 탈바꿈시켰다.

페리 엘리스의 전통적인 클래식 패션 뒤틀기는 소재의 사용뿐만 아니라 패션 아이템의 변형에서도 잘 나타났다. 그는 기본적인 아이템들인 재킷, 코트, 스커트, 풀오버/pullover/를 만드는 데 있어 일반적인 황금비를 따르지 않고, 매우 짧게 하거나 혹은 길게 하기도 하고, 폭을

41 편안하면서 멋스러운 페리 엘리스 브랜드의 캐주얼웨어(2014 S/S)

넓게 하는 등 새로운 비율의 옷을 제안했다. 거의 무릎까지 내려오는 풍성한 실루엣의 긴 재킷, 지나치게 폭이 넓은 벨트를 가슴 바로 아래 착용시킨 드레스, 발목까지 오는 긴 코트, 큰 사이즈의 스웨터, 헐렁한 블라우스, 풍성한 실루엣의 리넨 바지와 같은 파격적인 비율의 의상들은 옷에는 유머가 있어야 한다는 그의 신념이 잘 드러나 있었다.

또한, 편안함과 완전한 자유를 추구하는 당시 여성 소비자들에게 활동의 자유를 선사하는 실용적인 디자인이었다.

페리 엘리스의 허세 없이 편안하면서도 멋스러운 아메리칸 캐주얼은 언론과 바이어뿐만 아니라 많은 소비자들에게 사랑을 받았다. 뉴욕의 백화점 헨리 벤델/Henri Bendel/의 전설적인 리테일러 제랄딘 스터츠/Geraldine Stutz/는 페리 엘리스를 가리켜 '미국의 가장 세련된 스포츠웨어 디자이너'라고 칭송했고, 1986년 페리 엘리스는 여성복, 비교적 저렴한 여성복 라인인 포트폴리오 브랜드, 남성복, 침구, 모피, 향수, 슈트 등 23개가 넘는 라이선스 사업을 진행하면서 2억 6천만 달러의 수입을 올리기도 했다.

또한 1978년 자신의 이름을 건 컬렉션을 발표한 이래, 1979년부터 1984년까지 코티 전미패션비평가상/The Coty American Fashion Critics Award/을 총 8차례 수상했고, 1979년 니만 마커스상/Neiman Marcus Award/ 수상, 커티 삭상/Cutty Sark Award/ 2차례 수상 등 뉴욕 패션계의 주요 디자이너로 일한 공로를 인정받았다.

42 페리 엘리스 디자인 하우스가 선보이는 아메리칸 캐주얼의 정수(2007 S/S)

46세에 요절한 미국 패션계의 리더

페리 엘리스는 1970년대 후반에 등장한 이래 젊고 감각적인 디자인과 대중적인 인기로 '미스터 팝/Mr. Pop/'이라는 별명을 얻으며 성공가도를 달렸다. 그러나 1984년 그의 비지니스 파트너이자 애인인 러플린 바커/Laughlin Barker/가 투병 생활을 시작하면서 페리 엘리스는 디자인 활동에 대한 흥미를 잃고 사적인 생활에 집중했다. 동성애자로 자녀가 없었던 페리 엘리스는 아기를 갖기를 원하던 여성 친구와 함께 인공 수정을 통해 1984년 11월 딸 타일러 알렉산드라 엘리스/Tyler Alexandra Ellis/를 얻었다. 이후 그의 건강이 급격하게 악화되기 시작했는데, 1986년 5월 30일 페리 엘리스는 46세의 나이에 에이즈로 사망했다.

페리 엘리스는 패션 디자이너로서는 10년이 채 안 되는 짧은 삶을 살았지만 그가 미국 패션계, 더 나아가 세계 패션에 미친 영향력은 크다. 1984년 병마와 싸우기 시작한 시기에 그는 미국 패션 디자이너협회/CFDA, the Council of Fashion Designers of America, 1962년에 패션을 예술의 한 장르로 홍보하기 위해 설립된 비영리 단체/의 수장을 맡았다. 페리 엘리스는 유명무실했던 협회를 동료 디자이너인 캘빈 클라인/Calvin Klein/, 오스카 드 라 렌타/Oscar de la Renta/, 도나 카란/Donna Karan/의 협조를 얻어 부활시키고, 한 해 동안 패션에 중요한 기여를 한 사람에게 상을 주는 미국 패션 디자이너협회상 수상 제도를 확립했다. 현재 미국 패션 디자이너협회는 미국 패션계의 가장 권위 있는 기관으로, 미국 패션계의 결집과 발전의 초석이 되고 있다.

페리 엘리스 사후, 패션계에 끼친 그의 업적과 영향력을 기리는 페리 엘리스상을 제정하여 2006년까지 수여했다. 페리 엘리스상의 수상자들은 1987년 마크 제이콥스/Marc Jacobs/, 1988년 아이작 미즈라히/Isaac Mizrahi/, 1992년 안나 수이/Anna Sui/, 1995년 케이트 스페이드/Kate Spade/, 1997년 나르시소 로드리게즈/Narciso Rodriguez/, 2000년 존 바바토스/John Varvatos/, 2002년 릭 오웬스/Rick Owens/, 2006년 두리 정/Doo-Ri Chung/ 등으로 이들은 모두 현재 세계 패션계에서 활약하고 있다. 뿐만 아니라 페리 엘리스 디자인 하우스는 재능 있는 미국 신진 디자이너들의 등용문이 되었는데, 아이작 미즈라히, 마크 제이콥스, 톰 포드 등이 모두 페리 엘리스 디자인 하우스의 디자이너로 경력을 시작했다.

페리 엘리스는 1970년대 후반 새로운 문화 강국으로 등장한 미국의 젊음과 자유를 대변하는 대표적인 디자이너이다. 그의 진보적이면서 전통이 살아 있는 아메리칸 캐주얼웨어 디자인은 세월이 흘러도 변치 않는 클래식한 것으로 받아들여지고 있다.

43 편안하고 멋스러운 남성복 캐주얼웨어(2007 S/S)
창립자 페리 엘리스의 얼굴 프린트의 티셔츠와 연회색의 카키 팬츠가 편안하고 멋스러움을 자아내고 있다.

FASHION DESIGNER

Franco Moschino

프랑코 모스키노 1950~1994

"이성적이고 비이성적인 것, 긍정적인 면과 부정적인 면, 남자와 여자, 모두 동전의 양면과 같다. 조각을 섞어 퍼즐을 만들어라."

*프랑코 모스키노*는 1950년 이탈리아의 아비아테그라쏘/abbiategrasso/에서 태어났다. 그는 가업인 주철공장을 뒤로하고, 18세가 되던 해에 미술을 공부하기 위해 밀라노에 있는 국립미술원/Accademia di Belle Arti/에 입학했다. 이때 생활비를 마련하기 위해 패션 하우스와 잡지에 일러스트레이션을 기고하면서 패션계에 발을 들여놓기 시작했다. 졸업 후에는 지아니 베르사체/Gianni Versace/의 눈에 들어 1977년까지 약 7년간 일러스트레이터로 일하다가, 1978년부터 1983년까지 카뎃/Cadette/의 디자이너로 활동했다. 1983년 드디어 첫 개인 컬렉션인 모스키노 여성복 라인을 발표했으며, 언론에서는 그를 '패션계의 악동/Enfant terrible, Bad boy/'이라고 명명했다.

평범함을 거부한 디자인 세계

'패션계의 악동'이라는 그의 별칭에서도 알 수 있듯이 모스키노는 항상 평범함을 거부했다. 그의 디자인은 기존 질서에서 벗어난 변칙을 재치와 유머로 표현한 것이었다. 그는 세련되고 화려한 고가의 디자이너 의류 제품들과 현대 사회의 소비주의를 조롱하기 위해, 크루아상을 부착한 진주 초커 목걸이, 롤렉스/Rolex/ 목걸이, 값비싼 모피와 플라스틱의 조합, '값비싼 재킷/Expensive Jacket/'이라는 문구를 금사로 수놓은 캐시미어 재킷 등 서로 다른 특성의 것을 조합하거나 기존 관습에서 벗어난 변형을 꾀했다.

모스키노는 이러한 변칙적 디자인에 대해 자신을 요리사에 비유하면서, 단지 자신은 새로운 것을 창출하기 위해 그 시대에 맞게 나와 있는 조리방법에 따라 대중이 원하는 것을 잘 조합해 선보일 뿐이라고 주장했다. 이러한 그의 작업 특성은 앞에 언급한 디자인의 예와 함께, 버버리의 트렌치코트, 샤넬의 슈트, 이브 생 로랑의 사파리 재킷, 미국 인기 드라마 '달라스/Dallas/'의 주인공 어잉/JR Ewing/의 카우보이 모자/JR Hat/, 코바늘로 뜬 크로셰, 만화 주인공인 미니마우스의 리본이 달린 물방울무늬 드레스 등의 활용에서 찾아볼 수 있다. 특히, 그는 디자인의 소재를 종종 벼룩시장이나 대중의 스트리트 패션에서 찾은 것으로 유명하다.

나아가 모스키노는 대중의 개성을 몰살하는 패션 시스템의 독재에 반기를 들었다. 그의 이와 같은 인습타파주의적 성향은 1990년 가을·겨울 컬렉션에 등장한 "패션 시스템을 멈춰라!/Stop the fashion system!/"라는 문구에 직접적으로 드러난다. 하지만, 아이러니하게도 이러한 시도들은 그가 공격했던 대상과 관련된 이들을 오히려 그의 작품에 열광하게 하는 모순된 결과를 낳았다.

모스키노는 엘사 스키아파렐리/Elsa Schiaparelli/의 위트 넘치는 초현실주의적 성향을 이어갔다는 평가도 받는다. 그는 초현실주의의 위치전환 기법이나 눈속임 기법인 트롱프뢰유/trompe-l'oeil/를 작품에 활용했다. 특히, 초현실주의 예술가 르네 마그리트/René Magritte/의 작품에서 영감을 얻은 작품들을 발표한 것으로 유명하다. 모스키노는 초현실주의에 앞서 지나간 다다이즘에도 관심을 가져 마르셀 뒤샹/Marcel Duchamp/의 작품을 작업에 활용하기도 했다.

모스키노는 다양한 사회적 이슈를 작품의 테마로 다루었던 지적인 디자이너로도 알려져 있다. 그는 "나는 우리의 외양이 담고 있는 사회, 심리, 지리, 정신적 의미에 관심이 있다. 의복은 우리의 정신을 투사할 수 있는 스크린이어야 한다."

44 미니마우스 스타일의 물방울 무늬 드레스(2011 S/S)
모스키노의 오랜 인기 상품인 미니마우스 스타일의 물방울(polka dot) 무늬와 리본 장식을 재현한 디자인이다.

45 에이즈 퇴치를 위해 모스키노가 활용한 해피 페이스 모티프

46 모스키노가 디자인에 활용한 반전 심벌

라고 주장하면서, 이에 대한 관심을 디자인에 직접적으로 표현했다. 예를 들어, 그는 세계 평화를 위해 반전 심벌을, 에이즈 퇴치를 위해서는 노란색 스마일 심벌을, 사회적 차별 반대를 위해서는 하트 모양을 사용했다. 또한, 베를린 장벽이 무너졌을 때에는 벽돌을 디자인의 모티프로 사용했고, 1994년에는 친환경적 소재와 염료를 사용해 에퀴튀/Ecouture/라는 컬렉션을 발표하기도 했다. 그는 자신의 생각을 전달하기 위해 앞서 언급한 대중적 심벌 외에도 물음표, 스타/star/, 소/cow/ 모양과 함께 텍스트를 이용한 직접적인 지시문이나 재담/才談, 익살스러운 말/을 디자인과 홍보에 활용했다. 이외에도 그는 바코드와 같은 현대사회의 전자 이미지, 이탈리아나 스페인과 같은 다양한 도시와 민속적 요소, 신데렐라와 같은 상상 속 이야기 등을 패션에 접합했다.

재미와 새로움을 추구한 패션쇼와 윈도우 디스플레이

모스키노는 디자인 자체뿐만 아니라 패션쇼와 윈도우 디스플레이로도 항상 새로운 바람을 일으켰다. 그의 패션쇼는 연극이나 댄스 공연, 나폴리의 시장을 배경으로 한 파티, 모델 대신 이젤을 이용한 전시, 놀이공원이나 서커스의 재현, 네 발로 등장한 모델들, 옷 대신 쇼핑백을 입은 모델들과 같은 이벤트로 가득했다. 또, 윈도우 디스플레이는 공연이나 전시 요소의 도입뿐만 아니라, 이탈리아 미술가 피에르 포르나세티/Piero Fornasetti/와 마르셀 뒤샹, 르네 마그리트 등의 작품 요소 차용, 대중적 아이콘이나 천사·성모 마리아 등의 이미지 활용, 바로크의 금도금 장식, 마네킹 대신 살아 있는 인물의 이용, 과거와 현재의 다양한 예술의 해체·병치·조합 등을 통해 보는 이에게 흥미와 재미를 선사했다.

모스키노 하우스의 현재 동향

모스키노는 1983년 첫 여성복 라인을 선보인 이후 1994년 가을, 44세의 나이로 짧은 생을 마감하기 전까지 1986년에는 남성복, 1987년에는 모스키노 향수, 1988년에는 세컨드 라인인 모스키노 칩앤시크/Moschino Cheap and Chic/와 함께 인조모피인 '포펀/For Fun/'을 론칭했다. 또한, 그는 언론을 통해 마약, 동물 학대, 폭력 등에 반대하는 캠페인을 벌였고, 모스키노 창립 10주년을 기념하여 1993년에는 에이즈 어린이들을 돕기 위한 기금행사를 벌이기 시작했다. 그의 사

47 모스키노만의 신선하고 발칙한 상상력이 표현된 의상(2014 S/S)

후 1995년 설립된 프랑코 모스키노 재단/Franco Moschino Foundation/에서는 에이즈 어린이 후원을 위한 스마일 프로젝트를 지속적으로 운영하고 있다.

현재 모스키노 하우스는 에페 패션그룹/Aeffe Fashion Group/에 소속되어 프랑코 모스키노의 동업자이자 친구인 로셀라 자르디니/Rossella Jardini/가 디자인을 총괄하고 있다. 그녀는 모스키노 고유의 심벌들과 텍스트는 물론 초현실주의적 특성과 대중적 소재를 지속적으로 재해석하여 매 시즌마다 신선한 디자인을 선보이고 있다.

48 맥도날드 로고를 이용한 유머러스한 디자인(2014 F/W)

Paul Smith

폴 스미스 1946~

"당신은 모든 것으로부터 영감을 얻을 수 있다. 만일 얻을 수 없다면 다시 한번 보라."

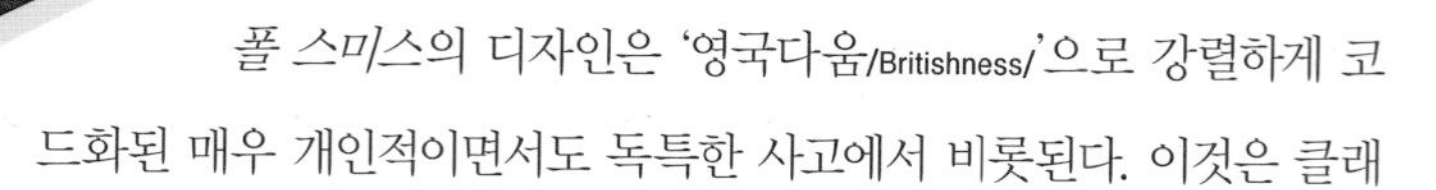

*폴 스미스*의 디자인은 '영국다움/Britishness/'으로 강렬하게 코드화된 매우 개인적이면서도 독특한 사고에서 비롯된다. 이것은 클래식한 브리티시 테일러링의 절제와 소재·재질·컬러·재단을 통한 단순하지만 독특한 코드의 조합으로, 단순히 의복을 넘어선 인류 문화의 복합성을 드러낸다. 1980년대 이래 폴 스미스는 영국적 클래식에 독특한 유머와 위트를 겸비한 디자인 감각으로 영국 패션을 부각시킨 대표적인 디자이너가 되었다. 그리고 1990년대 초부터 그는 디자이너이자 리테일러, 그리고 사업가로의 탁월한 면모를 과시하면서 현재까지 영국에서 가장 상업적으로 성공한 디자이너로 남아 있다.

폴 스미스의 유년 시절

폴 스미스는 1946년 영국 노팅엄/Nottingham/에서 태어났다. 그는 15세의 나이에 특별한 자격증 없이 학교를 떠나 의류창고에서 일을 시작했으며, 이곳에서 디스플레이를 조합하고 패션사진을 창조했다. 원래 스미스의 꿈은 전문 사이클리스트가 되는 것이었지만, 17세 때에 겪었던 끔찍한 교통사고로 인해 그의 삶의 방향은 바뀌게 된다. 이때에 그는 병원에서 6개월의 회복 기간을 거치면서 사이클링에서 패션분야로 진로를 전환했다. 스미스는 주로 노팅엄에 있는 펍/pub/에 드나들며 미대 학생들과 어울리면서 당시의 예술과 패션을 흡수하기 시작했는데, 그곳에서 그는 인생의 동반자이자 디자이너로서 영감의 원천이 된 폴린 데니어/Pauline Denyer/를 만나게 된다. 당시는 패션에 청년 혁명과 반문화가 시작되던 1960년대 무렵이었다.

폴 스미스는 1970년에 노팅엄/Nottingham/ 중심가 작은 뒷골목에 폴 스미스 베테망/Paul Smith Vêtement Pour Homme/이라는 자신의 첫번째 숍을 오픈해, 처음에는 겐조/Kenzo/와 마가렛 하웰/Margaret Howell/과 같은 디자이너의 옷과 몇몇 지역에서 제작된 셔츠와 재킷들을 판매하기 시작했다. 그리고 이후 베테망이 서서히 발전해감에 따라 점차 스타일을 정장풍 룩으로 전환했다. 폴 스미스는 1976년 자신의 이름을 딴 브랜드를 파리에 선보였으며, 1979년에는 런던에 폴 스미스 숍을 오픈했다. 스미스의 슈트는 당시의 사회적 변화와 맞아 떨어져 1980년대의 젊고 도시적인 '여피/yuppie/'를 위한 기본 의상이 되었다. 또한 그의 전통적인 테일러링 기술과 위트 있는 디테일의 사용, 컬러와 소재의 독특한 조합은 고객들에게 충분한 호소력을 지녔다.

위트 있는 클래식 스타일

폴 스미스의 파티에서는 남녀가 전통적인 클래식 의상에 의외의 소재들을 조합하고, 패셔너블하게 재단된 현대적인 감각의 의상을 입고 있다. 이와 같은 폴 스미스 디자인의 스타일은 일반적으로 전통을 살짝 비튼 '위트 있는 클래식/Classic with twist/'이라고 일컬어진다.

폴 스미스는 좋은 취향에 대한 관념들에 지속적으로 도전하여 남성 패션에 포스트모던/postmodern/한 영향을 미쳤으며, 이후 이것은 여성 패션에도 퍼져 나갔다. 그는 새빌 로/Savile Row/ 스타일의 테일러링 전통을 고수하지만 동시에 키치/kitsch, 고의적으로 통속적이고 저급하게 표현함/와 엉뚱한 독특함을 사랑한다. 이에 관해 그는 1990년에 "과연 무엇이 좋은 취향이고, 무엇이 나쁜 취향인가? 그것은 서로 긴밀하게 연결되어 있다. 이는 마치 그것은 믹서기에 갈아 넣은 것과 같다."라고 논평한 바 있다. 미국의 소설가, 윌리엄 깁슨/William Gibson/은 그의 스타일을 19세기 런던의 의류시장이었던 하운즈디치 의류교환/Houndsditch Clothes Exchange/에 비유했는데, 그에 의하면 스미스의 스타일은 국가와 문화의 모든 물건들이 지속적으로 코드 교환에 관여하며, 거대하고 끊임없이 재조합되는 대형세일과도 같은 것이었다.

폴 스미스 라벨은 1976년에 파리에서 정식으로 론칭되었다. 당시 분위기에는 이탈리아의 조르조 아르마니/Giorgio Armani/를 중심으로 보다 새롭고 가벼운 소재들이 남성 테일러링에 확산되고 있었을 뿐만 아니라, 1980년대 초반에는 레이 카와쿠보/Rei Kawakubo/와 요지 야마모토/Yoji Yamamoto/와 같은 일본 디자이너들에게서 영감을 받은 비구조적인 패션이 주류를 이루고 있었

49 폴 스미스의 시그니처인 멀티 스트라이프
독특한 컬러 조합을 통해 그의 유쾌한 유머 감각을 엿볼 수 있다.

다. 그러나 스미스는 이러한 분위기에 편승하기보다는 다양한 방식으로 클래식한 슈트에 변화를 주었다. 그의 핀 스트라이프/pin-stripe/ 슈트는 때때로 네이비블루/navy blue/ 도트무늬 셔츠에 화이트 즈크화/plimsolls, 캔버스 천에 고무창을 댄 가볍고 단순한 형태의 운동화/와 함께 착용되었고, 프린스 오브 웨일스/Prince of Wales/ 체크나 초크 스트라이프/chalk stripe/는 밝은 컬러 라인들과 함께 비관습적인 컬러웨이/color-way, 여러 종류의 다른 색상이 배색됨/를 선보였다. 그리고 이러한 그의 기발한 특성은 단순한 조합을 넘어서 소매 길이가 다른 재킷, 키보드 모양의 커프스 버튼, 생수 브랜드 에비앙/Evian/, 자동차 미니/mini/, 카메라 등 의복, 액세서리, 기타 산업디자인 영역에서도 나타났다.

'위트 있는 클래식'이라는 폴 스미스의 디자인 스타일은 그의 섬세하고도 비판적인 균형감각으로부터 나온다. 그는 격식과 독특함, 풍부함과 절제, 전통과 현대 사이에서 여러 스타일을 혼합하여 다양한 분위기의 실용적인 옷을 제안한다. 그리고 이러한 재미와 유머를 통해 계급의식을 거부하고 자유의지와 정신을 가진 개인에게 호소하는 인간애를 드러낸다. 스미스의 대표적인 시그니처/signature/인 멀티 스트라이프/multi-stripe/는 차분한 다크 블루와 블랙에 옐로, 오렌지, 라이트 그린이라는 독특한 컬러 조합을 보여준다. 이는 공식적이고 클래식한 측면과 보다 즐겁고 표현적인 측면의 균형감을 드러내는 것이다.

이런 식으로 폴 스미스의 패션은 현실의 모든 중압감을 초월한다. 거기에는 품위 있는 우아함과 더불어 번뜩이는 유머와 위트가 있다. 이로써 폴 스미스 자신은 독특한 앵글로 시크/Anglo chic/의 대명사로 자리매김하게 된다.

50 쇼를 마치고 무대에서 인사하는 폴 스미스(2000 S/S)
그는 영국의 전통적인 테일러링 기술과 위트 있는 디테일의 사용, 독특한 컬러와 소재의 조합으로 '가장 영국적인 것을 구현하는 디자이너'의 반열에 올랐다.

트루 브릿의 영국적인 패션

20세기 후반 이후 영국을 대표하는 디자이너 중 비비안 웨스트우드/Vivienne Westwood/와 더불어 창조성과 상업성을 동시에 추구하는 최고의 브랜드로 명성을 떨친 디자이너가 있다면 그는 바로 폴 스미스이다. 웨스트우드가 보다 호전적이며 전복적인 힘을 표현했다면, 스미스의 접근은 유희적이고 접근하기 쉬울 뿐만 아니라, 영국다움/Britishness/에 대한 독특한 아이디어를

51 잘 맞는 핏과 좋은 소재의 클래식한 블랙 슈트(2013 S/S)
특별한 디테일이나 액세서리 없이 신체 윤곽선을 따라 자연스럽게 흐르는 핏과 좋은 소재로 만들어 폴 스미스 디자인의 특징을 보여준다.

국제적인 패션의 언어로 탈바꿈시켰다. 1981년 스미스는 한 인터뷰에서 "내 작업은 항상 영국적인 것을 극대화하는 것에 관한 것이었다."라고 언급한 바 있다. 이후 폴 스미스는 '위트 있는 클래식'이라는 수식어 이외에도 자신에 대한 또 하나의 모토, '폴 스미스, 트루 브릿 진정한 영국인/Paul Smith, True Brit/'을 만들어낸다.

'브리티시 트레디셔널/British traditional/'의 대명사 폴 스미스의 디자인은 영국의 유서 깊은 전통적인 슈트인 '새빌 로 스타일/Savile Row style/'로, 이는 전체적으로 신체 윤곽선의 자연스런 흐름과 균형미에 중점을 둔 클래식한 스타일로 나타난다. 또한 디테일이나 액세서리가 없는 스미스의 블랙 슈트는 그의 디자인의 특수성을 설명한다. '폴 스미스, 트루 브릿/Paul Smith, True Brit/'을 대변하는 블랙 컬러는 클래식 슈트의 소재를 강조한다. 그에게 좋은 소재는 색상을 돋보이게 하고 디자인을 새롭게 하는 요소로, 스미스의 블랙 슈트는 다양한 소재의 사용에 따라 그 특성이 완전히 변화된다.

이와 같은 스미스의 영국적인 스타일은 영국의 전통적인 장인정신/craftsmanship/에서 비롯된다. 폴 스미스는 자신의 의복에 대해 매우 엄정한 기준과 철학을 가지고 있었는데, 그 결과로 나타난 고품질과 흠 없이 마감된 의복은 스미스에게 명성을 안겨다 주었다. 그는 "모든 것이 대량 생산되어야 하는 것은 아니다."라고 주장하면서, 그의 작업라인에서 수공예적 전통유산에 대한 매우 뿌리 깊은 존경심을 드러냈다.

영국 국기 유니언 잭/Union Jack/은 모즈/mods/, 스킨헤드/skinheads/와 펑크/punks/를 비롯한 하나의 패션 모티프로서 끊임없이 의미를 변모시켰다. 유니언 잭의 힘은 폴 스미스에서도 드러나는데, 그의 실크 스크린 티셔츠와 행커치프 디자인은 이 국기를 통해 수많은 디자인의 컬러와 맥락을 바꾸어놓았다. 또한 에드워드 왕조 시대의 해학적 정서를 현대적 감각으로 해석한 모즈 룩의 중심에도 역시 폴 스미스가 존재했다. 전후 젊은 중산층 세대들의 자기표현 수단 중

52 독특한 컬러 조합을 보여주는 폴 스미스의 남성복(2013 S/S)

하나였던 모즈 룩은 폴 스미스의 손에서 현대 감각에 맞게 부활했다.

이와 같은 스미스의 영국적인 스타일에 대한 독특한 아이디어는 보다 국제적인 패션 언어로 변형되어 입는 방식에서부터 소비하는 것에 이르는 모든 것에서 영국다움에 대한 사고를 발전시켰다. 이처럼 폴 스미스는 다양한 접근방법을 통해 영국다움의 전형을 그려내는데, 거기에는 미묘한 절제와 동시에 예기치 않은 새로움이 공존하고 있다.

탁월한 리테일러이자 사업가

폴 스미스의 성공은 그의 창조적 본능만큼이나 탁월한 사업 수완에서 잘 드러난다. 스미스는 미래를 내다보는 안목을 지녔을 뿐만 아니라, 패션을 넘어선 대중문화의 보다 넓은 맥락에서 트렌드를 유발하는 능력을 보여주었다.

폴 스미스가 영국 패션에서 독자적인 인물이 된 것은 비단 그의 디자인 능력뿐만 아니라, 리테일러이자 사업가로서의 그의 면모 때문이기도 했다. 폴 스미스 라벨은 새롭게 번영하는 영국의 흐름을 잘 포착해, 1980년대 런던의 선도적인 창조적 젊은이라면 모두 폴 스미스 슈트를 가지고 있을 정도였다. 그 밖의 지역에서 폴 스미스의 리테일은 1987년 뉴욕, 1993년 파리, 1997년 런던의 숍으로 급속도로 번져나갔으며 1994년에는 폴 스미스 여성복이 론칭되었다. 그리고 1998년에는 폴 스미스 숍이 런던 8개, 노팅엄 본점, 맨체스터 1개, 뉴욕과 파리 각각 1개, 홍콩 5개, 싱가폴 2개, 타이완 4개, 마닐라 1개에, 일본에는 200개나 되는 아웃렛으로 확장되었다. 이렇게 해서 그는 동양에서 가장 높은 판매고를 보인 유럽 디자이너가 되었는데, 이는 아르마니, 구찌, 샤넬과 같은 굴지의 브랜드들을 추월할 정도였다.

스미스의 영향은 자신의 라벨을 훨씬 넘어설 정도로 확장했다. 오랜 기간 그는 영국의 가장 큰 의류 소매업자, 막스 앤 스펜서/Marks & Spencer/의 남성복 컨설턴트로 일하면서 그 수익금을 자신의 사업에 재투자했다. 그는 숍의 수를 꾸준히 늘려가면서도 자신의 리테일 스타일인 낡은 것과 새로운 것의 독특한 조합을 발전시켜나갔는데, 그 숍들은 현대 영국의 패션 역사에서 가장 중요한 스토어 중의 하나로 자리매김했다. 그런데, 여기서 스미스의 가장 중요한 요소는 위트 있고 색다른 물건들을 도입하여 의복과 동시에 판매하는 리테일러로서의 능력이었다. 그에게 각각의 숍은 브랜드와 마케팅이 이끄는 공통의 이상을 제시하는 공간이기보다는, 개별적이며 그것이 위치한 도시의 독자적인 특질을 반영하는 곳이었다. 그의 이러한 사고는 폴 스미스 숍들의 윈도우 디스플레이/window display/에서도 잘 드러난다. 이러한 디스플레이는 구조와 테마를 달리하면서 매주 혹은 10일마다 변화되었는데, 그것들은 모두 유머감각과 드라마틱한 호기심을 유발하면서 숍, 의복, 액세서리, 소품 간의 개성적인 상호작용을 공유했다.

또한 이와 같은 리테일링의 중심에는 스미스의 관찰력과 물건에 대한 매혹이 존재하고 있었다. 스미스는 어디서든지 늘 패션으로 재해석되거나 단순히 재미를 위해 판매될 수 있을만한 것들을 찾아내려고 했다. 높은 인지력과 관찰력을 통해 사물을 디자인 아이디어로 변형하는 그의 능력은 폴 스미스의 강점 중의 하나였는데, 이것은 스미스의 강박적 수집가 기질과도 연결된다. 그의 디자인에는 우표에서부터 과일더미에 이르는 셀 수 없이 다양한 것들이 티셔츠 프린트로 나타나며, 사진이나 초현실적인 이미지에 대한 열정과 어린아이 같은 상상력이 자주 등장한다. '폴 스미스, 트루 브릿/Paul Smith: True Brit/'의 주요 전제는 "당신 주변에 보이는 모든 것에 영감의 가능성이 있다."라는 것이다. 이 점에 대해 스미스는 그의 자서전에서 다음과 같이 언급했다. '당신은 모든 것으로 부터 영감을 찾을 수 있다. 만일 그것을 찾지 못한다면, 그것은 당신이 제대로 보고 있지 않은 것이다/You Can Find Inspiration in Everything, and If You Can' t, Look Again/.'라고 말했다.

폴 스미스의 최근 동향

현재 폴 스미스는 전 세계에 있는 숍 250여 개와 의류 컬렉션 8개라는 놀라운 글로벌 패션 제국을 이끌고 있으며, 도매와 소매, 라이선스 사업의 연간 매출양은 3억 15백만 파운드/2001년/에 달한다. 또한 그 사업중 3분의 2가 수출일 정도로 패션시장에서 높은 랭킹을 차지하고 있다. 폴 스미스는 1987년부터 화장품 세트를 출시했으며, 1990년에 론칭한 아동복은 남성복으로 다져진 그의 패션 감각을 보여주었고, 1994년에는 여성복 또한 론칭했다. 이처럼 그는 약 20여 년간 영국을 대표하는 디자이너가 되었다.

폴 스미스는 뿐만 아니라 세계적인 디자이너 중의 일인으로, 이와 같은 꾸준한 사업 팽창에도 불구하고 그는 지금까지도 매일 회사 운영에 깊이 관여하고 있다. 그는 일류 디자이너이자 한 그룹의 회장이지만, 고객을 직접 대하며 제품 하나하나에 정성을 부여하고 각 부서를 세심하게 지도·관리하는 것은 아직도 여전하다.

1995년 그는 패션계로부터 공로를 인정받아 여왕수출공로상/Queen's Award for Export/을, 2000년에는 영국 패션 산업에 대한 공로를 인정받아 기사 작위를 수여받았다. 1995년에는 런던 디자인 박물관/Design museum/에서 그의 패션 입문 25주년을 기념하기 위해 '폴 스미스, 트루 브릿/Paul Smith, True Brit/'이라는 이름의 전시회가 개최되기도 했다.

53 새롭게 변형된 폴 스미스의 멀티 스트라이프(2009 F/W)

Donna Karan
도나 카란 1948~

"우리는 먼 길을 왔다. 파워 드레싱(power dressing)은 이제 여성 자신의 내면을 표출하기 위함이다."

*도나 카란*은 1948년 뉴욕에서 태어나 성장하며 공부하고, 성공했다. 미국, 그 중에서도 뉴욕을 특별히 사랑하고 대표하는 디자이너다. 아버지는 테일러였고 어머니는 쇼룸 모델이었다. 그녀는 1966년 패션을 공부하기 위해 파슨스 디자인 스쿨/Parsons The New School for Design/에 입학했다. 파슨스 디자인 스쿨에 재학 시에 앤클라인/Anne Klein/에서 여름방학 동안 인턴으로 근무한 것을 계기로 1968년부터 앤클라인의 디자이너로 근무하게 되었다. 그녀는 학교로 돌아가지 않고 1971년까지 앤클라인에서 근무했으며, 이후 다른 회사로 이직했다가 1974년 디자이너 앤클라인이 사망하자 앤클라인의 수석 디자이너가 되었다. 도나 카란은 1984년까지 앤클라인을 이끌었다. 그녀는 파슨스 스쿨 동창이었던 루이스 델리오/Louis Dell' olio/와 함께 실용적이면서도 고급스러운 캐주얼웨어/잘 재단된 블레이저와 코트, 바지와 랩 스커트, 편안한 드레스 등을 포함함/의 대명사인 앤클라인을 이끌어가며 미국 패션계에서 입지를 굳혔다. 1982년 앤클라인II를 론칭시킨 다음 그녀는 독립을 준비했다.

직장 여성의 옷장 재편

1985년 도나 카란은 자신의 이름을 걸고 '쉽고 편한 7개 품목/Seven Easy Pieces/'이라는 콘셉트로 컬렉션을 만들어 대중의 관심과 인기를 얻으면서 성공적으로 브랜드를 론칭했다. 그녀의 첫 컬렉션은 신축성이 좋은 검은색 소재로 된 보디슈트와 랩 스커트, 레깅스, 재킷, 코트 등으로 구성했으며, 여성들이 필수적으로 가지고 있어야 할 입기 편한 아이템을 제시하고자 했다. 또한 그녀는 이 컬렉션을 통해 디자이너가 제시하는 한 벌의 옷보다 품목 간에 서로 바꿔 입어도 잘 어울리고 실용적인 '믹스 앤 매치/mix & match/' 개념을 강조했다.

그 중 보디슈트는 도나 카란의 트레이드마크가 되었다. 도나 카란은 런웨이에서 보디슈트를 터번이나 헤드밴드 등의 머리장식, 화려한 벨트와 함께 입어 단순하면서도 관능적인 스타일로 연출하기도 했고, 보디슈트 위에 치마나 바지, 재킷, 코트, 대담한 액세서리 등을 함께 연출하여 실제 직장 여성들이 편안하게 입을 수 있는 스타일을 제안했다. 이 스타일은 높은 격식성을 요하는 정장류/formal wear/를 제외한 상·하의 품목을 개별적으로 조합하여 편안하게 입는 다양한 캐주얼웨어를 지칭하는 아메리칸 스포츠웨어/American sportswear, 미국적 캐주얼 스포츠웨어/의 정체성을 만드는 데 일조했다. 아메리칸 스포츠웨어는 과도한 장식, 손질이 어려운 화려한 소재를 사용하는 유럽 패션과는 구별되도록 디자이너 브랜드의 이미지와 함께 단순하고 기능적이면서도 품질이 좋은 옷을 추구했다. 1980년대는 미국 경제가 호황을 누린 시기로, 이는 미국 캐주얼웨어 시장의 발달에 직접적 영향을 주었다. 도나 카란의 디자이너 경력도 이 시기 캐주얼웨어 시장이 확대되면서 같이 성장했다. 그녀의 아메리칸 스포츠웨어를 1990년대 캘빈 클라인/Calvin Klein/이나 질 샌더/Jil Sander/가 중심인 미니멀리즘 트렌드로 이어지는 중간 단계로 해석하기도 한다.

54 1985년 보디슈트를 재해석한 새로운 보디슈트(2010 S/S)
새로운 보디슈트는 그래픽 디자인을 사용하여 심플하고 젊은 감각을 표현했다.

도나 카란의 성공에는 1980년대 여성의 두드러진 사회 진출, 그 시대에 파워 슈트의 대안으로 대두한 점 등의 절묘한 타이밍이 있었다. 그녀의 옷은 착용 시 편안한 품질이 좋은 소재를 사용하고, 회색이나 검은색 등 맞추어 입기 쉬운 색상으로 과도한 디테일 없이 단순했으며, 동시에 여러 가지 역할을 수행해야 하는 직장 여성들이 이용하기에 편리했다. 특히 그녀의 옷은 지나치게 남성적인 파워 슈트에 지친 여성들이 부드러운 여성미를 표현하면서도 과도하게 캐주얼웨어로 기울지 않아 매우 훌륭한 대안으로 받아들였다. 신축성이 좋은 소재, 저

55 도나 카란의 직장 여성을 위한 원피스 드레스(2006 F/W)
파워 슈트에 대한 대안으로 1980년대 직장 여성을 위해 도나 카란이 제시했던 룩을 연상시킨다.

지/jersey/로 만든 도나 카란의 디자인은 여성의 인체를 여유롭게 감싸면서도 곡선을 암시했으며, 편안함과 관능성의 균형을 추구했다.

도나 카란은 디자이너, 사업가, 아내, 엄마 등의 여러 역할을 동시에 감당해야 했기에 직장 여성의 요구를 누구보다 잘 알고 있었고, 이 경험을 바탕으로 자신이 입을 수 있는 옷을 디자인하는 것으로 알려져 있다. 실제 그녀는 다른 어떤 디자이너보다 자주 자신의 옷을 입고 화보를 찍거나 공식 석상에 나타났다.

도나 카란의 믹스 앤 매치 품목들은 직장 여성들이 맞추어 입기 쉽고, 몇개의 품목으로 다양한 연출이 가능했다. 또한 그들의 시간에 쫓기는 라이프 스타일에는 매우 유용했다. 직장에서의 낮 시간과 일과 후 저녁 모임이나 사교 모임은 서구 문화에서 그 격식성이 각각 다른 양식으로 규정되어 있다. 하지만 믹스 앤 매치가 가능한 도나 카란의 디자인은 옷을 갈아입지 않아도 액세서리나 재킷을 이용하여 일과 후 저녁 모임에 적합한 복장으로 쉽게 변신이 가능했다.

56 **편안하면서도 여성적인 저지 이브닝드레스(2008 F/W)**
저지 소재를 이용하여 드레이핑이 중심이 되는 디자인을 통해 편안하면서도 여성적인 의상을 만들었다. 이 옷은 2008년 코스튬 인슈티튜드갈라(Costume Institute Gala)에서 도나 카란이 직접 입고 등장하기도 했다.

풍만한 아름다움을 표현한 저지 디자인

도나 카란은 저지를 이용하여 인체에 둘러서 만드는 다양한 랩 스커트/wrap skirt/와 우아한 드레이핑/draping/이 중심이 되는 디자인들을 많이 선보였다. 명상과 요가 등 동양 철학에 심취한 것으로 알려져 있는데, 디자인의 단순성이나 유연한 직물을 두르는 기법 등에서 그녀의 사상적 배경을 찾아보기도 한다. 그녀의 저지 드레스는 고대 그리스풍으로 드레이핑한 기존 디자이너들의 드레스와 비교해보면 우선 색이 비교적 어둡고 훨씬 더 단순하며 걷거나 움직이는 데 용이하다. 그녀는 활동성이 좋고 다소 체격이 큰 여성에게 잘 어울리는 커다란 드레이프들이 특징인 저지 디자인들을 꾸준히 선보였으며, 여성스러운 풍만함이라는 가치를 부활시켰다. 도나 카란은 편안함을 여성에게 돌려주었고, 디자인의 기능성에 우선적인 가치를 정했다는 면에서 샤넬에 비유되며 '직장 여성을 위한 옷을 디자인한 뉴욕의 샤넬'이라고 불리기도 한다.

도나 카란은 1987년 파슨스 스쿨에서 명예 졸업 학위를 수여받았고, 앤클라인 시절부터 코티상/Coty American Fashion Critics Award, 루이스 델리오와 공동 수상하기도 하고 단독 수상하기도 함/, 미국 디자이너협회상/Council of Fashion Designers of America Award/, 평생 공로상/2004년/ 등 수많은 상을 받았다. 그녀의 브랜드는 1990년대 중반에 매출이 절정을 이루었고, 1996년에는 상장했다. 1997년에 도나 카란은 수석 디자이너로 남고 회사 대표직에서 물러났다. 이후 2001년 프랑스 명품 대기업인 LVMH에 회사를 매도하고, 현재 디자인 책임자 역할만 수행하고 있다.

57 풍만한 아름다움을 강조한 도나 카란의 시그니처 룩인 저지 드레스 (2010 S/S)

58 점프슈트와 재킷을 믹스 앤 매치한 커리어우먼 룩(2010 S/S)

보디슈트/bodysuit/는 몸판과 아주 짧은 반바지가 연결된 형태로, 주로 상체와 엉덩이 부분이 꼭 맞고 다리 부분 없이 양 다리가 통과할 수 있도록 구멍이 나있는 옷 형태를 가리킨다. 체조 선수들이나 무용수들이 입는 레오타드/leotard/와 비슷한 형태이지만, 바지 밑 부분에 스냅이나 후크가 있어서 입고 벗기에 훨씬 더 쉽다.

보디슈트는 다양한 네크라인 디자인에 소매가 있거나 없기도 하다. 보디슈트와 비슷한 구조이지만, 다리 부분이 달려 있는 옷은 점프슈트/jumpsuit/라고 한다. 스카이다이빙, 자동차 경주, 비행용 기능복이 대표적인 점프슈트의 형태이며, 시대에 따라 점프슈트가 패션 아이템으로 여성복에 유행되기도 했다. 보디슈트는 영유아복에서는 흔히 우주복이라고 부르는 옷의 형태다.

소매가 없는 보디슈트는 파운데이션용이나 란제리용으로 나오기도 하지만, 도나 카란은 1986년 컬렉션에서 현대 직장 여성의 필수 품목으로 소개했고, 보디슈트는 일상복으로 여성들에게 큰 사랑을 받았다. 체코계 모델로 중부 유럽 출신 모델로는 처음으로 슈퍼모델의 등용문인 〈스포츠 일러스트레이티드〉 잡지의 1984년과 1985년 수영복 특집호 표지 모델이 되어 당시 최고 인기를 누리던 폴리나 포리즈코바/Paulina Porizkova/ 같은 모델들이 선보인 보디슈트는 라이크라와 혼방된 실로 짠 편성물이어서 신축성이 매우 좋아 여성의 인체를 잘 드러내는 디자인이었다. 패션쇼에서는 보디슈트에 벨트, 멋스러운 헤드밴드/headband/ 등을 착용하여 매우 관능적인 모습으로 연출했지만, 실제 여성 소비자들은 단품보다는 대개 치마나 바지 위에 입는 상의로 입었다.

보디슈트의 매력은 무엇보다 인체의 선을 유선형으로 날렵하고 단순하게 정리해주는 미학에 있다. 보디슈트는 셔츠를 바지나 치마 속에 넣었을 때처럼 빠져나올 염려가 없어서 바쁜 직장 여성들이 단정하게 보이면서도 신축성이 있는 소재와 밑에 있는 스냅 때문에 편하고 기능적이었다. 또한 검은색으로 함께 선보인 다른 품목들과 코디가 쉬우면서도 홀터, 깊은 V 모양, 하트 모양/sweet heart shape/, 터틀넥, 스쿱/scoop, 둥글면서 깊이 파인 모양/ 등 다양한 네크라인으로 패션성을 더했다.

보디슈트는 1980년대 중반 큰 인기를 얻은 후, 2000년대 말 아메리칸 어패럴/American Apparel/과 같은 대중적인 브랜드나 도나 카란, 알렉산더 왕/Alexander Wang/, 후세인 샬라얀/Hussein Chalayan/, 스텔라 매카트니/Stella McCartney/, 셀린느/Celine/ 등 디자이너 브랜드의 컬렉션에서 부활했다.

편안하면서도 도시적 관능미가 돋보이는 보디슈트(2004 F/W)

Issey Miyake
이세이 미야케 1938~

"나는 항상 1장의 천, 즉 의복의 가장 근본적인 형(刑)으로 돌아가서 모든 해답을 얻으려고 노력한다."

*이세이 미야케*는 일본뿐만 아니라 전 세계적으로 독보적인 패션 디자이너로, 그의 경력은 도쿄에서부터 파리, 런던, 뉴욕에 이른다. 미야케는 오트 쿠튀르 중심의 패션의 기능과 미학에 도전하면서 이와는 다른 접근으로 의복 생산에 현대적 방식을 도입했다. 그는 일본의 전통유산과 새로운 테크놀로지를 결합시켜 과거와 현재, 미래를 구현한 의복으로 몸에 활력을 부여했고 기모노의 정신에 따라 몸과 의복 사이의 공간을 이용한 자연스러움을 추구한다. 'Making things'라는 신조는 이와 같은 이세이 미야케의 자연스런 작업방식을 핵심적으로 표현하고 있는데, 이는 1998년 파리 까르띠에 현대미술재단/Foundation Cartier pour l' art contemporain/에서 열린 전시의 타이틀이 되었다.

패션을 예술로 전환시킨 '소재의 건축가'

테크놀로지와 소재의 개척자 이세이 미야케는 1970년 4월 도쿄에서 텍스타일 디자이너, 마키코 미나가와/Makiko Minagawa/와 함께 미야케 디자인 스튜디오/MDS/를 오픈했다. 이 스튜디오에는 오랜 2가지의 기본 콘셉트가 있었는데, 그 중 하나는 '아메리칸 드림/American Dream/'이라는 자유를 향한 이상과 몸과 의복의 관계에 대한 탐구였으며, 다른 하나는 진과 티셔츠만큼이나 '민주적이고 편안한' 디자인의 발명이었다. MDS 오픈 첫 해부터 미야케는 폴리에스테르 저지/polyester jersey/를 중심으로 글로벌 마켓을 위한 소재를 발견하면서 동시에 전통적인 일본의 소재를 재발명했으며, 의복에 '제2의 피부'라는 콘셉트를 도입했다.

그의 최초의 패션쇼는 1963년 일본 타마예술대학교/Tama Art University/ 재학 시 '천과 돌의 시/A Poem of Cloth and Stone/'라는 타이틀로 선보인 것으로, 여기에서 그는 실용적이기보다는 시각적 창조로 상상력을 자극하는 의복을 선보였다. 그러나 그는 1970년 MDS 오픈 이후 지속적으로 독창적이면서 소재의 근본적인 특질을 살리는 작품들을 창조해왔다. 그중에는 1970년대 형형색색의 우주 이미지를 반영한 '플라잉 소서/Flying saucer/'와 일본 야쿠자에게 '제2의 피부/second skin/'로 입혀졌던 '지미 핸드릭스와 재니스 조플린에 대한 기억에 바치는 문신/A tatoo dedicated to the memory of Jimi Hendrix and Janis Joplin/', 18세기 나라 시대 이후 일본의 전통적인 농부 스타일인 사시코 퀼팅/Sashiko quilting/ 작업복 등이 있었다. 이처럼 미야케는 새로운 소재의 발명을 위해 끊임없이 실험했다. 또한 그는 전통적인 천을 이용해 자국의 문화적 특성을 알리면서 동시에 국제적인 아이디어들을 차용했다. 이후 1980년대 초반 미야케가 선보인 디자인의 방향은 크게 2가지로 나타났다. 첫째는 1970년대부터 이어진 광범위한 소재의 실험이었으며, 둘째는 실용성을 향한 열망이었다. 그는 디자인을 통해 환상적인 요소와 실용적인 요소를 모두 발전시키고자 했으며, 1981년의 플랜테이션/Plantation/과 같이 단순하면서도 '실생활을 위한 의복/Clothes for real life/'을 확립하고자 했다.

59 이탈리아 플로렌스의 박물관에 전시된 이세이 미야케의 A-POC 드레스
A-POC은 솔기나 여밈이 없는 천 1장이 몸 위에서 흘러내리도록 미니멀하게 디자인되었다.

소재의 조각가로서 미야케의 혁신을 보여준 대표적인 컬렉션들은 다음과 같다. 1970년대에 일본의 민속 문화와 전통 텍스타일에 대한 관심과 함께 미야케가 몰두했던 것은 가장 단순한 요소들로 환원된 의복으로, 이는 기모노의 전통에서 나온 '1장의 천/A piece of cloth/'이라고 불렸던 소매가 붙은 사각형 의복이었다. 1980년대 중반에는 '보디워커스/Bodyworks/'라는 타이틀로 신체의 형/形/과 의복 간의 관계를 탐구했다. 그리고 1990년대의 '플리츠 플리즈/Pleats Please/'는 가장 상업적으로 성공했던 컬렉션으로, 여기에서 미야케의 혁신적인 주름옷은 트렌드를 넘어서서 실용적이고 현대적인 의복을 보여주었다. 특히 A-POC/A piece of cloth/은 소재의 낭비 없이 무봉제로 사용자가 재단하는 긴 튜브 형식의 의복으로, 패션의 미래를 보여주는 혁신적 디자인의 진수를 드러내는 것이었다.

1장의 천

MIDS는 새롭고도 전통적인 다양한 영역의 소재들을 사용하면서 형의 단순함을 강조했다. 1970년대에 그의 의복에 나타난 단순화는 솔기나 여밈이 없는 정사각형으로 된 1장의 천에 소매가 추가된 의복으로 나타났다. 1976년 이는 '1장의 천/A Piece of Cloth/'이라고 불렸다. 이 미니멀한 의복은 서구 쿠튀르의 모습이라기보다는 일본 기모노의 전통에서 나온 것으로, 이와 같이 천이 몸 위에서 흘러내리는 예술은 그간 서구 패션을 지배해온 의복 구성과는 대조를 이룬다. 이처럼 미야케는 동양적이지도 서양적이지도 않은 새로운 전통을 개발했는데, 이것이 바로 그의 어휘로 표현된 '동서양의 만남/East Meets West/'이었다. 1장의 천으로 나타난 단순화된 옷은 클래식하면서도 유행을 타지 않는 것이었다. 그는 "항상 1장의 천, 즉 의복의 가장 근원적인 형으로 돌아가서 이로부터 모든 해답을 얻으려고 한다."라고 자신의 디자인 철학을 밝혔다.

제2의 피부 같은 보디워커스 프로젝트

미야케의 작업에는 자유를 향한 반복적인 주제들이 나타나는데, 이는 정신적인 자유 외에도 움직임이 편한 몸, 즉 '제2의 피부'로 구속되지 않는 몸의 자유를 드러낸다. 1983년에서 1985년 사이에 나타난 보디워커스/Bodyworks/는 실험적인 디자인과 테크닉, 소재 개발을 보여주는 극적인 전시였으며, 도쿄, 런던, 로스앤젤레스, 샌프란시스코에 있는 박물관에서 몸과 의복 간의 관계를 제시했다. 이 전시에서 레드 섬유유리 뷔스티에/bustier/는 가장 중심을 이루었던 것으로 그것은 롱스커트와 함께 조각처럼 매달렸다. 이상화된 여성의 몸으로 주조된 뷔스티에의 갑옷 같은 형체는 몸을 모사하고 그것을 제2의 섬유유리 피부로 드러낸다. 이처럼 보디워커스 프로젝트는 '제2의 피부'에 대한 사고와 인식을 일으켰다. 그리고 대나무와 등나무로 견고하게 주조된 중세 전사의 갑옷 모양으로 재현된 디자인은 1982년 선두적인 미술 잡지 〈아트

포럼/Artforum/〉의 표지를 장식하며 잡지의 편집 주제가 되었는데, 여기에서 인그리드 시시/Ingrid Sischy/는 미야케의 보디워커스를 가리켜 '현대적인 기호의 집합'이라고 언급했다. 이처럼 보디워커스는 전통을 반항하는 동시에 사이보그 세대를 암시했다.

플리츠 플리즈 – 생활을 위한 의복

이세이 미야케는 1988년에 다양한 플리츠 의복을 개발하기 시작했으며, 그의 조력자이자 소재 감독인 마키코 미나가와와 함께 일본 텍스타일 공장과 협업하여 1993년 가장 상업적으로 성공한 컬렉션, 플리츠 플리즈/Pleats Please/를 발표했다. 미야케는 이 플리츠 디자인 시리즈로 20세기 후반의 가장 칭송받는 디자이너 중의 한 명이 되었다. 비록 이 플리츠가 의복 제작에서 전적으로 새로운 방식은 아니었으나 미야케는 그것을 사용하는 방식에서 완전히 새로운 의미로 탈바꿈시켰다. 일반적으로 소재는 재단되어 봉제되기 전에 주름이 잡힌다. 그러나 미야케는 반대로 의복을 정 사이즈의 2배 반에서 3배 정도로 재단하고 봉제한 후, 완성된 형태

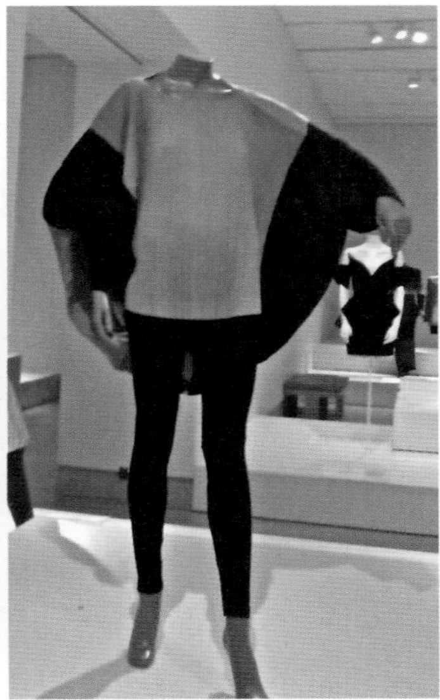

60 미야케의 가장 대표적인 브랜드인 플리츠 플리즈
미야케의 가장 상업적으로 성공한 컬렉션이자 대표적인 브랜드이다. 가볍고 편안한 폴리에스테르나 트리코트 저지와 같은 소재를 이용해 아름다운 주름을 잡아 입는 사람에 따라 고유한 실루엣을 만들어내는 이 디자인은 실생활을 위한 의복이다.

에 주름을 주어 제작과정을 반전시켰다. 따라서 그 결과로 나타난 의복에는 2장의 종이 안에서 프레스에 압착된 영구 주름이 나타난다. 이러한 단순한 방법상의 반전은 재료, 형태, 기능이 유기적으로 얽힌 완전히 새로운 의복을 생산해냈다.

1975년부터 미야케는 화이트 리넨 크레이프/linen crêpe/로 플리츠를 연구했다. 역사적으로 플리츠 테크닉은 고대 이집트로 거슬러 올라가며, 20세기 초의 마리아노 포르투니/Mariano Fortuny, 1871~1949/는 섬세한 실크 플리츠를 구현했다. 그러나 미야케의 플리츠는 포르투니의 디자인과는 다른 것으로, 그것은 소재를 매우 중시한 일본식 양재 전통에 근간을 둔 동시에 일본 텍스타일 산업의 진보적 기술을 강력히 지지한 매력적인 창조물이었다. 미야케에게 플리츠는 소재의 표면 장식뿐만 아니라 기능적 의복을 향한 열망의 결과물이었다. 그는 처음에 스트레치 소재에 플리츠를 적용했다가 점차 면, 폴리에스테르, 트리코트 저지/tricot jersey/로 플리츠를 발전시켜나갔다. 그 결과 매년 새로운 컬러와 톤을 더한 플리츠 플리즈 프로젝트가 구현되었다. 플리츠 플리즈는 미야케의 단순한 디자인의 진수를 보여주었으며 가볍고 구김이 가지 않으면서도 세탁이 가능하고 합리적인 가격의 룩으로, 시각적인 경이로움과 실용성을 결합한 현대의 라이프 스타일에 적합한 것이었다. 플리츠 플리즈 시리즈는 '생활을 위한 의복'으로 약 10년 만에 전 세계 사람들에게 착용되었다.

패션 산업이 새로운 컬렉션의 도입을 요구할지라도 미야케는 매 시즌 새로운 발명에 대한 압박에서 벗어난다. 그의 플리츠 테크닉은 주름 잡기, 비틀기, 수축시키기 등 매년 조금씩 수정되지만 동시에 다양한 소재의 가능성들을 보이면서 디자인에 새로움을 부여한다.

미래를 위한 의복인 A-POC

1997년 이세이 미야케와 MDS팀의 구성원이자 텍스타일 디자이너인 다이 후지와라/Dai Fujiwara/는 A-POC, 즉 '1장의 천/A Piece of Cloth/'의 첫 글자를 따서 만든 말로, '시대/Epoch/'를 의미하는 단어의 유희를 보여주는 프로젝트를 선보인다. 미야케는 자신의 스튜디오를 세운 이후 줄곧 서구의 양재 기술에 의존하지 않고 1장의 천으로 의복을 창조하는 데에 관심을 가져왔고, A-POC은 소재의 낭비나 재단, 봉제과정 없이 천 1장으로부터 세탁이 가능한 실용적인 의복을 창조하려는 그의 오랜 염원을 실현한 것이었다. 이것은 새로운 의복의 생산과정-원자재로부터 기계의 사용과 착용자에 이르는 모든 방식-에 토대를 둔 또 하나의 도전이었다.

A-POC은 소비자가 의복을 재단할 수 있는 긴 튜브로 된 기계 니트 패턴 소재이다. 그것은 원래 양말 생산에서 사용하는 컴퓨터 프로그램에 의한 세로짜기/warp-knitting/ 기술을 적용한 것으로, 고급 스트레치사가 사용되어 분화된 튜브 천을 만드는데, 이것이 가위로 재단되어 풀리면 의복을 만들 수 있게 된다. 이 프로젝트의 목적은 남은 소재를 모두 사용하여 낭비를 최소화하는 것으로, 구매자들은 긴 튜브 저지 천을 이용해 모자, 장갑, 양말, 스커트, 드레스, 투피스 혹은 스리피스 등의 다양한 의복을 재단할 수 있게 된다. 또한 튜브 양면 사이의 연결과 구멍의 정교한 체계는 사용자들로 하여금 봉제선 없는 의복을 만들 수 있도록 허용한다. 이 봉제선 없는 연속체는 관례적인 테일러링의 한계를 넘어서서 이전보다 훨씬 더 몸의 형태에 가까워진 것이었다.

하나의 조각으로부터 사물을 창조하는 A-POC 프로젝트는 역사적으로도 테크놀로지에 대한 단순한 믿음 이상의 것이었다. 여기에서 컴퓨터 테크놀로지에 의해 기계는 인간의 창조력에 반응하는 융통성 있는 시스템이 되었으며, 사용자 측면에서도 상호작용의 요소를 통해 사용자 스스로 자신의 의복을 창조할 수 있는 자유를 부여한다. 이처럼 이세이 미야케와 다이 후지와라가 A-POC을 통해 보여준 미학은 디자이너, 기술, 사용자, 그리고 기타 혁신을 가져온 모든 참여자들이 공헌한 결과였다. 이들의 미학은 본연의 논리가 있으며 단순히 패셔너블한 것 이상을 제시한다. A-POC은 미래를 보여주며 이로 인해 사물의 본질로 돌아간다는 점에서 디자인 프로세스와 테크놀로지의 통합 가능성을 보여준다. 이로써 의복은 과학이 되며, 근본적으로 해부되고 재정의된다. 이세이 미야케와 다이 후지와라는 역사를 만든 인류와 의복의 총체적인 이미지로 작업했다. 그것은 경제적 생산 프로세스라는 사용자의 요구, 컴퓨터 테크놀로지를 통한 자원의 경제적 사용, 독특한 예술적 기록과 일상적인 의복을 조합한다. 동시에 이세이 미야케는 A-POC 프로젝트를 통해 '시대와 라이프 스타일을 반영한 의복'을 보여주고자 했다. 그는 실 하나가 최신 컴퓨터 기술을 사용한 기계로 들어가 재단과 봉제를 제거하는 방식으로 의복 제작체계에 근본적인 변화를 가져왔으며, 자원과 노동력을 절감할 뿐만 아니라 재활용 실을 사용해 환경보호와 자원보존에도 기여했다.

A-POC은 한 시대에서 다음 시대로 다양하게 변화하고 끊임없이 발전하는 콘셉트이다. 현

재의 다양한 변형은 고대의 근원적 지식과 보이지 않는 실로 연결되어 있으며, 이 점에서 최신 테크놀로지로부터 탄생한 실, 즉 A-POS/A Piece of String/은 고대 예술작품의 재료를 암시한다. 또한 A-POC 세계에서 기계는 A-POM/A Piece of Machine/으로, 그것이 직물을 만드는 과정에서 나타난 디지털 언어의 점들은 마치 신체의 유전자처럼 수많은 디지털 패턴으로 상업적으로 복제된다. 인간이 A-POS를 방적하고, A-POM을 움직이고, A-POC을 만들기 위해서는 이러한 생산과 사업 방식을 통제하기 위한 A-POE/A Person of Education/가 필요하며, 여기에는 또한 환경에 대한 관심도 나타난다.

이세이 미야케의 미학

미야케는 런던의 한 강연에서 "디자인은 상업과 혁신을 연결시킨다."라고 언급한 바 있다. 그의 디자인의 혁신은 괄목할 만하지만 그 발전은 지속적이다. 그의 작업에는 계속적으로 반복되는 어휘가 있으며, 플리츠와 같은 테마는 실용적인 일상복을 위한 해결책을 추구하면서 매년 발전해간다. 그는 혁신적인 발명을 통해 의복이 어떤 것으로부터도 만들어질 수 있다는 신조를 따르지만, 다른 한편으로는 기능적이고 편안하며 실용적인 의복에 대한 미학을 고수한다.

서로 반대 개념인 과거와 미래, 동양과 서양, 몸과 의복의 관계는 이세이 미야케의 작품을 통해 통합된다. 그의 혁신은 진공상태에서가 아닌 전통에 대한 인식에서 나오며 이것은 다시 새로운 테크놀로지와 결합한다. 그의 감각은 기본적으로 일본에 근간하고 있지만, 작업의 영감과 실천을 통한 결과물은 모두 국제적인 것이다. 따라서 그의 디자인을 통해 동서양의 문화와 역사의 경계는 사라지고 서로 맞닿게 된다.

이세이 미야케는 많은 이들로부터 디자이너를 넘어선 예술가로 간주되고 있다. 왜냐하면 미야케의 영향은 디자인계를 넘어서서 건축가와 심지어 철학자들의 논평을 이끌어내기도 하기 때문이다. 그의 작업은 박물관의 통제된 환경하에 설치되고 전시되지만, 동시에 그의 의복은 인간의 몸에서 활기를 얻어 움직일 때에야 비로소 완성된다. 그는 조각, 춤, 연극, 몸에 대한 시각으로부터 영감을 얻으며, 트렌드를 따르는 패션보다는 수공예적 근원에서 온 디자인을 제안한다.

"소재가 될 수 있는 것, 의복이 만들어질 수 있는 것의 경계는 없다. 어떤 것도 의복이 될 수 있다."는 말처럼, 미야케의 작업에는 어떠한 제약도 나타나지 않는다.

미야케의 컬래버레이션 작업

MIDS는 1970년 4월 도쿄에서 토모코 고무라/Tomoko Komura/의 도움으로 오픈했는데, 그는 이후로도 오랜 기간 미야케의 비즈니스 파트너가 되었다. 이처럼 미야케의 경력은 MDS와 더불어 끊임없는 컬래버레이션/collaboration/을 통해 구축되어 왔다. 텍스타일 디자이너 마키코 미나가와/Makiko Minagawa/는 MIDS 초기 시절부터 지속적으로 스튜디오와 연계된 지인들과 함께 미야케의 작업에서 중요한 역할을 했으며, 우미오 모리/Oomio Mohri/는 니트웨어와 무대 의상 디자인, 그리고 연극 프로젝트 개발에 관여했다. 고스케 츠무라/Kosuke Tsumura/는 자신의 라인, '케이젤레/K-Zelle/'뿐만 아니라 플랜테이션/Plantation/을 위해서도 디자인했으며, 아키라 오노즈카/Akira Onozuka/는 1970년대 후반부터 1980년대 후반까지 미야케의 보조 디자이너로 활동하다가 이제 자신의 라인, 주카/Zucca/를 운영하고 있다. 나오키 타키자와/Naoki Takizawa/는 테크놀로지의 사용 범위를 늘리고 새로운 제조기술을 위한 산업적 기반을 발견하여 1990년대부터 MDS에 새로운 방법을 도입했다. 카즈히로 도만/Kazuhiro Dohman/은 MDS와 다른 회사들 간의 협업을 시도하면서 가방이나 문구류에서부터 컴퓨터 소프트웨어에 이르기까지 현대적인 비즈니스를 위한 새로운 기술을 적용했다.

이러한 컬래버레이션 정신은 미야케가 스스로를 공적 존재로 생각하도록 만들었다. 이점에서 그는 "1980년대의 가장 치명적인 오류는 디자이너들이 스타가 되었다는 것이다. 디자인은 단순한 자아의 확장이 아니다. 디자인은 팀워크에 기반한 것이어야 한다. 나는 많은 사람들을 고용한다. 그리고 디자인은 커다란 책임감을 전달한다."라고 주장한다.

특히 1996년에서 1998년 사이 미야케는 그의 플리츠 플리즈/Pleats Please/ 라인의 프린트를 창조하기 위해 야스마사 모리무라/Yasumasa Morimura/, 아라키 노부요시/Araki Nobuyoshi/, 팀 호킨슨/Tim Hawkinson/, 카이 구어 치앙/Cai Guo Qiang/ 의 4명의 예술가들과 협업했다. 이와 같은 게스트 아티스트 시리즈/Guest artist series/는 플리츠 플리즈에 신선한 변화를 주기 위한 것이었다. 주로 그는 몸을 하나의 개념적 실체로 사용한 예술가들을 선정했으며, 그 결과 작품 속의 남성과 여성, 동양과 서양, 나체와 옷을 입은 몸의 이질적인 이미지들은 역사적인 예술, 현대 예술, 그리고 패션의 상호작용 속에서 결합되었다.

일본의 전통과 아방가르드 룩

이세이 미야케는 일본을 대표하는 세계적인 아방가르드 디자이너이자, 새로운 패션 트렌드의 아버지로 평가된다. 미야케는 의복의 관습을 재정의한 일인자로, 그의 패턴은 의복의 관례적 구조를 재구조화했다는 점에서 서구 스타일과는 매우 상이했다. 단순성은 미야케 의복의 주된 요소로, 그가 디자인한 의복은 착용자에 의해 다양한 방식으로 착용된다. 역사적으로 서구 여성복은 역사적으로 몸의 윤곽을 노출하도록 제작되지만, 미야케는 최소한의 디테일과 직선적이고 단순한 형태의 크고 느슨한 의복을 소개했다. 그는 이처럼 의복 구성의 관습뿐만 아니라 패션의 규범적 콘셉트에도 도전했는데, 이것은 일본의 아방가르드 관점과도 맞닿은 것이었다.

사실상 이세이 미야케의 디자인은 현대 일본의 암흑기에 근간한 것이다. 미야케의 창조성은 '1945년 8월의 히로시마'라는 역사의 그림자에서 벗어나지 않는다. 그의 이력 역시 명백하게 일본 국가의 회생과 결합한다. 미야케처럼 전쟁의 점령기/occupation/ 초에 어린 시절을 보낸 세대의 박탈감은 당시에 점증하던 창조성과 낙천주의적 세계관을 불러일으켰다. 미야케와 그의 동료들은 전쟁 전의 신조에서 벗어난 일본의 새로운 첫 세대들로, 이들은 일본의 문화적 편협성을 뒤집었다. 동시에 점령기의 일본에서는 1950년대 미국 문화에 대한 문호 개방이 이루어졌는데, 미야케에게 그것은 번영기의 영광스럽고 자신감에 찬 미국에 대한 상을 제시했다. 그리고 그의 패션은 바로 그러한 문화의 언어였다. 점령기의 미국화 경향은 점차 새로운 모더니티와 함께 토속적인 것과 서구적인 전통을 모두 수용하는 독립적인 일본 문화의 발전 가능성을 보여주었다.

1980년대 초 파리는 하나에 모리/Hanae Mori/, 겐조 다카다/Dakada Kenzo/와 더불어 당시에 영향력을 보이면서 관습에 도전하는 일본 디자이너 3명인 이세이 미야케, 꼼 데 가르송/Comme des Garçons/의 레이 카와쿠보/Rei Kawakubo/, 요지 야마모토/Yohji Yamamoto/의 출현으로 이미 일본의 문화적 기류에 친숙해져 있었다. 이들은 아방가르드 디자인의 추구와 더불어 일본 텍스타일 산업과 긴밀히 협업한다는 점에서 공통적인 작업 방식을 보여주었다. 일본은 수세기 동안 풍부한 텍스타일 전통을 유지해왔으며, 1800년대 말 소재 생산은 일본의 가장 큰 산업 중 하나였다. 따라서 일본 패션은 놀랍도록 다양한 소재를 생산하는 직물 제조 시스템에 의해 번성할 수 있었다. 일본에서 폴리에스테르 실험은 특히 산업적으로 생산된 직물의 발전과 함께 패션 분야에서 특히 중요했는데, 이세이 미야케와 마키코 미나가와의 플리츠 플리즈/Pleats Please/ 컬렉션에 촉매가 되었던 것은 다름 아닌 가볍고 관리가 쉬운 스트레치 폴리에스테르 소재의 발견이었다.

일본 패션은 19세기 중반 서구 문호 개방한 이후 유럽 시장에 나타난 일본 장신구들의 범람 이후부터 서구문화에 영향을 끼치기 시작했다. 19세기 중반부터 20세기 초까지 나타난 자포니즘/Japonisme/은 기본적인 일본 미학에 대한 서구의 동화로 정의될 수 있는데, 이는 1800년대 후반부에 건축, 회화, 장식미술뿐만 아니라 패션에도 영향을 미쳐 일본풍 모티프들과 일본에서 수입된 소재들이 나타나기 시작했다. 그리고 1980년대의 일본 패션은 미니멀리즘과 함께 '와비사비/wabi-sabi, 미완성과 무상함에서 온 일본의 미학/'에서 영감을 받은 디자이너들에게 영향을 주었다.

21세기에 그것은 '카와이/kawaii, 일본 문화의 맥락에서 귀여운 것임/' 디자인과 함께 새로운 관심을 끌고 있으며, 불확실성의 시대에 새롭고 혁신적인 스타일과 디자인을 선보인다. 또한 기술적으로 진보된 소재의 사용, 기술과 재능, 실험과 혁신에 대한 관심은 일본 패션의 주된 특징을 이룬다. 일본 패션은 시즌별 트렌드를 회피하며 패션계의 일시적이며 주기적인 성질을 초월한다. 이세이 미야케의 작업은 이러한 일본의 전통과 아방가르드를 제시하는 독자적인 스타일로 오늘날까지 유지됨과 동시에 항상 새롭고 흥미로운 혁신을 창조한다.

미야케의 역사적 위치

이세이 미야케는 패션 역사에서 그를 언급하지 않을 수 없을 정도로 패션계에 커다란 공헌을 했다. 1999년 그는 파리 패션계에서 은퇴했고, 이후 그의 브랜드 이세이 미야케는 나오키 타키자와/Naoki Takizawa/를 거쳐 다이 후지와라/dai fujiwara/가 이어나가고 있다. 또한 요시키 히시누마/Yoshiki Hishinuma/와 주카/Zucca/의 아키라 오노즈카/Akira Onozuka/와 같은 미야케의 문하에서 패션을 공부한 많은 디자이너들이 지금은 파리 컬렉션에 진출하고 있다.

61 이세이 미야케 정신을 계승한 다이 후지와라의 디자인(2014 F/W)
이세이 미야케의 건축적 디자인을 연상시킨다.

모든 관습은 그것과 더불어 미학을 전달한다. 따라서 관습에 대한 공격은 그것과 관련된 미/美/에 대한 공격을 의미한다. 미야케는 패션에 대한 서구의 관습을 깨뜨리면서 미에 대한 새로운 스타일을 정의했다. 그것은 비단 서구 미학에 대한 것뿐만 아니라 패션에 고착된 계층화 체계, 즉 프랑스 중심의 헤게모니에 대한 공격으로도 간주될 수 있는 것이었다. 미야케는 모순을 창조하며 경계를 파괴한다. 이는 동양과 서양 간에 존재하는 것뿐만 아니라 패션과 디자인 세계의 구분에도 존재한다. 미야케의 전통과 현대에 대한 취향은 그가 창조적이고 기술적인 가능성을 채택함에 따라 매번 거듭난다. 미야케는 기술을 통해 전통을 현대적으로 재해석하면서 새로운 기술이 어떤 식으로 전통을 보존하는 수단이 되는지를 설명해준다.

미야케의 '미완의, 무관심성의 미'라는 첨단의 콘셉트는 오늘날의 패션에 커다란 영향을 미쳤다. 미야케는 "나는 패셔너블한 미를 창조하지 않는다. 삶에 근간한 스타일을 창조한다."라고 언급한 바 있다. 그는 패션의 경계를 확장하고 대칭적 의복을 변형하며 의복이 몸의 형태와 움직임에 반응하도록 함으로써 의복과 패션에 대한 이전의 모든 정의들을 파괴했다. 그의 콘셉트는 의심의 여지없이 독창적인 것이었다. 따라서 패션 시스템에서 '재패니즈 룩/Japanese look/'의 기초를 닦은 사람은 바로 이세이 미야케라고 해도 과언이 아닐 것이다.

Jean Paul Gaultier
장 폴 고티에 1952~

"내게 가장 흥미로운 것은 옷을 잘 못 입은 사람들이다."

*장 폴 고티에*는 프랑스 태생으로 다른 디자이너들처럼 공식적으로 학교에서 디자인 교육을 받은 적은 없었지만, 그의 재능을 알아본 피에르 가르뎅에 의해 18세에 패션계에 입문했다. 피에르 가르뎅은 1970년 고티에가 보낸 스케치를 보고 그를 조수로 고용했고, 고티에는 피에르 가르뎅, 자크 에스테렐/Jacques Esterel/, 장 파투/Jean Patou/ 등의 쿠튀르 하우스를 거쳤다. 그는 쿠튀르에서 일하는 동안 흠잡을 데 없는 재단법과 테크닉을 갈고 닦을 수 있었지만, 한편으로는 변화를 갈망하는 젊은 디자이너에게 전통적인 프랑스 디자인은 너무 조용하고 지루했다. 1978년 첫 의상 컬렉션을 선보인 이래, 고티에는 쿠튀르와 프레타포르테 여성복, 남성복, 주니어, 향수 등으로 점차 라인을 확장해나갔고, 진, 안경 등 라이선스 사업으로도 확대했다. 1980년대 내내 '프랑스 패션계의 악동/the enfant terrible of French fashion/'이라는 별명을 얻었으며, 늘 뉴스거리를 몰고 다니는 디자인을 선보였다.

피에르 가르뎅이 고티에의 재능을 알아본 것은 우연이 아니었다. 두 디자이너는 살아온 시대는 달랐지만, 관습적인 디자인을 거부하고 재미가 넘치는 컬렉션으로 유명한 패션계의 전위부대였다. 하지만 피에르 가르뎅의 디자인이 과거와의 단절을 통한 미래주의적 디자인을 꿈꾸었던 반면, 고티에는 과거의 유산이나 고전적인 디자인을 재료로 삼아 자신만의 미학으로 새로움을 창조했다. 고티에 디자인의 대표인 코르셋 패션이나 브레통 피셔맨 스웨터/Breton fisherman sweater/를 비롯하여 그의 컬렉션에서는 기존에 있던 것이 디자이너에 의해 새로운 의미를 부여받아 전혀 다른 패션 사례가 된 것을 많이 찾아볼 수 있다.

고티에는 "나는 프랑스보다 영국에서 더 편하다."라고 말했을 정도로 런던을 흠모하는 파리지엥이었고, 그것은 디자인에 그대로 나타났다. 흔히 파리지엥의 이미지는 무심한 듯 고상하고 진중한 말투인데 반해, 고티에의 얼굴에는 늘 감정이 넘쳤고 좋은 것에는 최상급을 사용하여 증폭해서 말했다. 그는 이것을 영국에서만 찾을 수 있는 특유의 유머와 연결시켜 설명했다. 또한 영국인 특유의 유머가 그들의 옷차림에 나타난다고 했다.

고티에는 "영국인들은 자신을 우습게 보이도록 연출하는 반면, 프랑스인들은 언제나 심각하고 세련되며 관례에 맞추려 한다."라고 말했는데, 이는 영국인들의 혁신성과 유연성이 그의 전위적인 패션 철학에 깊은 영향을 준 것을 의미했다. 고티에의 디자인은 런던의 펑크 룩처럼 파격적인 형태를 보여주고, 과감한 노출과 메이크업, 의외의 무대 연출로 충격을 주지만, 그가 즐겨 사용하는 색채인 아이보리, 새먼 핑크/salmon pink, 연어 살색처럼 주황기가 도는 연한 분홍색/ 등을 살펴보면 고채도의 원색은 피하는 세련된 프랑스 문화가 살아 있음을 알 수 있다.

62 패션쇼 피날레를 장식한 란제리 룩 (2010 F/W)
벌레스크(Burlesque, 통속적 희가극의 일종)의 부활을 가져온 배우이자 댄서인 디타 본 티즈(Dita Von Teese)가 모델로 등장했다.

사회적으로 정의된 여성성을 가지고 놀기

패션 역사학자 발레리 스틸/Valerie Steele/은 장 폴 고티에가 패션계에 남긴 가장 큰 영향은 사회적으로 정의된 여성과 남성, 성의 정체성/gender, sexuality/ 개념을 가지고 디자인했다는 점이라고 말했다. 고티에는 패션 디자인을 통해 여성, 남성에 대한 새로운 정의를 시도하거나, 양성간의 코드를 의도적으로 혼합시켰다.

대표적인 것이 마돈나의 원추형 브래지어/cone bra/이다. 전 세계적인 센세이션을 일으켰던 이 의상은 마돈나의 1990년 '블론드 앰비션/Blonde Ambition/' 월드 투어를 위해 고티에가 디자인했다. 원추 모양으로 가슴을 강조한 코르셋 형태의 겉옷을 마돈나와 백댄서들이 함께 입었다.

63 장 폴 고티에가 디자인한 원추형 브래지어(1990)

이후에도 이 코르셋 룩과 돌출된 가슴 디자인은 고티에 컬렉션의 단골 소재가 되었다.

그가 만든 코르셋은 여성성을 과장되게 표현한 것으로 페미니즘 운동가들에게 억압의 상징이라는 비난을 받았다. 하지만, 그는 어렸을 적 할머니가 뷔스티에/bustier, 가슴을 올리기 위해 몸통을 조이도록 만든 속옷/를 입는 것을 도와줄 때, 텔레비전에서 폴리 베르제르/Folies Bergère, 1869년에 만들어진 파리의 뮤직홀/의 여성 댄서들이 입은 뷔스티에를 봤을 때를 떠올리고, 강한 여성의 상징으로 코르셋을 해석했다고 한다. 실제로 19세기 초, 기마병의 자세를 꼿꼿이 세워 안정성을 높이기 위해 남성들이 코르셋을 입기도 했는데, 코르셋은 허리를 무조건 조여서 가늘게 만들고자 만든 것이 아니라 적당히 조이면 자세가 교정되면서 체형이 보정되는 효과를 노린 것이었다.

고티에의 코르셋은 속옷을 겉옷으로 입는 발상의 전환을 시도했을 뿐만 아니라, '여성성 = 나약함'이라는 등식을 깨고 강한 여성, 남근 숭배적인 여성의 이미지를 창조했다. 이런 성적으로 강력한 여성의 이미지는 1980년대부터 대두된 여권 신장의 사회적 배경을 바탕으로 마돈나와 장 폴 고티에가 함께 만들어낸 합작품이었다. 마돈나는 무대에서 근육으로 단련된 몸에 고티에의 섹시한 의상을 입고, 20세기 대중문화에서 카리스마 있는 여전사의 모습을 구현했다. 이 속옷을 겉옷으로 입은 섹시한 옷차림은 마돈나 이후 레이디 가가 같은 카리스마 있는 여성 가수들이 입는 무대 의상의 전형이 되었다.

사회적으로 정의된 남성성을 가지고 놀기

고티에는 남성복에도 혁신적인 실험을 했다. 그는 의상을 만드는 소재에는 남녀의 구분이 없는데도 완성된 의상의 일부 품목에 엄격한 성 구별이 있음을 인식했다. 남성복에서 치마는 스코틀랜드의 킬트/kilt/나 옛 일본의 사무라이들이 착용했던 치마 형태의 복식이 있었지만 지극히 제한적인 것이 사실이다. 고티에는 미디에서 맥시에 이르는 다양한 길이의 남성용 치마를 런웨이에 선보였고, 자신도 공식적인 자리에서 치마를 즐겨 입었다.

고티에의 남성용 스커트는 1985년 출시된 한 시즌에만 3,000벌이 넘게 팔려나갔다. 치마를 입은 남성들은 파리의 식당에서 웨이터가 입은 긴 앞치마를 연상시키는 모습이었고 오히려 남성성을 더욱 드러나게 연출했다. 스커트는 격식 있는 재킷, 두꺼운 양말이나 부츠와 함께 착용했으며, 사람들의 예상과는 다르게 남성성을 입증할 필요가 없는 이성애자들이 선호했다.

64 브르타뉴 지방 어부의 옷을 재해석한 브레통 피셔맨 스웨터(2006 S/S)
브레통 피셔맨 스웨터는 여성복과 아동복으로도 다양하게 변주되었다.

고티에가 즐겨 사용하는 레퍼토리 중의 또 하나는 브레통 피셔맨 스웨터/Breton fisherman sweater/이다. 본인도 즐겨 입었던 이 디자인은 흰색 바탕에 파란색 가로 줄무늬가 있는 스웨터였다. 지금은 마린 룩/marine look/이나 노티컬 룩/nautical look, 피코트와 스트라이프 티셔츠, 세일러팬츠 등 선원 복장에서 비롯된 의상/으로 알려진 스타일의 일부인데, 고티에는 이 중 프랑스 브르타뉴/Breton/ 지방 어부의 스웨터를 재해석했다. 브레통 피셔맨 스웨터는 섹시한 남성을 표현했으며, 여성복, 아동복의 디자인으로도 재해석되었다.

거리문화를 쿠튀르로 끌어들인 디자이너

고티에는 자신의 디자인이 원래는 파리 여인들에게서 영감을 받았으나, 후에 보이 조지/Boy George/ 같은 런던 팝음악의 기이함, 생명력, 펑크에서 영향을 받았다고 말했다. 그에게 거리는 언제나 영감의 원천이었으며, 기존 쿠튀리에들이 사용하지 않던 것들을 영감의 원천으로 삼아 새로운 것을 시도했다.

고티에는 어느 날 고양이 밥을 주려고 깡통을 열다가 깡통의 위와 아래 부분을 잘라내면

65 패션쇼 무대에 선 가수 베스 디토(2011 S/S)
고티에는 다양한 사이즈의 보통 사람들을 런웨이에 등장시켰다.

너비가 넓은 아프리카의 전통 팔찌를 닮았다고 생각했다. 그래서 고티에는 깡통을 잘라서 은도금을 입힌 후 자신의 컬렉션에 사용했다. 또 비닐, 라텍스, 신축성 있는 튤/tulle, 망사 소재/, 각종 주방 기구와 같은 하이패션에 어울리지 않은 소재들을 창의적으로 사용했다.

고티에는 처음으로 보통 사람을 런웨이에 세운 디자이너 중 한 사람이었다. 사이즈가 다양한 여성과 남성, 백발 노인, 온 몸에 문신을 새긴 사람 등 아주 평범한 사람들을 모델로 썼다. 새로운 아름다움을 정의하는 고티에의 도전은 소재나 인물뿐만 아니라 디자인의 주제에서도 지속되었다. 펑크 룩의 새로운 해석을 하거나, 얼굴까지 다 감싸는 보디슈트 위에 옷을 입힌다거나, 피부를 연상시키는 옷 위에 정맥과 동맥을 그린 후 그 위에 옷을 입혀 착시를 일으키거나, 근육과 혈액의 흐름이 다 노출되도록 인체의 겉과 속을 뒤집는 디자인 등 성 정체성에의 도전 이외에도 오늘날까지 다양한 디자인을 시도하고 있다. 1994년에는 몽골 등 아시아 지역의 문화

66 2011년 몬트리올 예술 박물관에 전시된 겉과 속을 전도시킨 테마의 디자인

67 더블브레스트 블레이저와 타투 문양의 보디스타킹(2012 S/S)

를 해석한 에스닉 룩을 선보였고, 뤽 베송 감독의 영화 '제5원소/The Fifth Element, 1997/' 등 상상력을 자극하는 영화들의 의상을 제작하기도 했다.

고티에의 이런 시도들이 늘 호의적으로 받아들여진 것은 아니었다. 특히 1993년 '멋진 랍비들/Chic Rabbis/' 컬렉션은 사회적 논쟁을 일으켰다. 고티에는 하시디즘/Hasidism, 대단히 엄격한 유대교의 한 형태/적인 전통 의복에 대한 헌정이라고 밝혔지만, 그것은 패션의 소재일뿐 정통성이 결여되었다며 강렬한 반발이 일어났다. 또한, 2012년 봄·여름 쿠튀르 컬렉션은 알코올 중독으로 사망한 영국 가수 에이미 와인하우스/Amy Winehouse/에게 헌정했지만, 가족과 팬들은 와인하우스를 꼭 닮은 헤어스타일과 메이크업을 한 모델들이 상업적인 쇼에 올라간 것을 보고 유감스러워 했다.

68 극적인 무대 퍼포먼스를 선보이는 배우 디타 본 디즈 (2014 S/S)

발레리 스틸은 ≪패션의 역사≫에서 고티에의 공로는 여성을 인형같이 꾸미는 모더니즘적인 아름다움과 결별하고, 이전의 추하고 속되며 관습에 거스른다고 여기던 것들로 새로운 아름다움을 창조한 것이라고 했다. 고티에의 패션은 갖가지 재료를 가지고 만드는 어른들의 놀이이며, 일상성에서 아름다움을 구축했다. 그의 쾌활함은 2011년 몬트리올 예술 박물관/Montreal Museum of Fine Arts/의 전시회 개막 전야제 행사에서 잘 나타났다. 그는 몬트리올 거리에서 요란하게, 요정, 캉캉, 힙합 댄서, 모델들과 행진했고, 행인들과 사진을 찍으면서 축제를 즐겼다. 구경꾼들에게 선원 모자를 나눠주고, 함께 나온 개들이 그 모자를 쓰고 뛰어다니며, 에펠탑과 콘브라 모양의 거대 풍선이 둥실둥실 떠다니는 광경에서는 그의 패션 미학을 발견할 수 있다.

마돈나의 콘 브라

마돈나의 콘 브라/Cone Bra/는 원추형 브래지어가 달린 코르셋을 겉옷으로 입은 것으로, 1990년 '블론드 앰비션/Blonde Ambition/ 월드 투어'를 위해 장 폴 고티에가 디자인했다. 팝음악계와 패션계의 가장 의미 있는 만남 중의 하나인 고티에와 마돈나의 파트너십은 마돈나에게는 도전적이고 섹시하면서도 강력한 여성성을 부여하고, 고티에는 성 정체성의 전도를 꾀하고 여성성을 재정의한 전위성을 완성함을 의미했다. 1983년 데뷔한 마돈나는 약하고 인형 같은 여성의 아름다움 대신 자신감이 넘치고 남성을 선도하는 강한 카리스마가 있는 여성성을 구축해 나갔고, 1990년 월드 투어에서, 그해 발표한 〈보그/Vogue/〉 뮤직 비디오에서 고티에가 디자인한 콘 브라 스타일의 의상을 입었다. 고티에는 마돈나를 가리켜 아메리칸 드림, 미국적 프로의식, 미국적 완벽성, 미국적 집착, 미국적 비즈니스 야망을 상징하지만 전 세계에 열려 있다고 묘사했다.

마돈나를 위한 콘 브라는 그가 처음 만든 것은 아니었다. 그는 7세 때 가지고 놀던 테디 베어에 콘 모양 브래지어를 만들어 붙였다. 어렸을 적부터 성향이 남달랐던 고티에는 밖에서 친구들과 어울려 놀기보다는 집에서 스케치를 하며 노는 것을 즐겼고, 할머니와 많은 시간을 보냈다. 고티에의 디자인은 비비안 웨스트우드가 18세기 코르셋을 재해석한 것과는 달리 원형으로 박음선을 넣은 1950년대 토르피도/torpedo/ 스타일을 재해석한 것이었다/Valerie Steele, Loriot, 2011 인용/. 고티에 란제리 룩은 비교적 근래인 1930~1960년 사이에 유행했던 코르셋, 거들, 브래지어 등의 품목에서 영감을 받았다.

겉옷으로 입는 브래지어와 코르셋 스타일의 작품들은 고티에 디자인 인생에서 주요 레퍼토리가 되었다. 콘 브라를 비롯하여 성적으로 도전적이고 강한 이미지의 마돈나 무대 의상은 이후 레이디 가가 같은 팝음악 여전사들의 무대 의상과 무대 연출에서 강한 영향을 미쳤다. 그러나 코르셋의 부활은 여성 인체의 억압한다고 해서 페미니즘 운동가들에게 강렬한 비난의 대상이 되기도 했다. 또한 마돈나가 초기에 보여주었던 여성 해방적 메시지가 후반으로 가면서 퇴색했다고 보는 의견도 있고, 반대로 여성성의 새로운 정의로 해석하는 등 다양한 해석과 사회적 논쟁을 낳았다.

가수 마돈나가 1990년 블론드 앰비션 월드 투어에서 입은 콘 브라의 스케치

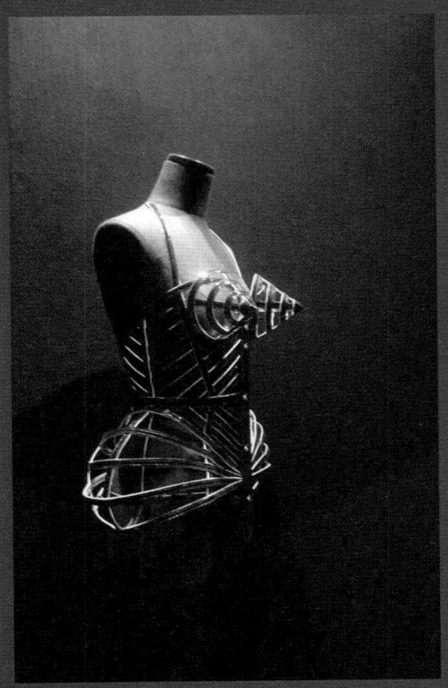

마돈나가 2012년 투어에서 입은 장 폴 고티에의 콘 브라

Christian Lacroix

크리스티앙 라크루아 1951~

"오트 쿠튀르는 재미있고 유치하고 거의 입을 수 없는 것들이어야 한다. 그것은 입기 위해 존재하는 것이 아니라 한번쯤 신데렐라가 되고 싶은 여성들의 꿈을 위해 존재하는 것이며, 이것이 쿠튀리에들이 계승해야 하는 사명이다."

*크리스티앙 라크루아*는 기성복이 아닌 오트 쿠튀르로 데뷔하여 자신만의 독창적인 디자인 콘셉트를 바탕으로 1980년대 패션을 전혀 새로운 방향으로 이끌었던 디자이너였다. 그는 풍부한 창조성을 바탕으로 오트 쿠튀르 무대에서 인정받았으며, 패션쇼를 하나의 종합예술작품으로 승화시켰다. '쿠튀르는 언제나 쿠튀르일 것이다.'라는 신념하에 스타일과 소재, 무늬의 색다른 조합을 통해 창조적 상상력의 힘을 보여주었던 진정한 쿠튀리에였다.

예술사를 전공한 큐레이터 지망생

1951년 프랑스 아를/Arles/의 부유한 엔지니어 집안에서 출생한 라크루아는 유년 시절 다락방에 처박혀 어머니의 오래된 패션 잡지를 보며 시간을 보내던 조용한 소년이었다. 그림 그리는 것을 좋아했던 그는 작은 극장과 집시들이 많고 축제가 자주 열렸던 프로방스 지역 가까이에 살면서 자연스럽게 음악과 연극, 극장에 대한 열정을 갖게 되었다. 아마추어 배우들의 연례 공연을 보거나 아동극 등을 구경하면서 무대 의상을 스케치하는 것이 취미였으며, 때로는 스스로 새로운 디자인을 고안하기도 했다.

청년이 된 라크루아는 몽펠리에대학교/Montpellier University/에서 예술사를 전공한 뒤, 파리 소르본느대학교/Sorbonne University/와 에꼴 드 루브르/Ecole de Louvre/에서 박물관학을 전공하며 17세기 회화에 나타난 복식을 주제로 논문을 준비하던 중, 친구/훗날 그의 아내가 되었음/의 권유로 칼 라거펠드, 피에르 베르게/Pierre Berge/, 안젤로 탈라치/Angelo Tarlazzi/ 등 패션계 인사들에게 평소 그려두었던 디자인 스케치들을 선보일 기회를 얻게 되면서 패션계의 문을 처음으로 두드렸다.

1978년 라크루아는 친구이자 훗날 비즈니스 파트너가 되었던 장 자크 피카드/Jean Jacques Picard/의 소개로 에르메스/Hermes/ 디자인팀에 들어가게 되었다. 그는 1년 후, 클로에 하우스/House of Chloe/로 옮겨 기 폴랭/Guy Paulin/의 보조 디자이너로 2년간 일했고, 1981년에 장 파투/Jean patou/ 패션 하우스에 들어갔다. 이후 5년간 장 파투의 수석 디자이너이자, 오트 쿠튀르 책임자로 화려한 색감과 독창적인 디자인을 선보이며 점차 패션계에 이름을 알리게 되었다.

1987년 라크루아는 LVMH 그룹의 베르나르 아르노/Bernard Amoult/의 지원을 받아 자신의 쿠튀르 하우스를 오픈했다. 그해 7월, 자신의 이름을 내건 첫 번째 오트 쿠튀르 컬렉션을 발표했고, 1988년 3월부터는 기성복 라인을 시작했다. 이듬해에는 액세서리 라인을 출시했고, 1990년에는 향수 '세라비'를 발표했다. 1991년 몽텐느 거리에 매장을 열었고, 이후 아비뇽, 런던, 뉴욕, 일본 등에 차례로 매장을 오픈했다. 그는 1986년과 1988년 2회에 걸쳐 패션계의 가장 권위 있는 상인 황금 골무상/D'ed' Or: the golden thimble/을 수상했고, 1987년에는 오트 쿠튀르 컬렉션에 데뷔하고 뉴욕의 CFDA에서 수여하는 가장 영향력 있는 디자이너상을 수상하는 등 재능을 인정받으며 성장했다.

과거의 것에서 영감을 얻는 역사주의 패션

라크루아는 "나는 지난 300여 년의 시간을 거슬러 올라가는 여행을 통해 지나간 세기의 패션을 재활용하고 있는 거장이다/50 Fashion Designers you should know, p.113/."라고 스스로 이야기할 만큼 역사적인 것에서 많은 영감을 얻었다. 또한 "나는 타임머신을 타고 과거로 돌아갈 수 있기를 언제나 소망한다. 그것은 클레오파트라나 마리 앙투아네트 같은 대단한 사람들을 보기 위해서는 아니다. 그저 과거의 보통 사람들을 만나 그들의 이야기를 들으며, 디자인 아이디어와 장식적 센스를 얻어오고 싶기 때문이다/Couture in the 21st century, p.60/."라고 말하며 과거의 전통적인 것에 대한 애정을 표현하곤 했다.

역사주의란 패션의 포스트모던적인 특성으로 언급되는 개념으로 과거의 형태를 출발점으로 하여, 역사적 재질과 새로운 재질과의 혼합, 장식성의 가미 등을 통해 시대적 절충으로 표현되는 것을 말한다. 즉 시대적 양식의 절충적인 융합으로, 한 스타일 안에 여러 시대가 동시

69 버섯 모양으로 부풀린 르 푸프 스커트를 재현한 드레스(2008 S/S)

에 재현되어 궁극적으로는 현대적인 디자인을 보여주는 것이라고 할 수 있다. 라크루아는 과거 17세기의 복식을 연구했던 학문적 바탕에 근거를 두고, 과거의 복식 형태를 단순히 모방하거나 재현하는 것이 아닌 현대성과 조화를 이룬 독창적인 디자인으로 발전시켰다.

라크루아는 장 파투의 컬렉션을 진행하던 때부터 역사주의적인 성향을 보였다. 그는 1985~1986년의 컬렉션에서 18세기 패션에서 영감을 얻은 실크 타프타 소재의 드레스나 '퍼프 볼/puff-ball/ 혹은 '르 푸프/le pouf/'라고 불린 부풀린 스커트, 19세기의 과장된 퍼프 슬리브의 이브닝드레스 등을 발표하며 침체되었던 오트 쿠튀르에 활기를 불어 넣었다.

1987년 7월 열린 첫 오트 쿠튀르 컬렉션에서는 유년 시절과 프로방스 지역에 대한 그의 사랑이 영감의 출처가 되었으며, 다양한 이미지의 전통 의상과 강렬한 색채를 과감하게 조합하여 크리스티앙 디오르와 이브 생 로랑 이후 가장 혁신적인 오트 쿠튀르쇼로 평가 받을 만큼 컬러풀하고 극적인 컬렉션을 만들어내었다. 몇 번의 컬렉션을 거치며, 금사로 장식한 검은색 벨벳 소재의 조끼와 '르 푸프/le pouf/'라는 버섯 모양으로 부풀린 짧은 스커트는 그의 트레이드마크가 되었다.

라크루아가 가장 많이 차용했던 역사적인 요소는 '코르셋'이었다. 타이트하게 조인 허리선과 깊게 판 데콜테/décolleté/의 코르셋은 속옷이 아닌 겉옷이 되어 화려한 색채와 호화로운 자수, 보석 장식으로 쿠튀르적 감성을 표출했다. 코르셋 외에도 16세기 스타일의 레이스 장식 페티코트가 달린 뷔스티에 드레스와 레이스 재킷을 매치하거나, 크리놀린 스커트, 투우사를 위

70 르 푸프 스커트를 새롭게 해석한 드레스(2009 S/S)

한 볼레로, 엠파이어 드레스와 스펜서 재킷, 버슬 드레스와 숄 등 과거로부터 가져온 형태에 구슬, 태슬, 브레이드, 조화, 민속적인 프린트, 금 자수에 이르는 다양한 장식과 컬러를 믹스했다. 스트라이프와 체크, 레이스, 트위드, 브로캐이드와 반짝이는 광택의 실크, 벨벳 등 역사 속의 소재와 현대적인 소재가 어우러지며 역사적인 복식에 끊임없이 현대성을 부여했다.

서로 다른 요소를 혼합하는 패션계 최고의 장식 예술가

라크루아가 장 파투 하우스에서 컬렉션을 진행하던 1980년대 초반의 파리 패션계는 검은색을 주조로 미니멀하면서 개념적인 패션을 선보이던 요지 야마모토, 꼼 데 가르송과 같은 일본 디자이너들에게 찬사를 보내던 중이었다. 이 시기에 화려한 소재와 패턴의 조합을 내세운 라크루아의 디자인은 패션의 포스트모더니즘적 특성을 유감없이 발휘하며 패션계의 주목을 받기에 충분했다.

라크루아는 서로 대립되는 시공간, 서로 다른 지역과 문화의 복합적인 이미지와 스타일을 절충했으며, 이를 위해 화려한 장식적 표현을 애용했다. 그는 의상 한 벌에 자수, 패치워크, 모피, 레이스, 프린트를 혼합하며 독특한 화려함을 창조했다. 바로크 양식과 투우, 프로방스 스타일, 집시 스타일, 그 외 종교적인 상상의 조합은 파워 슈트와 미니멀리즘에 식상한 현대인들에게 색채와 형태의 풍요로움을 느끼게 해주었다. 그는 모든 강렬한 색채를 과감하게 조합했는데, 오렌지, 진홍색/scarlet/, 자홍색/fuchsia/, 바이올렛, 퍼플, 밝은 노란색과 레이스, 자수, 장

71 화려한 드레스를 입은 모델과 라크루아(2002 F/W)
모델은 화려한 색채와 호화로운 금빛 자수, 레이스와 보석이 장식된 드레스를 입고 런웨이를 걷고 있다.

식 단, 진주, 골드 장식 등을 함께 사용하여 황홀감을 더욱 증가시켰다.

라크루아의 작품들은 마치 무대 의상과도 같았는데, 그 중에서도 웨딩드레스는 쿠튀르쇼의 클라이맥스를 장식하는 동시에, 꾸준하게 성공적인 평가를 받은 아이템 중 하나였다. 라크루아는 섬세한 순백의 옷감에 골드와 블루톤을 첨가한 컬러풀한 자수, 색색의 리본들을 장식했으며, 극도로 풍성하고 호화스러운 머리 장식, 드라마틱한 분위기의 베일을 더하여 앙상블로 발표했다. 그의 신부들은 비슷비슷하거나 심플하기만 한 드레스를 입지 않았고, 중세의 공주풍을 답습하지도 않았으며, 오히려 붉은색의 모자와 같이 세련되고 과감한 장식을 통해 하나의 패셔너블한 룩을 연출했다. 2009년 봄·여름 컬렉션에서 보여준 그의 마지막 웨딩드레스는 마치 머리 뒤에 드리워지는 후광과도 같은 금박을 입힌 머리 장식을 통해 '희망'을 상징화했다.

진정한 쿠튀리에의 파산과 이후 동향

라크루아는 수많은 디자이너 하우스들이 오트 쿠튀르 라인을 포기하는 상황에서도 22년 동안 오트 쿠튀르와 프레타포르테 무대를 지켜왔지만 2008년경 부채가 약 1,300만 달러에 이르면서 위기를 맞았고 2009년 결국 파산했다. 풍성하고 화려하며, 서정적이며 예술적인 패션에 대한 찬사 뒤에는 마켓의 무관심이 존재해 왔으며, 22년 동안 한 번도 흑자를 낸 적이 없었다는 사실도 공개되었다. 더불어 다른 많은 디자이너들처럼 기성복과 스포츠웨어를 만들었지만 그 역시 수익이 크게 나지는 않았다.

파산 이후, 그는 "나는 무대 의상 디자인을 즐기고 있다. 얼마 전에는 베를린 오페라 하우스에서 시작한 헨델의 공연 의상을 작업했다. 감독은 내게, 보다 현대적인 무대 의상을 요구했고, 몇몇 관객들은 의상 구입을 문의해오기도 했다. 의상을 판매하지 않을 이유는 없다. 그래서 나는 무대 의상 디자인을 더욱 열심히 하고 싶고, 하고 있으며, 그것은 내게 쿠튀르에서 경험한 감정을 안겨주고 있다……. 물론, 나는 쿠튀르가 그립다. 그러나 그것은 마치 외과 수술을 받은 것 같은 감정이다. 다리를 잘라내었지만, 여전히 다리가 있다고 믿는…….**/Couture in the 21st century, p.60/**"이라고 언급했다.

라크루아는 지금도 컬래버레이션 혹은 개인적인 디자인 작업을 계속하고 있으며, 무대 의상과 오페라 프로젝트를 지속적으로 진행하고 있다. 하우스의 파산으로 그는 '무너진 황태자'에 비견되기도 했으나, 그의 재능까지 무너진 것은 아니었다. 비록 그의 쿠튀르 무대를 더 이상 볼 수 없게 되었지만, 크리스티앙 라크루아는 여전히 위대한 쿠튀리에 중 한 명으로 평가받고 있다.

72 라크루아의 진면모를 드러내는 웨딩드레스(2009 F/W)
패션쇼의 클라이맥스를 장식했던 웨딩드레스는 패션계 최고의 장식예술가인 라크루아의 진면모를 드러냈다.

라크루아의 역사주의

역사주의란 패션의 포스트모던적 특성으로 언급되는 개념으로, 과거의 형태를 출발점으로 삼아 역사적 재질과 새로운 재질과의 혼합, 장식성의 가미 등을 통해 시대적 절충으로 표현되는 것을 말한다. 즉, 역사에 대한 충실한 재현이라기보다는 역사적 요소의 도입과 시대적 양식의 절충적인 융합으로, 한 스타일 안에 여러 시대가 동시에 재현되며, 이미지의 차용과 재해석으로 표현되는 새로운 역사주의라고 할 수 있다. ≪20세기 패션 아이콘≫의 저자 제르다 북스바움/Gerda Buxbaum/은 그의 책에서 '역사주의란 전통적인 형태와 요소를 사용하는 것이 특징인 스타일을 말하며, 이는 '복고'라는 일회성을 극복하는 효과적인 방법의 하나이다.'라고 언급한 바 있다.

라크루아는 17세기의 복식을 연구했던 학문적 바탕을 근거로, 역사적 복식을 단순한 형태의 모방이나 재현이 아닌 특유의 장식성을 가미하고 궁극적으로는 현대성과 조화를 이룬 독창적인 디자인으로 발전시켰다. 그는 '내가 만든 모든 의상은 과거의 역사, 문학 등과 연결될 수 있는 디테일을 가지고 있다. 그 어느 것도 새로 발명된 것은 없다/김선영, 2007, p.208 재인용/.'라고 하여 지나간 역사가 중요한 영감의 원천임을 이야기했다.

라크루아 패션의 역사주의적 특징은 데뷔 초부터 여러 컬렉션과 디자인에서 확인할 수 있다. 1986년 장 파투/Jean Patou/의 컬렉션에서 발표한 벌룬 스커트의 칵테일 드레스는 18세기 '르 푸프/le Pouf/라고 불리며 유행했던 여성들의 부풀린 헤어스타일에서 영감을 얻은 것이었으며, 오늘날 라크루아를 상징하는 대표적인 디자인으로 기억되고 있다. 그의 컬렉션에서 보인 역사주의 디자인들로는 18세기 퍼프볼/puff-ball/ 스커트를 비롯하여, 같은 시대 바지, 코르셋, 버슬, 페티코트, 19세기의 엠파이어 드레스와 과장된 퍼프 슬리브, 아워글라스 실루엣의 재킷, 스펜서 재킷, 드레스의 앞판을 장식했던 레이스로 된 핏슈/fichu/를 재현한 의상들이 있다. 주로 형태적 모방과 차용을 통해 역사적 복식을 재해석하고자 했던 경향이 많이 나타났다. 또한 패치워크, 프린지, 브로케이드, 레이스, 민속적인 프린트, 스모킹과 자수 등의 다양한 장식적 요소를 가미하여 과거 복식의 재현이 아닌 현대적인 감각에 맞게 재해석된 절충적 이미지를 추구했다. 소재 측면에서는 18세기 모닝코트 형태의 롱 재킷과 1940년대의 직물인 트위드를 결합하여 과거 복식의 형태와 현대적 재질을 결합했고, 그 외에도 스코틀랜드 전통 타탄체크, 19세기 유행했던 스트라이프, 레이스, 벨벳 등과 함께 장식적 수공예가 많이 들어간 직물들을 사용했다.

라크루아 패션의 역사성과 장식적 예술성(2001 F/W)

라크루아의 트레이드마크인 버섯 모양으로 부풀린 르 푸프 스커트

Gianni Versace / John Galliano / Miuccia Prada / Jil Sander / Helmut Lang
Martin Margiela / Tom Ford / Marc Jacobs / Anna Sui / Alexander McQueen
Domenico Dolce, Stefano Gabbana / Ann Demeulemeester / Dries Van Noten
Hussein Chalayan / Stella McCartney / Viktor Horsting, Rolf Snoeren

Chapter **8**

글로벌리즘과 패션의 다원화

Chapter 8

글로벌리즘과 패션의 다원화

천기 말인 1990년대는 지난 세기에 대한 회고와 새로운 세기에 대한 전망, 그리고 새로운 밀레니엄을 맞게 된다는 불안, 두려움과 정치·경제·사회·문화적으로 새로운 세기에 대한 변화와 희망으로 전 세계가 술렁거렸다.

그러나 21세기 새로운 천년을 맞이한 후 인류에게는 2001년 9·11 테러, 2008년 미국의 리먼 브라더스의 파산으로 인한 전 세계 경제 불황, 지구온난화 현상으로 인한 자연재해 등이 불안감을 던져 주었다. 한편, 세계화가 더욱 진행되면서 인류는 더불어 살고자 하는 박애주의와 자연으로의 회귀를 주장하는 '웰빙' 의 가치를 더욱 소중하게 여기게 되었다.

시대적 특징

냉전 체제의 종식과 민족의 갈등

20세기 말에는 동서양의 세계질서가 통합되고 좌파와 우파, 자본주의와 사회주의, 진보와 보수, 개인주의와 집단주의, 자유무역과 보호무역이라는 이분법적 패러다임이 해체되면서 이를 절충한 새로운 세계질서가 구축되었다.

냉전체제 종식 이후 미국이 유일한 강대국으로 부상했으나, 반면 세계 곳곳에서는 국가 간, 민족 간 세력 다툼이 잇따랐으며 민족의 결집을 꾀하기도 했다. 동구권 국가들은 소련으로부터 독립을 주장했고, 아프리카의 끊임없는 민족 분쟁, 걸프전의 반발, 미국의 흑인 폭동이 있었다.

세계화와 세계 경제의 자유화

전자통신과 교통수단의 발달, 사이버스페이스, 디지털, 기술 등 비약적인 발전과 동서이념의 붕괴, FTA/자유무역협정/ 등 사회·문화·경제의 다변화 트렌드는 범세계화를 촉진하고 국가 간의 경계를 해체했다. 반면에 전통적인 생활방식과 가치관은 거대한 변화와 해체의 위협에 놓이게 되었다.

1986년에 시작된 우루과이라운드 협상으로 1995년 세계무역기구/WTO/가 공식 출범하고 다수의 국가 간 자유무역협정/FTA/이 체결되었고, 서구의 의류생산업자들은 세계화에 대응하기 위해 임금이 더 싼 제3세계 국가에서 의복을 제작·조립하게 되었다. 1994년 유럽 연합/EU/은 회원국들 간에 국경 없이 하나의 시장과 같은 경제활동이 이루어지는 단일 시장/single market/ 제도를 시행했다. 1999년 유럽 단일 통화 유로/Euro/ 사용으로 '하나된 유럽'은 세계사의 주역으로 등장하게 되었다. 1997년 홍콩의 중국 반환과 중국 경제의 급성장을 통해 중국을 비롯하여 아시아 경제가 주목받게 되었다. 특히 중국은 2001년 WTO에 가입하고 새로운 경제강국으로 부상하고 있다.

파리 패션의 세계화와 디자이너 브랜드

프랑스는 1990년대 이후 파리 프레타포르테 컬렉션에 아시아, 유럽 등 세계 패션 디자이너 컬렉션을 영입하고 동시에 오랜 전통인 오트 쿠튀르 하우스에 전 세계의 젊고 창조적인 패션 디자이너를 영입하여 패션 세계화의 입지를 굳혔다. 지방시의 알렉산더 맥퀸/Alexander McQueen/, 디오르의 존 갈리아노/John Galliano/, 루이 뷔통의 미국인 마크 제이콥스/Marc Jacobs/, 샤넬의 칼 라거펠드/Karl Lagerfeld/, 구찌의 톰 포드/Tom Ford/ 등

1 쿠튀르 하우스의 이미지를 재창조한 디자이너(좌로부터 톰 포드, 마크 제이콥스, 칼 라거펠트)

은 쿠튀르 하우스의 이미지를 재창출하고 사업적 측면에서 큰 성공을 거두었다. 디자이너는 상품에 이름을 사용하는 대가로 로열티를 받는 라이선스 계약체제를 형성했다. 디자이너 브랜드 이미지를 강화시키기 위해 쿠튀르 하우스는 마케팅과 경영에 거대자본을 투자하기 시작했다. 또 세계적인 패션 브랜드를 거느린 거대 패션 기업의 국제적 마케팅, 국제적 생산과 소비 역시 세계화된 패션 기업들의 경제력과 문화적 영향력을 뒷받침해 주었다.

오트 쿠튀르의 소멸

1864년 찰스 프레드릭 워스에 의해 창립된 파리의 오트 쿠튀르/고급의상/는 1939년 회원사 70개, 1990년대는 21개 회원사로 줄어들고, 2002년 이브 생 로랑, 2003년 베르사체, 2004년 웅가로, 2008년 발렌티노가 문을 닫고 현재 11개의 회원사만 존재한다. 오트 쿠튀르는 파리의상조합/Chambre Syndicale de la Haute Couture/의 엄격한 규제를 받았다. 1년에 두 차례 컬렉션을 열어야 하고, 매 컬렉션마다 50벌 이상의 일상생활과 이브닝을 위한 새로운 옷을 선보여야 하며, 적어도 1~2번 이상의 피팅/fitting/을 하여 고객을 위한 맞춤 디자인을 해야 하고, 파리에 근거를 둔 작업장에서 적어도 직원 20명 이상을 고용해야 하며, 모든 작업을 반드시 손으로 해야 한다는 것이다. 그러나 1950년 이래, 오트 쿠튀르 의상의 천문학적 가격과 다양한 패션시장과의 경쟁으로 오트 쿠튀르는 파산 위기에 직면하고 있다.

패션은 이제 다원화되고 소수의 엘리트에 의해 지배될 수 없다. 오트 쿠튀르 하우스들은 이제 프레타포르테 컬렉션에 참가하거나 향수나 안경, 스타킹과 스카프 등에 디자이너 라이선스를 허용하여 브랜드 정체성을 지속하고 있다.

피에르 가르뎅은 이미 1959년부터 많은 고객층을 확보하기 위해 기성복 대량 생산에 라이선스 계약을 하여 자신의 이름을 사용하도록 허락했고, 오늘날 그는 상업적인 메커니즘을 확립한 최초의 오트 쿠튀르 디자이너라고 평가받고 있다. 현재 피에르 가르뎅은 상품 900여개에 브랜드의 명칭으로 자신의 이름을 제공했고, 지금도 뉴질랜드, 미국, 캐나다와 러시아를 포함하는 100개국 이상의 나라에서 자신의 이름을 사용하는 라이선스를 체결하고 있다.

디자이너 라벨 복제와 지적 재산권

21세기 지식 기반 사회로 접어들면서 더욱 독창적인 디자인의 진품성이 중요해지고 있다. 명품 브랜드는 자사의 디자인에 대한 재산권 보호를 위해 디자인 복제와 표절에 대하여 법적으로 대응하고 있다. 2006년 세계에서 가장 많이 표절되고 있는 루이 뷔통은 위조와 복제를 막기 위해 변호사 40명과 프리랜서 수사관 250명을 고용했으며 1,500만 유로를 사용했다. 앞으로 패션 디자인의 저작권을 보호하는 법이 더욱 강화될 것이다.

유명인의 패션과 소비

영화배우, 탤런트, 가수, 운동선수, 정치가, 경영인 등 유명인/celebrities/들의 옷차림과 제스처, 외모는 패션의 아이콘으로 등장되고 있다. 대중은 이러한 셀러브리티의 스타일에 대해 환호하며 셀러브리티의 스타일은 급히 분석되고 재생산되어 www.asos.com/As Seen On Screen/과 같은 인터넷 사이트에서 판매를 하는 등 중요한 패션의 트렌드를 제공하고 있다.

인터넷과 패션문화

케이블 텔레비전, 전자통신과 인터넷의 확산은 패션이 급속히 확산되는 데 크게 이바지했다. 인터넷 사용자는 온라인 패션 잡지, 매장 카탈로그, 디자이너 웹사이트, 패션쇼를 인터넷상에서 볼 수 있었다. 소매업자들은 인터넷으로 의류직물생산업자와 정확한 정보를 교환했고, 신속한 주문, 생산, 배달 등 전자상거래/e-commerce/가 가능해졌다. 의류의 가격·물량 조절이 더 용이해졌고, 매스커스텀마이제이션/mass-customization/ 등으로 패션의류상품을 인터넷을 통해 전 세계시장에 팔 수 있게 되었다.

1998년 헬무트 랭은 캣워크 쇼를 하는 대신, 자신의 컬렉션을 담은 CD와 비디오를 세계 도처의 편집자들에게 보냈고, 파리에 가는 대신에 인터넷으로 2001년 봄·여름 컬렉션을 열기도 했다. 〈보그〉의 웹사이트 www.style.com은 니만 마커스/Nieman Marcus/백화점과 연계되어 소비자들의 접근을 용이하게 했다.

이제 더 이상 패션문화는 텔레비전이나 인쇄 매체를 통한 수동적인 소수 엘리트의 것이 아니다. 대중은 누구나 접속할 수 있는 패션 블로그/fashion blog/와 웹사이트에 자신의 패션에 대한 풍자적인 스토리나 취향, 발견과 관찰 등을 올리면서 능동적인 패션문화를 창출하고 있다. 예를 들면 수지 버블/Susie Bubble/이 만든 스타일 버블/Style Bubble/, 가랑스 도레/Garance Dore/, 페이스 헌터/Facehunter/, 사토리얼리스트/Sartorialist, 스콧 슈만이 만들었음/ 블로그 등은 최신 패션문화에 대한 참신한 시각을 제공하고 있다.

다양한 라이프 스타일과 소비자 집단의 출현

포스트모더니즘은 다원주의와 개인화의 특성이 있다. 획일적 사고에서 벗어나 다양한 취향과 라이프스타일을 추구하는 소비자들은 다양한 스타일의 패션을 요구하게 되었다. 따라서 패션상품을 생산하면서 소비자의 요구에 대해 조사하고 소비자의 관심이 패션 디자인 기획과 개발, 마케팅의 도구로 인식되었다. 패션이미지는 다양한 방향으로 연구되고 패션 트렌드를 제시하기 위한 정보가 중요하게 되었다.

기술과 미디어의 발전

기술과 산업혁명의 발전은 직물산업과 의류공정에서 혁신을 가져왔으며, 의복의 대량 생산과 기성복의 발전에 기여했다. 저렴하고 다양한 스타일의 기성복 공급은 대중이 패션을 쉽게 접할 수 있는 기회를 제공했으며 패션에서 민주화를 이루었다. 21세기 최첨단 기술과 미디어의 발전은 패션에 많은 영향을 주고 있다. 컴퓨터와 DTP/digital textile printer/의 발전은 쉽게 패션·직물 디자인에, CAD와 CAM은 의복공정에 쉽게 접근하게 한다. MP3 플레이어, 디지털 카메라, PMP/portable multimedia player/ 등 다양한 디지털 기기가 시장에 나오고 빠르게 패션 액세서리가 되기도 한다. 그 예가 2006년 MP3 플레이어인 아이패드를 청바지에 넣고 쉽게 들을 수 있게 디자인이 된 리바이스의 아이패드 진/iPods ready jeans/이다. 그 외 웨어러블 컴퓨터, 유비쿼터스웨어 등으로 컴퓨터 기술과 패션의 접목을 시도하여 미래주의 패션을 창조하고 있다.

웰빙의 추구와 슬로패션의 출현

엘리뇨와 라니냐 등 기상이변으로 환경문제가 더욱 심각해졌다. 환경보호론자들은 비정부기구/NGO/를 만들어 지구환경 보전을 위한 캠페인을 하거나 환경문제를 일으키는 기업이나 정부에 대한 반대시위를 하는 등의 움직임을 보였다. 이에 따라 패션 기업에는 의류 생산 과정에서 환경친화적 가치관과 윤리적 가치를 기반으로 해야 했다. 무공해 상품이라고 증명하는 에콜로지 인증마크를 표시하기도 했다.

인간 게놈 지도의 초안, 유전자 조작 등의 연구가 활발히 진행되고 있는 가운데, 광우병, 조류독감, 구제역, 사스 등 인간이 예측 못할 재난이 발생되고 있다. 생명공학의 발전은 인류에게 질병치료나 수명연장, 동식물 자원을 증가시켜서 인간 삶을 윤택하게 하나, 인간의 존엄성이 파괴되는 역작용도 있다. 이로 인해 인류는 과학·기술의 발전에 회의적이며 자연으로의 회귀와 웰빙/well-being/의 가치에 관심을 두게 되었다. 패션계에서는 환경과 자원을 보호하고자 친환경적 패션 의류상품과 지속 가능한 슬로패션/sustainable slow fashion/ 상품 개발과 홍보에 주력하고 있다. 또 기업의 윤리적·도덕적 가치를 기반으로 박애주의적 패션 사업을 중시하고 있다. 의복 생산 과정에서는 제3세계의 값싼 노동력 착취를 금하고, 공정거래를 하며 사회에 기업 이익을 환원하기 위해 광고와 불우이웃돕기 후원금을 지원하고 있다.

2 다양하고 저렴한 옷을 파는 SPA 브랜드의 출현
최신 유행하는 다양하고 저렴한 옷들로 무장한 SPA 브랜드의 출현으로 2000년대 이후 패션시장의 지형이 변화되었다.

패스트 패션 출현과 디자이너 협업

2000년 이후 이른바 SPA/speciality store retailer of private label apparel/ 패션 브랜드가 급속히 확산되었다. 이는 제조업과 소매업이 일체가 된 새로운 유통형태로, 미국의 갭/Gap/, 스페인의 자라/ZARA/, 스웨덴의 에이치앤엠/H&M/, 일본의 유니클로/Uniqlo/ 등이 해당된다. 비교적 저렴한 가격의 유행 의류를 신속하게 공급한다는 의미에서 패스트 패션/fast fashion/이라고도 부른다. SPA 패션 브랜드는 브랜드 이미지를 높이고 다양한 상품을 갖추기 위해 디자이너와 협업전략/collaboration/을 활용하고 있다. 에이치앤엠/H&M/은 디자이너 칼 라거펠트, 소니아 리키엘, 가수 마돈나와 협업하고, 갭은 로다테, 두리와 알렉산더 왕과, 유니클로는 질 샌더와, 아디다스는 스텔라 매카트니와, 요지 야마모트와 적극 협업하여 상호 이익을 추구하고 있다. 뿐만 아니라, 패션계는 미술, IT 분야와 협업하여 좀 더 창의적인 패션 디자인을 추구하고 있다.

유행 패션의 특징

1960년대 이후부터 진행된 포스트모더니즘의 특성은 1990년대 패션에 뚜렷이 나타났다. 포스트모더니즘은 어원에서 뜻하듯이 '모더니즘 이후'이다. 포스트모더니즘의 특성은 대서사보다는 일상적인 이야깃거리를 중시하며, 성, 사회계급과 상층·하층문화 등 뚜렷한 경계의 해체와 독재체제에 대한 반항으로 탈 중심화를 추구한다. 포스트모더니즘의 영향으로 패션에서도 다원화/pluralism/와 파편화/fragmentation/ 현상이 뚜렷하다. 포스트모더니즘 시대에 패션은 매우 빨리 변했으며, 문화적으로 무언가 특수한 것/specific/이 없이 혼성되고 다양했다.

프리미에르 비종/premiere vision/에서는 새로운 밀레니엄 시대에 다양한 패션 트렌드를 예측했다. 2000년대 사회적 트렌드로는 급속도로 변하는 사회·문화의 가치와 사회구조의 변혁에 따른 사회적 불안감, 하이테크의 발전, 다문화주의의 팽배, 초자유주의의 추구, 여성의 파워를 제시했다. 이러한 사회적 트렌드를 개인이 적극 수용하는지 혹은 거부하는지에 따라 개인의 라이프 스타일은 형성되고, 패션 트렌드는 이러한 개인의 라이프 스타일을 적극 반영한다고 했다.

3 1990년대에 유행한 미니멀리즘 스타일의 드레스

미니멀리즘

미니멀리즘은 모더니즘적 디자인으로 클래식하며, 절제되고 세련된 기능적인 미를 추구한다. 이는 1920년대의 코코 샤넬과 1930년대 클레어 맥카델, 그리고 장 무어/Jean Muir/ 디자인의 리바이벌이다. 1990년대는 이전 시기의 어깨가 과장된 빅 룩에서 벗어나 단순하며 지적인 분위기의 패션 디자인을 추구했다. 남성의 우아한 테일러링의 요소가 여성복에 가미되었다. 중간색 톤과 흰색과 검은색 등 절제된 색이 유행했다. 캘빈 클라인, 질 샌더, 도나 카란, 헬무트 랭, 미우치아 프라다 등의 디자이너들이 미니멀리즘 패션을 선보였다. 구찌의 톰 포드는 미니멀리즘적인 패션 디자인으로 명성을 얻었다. 질 샌더는 1993년 독일에서 매장을 오픈했으며, 단순하고 건축적인 구성을 선호했다. 오스트리아의 헬무트 랭은 슬림한 실루엣, 반사하는 테이프 등의 합성섬유와 앤드로지너스 스타일로 미니멀리즘을 추구했다.

그런지 룩

오물, 쓰레기, 타락, 폐물 등의 뜻을 지닌 'grunge'에서 유래한 그런지 룩은 미국 시애틀 출신의 록 밴드가 창시자로 알려져 있다. 레이어드/겹쳐 입기/와 비대칭적 구성, 어울리지 않는 스타일의 옷을 섞어 입기, 찢어지고 올이 풀린 진, 패치워크, 전혀 다른 소재의 사용, 긴 액세서리, 벙거지나 꽃모자 등이 그런지 룩의 특징적인 요소이다. 그런지 룩은 일종의 하위문화 스타일로 1980년대 여피/yuppie/의 물신주의 숭배에 대한 저항적 성격을 나타냈다. 디자이너 안나 수이/Anna Sui/를 비롯한 여러 패션 디자이너의 컬렉션에서 시도되었으나, 대중에게 파급효과는 적었다.

4 남성의 그런지 룩
레이어드를 한 플란넬 셔츠를 입고 헤어스타일은 층층이 컷을 했다.

5 그런지 룩을 입은 록그룹 너바나의 커트 코베인 (1992)

하위문화패션으로의 히피 룩과 힙합

하위문화 스타일이란 사회적 불안감을 적극적으로 패션으로 표현하는 것이다. 1940년대부터 형성된 테디보이, 모즈, 히피, 펑크, 힙합 스타일은 꾸준히 하이패션에 차용되고 있는 트렌드이다. 안나 수이는 히피 스타일의 패치워크나 손뜨개질 등 수공예적인 디테일을 적극 응용하고 있는 디자이너이다. 히피 스타일은 2003~2005년 사이에는 보호시크 룩/boho-chic look/으로 유행했는데, 이는 집시와 보헤미안 복식에서 영감을 얻은 디자인이다.

6 문댄스페스티벌에 참가한 히피 차림의 댄서들

힙합 문화는 1976년 뉴욕 브롱크스 가를 중심으로 퍼져나간 흑인 청소년 하위문화이다. 당시 자메이카 출신의 DJ들이 손 조작을 통해 턴테이블을 악기처럼 연주했으며, 음악의 간주부분을 계속 반복하여 가사가 없는 비트/beat/만 계속하여 틀어주었는데, 그때 흑인 청소년들이 중앙으로 나와서 브레이크 댄스/break-dance/를 추었고 DJ는 그 사이 간단한 두어 마디의 랩을 했던 것이 계기가 되었다. 이후 힙합 문화는 랩/rap/, DJ, 그라피티 아트/graffiti art/와 브레이크 댄스를 4가지 기본 요소로 갖추었다.

거리에서 시작된 힙합 패션은 밑위길이가 길어 무릎까지 오며 넓은 바지 밑단이 거리를 쓸고 다닐 정도로 긴 배기팬츠/baggy pants/, 속옷으로 허리 밴드에 새겨진 브랜드 로고/logo/가 보이게 입었던 유명 브랜드의 박서 쇼츠/boxer shorts/로 구성되었다. 상의로는 과감한 그라피티/graffiti/ 프린

7 힙합 패션 스타일
트랙 슈트와 커다란 셔츠, 거꾸로 쓴 야구 모자를 함께 착용했다.

8 2000년대 새로운 패션으로 떠오른 영국 차브족의 모습 (2007)

트나 브랜드 로고가 쓰여 있는 티셔츠, 스웨터나 트랙 슈트를 입었다. 야구 모자를 거꾸로 쓰고, 발목까지 오는 끈을 묶지 않는 운동화를 신었다.

에스닉 룩과 복고풍

세계화와 더불어 다문화주의는 패션 분야에서 두드러지게 나타난다. 제2차 세계대전 이후 새롭게 독립한 수많은 신생국가에서는 서구화, 근대화의 과정으로 고유문화를 무조건 배격하고 서구의 외래문화를 수용하여 문화정체성을 상실하고 민족문화를 뿌리째 흔들어 놓았다. 그러나 새로운 밀레니엄 시대에 아시아, 아프리카, 남미를 비롯한 제3세계에서는 다시 국가경쟁력으로 고유문화의 보존과 문화의 세계화에 주력했다.

고유복식의 전통미와 서구의 패션 트렌드, 최첨단기술과의 절충·융합으로 새로운 스타일을 창조하는 반면에 서구는 고갈된 창조적 아이디어의 소재로 아시아, 아프리카, 남미 등의 민속복식과 문화에서 영감을 받아 에스닉 룩 혹은 민속풍으로 재창조하고 있다. 장 폴 고티에와 존 갈리아노가 특히 티베트나 아프리카의 민속복식에서 영감을 받은 에스닉 룩을 많이 선보였다. 2003년 미우미우/Miu Miu/에서는 아시아의 민속복식에서 영감을 받은 디자인을, 에르메스에서는 인도의 네루 스타일과 조드퍼/jodhpurs/ 팬츠를 응용한 에스닉풍을 선보이고 있다.

나아가 서구의 민속복이나 역사 복식/그리스, 로마, 비잔틴, 고딕, 르네상스, 바로크, 로코코, 신고전주의, 낭만주의 등/에서 아이디어를 전개하는 복고풍 혹은 역사주의적 복식이 유행했다. 이 복고풍을 레트로/retro/풍이라고도 했는데, 1920년대의 플래퍼 룩 혹은 재즈 룩, 개츠비 룩, 1960년대의 모즈 룩 등이 다시 선보였다.

인프라 패션과 앤드로지너스 룩

1990년대는 포스트모더니즘의 영향으로 모든 고정관념이 해체되었다. 남성과 여성이라는 이분법적인 사고, 확고한 사회계층과 상층문화와 하층문화의 구분이 없어지고, 이러한 해체주의는 의복의 구성이나 성에 따른 복식의 착용, 그리고 착장방법에서 뚜렷하게 표현되었다. 인프라 패션/infra fashion/이란 '속옷의 겉옷화'이다. 가수 마돈나는 장 폴 고티에가 디자인한 가슴이 강조된 뷔스티에 코르셋/bustier corset/을 겉에 입었다. 이브 생 로랑과 안나 수이 등도 인프라 패션을 선보였다.

1980년대부터 남성들이 조금씩 여성적인 복식의 아이템이나 디테일을 차용했다. 장 폴 고티에는 남성에게 여성의 스커트를 차용한 앤드로지너스 룩을 선보였다. 남성복에서는 화려한 색채의 사용이나 부드러운 실루엣이 특징적으로 나타났다.

테크노 패션과 에콜로지 룩

고도의 기술발전은 20세기를 어느 시기보다도 풍요롭게 했고 이러한 기계·기술주의는 패션에 적극 반영되고 있다. 이러한 트렌드를 SF웨어/science-fiction wear/ 혹은 테크노웨어/techno wear/라고 한다. 헬무트 랭과 이세이 미야케 등은 신소재를 응용한 테크노 패션 디자인에 주력하고 있는 디자이너이다. 과학기술 발전의 긍정적인 측면에 반해 부정적인 시각이 대두되어 인간의 본질을 추구하는 지속 가능한 패션이 화두가 되기도 한다. 과학기술로 인한 자연환경의 오염, 황폐화에 대한 역작용으로 그린 패션/green fashion/ 혹은 에콜로지풍이 대두되었다.

페미니즘과 파워 슈트

2009년에는 어깨에 심을 넣어 과장한 재킷이 유행했다. 1980년대 여성 파워의 증가와 더불어 유행했던 파워 슈트가 다시 등장했다. 남성적인 느낌의 슈트이나 부드러운 천을 이용한 카울넥/cowl neck/으로 어깨를 감싸거나, 심을 넣은 어깨 부분을 부드럽게 처리하여 1980년대보다 여성적으로 보이게 했다.

9 장 폴 고티에가 디자인한 뷔스티에 코르셋

10 인기를 끈 루이 뷔통의 다양한 스포츠웨어(2013 S/S)
웰빙이 유행하게 되면서 요가복, 트레이닝복 등 기능성을 탑재한 다양한 스포츠웨어가 인기를 끌었다.

웰빙의 가치와 아웃도어 룩

자연으로의 회귀와 웰빙의 가치로 인해 사람들은 건강을 지키기 위해 더욱 유기농이나 친환경 식품, 헬스클럽이나 등산, 걷기와 요가 등에 대해 관심을 갖게 되었다. 이에 따라 아웃도어웨어 브랜드가 급속히 증가했고, 트레이닝복, 요가복, 스포츠 댄스복, 수영복 등 다양한 스포츠웨어가 인기를 끌었다. 신축성 소재나 플리스/fleece/와 초경량 소재 등 가벼운 아웃도어와 다운재킷, 길고 거친 느낌의 털 모피를 모자나 칼라, 소매 끝에 대거나 안에 대어 보온성을 더한 디자인도 많이 나왔다.

11 디스퀘어드의 아웃도어 룩(2010 S/S)
늘어난 여가시간은 편안한 아웃도어 룩의 유행을 이끌었다.

12 한층 날씬해진 남성의 청바지 (2015 F/W)

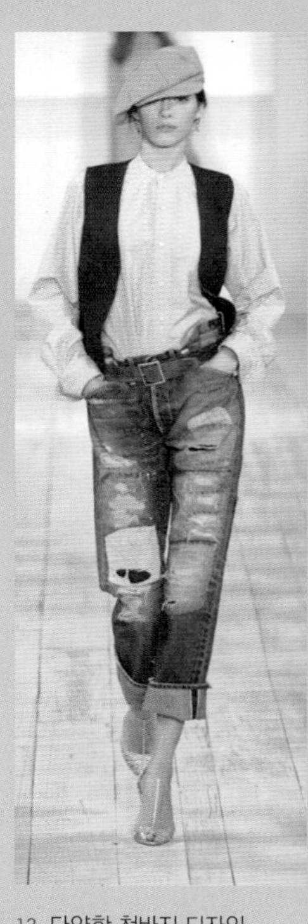

13 다양한 청바지 디자인 (2010 S/S)

14 2000년대 후반에 유행한 스키니진(2009 S/S)
2009년에는 허리선이 골반에 가까운 로 라이즈 스타일의 청바지와 다리의 선을 드러내는 스키니진이 크게 유행하고 있다.

청바지와 스키니 팬츠

진/jeans/은 2000년 이후에도 계속 유행하고 있는 패션 아이템이다. 스톤 워싱이나 약품 처리로 낡게 만들고, 색이 바래게 하거나, 색을 덧칠하는 등의 후처리를 했으며, 허리선이 낮은 로 라이즈/low-rise/ 스타일이 대중적인 인기를 끌었다. 바지통은 다리에 딱 맞게 좁은 스키니/skinny/ 팬츠가 나와서 캐주얼웨어뿐만 아니라, 젊은이들을 위한 날씬한 실루엣의 정장에도 착용했다. 2000년대 후반에 여성들은 레깅스/leggings/를 많이 입었다.

Gianni Versace
지아니 베르사체 1946~1997

"사람들은 섹시함에 대해 수치스럽게 생각하거나 죄책감을 느낀다. 섹시함, 관능은 인간의 천성이며 나는 천성을 거스르는 것들에 반대한다."

*지아니 베르사체*는 여성의 몸매를 아름답게 드러내는 대담하고 화려한 컬러감의 이브닝웨어로 1980년대와 1990년대를 이끈 패션 디자이너 중 한 명이다. 베르사체 디자인 하우스는 고대 그리스 신화 속의 여성 괴물인 메두사/Medusa/의 금빛 머리를 로고로 하며 베르사체 디자인은 거부할 수 없는 화려함, 관능미, 사치, 황홀감, 쾌락주의로 설명될 수 있다. 뛰어난 입체 재단 기술을 바탕으로 여성의 몸매를 아름답게 살린 간결한 라인의 베르사체의 드레스는 고대 그리스·로마, 비잔틴, 르네상스, 바로크·로코코예술, 현대 미술들이 생생하게 표현된 화려한 컬러의 이탈리아산 프린트 원단, 체인 메시/chain mesh/, 가죽, PVC 소재들과 함께 어우러져 남부 이탈리아 특유의 우아함과 관능미, 정열을 동시에 표현하고 있다. 물질주의가 만연하는 화려한 소비의 시대에 베르사체의 의상은 성적 욕망과 함께 아름다움과 부유함을 뽐내고 싶어 하는 인간의 과시욕을 만족시키며 '럭셔리한 퇴폐'라고 불렸으며, 착용자의 자신감, 성공의 표식이 되었다.

남부 이탈리아 소년이 어머니에게 배운 쿠튀르 패션

지아니 베르사체는 1946년 12월 2일, 이탈리아 남부의 칼라브리아/Calabria/의 가난한 가정에서 태어났다. 재봉사인 어머니 프란체스카/Francesca Versace/와 가정용품 세일즈맨인 아버지 안토니오 베르사체/Antonio Versace/ 사이에서 태어난 그에게 패션 비즈니스는 필연적이었다. 지아니는 어린 시절 어머니의 아틀리에의 한 구석에서 자라면서 자연스럽게 패션을 익혔다. 프란체스카는 칼라브리아의 고객들을 위해서 당시 유행하던 파리의 패션, 그 중에서도 크리스티앙 디오르/Christian Dior, 1905~1957/의 드레스들을 복제하여 판매했다. 지아니는 재단하고 남은 작은 원단들로 인형을 만들며 시간을 보냈는데, 9세에 첫 드레스인 원 숄더 벨벳 이브닝드레스를 완성하기도 했다. 지아니 베르사체가 뛰어난 재단 실력을 소유한 몇 안 되는 디자이너 중 하나로 손꼽히는 이유는 이처럼 어린 시절부터 디자인 스케치를 하는 것보다 먼저 옷의 복잡한 내부 구조와 옷을 만드는 법을 배웠기 때문이다.

대학에서 건축학을 전공하던 지아니는 패션이 자신의 길임을 깨닫고 어머니의 의상실에서 본격적으로 견습 생활을 시작했다. 특히 장식에 쓰일 비즈, 레이스와 같은 고급 부자재, 이탈리아산 고급 실크 같은 자재들을 직접 구매하는 일을 담당하면서 다양한 쿠튀르 장식 기법과 소재에 대한 탁월한 감각을 익힐 수 있었다. 칼라브리아의 작업실에서는 어머니에게 입체재단과 같은 재단 기법을 배우고, 매장에서는 손님에게 판매하는 일을 통해 고객의 욕구를 파악하는 법을 익히는 등 그는 이 시기 패션 비즈니스를 위해 필요한 초석들을 다졌다.

베르사체 제국이 시작되자 밀라노 패션계에 부는 새로운 바람

지아니 베르사체는 더 큰 꿈을 펼치기 위해 1972년 이탈리아 패션계의 본고장 밀라노/Milano/로 건너갔다. 플로렌틴 플라워즈/Florentine Flowers/ 브랜드에서 첫 컬렉션을 디자인하는 것을 시작으로, 제니/Genny/, 컬러강/Callaghan/, 컴플리체/Complice/와 같은 이탈리아의 유명 패션 회사에서 프리랜서 디자이너로서 경력을 차근차근 쌓아갔다. 제니/Genny/ 사를 위한 스웨이드/suede/와 가죽을 이용한 패션 디자인, 컴플리체/Complice/를 위한 화려한 이브닝 가운 디자인 등과 같은 디자이너로서의 다양한 경험은 후에 지아니 베르사체 디자인 작업의 근간이 되었다.

자신의 이름을 건 브랜드 론칭이라는 거대한 꿈을 품고 있던 지아니 베르사체는 믿을 수 있는 든든한 사업 파트너가 필요했다. 1976년 경영을 전공한 형 산토 베르사체/Santo Versace, 1944~/가 동생을 돕기 위해 밀라노로 이주하면서 본격적으로 지아니 베르사체 컬렉션을 위한 준비가 시작되었다. 지아니는 형 산토의 도움을 받아 1978년 밀라노의 대표적인 쇼핑가인 비아 델라 스피가/Via della Spiga/에 쇼룸을 오픈하고, 그해 말 팔라조 델라 페르마넨테 아트 뮤지엄/the Palazzo della Permanente Art Museum of Milan/에서 자신의 이름을 건 첫 여성복 컬렉션을 선보였다. 첫 컬렉션으로 그는 곧 이탈리아 패션계의 혜성으로 떠올랐다. 이듬해인 1979년에는 첫 번째 남성복 컬렉션도 성공적으로 개최했다.

지아니 베르사체의 여성복 디자인의 근간에는 여동생 도나텔라 베르사체/Donatella Versace, 1955~/가 있었다. 지아니는 도나텔라를 '완벽한 여성/perfect woman/'이라고 칭송하며 활력이 넘치는 섹시한 파티 걸/party girl/인 여동생을 뮤즈/muse/로 삼아 디자인 작업을 전개했다. 도나텔라는 베르사체에게 뮤즈였을 뿐만 아니라 신랄한 비평가이기도 했는데, 그녀의 아이디어를 수용하면서 지아니는 관능적이면서 동시에 현대적인 의상들을 선보였다.

지아니, 산토, 도나텔라 삼남매의 '베르사체 삼두정치/the Versace triumvirate/'는 놀라운 시너지 효과를 일으키면서 세계적인 명성을 얻게 되었다. 오트 쿠튀르 라인인 '아틀리에/Artlier/', '지아니 베르사체/Gianni Versace/', 대중을 위한 비교적 저렴한 라인인 '이스탄테/Istante/', 남성복의 대중화 라인인 '브이 투 바이 베르사체/V2 By Versace/', 마담 사이즈 브랜드 '베르사틸/Versatile/', 캐릭터 캐주얼 '베르수스/Versus/', '베르사체 진/Versace Jeans/'뿐만 아니라 액세서리, 화장품을 비롯한 다양한 분야로 라이선스 사업이 확장되면서 베르사체 제국의 건설로 이어졌다.

포스트모더니즘 패션 – 이질적인 예술 양식의 결합

지아니 베르사체가 한 인터뷰에서 "역사에 대한 지식은 사물을 그대로 볼 수 있게 해준다."라고 밝혔듯이 그의 디자인은 예술사에 대한 해박한 지식과 역사주의 의상을 기반으로 시작했다. 그러나 지아니의 역사주의 의상은 단순히 한 시대의 스타일이나 문양의 차용에서 그치는 것이 아니라 여러 시대의 이질적인 예술 양식의 문양과 형태를 자유롭게 섞는 포스트모더니즘 패션의 형태로 등장했다. 그는 고대 그리스·로마의 고전주의와 르네상스 시대를 섞거나, 이탈리아 바로크 시대와 미래주의를 혼합하여 대담하고 기하학적인 새로운 문양을 창조했다. 이처럼 여러 시대의 문화적 산물로 탄생한 문양들은 고급 이탈리아산 실크에 아름답게 프린트가 되어 모던한 이브닝드레스, 탑, 팬츠, 스커트 등으로 다시 탄생했다.

15 그리스 문화에 영향을 받은 베르사체의 로고
그리스신화의 메두사(Medusa)와 고대 그리스의 격자무늬를 모티프로 한 로고이다.

특히 남부 이탈리아 출신인 지아니 베르사체는 고대 그리스·로마 문화에 대한 사랑이 남달랐다. 지아니의 고대 그리스·로마 예술 수집품 컬렉션은 미술관을 방불케 한다고 알려져 있다. 디자인 하우스의 로고를 고대 그리스신화 속에서 아테네 여신의 저주를 받은 괴물인 메두사/Medusa/와 그리스의 격자무늬/Greek-key/로 삼았다는 점에서도 디자인의 뿌리가 고대 그리스·로마 문화와 인본주의의 르네상스에 있음을 알 수 있다. 지아니는 크레타 문명/Crete/의 도자기 도안, 고대 그리스·로마의 조각상을 비롯한 예술 작품을 대담하고 화려한 색채감의 프린트로 개발했고, 고대의 동전은 금속 단추나 브로치, 핀과 같은 장식으로 탈바꿈시켜 의상에 포인트가 되는 디자인 요소로 활용했다.

이밖에 비잔틴 시대/Byzantine/의 십자가인 릴리쿼리/reliquary/나 모자이크는 가죽 소재 위에 비즈/beads/, 인조 보석/rhim/을 이용한 표면 장식으로 표현되어 화려함의 극치를 드러냈다. 르네상스의 슬래시/slash, 의복의 일부분을 길게 터놓음/와 고대 동전 디테일의 안전핀이 조화를 이루거나, 호사스러운 바로크의 문양은 동물무늬와 함께 혼합되어 자유분방한 느낌을 더하기도 했다.

베르사체는 현대 미술에도 조예가 깊었는데 추상표현주의, 팝아트/pop art/, 옵아트/op art/도 그가 즐겨 차용한 예술사조였다. 특히 베르사체는 팝아트의 대가 앤디 워홀/Andy Warhol, 1928~ 1987/의 작품에서 영감을 많이 받았다. 팝아트의 화려한 색채감은 베르사체가 즐겨 사용하던 대담한 컬러들과 일치한다. 1991년 봄·여름 컬렉션에서 지아니는 메릴린 먼로/Marilyn Monroe/와 제임스 딘/James Dean/의 얼굴이 가득 그려진 팝아트 이브닝드레스를 발표했는데, 이 드레스는 예술과 패션의 만남이라는 주제를 대담하게 표현하여 복식사에서 의미를 지니는 드레스 중의 하나로 손꼽히고 있다.

16 **포스트모더니즘 패션을 드러내는 이브닝드레스(1991 S/S)**
추상표현주의(Abstract Expressionism)에서 영감을 받은 프린트에 바로크 문양의 비즈 장식이 달려 있다. 베르사체는 예술사에 대한 해박한 지식을 바탕으로 미래주의와 바로크, 고전주의와 르네상스처럼 서로 다른 시대의 예술양식을 결합시킨 포스트모더니즘 패션을 발표했다.

신소재와 정교한 테크닉을 통한 소재와 표면 디자인의 마술사

베르사체 디자인의 혁신성은 역사주의, 예술에서 영감을 받은 대담한 문양, 화려하고 과감한 컬러의 사용뿐만 아니라 독특한 소재의 사용에서도 잘 드러난다. 지아니는 호기심이 많고 성격이 대담한 사람으로, 새로운 소재를 개발하거나 서로 어울리지 않는 여러 소재들을 섞어서 사용해보는 다양한 실험을 즐겼다. 베르사체의 디자인은 과도한 문양과 컬러 사용에 반해 실루엣은 인체의 곡선미에 충실한 클래식한 실루엣을 가지고 있다. 이런 간결한 라인의 실루엣은 입체 재단이나 바이어스 컷/bias cut/으로 완성된 것으로, 그가 개발한 소재와 표면 디자인이 럭셔리하고 호사스러움을 더했다.

지아니 베르사체를 혁신적인 디자이너의 반열로 오르게 한 것은 1982년에 발표한 메탈 메시/metallic mesh/ 소재인 '오로톤/Oroton/'이다. 그는 중세의 갑옷에서 영감을 받아 얇은 메탈 사/絲/로 사슬을 만들어 엮어 고운 쇠사슬 원단인 오로톤을 개발했다. 메탈 메시 원단인 오로톤으로 만든 이브닝드레스는 메탈의 무게감과 유연성을 모두 지닌 획기적인 소재였다. 오로톤으로 만든 이브닝드레스는 착용자를 금빛을 발하는 조각상으로 변신시켰다. 메탈의 무게감은 옷을 인체에 더욱 밀착시켜 몸매를 아름답게 드러내게 했고, 얇은 메탈 사슬은 유연성을 가져 물 흐르듯 몸의 곡선을 따라 흘렀다.

17 관능미를 자아내는 오로톤 소재의 이브닝드레스(2014 S/S)
오로톤은 1982년 지아니 베르사체가 발표한 메탈 메시(metallic mesh) 소재이다.

밀라노의 프리랜서 디자인 시절부터 많이 다루었던 가죽은 베르사체가 즐겨 쓰는 중요한 소재였다. 부드러운 가죽을 이용해 '제2의 피부'인 것처럼 몸에 밀착되게 만든 드레스나, 인조 보석/rhinestone/, 스터드/stud/로 화려한 문양을 새긴 가죽 재킷은 베르사체 디자인 하우스의 트레이드마크들이다. 특히 로큰롤/Rock 'n' Roll/ 문화에서 영감을 받은 가죽 끈 스트랩/strap/, 금속 징 장식, 버클/buckle/ 장식은 가죽 소재와 더해져 화려함을 한층 고조시켰다.

베르사체의 "적은 것은 정말 부족하다/Less is less/."라는 독특한 디자인 철학은 직물의 표면 디자인에서 잘 드러났는데, 꽃무늬, 동물 문양, 기하학적 무늬, 바로크·로코코 시대의 호사스러운 문양들이 단순한 실크스크린 프린트기법으로만 표현된 것이 아니라, 금속 장식, 비즈/beads/, 자수, 인조 보석, 스팽글 등으로 장식되어 독특한 재질감으로 완성되었다. 그는 옷 1벌에도 여러 가지 장식 기법을 과도하게 동시에 사용하며 특유의 미학을 드러냈다.

1988년 꽃무늬 드레스의 경우 상의 부분은 비치는 시폰 소재에 비즈와 인조 보석으로 꽃 문양이 묘사되어 있고, 스커트 부분에는 커다란 꽃무늬 프린트와 작은 크기의 자수 장식이 공존하며, 꽃무늬 프린트의 넓은 보라색 가죽 벨트에는 커다란 금속 버클 장식이 달려 있었다. 이에 그치지 않고 금속을 주조한 꽃 장식들이 팔찌와 구두 뒤굽에 달려 화려함과 극적인 효과를 더했다.

1991년 파스텔컬러의 베이비돌 드레스/babydoll dress/는 여성의 속옷에서 영감을 받아 실크 원단의 브라 톱/bra-top/에 레이스를 달아 상의를 완성하고, 실크 주름 원단과 레이스를 패치워크/patchwork/한 스커트, 금색의 금속 장식을 더해 반짝거림을 추가했다.

1991년 봄·여름 컬렉션의 호랑이 문양의 브라 톱과 금색 망사 스커트로 구성된 의상의 경우도 비즈로 만든 호랑이 문양, 화려한 금색 목걸이, 호랑이 문양의 가죽 벨트, 금장의 버클 등과 같은 과도한 장식기법이 눈길을 끌었다.

이 밖에 PVC 비닐 소재를 이용한 이브닝드레스는 1930년대 표현주의 디자이너 엘사 스키아파렐리/Elsa Schiaparelli, 1890~1973/가 셀로판 소재로 드레스를 만든 것과, 소재 사용의 혁신성에서 뜻을 같이 하는 옷이었다. 또한 지아니는 처음으로 오트 쿠튀르 패션에 데님/denim/ 소재로 만든 이

18 베르사체 디자인의 화려함을 잘 살린 드레스(2013 F/W)
지브라프린트, 페턴트 가죽, 금속 스터드 장식 등 여러 가지 소재의 믹스 앤 매치는 베르사체 특유의 호사스러움을 잘 드러내고 있다.

브닝웨어를 선보인 디자이너로 알려져 있다. 데님과 섬세한 레이스를 접목하거나, 생사/生絲/로 만든 프랑스 비단의 일종인 크레이프 드 신/Crêpe de Chine/과 같은 고운 견 소재에 징 장식을 가득 박기도 하고 가죽과 벨벳에 비드 자수를 시도하는 등의 자유로운 직물 표면 디자인과 원단을 사용했는데, 이것은 세심하고 까다로운 손바느질 기술에 대한 지아니의 높은 이해력과 도전을 두려워하지 않은 장인 정신의 산물이다.

19 비닐 소재를 사용하여 디자인한 레오타드(2013 F/W)
혁신적인 소재를 사용하는 베르사체 디자인 전통을 잇고 있다.

여체에 대한 찬양과 본능에 충실한 울트라 섹시 룩

20 베르사체의 본디지 패션을 계승한 관능적인 미니 드레스(2013 F/W)
슈퍼모델 나오미 캠벨이 런웨이에서 관능적인 드레스를 선보이고 있다.

지아니 베르사체는 "배꼽, 허벅지 등과 같은 여성의 신체 일부를 드러내는 새로운 방법을 연구한다."라고 밝히기도 했는데 실제로 신체가 많이 드러나는 노출이 심한 드레스들을 만들어 악명이 높았다. 짧은 스커트나 긴 스커트의 슬릿/slit/은 허벅지를 노출시켰고, 깊게 파인 데콜타주/décolletage/ 네크라인은 가슴을 훤히 드러냈다. 때문에 혹자들은 그를 '매춘부들의 쿠튀리에/the couturier to courtesans/, 상류층 매춘부 스타일의 왕/the king of high-class hooker style/'이라고 일컫기도 했다.

스트리트 패션/street fashion/, 하위문화의 패션에 주목하여 거리의 활력과 젊음의 에너지를 하이패션/high fashion/으로 가져온 위대한 디자이너들은 여럿 존재했다. 그러나 베르사체의 특이할 만한 점은 거리의 여인, 매춘부나 남창 등 성매매업자들에 주목했다는 것이다. 지아니 베르사체 사후인 1997년 뉴욕의 메트로폴리탄 뮤지엄/the Metropolitan Museum of Art's/에서 회고전을 기획한 리처드 마틴/Richard Martin, 1947~1999/은 베르사체의 울트라 섹시 룩/Ultra Sexy Look/에 대해 "지아니 베르사체는 매춘부들의 허세 넘치는 태도, 눈을 사로잡는 옷차림과 노골적인 성행위를 관찰하고, 하이패션에 소개했다. 그는 단순히 매춘부를 살롱과 런웨이에 그대로 전달한 것이 아니었다. 그는 거리에서 영감을 받아 패션이 어디까지 표현할 수 있는지를 증명했다."라고 논평을 남겼다.

베르사체의 경박해 보이는 짧은 스커트, 반짝거리는 소재의 의상, 화려한 색채감의 도발적인 의상들은 여성을 학대하거나 비하하려는 의도로 제작된 것이 아니었다. 그는 오히려 여성들이 자신이 여성인 것을 드러내고 자랑스럽게 생각하기를 원했다. 지아니 베르사체는 자신의 몸에 성적 매력을 부여하고 남성들의 시선과 성적 대상화를 즐길 수 있는 자신감이 넘치는 당당한 현대 여성을 위한 의상을 제시했다. 과장되고 극대화된 여성성은 여성들에게 자유를 가져왔고, 그 근저에는 여성의 자신감이 깔려 있었다.

1992년 가을 컬렉션에서 발표한 가죽 끈과 금속 버클, 본디지 패션/bondage fashion/도 이런 의도를 잘 드러내고 있다. 여기에서 본디지 패션은 성적 쾌감을 얻기 위해 밧줄·쇠사슬 등으로 몸을 묶는 본디지에서 착안하여 몸에 착 붙게 입는 가죽·고무·비닐 옷에 하이힐의 롱부츠 차림을 말한다. 가죽과 메탈의 반짝거리는 PVC 소재, 가죽 스트랩/strap/, 금속 징 장식, 금속 버클/buckle/, 족쇄/shackles/, 코르셋의 레이싱/lacing/ 장식, 안전핀/safety pin/ 등의 사용은 성적 일탈을 암시하고 있다.

베르사체의 노골적인 스타일은 비난을 받기도 했지만 남의 시선, 위험을 두려워하지 않는 자신만만한 사람들이 입을 수 있는 스타일임에는 틀림없다. 그는 금기시되었던 인간의 본성, 성적인 욕구에 충실한 하이패션/high fashion/으로 1980년대와 1990년대 패션의 새로운 역사를 썼다.

슈퍼모델, 팝 스타, 영화배우로 이룬 패션의 엔터테인먼트화

지아니 베르사체의 높은 창의성은 패션 디자인 영역에만 그치지 않았다. 그는 1990년대 전 세계를 풍미하던 슈퍼모델/supermodel/이라는 콘셉트를 탄생시킨 장본인으로, 스타들과의 적극적인 교류를 통해 자신의 디자인을 널리 알리고 결과적으로는 패션을 대중들의 관심 영역으로 끌어 들이는데 중요한 역할을 했다.

1990년대 전 세계의 사람들은 슈퍼모델이라는 아름다운 얼굴, 관능적인 몸매를 가진 몇몇의 톱모델/top model/에게 열광했다. 클라우디아 쉬퍼/Claudia Schiffer, 1970~/, 신디 크로포드/Cindy Crawford, 1966~/, 린다 에반젤리스타/Linda Evangelista, 1965~/, 나오미 캠벨/Naomi Campbell, 1970~/, 크리스티 털링턴/Christy Turlington, 1969~/, 케이트 모스/Kate Moss, 1974~/ 등과 같이 패션쇼, 패션 사진 촬영, 광고를 통해서 고수익을 올리는 패션모델들을 슈퍼모델이라고 한다. 지아니 베르사체는 그의 화려하고 글래머러스한 디자인을 효과적으로 홍보하기 위하여 당시 유명 모델이었던 신디 크로포드, 린다 에반젤리스타, 나오미 캠벨, 크리스티 털링턴 등을 높은 개런티에 모두 캐스팅해서 매 시즌 패션쇼에 올렸다. 그녀들의 허세와 자신감이 넘치는 워킹, 카메라와 관객을 유혹하는 당당한 몸짓은 베르사체 드레스의 매력을 높였고 베르사체 브랜드는 곧 럭셔리의 대명사로 떠올랐다.

지아니의 도발적이고 대담한 디자인은 수줍음을 많이 타는 사람들을 위한 것이 아니었다. 그는 "나는 유명인들에게만 옷을 제공하기를 원한다."라는 거침없는 발언을 하기도 했는데, 다른 사람의 이목을 끌기를 원하는 팝 스타, 영화배우와 같은 유명인들에게 지아니의 의상은 지나친 노출과 도발로 저속하다는 비판을 받을 여지가 있었지만 대중들의 시선을 사로잡기에 완벽한 의상이었다. 지아니 베르사체는 1년 4번의 패션쇼만으로는 대중의 관심을 끌기 어렵다는 것을 깨달았다. 그는 365일 파파라치의 카메라와 대중의 관심 속에서 살아가는 유명 인사, 즉 팝 스타, 영화배우들이 패션의 중요한 선도자가 될 것으로 예측하고 특유의 친화력을 바탕으로 유명 인사들에게 자신의 디자인을 입히기 시작했다.

지아니 베르사체의 의상을 즐겨 입은 당대 유명 인사들은 엘튼 존/Elton John, 1947~/, 마돈나/Madonna, 1958~/, 실베스터 스탤론/Sylvester Stallone, 1946~/, 엘리자베스 테일러/Elizabeth Taylor, 1932~2011/, 스팅/Sting, 1951~/, 티나 터너/Tina Turner, 1939~/, 영국 다이애나 왕세자비/Diana, Princess of Wales, 1961~1997/, 코트니 러브/Courtney Michelle Harrison, 1964~/, 할리 베리/Halle Berry, 1966~/ 등이 있다. 지아니 베르사체는 엘튼 존, 티나 터너와 같은 록 스타들의 무대 의상을 제작해주기도 했고 영화배우들의 레드 카펫 의상을 제공해주었다.

베르사체의 드레스 1벌로 인생이 바뀐 스타도 있었다. 영국의 무명 배우였던 엘리자베스 헐리/Elizabeth Hurley, 1965~/는 당시 남자친구였던 휴 그랜트/Hugh Grant, 1960~/가 출연한 영화 '네 번의 결혼식과 한 번의 장례식/Four Weddings and a Funeral/' 시사회에 베르사체의 검은색 안전핀 이브닝드레스를 입고 참석했다. 깊게 파인 가슴 라인과 스커트의 긴 슬릿 사이로 허벅지를 드러내고 조각난 검은색 원단을 크고 금색인 안전핀들로 이은 노골적이고 도발적인 이 드레스는 센세이션을 일으켰다. 무명 배우였던 그녀를 일약 스타덤에 오르게 했으며 이후 엘리자베스 헐리는 화장품 회사 에스티 로더/Estee Lauder/와 광고 계약을 체결하게 되는 행운을 얻기도 했다.

베르사체의 패션쇼는 맨 앞줄은 항상 유명 인사로 가득 찼으며, 패션쇼는 슈퍼모델로 구성되었다. 스타와 슈퍼모델들의 인기로 인해 그의 패션쇼장 주변은 언제나 열광하는 팬들로 넘쳐나기 시작했다. 그로 인해 패션은 단순한 옷, 제품이 아니라 엔터테인먼트/entertainment/, 즉 오락의 하나로 떠오르게 되었다. 지아니 베르사체의 유명 스타와 슈퍼모델을 이용한 홍보 전략은 텔레비전, 뉴스와 같은 대중매체를 패션계로 끌어들였으며, 결과적으로 더욱더 많은 사람들이 패션에 관심을 갖도록 했다.

21 지아니 베르사체의 여동생, 도나텔라 베르사체
베르사체 디자인 하우스의 수석 디자이너인 도나텔라는 지아니 베르사체의 생전에 그의 뮤즈이기도 했다.

이탈리아 패션계 태양왕의 극적인 사망

지아니 베르사체는 옷에 대한 에티켓을 재정립했다. 그는 점잖은 체하는 예의를 드러내길 원하지 않았고 오히려 패션에 욕망을 부여했는데, 그의 패션에 대한 갈망과 성욕은 바른 행동에 대한 사회적인 잣대와 관습을 대체하는 것이었다. 이러한 디자인 철학은 그의 삶에서도 잘 드러났다. 이탈리아 남부의 가난한 가정 출신인 지아니 베르사체는 짧은 시간에 전 세계적으로 큰 성공을 거두고 막대한 부를 얻었다. 베르사체는 사치를 미덕으로 삼고 상상도 할 수 없는 호사스러운 생활을 했다. 지아니 베르사체의 저택들은 수많은 예술 작품과 화려한 가구로 가득 차 있었으며, 유명 인사들에게 3만 불이 호가하는 오트 쿠튀르 드레스를 선물하고 그들을 초대해 파티를 하며 보냈다.

영원히 끝나지 않을 것 같은 화려한 인생은 급작스럽게 막을 내리게 되었는데, 1997년 7월 15일 마이애미 자택 앞에서 동성애자 연쇄 살인범인 앤드루 커내넌/Andrew Cunanan/에게 총을 맞아 50세의 나이로 사망하게 되었다. 지아니 베르사체의 갑작스러운 죽음은 금기를 깬 파격적인 그의 디자인만큼이나 극적인 것이었다. 8일 후 범인인 앤드루 커내넌이 자살한 채 발견되면서 그의 죽음은 영원한 미스터리로 남게 되었다. 생전에 베르사체 그룹이 마피아의 돈세탁을 했었다며 그의 죽음의 배후에 마피아/Mafia/가 있다는 루머가 돌기도 했으나 가족들은 마피아 연루설을 부인했다.

지아니 베르사체는 유산 대부분을 도나텔라의 딸이자 가장 사랑했던 조카 알레그라/Allegra Versace, 1986~/에게 남겼다. 갑작스런 지아니 베르사체의 사망으로 알레그라 베르사체는 베르사체 그룹의 지분 50%의 소유주로 이탈리아 패션계의 가장 중요한 여성이 되었다. 30% 지분은 형인 산토 베르사체/Santo Versace/가, 20% 지분은 도나텔라 베르사체/Donatella Versace/가 소유해 사업을 계속 이끌어 가고 있다. 현재는 형 산토/Santo Versace/가 최고 경영자로 경영을 책임지고 있으며, '베르사체 걸/Versace Girl/'이었던 도나텔라 베르사체가 수석 디자이너/Head Designer/로 디자인 하우스를 이끌고 있다. 그녀는 오빠 지아니 베르사체의 스타일을 특유의 현대적인 감각으로 풀었다는 호평과 함께 성공을 거두고 있다. 베르사체 그룹은 패션, 시계, 액세서리, 선글라스, 향수, 화장품, 구두, 가구, 그릇 등의 분야에 진출해 있고, 전 세계에 아울렛 350개와 부티크 160개 이상을 운영하고 있으며, 유명한 도자기 회사 로젠탈/Rosenthal/을 비롯한 여러 회사가 베르사체 라이선스로 제품을 생산하고 있다. 또한 베르사체 그룹은 호주에 호텔 팔라초 베르사체/Palazzo Versace/를 소유하고 있다.

미국 〈보그〉의 편집장 안나 윈투어/Anna Wintour/는 이탈리아 출신의 두 패션 디자이너 조르조 아르마니/Giorgio Armani, 1934~/와 지아니 베르사체/Gianni Versace, 1946~1997/에 대해 "아르마니는 부인들이 입을 옷을 만들고, 베르사체는 정부/情婦/의 옷을 만든다/Armani dresses the wife and Versace the mistress/."라고 짧게 설명했다.

지아니 베르사체는 1980년대와 1990년대 사치가 미덕이던 화려한 소비와 욕망의 시대에 "자신의 본능에 충실하라."는 메시지와 함께 사치스럽고 관능적인 의상들을 선사했다. 지아니 베르사체의 대담하고 도발적인 금기를 깬 패션 디자인은 우리에게 더 큰 자유를 선사했다.

클라우디아 쉬퍼/Claudia Schiffer, 1970~/는 "슈퍼모델이 되려면 동시에 전 세계 모든 패션 매거진의 표지에 등장해서 전 세계의 모든 사람들이 알아볼 수 있어야 한다."라고 밝혔는데, 패션계를 넘어서 전 세계적으로 일반인들에게 유명세를 떨치는 것이 슈퍼모델의 필수 조건임을 알 수 있다.

슈퍼모델이라는 용어가 본격적으로 널리 사용되기 시작한 것은 엄청난 수익을 올린 모델 그룹이 등장한 1990년대부터다. 1980년대에 활동을 시작하여 1990년대를 풍미했던 대표적인 슈퍼모델들은 '빅 6/The Big 6/'라고 불렸던 클라우디아 쉬퍼/Claudia Schiffer, 1970~/, 신디 크로포드/Cindy Crawford, 1966~/, 린다 에반젤리스타/Linda Evangelista, 1965~/, 나오미 캠벨/Naomi Campbell, 1970~/, 크리스티 털링턴/Christy Turlington, 1969~/, 케이트 모스/Kate Moss, 1974~/ 등과 함께 타티야나 파티츠/Tatjana Patitz, 1966~/, 헬레나 크리스텐슨/Helena Christensen, 1968~/, 카를라 브루니/Carla Bruni, 1967~/ 등이 있다. 이들의 활동 범위는 패션 영역인 패션쇼, 패션 매거진의 화보에 그치지 않고 패션 제품 또는 화장품의 텔레비전 광고와 지면 광고 계약을 체결해 거액의 광고료를 받고 얼굴과 이름을 대중에게 알렸으며, 록 스타, 영화배우와의 염문으로 연예 프로그램과 가십난에 오르내리고, 영화에 출연해 연기를 하거나 가수가 되기도 했다.

막대한 수입을 올리는 슈퍼모델의 탄생 뒤에는 이탈리아의 패션 디자이너 지아니 베르사체/Gianni Vesace, 1946~1997/가 있었다. 1978년 밀라노 패션계에 데뷔한 베르사체의 컬렉션은 유서 깊은 파리의 패션 디자인 하우스들에 비해 인지도가 낮았다. 1980년대 말부터 베르사체는 신디 크로포드, 린다 에반젤리스타, 나오미 캠벨 등과 같은 육감적인 몸매의 유명 모델들에게 거액의 출연료를 주고 패션쇼 모델로 기용했으며 유명 모델 5~6명이 병풍처럼 베르사체와 함께 팔짱을 끼고 등장하는 것으로 쇼를 끝냈다. 관능적이고 화려한 베르사체의 의상과 자신감이 넘치는 매력적인 모델들의 조합에 의해 베르사체는 고급스러운 럭셔리 브랜드로 명성을 얻게 되었으며, 모델들은 아름다움, 화려함, 명예와 부를 모두 소유한 슈퍼모델로 격상되었다.

베르사체는 매 시즌마다 슈퍼모델들을 패션쇼에 모두 캐스팅하기 위해 막대한 출연료를 지불했다. 1990년 린다 에반젤리스타는 "크리스티 털링턴과 나는 일당 1만 달러 이하의 일을 위해서는 잠자리에서 일어나지 않겠다."라는 유명한 말을 남겼는데, 슈퍼모델들의 몸값을 짐작할 수 있다. 크리스티 털링턴은 베르사체 패션쇼에서 개런티로 8만 달러를 받았다고 소문이 돌기도 했다. 크리스티 털링턴은 1991년 미국 화장품 회사 메이블린/Maybelline/과 1년에 12일 일하는 조건으로 80만 불짜리 광고 계약을 체결했고,

1995년 클라우디아 쉬퍼는 1천 2백만 달러의 소득을 올렸다. 패션 디자이너 칼 라거펠트/Karl Lagerfeld, 1933~/는 슈퍼모델들이 영화계 스타들보다 더욱 호사스럽다고 말하기도 했다.

천정부지의 몸값을 받기 시작한 슈퍼모델은 아이러니하게도 높은 몸값으로 인해 쇠퇴의 길을 걷게 되었다. 다른 패션 디자이너들은 턱없이 높은 몸값과 거만한 태도의 슈퍼모델을 패션쇼에 기용하지 않았으며, 미니멀리즘, 해체주의, 그런지 룩과 같은 새로운 트렌드에는 육감적인 몸매, 옷을 압도하는 유명세의 슈퍼모델이 필요하지 않았다. 가장 큰 수입원이었던 화장품 광고, 패션 브랜드 광고도 여배우, 가수들에게 자리를 내어주면서 슈퍼모델의 전성기도 막을 내렸다.

최근에는 1990년대 말 등장한 브라질 출신 모델 지젤 번천/Gisele Bundchen, 1980~/이 슈퍼모델의 계보를 잇고 있으며, 미국의 유명 속옷회사 빅토리아 시크릿/Victoria' s Secret/이 수백만 불의 광고 계약금을 제공하면서 새로운 슈퍼모델의 탄생을 지원하고 있다. 2000년대 후반부터 관능미를 강조한 디자인이 다시 등장하면서 샤넬/Chanel/, 이브 생 로랑/YSL/, 살바토레 페라가모/Salvatore Ferragamo/, 돌체 앤 가바나/Dolce & Gabbana/, 루이 뷔통/Louis Vuitton/ 등의 주요 디자인 하우스는 1990년대 슈퍼모델을 재기용한 광고 캠페인을 선보이기도 했다. 이들은 패션계에서 패션 아이콘인 '원조' 슈퍼모델을 기용하여 세간의 이목을 끄는데 성공했다.

1990년대 슈퍼모델의 등장이 패션계에 끼친 영향력은 막대하다. 패션계에 등장한 유명 인사이자 아이콘, 슈퍼모델의 높은 인기는 텔레비전, 신문과 대중매체를 패션계로 끌어들였으며, 그 결과 더욱더 많은 사람들이 패션에 관심을 갖도록 했다.

패션 디자이너 지아니 베르사체와 슈퍼모델들(1992 S/S)

John Galliano

존 갈리아노 1960~

"나의 역할은 유혹하는 것이다."

존 갈리아노는 '패션계의 악동, 로맨틱의 영웅, 패션 천재'라는 수식어로도 유명하다. 샤를로트 실링/Charlotte Seeling/의 책 ≪패션-150명의 쿠튀르 디자이너와 라벨들/Fashion-150 Years Couturiers Designers, Labels, 2010/≫에서는 존 갈리아노에 대해 '천국의 화려한 새, 패션쇼에 서는 것을 두려워하지 않는 디자이너'라고 언급한 바 있다.

갈리아노는 런던의 센트럴 세인트 마틴 예술대학교/St. Martin' s College of Art and Design/를 수석 졸업하고 '올해의 영국 디자이너상'을 세 차례나 수상했다. 그는 최고의 럭셔리 패션 하우스인 디오르의 수석 디자이너에 올랐으며 현대 파리 오트 쿠튀르 하우스의 수장이 된 최초의 영국인 디자이너였다. 그는 과감하고 정열적인 디자인과 실험적인 아방가르드 스타일로 디오르 왕국을 부활시키며 세계의 패션 트렌드를 주도한 패션계의 혁명가였다.

영국 디자이너의 파리 진출

1960년 스페인 지브롤터에서 태어난 그의 본명은 후안 카를로스 안토니오 갈리아노/Juan Carlos Antonio Galliano/이다. 배관공이었던 아버지를 따라 6세 때 영국으로 이주했고, 런던 남부의 다문화적 도시에서 인도인, 아프리카인, 아시아인들과 어울려 자라며 문화적 풍부함을 축적했다. 갈리아노는 호기심이 강한 성격으로, 런던의 센트럴 세인트 마틴 예술대학교에서 패션을 공부하면서 영화, 조각, 그래픽 등 다른 분야와의 교류를 통해 아름다움에 대한 통찰력과 창의성을 발전시켰다. 그는 학창시절 이른바 '리서치의 달인'으로, 미술관과 연극무대, 도서관 등을 찾아다니며 밤낮으로 공부했고, 국립극장에서 파트타임으로 무대 의상을 담당하며 자신만의 감각을 키워갔다.

1984년 그는 대학 졸업 패션쇼에서 프랑스 대혁명으로부터 영감을 얻은 '믿을 수 없는/Les Incroyables/'이라는 컬렉션으로 상을 받게 되었다. 8벌의 유니섹스 룩으로 구성된 이 작품은 런던 최고의 부티크 '브라운/Brown/'에 모두 팔렸고, 그는 미디어와 업계의 큰 주목을 받게 되었다. 갈리아노는 곧바로 자신의 브랜드를 론칭했고, 1984년부터 1989년까지 런던 컬렉션에 참여하며 활동을 시작했다.

갈리아노의 런던 컬렉션 활동기는 특유의 아방가르드하고 실험적인 경향과 크로스 오버 스타일의 자유로운 창작법을 시도했던 시기로 평가되는데, 상업적인 면과는 다소 거리가 있었던 것도 사실이다. 실제로 몇 년 지나지 않아 패션계의 높은 기대에 대한 개인적인 부담과 압박감, 재정적인 문제들이 가중되면서 파산 위기에 놓이게 되었다. 그러나 그러한 위기 속에서도, 1987년 '올해의 영국 디자이너'로 선정되는 아이러니한 상황이 벌어지기도 했다. 갈리아노는 몇 년간 지지부진한 상태로 활동을 이어가다가 좀 더 넓고, 새로운 분위기 속에서 활동을 계획하며 파리로 진출했다. 파리에서 첫 쇼를 개최한 것은 1990년이었는데, 재정적 후원자가 없는 상태였다. 후원을 약속했던 몇몇 후원자들조차 갈리아노의 화려한 쇼 비용을 감당하지 못하면서 흐지부지한 관계로 끝나버리는 경우가 많았기 때문이었다.

갈리아노는 1994년 '올해의 영국 디자이너상'을 두 번째로 수상했는데, 당시 브랜드의 운영이 어려워지면서 1992년 가을·겨울 컬렉션을 발표하지도 못한 상태였다. 그는 평단의 호평과 촉망받는 커리어에도 불구하고 재정적으로는 가장 아래로 내려가게 되면서 한계에 부딪혔고, 파리에서 당당히 자리매김하고자 했던 꿈도 좌절되는 듯 했다. 바로 그 때 미국판 〈보그〉 편집장인 안나 윈투어/Anna Wintour/가 돌파구가 되어주었다. 그녀는 갈리아노의 1993년 봄·여름 컬렉션을 본 후 그를 지지하게 되었고, 그녀를 통해 후원의 물고가 트인 갈리아노는 재도약하게 되었다. 1995년 그는 LVMH/Louis Vuitton & Moët Hennessy/그룹의 수장 베르나르 아르노/Bernard Arnault/에게 스카우트되어 지방시/Givenchy/의 수석 디자이너가 되었다. 지방시에서 한 번의 오트 쿠튀르와 두 번의 기성복 컬렉션을 마친 후 LVMH 그룹이 소유한 크리스티앙 디오르 하우스의 수석 디자이너로 임명되었다. 갈리아노의 디오르 입성은 패션 중심지 파리에서 영국인의 이름

22 갈리아노가 변화시킨 디오르 하우스 (2005 S/S)
갈리아노는 아방가르드와 파격, 상업적인 면을 적절히 배합하여 디오르 하우스의 이미지를 젊고 파격적으로 변신시켰다.

으로 이룩한 혁명과도 같은 일이었다. 이후 그는 천재성을 발휘하며 디오르의 부활을 주도하게 된다. 자신의 이름을 건 브랜드와 디오르의 수석 디자이너로 오트 쿠튀르와 기성복을 넘나들며 해마다 12번이 넘는 컬렉션을 개최했으며, '패션계의 악동'이자 '천재'라는 닉네임을 부여받으며 스타일 혁신의 선봉에 서게 되었다.

젊은 디오르가 불러온 관능적 낭만의 회귀

갈리아노는 디오르의 수석 디자이너로 임명된 후 패션계에 로맨스/낭만/의 회귀를 불러왔다. 크리스티앙 디오르가 여성을 가장 여성스럽게 표현하기 위해 엘레강스한 면을 부각시켰다면 갈리아노는 여성을 좀 더 대담하게, 페티시즘의 극단적인 형태를 포함하는 관능적인 면을 강조했다. 이를 위해 그는 창조성을 영민하게 발휘하며, 아방가르드와 파격, 상업적인 면을 적절히 결합하여 디오르의 이미지를 보다 젊게 변화시켰으며, 기업 매출을 4배 신장시켰다.

갈리아노는 1947년의 뉴룩과 1950년대의 페미닌/feminine/한 슈트 등 크리스티앙 디오르가 추구한 여성스럽고 우아한 하이패션의 이미지를 보다 젊은 여성으로 대체했고, 다양한 문화적 요소 및 스트리트 패션에서 얻은 영감을 더하여 로맨틱하면서도 젊고, 보다 캐주얼한 디자인을 제안하여 디오르가 가진 전통성을 성공적으로 현대화했다. 그는 과거 여성들이 가장 아름답게 표현되던 시기라고 할 수 있는 프랑스 혁명기, 벨 에포크 시대, 1930년대와 1950년대의 여성성 등에서 영감을 얻은 디자인을 많이 보여주었다. 갈리아노의 전기를 집필한 콜린 맥도웰/Colin McDowell/은 그를 '로맨틱 리얼리스트의 혁명가'라고 칭하며 판타지적 로맨티시즘에 찬사를 보냈다.

갈리아노가 표현하고자 했던 관능적 낭만은 디오르 하우스의 축적된 아카이브를 바탕으로 현대적 트렌드를 반영하는 란제리 룩으로 종종 표출되었으며, 이를 가장 잘 승화시킨 대표적인 아이템으로는 속옷을 겉옷화한 슬립 드레스/slip dress/를 들 수 있다. 또한 디자이너 마들렌 비오네/Madeleine Vionnet/를 존경하여 자신의 디자인에 바이어스 재단을 많이 활용했고, 아제딘 알라이아/Azzedine Alaïa/를 좋아하여 투명하게 비치는 소재, 밝고 화려한 색과 주름장식을 많이 사용하면서 관능적 낭만에 더욱 다가갔다. 특히 갈리아노는 컬렉션에서 비오네의 바이어스 재단을 부활시켜 이를 현대적 감각으로 소화해낸 바이어스 컷의 대가로 평가받고 있다. 그는 바이어스 재단에 대해 "그것은 매우 빠르면서도 유연한 여성의 몸에 대한 깊은 존경을 보여주는 관능적인 재단방식이다. 마치 미끌미끌한 액체가 손가락 사이로 흘러내리는 것과 같다……. 패션이 나아갈 유일한 길은 재단으로 돌아가는 것뿐이다."라며 강한 자신감을 표현하기도 했다. 바이어스 재단은 여성의 몸에 꼭 맞는 옷을 만드는 장치가 되었고, 보다 관능적이며 낭만적인 실루엣을 완성하는데 기여했다.

23 여성의 관능미를 대담하게 표현한 뉴스페이퍼 드레스(2000 F/W)

그의 의복 재단과 구성 기술에 대한 깊은 이해와 창조성은 환상과 과잉, 불손함 등 그의 패션에 대한 논란들을 잠재울 만큼 견고한 것이었다. 비평가들은 그의 옷을 현실세계와는 거의 관련이 없어 보이는 '의상/costume/'이며, 그는 소비자나 바이어보다는 패션 에디터들이 좋아할 만한 매우 복잡하고 입기 어려운 옷을 만들어낸다고 평하기도 했다. 그러나 20세기 후반과 21세기 초에 걸쳐 실험적이면서도 가장 아름답고, 낭만적인 의상을 만들어내었던 디자이너라는 데에는 이견이 없어 보인다.

24 동서양 문화의 퓨전 스타일을 보여주는 컬렉션(2001 F/W)

25 역사주의와 이국적 취향을 드러내는 디자인(2008 S/S)
갈리아노는 동서양 문화의 과감한 융합과 화려한 컬러의 조화, 과장된 실루엣과 파격적인 메이크업을 통해 역사주의와 이국적 취향을 드러내었다.

역사주의와 이국적 취향, 다양한 스타일이 융합된 퓨전 패션

갈리아노는 어떠한 문화에도 개방된 정신의 자유주의자이자 실험적 창조성을 통해 패션계의 새로운 트렌드를 이끌어 온 장본인이었다. 그는 동서양 문화의 과감한 융합과 전혀 상상할 수 없는 컬러의 조화, 절제보다는 과감함, 뉴룩의 재해석을 토대로 한 새로운 젊은 뉴룩의 창조, 섬세한 무대 연출과 파격적인 메이크업, 의복 패턴의 해체와 재구성, 과장된 실루엣 등을 통해 의복도 '예술'이 될 수 있다는 확신을 갖게 해주었다.

갈리아노는 매우 낭만적이며 종종 충격적인 스타일로 패션의 경계를 넘나들었으며 다양한 방면의 역사적 자료를 탐구하고 다양한 문화적 요소를 믹스하여 아름답고 빛나는 의상을 창조했다. 그는 "창의성은 국적이 없다. 그래서 나는 어떠한 것도 마다하지 않는다. 여행은 가장 강력한 아이디어의 원천이며, 다른 문화를 보고 이해하는 것이 너무 좋다."라고 말하며 역사주의와 이국적 취향에 대한 애정을 드러내었다.

갈리아노는 졸업 작품 컬렉션으로 주목을 받은 이듬해 자신의 브랜드를 론칭하고 '아프가니스탄은 서양의 이상을 거부한다/Afghanistan Repudiates Western Ideals/.'라는 제목의 첫 컬렉션을 발표했다. 이 컬렉션은 동양의 소재와 스타일링을 서양의 테일러링과 결합한 것으로 역사적인 영향과 현대적인 트렌드를 조합한 그의 취향을 보여준 컬렉션이었다. 이후 그의 쇼는 언제나 고정관념에 도전하며, 컬러, 텍스처, 패턴, 이미지들을 다양하게 혼합했으며, 이는 1990년대 이후 더욱 강해지는 경향을 보였다. 특히 그가 심취했던 동양 문화는 18세기 초 영국인에게 비춰진 중국 황실의 이미지, 19세기 일본 미술과 게이샤의 에로티시즘이었으며, 이외에도 인도, 티베트, 러시아, 이집트 등 다양한 지역의 여러 문화를 혼합한 스타일을 창조했다. 그는 프린트물을 즐겨 사용했는데, 19세기 크리놀린 드레스를 장식했던 프린트 문양 등 역사적인 문양들을 많이 사용했고, 이를 시폰, 벨벳, 타프타 등과 결합했다.

26 마리 앙투아네트 시대의 호화로운 자수와 부풀린 치마의 드레스
갈리아노는 다양한 시대의 역사적 자료를 연구하여 그것을 현대에 적용하고 재탄생시켰다.

그의 쇼에서는 이집트 신들의 가면을 이용하여 파라오의 땅으로 인도하거나, 극도로 호화로운 자수와 관능적으로 깊게 파인 데콜테/décolletés/를 통해 베르사유 궁전으로 인도하거나, 신화적인 창조물을 통해 판타지의 세계로 인도했다. 1997년 마사이족 의상에서 영감을 얻은 디오르의 첫 컬렉션은 보다 세련된 에스닉 이미지를 보여주었으며, 중국 인민복 이미지의 팬츠와 튜닉/1999년 봄·여름 레디 투 웨어/, 아프리카 이미지의 프린지 장식 드레스/1999년 가을·겨울 레디 투 웨어/를 보여주었다. 볼륨이 매우 풍성한 기모

노풍의 이브닝드레스와 머메이드/mermaid/ 실루엣의 결합/2003년 봄·여름 오트 쿠튀르/, 발레복을 연상시키는 드레스와 중국 경극 메이크업의 결합/2005년 가을·겨울 오트 쿠튀르/, 일본적 요소를 전반적으로 도입한 2007년 봄·여름 오트 쿠튀르 컬렉션 등 과거와 현재를 믹스하고, 동서양 문화를 융합하는 퓨전 스타일을 꾸준히 발표했다.

스토리가 있는 패션쇼이자 연극적인 컬렉션

"나는 모든 컬렉션마다 배역을 정하며 역사적인 것을 바탕으로 작품을 진행한다. 그것은 창조 과정의 일부이다."라는 말처럼, 그는 연극적인 컬렉션, 즉 스토리를 풀어내는 패션쇼를 많이 보여주었다. 컬렉션을 통해 단지 화려하고 사치스럽기만 한 것이 아닌 환상과 상상의 세계를 넘나드는 무대 의상풍의 새로운 경지를 보여주었다. 의상은 드라마틱하게 표현되었고, 특별한 무대가 더해지면서 패션쇼는 판타지와 몽상적인 분위기로 충만했다.

1988년 영화 '욕망이라는 이름의 전차'의 여주인공에게 영감을 얻은 동명의 컬렉션, 1992년 '나폴레옹과 조세핀' 컬렉션을 비롯하여, 1994년 바이어스 재단의 이브닝 가운과 파자마 슈트로 대표되는 '루크레치아 공주/princess Lucretia/' 컬렉션, 1995년 현대적 글래머러스를 새롭게 제안한 '미샤 디바/Misia Diva/' 컬렉션, 1997년 벨 에포크와 마사이 공주, 천국의 새를 혼합한 디오르의 첫 번째 컬렉션, 이후의 수많은 디오르 컬렉션에서 영감이 된 특정 대상을 주제로 실제 인물 또는 가공 인물로 이야기를 구성하고 패션쇼에 등장시켰다.

모델 한 명이 여러 벌의 의상을 갈아입어야 하는 일반적인 패션쇼와는 달리 갈리아노 쇼의 모델들은 한 모델이 한 벌의 옷만 입고 각자 배역을 연기하며 관객들을 판타지의 세계로 끌어들였다. 컬렉션의 무대는 그날의 판타지에 걸맞는 장소로 변형되었다. 미식축구 경기장이 전나무가 가득한 마법의 숲으로, 파리의 오페라 극장이 영국의 티 파티장으로, 오래된 기차역이 동유럽의 시장으로, 때로는 눈 덮인 지붕이 만들어졌으며, 곡마장, 마구간 등도 생겨났다. 그의 쇼는 마치 연극 무대와 같이 정교한 화면을 만들어내었고 볼거리가 풍성한 블록버스터에 비견되었다. 특히 그는 모든 쇼의 피날레에서 컬렉션의 정신을 담은 의상을 입거나 분장을 하고 런웨이에서 직접 워킹을 하는 것으로 화제가 되었으며, 그것은 갈리아노 쇼의 트레이드마크와도 같았다. 그는 잘생기고 이국적이며, 특유의 미소와 눈빛에서 뿜어 나오는 카리스마를 가졌으므로 무대 위에서 갈채를 받기에 충분했다.

패션 천재의 추락

2011년, 화려함이 가미된 역사주의와 관능적인 유혹, 판타지의 세계를 넘나들며 트렌드를 주도한 패션계의 악동이자 천재 갈리아노가 논란에 휩싸이는 사건이 발생했다. 2월 프랑스 파리의 한 카페에서 술에 취해 있던 갈리아노는 동석했던 커플과 시비가 붙었고 이 과정에서 인종차별적 발언을 한 혐의로 고소를 당했다. 더불어 히틀러를 사랑한다고 말한 이전 동영상이 함께 공개되며 논란이 확산되었고 이에 디오르는 즉각 해고절차에 돌입했으며, 3월 1일자로 해임되었다. 그것은 10여년 넘게 디오르를 혁신한 패션 천재의 추락이었다. 갈리아노는 재판에서 유죄판결을 받았고, 피해자들에게 벌금을 지불하라는 명령을 받았다. 다양한 인종이 함께 일하고 있는 패션계에서는 인종차별을 엄격히 금지하고 있으며 유대인을 모욕하는 발언은 매우 민감한 사안으로 갈리아노의 재기는 쉽지 않을 것이라는 의견이 있다.

해임으로 인해 2011년 3월 개최된 2011년 가을·겨울 디오르의 기성복 컬렉션은 그의 마지막 무대가 되었다. 패션쇼의 피날레는 항상 갈리아노의 캣워크로 장식되었지만, 해임 이후 개최된 2011년 가을·겨울 컬렉션은 그를 대신하여 디오르 디자인팀의 디자이너 전원이 무대에 올라 피날레를 장식했다. 해임 후 디오르와 '존 갈리아노' 컬렉션은 23년 동안 갈리아노의 오른팔로 작업을 함께 했던 빌 게이튼/Bill Gaytten/이 잠시 맡아 진행했다. 그러나 디오르는 게이튼을 갈리아노의 후임으로 임명하지는 않았고, 한때 마크 제이콥스가 유력한 후임자로 거론되기도 했으나 무산되는 등 최근까지 디오르의 수석 디자이너 자리는 1년 넘게 공석이었다. 드디어 2012년 4월, 크리스티앙 디오르는 새 수석 디자이너로 질 샌더를 이끌어온 벨기에 출신의 라프 시몬스/Raf Simons/를 임명한다고 공식적으로 발표했다. 갈리아노가 떠난 디오르는 이제 라프 시몬스의 지휘 하에 새로운 역사를 예고하며, 라프의 첫 디오르 패션쇼는 2012년 7월 파리에서 펼쳐졌다.

27 디오르 시절에 선보인 존 갈리아노 스타일
논란에 휩싸여 크리스티앙 디오르를 떠났지만, 존 갈리아노가 디오르 시절에 실험적이고 아방가르드하면서도 아름답고 관능적인 의상을 만든 천재 디자이너였다는 데에는 이견이 없을 것이다.

FASHION ICON

슬립 드레스

슈퍼모델
슬립 드레스

'퇴폐'와 '판타지'는 존 갈리아노의 패션을 규정하는 중요한 단어인데, 가장 여성스럽게 표현하기 위해 좀 더 대담하고, 페티시즘의 극단적인 형태를 포함하는 것으로 여성의 관능적인 면을 강조했다. 이러한 관능적 낭만은 디오르 하우스의 축적된 아카이브를 바탕으로 현대적 트렌드를 반영하여 란제리 룩으로 종종 표출되었으며, 슬립 드레스/slip dress/는 에로티시즘을 상업적으로 가장 잘 승화시킨 대표적인 아이템이었다. 1990년 장 폴 고티에가 디자인한 마돈나의 콘 브라/Cone bra/와 코르셋 룩처럼 갈리아노는 여성의 속옷을 이브닝드레스와 평상복으로 제안하여 이전 란제리 룩에 비해 좀 더 부드럽고 쉽게 생산하는 방식을 취했다.

1990년대 디오르의 슬립 드레스는 다이애나 왕세자비가 공식석상에서 입을 정도로 성공을 거두었다. 슬립 드레스는 보다 관능적이며 여성의 몸에 좀 더 잘 맞게 하기 위해 바이어스로 재단되는 경우가 많았고 새틴, 튤, 실크, 레이스 등의 소재를 주로 사용했다. 여기에 옆가르마를 하고 한쪽 눈을 가리는 헤어스타일과 붉은 립스틱을 칠한 도발적인 팜파탈 이미지를 연출해내어 슬립 드레스를 통한 관능적 낭만이 더욱 두드러졌다.

2000년대 란제리 룩은 여러 디자이너에 의해 평상복으로 제안되었는데, 갈리아노도 2004년 봄·여름 컬렉션에서 속옷을 겉옷 위에 입는 파격을 선보이면서 유혹적인 란제리 룩을 전면에 내세웠다. 다양한 연령과 인종을 내세운 2006년 봄·여름 컬렉션에서는 슬립 드레스에 러플장식을 매치했다. 2009년 가을·겨울 오트 쿠튀르 컬렉션에서는 투명하게 비치는 슬립 드레스와 란제리 룩을 선보이며 환상적인 분위기로 찬사를 받았고, 2010년 봄·여름 컬렉션에서는 마치 나이트웨어를 연상시키는 미니 슬립 드레스를 대거 등장시키며 관능적 낭만과 란제리 룩의 유행을 선도했다. 특히 2010년 봄·여름 기성복 컬렉션은 란제리를 주제로 오트 쿠튀르의 정서를 기성복에 스며들게 하여 글래머러스함을 강조한 세련된 디자인이었다. 2011년 가을·겨울 컬렉션에서는 슬립 드레스를 매니시한 코트와 레이어링하여 슬립 드레스를 일상에서 스타일링할 수 있도록 제안했다.

갈리아노의 관능적인 란제리 룩(2010 S/S)

Miuccia Prada

미우치아 프라다 1948~

"내가 뭘 좋아하는지 아는 것과 내가 좋아하는 것을 만드는 것은 매우 쉽다. 나는 일명 '좋은 취향'을 가지고 있지만 이것은 매우 지루하다. 그래서 기본적으로 나쁘고 틀린 것을 가지고 작업해야 한다."

*미우치아 프라다*는 1948년 이탈리아 밀라노에서 프라다 창업주의 딸 루이사 프라다/Luisa Prada/와 해군이었던 아버지 루이지 비안키/Luigi Bianchi/ 사이에서 태어났다. 그녀의 외할아버지인 마리오 프라다는 1913년 '프라텔리 프라다/Fratelli Prada/'라는 가죽용품 회사를 창설하여 우수한 품질로 상류층 시장 공략에 성공했다. 고가의 프라다 가죽 제품은 한때 왕가에 납품할 정도로 뛰어난 품질과 디자인의 우수성을 인정받았으나, 제2차 세계대전 이후 라이프 스타일의 변화와 함께 인지도가 떨어지면서 난관에 처하게 되었다. 1950년대에는 마리오 프라다의 뒤를 이어 미우치아의 어머니와 이모가 경영을 맡았으나, 결국 1970년대 후반 회사는 파산 직전에 놓이게 되었다. 미우치아는 1977년 파산 위기에 놓인 프라다에 새바람을 불러일으켜야 한다는 사명을 띠고 '수석 디자이너'로 가업에 동참했다.

지적 행동가이자 잠재적 예술가

미우치아는 가업에 동참할 당시 밀라노국립대학교 정치학과를 졸업하고 진로를 고민 중에 있었다. 그녀가 대학을 진학한 1960년대에는 많은 젊은이들이 정치나 사회적 이슈에 관심을 가지고 있었고, 미우치아도 그런 학생들 중 하나였으므로 자연스럽게 정치학을 전공으로 선택했다. 1960년대 후반 이탈리아 공산당의 당원이자 이탈리아 여성연맹의 회원으로 활동할 정도로 사회적 문제에 적극적으로 관심을 표명했다. 하지만, 중산층 출신으로 어려서부터 옷을 사랑했던 미우치아는 공산당원임에도 불구하고 고가인 이브 생 로랑이나 앙드레 쿠레주의 의상을 착용하고 다녀 이목을 끌었다. 미우치아의 이러한 아이러니한 모습은 여성 공산주의자 행진 때 기자들에게 포착되고 신문을 통해 이탈리아 전역에 모습이 공개되어 조롱거리가 되기도 했다. 특히 미우치아는 바지보다 스커트를 좋아했는데, 이러한 점은 일반적인 여권 운동가들과는 반대되는 성향이었다. 미우치아의 전공과 공산당원이자 여권주의자라는 타이틀은 자칫 그녀를 극단적인 반항아로 몰아갈 수 있었다. 하지만, 그녀의 전공이나 사회활동은 1960년대와 1970년대 당시 젊은이들 사이에서는 자연스런 유행과도 같은 일반적인 현상이었다.

실제 미우치아는 엄격한 교육을 받고 자라난 평범한 중산층 소녀로 대학에 진학하기 전까지 대체로 평범하다 못해 지루한 학창생활을 보냈다. 엄격한 집안 분위기에 정면으로 도전하기보다는 그 안에서 적응하는 방법을 찾아갔다. 몇몇 예로는 어렸을 때 지켜야 했던 많은 규칙 중의 하나인 낮잠 시간에 미우미우/Miumiu/라는 가상 친구와 놀이를 했다거나, 부모님의 눈을 살짝 피해 밖에서 치마 밑단을 올려 미니스커트를 만들어 착용했던 발랄함을 들 수 있다. 그녀는 정치학도 출신으로 사회적인 이슈에 관심이 많은 지적인 여성이었으나, 동시에 풍부한 감수성을 지닌 공상가이자 잠재적 예술가였다. 그녀의 이러한 일면은 오랜 팬터마임/pantomime, 무언극/ 활동에서도 찾아볼 수 있다.

평생의 동업자이자 반려자와의 운명적인 만남

미우치아가 처음 프라다의 디자이너가 되었을 때, 그녀는 여러 가지 갈등 상황을 겪었다. 우선 물질주의와 소비주의의 산물이라고 여겼던 패션과 관련된 일을 하는 것은 공산주의와 여권 운동에 몸담았던 미우치아에게는 큰 자기모순이었다. 또한, 본인이 원래 디자인 전공이 아니라는 사실 때문에 열등의식에 시달려야 했으므로 오랜 적응 기간이 필요했다. 하지만 남편인 파트리치오 베르텔리/Patrizio Bertelli/는 그녀의 잠재적 재능을 파악하고 그것을 이끌어내는 데 성공했다.

28 소녀 감성을 보여주는 프라다 여성복의 세컨드 라인인 미우 미우(2014 S/S)

29 미우 미우의 양말과 구두의 매치 (2014 S/S)
미우치아는 직접적인 노출보다 착용한 여성의 편안한 아름다움을 추구하여 스타킹 대신 양말을 선호한다고 말했다.

미우치아는 동업자이자 인생의 반려자인 파트리치오를 1977년 밀라노에서 열린 한 국제 피혁 박람회에서 처음 만났다. 당시 미우치아는 프라다의 가방 디자인을 복제한 업체의 사장을 만나 담판을 지으려 했다. 하지만 오히려 청년 실업가의에게 설득당해 동업을 하기에 이르렀는데, 그 청년 실업가의 이름은 파트라치오였다. 2년 후 그들은 연인 관계로 발전했고, 1987년 결혼했다.

이들은 함께 일을 시작하면서 커다란 시너지를 발휘했고, 사업은 날로 번창하게 되었다. 사업에 천부적 재능을 가지고 있었던 파트리치오는 현실에 안주하려 했던 미우치아를 독려하여 1980년에 여성 신발 라인을 시작으로 1988년에는 여성복, 1993년에는 프라다 여성복의 세컨드 라인인 미우 미우/Miu Miu/, 1994년에는 프라다 남성복, 1997년에는 언더웨어와 스포츠웨어를 순차적으로 출시하면서 승전고를 울렸다. 특히, 미우 미우는 미우치아의 어린 시절을 함께 했던 가상 친구이자 자신이 되고 싶었던 이상적 분신의 이름에서 따온 것으로, 그녀가 이상적 자아가 입고 싶은 디자인을 좀 더 젊은 층을 타깃으로 제안하여 큰 호응을 얻었다. 전 세계에 프라다 열풍을 일으킨 이 커플은 이탈리아인으로는 처음으로 1994년 뉴욕에서 컬렉션을 개최하기도 했다. 미우치아와 파트리치오는 2006년 〈타임〉 지에 의해 세계에서 가장 영향력 있는 커플 100위에 선정된 바 있다.

발상의 전환을 통해 탄생한 나일론 백

미우치아가 처음부터 성공가도를 달렸던 것은 아니다. 그녀가 프라다 경영을 시작한 후 일을 배웠던 한동안은 이렇다 할 성과를 내지 못했다. 품질 좋은 가죽을 구하는 것이 쉽지 않았던 미우치아는 새로운 소재를 물색하게 되었고, 그때 눈에 띈 것이 바로 기존 가죽 트렁크 보호용 소재로 사용했던 포코노/pocono/였다. 포코노는 조밀하게 제직한 나일론 방수 직물로 주로 낙하산이나 비옷을 포함한 군수품 제작에 사용되었지만 가죽에 비해 가벼우면서도 질겨 실용적이었다. 1985년 미우치아는 포코노로 제작한 블랙 백팩을 출시했다. 처음에 시장의 반응은 차가웠으나 곧 새로운 가방의 가치를 알아보는 소비자들이 기하급수적으로 늘어났다. 이렇게 해서 패션에 관심 있는 사람이라면 누구나 꼽는 20세기 잇백/it bag/ 중의 하나인 프라다의 나일론 백이 탄생했다.

30 선풍적인 인기를 끈 프라다의 나일론 백
가죽보다 실용적이면서도 정장과 캐주얼 의상에 모두 어울려서 모든 세대의 여성들에게 인기를 끌었다.

가볍고 물에 젖지 않는 나일론 백은 정장이나 캐주얼 의상에 모두 잘 어울렸다. 또한, 디자인이 고급스러우면서도 학창시절의 향수를 느끼게 해주어 나이든 여성들에게도 인기를 끌었다. 하지만, 이 상품의 성공에는 프라다의 삼각형 금속 라벨이 부착된 나일론 백팩을 메고 두오모/Duomo/ 광장을 돌아다닌 늘씬한 모델들의 역할도 컸다. 포코노는 다양한 가방 디자인은 물론 파카로도 만들어져 큰 인기를 끌었다.

프라다만의 패션 철학 – 나쁜 취향과 지적 매력

미우치아가 처음 여성복 컬렉션을 발표했던 1988년과 1989년만 해도 소비자들의 반응은 차가웠다. 그녀는 2년간의 실패를 통해 유행을 맹목적으로 따라가기보다는 프라다만의 독창적인 스타일을 찾아야 한다는 것을 깨달았고, 1990년 드디어 전 세계에 프라다 열풍을 일으키는데 성공했다. 그녀는 프라다만의 스타일을 찾기 위해 기존 미의 기준에 어긋나는 새로운 멋을 추구했는데, 이러한 프라다의 스타일은 종종 '나쁜 취향'으로 묘사되었다. 프라다만의 나쁜 취향은 스커트에 발목 길이의 흰 양말과 하이힐의 매치, 털모자와 칵테일 드레스의 조합, 작업복에 티아라/tiara, 왕관/를 쓴 모습과 같이 서로 이질적인 것의 병치로 표현되었다. 이러한 프라다의 스타일은 기존의 아름다운 여성복의 모습에 위배되는 것으로, 과거 여권 운동

31 프라다가 선보인 밀리터리 룩 (2014 S/S)
프라다 컬렉션에서 꾸준히 등장하는 밀리터리적 요소들은 연약한 여성성의 거부로 비춰진다.

에 참여했던 미우치아의 정치적 관점이 담겨 있다는 시각도 있다. 즉, 미우치아의 디자인을 아름답게 보이기만 하는 수동적 존재로서의 여성성을 거부하는 반항적 상징물로 해석하는 것이다. 이러한 관점을 뒷받침하는 또 다른 예가 프라다 여성복 컬렉션에 꾸준히 등장하는 밀리터리적인 요소이다. 미우치아는 밀리터리적인 요소를 도입해 연약한 여성의 모습을 거부했다.

미우치아의 여성중심적 관점은 프라다의 디자인이 지향하는 단순함을 통한 편안함과 익숙함의 추구에서도 드러난다. 프라다의 나쁜 취향에는 보기에 아름다운 디자인보다 활동하기에 편리한 착용자 중심의 디자인이 주를 이루는데, 이는 착용자인 여성을 수동적 존재로 보지 않고 적극적으로 활동하는 능동적 존재로 보는 미우치아의 시각을 반영하는 것이다.

미우치아는 여권주의적 관점 외에도 다양한 자신의 생각과 가치관을 디자인으로 표현한다. 그녀의 공산주의에 대한 관심은 중국의 마오쩌둥에 대한 동경으로 이어져 디자인에 영감으로 작용한 바 있고, 언론 장악을 통해 3번이나 총리가 된 이탈리아 최고의 갑부 실비오 베를루스코니/Silvio Berlusconi/를 따분한 더블 재킷에 빗대어 풍자한 바 있다.

미우치아는 이와 같이 사회적인 이슈와 관련하여 좌파의 성향을 띠면서도 동시에 보수적인 면을 가지고 있다. 프라다가 추구하는 절제미가 바로 그것인데, 이는 "프라다가 인기가 있는 이유는 소리치기보다는 조용히 속삭이기 때문이다."라는 미우치아의 말에서도 알 수 있다. 즉, 미우치아가 생각하는 매력이나 섹시함은 직접적인 노출이나 지나친 장식을 통해 표현하는 유혹이 아닌 은근한 지적인 아름다움인 것이다. 이러한 이유로 그녀는 속살이 훤히 들여다보이는 스타킹 대신 양말을 선호한다고 말한다. 그녀가 추구하는 이러한 절제와 지성의 미는 보수적이고 엄격한 교육을 받고 자란 미우치아의 성장 배경과 밀접한 관계가 있다. 하지만, 이러한 보수적 성향을 지녔음에도 그녀는 다양한 예술계 자문위원의 조언을 통해 새로운 디자인을 개발함은 물론, 매 시즌 새로운 콘셉트와 신선한 무대를 선보이기 위해 매진하고 있다.

프라다 재단의 예술 후원

미우치아와 파트리치오는 예술에 대한 조예가 남다르기로 유명하다. 이들은 1993년 프라다 밀라노 아르테/Prada Milano Arte/를 오픈하여 다양한 예술 전시를 유치했는데, 이는 사회적 호응을 얻어 2년 후 프라다 재단/Prada Foundaton/이란 이름으로 사업을 확장하기에 이른다. 프라다 재단은 예술 후원을 위해 막대한 투자를 하고 있으며, 신진 예술가들을 초대하여 다양한 문화 공연을 선보이면서 밀라노의 예술 중심지화에 기여하고 있다. 한 예로 미우치아는 2005년 미국 텍사스주 사막 도시 마파/Marfa/에 프라다 모조 상점인 프라다 마파/Prada Marfa/를 세운 독일 예술가 미카엘 엘름그린/Michael Elmgree/과 잉가르 드래그셋/Ingar Dragset/에게 실제 진열을 위해 프라다 신발을 보내주기도 했다. 하지만 프라다의 이러한 예술 후원은 기업 홍보를 위한 수단이라는 비난의 여론도 없지 않다. 그러나 미우치아는 프라다 재단의 전시나 공연을 기업 홍보에 직접적으로 사용한 적은 없다.

아방가르드 건축을 실현하는 프라다 매장

미우치아와 파트리치오의 예술에 대한 사랑은 세계적인 아방가르드 건축가를 영입한 본사와

32 미국 텍사스에 있는 프라다의 모조 상점인 프라다 마파

33 유명 건축가 렘 콜하스가 설계한 로스앤젤러스 비벌리힐스의 프라다 에피센터

매장의 설계 및 건축에서도 엿볼 수 있다. 밀라노에 있는 프라다 본사에는 4층에 위치한 미우치아의 사무실에서 정원으로 이어지는 유리와 강철로 된 구조물이 있는데, 이는 카르스텐 휠러/Carsten Holler/가 만든 '5번 슬라이드'라는 작품으로 미우치아와 손님들이 건물을 빠져나갈 때 실제 사용하고 있다.

또한, 프라다 사는 네덜란드의 유명한 건축가이자 하버드대학교 교수인 렘 콜하스/Rem Koolhaas/와의 작업을 통해 2001년 뉴욕 소호에 첫 프라다 에피센터/epicenter/를 열었고, 이어 몇 년 후 로스앤젤레스와 샌프란시스코에도 그가 설계한 센터를 오픈했다. 반면, 도쿄의 에피센터는 2003년 자크 헤어초크/Jacques Herzog/와 피에르 드 뫼른/Pierre de Meuron/에 의해 건축되었다. 건물 외관부터 상서롭지 않은 이 에피센터들은 방문자들이 쇼핑과 함께 전시나 공연을 통해 휴식을 즐길 수 있는 복합 문화 센터로 기획되었다. 하지만, 프라다의 예술 후원에 대해 비판의 목소리를 내는 사람들은 세계적인 아방가르드 건축가들이 설계한 프라다 매장들에 대해서도 고운 시선을 보내지 않았다. 프라다가 지나치게 대중화되어 버린 기업 아이덴티티 재구축을 위해 이 전위적인 건축가들의 사회적 이미지를 교묘히 유용했다는 것이다. 이러한 비판에도 불구하고 프라다 에피센터는 많은 여행객에게 재미와 휴식을 제공하고 있으며, 아울러

34 도쿄에 자리한 프라다 에피센터
프라다는 세계적인 아방가르드 건축가들과의 협업을 통해 예술을 후원하고 동시에 기업의 이미지를 구축하고 있다.

기업 매출에도 크게 기여하고 있다. 이후 다른 명품 브랜드도 프라다를 따라 유명한 건축가들에게 매장 건축을 의뢰하게 되었다.

또, 2009년 서울의 경희궁에는 프라다 트랜스포머/Prada Transformer/라는 높이 20m, 무게 180톤에 달하는 구조물이 들어섰다. 이 구조물은 프라다 사의 요청에 따라 유명 건축가 렘 콜하스가 디자인한 것으로 육각형, 직사각형, 십자가형, 원형이 조합된 형태인데, 4개의 프로그램이 구조물 내부에서 순차적으로 진행될 때마다 구조물의 바닥, 천장, 벽의 위치가 바뀌면서 변형을 이루도록 기획되었다. 4개의 프로그램 중의 첫 번째가 60벌의 프라다 스커트를 독특한 방식으로 디스플레이한 '웨이스트 다운/Waist Down/' 전시였다. 도쿄, 상하이, 뉴욕, 로스앤젤러스에서도 열렸던 웨이스트 다운 전시는 미우치아의 치마에 대한 애착과 함께 독창적 디자인 세계를 잘 보여주었다.

X-프로젝트를 통한 글로벌 기업으로의 도약

프라다 사는 1998년 세계적인 브랜드 합병을 통한 글로벌 기업으로의 도약 계획인 X-프로젝트를 수립했다. 이 프로젝트의 목표 달성을 위해 1999년부터 프라다와 유사한 미니멀 이미지를 추구하는 브랜드인 헬무트 랭/Helmut Lang/, 질 샌더/Jill Sander/, 펜디/Fendi/ 등을 합병했다. 하지만 글로벌 금융위기 등으로 인해 세계 경제 상황이 안 좋아지면서 2002년 프라다는 16억 1720만 5000유로라는 막대한 부채를 지게 되었다. 이에 2006년까지 일부 브랜드들을 처분했고, 이후 프라다, 미우 미우와 함께, 영국 신발 브랜드인 처치스/Church' s/와 이탈리아 신발 브랜드인 카 슈/Car Shoe/만을 운영하고 있다.

2009년 프라다 사는 세계에 프라다 174개, 미우 미우 53개, 처치스 34개, 카 슈 4개를 합쳐 총 265개의 매장을 확보하여 경영을 지속하면서 재정적 어려움을 극복하기 위해 노력하고 있다.

35 친숙한 이미지의 프라다 레저라인인 리네아 로사의 신발

세계적인 명품 브랜드 프라다의 CEO이자 디자이너 미우치아 프라다/Miuccia Prada/의 남편인 파트리치오 베르텔리/Patrizio Bertelli/는 창의적인 아이디어와 지칠 줄 모르는 사업적 열정으로 유명하다. 그는 1946년 이탈리아 아레초/Arezzo/에서 태어났는데, 어릴 적부터 재미있는 아이디어의 소유자로 그 일대에서 명성을 떨쳤다. 그는 철학을 다루는 신문을 만들어 편집자로 일하기도 했고, 폐농가에서 파티를 여는 기발한 생각을 행동으로 옮기는 일도 서슴지 않았다. 그가 본격적으로 패션 사업에 뛰어든 것은 고작 18세 때로, 그는 리바이스 청바지에 맞추어 입어서 스타일에 변화를 줄 수 있는 메탈 버클이 달린 벨트를 고안해내어 큰 히트를 쳤다.

파트리치오가 미우치아를 만난 것은 1977년이었다. 당시 그는 이탈리아 가죽 회사/Pellettieri d' Italia Spa/를 경영하면서 써로베르트/Sir, Robert/라는 브랜드를 통해 인기 있는 가죽 지갑을 판매하고 있었다. 프라다의 가방 디자인을 복제한 회사에 단단히 경고를 하기 위해 찾아갔던 미우치아는 도리어 사장인 파트리치오의 언변에 설득당해 동업을 하기에 이르렀다. 그들은 1979년부터 연애를 시작했고, 1987년 결혼했다. 오랜 연애와 결혼 생활에도 불구하고, 프라다와 이탈리아 가죽 회사는 별도로 경영되다가 1997년에야 합병되었다.

파트리치오는 새로운 도전을 두려워했던 미우치아를 설득하여 1980년의 여성 신발 라인을 시작으로 프라다 여성복, 세컨드 브랜드인 미우 미우, 프라다의 남성복, 속옷, 스포츠웨어에 이르기까지 다양한 상품으로 사업을 확장하여 오늘날 프라다 사의 기틀을 마련했다. 만능 스포츠맨이었던 파트리치오는 프라다의 요트인 루나 로사/Luna Rossa/를 이용해 국제 요트 대회에 직접 참가하여 이탈리아인들의 관심을 한 몸에 받기도 했다. 이를 계기로 그는 바람막이 점퍼, 방수 재킷, 요트용 바지 등의 유행을 불러와 프라다 스포츠웨어의 인기에 크게 기여했다.

파트리치오는 미우치아와 함께 예술에 관심이 많아 다양한 예술 작품을 수집했다. 이에 1993년에는 프라다 밀라노 아르테/Prada Milano Arte/ 전시장을 오픈했고, 2년 후에는 프라다 재단/Prada Foundaton/으로 이름을 변경하여 예술 전시 및 공연 유치는 물론 후원에 앞장서고 있다. 또, 아방가르드 건축가인 렘 콜하스/Rem

Koolhaas/, 자크 헤어초크/Jacques Herzog/, 피에르 드 뫼론/Pierre de Meuron/ 등과의 작업을 통해 쇼핑과 문화생활을 겸할 수 있는 새로운 개념의 공간인 프라다 에피센터를 미국과 도쿄에 오픈했다.

불같은 성격의 소유자 파트리치오는 성질만큼이나 저돌적으로 프라다의 사업 확장에 힘을 기울였다. 이에 그는 1998년 프라다의 글로벌 기업으로의 도약을 위해 X-프로젝트를 수립하고 헬무트 랭/Helmut Lang/, 질 샌더/Jill Sander/, 펜디/Fendi/, 영국 신발 브랜드 처치스/Churches/ 등 프라다의 미니멀한 디자인 이미지에 맞는 브랜드들을 합병했다. 하지만 세계 경제의 침체와 함께 막대한 부채를 안게 되자 매입했던 브랜드들을 2006년까지 일부 처분하게 되었다. 이후 프라다, 미우 미우와 함께, 신발 브랜드인 처치스/Church' s/와 카슈/Car Shoe/로 사업운영 규모를 축소했다.

프라다와 평생을 함께 한 동반자이자 사업 파트너
파트리치오 베르텔리

20세기를 대표하는 잇 백/It Bag/으로 프라다의 블랙 나일론 백/Black Nylon Bag/을 빼놓을 수 없다. 본래 프라다 사는 이탈리아의 밀라노에서 1913년 가죽 제품 생산 업체로 시작하여, 나일론 백을 출시한 1980년대 중반까지 가죽을 이용한 상품 개발만을 고수해 왔다. 창업 초기에는 품질의 우수성을 인정받아 귀족과 왕실까지 고객으로 유치했지만, 제2차 세계대전 이후 사회의 변화와 함께 사업은 내리막길을 걷게 되었다.

가업을 이어받은 미우치아 프라다/Miuccia Prada/는 이를 극복하기 위한 타개책을 마련하기 위해 고민하다가 비실용적인 가죽을 대체할 새로운 소재를 물색하게 되었다. 그때 그녀의 눈에 띈 것이 바로 기존의 가죽 트렁크 보호용 소재로 사용했던 포코노/pocono/였다. 포코노는 조밀하게 제직한 나일론 방수 직물로 주로 낙하산이나 비옷을 포함한 군수품 제작에 사용되었다. 포코노는 가죽에 비해 가벼우면서도 질겨 실용적이었다.

1985년 미우치아는 이 포코노로 제작한 백팩을 출시했으나, 처음에는 시장의 반응이 신통치 않았다. 그러나 곧 새로운 가방의 가치를 알아보는 소비자가 늘어나기 시작했다. 포코노 나일론 백은 가볍고 물에 젖지 않는 장점이 있었고 정장이나 캐주얼 의상에도 코디할 수 있었으며 디자인이 고급스러웠다. 또한 나이든 여성들은 학창시절의 향수를 느끼게 해주어 선호했다. 이 상품의 성공요인에는 뛰어난 홍보 전략도 있었는데, 늘씬한 모델들을 고용하여 프라다의 삼각형 금속 라벨이 부착된 나일론 백팩을 메고 두오모/Duomo/ 광장을 돌아다니게 했다. 포코노는 다양한 가방 디자인은 물론 파카로도 만들어져 큰 인기를 끌었고, 리네아 로사/Linea Rosa/, 즉 레드/red/ 라인은 물론 다양한 색상으로도 출시되었다. 프라다의 나일론 백은 1980년대에 가장 많은 모조품이 팔려나간 디자인이기도 하다.

20세기를 대표하는 잇 백, 프라다 나일론 백

Jil Sander

질 샌더 1943~

"나는 단순함 속에 호사스러움이 있다고 확신한다. 이는 다음 비유와 같다. 물 한 잔이 또 다른 한 잔과 서로 같지 않을 수 있다. 한 잔은 단지 갈증만을 채워줄 뿐이고, 다른 한 잔은 당신이 진정으로 그 물을 즐길 수 있게 한다."

*질 샌더*는 헬무트 랭, 미우치아 프라다, 캘빈 클라인과 함께 1990년대 패션에서의 미니멀리즘 미학을 확산시키며 대중의 사랑을 받고 있다. 불필요한 것을 제거하고 가장 순수한 미적 요소를 가장 경제적으로 표현하여 '간결함'과 '단순함'이 특징이다. 그러나 단순하고 간결한 그녀의 옷과는 대조적으로 디자이너로서 자신의 이름을 내건 브랜드 '질 샌더'와의 역사는 단순하지만은 않은 길을 걸어오고 있다.

독일을 기반으로 성장한 세계적인 디자이너

질 샌더의 원래 정식 이름은 하이드마리 지린 샌더/Heidemarie Jiline Sander/로 1943년 독일 북부의 베셀부렌/Wesselburen/, 디트마르셴/Dithmarschen/에서 태어나 함부르크/Hamburg/에서 성장했다. 국립 텍스타일 학교/National Engineering School of Textile/을 졸업한 후, 미국으로 건너가 캘리포니아대학교/University of California, Los Angeles/에서 2년간 교환학생으로 공부했다. 그 이후 돌아와서 여성 잡지에서 패션 에디터로 일했다. 1967년 24세 되던 해에 함부르크에서 소니아 리키엘이나 티에리 뮈글러 같은 유명 디자이너의 디자인과 일부 자신의 디자인을 파는 부티크/boutique, 불어의 '상점'에 해당하는 단어로, 대량으로 유통되는 큰 소매점포 업체와는 달리 옷이나 보석류 등의 패션 상품 중 차별화되고 특화된 고가 상품을 파는 소규모 상점을 가리킴/를 열면서 패션 사업을 시작했다.

그녀는 1968년 자신의 이름을 건 패션 하우스 'Jil Sander GmbH'를 설립했다. 1975년 파리에서 쇼를 열고, 1976년에는 품목 여러 개를 겹겹이 레이어드한 '양파 룩/onion look/'을 발표했

36 질 샌더가 떠난 후 밀란 부크미로빅이 전개한 질 샌더 컬렉션(2002 S/S)
미니멀한 디자인의 더블브레스트 슈트이다.

다. 그러나 그녀의 파리쇼는 대실패로 끝났고, 질 샌더의 옷은 파워 슈트에 열광하던 여성 소비자들에게 큰 반응을 얻지 못했다. 반전은 2년 뒤에 일어났다. 1978년 화장품 업체인 랭커스터/Lancaster/에서 질 샌더의 향수제품을 팔기 시작하면서 자신이 향수 모델로 직접 나섰다. 이를 계기로 과장된 파워슈트에 질렸던 1980년대 말부터 최고 품질의 소재로 군더더기 없는 간결함이 특징인 질 샌더의 디자인이 주목받기 시작했고, 1990년대 중반까지 전성기를 누렸다.

1989년 질 샌더는 프랑크푸르트 주식시장에 상장한 첫 번째 패션 기업이 되었고, 1997년 남성복 컬렉션으로 라인을 확장했다. 1999년 질 샌더는 프라다 그룹에 지분의 75%를 매각하고, 자신은 디자인에만 전념하기로 했다. 그러나 브랜드 질 샌더의 새로운 CEO인 파트리치오 베르텔리/Patrizio Bertelli/와의 동업은 순탄하지 않았다. 소재를 비롯해 품질에 대한 질 샌더의 고집은 적정한 가격선을 추구하는 주류 패션의 접근법과 결코 좁혀질 수 없는 간극을 만들었고, 결국 2000년 그녀는 자신의 이름을 내건 브랜드를 떠나는 결정을 내렸다. 2003년 질 샌더는 자신의 브랜드로 돌아왔으나, 1년 만에 다시 결별을 선언했다.

질 샌더가 떠난 이후, 패션계는 어느덧 라프 시몬스/Raf Simmons/가 디자인한 브랜드 질 샌더에 익숙해졌으나 질 샌더의 두 번째 복귀 소식은 놀라운 일이었다. 그녀는 다시 한번 자신의 이름을 건 브랜드와 화해를 시도했다. 2012년 69세의 나이로 돌아온 질 샌더는 2013년 봄·여름 남성복 컬렉션

37 라프 시몬스가 전개한 질 샌더 컬렉션(2009 F/W)
원 디자이너(질 샌더)의 디자인 철학을 누구보다 잘 살렸다고 평가를 받았다.

을 시작으로 미니멀리즘의 르네상스를 꿈꾸며 새로운 디자인을 선보이고 있다.

고품격 미니멀리즘의 미학

질 샌더의 디자인은 디테일이 없고 간결하여, 심지어 솔기나 포켓까지도 눈에 띄지 않도록 디자인되어 있다. 그녀는 인체에 어떤 장식을 더하는 옷을 거부했고, 순수한 형태를 추구했으며, 형/形/과 인체의 움직임을 융합했다.

또한 순수함을 추구하는 디자인 철학을 구현하기 위해 최고급 소재를 사용했다. 그녀는 자신의 디자인 철학을 바우하우스/Bauhaus, 1919년 독일의 건축가 발터 그로피우스가 설립한 예술 종합학교/와 연결지었다. 일상적인 물건들을 단순하고 편리하게 설계하는 바우하우스의 이념처럼 불필요한 것을 모두 제거한 질 샌더의 디자인은 단순하고 기능적이었다. 질 샌더는 캐시미어 같은 고급 소재를 사용하는 것으로 알려져 있지만, 네오프렌/neoprene, 듀폰사가 개발한 합성고무/이나 그 밖에 신소재를 실험적으로 사용하는 것에도 적극적인 디자이너이다.

질 샌더는 1980년대의 과장된 슈트로부터 벗어나는 시점에 함께 활약한 도나 카란이나 아르마니 같은 부드러운 여성성보다는 양성성에서 그 답을 찾았다. 질 샌더는 페티시적인 패션에서 여성을 해방시키고 싶었다. 그녀는 늘 인체를 구속하지 않는 느슨한 맞음새의 잘 재단된 옷을 선보였다. 겉모습은 매우 다르지만 '바이어스 재단의 여왕' 마들렌 비오네를 자신의 멘토로 꼽은 것은 인체 고유한 움직임을 추구하는 디자인 철학을 계승했기 때문이라고 이해할 수 있다. 그녀는 잘 재단된 슈트가 남성들에게 주는 자신감을 자신의 슈트를 통해 여성에게도 주고 싶었다. 질 샌더의 옷은 편안하고, 자신처럼 일하는 여성에게 적합했다. 실제로 그녀는 자신의 디자인을 직접 입는 것을 즐긴다고 알려져 있다. 색상 또한 채도가 낮은 색이나 무채색을 즐겨 사용했지만, 간결한 디자인과 가벼운 소재감 때문에 결코 무겁게 보이지 않는 특별한 질 샌더만의 스타일을 창조했다.

미니멀리즘의 대중화

2009년 질 샌더는 일본계 SPA 브랜드인 유니클로/Uniqlo/와 계약하여, 2011년 가을·겨울 상품까지 'J'라는 이름으로 디자인을 선보였다. 최신의 트렌드를 즉각적으로 반영하여 대량 생산하는 패스트 패션/fast fashion/ 업체와 질 샌더의 만남은 패션계를 놀라게 했다. 자신이 세운 브랜드도 버리고 나올 만큼 품질에서는 타협할 줄 모르는 그녀였기에 유니클로와의 협업은 세계의 주목을 받기에 충분했다. 'J' 라인의 출시는 질 샌더 입장에서는 '미니멀리즘의 대중화'라는 명분을, 유니클로 입장에서는 대량 생산을 위한 단순한 디자인이 아닌 '디자이너와의 협업을 통해 정제된 디자인의 생산'이라는 차원에서 성공적인 사례로 남게 되었다.

38 자신의 브랜드로 돌아온 질 샌더가 선보인 남성복 컬렉션(2013 S/S)
자신의 트레이드마크인 간결한 디자인에 과감한 색채를 더해서 더욱 젊어진 감성을 보여주었다는 평을 받았다.

2012년 복귀한 이래, 질 샌더는 과감한 색채의 사용으로 더욱 젊어진 감성과 자신의 트레이드마크인 간결하면서도 넉넉한 디자인을 잘 보여주었다는 평을 받고 있다. 그녀가 말했던 "삼차원적이면서 클래식하지 않고 지루하지도 않은 옷"을 보여주려 한 노력이 잘 드러난 쇼였다. 질 샌더의 부재 시에 브랜드의 정수를 가장 잘 구현했다고 평가를 받은 라프 시몬스는 마지막 질 샌더 컬렉션에서 눈물을 보이며 브랜드와 이별을 고했다. 어느덧 라프 시몬스의 질 샌더에 익숙해져 있는 대중에게 질 샌더는 원작자가 디자인한 브랜드 '질 샌더'를 새로이 보여주고 있다.

39 간결하면서도 넉넉한 디자인에 대한 호평(2013 S/S)

Helmut Lang
헬무트 랭 1956~

"상표를 과시하는 옷들을 만들고 싶지는 않다. 단지 올바른 색상과 형식들로 이루어진 정확한 옷들을 창조하고 싶을 뿐이다."
(WWD, 1999. 9. 13)

*헬무트 랭*은 오스트리아 빈 출신의 패션 디자이너로 1990년대 젊고 혁신적인 새로운 도시 패션의 부상을 이끈 디자이너 중 한 명이다. 그는 패션이 화려한 쇼 비즈니스의 세계를 닮아가던 1980년대 중반에 파리 무대에 등장했고, 베이직 아이템들에 기초하여 새로운 시대에 어울리는 현실주의적인 의상들을 선보이면서 유명해졌다. 헬무트 랭은 현대 도시인들이 일상에서 추구하는 실용주의와 기능주의, 단순함의 미학을 지향하면서도 동시에 젊은 세대가 열망하는 새로운 변화의 요소들을 예리하게 결합해냈다. 그의 의상들은 열렬한 추종자들을 만들어내면서 당대 널리 복제되었고, 1990년대 미니멀리즘과 해체주의의 부상 과정에 영향을 주었다.

우연한 기회를 통해 패션계 입문

헬무트 랭은 1956년 오스트리아 빈에서 출생했지만 돌도 되기 전 부모가 이혼하여 동유럽 이민자 출신인 외조부모에게 보내졌고 오스트리아 알프스 산악 지대의 한적하고 가난한 마을에서 성장했다. 그는 불우한 어린 시절을 보냈지만 알프스 지역에서 자란 시간은 실용주의와 현실주의, 자연이 주는 우아한 취향을 키울 수 있게 영향을 주었다. 제르다 북스바움/Gerda Buxbaum, 1999/은 가난했던 어린 시절이 샤넬의 경우처럼 헬무트 랭의 고유 스타일을 창조하는 데 토대가 되었다고 지적했다. 그의 컬렉션에서는 오스트리아 민속 의상, 발칸 반도 출신 이민자들의 입던 칙칙한 싱글 브레스트 슈트, 학창 시절 스포츠웨어로 입었던 베스트와 아노락/Anorak, 등산이나 스키에 쓰이는 방풍·방설을 위한 후드가 달린 외투/ 등의 소재와 디테일들이 등장하기도 했다.

헬무트 랭은 10세 무렵 아버지가 있는 빈으로 돌아왔으나 그리 행복하지 않은 학창 시절을 보냈다. 1974년 독립하여 웨이터 등 여러 직업들을 전전하며 스스로 생계를 꾸려갔고 비즈니스 스쿨에 다니며 미래를 준비했다. 그의 패션계 입문은 이러한 불안정한 시기에 우연히 시작되었다. 자신의 처지에 맞으면서도 좀 더 멋지고 완벽한 옷을 입고 싶었던 그는 원하는 옷을 찾을 수 없자 스스로 티셔츠, 재킷 등을 제작 의뢰하여 착용하기 시작했다. 그의 옷은 친구들의 눈에 띄었고 지인들의 주문이 이어졌다. 헬무트 랭은 패션에 대한 전문적인 교육을 받은 적이 없었고 보조 디자이너로서의 경험도 전무한 아마추어였지만, 옷에 대한 자신의 직관과 본능에 기대어 패션 디자이너로 변신했다. 그는 1977년 주문 제작 패션 비즈니스를 시작했고 1978년 첫 번째 여성복 컬렉션 발표했으며, 1979년 부부랭/Bou Bou Lang/ 부티크를 오픈하며 경력을 쌓아갔다.

1986년 파리 컬렉션 진출

40 단순함을 지향하는 헬무트 랭의 철학을 반영한 로고

1980년대 초 빈을 중심으로 활동하면서 자신의 스타일을 탐구하던 헬무트 랭은 1986년 오스트리아 정부 주도로 진행된 파리 퐁피두센터 전시회를 계기로 세계 패션의 중심지인 파리 무대에서 컬렉션을 선보였다. 그는 '헬무트 랭/Helmut Lang/' 브랜드를 론칭하고 세계 패션의 흐름에 동참하게 되었고 1987년 남성복 컬렉션, 1988년 뉴욕 쇼, 1990년 남성 슈즈 컬렉션 론칭을 이어가며 패션 비즈니스의 영역을 넓혀갔다.

헬무트 랭 의상은 1980년대 중반 장 폴 고티에/Jean Paul Gaultier/나 아제딘 알라이아/Azzedine Alaïa/가 이끌던 섹슈얼리티를 과시한 의상이나 크리스티앙 라크루아/Christian Lacroix/의 호화로운 럭셔리 패션, 칼 라거펠트/Karl Lagerfeld/의 유머러스한 패러디 의상과는 다른 일상성과 진지함을 강조했다. 그의 컬렉션에는 엄격한 테일러링과 화이트 셔츠가 등장했으며, 라텍스, 금속성 소재, 온도에 따라 변하는 기술적 소재들을 사용하여 미래적이고 아방가르드적인 면모도 보여주었다. 시대를 앞선 헬무트 랭 의상은 1990년대 초 경기 후퇴기에 절제된 미니멀리즘이 부상하면서 패션 전문가와 예술계 종사자들에게 각광을 받게 되고 패션의 새로운 조류를 이끌게 되었다.

41 모던하고 실용적이면서도 젊고 전위적인 도시 패션의 제안(2002 F/W)

42 미묘한 레이어링으로 젊음과 우아함, 실용성과 서정성을 표현한 패션 (2001 F/W)

실용주의 도시 패션을 재정의한 모더니스트

헬무트 랭은 화이트, 블랙, 베이지 등 베이직한 컬러 톤을 주조로 하여 모던하고 실용적인 의상들을 발표했다. 패션 리포터들은 '도시적인, 모던한, 실용주의적인, 기능적인, 미니멀리즘, 리얼리즘' 등의 어휘를 동원하여 그의 컬렉션을 묘사했다. 그는 '옷은 사람들이 실제 삶의 공간에서 입을 수 있는 것이어야 한다'고 믿는 현실주의자였으므로 패션의 최고 가치는 과시적인 화려함이 아니라 완벽한 재단과 소재, 일상적인 편안함과 편리함 등을 의미했다. 헬무트 랭은 현대인들의 일상을 구성하는 기본적인 의상 아이템에 동시대가 요구하는 실용적·미적 가치를 더하여 새로운 컨템퍼러리 클래식의 가능성을 탐험했다. 날카로운 느낌마저 주는 날렵한 팬츠와 슈트, 평범하지 않은 재단의 보디 콘셔스/body conscious, 피트된 디자인으로 보디라인을 나타냄/ 티셔츠, 비치는 탑의 레이어링, 기능적인 오버코트와 파카 등이 헬무트 랭 스타일의 핵심 요소로 구축되었다.

그는 정장과 캐주얼, 남성성과 여성성, 가벼움과 진지함, 단순함과 럭셔리 등을 구분한 기존 패션 문법을 파괴하고 혼합하면서 과시와 절제, 낭만주의와 현실주의, 과거와 미래주의 패션 사이의 균형점을 독자적인 방식으로 찾아갔다. 그는 남녀 컬렉션을 한 무대에서 소개했고 남녀가 함께 입을 수 있는 절제되면서도 세련된 앤드로지너스/androgynous, 성의 개념을 초월한/한 의상들을 발표했다. 그의 컬렉션에는 럭셔리를 상징하는 완벽한 재단과 고급 소재, 하이테크 소재와 전위적인 스타일링이 공존했다. 이러한 시도들은 이제는 익숙한 풍경이지만 당대에는 대담한 시도로 여겨졌다.

그의 슈트는 모던하고 실용적이면서도 시대를 앞서가는 미래적인 느낌을 제공했고, 젊음과 지적 우아함을 함께 표현했다. 동시대 도시 젊은이들의 영혼을 표현하는 새로운 유니폼으로 인정을 받았고, 패션에 관심이 많은 당대 젊은 사람들이 가장 입고 싶어 하는 브랜드로 떠올랐다. 이러한 인기에 힘입어 1996년 보다 저렴한 헬무트 랭 데님 라인이 전개되었고, 1996년 3월 〈우먼스 웨어 데일리〉는 헬무트 랭의 컬트 패션이 주류가 되었다고 선언했다.

43 변하는 시대에 맞는 젊고 스마트한 도시 기능주의 패션의 제안 (2003 S/S)

헬무트 랭의 미니멀리즘

헬무트 랭은 질 샌더, 캘빈 클라인, 프라다 등과 더불어 1990년대 미니멀리즘의 부상에 중요한 영향을 끼친 디자이너로 평가를 받고 있다. 레베카 아놀드/Rebecca Arnold/의 언급처럼 그는 쿨하고 도회적인 실루엣을 중심으로 기본적인 형태와 날카로운 컬러 배색, 진보된 테크놀로지 소재를 멋지게 결합시켰고, 모더니즘 미학에 기초한 스타일의 순수성을 고수했다. 그의 의상들은 단순하고 기본적인 형식에 토대를 두었으나 폴리에스테르, 나일론, 루렉스/Lurex/, 신축성 있는 합성 소재들, 셀로판지의 반짝거림이나 구겨짐 등 외적 표현 효과를 만들어내는 기술적 소재들을 사용하고, 미묘한 레이어링과 단순하면서도

44 모던하고 절제된 테일러링과 급진적인 해체주의 미학의 공존(2003 S/S)

45 미니멀리즘과 해체주의를 보여준 의상(2003 S/S)

강렬한 컬러를 도입하여 변화를 추구했다. 이러한 그의 작업은 확실히 미니멀리스트 작가들의 작업 방식과 유사성을 보였다.

헬무트 랭의 미학을 보여주는 대표적인 사례로 1997년 가을·겨울 컬렉션에서 모델 케이트 모스/Kate Moss/가 입고 등장한 앙상블을 꼽을 수 있다. 기본적인 치노 팬츠에 흰색 탱크 톱을 겹쳐 입은 이 심플한 의상에 토르소와 팔을 감싸는 형광 핑크색의 매시 밴드를 결합시켜 변화를 주었다. 2003년 봄·여름 컬렉션에서 그는 한 발 더 나아가 네크라인과 래글런 소매 상부만을 남기고 나머지 부분을 제거한 티셔츠, 내부를 제거하여 스트랩 같은 효과만을 남긴 카디건 스웨터 등을 발표했다. 엘리사 디망/Elyssa Dimant, 2010/은 미니멀 아트 작가 솔 르윗/Sol LeWitte/의 가장 본질적인 골격만으로 입방체 구조물을 개념적으로 보여주었던 작품과 헬무트 랭 의상을 비교하면서 몸을 감싸고 보호하는 도구적 기능을 떠나 순수한 미적 대상으로 미니멀리즘의 미학을 패션에 구현한 사례로 기록했다.

1997년 뉴욕으로의 이주

헬무트 랭은 1997년 파리를 떠나 뉴욕으로 이주했다. 그는 뉴욕에서 고향과 같은 편안함을 느꼈고, 자신의 사업 기반도 뉴욕으로 옮기며 미국 패션계에 새로이 둥지를 틀었다. 1998년 4월 예정된 그의 컬렉션은 패션계의 큰 관심을 받았고 대대적 광고와 홍보가 이어졌다. 그러나 그는 불과 며칠 전 쇼를 취소하고 자신의 새로운 출발을 인터넷으로 소개하는 패션계 최초의 모험을 감행했다. 또한 몇 개월 후에는 유럽 패션 도시들

46 최소한의 기능적 요소만을 남긴 해체주의적 의상(2003 S/S)

의 쇼가 끝난 후 11월에 진행되던 뉴욕 패션 위크 기간을 문제 삼으며, 자신의 쇼를 유럽보다 한발 앞선 9월에 인터넷 생중계로 선보일 예정이라고 선언했다. 캘빈 클라인, 도나 카란 등 뉴욕을 대표하는 디자이너들이 그의 결정을 따르기로 하면서 패션계의 오랜 전통이 깨지고 뉴욕을 시작으로 4대 컬렉션의 순서가 바뀌게 되었다. 헬무트 랭은 뉴욕 컬렉션에서 파카, 티셔츠, 카고 팬츠 등 미국인들의 베이직 아이템을 기본으로 최상의 퀄리티를 지닌 럭셔리 패션을 보여주었고 미국 언론의 호평이 이어졌다. 그는 2002년 10월 다시 파리 무대에 복귀할 때까지 5년간 뉴욕에서 컬렉션을 진행했고 미국 패션협회/CFDA/로부터 2000년 올해의 남성복 디자이너상을 수상했다.

47 미니멀리즘과 해체주의의 경계에서 단순함과 파격의 미학과의 결합을 보여주는 디자인(2001 S/S)

헬무트 랭의 매각과 최근 동향

1990년대 말 패션계에는 거대 럭셔리 그룹의 주도로 패션 브랜드들의 공격적인 인수 합병이 유행했다. 당시 이는 투자 기업과 브랜드에게 모두 이익을 가져올 장밋빛 전략으로 비춰져 헬무트 랭도 1999년 프라다 그룹에 자기 지분의 51%를 매각하며 브랜드 성장의 동력을 얻기를 희망했다. 프라다와의 파트너십을 통해 헬무트 랭은 최고급 럭셔리 브랜드로 변신을 추진했고 2003년 봄·여름 시즌부터 헬무트 랭 컬렉션을 다시 파리에서 선보이게 되었다. 그러나 프라다와 헬무트 랭 브랜드의 파트너십은 성공적인 결과로 이어지지 못했고, 그는 2004년 나머지 지분을 프라다에 모두 매각하고 2005년 봄에 자신의 브랜드에서도 사임했다.

프라다는 2006년 일본의 링크 씨어리 홀딩스/link theory holdings/에 헬무트 랭 브랜드를 매각했고, 헬무트 랭 브랜드는 새로운 디자이너 팀, 마이클과 니콜 콜로보스/Micheal & Nicole Colovos/를 영입하여 브랜드 재기의 발판을 다졌다. 한편 그는 자신의 브랜드와 결별한 후 아티스트로 변신하여 조각과 설치 작업에 몰두하고 있다.

Martin Margiela
마틴 마르지엘라 1957~

"패션은 예술이 아니다. 그것은 착용자가 탐구하고 즐기는 공예, 즉 '기술적 노하우'다."

*마틴 마르지엘라*는 수수께끼 같은 패션 디자이너로 불리고 있으며, 기본적인 것만 남은 기능주의 미학과 함께 '해체주의'라는 새로운 패션을 도입하여 기존 패션의 관습에 도전했다.

의복 구성의 형식을 파괴한 이 개념적 디자이너는 솔기의 노출, 마무리하지 않은 단 처리, 구조의 해체와 재활용 등을 통해 익숙한 의복을 입는 새로운 착장 방식을 보여주었을 뿐만 아니라, 의복의 생산과정을 노출하여 새로운 스타일을 보여준 위대한 혁명가로 남아 있다.

해체주의를 통한 의복의 구조와 생산과정의 노출

1980년대 후반 벨기에 출신 디자이너들의 출현으로 패션계에는 예상치 못한 변화의 흐름이 생겨났고, 당시에 배출된 다수의 신진 디자이너들 중 독창적인 스타일의 최상위에는 지금까지도 탁월한 해체주의자로 알려진 마틴 마르지엘라가 있다.

마르지엘라는 이미 존재하고 있는 규정된 이론을 의문시하는 방식으로 패션계 내외부에 활기를 불러올 수 있는 대안을 찾기 시작했다. 마르지엘라의 작업은 의복 자체뿐만 아니라, 그것이 생산되는 시스템까지도 고려했다는 점에서 해체주의적이었다. 다시 말해 그의 원리는 주로 패션에 보이지 않는 것, 즉 의복 아이템이 구성되는 방식을 드러내는 것으로, 마르지엘라 작업의 핵심은 형形, 소재, 구조, 테크닉과 같은 의복 아이템의 기저를 이루는 여러 측면들에 대한 탐구였다. 또한 이러한 그의 관심은 의복의 생산과정을 노출하거나 전통적인 의복 생산방식의 배후에 숨겨진 기술들을 드러내는 것으로 나타났다. 그 예로 1997년 그는 낡은 테일러링 인체모형/dummy/을 토대로 두 차례의 세미 쿠튀르/semi-couture/ 컬렉션을 열었는데, 이 쇼에서 가봉 작업의 생산 단계를 보여주는 다양한 요소들은 재킷의 일부가 되었다. 마르지엘라는 솔기를 노출하고, 안감을 드러내며, 느슨한 실들을 촉수처럼 늘어지게 하는 등 소재의 표면재질에 주의를 끌면서 작업과정을 보여주었다.

이와 같은 방식으로 해체주의 디자이너, 마틴 마르지엘라는 패션의 가장 기초적 요소들까지 파괴하여 이것을 완전히 다른 방식으로 재조합했다. 기술적인 관점에서 이러한 해체의 과정은 여러 다양한 단계들을 거치면서 나타난다. 첫째, 옷의 내부가 외부로 향한다. 즉, 겉으로 전혀 드러내지 않아야 할 헴라인/hemline/, 다트/darts/, 스티치/stitiches/, 테일러 마킹/tailor markings/ 등이 표면으로 나타나며, 지퍼/zips/나 스터드/studs/ 같이 안으로 감추어져야 하는 기능적 액세서리들이 강조된다. 둘째, 의복은 완성된 형태로 나타나지 않으며 디테일조차도 생산과정의 각 단계들을 가시적으로 드러난다. 따라서 그의 작업에는 패션의 2가지 구성 요소, 즉 일반적으로 숨겨져서 소비자에게 잘 드러나지 않은 수공예 기술과 일시적으로 제품이 본 모습을 드러내면서 약화되는 대신 생산과정 중에 나타난 노동의 흔적들이 제품으로 완성되는 눈부신 순간에 그대로 노출된다.

새로운 착장 방식을 통한 패션의 영속성

마르지엘라는 항상 가장 일상적인 의복들을 취해 새로운 착장 방식들을 보여줌으로써 시즌을 앞서 갔으며, 다른 디자이너들과는 달리 끊임없이 기존 작품들을 재활용하여 자신의 컬렉션에 연속성을 부여했다.

주로 벼룩시장이나 스트리트 스타일로부터 영감을 얻는 마르지엘라는 때때로 일상적인 의복의 형태와 소재를 혼합하고 변형하여 패션으로 전환시키곤 했는데, 그 과정에서 그는 익숙한 아이템들을 입는 새로운 착장 방식을 통해 패션계의 관습적인 사고에 도전했다. 그 예로 1991년 여름 컬렉션에서는 1950년대 중고 연회가운들/ball gowns/을 회색으로 염색하여 새롭게 웨이스트코트/waistcoat/로 재창조했으며, 낡은 진과 데님 재킷들을 재작업하여 롱 코트로 탈바꿈시켰다. 1993년 가을 컬렉션에서는 벼룩시장에서 사온 블랙 드레스 4벌을 한꺼번에 봉제하여 드레스와 19세기 수도사 코트로 재디자인했다. 또한 소재와 낡은 액세서리들을 재활용하여 놀랍도록 새로운 디자인으로 재탄생시켰다. 1988년 겨울 컬렉션에서는 깨진 접시 조각들로 셔츠를 만들었고, 비닐 쇼핑백들을 재단하여 티셔츠로 만들었다. 1991년에는 낡은 군용 양말을 거친 스티치들로 엮어 만든 스웨터를 발표했다. 1994년에는 인형 의상을 인체 실물 사이즈로 확장했으며, 1996년에는 투명하고 가벼운 인조실크에 두꺼운 겨울 코트 사진을 프린트하여 피부에 절묘한 느낌을 부여했다. 이와 같은 작업들을 통해 마르지엘라는 우리가 어떤 것도 폐기하지 말아야 하며 정말 좋은 것은 늘 좋을 수 있음을 입증했다. 이를 통해 그는 모든 디자인이 패션 역사의 산물임을 인정하면서 동시에, 창조자로서의 디자이너의 개념을 약화시켰다.

마르지엘라는 현대 패션 시스템의 압력에 동요하지 않고 트렌드에 의해 규정되는 착장 방식에 저항하면서, 여러 시즌에 걸쳐 자신의 콘셉트를 지속적으로 반복하여 발전시켰다. 경제 시스템이 디자이너들에게 부과하는 생산의 리듬을 거부하는 것처럼, 메종 마틴 마르지엘라의 컬렉션은 트렌드나 시즌에 구속되지 않았다. 가령 타비 부츠/tabi boots, 발굽 형태로 일본 전통 신발에서 영감을 받은 구두/는 비록 조금씩 수정되기는 했으나 매 시즌 다시 등장했으며, 특히 '성공적인 아이템', 즉 이전 컬렉션에서 인기를 끌었던 의상들은 자주 반복되었다. 이처럼 반복되는 의상들은 마틴 마르지엘라의 다양한 라인으로 이어졌는데, 그들 각각은 내용, 작업방법, 기술의 차이에 따라 서로 다른 숫자를 부여받았다. 즉 하우스의 컬렉션 전체는 0부터 22까지의 숫자 체계로 명명되었고, 각각의 라인들은 0부터 23까지의 숫자가 프린트된 라벨에 서로 다른 숫자를 부여받았다. 이처럼 마르지엘라는 이미지를 대신하여 마치 색인과도 같은 기호를 제시했다.

48 메종 마틴 마르지엘라의 아이콘인 타비 부츠(2014 S/S)
타비 부츠는 발굽 모양의 전통적인 일본식 신발에서 영감을 받았다. 마르지엘라는 1989 S/S 이래로 다양한 종류의 타비 부츠를 발표했다.

그의 컬렉션에 자주 등장하는 화이트 베일은 착용자를 익명으로 나타내는데, 이를 통해 그는 옷을 입은 모델이 아닌 일반대중을 위한 의복을 제안한다. 이렇게 그는 패션의 역사로 돌아가 조용한 익명의 전복을 꾀하는데, 여기에서 우리는 마르지엘라의 신중함을 엿보게 된다. 그의 일상적 의복, 익명의 의복에 감추어진 스타일을 향한 진정한 야망은 일시적인 변덕을 피하고 패션의 희생자가 되지 않는 가장 확실한 방법을 알려준다. 일상적인 스웨터, 재킷, 드레스는 마르지엘라에 의해 다시금 열망하는 테마/theme/가 되며 아이디어의 표명이 된다. 그리고 이들로부터 풍기는 매력은 단순함의 미학을 보여준다. 따라서 마르지엘라는 개념화의 초기 단계부터 클래식한 패션을 업데이트하고 기록·보관한다. 이런 식으로 그는 '변화라기보다는 영속성에 기반한 패션'이라는 역설을 통해 스타일을 발명하고 이전의 콘셉트를 부활시킨다.

컬렉션에 나타난 해체주의

해체주의는 구조주의의 한계를 극복하고자 1960년대 후반에 등장한 후기 구조주의 사상의 하나로, 이것의 근간은 프랑스의 철학자 자크 데리다/Jacques Derrida, 1930~2004/의 비평이론이다. 패션에서 '해체'라는 용어는 1989년 빌 커닝햄/Bill Cunningham/이 〈디테일즈/Details/〉라는 잡지에서 처음 언급했으며, 1989년 10월 마틴 마르지엘라의 1990년 봄·여름 파리 컬렉션으로부터 해체주의에 대한 논의가 시작되었다. 1989년 최초의 컬렉션에서는 독특하게 좁은 어깨의 의상이 두드러지게 나타났는데, 마르지엘라는 이를 '시가렛 숄더/cigarette shoulder/'라고 불렀다. 이것은 1980년대 파워 드레싱/power dressing/이 지배하던 시대에 대한 일종의 반항의 표명이었다. 이 컬렉션은 플라스틱 드레스, 종이반죽 탑, 소매가 찢긴 재킷, 안감 소재로 만든 스커트, 오버사이즈의 남성용 바지 등으로 구성된 하나의 실험적인 역작으로 센세이션/sensation/을 불러 일으켰다.

마르지엘라의 해체주의 패션은 데리다의 해체주의 이론 중 차연/Différance, 자크 데리다가 독자적으로 사용한 비평 용어/, 상호텍스트성, 불확정성, Dis, De의 탈현상의 측면에서 설명될 수 있다. 패션에서의 차연은 과거-현재-미래의 복식양식을 결합시키거나 의복의 기존 개념을 변화시키면서 나타나는데, 마르지엘라는 우아하고 고급스러운 이미지를 미적 가치로 보았던 종래의 디자인에 반하여 솔기나 헴라인 등이 해체된 형태와 조잡하고 지저분하게까지 보이는 이미지를 제시한다. 1996년 여름 컬렉션에서 그는 의복 사진, 니트 제품, 이브닝웨어, 다양한 소재 등을 가벼운 천에 사실적으로 프린트하여 착시효과/trompe l' oeil effect/를 보여주었는데, 이로부터 과거의 디자인은 프린트 과정을 거쳐 새로운 디자인으로 재탄생되었다. 1997년 로테르담/Rotterdam/의 보어만스 반 뵈닝헌 박물관/Boijmans van Beuningen Museum/에서 열렸던 마르지엘라의 단독 전시회는 미생물학자와의 협업으로 꾸며졌다. 이 컬렉션에서 그는 지금까지 만들었던 컬렉션 18개를 흰색과 회색 계열로 재염색한 뒤 여기에 곰팡이와 효모균을 부착하여 배양한 후 옷의 변화를 보여주었다. 또한, 그는 솔기를 고의적으로 뜯거나 구멍을 내어 마치 누더기 같은 느낌의 옷을 창조하면서 미에 관한 일반적인 상식을 뒤집었다.

패션에서의 상호텍스트성은 성 역할에 따른 고정관념, 아이템 혹은 TPO에 적합한 착장방법, 소재의 용도 등이해체된 디자인으로 나타난다. 마르지엘라는 남성적 요소와 여성적 요소를 결합하고 어울리지 않는 아이템을 하나의 스타일 속에 조합하거나, 좌우 비대칭 혹은 안팎의 구분이 없는 디자인에 서로 다른 성격의 소재들을 사용하여 상호텍스트성을 나타냈다. 1997년 가봉용 인체모형을 이용한 컬렉션에서 그는 의복의 생산과정을 드러냈을 뿐만 아니라, 남성적인 어깨선과 여성적인 것을 혼합하고 소매가 제거되거나 어깨패드가 외부로 드러난 재킷 등을 선보였다.

마르지엘라의 작업은 독창적인 조형감각과 함께 레이어링 기법과 착장방법의 변화를 통해 의미의 불확정성을 나타낸다. 1997년 가을·겨울 컬렉션에서는 봉제하지 않은 천을 자유롭게 두르거나 휘감는 등의 새로운 착장방법을 제시했고, 2004년 봄·여름 컬렉션에서는 스커트를 착용하는 대신 이를 상의의 앞부분에 고정시키는 혁신적인 착장방법

49 비대칭적 스타일의 바지(2012 F/W)

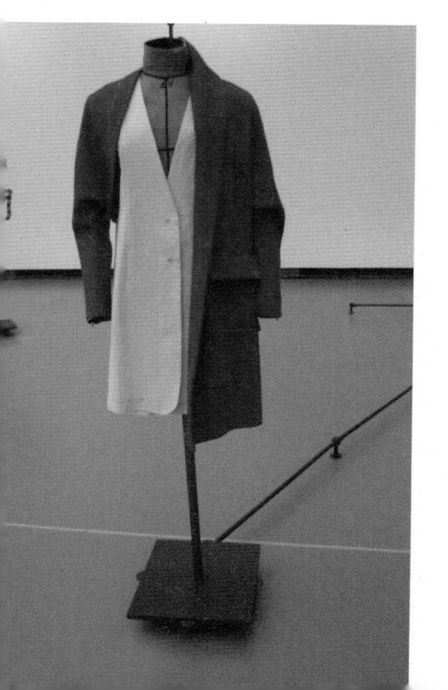

50 비대칭적 스타일의 코트(1997 F/W)

과 함께 재킷의 소매를 안으로 집어넣어 소매의 기능성을 해체시켰다. 2006년 봄·여름 컬렉션에서는 원단 롤/roll/을 스커트의 한 부분으로 남겨두어 옷의 구조적인 제약을 무너뜨렸으며, 1999년 봄·여름 컬렉션에서는 옷 대신 사이즈만 나타낸 사진을 들고 무대로 걸어 나오는 모델들을 연출하여 착장방법의 해체를 보여주었다.

패션의 해체주의는 탈중심, 탈구성, 위치전환, 비균형, 비구조의 표현기법을 통한 Dis, De 탈현상으로도 나타난다. 마르지엘라의 형에 대한 연구는 1998년 여름 컬렉션의 '납작한 의복' 시리즈에서 잘 드러난다. 이 의복은 착용되지 않을 때에는 종이 패턴의 2차원적 구조를 유지하며, 진동은 측면이 아닌 정면에서 절개되고, 착용시에만 3차원적인 형태를 보였다. 1998년 봄에 그는 비닐 쇼핑백 모양에서 영감을 받은 편평한 의복으로 가득한 컬렉션을 선보였는데, 이 컬렉션에서 남성 모델들은 화이트 코트를 착용한 채 옷걸이에 걸린 의복을 들고 나타났다. 또한 1999년 여름 컬렉션에서 그는 인체 사이즈로 확장된 인형 옷 시리즈를 재생산했는데, 여기에는 거대한 단추와 지퍼가 달려 불균형한 모습을 보여주었다. 또한 '사이즈 74/Size 74/'라고 불렸던 2000년 봄·여름 컬렉션에서 마르지엘라는 터무니없이 큰 사이즈의 코트, 셔츠, 란제리, 남성 와이셔츠를 선보이기도 했다. 이러한 컬렉션에서 마르지엘라는 관습적으로 인식되는 사이즈나 평균에 대한 개념을 의문시하고 혼란스럽게 하고자 했다.

51 스커트를 착용하지 않고 고정시키는 새로운 해체주의적 착장 방식(2004 S/S)

52 사이즈와 평균을 의문시한 디자인(2000 S/S)
관습적으로 인식되는 사이즈와 평균에 의문을 제기하기 위해 과도하게 큰 사이즈의 셔츠, 블라우스, 드레스를 입은 모델들이 무대에 올랐다.

물신화된 몸의 해체로 나타난 시간의 흔적

마르지엘라는 착용자가 디자인과 상호작용해야 한다고 믿었는데 이로부터 나타난 완성된 의복의 형태는 착용자의 몸을 통해 결정되었다. 만일 패션을 여체의 관능성을 숨기기 위한 하나의 페티시즘/fetishism/으로 간주한다면, 마르지엘라는 자신의 작업을 통해 이와 같은 패션의 비밀을 밝히고 완벽한 위장을 노출하는 패션을 창조해, 물신화된 여성의 몸을 해체했다.

마르지엘라의 작업에서 반복적으로 드러나는 것은 마네킹/mannequin, 디자이너 스튜디오에 있는 천이나 목재 인형/으로, 패션의 해체는 바로 이 마네킹과 함께 시작된다. 마네킹은 여성 체형의 표준화를 주도했으며, 그리스 조각에서부터 고전적으로 전승된 클래식한 비례의 규준을 제시한다. 마르지엘라는 마네킹을 패션쇼 무대로 끌어와 획일화된 여성의 이상적 몸이 자연적인 것이라기보다는 오히려 예술로서 생산되는 방식임을 보여주었다. 의복의 내부가 외부가 되는 이 미완성의 조각들은 무생물의 인형에 대한 매혹을 드러냈다. 패션 칼럼니스트 빈켄/Vinken, 2005/은 이를 포스트패션/postfashion/이라고 칭했는데, 이 패션에서는 안이 겉으로 드러나면서 열린 또는 역전된 의복이 나타났다. 마르지엘라의 의복은 이처럼 패션의 본질을 외부로 전환시키는데, 이를 통해 그는 영원히 완벽하지만 더이상 생명력이 없는 이상을 보여준다.

나아가 마르지엘라는 더 이상 규준화된 불멸의 이상이 아닌 유기적으로 살아 있는 몸이 남긴 '시간의 흔적'을 드러낸다. 그의 '누더기 옷/rag clothes/'은 죽음으로 향하는 인간의 생애에 남겨진 흔적을 보여준다. 그는 생산과정을 외부로 전환하여 기능주의의 해체, 즉 더이상 기능이 없는 기능을 보여주는데, 이것은 그의 작업에서 또 하나의 장식이 되면서 동시에 외부로의 시간의 전환을 암시한다. 이처럼 시간은 마르지엘라의 작업에 고착되어 나타난다. 그의 의복은 2가지 측면에서 시간의 흔적을 전달하는데, 여기에서 의복은 그 자체로 시간의 기호가 된다. 그 첫째는 생산과정의 시간이며, 둘째는 사용과정 중 소재에 남겨진 흔적으로 나타나는 시간이다. 그러나 이와 같은 재활용은 결코 도덕적이거나 정치적 혹은 환경적인 문제가 아니라, 전적으로 미적인 전략으로 나타나는데, 이로부터 그의 작업은 독특한 예술작품으로의 권한을 획득한다.

수수께끼 같은 벨기에의 대표적 디자이너

마틴 마르지엘라는 1959년 벨기에 플랑드르/Flandre/ 림뷔르흐/Limburg/ 지역에서 가발업과 향수업을 하는 집안의 아들로 태어났다. 그는 '앤트워프 식스/Antwerp Six/' 중의 일인으로 종종 분류되기도하지만, 실제로 그들보다 1년 일찍 왕립미술학교를 졸업했다. 앤트워프 식스의 패션 디자인은 고도의 진지함을 통해 기술적으로 뛰어난 발전을 이루었으며, 마르지엘라는 1980년대 중반 앤트워프 식스가 절정에 달했던 시기에 패션의 인습타파주의자인 장 폴 고티에 사에서 보다 높은 차원의 창조성을 발전시켰다. 이후 그는 고티에를 떠나 1988년 친구 제이 마이렌스/Jenny Meirens/와 함께 파리에 메종 마틴 마르지엘라/Maison Martin Margiela/를 설립했다.

앤트워프 식스(Antwerp Six)

1980년에서 1981년 사이에 앤트워프 왕립 미술학교를 졸업하고 런던 패션 위크에 함께 자신들의 작업을 선보였던 벨기에 출신의 가장 영향력이 있던 아방가르드 디자이너 그룹이다. 6인의 멤버는 월터 반베이렌동크(Walter Van Beirendonck), 앤 드뮐미스터(Ann Demeulemeester), 드리스 반 노튼(Dries van Noten), 딕 반 셰인(Dirk Van Saene), 딕 비켐버그(Dirk Bikkembergs), 마리나 이(Marina Yee)로 구성된다.

앤트워프 왕립 미술학교/Antwerp' s Royal Academy of Fine Arts/의

53 패션계의 관습에 전복을 일으키는 익명성(2009 S/S)
신비주의 디자이너 마르지엘라 자신처럼 그의 컬렉션의 모델들은 자주 눈이나 얼굴을 가리고 등장한다. 그는 스타킹으로 모델의 얼굴을 가리고 얼굴과 어깨에 가발을 씌워서 착용자를 익명으로 만들 뿐만 아니라 착시현상까지 불러일으켰다. 이 익명성은 판촉과 홍보의 대상으로 모델을 이용하기보다는 일반 대중을 위한 의복을 제안하며 패션계의 관습에 전복을 가져왔다.

멤버이자 해체주의 패션의 창립자인 마르지엘라는 환원/reduction/의 대가라고 불린다. 1980년대 많은 디자이너들이 자신을 스타로 만들기 위해 개성과 이미지를 홍보했던 것과는 달리, 마르지엘라는 디자이너의 개인숭배를 회피하며 언론 노출을 극도로 꺼려 대중 앞에 나타나는 어떠한 인터뷰나 홍보도 회피했다. 그는 이러한 자진적 은둔을 통해 스스로를 쇼맨/showman/의 역할에 한정짓기를 거부했으며, 사적이든지 공적이든지 자신의 사진이나 초상화를 결코 노출하지 않았다. 이처럼 마르지엘라는 늘 베일에 가려졌었는데, 이것은 오히려 '메종 마틴 마르지엘라'라는 공동의 브랜드를 더욱 부각시켰다.

1990년대 초 마르지엘라는 이미 패션계에서 독보적인 지위를 확보하게 되었는데, 그가 인터뷰는커녕 패션 매체에도 마지못해 응했던 것은 역설적으로 그의 인기를 더욱 가속화시켰다. 마르지엘라는 사람들이 디자이너로서의 자신보다는 의복에 관심을 갖기를 원했으며, 의복을 통해 스스로를 표현하고자 했다. 따라서 그는 모든 인터뷰를 디자이너 마틴 마르지엘라가 아닌 메종 마르지엘라라는 팀 단위로 수행했고, 그것도 주로 팩스나 이메일을 통해서 했다.

여타의 디자이너들과는 달리, 마르지엘라는 메종 마르지엘라 본사를 생토노레/Faubourg Saint-Honoré/ 거리의 명성 있는 지역으로 선택하지 않고 오히려 파리 북부 교외에 있는 전 철도 작업장으로 선택했다. 그의 컬렉션들은 주로 바르베/Barbès/, 즉 주로 아프리카인과 아랍인들이 거주하는 파리의 가장 빈민가 중의 하나에서, 텅 빈 지하철 통로에서, 버려진 주차장에서, 폐기된 철도역에서 개최되곤 했다. 또한 그의 디자인은 종종 일반인에게 입혀지기도 했는데, 이처럼 마르지엘라의 모델들은 패션 산업의 판촉을 위한 장치가 아닌 익명으로 남아 있다. 그리고 이러한 익명성은 그의 컬렉션에 자주 등장하는 머리를 감싼 베일을 통해 보다 강조된다.

또한 그는 자신의 디자인에 어떠한 표식도 없는 흰색의 빈 라벨만을 부착했다. 이것은 마르지엘라 의복의 가장 눈에 띄는 디테일로, 아무 것도 써있지 않은 다소 큰 모슬린/muslin, 평직으로 짠 무명/ 조각의 흰색 라벨은 모서리에 4번의 간단한 스티치로 의복 바깥에 드러난다. 그는 호화로운 브랜드나 자기과시적인 로고보다는 화이트의 심플함을 선택하여 분명한 문화를 제안한다. 이 라벨은 브랜드 아이덴티티/BI/도, 사이즈도 제시하지 않고 오로지 화이트 스티치로만 주목을 끈다. 이를 통해 그는 현대 디자이너 시스템을 의문시하면서 상품의 브랜드화 현상을 교란시킨다. 그리고 그의 이러한 작업 방식은 브랜드 이미지와 디자이너의 이름이 주요 마케팅 전략을 이루는 패션계로부터 2가지 측면, 즉 얼굴과 이름이 없는 텅 빈 공간만을 제시한다. 그러나 이러한 방식은 오히려 마케팅 전략으로 오인되어, 브랜드를 중시하는 소수특권층을 사로잡았다. 이처럼 마르지엘라의 수수께끼 같은 페르소나는 점점 하나의 개성으로 인정받아 패션계에 새로운 신화를 창조했다.

메종 마틴 마르지엘라의 20주년

메종 마틴 마르지엘라의 해체주의와 실험성은 1988년 오픈 이후 곧바로 성공으로 이어지지는 않았으며, 사업의 발전은 다소 더디고 힘들게 나타났다. 첫 번째 매장은 2000년이 되어서야 도쿄에 오픈했는데, 대부분의 그의 매장은 내부자만 알 수 있을 정도로 찾기 어려운 위치에 있었으며, 계속적인 재정적 압력하에 있었다. 2002년 마르지엘라는 이탈리아의 혁신적인

54 어깨를 강조한 화이트 재킷, 찢어진 화이트 진, 선글라스를 쓴 모델(2008 S/S)

데님 브랜드, 디젤/Diesel/의 소유주인 렌조 로소/Renzo Rosso/라는 호의적인 투자자를 만나게 된다. 이 거래는 메종 마르지엘라에 사업상 하나의 전환점을 가져와서 2007년 이후 특히 일본을 중심으로 판매량이 급등했으며, 사업은 이후 향수와 주얼리 분야까지 확장되었다.

2008년 메종 마르지엘라 20주년 즈음하여 마틴 마르지엘라가 은퇴를 고려하고 있다는 소문이 돌았으나, 이는 곧 '메종 마틴 마르지엘라'라는 타이틀의 앤트워프 대형 회고전과 2009년 봄·여름 컬렉션의 에너지로 대체되었고, 2009년 초 메종 마틴 마르지엘라는 홈 데코레이션/home decoration/과 호텔 디자인 분야까지 확장되게 된다.

수수께끼 같은 마르지엘라의 특성에도 불구하고 디자이너로의 그의 지속적인 영향력은 곳곳에서 나타났다. 특히 데님 영역에서 스타일의 재활용과 해체는 이제 확고한 기반을 확립했으며, 니콜라스 게스키에르/Nicolas Ghesquiere/ 등 새로운 세대의 많은 젊은 디자이너들이 그의 영향을 받았다. 또한 21세기 지속가능성이라는 환경적 이슈와 빈티지/vintage/ 패션의 발전을 살펴볼 때, 마르지엘라는 새로운 방식으로 패션을 앞서가는 진정한 선구자였음이 입증된다.

1997년 마르지엘라는 프랑스 최고의 럭셔리 하우스 중의 하나인 에르메스/Hermès/의 수석 디자이너로 지명되었다. 에르메스의 회장 장 루이 뒤마/Jean-Louis Dumas/는 메종 마틴 마르지엘라의 모델이자 여배우인 딸을 통해 마르지엘라를 알게 되었는데, 그는 마르지엘라가 에르메스의 전통을 이어갈 만한 '명마를 위한 훌륭한 기수'라고 판단했다. 마르지엘라는 에르메스 사에서 하우스의 전통을 고수하면서 동시에 계속해서 그의 특징적인 테일러링을 발전시켰다. 즉, 근본적이지 않은 것은 제거되었고, 모든 것은 진정한 명품의 본질로 환원되었으며, 완벽한 질과 마감은 그의 작업의 주축을 이루었다. 2003년 마르지엘라는 에르메스를 떠났고, 2004년 한때 그의 멘토였던 장 폴 고티에가 이를 계승했다.

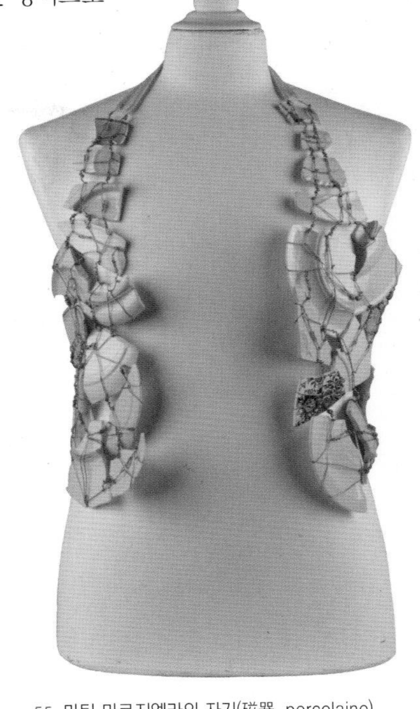

55 마틴 마르지엘라의 자기(磁器, porcelaine)로 만든 조끼(1989~1990)

Tom Ford

톰 포드 1961~

"나는 패션 디자이너이다. 내가 하는 일은 예술적이지만, 예술가는 아니다. … 왜냐하면 나는 팔리고, 마케팅 되고, 사용되고, 궁극적으로는 폐기될 것을 만들어 왔기 때문이다."

톰 포드는 20세기 말 패션계의 스타 디자이너 중 한 사람으로, 그는 패션산업의 중심지가 아닌 보수적인 미국 남부에서 성장기를 보냈다. 그는 1961년 미국 텍사스주 오스틴/Austin/ 출생으로 오스틴과 휴스턴 근교에서 성장했고, 11세가 되던 해에 뉴멕시코주로 가족이 이주하여 산타페의 명문 고등학교/Santa Fe Preparatory School/를 졸업했다. 톰 포드는 어린 시절에 자신이 늘 또래보다 성숙했으며, 13세가 되던 해에 엄마를 졸라 받은 흰색 구찌/Gucci/ 로퍼/loafer, 단화/ 한 켤레가 생애 처음으로 갖게 된 명품이었다고 회고했다. 구찌 구두를 사달라고 엄마를 조르던 미국 남부의 한 꼬마는 후일 이탈리아로 건너가 구찌를 세계적인 브랜드로 만드는 스타 디자이너가 되었다.

포드는 고등학교 졸업 후 매사추세츠주 시몬스락 바드 컬리지/Bard College at Simon' s Rock/와 뉴욕대학교/New York University/를 거쳐 결국 뉴욕 파슨스 스쿨/Parsons The New School of Design/에 안착하여 1986년 건축학 학사 학위를 받았다. 뉴욕 이주는 포드의 내재되어 있던 끼를 발현시키는 계기가 되었다. 그는 전설적인 나이트클럽 스튜디오 54/Studio 54/의 유명한 단골 고객이었다. 이 시절 접했던 디스코 시대의 감성은 이후 포드의 디자인에 영향을 많이 주었다. 포드는 파슨스 스쿨 재학 중에 끌로에/Chloé/의 홍보 사무실에서 인턴으로 근무했는데, 이는 포드가 패션의 길로 접어드는 결정적인 전환점이 되었다.

그는 건축학을 전공한터라 패션에 대한 기술적인 지식과 경험이 부족했으나 패션계로 발을 들여놓기 위해 끈질긴 집념과 열정을 기울여 도전을 시작했다. 비공식적을 알려진 이야기에 따르면 포드는 뉴욕을 기반으로 한 디자이너 캐시 하드윅/Cathy Hardwick/에게 한 달 동안 매일 전화를 건 끝에 인터뷰 약속을 받아낼 수 있었다고 한다. 포드는 하드윅 아래에서 보조 디자이너로 2년간 일한 후, 1988년 마크 제이콥스가 디자이너로 일하던 페리 엘리스/Perry Ellis/로 옮겨 다시 2년간 근무했다. 하드윅에서 일하던 시절, 톰 포드는 후일 성공에 지대한 역할을 하는 파트너이자 당시 〈우먼스 웨어 데일리〉의 편집장이었던 리처드 버클리/Richard Buckley/를 만나게 되었다.

화려하게 부활한 구찌의 주역

구찌는 1920년대 가죽 제품 상점으로 시작하여 이름을 알리게 되었으나 1970년대 이래 창업자 구찌오 구찌/Guccio Gucci/ 자손들 간의 갈등으로 내리막을 걷고 있었다. 창업자의 3대손인 마우리치오 구찌/Maurizio Gucci/는 다시 한번 구찌의 영광스러운 과거를 회복하기 위해 에르메스나 샤넬과 같은 고가 명품 브랜드로 구찌를 포지셔닝을 했으나 실패로 돌아갔고 회사는 더욱 축소되었다. 마우리치오는 위기를 타파하기 위해 하버드 법대 출신의 전문 경영인 도메니코 드 솔레/Domenico De Sole/를 영입했고, 또 버그도프 굿맨/Bergdorf Goodman, 미국의 고급 백화점/ 출신의 돈 멜로/Dawn Mello/를 크리에이티브 디렉터로 고용했다.

이즈음 톰 포드는 뉴욕에서 패션에 대한 자신의 재능을 발견하기 시작하며 유럽 시장으로 눈을 돌렸다. 포드는 자신의 패션과 스타일에 대한 열정이 유럽적이라고 믿었으며, 이탈리아로 이주할 미국 디자이너를 찾고 있던 크리에이티브 디렉터 돈 멜로의 눈에 띄게 되었다. 1990년 돈 멜로의 제의에 따라 톰 포드는 구찌의 여성복 디자이너로 근무했다. 포드를 기용한 돈 멜로의 날카로운 예지력은 적중했다. 비록 구찌가 가방이나 신발 등 가죽 제품 위주의 브랜드이지만 이름도 전혀 알려지지 않은 신예 톰 포드를 여성복 디자이너로 기용한 것은 매우 파격적인 일이었다. 돈 멜로는 "아무도 구찌를 입으려고 하지 않는다."라고 하며 브랜드를 성장시키기 위해서 여성복의 중요성을 인식하고 톰 포드라는 포석을 놓았다.

회사는 불황에서 벗어나지 못하고 있었으나 톰 포드가 자신의 능력을 보여주고 구찌에서의 역할을 확장하게 되는 데에는 좋은 기회로 작용했다. 포드는 회사가 축소되자 여성복뿐만 아니라 남성복과 신발, 핸드백 디자인까지 담당하게 되었다. 게다가 돈 멜로가 버그도프 굿맨의 회장직으로 가게 되면서 크리에이티브 디렉터의 자리를 포드에게 승계했고 여성복, 남성복, 신발, 핸드백, 선글라스, 향수, 이미지 광고, 점포 디자인 등 명실공히 구찌의 모든 디자인적인 측면을 책임지게 되었다.

1994년 구찌의 여성복과 남성복 컬렉션은 포드가 크리에이티브 디렉터로서 진행한 첫 컬렉션이었고 결과는 대 히트였다. 할스턴/Halston, 디스코 시대를 이끌었던 미국 디자이너/ 스타일의 벨벳 힙스터와 딱 달라붙는 새틴 셔츠, 메탈 광택의 페이턴트/patent/ 소재의 부츠는 이 컬렉션의 히트 상품이 되었다. 한때 영화배우를 꿈꾸었을 만큼 출중한 외모를 지닌 톰 포드는 자신이 그려낸 구찌를 누구보다 잘 소화하는 모델이자 디자이너였다. 그는 2004년 구찌를 떠날 때까지 구찌가 당당히 명품 브랜드 대열에 올라가는 데에 중요한 견인차 역할을 했다.

구찌의 부활에는 또 다른 주역이 있었다. 도메니코 드 솔레는 구찌의 모든 경영과 관리를 개혁했고 회사의 전반적인 구조조정을 실행했다. 구찌를 세계적인 명품 브랜드로 만드는 쌍두마차인 포드와 드 솔레는 때로는 격렬히 부딪혔지만, 디자이너와 관리자의 상승효과를 가장 이상적으로 보여준 케이스라고 할 수 있다. 톰 포드와 드 솔레가 만든 구찌는 가죽 제품만 생산하는 이탈리아의 한 브랜드가 아닌, 트렌디하고 젊은 글로벌 토털 패션 브랜드가 되었다.

구찌의 투자 자문 회사 인베스트코프/Investcorp/는 1995년 창업주의 손자인 마우리치오 구찌를 아예 물러나게 하고 도메니코 드 솔레를 CEO로 임명하고 7개로 분할되어 있던 회사를 하나의 회사로 통합했다. 톰 포드와 도메니코 드 솔레의 체제 하에서 우선적인 과제는 클래식한 제품으로 알려진 브랜드의 이미지를 패션에 민감한 브랜드로 전환하는 것이었다. 이때 톰 포드의 역할은 빛을 발했다. 가죽 제품, 신발을 비롯한 의류까지 구찌는 섹시하고 화려한 브랜드로 새로운 옷을 입었고, 구찌 고객은 부유하고 클래식하면서 다소 연령층이 높은 보수적인 집단에서 현대적이고 젊고, 도시적이며 나이를 상관하지 않는 마인드를 소유한 집단으로 성공적으로 옮겨갔다. 이 새로운 고객층은 기존 고객만큼 브랜드 충성도가 높지는 않지만, 상품과 이미지만 훌륭하다면 트렌드에 따라 경쟁 브랜드에서 쉽게 넘어오는 특징이 있었다. 무엇보다 이런 트렌드 세터들이 구찌를 입는다는 것은 패션 시장에서 판매 이상의 의미를 가졌다. 1990년대 후반 이래 구찌의 모조품이 엄청나게 증가했다는 것은 그 의미를 반증한다고 할 수 있다.

새로운 구찌는 가격대를 다소 낮추어 프라다 수준으로 포지셔닝을 했고, 이는 고객층을 확대할 수 있게 했다. 구찌는 이 새로운 브랜드 이미지의 포지셔닝을 위해 1994년 마케팅 비용을 기존의 2배로 증대하여 광고에 많은 투자를 했다. 그 결과 구찌는 유행에 민감한 섹시함, 혁신적, 여성성이라는 새로운 이미지를 성공적으로 얻었고, 그 중심에는 디자이너 톰 포드가 있었다. 톰 포드는 새로운 구찌의 아이콘이었다. 새로운 이미지와 함께 이를 뒷받침하는 품질은 브랜드가 명품으로 자리매김하는 데 필수적인 사항이었다. 톰 포드와 드 솔레는 실력이 뛰어난 장인과 작고 독립적인 공장들이 밀집한 토스카나/Tuscany/를 중심으로 생산지를 재정비했다. 그들은 모든 공장을 일일이 방문하여 최고가 아닌 공장이나 장인들과는 거래를 정리했고, 선택한 하청업체에게는 기술·재정상의 지원을 공급하는 새로운 프로그램을 만들었다. 이 새 프로그램은 위험 요소를 하청업체와 함께 감당하는 것으로 구찌에 대한 업체들의 충성도를 더욱 높였고 제품의 질이 높아졌다. 변화가 없는 클래식한 제품에서 트렌드적인 요소가 많은 제품 디자인으로 전환한 상태이므로 품질 관리는 매우 중대한 사안이 아닐 수 없었다. 구찌는 사용되는 가죽의 전량을 직접 구매하고, 50% 정도의 물량은 직접 재단을 해서 품질 확보에 최선을 다했다. 그 결과 구찌의 외형은 277%가 성장했다/itm2011, 2011/.

젊음과 관능성, 그리고 패션

현재까지 톰 포드의 주요 작품은 구찌 시절의 활약을 중심으로 살펴볼 수밖에 없다. 톰 포드의 가장 큰 공헌은 앞에서도 설명했듯이 구찌를 젊고 트렌디하게 만든 것이다. 젊어진 구찌는 섹시하고 여성적이었고 화려했다. 고급 피혁 제품의 보수적인 딱딱함은 없어졌고, 변화된 이미지는 구찌를 입는 사람들을 통해 볼 수 있었다. 1995년 MTV 비디오 앤드 뮤직 어워드/MTV Video and Music Awards/에서 수상 직후 인터뷰를 하고 있던 마돈나에게 취중 돌발적인 행동을 한 가수 커트니 러브/Courtney Love/와의 신경전이 유명하다. 이때 마돈나는 구찌의 청록색 실크 셔츠와 힙허거를 입고 있었는데, 자신의 패션을 설명하며 "구찌, 구찌, 구찌"라고 외쳐 젊어진 구찌를 세상에 알렸다. 이 에피소드뿐만 아니라 구찌는 수많은 유명 인사의 사랑을 받았고, 각종 시상식이나 파티에서 젊고 섹시한 이브닝드레스를 입은 배우나 유명 인사가 구찌를 홍보했다. 심지어 배우들뿐만 아니라, 랩퍼이자 음악 프로듀서인 제이지/Jay-Z/ 같은 가수들이 구찌 모노그램을 입고 무대에 오르기도 했다.

톰 포드가 그려낸 구찌의 디자인은 전체적으로 슬림하여 여성의 혹은 남성의 인체를 잘 드

56 금속 장식이 포인트인 구찌 흰색 저지 이브닝드레스(2004 F/W)
몸매를 편안하게 드러내는 보디 컨셔스(body-conscious)한 관능미를 강조한다.

러냈고, 특히 클리비지/cleavage/가 보일 정도로 단추를 푼 셔츠를 입은 부츠컷 스타일의 벨벳 슈트나 과감하게 컷아웃된 저지 드레스 등은 구찌 'G' 로고가 사용된 금속 장식이나 액세서리와 조화를 이루어 관능적이거나 모던한 이미지를 만들었다. 실루엣이나 컷아웃에 의한 노출과 함께 시스루/see-through/룩, 깊게 파인 브이넥이나 아래에서 깊게 올라온 스커트의 슬릿 등을 통해 관능성의 코드를 해석했다.

구찌의 도시적인 느낌은 슬림한 실루엣과 함께 검은색을 사용하여 창조되었다. 도시의 트렌드 세터들이 사랑하는 검은색은 여러 품목에서 빈번하게 사용되었고, 빨간색과 녹색으로 이루어진 구찌의 로고를 더욱 세련돼 보이게 했다. 톰 포드는 검은색과 더불어 채도가 낮은 창백한 색들도 세련되게 해석해냈다. 검은색이나 하얀색이 아닌 이브닝드레스 중 우아한 살색 드레스나 크리스털이나 비즈가 빛나는 드레스들도 대중의 시선을 끌었던 작품인데, 니콜 키드먼이나 샤를리즈 테론 같은 여배우들이 레드 카펫 위에서 종종 선보였다.

포드는 도시적이면서 젊음이나 관능성을 만드는 데에는 광고와 매스미디어의 힘이 얼마나 큰지 잘 알고 있었고, 그것을 영리하게 이용하는 크리에이티브 디렉터였다. 1990년대 포드는 구찌 광고를 사진작가 마리오 테스티노/Mario Testino/와 광고 감독 카린 로이펠드/Carine Roitfeld/에게 맡겨 포르노를 연상시키는 파격적인 내용으로 만들게 했다. 이 광고들은 구찌 팬이나 안티 팬이나 보는 이의 시선을 끌기에 충분했다. 1999년 거대 명품 대기업 LVMH의 팽창을 경계하면서 구찌가 이브 생 로랑을 인수했을 때 톰 포드는 이브 생 로랑의 크리에이티브 디렉터까지 겸직했는데, 2000년 톰 포드가 직접 감독한 이브 생 로랑의 향수 광고는 시선 그 이상의 소용돌이를 일으켰다. 이 오피움/Opium/ 향수 광고는 모델 소피 달/Sophie Dahl/이 검푸른 벨벳 시트 위에서 나체로 성적 흥분을 표현하는 충격적인 사진으로, 영국에서는 게재가 금지되었을 정도로 큰 화제를 일으켰다.

2006년에는 잡지 〈베니티 페어/Vanity Fair/〉 3월호의 객원 편집장을 역임했는데, 멋지게 슈트를 차려입은 자신과 배우 스칼렛 요한슨, 키이라 나이틀리가 나체로 함께 포즈를 취한 사진을 커버에 실어 또 한 번 파장을 일으켰다.

톰 포드의 진화

알렉산더 맥퀸과 지방시의 만남이 그러했듯이, 톰 포드와 이브 생 로랑의 만남 또한 톰 포드 디자인의 진화에 영향을 미쳤다고 패션 비평가들은 생각한다. 그는 성장과정이나 교육, 디자이너 경험에서 쿠튀르 디자인에 노출이 많지 않았는데, 이브 생 로랑 하우스와의 작업을 통해 쿠튀르 요소를 많이 도입해야 했고, 이는 구찌 컬렉션에도 흔적을 남겼다. 특히 구찌 2003년 컬렉션은 쿠튀르의 섬세한 디테일과 테크닉이 많이 사용된 작품들을 선보였다. 2004년 구찌의 마지막 컬렉션에서는 새로운 작품들에 더하여 그가 그동안 구찌에서 보여주었던 특징을 해석한 디자인을 함께 구성하여 10년간의 열정과 성과를 축하하는 런웨이로 마무리했다.

톰 포드의 업적은 수차례의 수상으로 인정받았다. 그는 여섯 차례 미국 패션계에서 가장 권위 있는 CFDA/Council of Fashion Designers of America/ 상을 수상했고/1996, 2001, 2002 2004, 2008, 2010/, 2003년에는 쿠퍼 휴잇 디자인 미술관/Cooper Hewitt Design Museum/에서 주는 미국 디자인상/National Design Awards/의 첫 번째 수상자가 되었다. 그 밖에도 영국 〈엘르〉 지에서 주는 스타일 아이콘 상/Style Icon Award, 1999/, 영국 GQ에서 수여하는 GQ 올해의 해외 디자이너상/GQ International Man of the Year Award, 2000/, GQ 올해의 디자이너상/2001/, 타임지가 주는 베스트 패션 디자이너/Best Fashion Designer, 2001/ 등 열거하기도 힘들 정도로 많은 상을 수상했다. 2004년에는 패션과 영화에 기여한 공로를 인정받아 할리우드 로데오 워크 오브 스타일 상/Rodeo Walk of Style Award/을 수상하기도 했다.

톰 포드는 진화를 멈추지 않았다. 구찌를 나온 그는 2005년 '페이드 투 블랙/Fade To Black/'이라는 영화 제작사를 설립했다. 또 같은 해에는 톰 포드 인터내셔널/Tom Ford International/을 설립하고 구찌에서 파트너였던 도메니코 드 솔레와 함께 향수와 선글라스 산업을 시작했다. 2009년

57 톰 포드가 선보이는 구찌의 마지막 패션쇼(2004 F/W)
10년간 구찌를 이끌며 여성복과 남성복을 비롯해 신발, 액세서리, 핸드백, 향수 등 구찌의 모든 디자인적 요소를 총괄하며 죽어가던 브랜드를 당당히 명품 브랜드 대열에 올린 톰 포드의 열정과 성과가 압축된 무대였다.

포드는 영화 '싱글 맨/A Single Man'의 감독으로 데뷔를 했다. 콜린 퍼스와 줄리안 무어 등이 주연한 영화는 베니스 영화제에 출품되어 황금사자상 후보에 올랐고 몇몇 영화제에도 수상하기도 했다. 주연 배우인 콜린 퍼스도 몇몇 영화제에서 수상하는 등 포드는 영화감독으로 비교적 순탄한 출발을 했다. 그는 창작의 영역에서는 리더로 일하는 것을 좋아한다고 말했는데 매 시즌 변하는 패션과는 다른 매력을 영화 창작에서 느낀 것이었다.

2004년 이래 구찌가 톰 포드 없이 구찌를 만들어 내야 하는 과제에 매달려왔듯이, 구찌를 떠난 톰 포드도 디자이너로서 구찌의 후광과 굴레를 벗어나야 하는 과제에 당면했다. 그는 런던 패션 위크의 2012년 가을·겨울 컬렉션에서 '러시아 스파이'라는 제목이 암시하듯, 좀 더 깊어진 검은색과 빨간색, 노란색과 같은 강렬한 악센트 컬러, 급격한 질감의 대비, 가죽의 전반적인 사용, 코르셋 같은 품목의 등장 등을 통해 더욱 강렬하고 도발적인 여전사의 모습을 보여주었다. 이는 구찌 시절의 디자인에서 그다지 많이 벗어난 것은 아니었지만, 다른 측면을 보여주려 한 노력이 확실히 엿보이는 컬렉션이었다. 이 컬렉션 이후로 여성복과 남성복 컬렉션만을 발표하는 것으로 보아 톰 포드는 다른 분야로의 일탈에 대한 욕망이 패션에 대한 애정을 넘어설 만큼은 아닌듯하다.

이브 생 로랑과의 관계와는 다르게 구찌는 톰 포드와 동일시 할 수 있을 만큼 구찌 컬렉션은 그의 비전을 그대로 보여주기 때문에 구찌 스타일에서 그가 완전히 벗어나는 것이 과연 가능할지 의문이다. 좀 상투적이라고 들릴지는 모르지만 포드는 영감의 원천이 '삶'이라고 말한 적이 있다. 그는 "실질적인 패션의 변화는 현실이나 삶의 실질적인 변화로부터 온다."라고 말했다. 영화감독과 크리에이티브 디렉터로 사는 삶이 진화하고 있듯이, 그 진화의 결과가 어떻게 디자인에 반영되어 나타날지 톰 포드의 팬들은 기다려야 한다.

Marc Jacobs
마크 제이콥스 1963~

"나는 평범한 일상 속에서 겉으로 보기에는 재미없는 요소를 뽑아내어 화려한 것으로 탈바꿈시키기를 좋아한다. 어쩌면 속물적인 반전이라고 표현할 수도 있겠다."

*마크 제이콥스*는 뉴욕 출신의 패션 디자이너로 프랑스의 권위 있는 명품 브랜드 루이 뷔통/Louis Vuitton/을 성공적으로 이끌었고, 동명의 브랜드 '마크 제이콥스'로 패션 트렌드를 선도하는 패션계에서 가장 영향력이 큰 디자이너 중 하나이다. 레트로 패션, 대중문화, 현대 미술 등 문화의 트렌드를 완벽하게 읽고 자신만의 아이디어와 디자인 철학으로 승화시킨 그의 디자인은 단순한 옷과 액세서리를 넘어서 하나의 문화가 되고 있다. 마크 제이콥스는 옷은 고결한 예술 작품이 아니라 판매가 되어야 하는 상품이며 자신은 순수 예술가가 아니라 패션 디자이너라고 밝혔는데, 그의 디자인은 상업적으로 큰 성공을 거두고 있으며 독창성에서도 높은 평가를 받고 있다. 그는 '상류층의 고급스러움과 거리의 천박함'이라는 양극단을 오가는 넓은 디자인 스펙트럼과 '천진난만함을 잃지 않는 천재'라는 인간적인 매력으로 전 세계적으로 많은 팬들을 거느리고 있다. 2010년에는 미국 〈타임〉 지가 선정한 '올해의 가장 영향력이 높은 인물 100인'에 뽑혔으며, 패션 이외에도 동성애 결혼 지지, 중국과 티베트의 분쟁 문제 등 사회적 이슈에 적극적인 의사를 표명하고 화려한 사생활로 인해 일거수일투족이 기사가 되고 있는 스타 디자이너이다.

뉴욕의 유태인 소년이 품은 패션의 열정

마크 제이콥스는 1963년 4월 9일에 뉴욕의 유복한 유태인 가정에서 태어났다. 그의 아버지는 연예계 스타들을 관리하는 윌리엄 모리스 에이전시/William Morris agency/의 유능한 에이전트였는데, 그가 7세가 되던 해에 지병으로 사망했다. 이때부터 마크 제이콥스는 어머니의 3번 재혼으로 뉴저지/New Jersey/, 롱 아일랜드/Long Island/, 브롱크스/the Bronx/로 이사를 다니며 불안정한 어린 시절을 보냈다. 그는 한 인터뷰에서 "어머니는 정신적으로 문제가 있었고, 전혀 자식들을 돌보지 않았다."라고 밝혔는데 1980년 17세가 되었을 때 어머니와 형제들을 떠나 친할머니와 함께 살기 시작했다.

마크 제이콥스의 할머니는 교양이 넘치는 세련된 귀부인으로 뉴욕 어퍼 웨스트/Upper West/의 유서 깊은 빌딩인 마제스틱/the Majestic, 115 Central Park West./에 살고 있었다. 마크 제이콥스는 잡지 〈베니티 페어〉와의 인터뷰에서 버그도프 굿맨/Bergdorf Goodman/, 삭스 피프스 에비뉴/Saks Fifth Avenue/, 로드 앤 테일러/Lord & Taylor/, 본위트 텔러/Bonwit Teller/에서 쇼핑을 즐기던 멋쟁이 할머니는 손뜨개를 가르쳐 주었을 뿐만 아니라 항상 용기를 북돋아 주는 등 자신의 인생에 중요한 역할을 했다고 밝혔다.

마크 제이콥스의 패션에 대한 열정은 어린 시절부터 시작되었는데, 1976년 13세가 되던 해, 당시 가장 전위적인 옷을 판매하던 뉴욕의 부티크 '샤리바리/Charivari/'에 찾아가 돈을 안 받아도 좋으니 창고에서라도 일하게 해달라고 애원했다. 이런 바람은 2년 후 이루어졌는데, 샤리바리에서 옷을 정리하고 옷을 마네킹에 입히는 일을 하게 되었다. 그는 이곳에서 평소 동경하던 패션 디자이너 페리 엘리스/Perry Ellis, 1940~ 1986/를 직접 만나는 행운을 얻게 되었는데, 이 만남은 인생에서 중요한 사건 중 하나가 되었다. 페리 엘리스는 디자이너를 꿈꾸는 마크 제이콥스에게 뉴욕 파슨스 스쿨/the Parsons School of Design/에 진학하라고 권유했고 마크 제이콥스는 그의 충고를 따라 1981년 파슨스 스쿨에 입학했다. 1984년 졸업할 때 '올해의 학생상/the Design Student of the Year Award/', '체스터 와인버그 황금 골무상/Chester Weinberg Gold Thimble Award/', '페리 엘리스 황금 골무상/Perry Ellis Gold Thimble Award/'을 모두 수상하는 등 재능 있는 미래의 디자이너로 떠올랐다.

뉴욕 패션의 신성 – 마크 제이콥스 라인의 시작

마크 제이콥스의 졸업 컬렉션은 영국 화가 브리지트 라일리/Bridget Riley, 1931~/의 작품에서 영감을 받은 옵아트 문양의 스웨터 3벌로 구성되었다. 할머니가 직접 손으로 떠준 사다리꼴 모양의

MARC JACOBS

58 1986년 마크 제이콥스와 로버트 더피가 창시한 브랜드 '마크 제이콥스'의 로고

오버사이즈 스웨터들은 그의 패션 비지니스의 시작점이 되었다. 샤리바리의 주인 바바라 와이저/Barbara Weiser/가 이 재기 발랄한 스웨터들을 주문하면서, '마크 제이콥스 포 마크 앤 바바라/Marc Jacobs for Marc and Barbara/'라는 라벨을 달고 꿈의 부티크, 샤리바리에서 판매되었다. 또한 젊고 재능 있는 디자이너를 찾고 있던 뉴욕의 의류회사 루번 토마스/Reuben Thomas/의 로버트 더피/Robert Duffy/의 눈에 띄어 마크 제이콥스는 '스케치북/Sketchbook/'이라는 새로운 라인의 디자인을 맡게 되었다. 마크 제이콥스와 로버트 더피는 곧 '제이콥스 앤 더피/Jacobs Duffy Designs, Inc./'라는 작은 회사를 설립했고, 1984년에 시작된 파트너십은 현재까지 이어지고 있다.

마크 제이콥스의 '스케치북' 컬렉션은 곧 뉴욕 패션 언론들의 호평을 받기 시작했다. 1985년 〈뉴욕타임스〉는 그의 작품을 가리켜 '젊고 기성세대에 반항하는 스타일'이라고 부르며 신비롭고 천진난만한 우아함에 1960년대의 활력이 더했다고 평했다. 모회사인 루번 토마스/Reuben Thomas/가 문을 닫게 되자, 1986년 마크 제이콥스는 자신의 이름을 딴 '마크 제이콥스/Marc Jacobs/' 컬렉션을 발표하고, 같은 해 미국 〈보그〉 지는 '패션계의 떠오르는 별 7인' 중 한 명으로 그를 소개했다.

그의 신선하고 유머가 넘치는 디자인은 언론의 환영을 받았지만, 마크 제이콥스와 그의 사업 파트너 로버트 더피의 행보는 순탄치 않았다. 그들은 거듭되는 투자사들의 부도, 도난, 화재 사고에 이어 심지어는 세관에 패션쇼 작품들이 묶여 쇼가 취소되기도 하는 등 우여곡절을 겪으며 패션계에서 고군분투했다. 1987년 24세의 마크 제이콥스는 미국 패션 디자이너협회/CFDA, the Council of Fashion Designers of America/가 수여하는 페리 엘리스 신인 디자이너상/the CFDA' s Perry Ellis Award for New Fashion Talent/을 수상한 최연소 디자이너가 되었다.

그런지 패션 – 최신 팝 음악과 청년 문화의 전도자

1988년 마크 제이콥스에게 기회가 찾아왔다. 창립자인 페리 엘리스/Perry Ellis/ 사후 곤경을 겪고 있던 페리 엘리스 사의 여성복 라인을 로버트 더피와 함께 이끌게 된 것이다. 당시 페리 엘리스는 랄프 로렌/Ralph Lauren/, 캘빈 클라인/Calvin Klein/과 함께 뉴욕 패션을 이끄는 대표적인 브랜

드였다. 25세의 나이에 마크 제이콥스는 연매출 1억 달러가 넘는 메이저 브랜드의 디자이너 반열에 서게 되었다. 1989년에는 후에 구찌의 수석 디자이너가 되는 톰 포드/Tom Ford, 1961~/를 보조 디자이너로 영입하기도 하며, 페리 엘리스 특유의 다채로운 컬러감이 있는 유머러스한 아메리칸 캐주얼 디자인을 발표했다.

마크 제이콥스는 1992년 페리 엘리스의 옛 영광을 넘어서며 현재에도 회자되는 문제의 컬렉션을 발표했다. 1993년 봄·여름 페리 엘리스의 '그런지/Grunge/' 컬렉션은 시애틀 출신의 얼터너티브 록 밴드 너바나/Nirvana/와 펄잼/Pearl Jam/의 음악과 스타일에서 영감을 받은 것으로, 구겨지고 너저분한 의상들의 향연이었다. 마크 제이콥스는 세인트 마크 플레이스/St. Mark' s Place/의 중고 숍에서 2달러를 주고 산 낡은 플란넬 체크 셔츠를 이탈리아로 보내 1마에 300달러가 넘는 체크무늬의 최고급 실크 원단을 제작해 이를 이용하여 셔츠를 만들었다. 또한 새틴 소재의 버켄스탁 신발/Birkenstocks/, 닥터 마틴 군화/Dr. Martens/, 검은색 니트 모자, 한쪽이 흘러내리는 큰 사이즈의 스웨터, 싸구려 방한 내의/thermals/처럼 보이는 캐시미어 스웨터, 고급 실크 원단의 컨버스 운동화/Converse/, 그래픽 티셔츠, 찢어진 청바지 등을 자유롭게 믹스 앤 매치하여 발표했다. 물질만능 시대를 살고 있는 젊은이들의 좌절과 저항을 나타내는 넝마주이 스트리트 패션이 최고급 소재의 하이패션으로 승화된 컬렉션이었다. 이 컬렉션은 페리 엘리스의 고상한 상류층 고객과 경영진, 패션 언론을 모두 경악하게 만들었고, 〈뉴욕타임스〉으로부터 '난장판/mess/'이라는 혹평을 얻어냈다.

전설의 그런지 컬렉션은 '아무도 수천 달러를 호가하는 꼬깃꼬깃한 체크 셔츠를 사려고 하지 않을 것'이라는 페리 엘리스 사 경영진의 결정으로 생산이 취소되고, 마크 제이콥스와 로버트 더피는 바로 해고를 당했다. 또한 이 컬렉션을 마지막으로 페리 엘리스 여성복 라인도 종말을 고하게 되었다. 그러나 아이러니컬하게도 마크 제이콥스는 '그런지의 창시자/the Guru of Grunge/'라는 칭호와 함께, 1992년 미국 패션 디자이너협회/CFDA/가 주는 '올해의 여성복 디자이너상/Womenswear Designer of the Year/'을 차지하는 영예를 얻었다. 이후 마크 제이콥스는 1990년대 안티 패션/anti-fashion/운동을 이끄는 뉴욕 패션계의 독창적이고 대담한 디자이너로서 주목받게 되었고 성공적인 행로를 걷게 되었다.

마크 제이콥스의 그런지 컬렉션은 팝 음악과 대중문화에 대한 정통한 이해에 기반을 두고 있다. 그는 고등학교 시절부터 뉴욕의 유명 디스코 클럽 '스튜디오 54/Studio 54/'에서 살다시피하면서 1970~1980년대의 대중음악과 클럽 문화를 몸소 체험했다. 그는 윌리엄 모리스 에이전시/William Morris agency/의 사장이었던 삼촌의 도움으로 음악담당 에이전트와 친하게 지내면서 뮤지션들을 접할 기회가 많았고, 블론디/Blondie/, 이기 팝/Iggy Pop/, 소닉 유스/Sonic Youth/, 롤링스톤스/Rolling Stones/와 같은 뮤지션의 음악뿐만 아니라 그들의 차림새에 매혹되었다. 팝 음악과 뮤지션들의 감각적인 패션 스타일은 마크 제이콥스의 패션 디자인에 젊음, 활력, 대담함과 같은 차별성을 더해주었고, 1990년대 젊은이의 시대정신을 대표하는 디자이너가 되는 토양으로 작용했다.

1993년 마크 제이콥스는 동업자인 로버트 더피와 함께 '마크 제이콥스 인터내셔널/Marc Jacobs International/'이라는 회사를 창립하고 1994년 가을·겨울 '마크 제이콥스' 컬렉션을 통해 컴백했다. 〈우먼스 웨어 데일리〉는 그의 컬렉션에 대해 "약간은 펑키하고, 약간은 쓰레기 같고, 약간은 시크하다/A little funky, a little trash, a little chic/."라고 평했다.

예술을 접목한 전통 비틀기 – 우아한 루이 뷔통에 입힌 젊은 감각

59 별과 다이아몬드, LV 로고, 꽃무늬의 모노그램 캔버스 가방 (2012 F/W 루이 뷔통 컬렉션)

1997년 1월 7일, 오랜 협상 끝에 마크 제이콥스와 로버트 더피는 143년의 프랑스 전통 브랜드 루이 뷔통에서 각각 아트 디렉터, 스튜디오 디렉터로 고용계약을 체결했다. 루이 뷔통의 회장 베르나르 아르노/Bernard Arnault/는 마크 제이콥스에게 루이 뷔통/Louis Vuitton/의 패션 액세서리 라인은 물론 브랜드 역사상 처음으로 여성복과 남성복 라인을 론칭하는 임무를 맡겼고 마크 제이콥스 브랜드의 지분을 인수하여 그가 재정난에 시달리지 않고 안정적으로 디자인 작업에 몰두할 수 있도록 했다. 이때부터 마크 제이콥스는 프랑스의 명품 브랜드 루이 뷔통/Louis Vuitton/과 뉴욕의 마크 제이콥스/Marc Jacobs/ 브랜드의 수장으로 파리와 뉴욕을 오가며 디자인 활동을 전개하게 되었다. 안티패션의 젊은 디자이너가 전통적인 명품 브랜드 루이 뷔통을 잘 이끌 수 있을지에 대한 우려가 있었지만, 곧 성공적인 컬렉션들을 선보이면서 이런 걱정은 기우에 불과한 것을 증명했다.

마크 제이콥스는 "새로운 것을 만들고 재창조하기 위해서는 파괴/destruction/시켜야 한다."라는 해체주의적인 디자인 철학을 가지고 있었다. 그는 1896년 창시자 루이 뷔통의 아들 조르주 뷔통/Georges Vuitton/이 고안한 루이 뷔통의 전통 문양인 '모노그램 캔버스/Monogram Canvas, 빅토리아 시대 말기인 1896년 일본풍과 동양풍 디자인의 유행에 영향을 받아 다이아몬드, 별, 네잎 장식의 꽃, LV 로고로 구성된 패턴/'라는 유서 깊은 주제를 새롭게 변형한 작품들을 선보이면서 루이 뷔통의 혁신적인 이미지를 전달했다.

60 젊고 새로운 실버 모노그램 베르니 핸드백(2006 F/W 루이 뷔통 컬렉션)
반짝거리는 에나멜가죽에 모노그램 패턴을 음각으로 새겨 넣은 루이 뷔통 컬렉션이다.

첫 신호탄은 1998년에 발표한 '모노그램 베르니/Monogram Vernis/'인데, 베르니/Vernis/는 '윤이 나는'이라는 뜻의 프랑스어다. 마크 제이콥스는 유리처럼 반짝거리는 모노그램을 상상하고, 반짝거리는 에나멜가죽/patent leather/에 모노그램 패턴을 음각으로 새겨 넣었다. 음각의 모노그램 패턴이 두드러지지 않으면서 화려한 컬러의 에나멜가죽으로 눈길을 사로잡는 모노그램 베르니는 루이 뷔통의 전통을 수호하면서 동시에 파괴한 마크 제이콥스의 미학이 잘 드러났다. 이후 여러 현대 미술가들과의 협업을 통해서 젊고 새로운 루이 뷔통의 이미지를 구축해 나갔다.

마크 제이콥스는 영화배우 제인 버킨/Jane Birkin/의 딸인 영화배우 샤를로트 갱스부르/Charlotte Gainsbourg, 1971~/의 검은색 페인트로 칠해진 루이 뷔통 가방에서 아이디어를 얻어 루이 뷔통 가방 위에 페인트칠을 하기로 결심했다. 그는 2001년 봄·여름 루이 뷔통 컬렉션에서 현대 예술가 스티븐 스프라우스/Stephen Sprouse/와 함께 모노그램 캔버스 위에 형광 빛의 페인트로 '루이 뷔통/Louis Vuitton/' 로고를 휘갈겨 쓴 '그래피티 모노그램/the

61 20~30대 부유층에게 인기를 끈 모노그램 그래피티 라인 (2001 S/S 루이 뷔통 여성복 컬렉션)

62 잇백 신드롬을 일으킨 멀티 컬러 모노그램 라인 핸드백(2003 S/S 루이 뷔통 컬렉션)
상업적으로 크게 성공하면서 옷보다 더욱 주목받는 잇백(it bag) 신드롬을 불러일으켰다.

63 1970년대 스타일의 물방울무늬 앙상블(2011 F/W 마크 제이콥스 컬렉션)
다양한 크기의 물방울무늬가 반복되면서 리듬감을 주며 위트를 자아낸다.

Graffiti Monogram/' 시리즈를 발표했다. 그래피티 모노그램은 전통의 모노그램 외관을 훼손하는 무례를 저지른 것처럼 보였지만, 이런 과정을 통해 20~30대 젊은 부유층들의 마음을 사로잡으면서 루이 뷔통을 패셔너블한 명품 브랜드로 자리 잡게 했다.

마크 제이콥스의 모노그램 변형하기 중 가장 상업적으로 성공을 거둔 컬렉션은 '아시아의 앤디 워홀'이라고 불리는 무라카미 다카시/村上隆, Murakami Takashi, 1962~/와 진행한 작업이었다. 마크 제이콥스는 2003년 봄·여름 루이 뷔통 컬렉션에서 어두운 브라운 톤의 '모노그램 캔버스'가 아니라 검은색 바탕 혹은 하얀색 바탕에 36개 캔디 컬러의 네잎 장식의 꽃, LV 로고, 별, 다이아몬드가 가득한 '멀티 컬러 모노그램/Multicolor Monogram/'과 미소 짓는 벚꽃 프린트의 '체리 블로섬 모노그램/Cherry Blossom Monogram/'을 발표했다. 2005년 봄·여름 컬렉션에는 미소 짓는 체리가 프린트 되어 있는 '체리 모노그램/Cherry Monogram/'을 론칭했다. 마크 제이콥스는 "나는 이 모든 것들이 재미있기를 원했다."라고 밝혔는데, 만화 캐릭터와 같은 벚꽃과 체리 문양, 밝고 경쾌한 컬러들은 전통 있는 명품 브랜드에 유희성을 첨가하려는 그의 의도를 잘 반영하고 있다. 진지한 럭셔리 시장에 등장한 애교가 넘치는 핸드백들은 3억 달러 이상의 매출을 올렸고, 여성 패션 시장에서 핸드백이 옷보다 더욱 주목받게 되는 '핸드백 신드롬'을 낳았다.

2008년 봄·여름 컬렉션에서는 현대미술 작가 리

처드 프린스/Richard Prince/의 '농담 시리즈/Nurse Painting Jokes/'의 모노그램 버전인 '모노그램 조크/the Monogram Jokes/' 핸드백 라인을 발표했다. 리처드 프린스의 작품에 자주 등장하는 간호사들이 모노그램 위에 시와 같이 그려져 있으며 스프레이가 뿌려진 핸드백들을 들고 등장했다. 2012년 7월에는 일본의 전위적인 예술가 쿠사마 야요이/草間彌生, Kusama Yayoi, 1929~/와의 협업을 통해 쿠사마 야요이 특유의 물방울무늬가 가득한 컬렉션을 론칭해 주목을 받았다.

이와 같이 예술가들과의 협업을 통한 모노그램의 변형은 150년이 넘는 역사를 가진 루이 뷔통의 보수적인 이미지에 신선함과 아방가르드한 감각을 가져오며, 핸드백을 하나의 패션 아이템이 아니라 예술 작품으로 승격시켰다는 평가도 받고 있다.

또한 일반 대중에게는 현대 예술을 알리고, 같이 협업한 작가들에게는 재정적 지원을 통해 안정적인 작품 활동을 할 수 있게 하는 긍정적인 결과를 가져왔다. 루이 뷔통의 매출이 그의 영입 전보다 무려 4배나 올라 마크 제이콥스를 패션계의 마이더스 손으로 불리게 했다.

64 빈티지한 레이디 룩과 초현실주의에 영감을 받은 앙상블(2008 S/S 마크 제이콥스 컬렉션)
속옷을 겉옷 위에 박은 톱, 기괴한 머리 장식과 함께 만화 같은 느낌을 준다.

65 1980년대에서 영감을 받은 오버사이즈 코트(2009 F/W 루이 뷔통 컬렉션)
어긋난 비율의 오버사이즈 코트, 토끼를 연상시키는 머리장식이 유희적인 느낌을 준다.

솔직한 차용주의자 – 복고적인 요소들의 혼합과 팀워크

마크 제이콥스의 작품들은 전혀 새로운 실루엣과 형태라기 보다는 어디서 본 듯한 친숙하고 향수를 느끼게 해준다. 따라서 마크 제이콥스는 창의적인 디자이너라기보다는 영리한 표절자에 불과하다는 논란이 따라다닌다. 이런 논란은 미국의 원로 디자이너 오스카 드 라 렌타/Oscar de la Renta/가 〈뉴욕타임스〉와의 인터뷰에서 "내가 1967년에 발표한 것과 똑같은 코트를 마크 제이콥스의 쇼에서 봤다."라고 공개적으로 비난하면서 더욱 불거지기도 했다. 마크 제이콥스는 본인 스스로 디자인 작업을 위해 참조/reference/와 차용/appropriation/을 즐긴다고 밝히고 있는 몇 안 되는 솔직한 차용주의자이다. 그는 오래된 잡지 속의 사진들, 빈티지 숍에서 얻은 중고 의류와 액세서리, 빈티지 원단 샘플, 예술과 대중문화의 다양한 분야에서 얻은 시각적 자료, 현대의 스트리트 패션들을 자료로 삼아 새로운 디자인을 선보이고 있다. 또한 기존의 것을 해체하고 새로 조합하는 과정에서 젊음, 위트라는 특유의 미학을 더해 창조 활동을 진행하고 있다.

마크 제이콥스는 특히 빈티지 의류에 특별한 애정을 가지고 있는데, 1940년대부터 1980년

66 1980년대 뉴욕 클럽신에서 영감을 받은 후드 코트 (2009 F/W 마크 제이콥스 컬렉션)
네온 칼라, 빅 숄더, 곱슬머리, 화려한 메이크업 등 1980년대를 완벽히 재현했다.

67 1950년대 실루엣의 베이비 돌 드레스 (2012 S/S 루이 뷔통 컬렉션)
아일렛 레이스가 달린 베이비돌 드레스를 입은 케이트 모스는 동화적·몽환적 느낌을 준다.

68 ‘모노그램 그래피티’ 문양의 보디슈트(2014 S/S 루이 뷔통 컬렉션)
마크 제이콥스의 루이 뷔통 고별 컬렉션의 첫 의상으로 등장해 루이 뷔통에서의 혁신적인 행보였던 모노그램 그래피티를 기념하고 있다.

대까지의 레트로 패션과 현대 스트리트 패션의 시크함을 가미하여 현대적이면서 복고적인 향수를 일으키는 미묘한 느낌의 옷을 발표하여 편안함을 선사하고 있다. 그의 옷들은 전에 본 적 없는 지나치게 혁신적인 디자인과 실루엣이라기보다는 사람들이 편히 입을 수 있고 멋이 나는 디자인이다. 복고적인 요소들의 혼합은 다음과 같이 나타나는데, 1920년대의 라메/lamé, 금실·은실로 짠 직물/ 셔츠와 1960년대의 촌스러운 꽃무늬 드레스는 은근한 멋의 꽃무늬 라메 원단으로 재탄생되기도 하며, 중고 숍에서 산 보라색 아크릴 스웨터는 다소 복잡한 디자인의 보라색 캐시미어 스웨터로 탈바꿈되기도 한다.

마크 제이콥스는 특히 10대를 보낸 1970~1980년대를 좋아하여 자주 차용하고 있는데, 뉴욕 다운타운 거리의 대중문화에서 받은 영감을 가지고 실크, 캐시미어와 같은 고급 소재를 이용하여 럭셔리하면서 편안하고 멋진 옷을 창조하고 있다.

마크 제이콥스와 그의 사업 파트너 로버트 더피는 '상류층의 화려함과 캐주얼웨어의 중간'의 니치마켓/niche market, 틈새시장/에 주목했다. 그들은 남을 위해 치장하는 것이 아니라, 자신이 즐겁기 위해서 옷을 입는 젊은이들을 위해 위트가 넘치는 독특한 믹스 앤 매치의 의상들을 발표했다. 아름다운 어린 시절에 대한 향수로 패션쇼에서 토끼 모양의 머리 장식, 회전목마 등이 등장하기도 하고, 물방울무늬 같은 다소 촌스러운 무늬와 수많은 컬러들이 옷 한 벌에 믹스되어 사용되기도 했다. 그는 벼룩시장, 리사이클링, 안티 패션/anti-fashion/ 정신의 아방가르드한 감성을 편안하고 고급스러운 스타일로 표현했다. 그는 또한 자신의 예술성에만 빠진 자아도취적 디자이너들과 달리 "무엇으로부터 영감을 받았는지가 무슨 소용인가? 아이디어는 그냥 무엇이 되는 촉매일 뿐이다. 한 소녀가 입고 싶어 하는 것이 가장 중요한 것이다."라며 고객의 입장에서 그들이 입고 싶어 하는 재미있고 입기 쉬운 옷들을 만들어내고 있다.

69 마크 제이콥스의 비즈니스 파트너 로버트 더피
1984년에 의기투합한 두 사람은 마크 제이콥스, 루이뷔통, 마크 바이 마크 제이콥스에서의 성공을 함께 이루었다.

마크 제이콥스는 루이 뷔통, 마크 제이콥스 여성복과 남성복, 마크 바이 마크 제이콥스/Marc by Marc Jacobs/ 등 한

70 마크 제이콥스의 뮤즈이자 친구인 소피아 코폴라
납작한 가슴과 비쩍 마른 다리, 젊고 순수한 이미지의 영화 감독 소피아 코폴라는 마크 제이콥스에게 많은 영감을 주었다.

해에 8개의 패션쇼를 진행하는 세계에서 가장 바쁜 디자이너 중 하나이다. 그는 "만약 이 모든 일들을 나혼자 하고 있다고 생각한다면 미친 것이다."라며 디자인 작품들은 훌륭한 팀원들의 팀워크/teamwork/의 소산이라고 밝혔다. 마크 제이콥스의 디자인 작업은 팀원들이 각자 수많은 자료, 아이디어를 제시하고 협의를 통해 컬러, 원단, 중요한 시각 자료들을 선별하여 디자인실 한 쪽 벽면에 모두 붙인 후 본격적으로 시작된다. 마크 제이콥스는 사람들을 잘 뭉치게 하는 능력을 가지고 있는데, 팀원들과 함께 작업하면서 변형하고, 바꾸고 새롭게 추가하면서 창조적인 디자인 작업에 더 높은 시너지를 내고 있다.

디자이너 마크 제이콥스의 성공은 사업 파트너인 로버트 더피와의 환상적인 팀워크의 결과이기도 하다. 1984년 "젊고 멋진 사람들을 위한 하이패션을 만들자."는 목표를 가지고 의기투합한 이래, 그들은 마크 제이콥스, 루이 뷔통 등 현재에 이르기까지 꾸준히 좋은 파트너십을 유지하고 있다. 로버트 더피는 심약하고 불안정한 21세의 젊은 마크 제이콥스에게서 뛰어난 디자인 감각을 발견해낸 장본인으로, 혹자는 "마크가 거리의 냉장고 박스 속에서 노숙하고 있지 않은 이유는 로버트 더피와 함께하기 때문이다."라고 말하기도 했다. 약물 중독과 심각한 알코올 중독에 시달리던 마크 제이콥스를 안나 윈투어/Anna Wintour/, 나오미 캠벨/Naomi Campbell/ 등과 함께 설득하여 1999년, 2007년 두 차례 재활치료를 받게 하고, 재기에 성공시킨 것도 로버트 더피였다. 로버트 더피는 동물적 감각의 타고난 사업가로 2001년 '마크 바이 마크 제이콥스/Marc by Marc Jacobs/'라는 세컨드 라인을 론칭하게 했고 마크 제이콥스/Marc Jacobs/ 라인과 마크 바이 마크 제이콥스/Marc by Marc Jacobs/를 세계 60여 개국 239개의 매장/2011년 8월/으로 확대하는 데 큰 역할을 했다.

패션 디자이너계의 록 스타이자 문화의 아이콘

마크 제이콥스는 1984년 뉴욕 패션계에 혜성처럼 등장한 이후 대중문화, 중고 의류, 뉴욕 다운타운 스타일을 잘 녹아낸 독특한 칼라감각, 젊음의 에너지, 위트가 넘치는 재기발랄한 디자인으로 현대 패션을 대표하는 디자이너로 각광받고 있다. 뉴욕의 부유한 상류층 출신이면서 동시에 보헤미안적인 감성의 소유자인 마크 제이콥스는 벼룩시장, 안티 패션 정신의 아방가르드한 감성을 캐시미어, 아름다운 실크 원단, 모피와 같은 고급 소재와 믹스하여 '저속하면서 럭셔리하고, 전위적이면서 얌전한, 다운타운의 에너지와 업타운의 세련미'를 혼합한 독특한 스타일을 완성했다.

그는 1997년 프랑스 전통 명품 브랜드인 루이 뷔통에 합류한 이래 기록적으로 매출액을 증가시켰으며, 동명의 브랜드 마크 제이콥스/Marc Jacobs/와 세컨드 라인인 마크 바이 마크 제이콥스/Marc by Marc Jacobs/, 2007년에 론칭한 아동복 리틀 마크 제이콥스/little Marc Jacobs/까지 모두 세계적인 브랜드로 성장시켰다.

마크 제이콥스는 미국 패션 디자이너협회/CFDA/에서 올해의 여성복 디자이너상/Womenswear Designer of the Year 1992, 1997, 2010/ 세 차례, 올해의 액세서리 디자이너/Accessory Designer of the Year 1999, 2003, 2005/ 세 차례, 올해의 남성복 디자이너/Menswear Designer of the Year 2002/에 1차례 선정되어 여성복, 남성복, 액세서리 모든 분야를 석권했다. 2011년에는 제프리 빈 공로상/Geoffrey Beene Lifetime Achievement Award/을 받기도 했다. 또한 제2의 고향인 프랑스에서 2010년 프랑스 정부로부터 '문학과 예술상/Chevalier de l' Ordre des Arts et des Lettres/'을 수여받았다.

마크 제이콥스는 대중적으로 인기를 누리는 몇 안 되는 스타 디자이너의 하나이다. 뉴욕 웨스트 빌리지의 마크 제이콥스 매장은 관광객들의 명소가 되었고, 마크 제이콥스의 패션쇼와 마크 제이콥스가 개최하는 연말 가장무도회 파티/Marc Jacobs' annual holiday costume party/는 전 세계의 많은 스타, 예술계의 명사들이 모이는 뉴욕의 가장 중요한 사교행사로 자리를 잡았다. 2006년 운동과 체중 감량을 통해 근육질의 몸매로 변신한 그는 문신이 가득한 누드 사진을 공개하기도 했고, 여러 동성 애인과의 화려한 연애사는 파파라치들에 의해 연예 가십난의 좋은 소재가 되고 있다. 2011년 마크 제이콥스는 인기 만화 사우스 파크/South Park/에 근육 맨 마크/Muscle man Marc/ 캐릭터로 출연하기도 했는데, 이 캐릭터는 오른팔에 문신으로 새겨져 있다.

마크 제이콥스는 대중문화, 음악, 패션, 사람들과의 만남에서 영감을 얻어, 유럽의 세련미에 미국의 열정과 활기를 더한 패션을 선보이고 있다는 평을 받고 있다. 뉴욕의 업타운과 다운타운을 혼합한 작품으로 마크 제이콥스는 '여성들이 입고 싶어 하는 여성스러우면서 동시에 전위적인 옷을 만드는 몇 안 되는 디자이너 중 하나'로 손꼽히고 있다. 그의 작품들은 가장 많이 복제되고 입혀지면서 마크 제이콥스는 현대 패션을 이끄는 디자이너 중 하나로 추앙받고 있다. 미국의 소설가 프랜신 프로즈/Francine Prose, 1947~/는 "모두가 마크 제이콥스에게 홀린 것 같다. 뭐든지 마크 제이콥스와 연관이 되면 갑자기 인기를 끈다."라며 마크 제이콥스 신드롬을 설명했다.

2013년 10월, 마크 제이콥스는 자신의 브랜드에 집중하기 위해서 2014년 봄·여름 컬렉션을 마지막으로 루이 뷔통을 떠났다. 그가 심장 위, 왼쪽 가슴에 새긴 문신 'Shameless'처럼 마크 제이콥스의 '부끄러운 줄 모르는' 대담하고 열정적인 새로운 여정을 기대한다.

그런지 룩/Grunge Look/은 대개 중고 의류매장/thrift store/에서 구매한 것처럼 너무 크거나 또는 너무 작은 혹은 낡아 보이는 의상을 착용하는 스타일로, 1990년대 초에 등장했다. 그런지/Grunge/는 1960년대 '더럽다'라는 의미에서 시작되었는데, 그런지 룩은 1980년대 말 미국 시애틀 출신의 얼터너티브 록 밴드 너바나/Nirvana/와 펄잼/Pearl Jam/과 같은 록 밴드들의 음악과 스타일에 근거를 두고 있다.

밴드 너바나/Nirvana/의 리드 싱어, 커트 코베인/Kurt Cobain/은 길고 헝클어진 머리카락에 물이 빠진 청바지, 헐렁한 체크 셔츠, 낡은 티셔츠 등을 입어서 물질만능의 소비주의와 엘리트주의 사회를 사는 젊은이의 염세주의, 좌절 등을 음악과 함께 표출했다. 본래 그런지 음악은 비주류 음악이었으나 너바나와 펄잼과 같은 밴드들이 상업적인 성공을 거두게 되면서, 이들의 패션 스타일도 주목 받기 시작했다. 그런지 록 밴드들을 추종하는 여성들은 1970년대 히피풍에서 영감을 받은 짧은 베이비돌 드레스에 오버사이즈의 점퍼를 입고 닥터 마틴 부츠/Dr. Martens/ 같은 투박한 군용 부츠를 함께 착용했다. 미국 태평양 북서부의 청소년들은 그런지 스타일을 유니폼처럼 입었는데, 낡아 보이는 플란넬/flannel/셔츠, 흘러내리는 큰 스웨터, 그래픽 티셔츠, 찢어진 청바지를 겹겹이 레이어드해서 입고, 작업용 워커 슈즈, 컨버스 운동화/Converse/ 등과 같은 신발을 착용했다.

스트리트 패션인 그런지 룩을 하이패션에 처음 소개한 디자이너는 뉴욕의 마크 제이콥스/Marc Jacobs, 1963~/였다. 그는 평소 록 밴드의 음악과 뮤지션들의 감각적인 패션 스타일에 매혹되어 있었고 1993년 봄·가을 페리 엘리스/Perry Ellis/ 컬렉션을 통해 그런지 음악과 스타일에서 영감을 받은 넝마주이 패션을 소개했다. 검은색 니트 모자에 대표 아이템인 플란넬 체크 셔츠, 프린트된 티셔츠, 큰 사이즈의 스웨터, 방한 내의처럼 보이는 캐시미어 스웨터, 실크 원피스 등이 컨버스 운동화, 버켄스탁 신발/Birkenstocks/, 닥터 마틴 군화/Dr. Martens/등이 함께 믹스 앤 매치된 자유로운 컬렉션이었다.

마크 제이콥스의 그런지 컬렉션은 '기존 가치에 반기를 든 새로운 패션'이라는 찬사와 함께 '난장판'이라는 혹평도 동시에 들으며 화제를 불러일으켰다. 상류층 고객들의 외면으로 이 컬렉션은 생산되지 못했고, 페리 엘리스 여성복 라인이 끝나게 되었다. 그러나 마크 제이콥스는 이 컬렉션으로 미국 패션 디자이너협회/CFDA/의 1992년 올해의 여성복 디자이너상/Womenswear Designer of the Year/을 수상하게 되었고, 뉴욕 패션계를 이끌어갈 새로운 디자이너로서 위치를 확고히 하게 되었다. 그런지 룩의 또 다른 지지자는 뉴욕의 젊은 디자이너 안나 수이/Anna Sui, 1964~/가 있으며, 비비안 웨스트우드/Vivienne Westwood, 1941~/, 크리스티앙 라크루아/Christian Lacroix, 1951~/, 샤넬의 칼 라거펠트/Karl Lagerfeld, 1933~/ 등의 하이패션 디자이너도 상류층 고객들에게 고급 소재로 만든 구겨지고 너저분한 옷들을 소개했지만 고상한 고객의 마음을 사로잡지 못하여 큰 성공을 거두지 못했다. 그러나 그런지 룩은 1980년대 엘리트주의, 소비주의의 산물인 여피 스타일에 대항하여 하위문화, 거리의 패션에서 새로운 대안을 찾으려고 했던 1990년대 초를 대표하는 안티 패션/antifashion/ 스타일의 하나로, 하이패션에 신선한 충격과 함께 자유와 생기를 불러왔다.

플란넬 체크의 보디슈트, 퍼코트, 두꺼운 양말의 믹스 앤 매치가 돋보이는 그런지 룩(2006 F/W 마크 제이콥스 컬렉션)

플란넬 체크의 탑, 레더 스커트, 레그워머의 믹스 앤 매치가 돋보이는 그런지 룩(2006 F/W 마크 제이콥스 컬렉션)

그런지 룩의 정석을 보여주는 디자인(2006 F/W 마크 바이 마크 제이콥스 컬렉션)

FASHION DESIGNER

Anna Sui

안나 수이 1955~

"새로운 것을 발견하고, 그것을 흡수하여 컬렉션을 통해 모든 이들에게 보여주는 것을 좋아한다. 내 패션쇼에 오는 사람들은 록 콘서트에 오는 것과 같다. 왜냐하면 나는 사람들을 현실과는 동떨어진 여행속으로 이끌기 때문이다. 그것은 그들이 즐길 수 있는 일종의 판타지이다."

*안나 수이*는 미국 디트로이트 출생의 중국계 미국인으로 뉴욕의 파슨스 스쿨 오브 디자인을 졸업하고, 뉴욕의 모던한 패션 분위기 속에서 로맨티시즘과 그런지룩을 창출해 낸 디자이너다. 1991년 뉴욕 컬렉션에 데뷔한 이래 20주년을 맞이한 안나 수이는 자신의 패션쇼를 록 콘서트라고 부르며 패션쇼를 보러 온 사람들에게 판타지를 제공하면서, 한편으로는 자신 안에 존재하는 이기적인 소비자를 생각하며 아름답고 현실적인 옷을 만드는 데 집중한다. 1993년 미국 패션 디자이너협회/CFDA/가 수여하는 페리 엘리스 뉴 탤런트상을 수상했으며, 전 세계 200여 개가 넘는 매장에서 그녀의 옷과 화장품, 향수, 액세서리와 주얼리가 판매되고 있다. 에스닉과 빈티지, 로맨틱과 판타지의 감성을 복고도 재창조도 아닌 어느 시대에나 존재할 수 있는 현재적 아름다움으로 풀어내고 있는 시대적 한계가 없는 예술가다.

지니어스 파일에 담은 디자이너의 꿈

1955년 미국 미시간의 디트로이트에서 출생한 안나 수이는 유년시절 인형들을 스타일링하고 자투리 천을 이용하여 인형 옷과 소품을 만드는 등 패션에 대한 관심이 많았던 소녀였다. 4세 무렵 이미 디자이너가 되겠다고 선언했으며 학창시절 자신의 옷을 스스로 만들거나 고쳐 입으면서 교내 베스트 드레서로 뽑히기도 했다. 틈틈이 잡지를 스크랩해서 만든 자료집 '지니어스 파일/genius files/'은 그녀의 소중한 영감의 원천으로 오늘날까지 작업에 사용되고 있다.

고교를 졸업한 안나 수이는 어느 날 〈라이프/Life/〉라는 잡지에서 뉴욕의 파슨스 디자인 스쿨을 졸업한 두 여성이 파리에 부티크를 내게 되었다는 기사를 읽게 되었다. 디자이너를 꿈꾸었지만 실현 방법에 대해 고민하고 있었는데, 이 기사를 통해 해답을 얻어 1972년에는 파슨스에 진학했다. 학창시절 그녀는 언더그라운드 펑크/punk/에 심취했으며, 또한 그녀의 오랜 친구이자 조력자인 스티븐 마이젤/Seven Meisel/을 만나게 된다. 오늘날 세계적으로 손꼽히는 패션 사진가 중 한 사람인 스티븐 마이젤과의 우정은 파슨스 재학시절부터 지금까지 지속되고 있다.

파슨스를 졸업한 안나 수이는 1970년대 후반부터 1981년 자신의 사업을 시작하기 전까지 여러 회사를 거치며 스포츠웨어, 수영복, 니트에 이르는 다양한 디자인을 경험했다. 수년간의 직장 생활을 통해 디자인 프로세스를 체득하게 되자 자신의 회사를 설립하기로 계획을 세웠고, 1980년 부티크 쇼를 통해 6벌의 옷을 발표했다. 발표된 옷들은 곧바로 메이시스/macy's/ 백화점에서 주문을 받기에 이르렀고, 〈뉴욕타임스〉에 관련 광고가 실리면서 마침내 회사를 그만두고 본격적으로 사업을 시작하게 된다. 수이는 자신이 살던 아파트의 한 코너에서 사업을 시작했고 메이시스와 블루밍데일 등을 통해 판매했다. 1981년 시작 이래 10여 년간 비즈니스를 지속하면서, 한편으로 그녀는 스티븐 마이젤의 프리랜서 디자이너이자 스타일리스트 활동도 병행하며 꾸준히 디자인 실력을 쌓았다.

스티븐 마이젤과 함께 패션쇼를 보기 위해 파리에 머물고 있던 수이는 고티에 쇼를 보러가던 길에 마돈나를 픽업하기 위해 호텔에 들르게 된다. 바로 그날 마돈나가 최상급의 수많은 옷 중에서 자신의 검은색 베이비돌 드레스를 선택하여 입은 것을 본 수이는 처음으로 자신만의 런웨이 컬렉션을 개최할 수 있겠다는 확신이 들었다. 이에 그녀는 사무실을 7번가로 옮겨 확장하고, 1991년 마침내 뉴욕 컬렉션에 참가했으며, 그 때부터 또 다른 성공 인생이 시작되었다.

로큰롤과 그런지에 빠져든 디자이너

최신 팝 음악과 스트리트 문화의 열광자였던 안나 수이는 90년대 초 마크 제이콥스와 함께 그런지 룩이 하이패션으로 흡수되는 데 주요한 역할을 했다. 그녀는 음악에 매우 빠져 있었고 음악은 가장 중요한 뮤즈였다. 데뷔 초 그녀의 모든 컬렉션의 영감은 로큰롤에서 출발한다고 해도 과언이 아니었다. 수이는 1990년대의 그런지 정신을 압축했다는 평가를 받고 있는

데, 그녀가 추구했던 그런지 패션은 본래 시애틀을 중심으로 하는 동명의 음악장르인 그런지 록/grunge rock/에서 유래한 것이었다. 그것은 기타음이 강렬한 시끄러운 록 음악의 한 장르로 크래시/Clash/, 너바나/Nirvana/, 스매싱 펌킨스/Smashing Pumpkins/, 레드 핫 칠리 페퍼스/Red Hot Chilli Peppers/ 등이 대표적인 밴드이다. 그런지 패션은 그런지 록을 좋아하는 사람들이 음악에 대한 재해석의 일환으로 깔끔하지 못한 헌 옷 같은 옷, 구김이 많은 캐주얼한 옷을 입는 것에서 시작되었다. 여기에는 1980년대의 여피즘과 물질만능주의에 대한 반문화적 의미가 담겨 있었고, 10대 그룹을 중심으로 시작된 패션 경향이 MTV의 대대적인 록 음악 홍보에 힘입어 빠르게 패션의 주류로 흡수되면서 1990년대 초의 주요한 패션 현상이 되었다. 그룹 너바나의 리더 커트 코베인/Kurt Cobain/과 그의 아내 코트니 러브/Courtney Love/는 각각 남성과 여성 그런지 패션 경향의 대표적 아이콘이었다. 안나 수이와 친한 친구 사이였던 스매싱 펌킨스의 기타리스트 제임스 이하/James Iha/는 1995년 그녀의 가을·겨울 컬렉션 '캘리포니아 드리밍/California Dreaming/'에 등장하여 그런지 정신을 표현했고, 코트니 러브도 수이의 베이비 돌 드레스를 즐겨 입는 것으로 유명했다.

그런지의 포인트는 아침에 일어나자마자 손에 잡히는 옷을 막 입은 듯 헝클어지게 입는 것으로, 단정하지 않으며, 서로 어울리지 않는 옷들을 레이어링하는 것이다. 안나 수이의 첫 번째 런웨이 컬렉션은 노스탤지어와 유년시절의 자전적 추억담을 반영한 그런지 무드의 히피 시크 룩/Hippie Chic look/으로 구성되었다. 이 컬렉션에서는 플레이드/plaid, 격자무늬/ 패턴의 슈트, 비닐 소재 코트와 재킷, 점퍼 스커트, 하운스투스 패턴의 마이크로 반바지, 미니 킬트와 미니 박스 플리츠스커트 등이 반스타킹과 가죽 로퍼, 발목 위로 올라오는 발토시 등과 함께 매치되었다. 수이의 초기 프레젠테이션부터 꾸준히 모델로 서며 사적으로도 막역한 사이를 유지했던 당대의 톱 모델들, 린다 에반젤리스타/Linda Evangelista/, 나오미 캠벨/Naomi Campbell/, 크리스티 털링턴/Christy Turlington/ 등은 안나 수이를 통해 엉뚱하고 기발한 스쿨 걸로, 때로는 세련된 그런지 걸/Grunge Girl/로 스타일링이 되었다.

그러나 그런지 패션은 25세 이상의 여성에게는 대부분 그다지 매력적이지 못하고 비현실적이라는 혹평과 함께 90년대 초 짧은 유행을 뒤로하고 사라지게 된다. 음악과 젊은이의 문화가 패션에 미치는 영향을 다시 한번 증명해 보인 그런지는 안나 수이의 개인적 취향과도 맞아떨어지며 그녀를 하이패션 무대에 성공적으로 데뷔시켰고, 뉴욕 패션계에 안착하는 데 도움을 주었다.

안나 수이 룩의 여성성 – 베이비돌 드레스와 뮤즈 바비 인형

안나 수이는 데뷔 이래 계속해서 유행을 앞서가는 젊고 여성적인 패션을 창조했다. 그녀는 미국 디자이너였지만 유럽의 디자이너들처럼 옷을 통해 이야기를 풀어내는 것을 좋아했다. 그녀는 음악과 책, 그림, 여행 등 모든 것에서 영감을 얻었다. 안나 수이의 옷은 여성이 디자인했다는 것을 느낄 수 있을 만큼 로맨틱하다. 그녀는 사람에 대해 로맨틱한 생각을 가지고 있었고, 그것은 안나 수이의 컬렉션을 통해 표현되었다. 실제로도 매우 여성스런 성격인 그녀의 성향은 슬립 드레스, 튜닉 드레스, 스모크 드레스와 베이비돌 드레스 등으로 투영되어 나타났다. 특히 베이비돌 드레스는 그녀의 시그니처 아이템으로 그 안에는 로맨틱과 페미닌, 에스닉과 빈티지의 요소가 모두 들어가 있다.

71 로맨티시즘을 반영한 베이비돌 드레스 (2009 F/W)

안나 수이의 컬렉션은 종종 실존하거나 허구인 특정한 인물을 중심으로 만들어졌다. 그 인물은 해당 시즌에 그녀의 뮤즈가 된다. 예를 들어 1992년 봄·여름 컬렉션에서는 바비 인형/Barbie/과 영국의 사교계 명사였던 다이애나 쿠퍼 부인/Lady Diana Cooper/이 중심이 되었다. 그것은 미국 대중문화와 영국 귀족적 전통의 결합이었다. 특히 바비 인형은 수이의 유년기 이후로 줄곧 그녀의 뮤즈였다. 1992년 봄·여름 컬렉션 무대에는 바비의 포장 케이스와 비슷한 핑크 비닐 소재의 배경막이 세워졌고, 수이는 유년시절 가지고 놀던 인형의 앙상블 드레스에 대한 기억을 바탕으로 의상을 만들었다. 검은색 레이스와 튤/tulle/로 만든 피날레 드레스는 바비 인형의 옷장에서 그대로 영감

72 컬렉션에서 반복적으로 선보이는 여성스러운 네글리제 드레스(2011 S/S)
여성스러운 레이스, 프릴, 폼폼 등으로 장식된 네글리제이다.

을 얻은 것이었다. 그녀는 바비 인형의 옷 중 베이비돌 파자마/baby doll pajama/와 네글리제/negligee/를 특히 좋아했는데, 이 옷은 그녀의 컬렉션마다 지속적으로 참고했던 기본 아이템들이었다. 1993년 컬렉션에서는 그런지의 아이콘 코트니 러브의 '킨더호어/Kinderwhore, 어린아이 또는 인형을 연상시키는 듯한 도발적인 옷차림을 한 젊은 여성/ 스타일에서 영감을 얻은 베이비돌 컬렉션을 선보여 최고의 찬사를 얻기도 했다.

보랏빛 판타지와 절충주의적 경향

1997년 봄·여름 컬렉션이 끝난 직후 〈우먼스 웨어 데일리〉는 안나 수이가 뉴욕 패션의 여성 마법사이자 우리를 황홀하게 하는 절대적인 힘을 가지고 있다고 평한 바 있다. 〈뉴욕타임스〉는 '오트 쿠튀르 스타일과 최신 스타일의 절묘한 조화'라고 극찬한 바 있다. 패션계 일부는 그녀의 성공은 보라색으로 패션 피플들을 유혹한 것에 있다고 평가하기도 한다. 실제로 그녀는 옷과 화장품 패키지, 광고 등에 보라색을 즐겨 사용하긴 했으나 그녀의 패션에는 어떠한 한 가지 컬러로는 국한할 수 없는 다양한 요소들이 혼합되어 있다. 그녀는 보라색과 더불어 검은색을 빼놓지 않았는데, 검은색 레이스와 시폰 소재로 장식한 침대나, 검은색 라커를 칠한 드레스 룸 등은 그녀의 몽환적 성향을 대변했다. 앞서 언급한 그녀의 뮤즈 바비 인형을 비롯하여 전설 속의 공주, 장미와 나비 모티프, 이국적이며 에스닉한 프린트 패턴 등은 패션을 더욱 낭만적이고 환상적으로 만들어주는 오브제이다. 유럽의 분위기를 좋아했던 그녀는 런던 스타일, 특히 카나비 스트리트/Carnaby Street/에서 많은 영향을 받았는데, 종종 컬러와 패턴, 텍스추어와 소재가 복잡하게 뒤섞인 스타일로 표현되었으

73 슈퍼모델 나오미 캠벨이 입은 안나 수이의 보라색 드레스(2002 F/W)
수이가 즐겨 사용한 보랏빛 바탕에 이국적이고 에스닉한 프린트의 원피스는 그녀의 낭만적 패션 세계를 보여준다.

며, 이것은 모두 엉뚱하고 기발한 소녀적 상상과 판타지를 반영한 것이었다.

안나 수이의 특성은 패션에 대한 열정을 그녀의 디자인에 잘 조합하고 엮어내는 능력에 있다고 해도 과언이 아니다. 안나 수이 룩의 비결은 개별적인 의상 그 자체보다 자신의 의상을 서로 매치시키는 절충적인 방식에 있다. 패션지 '아이디/i-D/'의 창간인 테리 존스/Terry Jones/는 그녀의 디자인을 1960년대 포토벨로/portobello, 파나마 동북쪽 카리브해 연안의 아름다운 항구도시/로 대표되는 교외풍의 감성, 다운타운의 로커/rocker/, 비보이의 음악과 대중문화를 아우르는 하나의 혼성모방/pastiche/이라고 이야기한 바 있다.

혼성모방

혼성모방(pastiche)은 다른 작품으로부터 내용 혹은 표현양식을 빌려와 복제하거나 수정하여 작품을 만드는 것 또는 그 작품을 일컫는다. 이는 일반적으로 다른 작품의 요소를 재창조하지 않는 것, 즉 절충적인 작품에 대한 가볍거나 혹은 경멸적인 의미로 사용된다.

안나 수이의 20주년과 넘치는 열정

안나 수이는 현재 뉴욕, LA, 타이완, 홍콩, 상하이, 도쿄, 오사카, 서울 등 30여 개국에 부티크 50개와 액세서리 단독 매장 67개가 있으며, 화장품과 향수뿐만 아니라 데님과 스포츠웨어, 신발과 액세서리 라인에 이르기까지 200여 개가 넘는 매장을 운영하며 토털 패션 브랜드로 계속 확장하고 있다. 일본 기업 이세탄/Isetan/과의 라이선스 체결을 통해 안나 수이 컬렉션의 분배와 유통을 보장받았으며 액세서리에 대한 서브 라이선스권도 획득했으며, 독일 기업 웰라/Wella, 현재 P&G/는 안나 수이의 뷰티사업을 총괄하고 있다. 장미 모티프가 새겨진 검은색 용기에 담겨진 키치한 화장품, 13개의 향수는 꾸준히 인기가 있어 독특한 영혼과 무한한 유머 감각이 있는 그녀를 중요한 디자이너 중 한 명이자 영민한 사업가로 만들어주었다. 2005년 삼성 휴대폰과의 컬래버레이션, 2006년 안나 수이 바비/Anna Sui Boho Barbie/ 한정판 출시, 2009년 미국의 대형할인점 타깃/Target/과의 컬래버레이션 등 계속해서 활발한 활동을 펼치고 있으며, 2010년에는 그녀의 패션 철학과 그간의 컬렉션을 담은 20년 기념 책을 출간하기도 했다.

"나의 패션에 모든 노력과 새로운 시도를 쏟아 붓고 있다……. 내 이름을 걸고 만드는 모든 제품에는 안나 수이의 세계가 담겨 있다. 사람들이 안나 수이의 립스틱을 살 때 내 드레스를 한벌 사는 것과 같은 흥분감을 주고자 한다. 만약 느끼지 못한다면, 나는 일을 제대로 하고 있지 않는 것이다."라는 말처럼, 안나 수이의 패션 열정은 아직 변함없는 듯하다.

Alexander Mcqueen
알렉산더 맥퀸 1969~2010

"패션쇼는 사람을 생각하게 만들어야 한다. 쇼가 감정을 불러일으키지 못한다면 아무 소용이 없다."

*알렉산더 맥퀸*은 1969년 출생 런던 남쪽 지방의 루이셤/Lewisham/에서 태어났는데 아버지는 택시 기사였으며, 원래 이름은 리/Lee/이고 알렉산더는 미들 네임이었다. 그는 초등학교 시절에는 조류클럽의 멤버로 방과 후 옥상에 올라가 황조롱이가 날아가는 것을 관찰하거나, 수중발레/synchronized swimming/를 하며 물 밖보다는 물 아래에 있는 것을 즐겼고, 가스펠을 즐겨 부르는 아이였다. 그는 3세 때부터 그림을 그렸고, 초등학교 때부터 디자이너가 되고 싶었다고 후에 회고했지만, 그의 집안은 디자인학교나 미술학교에서 정식으로 공부할 수 있도록 후원해줄 형편이 아니었다.

새빌 로에서 다진 테일러링의 기본기

맥퀸은 16세 무렵 영국 런던 최고급 맞춤 양복점의 본산인 새빌 로/Savile Row/에 수습생이 부족하다는 신문기사를 본 어머니의 권유에 의해 학교를 떠나 디자이너의 꿈을 안고 코트 전문 테일러숍/Cornelius O' Callaghan/에서 수습생으로 일을 시작했다. 이후 앤더슨 앤드 셰퍼드/Anderson & Sheppard/로 옮겨가서 본격적으로 영국식 고급 맞춤 테일러링의 기술을 습득했다. 맥퀸은 테일러링 기술에 호기심이 많았고, 남들보다 훨씬 빠른 속도로 기술을 터득했다. 일이 손에 익게 된 이후에는 점점 지루해 하여 영국 왕세자가 입을 재킷의 안감에 외설스러운 말을 낙서했다는 소문도 있었지만, 실제로 발견된 것은 없었다. 맥퀸의 표현적·예술적 재능을 계발할 수는 없었으나, 디자인의 밑바탕이 되는 재단 기술과 테일러링을 습득하는 중요한 시간이었다.

맥퀸은 후에 새빌 로의 또 다른 테일러 기브스 앤 호크스/Gieves & Hawkes/와 무대 의상 전문업체인 엔젤스 앤 버먼스/Angels & Bermans/를 거쳤다. 특히 엔젤스 앤 버먼스/Angels & Bermans/는 런던의 유명 쇼의 무대 의상을 제작하는 곳으로, 맥퀸은 뮤지컬 '레미제라블'의 의상 제작에 참여했다. 이곳에서 맥퀸이 경험한 것은 역사적인 의상, 특히 19세기 의상에 대해 충분히 훈련할 수 있는 계기가 되었고, 훗날 작품 세계의 커다란 자원이 되었다. 그 후, 영국 패션 산업이 불황일 때에 그는 전위적인 남성복으로 존경받던 고진 타수논/Kojin Tasunon/과 이탈리아로 이주하여 그 시절 가장 잘 나가던 로메오 질리/Romeo Gigli/에서 재단사로 근무했다.

재능의 발견과 계발

1994년 맥퀸은 영국으로 다시 돌아왔다. 그는 자신의 장점을 살려서 센트럴 세인트 마틴 예술대학교/Central Saint Martin's College of Art and Design/의 패턴 튜터 자리에 지원했지만, 그의 포트폴리오에 깊은 인상을 받은 학교 측의 권유로 석사과정/Head of Master course/에 학생으로 등록하게 되었다. 이 일은 알렉산더 맥퀸을 디자이너의 길로 이끈 전환점이 되었다. 그는 마치 스펀지가 물을 빨아들이듯이 정식 디자인 교육을 흡수했고, 이를 디자이너의 재능으로 계발하는 데 십분 활용했다. 그는 그 시절부터 이미 3차원적으로 디자인하는 데에 재능을 보였다.

맥퀸의 탄탄한 재단 기술은 센트럴 세인트 마틴 예술대학교의 디자인 교육과 상승작용을 일으켜 자신만의 독특한 디자인 세계를 만들어나가는 발판이 되었다. 1992년 그의 졸업 작품은 빅토리아 시대의 연쇄 살인범인 '잭 더 리퍼/Jack the Ripper/'의 실제 내용에 바탕을 두고 디자인했는데, 이것이 운 좋게도 영향력 있는 에디터이자 스타일리스트였던 이사벨라 블로우/Isabella Blow/의 눈에 띄게 되었다. 그녀는 그의 작품을 모두 구입했고, 그를 비공식적인 PR 스타일리스트로 고용했다. 맥퀸과 블로우의 인연은 이렇게 시작되었고, 이후 그녀는 가장 열렬한 지지자이자 고객이며, 친구 관계로 지냈다. 그녀의 설득으로 맥퀸은 원래 이름인 리/Lee/ 대신 중간 이름이었던 알렉산더/Alexander/를 사용하여 활동하기 시작했다. 그녀가 2007년 자살하자 맥퀸은 치명적인 영향을 받은 것으로 알려져 있다.

재정적인 어려움 속에서도 맥퀸은 졸업 후 자신의 컬렉션을 이어나갔고, 그의 쇼는 대중이나 일반 언론뿐만 아니라 충격에 익숙한 패션계에도 강력한 인상을 주었다. 특히, 알렉산더 맥퀸은 졸업 후 선보인 첫 컬렉션 '택시 드라이버/Taxi Driver, 1993년 가을·겨울/'에서 범스터/bumster/ 바지를 선보여 패션계와 대중에게 모두 센세이션을 일으켰다. 범스터는 밑위 길이가 극도로 짧은 바지나 치마를 가리키는 디자인으로, 1960~1970년대 힙허거/hig-hugger/라고 불린 로 라이즈 팬츠를 부활시킨 것이라고 할 수 있다. 맥퀸은 몇 년 동안 범스터를 컬렉션에 지속적으로 선보였으며, 이는 맥퀸의 초기 경력에서 그를 선동적이고 전위적인 디자이너로 만드는 데 일등공신의 역할을 했다.

새빌 로 테일러에서 하이패션 디자이너로의 변신

맥퀸은 '택시 드라이버/Taxi Driver/' 컬렉션 이후 '니힐리즘/Nihilism, 1994년 봄·가을/, '벤쉬/Banshee, 1994년 가을·겨울/, '새/The Birds, 1995년 봄·여름/', '하일랜드의 강간/Highland Rape, 1995년 가을·겨울/' 등 패션쇼 5번을 거치면서 매번 충격적인 무대와 디자인으로 자신만의 색깔을 확실히 만들어나갔고, 그 무렵 패션계와 소비자, 언론으로부터 지대한 관심을 받았다.

맥퀸이 영국 패션계를 중심으로 디자이너의 정체성을 인지시킨 이즈음 또 한 번의 중요한 일이 일어났다. 1996년 패션계의 거대 기업 LVMH가 정체기에 빠진 지방시/Givenchy/ 하우스를 구제하기 위한 구원투수로 27세 신예 디자이너 알렉산더 맥퀸을 지목한 것이다. 이 파격적인 결정에 언론은 또 한 번 술렁였다. 이 결정을 긍정적으로 보는 사람들은 맥퀸의 거칠고 암울한 감성과 지방시 하우스 아틀리에의 뛰어난 기술이 만나 새로운 폭발력을 만들 것이라고 기대했다. 그는 1997년 봄·여름 컬렉션을 포함하여 4년 동안 쿠튀르 패션쇼의 연 2회와 기성복 컬렉션 2회를 진행했다. 맥퀸의 지방시 컬렉션에 대해서는 평이 엇갈렸다.

맥퀸의 지방시 시절에 대한 평이 엇갈렸다는 사실이 말해주듯이, 이 시절의 경험은 그가 지방시에 많은 공을 세웠다기보다는 독립된 디자이너로서 성장하는 중요한 계기가 되었다. 맥퀸 자신도 이 시절을 돌아보며 지방시 아틀리에에 대한 존경을 아낌없이 표현했고, 자신이 디자이너로서 성장하는 데 큰 밑거름이 되었다고 인정했다. 그는 테일러 출신으로 옷의 구조적이고 건축적인 면에서 분명 강점이 있었으나, 상대적으로 부드러움이나 가벼움을 이해하지 못하고 있었으며 지방시 아틀리에에서 경험한 것이 이런 측면을 보강시켜 주었다고 말했다. 이후 완벽한 테일러링에 의한 정확한 재단과 즉흥적이고 자유로운 표현의 결합은 모든 맥퀸 디자인의 근간을 이루게 되었다. 즉, '훈련에 기반을 두지만 구속되지 않은 자유'라는 말로 그의 디자인을 요약할 수 있다.

맥퀸은 지방시와 결별한 후, 자신의 브랜드에 집중했고, 2001년 '트위스트불의 댄스/The Dance of the Twisted Bull/' 컬렉션으로 파리 무대에 데뷔하며 또 한번 스캔들을 일으켰다. 이 컬렉션은 파격적인 무대 연출뿐만 아니라 미국의 테러 사건 이후 모든 디자이너들이 쇼를 취소하는 와중에 강행한 것이어서 더욱 논란이 되었다. 이에 대해 맥퀸은 "패션은 정치적으로 정당하게/politically correct/ 맞추어나갈 필요가 없다. 만약 그렇게 한다면 패션은 혁명적일 수 없고, 나는 늘 하던 것을 했을 뿐이다."라고 말했다. 시대적인 비극 앞에 무관심하고 무책임하게 보일 수도 있는 이 행동은 패션을 오히려 순수한 예술 매체로 생각하고, 예술은 정치나 경제 논리에 의해 지배받지 않아야 한다는 그의 철학에 바탕을 둔 당연한 결정으로 이해될 수도 있다.

74 무대인사를 하는 알렉산더 맥퀸 (2001 S/S 지방시 기성복 컬렉션)
새빌 로에서 배운 테일러링 기술을 바탕으로 자신만의 창의성을 발휘해서 패션계의 젊은 천재 디자이너로 자리 잡은 1996~2001년까지 지방시 하우스의 수석 디자이너로 활약했다.

맥퀸은 4번이나 영국 패션협회/the British Fashion Council/가 주는 올해의 디자이너상/1996, 1997, 2001, 2003/을 수상했으며, 미국 패션협회/the Council of Fashion Designers of America/에서는 올해의 해외 디자이너상/2003/을 수상했다. 이렇듯 1990년 중반부터 2000년대로 넘어오면서 그의 경력은 절정기를 맞았다.

내러티브가 있는 패션쇼 혹은 설치 미술

맥퀸의 쇼는 명확한 콘셉트가 있고 그에 의거한 내러티브가 있었다. 그는 철저하게 패션을 매개로 하는 표현의 수단으로 쇼를 사용했다. 다른 어떤 디자이너의 쇼보다도 맥퀸 컬렉션을 그 이름과 함께 부르는 이유도 여기에 있다. 맥퀸은 영화, 자연, 미술, 역사 등 다양한 소재를 영감으로 작품 세계를 창조했다. 맥퀸 쇼에서는 옷만을 분리해서 작품을 이해할 수 없으며, 무대와 모델, 음악, 퍼포먼스 등이 통합된 설치미술이고, 쇼에 자신의 내러티브를 녹여냈다.

75 콘셉트와 내러티브가 있는 컬렉션 (2005 S/S)
서양(미국) 대 동양(일본)의 체스 게임으로 무대를 연출했던 컬렉션으로 명확한 콘셉트와 내러티브가 있는 한 편의 설치미술과 같았다.

따라서 맥퀸에게는 옷만을 부각시켜 보여주는 하얀 배경의 런웨이는 존재하지 않았으며, 언제나 극적이고 파격적인 쇼는 맥퀸 컬렉션의 트레이드마크가 되었다.

1998년 봄·여름 컬렉션 '무제/Untitled/'에서는 잉크를 푼 물로 가득 찬 플렉시글라스/특수 아크릴 수지/ 위로 모델들이 금빛 비를 맞으며 걸어서 나왔고, 1998년 가을·겨울 컬렉션 '조앤/Joan/'에서는 용암이 넘쳐흐르고 불꽃이 폭발하는 모습을 연출했으며, 1999년 가을·겨울 컬렉션 '오버룩/The Overlook/'에서는 거대한 눈보라 속에서 화려한 자카드와 모피로 만든 옷을 입은 모델이 스케이트를 타고 나오는 모습을 선보였다.

76 홀로그램으로 만든 케이트 모스의 이미지를 선보인 컬렉션 (2006 F/W)

2000년대로 넘어와서 맥퀸의 강렬한 주제의식은 충분히 표현적이면서도 한층 정제된 모습으로 작품에 나타났다. 2005년 봄·여름 컬렉션 '단지 게임일 뿐/It's Only a Game/' 컬렉션은 무대를 체스판으로 만들어 의상을 입은 모델들이 서양/미국/ 대 동양/일본/의 체스 게임을 하는 것으로 꾸며 화제가 되었다. 이 무대는 영화 '해리포터와 마법사의 돌/2001년/'에서 영감을 받았다. 이 컬렉션은 기모노를 비롯한 일본풍의 요소가 대거 도입되었으며, 의미보다는 형식주의적인 면에서 여러 문화의 요소를 차용해오는 오리엔탈리즘의 성격을 지녔다. 맥퀸 자신도 "내 작업은 세계 곳곳의 전통적인 자수, 금은 세공, 공예에서 패턴과 요소, 재료들을 가져와 탐색한 후 내 방식대로 해석하는 것이다."라고 말했다.

또 다른 화제의 무대는 2006년 가을·겨울 컬렉션에서 홀로그램을 이용하여 케이트 모스의 이미지를 무대에 투사한 것이다. 맥퀸은 마약 스캔들 이후 케이트 모스를 지지하는 메시지를 표현하기 위해 무대에 홀로그램으로 그녀의 모습을 투사한 인상적인 무대를 만들었다.

낭만주의와 숭고미

매트로폴리탄 미술관 큐레이터였던 앤드류 볼튼/Andrew Bolton/은 2011년 맥퀸의 전시회 '세비지 뷰티/Savage Beauty/'에서 그의 낭만주의적인 여러 측면을 분석하여 전시회를 구성했다. 볼튼은 2010년 나이 40세에 자살로 생을 마감한 이 천재 디자이너가 낭만주의적 감성이 어떻게 현대인에게 강력한 영향을 줄 수 있는지를 보여주었고, 그의 작품은 억제되지 않은 강렬한 숭고, 경외감과 경이감, 공포 등과 같은 낭만주의적 감성과 포스트모더니즘과의 연결고리를 보여주었다고 논평했다.

맥퀸의 옷과 쇼는 자신이 말한 대로 강렬한 감성을 일으켰다. 영감이 시키는 대로 현실과 상상을 넘나들며 표현하는 맥퀸의 낭만주의적인 탐색은 보는 사람에게 정체를 알 수 없는 강렬한 감성적 반응을 일으켰다. 때로는 강한 감정의 소용돌이에 대해 대중은 거부 반응을 일으키기도 했다. 볼튼은 이 감성의 정체는 많은 경우 문화적 불안감, 불확실성과 연결되어 있으며, 강렬한 감정의 경험이 가장 낭만주의적인 감정인 숭고미/subime/를 경험할 수 있는 원천이 된다고 했다.

볼튼은 1992년 졸업 작품에서 2010년 유작까지 맥퀸의 작품을 날카로운 테일러링에 즉흥성이 더해진 '낭만주의적 이성', 삶과 죽음, 밝음과 어두움의 변증법적 대립을 보여주는 '낭만주의적 고딕', 스코틀랜드와 영국적 정체성이 표현된 '낭만주의적 민족주의', 일본풍을 포함한 여러 민속적 요소가 차용된 '낭만주의적 이국주의', 숭고미의 원천으로 자연을 해석한 '낭만

77 강한 민족주의적 감성을 표현하는 타탄체크 치마(2006 F/W 컬로든의 미망인 컬렉션)

주의적 원시주의'로 구분하여 작품을 전시했다. 그의 작품의 형식적인 스타일은 이러한 구분으로 잘 알 수 있다. 갑작스럽고 극적인 맥퀸의 자살 이후, 다음 해에 열린 이 전시회에 쏠린 관객들의 반응은 뜨거웠다. 관람객 수가 박물관 패션 전시 부문의 기록을 깼고, 전시 시간을 연장해야 했을 만큼 맥퀸은 사후에도 화제를 몰고 다녔다.

역사성과 정체성

맥퀸의 디자인에는 강력한 역사성/historicism/이 존재한다. 그는 19세기 후반 의상에서 개인의 감정과 상상력을 풍부하게 담아내는 과정의 많은 요소를 가져왔다. 새빌 로 시절 19세기 무대 의상을 제작한 경험과 쿠튀르의 수공에 장인들에 대한 경외를 반영하는 듯이 코르셋뿐만 아니라 전반적인 구조적 디자인에 19세기, 특히 빅토리아 시대의 영향을 많이 받았다. 이는 포스트모더니즘의 역사성과도 같은 맥락으로 파악한다. 그러나 맥퀸의 작품에 나타난 19세기는 원형이 해체되었고, 개인의 상상력으로 통합되어 빅토리아 스타일의 가장 현대적인 해석이다.

맥퀸의 작품에서 민족적 정체성/identity/은 매우 중요한 주제였다. 그는 일차적으로는 스코틀랜드, 이차적으로는 영국이라는 나라에 대한 매우 깊은 의식이 있었고, 몇몇 컬렉션에서는 이것이 특히 강하게 표현되었다. 1995년 가을·겨울 컬렉션 '하일랜드의 강간/Highland rape/'과 2006년 가을·겨울 컬렉션 '컬로든의 미망인/Widows of Culloden/'에서는 19세기 스코틀랜드와 영국에

78 살색 실크 튤의 언더 스커트와 겉은 타탄체크 치마로 구성된 디자인 (2006 F/W 컬로든의 미망인 컬렉션)

오랜 대립의 역사에 바탕을 두고 디자인한 결과, 강한 민족주의적 감성을 표현하기 위해 스코틀랜드의 타탄체크를 사용했다. 그는 상업화된 스코틀랜드가 아니라 백파이프나 하기스/haggis, 스코틀랜드 전통 음식/로 대표되는 스코틀랜드의 철저한 역사적인 인식을 표현했다고 말했다. 또한 런던 태생의 맥퀸은 영국, 특히 런던에 대한 강한 애착을 종종 표현했고, 2008년 가을·겨울 컬렉션 '나무에서 사는 소녀/The Girl Who Lived in the Tree/'에서는 이스트서식스/East Sussex/에 있는 별장 정원의 느릅나무에서 영감을 받은 몽환적이고 동화 같은 감성을 표현했다.

인간 존엄성의 염원

맥퀸은 대중 앞에 나서기를 극히 꺼리는 내성적인 성격이었다. 그는 새로운 사람과 사귀는 것을 극도로 어려워했으나, 누구보다 인간의 근원적인 존엄성에 관심이 많았다. 전통적인 관점에서는 아름답게 보이지 않는 맥퀸의 많은 디자인들은 궁극적으로 인간의 존엄성을 탐구하는 디자이너가 노력한 결과물로 볼 수 있다.

1999년 봄·여름 컬렉션 'No.13'은 예술공예 운동에서 영감을 받아 인간과 기계, 공예와 기술의 대조적인 측면에 대한 자신의 생각을 표현했다. 이 쇼의 피날레에서는 발레리나 샬롬 하

79 패션업계에 대한 풍자를 시도한 패션쇼(2009 F/W 풍요의 뿔 컬렉션)

80 파충류 표면의 질감을 디지털 프린팅한 미니 드레스 (2010 S/S)

로우/Shalom Harlow/에게 로봇이 스프레이 페인트를 뿌리는 와중에 춤을 추는 퍼포먼스가 있었다. 이때 장애올림픽 챔피언인 에이미 멀린스/Aimee Mullins/가 맥퀸이 디자인한 섬세한 부조가 새겨진 목재 의족을 착용하고 나왔다. 멀린스는 다른 장애인들과 함께 맥퀸이 객원 편집장으로 참여한 '데이즈드 앤 컨퓨즈드/Dazed & Confused/'의 1998년 9월호 커버에 다시 실려서 장애인의 존엄성에 대한 인식을 촉구했다.

이해하기 힘들고 한편으로는 관람하기 어려울 정도의 극단적이고 독특한 미감이 표현된 2009년 가을·겨울 컬렉션 '풍요의 뿔/The Horn of Plenty/'은 맥퀸이 소속되어 있는 패션계에 대한 풍자를 시도한 쇼였다. 이 쇼에서는 거의 불가능하고 수용할 수 없는 이상형을 홍보하는 패션계를 뒤흔들어보려고 했다. 맥퀸의 생전 마지막 쇼였던 2010년 봄·여름 컬렉션 '플라톤의 아틀란티스 섬/Plato' s Atlantis/'은 다윈의 진화론에 반하는 잡종이 된 인간이 사는 수중세계, 즉 반/反/이상향을 그리는 내러티브가 디자인의 밑바탕이 되었다. 이런 작품들은 맥퀸의 궁극적인 인간성, 존엄성을 염원하는 미학을 반영했다.

맥퀸이 사망한 후, 현재 알렉산더 맥퀸의 수석 디자이너가 된 사라 버튼/Sarah Burton/을 비롯해 그가 좋아했던 장인들은 맥퀸이 생전 마지막으로 작업하던 컬렉션을 마무리하여 이 작품들을 런웨이가 아닌, 18세기에 지어진 파리 호텔/hôtel particulier/에서 극히 제한된 사람들에게만

81 맥퀸의 사후 발표된 숄칼라 금빛 깃털 코트(2010 F/W)
메트로폴리탄 박물관에 전시된 광경으로, 가운데에 있는 쇼의 피날레를 장식한 숄칼라의 금빛 깃털 코트를 볼 수 있다.

발표하는 행사를 열었다. 대담한 디지털 프린팅 작품을 비롯하여 각각의 옷에 맞추어 직조되고 수놓은 작품과 그의 마지막 쇼에서 처음 선보인 필 구페/fil coupé/ 새틴 오간자 등이 사용된 디자인들이 포함되었다. 특히 행사의 피날레를 장식한 숄칼라 깃털 코트는 오리 깃털을 일일이 금빛으로 칠하고, 밑단에 금사로 자수를 놓은 폭이 넓은 주름 스커트와 1벌을 이루어 그의 디자인 인생에 마침표를 찍는 작품이 되었다. 1번에 10명 정도 특별한 관객에게만 새로운 작품을 보여준 이 행사는 내성적인 성격의 소유자였던 알렉산더 맥퀸에게 어쩌면 가장 적합한 발표 방식이었을 것이고, 날개옷을 연상시키는 피날레 작품은 어린 시절 새를 좋아했던 소년 맥퀸의 모습과 중첩되면서 불꽃과 같았던 그의 디자이너 인생을 보여주었다.

범스터/bumster/는 1960~1970년대 힙허거/hig-hugger/라고 불린 로 라이즈 팬츠가 부활한 것으로 밑위가 극도로 짧은 바지나 치마를 가리킨다. 알렉산더 맥퀸은 1993년 가을·겨울 컬렉션인 '택시 드라이버'에서 범스터 팬츠를 선보여 패션계에 일대 센세이션을 일으켰다. 특히 맥퀸의 범스터는 모델의 엉덩이가 노출될 정도로 밑위길이가 극도로 짧아서 세간에 논란의 대상이 되었다. 이 범스터는 남성복, 여성복에서 모두 선보였고, 이후 컬렉션에서도 몇 년간 계속되었다. 범스터는 맥퀸의 초기 작품 중 디자이너의 정체성을 만드는 데 기여한 주요 작품이었다.

맥퀸은 범스터에 대해 엉덩이를 노출하기 위한 의도가 아니라, '척추 아래 부분의 연장'이라는 차원에서 설명했다. 그 부분은 남성이나 여성이나 가장 에로틱한 부분이며, 범스터는 그런 인체 부위를 전시하는 것이라고 말했다. 2011년 메트로폴리탄 미술관에서 열린 맥퀸의 전시회 큐레이터였던 앤드류 볼튼/Andrew Bolton/과의 인터뷰에서 미라 하이드/Mira Hyde/는 말했다. 그녀는 범스터를 힐과 함께 착용하면 갑자기 다리와 몸통이 모두 무척 길어 보였다고 범스터를 입던 시절을 회상했으며 범스터의 노출과 관련하여 상체에서 약간의 클리비지/cleavage, 유방 사이 오목한 부분/가 노출되는 것과 비슷하다고 설명했다. 볼튼은 알렉산더 맥퀸이 당시 영국 거리문화와 음악의 혼잡함을 자신의 옷에 충분히 응용하여 만든 것이 범스터이고, 이는 그의 초기 경력에서 패션 선동가로의 명성을 만들어주었다고 해석했다.

Domenico Dolce, Stefano Gabbana

돌체 앤 가바나 1958~ / 1962~

"우리가 패션을 따라가는 것이 아니라, 패션이 우리를 쫓아온다."
(도미니코 돌체)

"우리는 종종 유희를 즐기며, 관능성을 사랑한다."
(스테파노 가바나)

*도미니코 돌체*와 *스테파노 가바나*는 패션 역사상 가장 성공적인 파트너십을 보여주었고 재능과 땀, 마케팅의 행운이 함께 어우러지며 1980년대 중반기 이후 패션 역사의 한 장을 차지했다. 그들은 세계적으로 이름을 알린 20세기 이탈리아 디자이너 중 거의 마지막 주자들로 이탈리아 남부의 열정적이고 대담한 기질을 담은 관능적이며 화려한 패션 컬렉션을 발표했다.

돌체 앤 가바나는 패션을 따라가는 것이 아니라, 패션이 쫓아온다는 패션 철학을 바탕으로 기이하거나 지나치게 아방가르드 한 옷을 거부하는 대신 '리얼 우먼/real woman/'을 위한 매혹적이고 섹슈얼한 스타일을 창조했다.

디자이너 듀오의 탄생

도미니코 돌체/Domenico Dolce/는 1958년 이탈리아 시칠리아 섬/Sicily/ 팔레르모/Palermo/에서 태어났다. 그의 아버지는 마을의 상류층을 대상으로 신사복을 만드는 테일러였고, 어머니는 남성복 상점을 운영했다. 돌체는 아주 어렸을 때부터 아버지의 작업실에서 놀면서 자랐으며, 7세 무렵 테일러드 재킷의 재단을 배웠다고 알려져 있을 만큼 아주 어린 나이부터 옷과 재단에 친숙했다.

스테파노 가바나/Stefano Gabbana/는 돌체보다 4세 아래로, 1962년 밀라노에서 출생했다. 돌체와는 달리 그의 가족이나 주변에 패션과 관련된 것은 없었으며, 그의 아버지는 베니스에서 인쇄공으로 일했다. 잘 생긴 외모를 소유한 가바나는 1980년대 초 그래픽 디자인을 공부하기 위해 밀라노로 이주했고, 졸업 후 그래픽 디자이너로 경력을 쌓기 시작했다.

이 2명의 창조적 인재가 처음 만난 것은 1980년대 초, 돌체가 일하던 사무실에 가바나가 찾아오면서였다. 돌체는 시칠리아에서 밀라노로 와서 디자인을 공부했고, 지역의 패션 하우스에서 어시스턴트로 일을 하고 있었다. 가바나는 돌체가 일하던 사무실에 지원했고, 채용된 후 돌체와 함께 일했다. 돌체는 그에게 의상 스케치를 가르쳤으며, 가바나가 18개월 동안 군 복무를 하기 전까지 디자인 프로세스를 가르쳐주었다. 키가 작은 시골 출신의 돌체와 키가 크고 섬세하며 엘레강스한 가바나는 서로에게 매혹되었고, 1982년 말 가바나가 제대한 뒤 아파트를 얻어 함께 생활하기 시작했다. 곧이어 두 사람은 돌체 앤 가바나라는 이름의 스튜디오를 오픈하고, 둘만의 디자인을 시작하게 되었다.

외관상 정반대의 모습을 지녔던 두 사람은 성향도 서로 달랐다. 도메니코 돌체는 호기심이 많은 성격으로 새로운 것을 선호했고, 스테파노 가바나는 경험하고 실험해 본 것을 신뢰하는 스타일이었다. 가바나가 그때그때 유행하는 문화에 집중했다면, 돌체는 장인/匠人/적 성향을 지니고 있었다. 또한 돌체는 뛰어난 테일러링 기술을, 가바나는 엘레강스한 스타일링 분야에 재능을 가지고 있었다. 가바나는 "우리는 아주 다른 2개의 관점에서 시작한다. 그가 왼쪽에서 시작한다면, 나는 오른쪽에서 시작하는 식이다. 그렇게 해서 우리는 가운데에서 만난다."라는 말로 파트너십을 강조했다.

두 사람은 1985년 10월, 밀라노 컬렉션 기간 중 3명의 신인 디자이너 그룹의 일원으로 첫 번째 무대를 선보였다. 당시 패션의 주류였던 파워 드레싱을 제외했음에도 불구하고, 그들의 복잡하면서도 섬세한 재단은 호평을 받았다. 이어서 그들은 1986년 3월, 첫 여성복 컬렉션 '리얼 우먼/Real Woman/'을 발표했다. 이후 1987년 밀라노 쇼룸 오픈, 1989년 첫 번째 란제리 컬렉션과 수영복 컬렉션 발표, 도쿄 패션쇼 개최, 1990년 첫 남성복 컬렉션 개최와 뉴욕 진출, 1993년 향수 론칭, 1994년 세컨 브랜드 D&G 론칭 등 그들의 성공적 행보가 이어지게 된다.

관능성과 섹스어필을 보여주는 코르셋과 애니멀 프린트

돌체와 가바나의 의상은 섹시하고 관능적인 스타일링으로 유명하며, 광고 캠페인 역시 도발적이고 강렬한 이미지를 발산했다. 돌체 앤 가바나가 컬렉션에 데뷔했을 당시 밀라노는 어느 때보다 패션 산업이 번성하고 있던 중이었다. 이들은 당시 트렌드세터였던 아르마니의 엘레강스한 트렌드를 따라가는 대신 정반대의 노선을 택했다. 그들은 1986년 3월, 첫 여성복 컬렉션 '리얼 우먼/Real woman/'를 발표하면서 곡선적인 코르셋 드레스와 잘 재단된 핀 스트라이프 슈트, 레오파드 프린트가 들어간 타이트한 실루엣의 코트를 선보였는데, 뚜렷하게 보이는 관능성과 섹스어필은 곧바로 이들 듀오의 트레이드마크가 되었다.

82 돌체 앤 가바나의 강렬한 섹시함이 잘 표현된 애니멀 프린트 퍼(fur)코트(2007 F/W)

돌체 앤 가바나의 쇼는 안나 마냐니/Anna Magnani/, 소피아 로렌/Sophia Loren/과 같은 여배우들이 란제리를 걸친 채 요부를 연기하던 20세기 중반기 이탈리아 영화의 전성기에 대한 추억을 불러 일으켰다. 두 디자이너는 그녀들의 코르셋을 컬렉션의 테마로 활용하며 관능성을 과시했다. 검은색 브래지어와 타이트한 새틴 코르셋은 미니스커트와 스타일링 되어 새로운 의상이 되었으며, 색색의 스와로브스키와 라인스톤으로 장식한 브래지어는 1990년대의 섹스어필 이미지를 대표하는 아이템이 되었다.

돌체 앤 가바나는 애니멀 프린트에 대한 매우 깊은 애정을 가지고 있었는데, 그것은 그들의 관능적 이미지를 더욱 부각시키는 요소가 되었다. 애니멀 프린트는 스커트와 팬츠, 드레스와 코트에 이르기까지 매우 광범위한 용도로 사용되었고, 이는 남성복에서도 마찬가지였다. 패치워크와 함께 애니멀 프린트는 돌체 앤 가바나의 스타일을 말해주는 상징적 요소가 되었다. 돌체 앤 가바나의 '애니멀 프린트 룩 혹은 정글 룩'은 다른 모든 디자이너들이 발표한 애니멀 프린트 스타일 중 가장 성공적이며 강렬한 반응을 불러왔다. 1997년 발간된 돌체 앤 가바나의 책 '와일드니스/wildness/'에는 애니멀 프린트를 사용한 주요 디자인들이 수록되어 있다. 두 디자이너는 사적으로도 애니멀 프린트를 매우 좋아하여 집과 작업실, 매장의 인테리

83 관능적이고 매혹적인 코르셋 드레스와 애니멀 프린트 드레스(2007 F/W)

어와 가구들을 애니멀 프린트로 장식했다.

듀오는 코르셋과 애니멀 프린트에만 머무르지 않았고, 여성적인 달콤함을 더한 디테일과 스트레치 실크 등 현대적 기술이 바탕이 된 신소재들을 통해 스타일을 새롭게 정제하면서 계속해서 진화했다. 변화하는 패션 트렌드 안에서 관능적 스타일을 이끌어 올 수 있었던 배경에는 그들의 롤 모델이었던 아제딘 알라이아/Azzedine Alaïa/가 있었다. '재단의 귀재'로 불린 알라이아는 30여 년간 몸에 꼭 맞는 타이트한 스타일을 지속적으로 생산해 온 디자이너이다. 이러한 영향을 받아 여성복뿐만 아니라 돌체 앤 가바나의 남성복 컬렉션 역시 섹시함을 기조로 클래식한 요소가 혼합되어 있으며, X-실루엣의 남성용 재킷에서는 여성적인 이미지를 느낄 수 있다.

이탈리아 감성의 뿌리 – 시칠리아에 대한 오마주

이 디자이너 듀오의 창의력은 고향인 이탈리아에 뿌리를 두고 있다. 화려한 색채를 사용하거나 남성과 여성의 아름다움을 대담하게 매치하는 능력을 가진 이들 패션의 원천은 이탈리아 여성이었다. 그 중에서도 남부 이탈리아의 정열을 가진 매력적인 시칠리아 여성을 통해 섹시하면서도 본질적인 우아함을 간직한 여성의 모습을 패션에 투영했다.

시칠리아는 돌체가 자라나고, 가바나가 휴가를 즐기던 곳이었다. 이탈리아에 대한 이상적 이미지를 바탕으로 돌체 앤 가바나가 초점을 맞추었던 주제는 1940~1950년대 네오리얼리즘/Neo-realism/적 흑백영화 속의 미녀들, 천주교 신앙, 마피아의 남성미, 시칠리아 섬의 미망인들이었다. 시칠리아의 전통적 스타일은 흑갈색이나 검은색을 기본으로 하며, 검은 레이스로 장식된 폭이 넓은 스커트와 두껍고 짙은 색의 스타킹, 십자가 묵주와 화환, 그 위에 마피아의 영향이 더해진 것이었다. 검은색은 시칠리아의 남성과 여성복의 기본 색이자 시칠리아의 문화와 삶의 양식을 대표하는 색으로, 돌체 앤 가바나의 컬렉션에 주요한 컬러로 사용되었다.

1988년 발표된 '레오파드' 컬렉션은 정통 시칠리아의 이미지와 이탈리아의 네오리얼리즘적 흑백영화에서 영감을 녹여낸 컬렉션이었다. 루키노 비스콘티/Luchino Visconti/ 감독의 영화 '레오파드/The Leopard/'가 영감으로 작용했던 이 컬렉션에서는 영화 속 소피아 로렌의 코르셋은 현대적인 감성의 코르셋 드레스로 재탄생되었다. 1990년 남성복을 론칭했을 때에도 두 디자이너는 시칠리안 남성의 테일러링을 보여주는 편안한 스타일의 의상으로 호평을 받았다. 1996년 남성복 컬렉션에서는 탱크 톱과 핀 스트라이프 바지에 가죽 슬리퍼를 매치하여 시칠리아에 대한 완벽한 오마주를 완성했다. 1998년 3월, 검은색이 중심이 된 보다 종교적인 분위기의 시칠리안 스타일은 '사이버 시칠리언/Cyber-Sicilian/'이라는 제목과 함께 보다 로맨틱한 형식으로 변화되는 모습을 보이기도 했다.

핀 스트라이프 슈트와 중절모, 반짝이는 시퀸 장식과 목걸이로 사용된 묵주, 시칠리안 소녀의 검은색 전통 드레스, 페전트 스커트/peasant skirt/와 프린지 장식의 숄, 검은색 미니 드레스를 입고 머리에 스카프를 두른 시칠리아 섬 미망인의 심플함까지, 여성적인 것과 남성적인 것, 섬세한 것과 거친 것, 귀족적인 것과 프롤레타리아적인 것이 뒤섞인 그들의 스타일은 지중해풍의 매력과 정열을 담고 있다.

크로스 오버 드레싱과 믹스 매치

"그들은 1980년대를 특징지었던 모든 미학적 요소들을 모두 정리했고, 새로운 방향으로 전환했다. 그들의 탈출은 조류를 거스르는 항해와도 같았다."라는 밀라노의 일간지 〈우니타/L' Unita/〉의 지안루카 베트로/Gianluca Lo Vetro/의 말처럼 돌체 앤 가바나는 창조적인 작업에 전혀 주저함이 없었고, 지나간 시대를 샅샅이 뒤져 풍부한 아이디어를 쏟아내었다. 그들은 정해진 규칙을 따르지 않았으며, 현대 패션의 자유로운 정신을 압축한 스타일로 매 시즌 놀라움을 주었다.

패션계의 한 인사는 그들을 패션계의 '믹스의 달인/mix masters/'이라 칭하면서 변화무쌍한 소리를 엮어 음악을 창조하는 DJ에 비유하기도 했다. 듀오는 각각 과거와 현재를 대표하는 바로크양식과 플라스틱을 혼합하거나, 크로셰/crochet, 코바늘 뜨개질/와 벨크로, 브로케이드와 거울을 혼합했다. 또한 시칠리아 귀족의 예의바른 이미지와 탱크 톱을 입은 전형적인 노동자의 이미지를 혼합했다. 그들의 주요한 영감이 되었던 시칠리아의 여성은 열정적이고 매혹적인 동시에 엄격하고 독실한 가톨릭 신자로 금욕주의적인 양면성을 지닌 여성이었다.

그들은 1988년 레오파드 컬렉션에서 시칠리아의 귀족적 분위기와 농부의 생활을 혼합했는데, 벨벳 드레스와 러플 장식의 셔츠, 조끼와 화이트 셔츠, 농부 모자와 함께 남성 슈트를 입은 여성을 등장시켰다. 1990년 라 돌체 비타/La Dolce Vita/ 컬렉션에서는 진짜 모피와 깊게 파인 드레스, 가짜 다이아몬드를 사용했다. 1992년 10월의 히피-시크/hippie-chic/ 컬렉션은 꽃무늬 드레스, 플랫폼 슈즈, 마리안느 페이스풀/Marianne Faithfull, 1960년대 배우 겸 가수/ 풍의 메이크업과 카나비 스트리트 풍의 바지를 활용한 판타지를 보여주었다. 이 컬렉션에서는 패치워크, 브로케이드와 자수, 핀 스트라이프와 레이스의 믹스 매치가 제안되었다. 특히 이 컬렉션에 대해 패션 저널리스트 수지 멘키스/Suzy Menkes/는 돌체 앤 가바나가 시대와 국가, 남성과 여성, 활기차고 멋진 런던과 비더바이어양식/Biedermeier, 19세기 중반의 간소하고 실용적인 가구 양식/을 잘 섞어 내었으며, 그러한 믹스를 통해 자신 만의 것으로 만드는 탁월한 능력을 가진 디자이너라고 칭찬했다.

셀러브리티가 사랑한 돌체 앤 가바나

할리우드 영화의 셀러브리티, 패션 에디터, 파티를 즐기는 돈 많은 젊은이들이 가장 좋아하는 브랜드인 돌체 앤 가바나의 의상은 모든 주요 도시의 패셔너블한 클럽과 바에서 볼 수 있다. 돌체 앤 가바나의 여성들은 섹시하고, 맵시 있으며, 강한 지중해의 여인이었다. 3명의 동시대적 아이콘, 곧 이사벨라 로셀리니/Isabella Rossellini/, 린다 에반젤리스타/Linda Evangelista/, 마돈나/Madonna/는 돌체 앤 가바나의 여성 이미지를 대표한다. 로셀리니에서 에반젤리스타에 이르는 뮤즈들은 자신이 가진 이탤리언적 정신 때문에 발탁되었다고 해도 과언이 아니었다. 특히 이탈리아계 미국인이었던 마돈나는 두 디자이너의 팬이자 고객이며, 친구가 되었다. 마돈나는 1993년 '걸리 쇼/Girlie Show/'의 월드 투어를 위한 의상 1,500벌을 주문했고, 마돈나 월드 투어 공연의상의 성공은 돌체 앤 가바나가 음악계, 영화계와 지속적인 친밀 관계를 형성하는 계기가 되었다. 걸리 쇼 의상의 성공은 휘트니 휴스턴/Whitney Houston/, 카일리 미노그/Kylie Minogue/, 제니퍼 로페즈/Jennifer Lopez/, 메리 J. 블라이즈/Mary J. Blige/ 등의 공연 의상 제작으로 연결되었다.

그들 외에도 데미 무어, 니콜 키드먼, 비욘세 등 섹시 스타들의 지지를 받으며 성장한 돌체 앤 가바나는 '스타를 더 스타답게/Stars look like stars/' 만드는 브랜드로 자리를 잡았다. 마돈나는 '가장 좋아하는 셔츠는 D&G'라고 공언하여 돌체 앤 가바나를 세계적인 디자이너로 만드는 데 일조

84 마돈나 월드 투어 걸리 쇼의 무대의상(1993)

85 걸리 쇼에서 마돈나가 입은 드레스 스타일이 인기를 끌자 출시된 바비인형

했다. 그러나 이 두 디자이너의 진정한 비밀은 평범한 여성도 그들의 옷을 입으면 셀러브리티처럼 된다는 점이었다. 실제로 도메니코 돌체는 "오늘날 디자이너는 '현실의 여성'에게서 영감을 얻어야 한다."라는 말을 통해 스타일의 현대성과 현재성을 강조했다. 돌체 앤 가바나의 뮤즈이자 돌체 앤 가바나의 10주년 기념 책자의 편집자이기도 했던 이사벨라 로셀리니는 "내가 처음 입었던 그들의 옷은 화이트 셔츠였다. 그것은 매우 소박한 아이템이었지만 내 가슴을 더욱 돋보이게 만들도록 정교하게 재단된 것이었다."라는 말로 돌체 앤 가바나의 스타일을 지지했다.

돌체 앤 가바나의 현재와 미래

1985년 여성복으로 시작한 돌체 앤 가바나는 언더웨어, 수영복을 비롯해 남성복, 액세서리, 아이웨어, 아동복, 향수 등으로 점차 라인을 확장하며 거대한 패션 하우스를 만들었다. 1994년에는 돌체 앤 가바나의 세컨드 브랜드인 'D&G'를 론칭, 합리적인 가격과 시그너처 라인에 필적할 만한 완성도 높은 디자인을 바탕으로 보다 감각적인 룩을 전개했다. D&G는 보다 젊은 층을 타깃으로 화려한 색감과 다양한 소재, 정형화된 형식을 깨는 믹스매치 스타일링으로 세련된 섹시 룩을 표현했다. D&G는 컬렉션의 무대를 젊은이들이 모여 있는 카페나 클럽으로 옮겨 펼치는 파격적인 시도를 보여주기도 했다. 그러나 지난 2011년 9월 밀라노 컬렉션 기간 중, 돌체 앤 가바나가 세컨드 브랜드 D&G를 정리할 계획이라고 밝혀 충격을 주었고, 현재는 단계적으로 철수를 진행하고 있는 것으로 알려져 있다. 샤넬처럼 단일화된 브랜드로 멋지게 지속하고 싶다는 것이 두 디자이너의 공식적 입장이지만 1세대 세컨드 브랜드의 상징격인 D&G의 철수는 그리 유쾌한 일은 아닌 듯하다. D&G의 철수 배경에는 이슈가 되었던 유럽 경제 위기와 이와 맞물린 이탈리아 경기 침체의 영향이 큰 것으로 추측되고 있다.

2005년 돌체 앤 가바나의 20주년 기념 책/20 years Dolce & Gabbana/을 편집한 저널리스트 사라 무어/Sarah mower/는 그들을 '이탈리아 정신의 하나'라고 정의했다. 〈뉴욕타임스〉는 돌체 앤 가바나의 20주년 기념 기사에서, "많은 사람들이 낡은 청바지나 단정치 못한 코르셋, 앞코가 뾰족한 구두, 광택이 번지르르한 슈트, 풋볼 티셔츠와 같은 아이템들이 세계적인 수출품이 될 거라고는 생각하지 못했다. 그러나 돌체와 가바나는 해냈다. 이러한 성공은 그들이 옳았다는 것

86 비잔틴 양식에 영감을 받은 디자인(2013 F/W)

을 증명하고 있다."라고 언급한 바 있다.

돌체 앤 가바나의 성공은 서로 정반대의 매력을 탄탄한 파트너십을 통해 잘 조율해 온 것에 기인한다. 20주년이 지난 지금 그들은 그동안 유지해 온 섹슈얼한 패션의 표현 방식에 대한 방향을 선회하여 좀 더 감각적이며 때론 낯설지만 보다 다양한 방식으로 관능적 스타일을 표현해내고 있다. 20주년을 넘어 30주년을 향하고 있는 지금, 열정과 사랑의 결합으로 창조된 이 듀오의 패션은 여전히 관능적이며, 지중해풍 매력에 위트 있고, 럭셔리하며 창조적이다.

Ann Demeulemeester
앤 드묄미스터 1959~

"나에게 훌륭한 패션은 로큰롤과 같다. 그 안에는 항상 작은 반란이 들어 있다."

*앤 드묄미스터*는 1959년 벨기에에서 태어났다. 미술학교 재학 시절, 인물화에 관심이 많던 그녀는 인물들이 착용한 의상에 관심을 갖게 되었다. 1978년 이러한 관심에 이끌려 앤트워프/Antwerp/의 왕립예술학교/Royal Academy of Fine Arts/에서 본격적인 패션 공부를 시작했다. 드묄미스터는 졸업 직후 그 해의 유망한 디자이너에게 주는 골든 스핀들상/Golden Spindle Award/을 수상했고, 1985년 남편인 사진작가 패트릭 로빈/Patrick Robyn/과 함께 자신의 회사를 설립했다. 1986년에는 앤트워프 왕립예술학교 출신 동료 디자이너들과 함께 런던 컬렉션에 처음 참여했는데, 이 여섯 디자이너의 과감한 해체주의적 디자인은 큰 주목을 받았다. 런던 매체에서는 드묄미스터를 포함해 벨기에에서 온 디자이너들을 '앤트워프 식스/Antwerp Six/'라고 부르기 시작했다. 이후 1992년에 첫 파리 컬렉션을 선보였고, 1996년에는 남성복 컬렉션을 론칭했다.

미니멀리즘적 해체주의 디자이너

드묄미스터는 흔히 미니멀리즘적 해체주의 디자이너로 불린다. 즉, "장식가보다는 건축가에 가깝다고 생각한다."라는 그녀의 말에서 알 수 있듯이, 드묄미스터의 관심사는 장식적 디자인이 아닌 의복의 구조적 변형에 있다. 따라서 그녀의 디자인의 특성은 비대칭적 요소, 의복 각 부분의 분리와 비일상적 재조합, 제자리에서 벗어난 의복 각 부분의 구성, 비스듬한 여밈, 천으로 몸을 감싸고 늘어뜨린 듯한 비구조적 형태, 올 풀린 밑단 처리, 길이나 부피의 확장 등 구성적 해체라고 할 수 있다. 이러한 해체적 디자인은 결과물에 연연하기보다는 실험적 제작 과정을 중시하는 그녀의 패션 철학과 밀접한 관계가 있다.

또한 드뮐미스터는 상반된 요소의 조합을 통해 영역 간의 경계선을 허무는 작업을 진행하고 있다. 그녀의 디자인에는 부드러운 소재와 힘 있는 소재, 노출과 가림, 몸에 꼭 맞는 테일러링과 자연스럽게 늘어뜨린 드레이핑적 요소들이 공존한다. 특히, 그녀의 작품들은 흔히 앤드로지너스 룩/androgynous look/으로 지칭되는데, 이는 전통적 여성성과 남성성이 공존하는 디자인적 특성에 기인한 것이다. 드뮐미스터는 남녀 모두 남성성과 여성성을 함께 가지고 있다고 믿어서 이 둘의 명확한 구분을 거부했다.

드뮐미스터 작품의 해체주의적 특성들은 데뷔 초부터 주를 이루었던 검은색 위주의 무채색 소재를 통해 주로 표현되고 있다. 이는 1980년대에 서양 패션계에 큰 충격을 안겨주었던 요지 야마모토/Yohji Yamamoto/나 레이 카와쿠보/Ray Kawakubo/와 같은 일본 해체주의 디자이너의 검은색 위주 작품들과 종종 비교되면서, 당시 경제적 불황의 암울함을 표현했다고도 해석된다. 검은색에 대한 이러한 해석과 더불어 주목할 만한 특성은 트렌드에 구애받지 않는 그녀의 작업 방식이다. 즉, 유행과 관계없는 실험적 디자인을 선보이기에 무채색보다 적당한 것은 없을 것이다. 드뮐미스터는 종이, 가죽, 깃털, 캔버스, 빈티지한 느낌의 스웨이드, 성긴 니트, 머리카락 등 무채색의 다양한 실험적 소재를 작품에 활용하고 있다.

87 앤 드뮐미스터의 해체주의 디자인 (2009 S/S)
의복 각 부분의 분리와 재조합, 비구조적 형태, 완벽하지 않은 밑단 처리를 통해 미적으로 완결성을 지닌 일반적 디자인의 규칙을 거부했다.

88 몸에 꼭 맞는 테일러링과 비구조적 구성의 공존을 통한 양성적인 이미지 연출 (2007 S/S)
드뮐미스터는 남성성과 여성성의 명확한 구분을 거부한 앤드로지너스 룩을 전개했다.

실용성의 추구

드뮐미스터는 모든 의상을 본인이 직접 제작해서 착용한다. 이것은 실용성을 중요시하는 원칙 때문이기도 하다. 그녀는 자신이 디자인한 모든 의상을 직접 착용하고 활동해본 후 몸에 잘 맞고 편안한지를 검증하는 것이다. 또한 드뮐미스터는 본인 외에도 2명의 서로 다른 체형을 가진 여성에게 의상을 입혀 가봉하는 과정을 거쳐서 다양한 체형의 여성들이 자신의 의상을 두루 착용할 수 있도록 준비한다. 실용성의 추구는 옷을 입고 나서 어떻게 보이는지 보다 자신의 만족을 중시하는 여성을 대상으로 디자인한다는 드뮐미스터의 입장과도 일맥상통한다.

드뮐미스터의 소울 메이트 – 패티 스미스

89 드뮐미스터와 패티 스미스의 첫번째 컬래버레이션(2000 S/S)
얇은 튤 소재의 톱에 패티 스미스의 자서전에 쓰인 문구를 넣어 흰 셔츠와 레이어드한 모습이다.

앤 드뮐미스터의 작품은 '시적이다, 로맨틱하다, 거칠다' 등의 형용사로 표현되는데, 이는 그녀 작품의 상당 부분이 오랜 친구인 시인이자 로커/rocker/ 패티 스미스/Patti Smith/에게서 영감을 얻었기 때문이다. 패티 스미스의 예쁘게 보이기를 거부하는 화장기 없는 얼굴, 전통적 여성성이 결여된 셔츠나 재킷 차림의 양성적 패션 스타일, 거칠게 토해내는 창법 등은 고스란히 드뮐미스터 작품의 특성과 맞물려 있다.

드뮐미스터와 스미스의 첫 컬래버레이션은 2000년 봄·여름 컬렉션에서 이루어졌는데, 이 컬렉션은 스미스의 자서전인 '울개더링/Woolgathering/'의 직접적 영향을 받은 것이었다. 드뮐미스터는 이 컬렉션에서 망사와 같은 튤/tulle/ 소재와 흰 셔츠 등에 스미스의 자서

전에 등장하는 다양한 문구를 넣어 레이어로 연출했고, 스미스의 첫 앨범인 '호시스/horses/'의 커버 사진과 같은 양성적 이미지의 흰 셔츠와 검은색 슈트의 조합을 선보이기도 했다. 스미스의 곡은 드뮐미스터의 패션쇼 음악으로 자주 이용되었는데, 2004년 가을·겨울 컬렉션에서는 스미스의 데뷔곡인 호시스에 맞추어 승마바지, 긴 부츠, 가죽 스트랩 장식의 변형 가능한 외투나 재킷 등을 발표했다. 2006년 가을·겨울 컬렉션에서도 스미스와의 공동 작업을 통해 넓은 챙의 모자, 녹슨 듯한 색채의 벨벳 블레이저, 알파카 털 조끼, 몸에 잘 맞는 코트 등을 디자인하여 뉴욕 첼시/Chelsea/의 시인과 같은 스타일을 연출했다. 이 컬렉션에서 스미스는 남성복을 입고 무대에 직접 서기도 했다. 평소에도 스미스는 드뮐미스터의 의상을 즐겨 착용하는 것으로 알려져 있다.

90 드뮐미스터의 패션쇼 무대에 등장한 패티 스미스 (2006 F/W)
여성스러움을 과장하지 않는 그녀는 편안하면서도 실험적인 디자인을 추구하는 드뮐미스터의 뮤즈와도 같은 존재였다.

드뮐미스터는 미국의 팝아티스트 짐 다인/Jim Dine/, 사진작가 스티브 클라인/Steve Klein/과도 협업했다. 특히 미술가 짐 다인의 경우 드뮐미스터가 갤러리에서 그의 사진 작품들을 보고 감명을 받아 직접 컬래버레이션을 제안한 것으로 유명하다. 2000년 다인의 작품을 프린트한 소재를 이용하는 공동 작업을 하여 여름 컬렉션을 발표했다.

드뮐미스터는 밀리터리 룩, 고스 룩, 펑크 룩, 다다이즘 등 다양한 테마를 가지고 매 시즌 새로운 컬렉션을 선보이고 있다. 그녀의 실험적 의상은 서울, 홍콩, 도쿄를 비롯한 세계 곳곳의 매장을 통해 만나볼 수 있다. 특히 2007년에 오픈한 서울 신사동의 매장 건물은 건축가 조민석 씨의 작품으로 커다란 창문을 제외한 모든 벽면이 잔디로 덮여 있어 주목을 받았다.

Dries Van Noten

드리스 반 노튼 1958~

"내게 패션은 우리가 미(beauty)라고 부르는 우아함을 실현하는 것이다. 그것은 몸, 개성 표현, 의복 사이의 완벽한 하모니를 재현하는 것이며 보편적이면서 시간을 초월하는 그 무엇이다."

*드리스 반 노튼*은 1958년 벨기에 앤트워프/Antwerp/ 지역에서 3대에 걸친 테일러 가문의 아들로 태어났다. 전기에 의하면 제1차·2차 세계대전 사이 그의 조부는 구제옷을 재활용해서 만든 옷으로 기성복 개념을 앤트워프 지역에 도입했고, 그의 아버지는 1970년대에 웅가로, 페라가모, 제냐 등을 판매하는 큰 패션 부티크를 운영했다. 그의 어머니도 상점을 운영하며 앤티크/antique/ 레이스와 리넨을 수집했고, 이러한 배경 속에서 드리스 반 노튼은 일찍부터 패션 문화 전반에 익숙해졌다.

그는 어린 시절 예수회 학교에서 엄격한 윤리와 실용적인 시각을 교육받았고 동시에 방학 때면 아버지와 함께 밀라노, 뒤셀도르프, 파리 컬렉션을 참관하며 패션 비즈니스의 기본기를 자연스럽게 익혔다. 그러나 드리스 반 노튼은 패션 비즈니스보다는 디자인 분야에 더욱 관심을 갖게 되었고, 1976년 18세에 앤트워프 왕립예술학교/Antwerp Royal Academy/의 패션 디자인 과정에 입학했다. 그는 앤트워프 왕립예술학교에서 엄격하고 고전적인 디자인 교육을 받았고, 학업과 병행하여 벨기에 제조업자들을 위한 프리랜서 디자이너로 활동하면서 패션 디자인의 기본기와 귀중한 실전 경험을 모두 쌓았다. 이 시절 그는 후에 브랜드 공동 창업자이자 비즈니즈 파트너가 될 크리스틴 매티스/Christine Mathys/와도 만나게 되었다. 졸업 후 프리랜서 활동을 지속하다가 1985년 앤트워프의 작은 숍에서 자신의 이름을 내건 첫 번째 컬렉션을 선보이며 패션 디자이너로서 본격적인 활동을 시작했다.

앤트워프 식스의 일원으로 국제 무대 등장

드리스 반 노튼은 1986년 앤트워프 아카데미 출신 신예 디자이너들을 선별하여 구성된 '앤트워프 식스/Antwerp Six/'의 일원으로 런던의 브리티시 디자이너 쇼에 참가하면서 자신의 이름을 국제무대에 알리게 되었다. 그의 남성복 컬렉션은 뉴욕의 바니스 백화점/Barney' s of New York/, 런던의 휘슬/Whistles/ 등 유명 리테일러에서 주문을 받았고, 주문을 소화하기 위해 사업을 확장하기에 이르렀다. 1986년 가을, 그는 앤트워프 갤러리 아케이드에 작은 부티크를 열고 동일한 재료들로 만든 남녀 컬렉션을 판매하기 시작했고, 1989년에는 1831년 세워진 앤트워프의 고풍스런 건물인 '헷 모드팰리스/Het Modepaleis, The Fashion Palace/'에서 플래그십 스토어를 오픈하면서 앤트워프를 대표하는 패션 디자이너로서 존재감을 확실히 가지게 되었다.

파리 남성복 컬렉션 진출

1991년 파리에서 첫 번째 남성복 패션쇼/1992년 봄·여름/를 발표하면서 반 노튼은 세계 패션의 실험대에 섰다. 생 제임스 앤 올버니 호텔/Saint-James & Albany Hotel/에서 진행된 그의 첫 파리 컬렉션은 이제 막 시작하는 디자이너가 지닌 재정적 한계와 패션에 대한 순수한 열정을 반영하며 순진함으로 가득했다고 동료들은 회상했다. 낡은 옛 극장의 분위기를 느끼게 하는 손으로 그려진 배경과 두꺼운 커튼 막이 드리워진 무대, 스텝의 실수로 쇼 후반에 맨발로 등장한 모델 등 쇼는 아마추어 같았지만 스펙터클을 강조하는 기존 패션쇼에서 찾아볼 수 없는 하우스 스타일의 친밀함을 제공했다. 그의 초기 컬렉션은 수수하고 헐렁한 테일러링, 리넨이나 워싱으로 구겨진 효과를 낸 재질감, 남성복의 기존 격식을 파괴한 자유로운 레이어링이 특징이었다. 이는 세련되지만 경직된 룩을 지향했던 1980년대 트렌드와 달리 여유로움과 부드러움, 캐주얼한 무드를 강조한 것이었고, 1990년대에 진행된 '남성복의 캐주얼화'라는 거대한 물결을 예고했다.

드리스 반 노튼의 초기 컬렉션 중 상당한 성공을 거둔 것에는 인도 여행 경험에서 영감을 받아 제작한 1994년 봄·여름 남성복 컬렉션을 꼽을 수 있다. 뉴델리, 캘커타, 봄베이 등을 여행하며 음식, 컬러, 향신료 등 생명력 넘치는 인도 문화에 심취하게 된 반 노튼은 자수 장식을 비롯하여 인도에서 만든 물건들을 수집했고, 여기서 영감을 받아 이국적인 컬렉션을 발표했다. 그는 컬렉션 발표 장소로 1828년 개장한 쇼핑 아케이드 파사주 브라디/Passage Brady/를 선택했는데, 이곳은 탄두리 레스토랑, 할랄 푸줏간 등 인도 출신 상인의 가게가 모여 있는 파리에서 가장 이국적인 장소 중 하나였다. 쇼에는 전문 모델들과 함께 현지 상인 등 일반인들이 등장했고, 발리우드의 유명 영화 음악을 배경으로 인도 음료와 간식이 제공되어 분위기를 더욱 고조시켰다. 인도를 연상시키는 이국적인 장소, 이국적인 사람들, 이국적인 먹거리가 어우러지는 가운데 진행된 파사주 브라디 컬렉션을 통해 드리스 반 노튼은 참석자들에게 강렬한 추억을 선사했고 자신만의 독특한 스타일을 패션계에 각인시키는데 성공했다.

새로운 도약 – 1994년 봄·여름 파리 여성복 컬렉션

남성복 디자이너로 출발한 드리스 반 노튼은 1993년 가을 파리에서 첫 여성복 컬렉션을 발표하며 새로운 도전을 시작했다. 그의 컬렉션은 파리 패션 주간 첫째 날 오전 9시 30분 조르주 5세 호텔에서 발표되었다. 엘비스 프레슬리/Elvis Presley/의 '러브 미 텐더/Love Me Tender/'를 배경 음악으로 흰색 비스코스 드레스를 입은 소녀가 등장하면서 시작된 쇼는 장미꽃 프린트를 주된 모티프로 하여 인도 문화에서 받은 영감을 이어갔으며, 가벼운 레이어링에 기초하여 온화하면서도 낭만적인 스타일을 선보였다.

패션 저널리스트 수지 멘키스/Suzy Menkes/는 그의 의상들이 당대 패션 아방가르드들의 허무주의를 넘어 미래에 대한 희망을 불러일으킨다고 언급하고, 일부러 거칠고 추한 패션을 시도하는 것이 유행하는 시기에 그가 보여주는 부드러운 터치가 아주 새롭고 신선하다고 평가했다. 그의 컬렉션은 언론과 바이어의 호평을 받으며 모두 판매되었고 장미꽃 프린트는 다음 시즌 패션 시장에서 널리 카피되었다. 드리스 반 노튼은 장 폴 고티에/Jean Paul Gaultier/에 이어 언론과 바이어가 꼽은 인기 디자이너 2위로 등극했고 순식간에 파리 패션의 주역으로 떠올랐다.

컬러와 프린트의 예술가로 부상

드리스 반 노튼은 첫 파리 여성복 컬렉션에서 인상 깊은 장미 프린트를 등장시킨 후 1990년대 후반에 이르러 아름다운 색과 프린트를 보여주는 디자이너로 명성을 확립했다. 그는 1994년 가을·겨울 여성복 컬렉션에서 1940~1950년대 가구용 직물을 연상시키는 굵직한 꽃무늬

91 이국 문화로부터 영감을 받은 화려한 색채의 향연(2002 S/S)
이국 문화에서 받은 영감을 우아한 시폰, 골드 프린트, 보석 컬러로 날염된 패브릭과 화려한 색채의 스펙트럼으로 표현했다.

프린트를 선보였는데, 빛바랜 옛 유화 작품들이 보여주는 부드럽고 앤티크한 광택감을 표현하기 위해 혁신적인 프린트 기법을 시도했다. 그는 또한 시폰 등 비치는 소재를 사용하여 프린트 효과를 실험하고, 아이템들의 레이어링을 통해 재료의 새로운 조합 가능성을 폭넓게 시도했다. 재단보다는 패턴과 컬러에 집중하는 특성은 그를 다른 앤트워프 식스 멤버들과 뚜렷하게 구분해주었다.

드리스 반 노튼은 아시아, 아프리카 등 다양한 이국 문화에 대한 관심을 발전시키면서 더욱 과감한 색채의 컬렉션을 선보였다. 그는 터키 문화에서 영감을 받은 1996년 가을·겨울 여성복 컬렉션과 모로코를 주제로 한 1997년 봄·여름 컬렉션 등에서 이전의 수수한 톤을 내려놓고 화려한 색채의 스펙트럼을 보여주었다. 무대 끝에 거대한 황금 문과 초가 든 작은 유리잔들이 장식된 1997년 가을·겨울 여성복 컬렉션에서는 형형색색의 보석 컬러로 날염된 패브릭들, 비치는 시폰, 실크 라메, 골드 프린트, 플로킹 기법 등이 등장했다. 황금 문이 열리며 여러 모델들이 한꺼번에 무대에 등장하는 컬렉션의 마지막 장면은 흡사 색채의 폭포수를 보는 것 같이 파워풀하고 드라마틱한 순간을 만들어냈다. 그는 다양한 색채와 재료들을 길들인 자신의 작업 과정에 대해 "사람들이 싸구려라고 여기는 직물과 컬러들을 취해 멋지게 보이도록 변화시키고 싶었다. 플로킹은 패셔너블하지 않았고 너무나 저속해 보였다. 그래서 우리는 실크 라메 위에 밝은 형광색 플로킹을 가했고, 마침내 조화를 찾았다. 처음에는 대단히 추했지만, 우린 그것들이 눈부시게 빛나고 아름다워질 때까지 작업했다."라고 설명했다.

아름다워질 때까지 계속해서 시도하는 완벽주의, 이것이 그를 색채와 프린트의 예술가로 만든 원칙이었다.

이국적 낭만주의와 실용성이 공존하는 컬렉션

1990년대 말 패션 저널리스트 앤드류 터커/Andrew Tucker/는 드리스 반 노튼의 컬렉션에는 모던함과 에스닉, 현실과 초현실, 사실주의와 낭만주의가 결합되어 있다고 말하면서 반 노튼은 다문화적 가치들을 혼합하는 시대의 아이콘이라고 언급했다. 반 노튼은 초기 시절부터 앤트워프 식스 중 가장 웨어러블한 의상을 만든다는 평가를 받았는데, 이후로도 컬렉션 의상이 단지 쇼를 위한 의상이 아니라 진짜 사람들이 생활 속에서 입을 수 있는 것이어야 한다는 신념을 이어갔다. 1990년대 중반 이후 그의 컬렉션에는 유럽과 중앙아시아, 극동 아시아와 동유럽, 아프리카, 일본, 중국 등 다양한 이국 문화로부터 얻은 영감이 직접적으로 반영되었고, 이는 반 노튼만의 독자적인 디자인 색채가 구축될 수 있게 하는 핵심 기반이 되었다. 그는 오랜 전통 공방의 기술을 발굴하여 독특한 수공예 자수 스카프를 만드는 데 활용하고 기모노, 사롱, 사리 등 이국의 전통 복식 요소들을 컬렉

92 전통적인 수공예 기법을 동원해 공들여 제작된 이국적인 스카프(2003 S/S)
그는 유럽과 아시아, 아프리카 여러 나라의 문화에서 영감을 받아 이국적인 컬렉션을 선보였고 오랜 전통을 지닌 공방의 기술을 발굴해 현대적으로 재창조했다.

션에 등장시켰다. 그러나 이국 문화의 전통과 앤티크한 의상들에 대한 경의를 표하면서도 자신의 작업이 단순한 노스탤지어/향수/가 아니라 현대적인 재창조라는 점을 분명히 했다.

드리스 반 노튼의 컬렉션은 시즌을 대표하는 특정 실루엣의 의상을 강조하기보다 개별 의상 아이템을 창조하는 데 집중해왔다. 이는 레이어링을 통해 스타일을 완성하는 실용적이면서도 창조적인 그의 작업 방식과 관련이 있다. 바지 위에 랩 스커트를 두르고 반투명하게 비치는 사롱을 재킷 아래 겹치는 스타일링은 그의 컬렉션의 큰 특징인 다양한 색과 텍스처의 병치 효과를 표현하는 데 효과적이며 동시에, 자신은 고객 각자가 실현하게 될 여러 가능성 중 하나를 제안할 뿐이라는 철학을 대변하고 있다.

2000년대 그의 컬렉션은 블룸즈버리 그룹/Bloomsbury Group/, 데이비드 호크니/David Hockney/, 1950년대 아프리카, 쿠바와 라틴 아메리카, 동유럽 민속 의상, 1920년대와 1970년대 영국 젠틀맨 클럽 등 보다 다양한 문화적 영감을 흡수하여 완성되었다. 이국적 낭만주의, 예술성과 현대적 실용성이 공존하는 그의 컬렉션은 독특한 것을 추구하고 싶은 부유한 동시대 보헤미안들에게 새로운 대안을 제공했다. 모델 에린 오코너/Erin O' Connor/는 드리스 반 노튼이 야생적인 판타지 속에서나 꿈꿀 수 있는 의상을 만들어 낸다고 했고, 혹자는 신비로운 우아함을 재현하는 의상의 독특함에 대해 언급했다. 그의 의상은 옷을 통해 자신의 개성과 정서를 섬세하게 표현하고 싶은 예술을 사랑하는 여성들을 위한 것으로 손꼽혔다.

광고가 아닌 옷과 쇼를 통해 소통하는 디자이너

잡지 광고를 하지 않는 드리스 반 노튼은 컬렉션 쇼를 이미지, 아이디어, 가치, 정서를 전달하는 중요한 언론 커뮤니케이션 형식으로 적극적으로 활용했다. 그와 팀원들은 초기 시절부터 한순간 소멸되는 덧없는 쇼가 아니라 새로운 무드를 완벽히 전달하는 쇼를 창조하고자 했다. 이국적인 쇼핑 아케이드에서 열린 1994년 봄·여름 남성복 컬렉션, 나폴레옹 3세 시절의 사치스러운 무도회장을 배경으로 실제 웨이터들이 서빙하며 칵테일 리셉션처럼 진행된 1994년 가을·겨울 남성복 컬렉션, 팔레 루아얄/Palais Royal/의 정원에서 진행된 자전거를 주제로 한 로맨틱한 1995년 봄·여름 남성복 컬렉션, 피렌체의 미켈란젤로 광장을 거대한 야외 나이트클럽으로 변신시켜 선보인 1996년 봄·여름 남성복 컬렉션, 오랫동안 감옥으로 사용되었던 콩시에르쥬리/La Conciergerie/에서 열린 1999년 봄·여름 여성복 컬렉션 등은 그 대표적인 사례들이었다. 그의 쇼는 컬렉션이 의도하는 새로운 무드를 전달하기 위해 최적의 장소, 음악, 조명, 음식 선정에 각별히 노력을 기울여 완성되었고, 이는 그의 패션에 섬세하고도 독특한 미학적, 정서적 효과를 부여했다.

한편 그의 초기 쇼에는 재정상의 이유 등으로 일부 전문 모델과 더불어 디자이너의 친구와 동료들, 거리와 클럽 등지에서 섭외된 일반인 특별 게스트 참가자들이 많이 등장했는데, 이와 같이 불완전한 모델들이 주는 독특한 분위기는 그의 옷이 단지 쇼를 위한 것이 아니라 실제 사람들이 입는 옷이라는 진정성을 부여했다. 이러한 노력들은 고스란히 관람자들에게도 전달되었다. 혹자는 "드리스의 쇼에 갈 때마다 패션쇼가 아니라 여행을 떠난다/Manon Schaap/."고 표현했고, 관람자들은 그의 쇼가 보여주는 따뜻하고 인간적인 친밀한 분위기를 높이 평가했다. 패션 권위자 장 자크 피카르/Jean-Jacques Picart/ 역시 드리스 반 노튼의 쇼에는 패션쇼 행렬/defile/이라는 말은 적절하지 않으며 그것은 귀한 벗에게서 손글씨가 담긴 편지를 받는 것 같은 정서적인 교환의 과정이라고 설명하기도 했다.

세대를 거슬러 사랑 받는 디자이너

93 매력적인 현대 패션으로 진화한 디자인(2010 S/S)

드리스 반 노튼은 오리지널 앤트워프 식스 멤버 중 가장 성공한 디자이너로 평가되고 있다. 그는 글로벌 비즈니스 확장을 위해 많은 디자이너들이 사업 지분을 매각하는 게 일반적인 시대에 자신의 브랜드를 독립적으로 소유하고 있는 보기 드문 디자이너이다. 그는 여전히 벨기에 앤트워프를 근거지로 활동 중이며, 파리를 컬렉션 발표의 장으로 활용하고 있다. 반 노튼은 편안하면서도 개방적이고 문화적 영감이 살아 숨 쉬는 앤트워프는 대도시가 주지 못하는 다양한 경험들을 제공하기 때문에 이 곳에 머무른다고 말했다.

반 노튼은 2008년 CFDA/the Council of Fashion Designers of America/로부터 국제상/International Award/, 2009년 파리에서 문화예술 공로훈장 기사장/Chevalier de l' Ordre des Arts et des Lettres/을 수상하며 명실공히 세계적으로 인정받는 디자이너가 되었다. 그는 오늘날 파리, 밀라노, 도쿄, 홍콩, 싱가포르, 두바이 등지에 부티크를 운영하고 있고, 전 세계 400여개 리테일러들과 비즈니스 파트너십을 맺으며 디자이너로서 왕성한 창조력을 발휘하고 있다.

94 섬세한 컬러와 패턴, 다양한 소재의 믹스가 돋보이는 남성복(2014 F/W)

패션 저술가 콜린 맥도웰/Colin McDowell/은 드리스 반 노튼이 세대를 거슬러 사랑 받는 디자이너가 되었다고 했다. 그는 "반 노튼의 쇼에 참석하는 것이 큰 기쁨을 주는 이유는 시즌마다 다른 형식을 취하면서도 언제나 쇼에서 빛나는 순수한 감수성 때문이다. 그것은 그가 독특하게도 세대를 초월하여 선택 받는 이유라고 생각한다. 나는 그와 같이 폭넓은 사랑을 받는 디자이너를 떠올릴 수가 없다. 그의 고객들은 패션 실험을 막 시작한 젊은 소녀들부터 아주 세련된 취향을 지닌 위엄 있는 숙녀들에 이르기까지 범위가 넓다. 그것은 곧 그가 주목할 만하고 진정으로 가치 있는 디자이너라는 신호다."라고 언급했다.

Hussein Chalayan
후세인 샬라얀 1970~

"패션에 대해 가장 중요하게 여기는 것은 다른 분야들이 그러하듯이 패션이 삶을 표현하기를 원한다는 점이다. 나는 모든 것을 아우를 수 있는 다양한 접근들을 원했고, 그것들을 통해 배울 수 있었다. 나는 새로운 관점을 탐구하고 창조하기를 원했다."

*후세인 샬라얀*은 패션계의 철학자, 지식인이라고 불리는 패션 디자이너이다. 1993년 패션계에 등장한 이래 그의 패션 작품들은 단순히 소비되는 상품이 아니라 수많은 전시회, 논문, 책의 주제가 되었다. 그는 기술과 인간의 관계, 현대 사회에서 인간의 이주에 대한 느낌, 시공간에 대한 개념, 자신의 개인적인 체험을 첨단 기술과 결합시켜 마술과 같은 작품들을 발표했다.

샬라얀의 작품들은 '인체를 아름답게 장식하고, 관능미를 드러내게 해주는 도구'라는 전통적인 옷의 개념에서 벗어나 옷이 '인체를 둘러싼 환경'이라는 패션에 대한 새로운 담론을 제시하고 있다. 스커트로 입을 수 있는 원형 탁자, 전자식 기계장치가 장착되어 형태가 변하는 드레스, 디지털 기술을 응용해서 LED 전구들이 빛을 발하는 드레스 등은 "과연 패션이 무엇이 될 수 있을까?"라는 질문에 대한 그의 끊임없는 도전과 탐구의 소산이다. 미래지향적이고 선구적인 작품들은 가치를 인정받아 후세인 샬라얀은 2000년 미국의 〈타임/Time Magazine/〉이 선정한 '21세기 가장 영향력을 떨칠 혁신가 100인/the 100 most influential innovators of the 21st century/'과 미국 〈보그/Vogue/〉의 '다음 10년간 패션의 담론을 바꿀 디자이너 12인'에 선정되었다. 인류학, 정치, 역사, 문화적인 편견, 과학 등 패션계 밖에서 얻은 영감을 옷으로 표현하는 그의 작품 활동은 패션의 새로운 가능성을 제시하고 있다.

키프로스 섬과 런던을 오가며 느낀 경계성의 삶

후세인 샬라얀은 1970년 지중해 키프로스/Cyprus/ 섬의 수도 니코시아/Nicosia/에서 탄생했다. 당시 키프로스 섬은 그리스-키프로스 군대와 터키군 간의 무력 충돌이 자주 일어나는 영토 분쟁 지역이었다. 1971년 후세인 샬라얀의 가족은 전쟁의 위협을 피해 영국 런던으로 이주했는데, 이때부터 키프로스 섬과 런던을 오가는 경계성의 삶이 시작되었다.

후세인 샬라얀의 아버지 아타 샬라얀/Ata Chalayan/은 컴퓨터 프로그래밍을 전공한 후, 영국 런던에서 음식물 배달 트럭 사업을 하다가 식당을 운영했다. 어머니 세빌/Sevil/은 어렸을 때 후세인에게 손수 옷을 만들어 줄 정도로 솜씨가 좋았다. 탁월한 취향의 소유자였던 어머니는 드레이핑을 하거나 패션 잡지의 패턴을 이용해서 세련된 옷을 만들어 입었는데, 어머니의 패션에 대한 이런 관심은 샬라얀이 패션에 흥미를 품게 되는 계기가 되었다.

5세가 되던 해 부모가 이혼을 하면서, 후세인 샬라얀은 어머니와 함께 다시 키프로스 섬으로 돌아왔다. 이후 그는 외가 식구들과 함께 터키-키프로스 소수민족 커뮤니티에서 살았는데, 인종적인 박해와 차별, 고립, 전쟁과 죽음에 대한 공포 속에서 어린 시절을 보냈다. 분단된 작은 섬에서 국경 너머의 세계는 가까우나 가볼 수 없는 미지의 장소였다. 이런 특수한 정치적 분단 상황은 그가 세상에 대한 강렬한 호기심을 품게 해주었다. 또한 샬라얀은 충분한 문화시설이 없었던 고립된 섬에 살았기 때문에 혼자서 무언가를 만들고, 자신만의 세계를 창조하면서 시간을 보냈다. 샬라얀은 따뜻한 지중해 바닷가에서 자라 항상 나체에 둘러 싸여 있었다고 회상했는데, 이런 환경적인 요인은 그가 인체에 대해서 깊은 애정을 품고, 건축이 아니라 패션을 전공하도록 결심하게 하는 계기가 되었다고 밝혔다.

키프로스 섬 사람들은 고립된 정치적 상황 속에서 이를 타개할 해결책을 교육으로 여길 만큼 교육열이 높았다. 후세인 샬라얀도 8세가 되던 해에 영국의 기숙사 학교에 진학했다가 이듬해 학교생활을 버텨내지 못하고 다시 키프로스 섬으로 돌아왔다. 11세가 되던 해 어머니가 재혼을 하면서 그는 12세에 아버지가 있는 런던의 학교에 진학하게 되었다. 발음하기도 어려운 이름의 이방인 소년에게 학교생활은 외롭고 힘든 나날이었다. 이때 후세인 샬라얀은 영국 국적을 획득했고, 16세까지 런던의 기숙학교를 다녔다. 그 후 다시 키프로스 섬으로 돌아와 그곳의 영국인 학교에서 공부하면서 대학 입학과정을 마쳤다.

후세인 샬라얀은 어머니와 아버지, 고립된 작은 섬인 키프로스 섬과 활기찬 대도시인 런던, 즉 2명의 부모와 2개의 나라를 왔다 갔다가 하면서 성장했다. 어린 시절부터 끊임없이 이주하며 낯선 환경에 노출되었던 '경계성의 삶'은 새롭고 낯선 것을 받아들이고 적응해내는 그의 놀라운 작품 세계의 근간이 되었다.

후세인 샬라얀은 학창 시절 미술에 소질을 보였는데, 17세에 터키 출신 패션 디자이너 리파트 오즈벡/Rifat Ozbek, 1953~/에 관한 기사를 읽게 되면서 패션을 전공하기로 결심했다. 1989년에 그는 오즈벡의 모교이기도 한 런던의 센트럴 세인트 마틴 예술대학교/Central St. Martin' s College of Art and Design/에 진학했다.

세인트 마틴의 학생에서 런던 신예 디자이너로의 진화

그에게 런던 세인트 마틴 예술대학교에서 한 공부는 좋은 자양분이 되었다. 당시 세인트 마틴 예술대학교의 패션 전공 과정은 지금과 같이 큰 규모의 체계가 잡힌 커리큘럼을 가지고 있지 않고 예술 학부에 소속되어 있었다. 따라서 조각, 회화 등을 공부하는 다른 전공학생들과 함께 교류하면서 패션에 대한 다각적인 접근 방식을 자연스럽게 익힐 수 있었다. 당시 석사과정에는 알렉산더 맥퀸/Alexander McQueen, 1969~2010/이 수학 중이었고, 13명밖에 되지 않던 동기들은 자유롭게 의견을 나누고 서로의 아이디어에 피드백을 주고받으며 성장했다. 그 중에는 유명 디자이너 자일스 디컨/Giles Deacon, 1969~/도 있었다. 이 시절, 철학적이고 난해한 작품들을 선보이는 후세인 샬라얀에게 한 교수는 패션은 그만두고 조각을 공부할 것을 권유하기도 했다.

종교, 정체성, 철학에 대해 격렬한 논쟁을 하는 괴짜 학생으로 유명했던 후세인 샬라얀은 1993년 졸업 작품 '탄젠트 플로우/The Tangent Flows/'로 세간의 주목을 받게 되었다. 그는 철가루/iron filling/를 넣은 실크 드레스들을 땅에 묻은 후 3주 후에 파내었다. 흙이 잔뜩 묻고 반쯤 삭은 드레스들은 부패의 작용을 명백히 보여주었다. 샬라얀은 이 컬렉션에 앞서 "동양과 데카르트적 사고를 통합하려는 시도를 한 여성이 대중의 저항을 받게 되고 결국 살해당해 땅에 묻히게 된다."라는 가상의 스토리를 만들고 그에 맞추어 일련의 작품들을 제작했다. 모델들은 미리 파상풍 주사를 맞은 후, 녹이 슨 옷들을 입고 런웨이에 섰다. 매장과 부활의 의식은 죽음, 삶, 도시의 쇠퇴를 상징했으며, 그의 작품들은 삶의 무상함과 덧없음을 잘 표현했다는 평과 함께 큰 성공을 거두었다.

런던의 유명 부티크 '브라운/Brown/'의 버스테인/Burstein/ 여사는 그의 졸업 컬렉션을 모두 사들여 부티크의 윈도우를 장식했다. 신예 디자이너가 이 부티크에 선택되었다는 것은 런던 패션계에서 대단한 일이었다. 샬라얀 전에 이런 영예를 누린 사람으로는 1984년 같은 학교를 갓 졸업한 존 갈리아노/John Galliano/가 있었다. 이런 점에서 후세인 샬라얀은 전 세계적으로 활약할 새로운 영국 디자이너, '새로운 갈리아노/New Galliano/'가 될 것이라는 기대를 얻게 되었다.

이듬해인 1994년, 후세인 샬라얀은 회사 카르테시아/Cartesia Ltd./를 설립하고, '후세인 샬라얀/Hussein Chalayan/' 브랜드를 론칭했다. 1994년 10월 런던 패션 위크에서 선보인 첫 컬렉션 '카르테시아/Cartesia/'에서는 다시 땅에 묻었다가 꺼낸 드레스와 종이로 만든 드레스를 발표했다. 그는 찢어지지 않는 종이인 타이벡/Tyvek/을 이용하여 항공 우편의 무늬를 넣은 재킷, 접으면 항공 우편봉투로 바뀌는 원피스/airmail dress/를 발표했다. 항공 우편 시리즈는 그가 8세 때 어머니를 떠나서 늘 편지를 보낸 것에서 착안했는데, 이는 자신을 스스로 포장해서 어디론가 보내고 싶은 소망을 표현한 것이었다. 샬라얀은 1995년 25세 되던 해에 앱솔루트 보드카/Absolut Vodca/ 사가 주최한 '앱솔루트 크리에이션 어워드/Absolut Creation Award/' 패션 콘테스트에서 참가자 100명 중 우승을 차지하여 28,000파운드의 상금을 받게 되었다. 그는 이 상금을 자본으로 삼아 회사를 운영해 나갔다.

스토리텔링 패션 – 문화적 정체성 탐구

후세인 샬라얀은 "사람들이 옷에 대해 이야기를 할 때, 그들은 사회·문화적 맥락에서 이야기하지 않는다. 그들은 그저 곧이곧대로 겉 표면만 받아들인다. 이런 점은 내가 흥미를 느끼는 것이 아니다."라고 밝히면서 옷이 정치·사회·문화적 맥락 속에서 탄생되고 이해되어야 한다고 주장했다. 따라서 샬라얀의 작품들은 미적 취향뿐만 아니라 작품을 제작할 때 일어난 정치적 사건이나 사회적인 문제, 관심이 있는 사상, 디자이너의 개인적인 경험 등을 이야기해 주고 있다.

후세인 샬라얀의 2000년 가을·겨울 '후기/Afterwords/' 컬렉션은 난민들의 위태로운 현실이 예술적으로 표현된 작품이었다. 패션쇼는 평범한 런웨이가 아니라 가구가 놓인 거실처럼 꾸며진 연극 무대 공간에서 펼쳐진 한 편의 퍼포먼스 아트와 같았다. 모델들은 거실 공간에 등장해서 소파의 커버를 벗겨 드레스로 변형시켜 입고, 가구의 프레임을 접어 여행용 가방으로 만들어 그것을 들고 퇴장했다. 마지막으로 무대 가운데에 놓인 원형의 커피 테이블이 나무로 만든 후프 스커트/hoop skirt/가 되고 모델 나탈리아/Natalia/가 그것을 입고 퇴장하자, 무대 위에는 빈 공간만 덩그러니 남았다. 이 컬렉션은 1974년 키프로스 섬에서 일어난 터키와 그리스 간의 무력 충돌이라는 정치적 상황에 기반을 두고 있다. 당시 키프로스 사람들에게는 무력 충돌을 피해 피난을 갔다가 집으로 돌아오면 귀중품을 약탈당한 일이 비일비재했다. 후세인 샬라얀은 "사람들은 무엇을 챙겨가고, 무엇을 두고 가는가?"라는 물음에서 출발하여, 드레스를 아무도 훔쳐가지 않을 소파의 커버로 변장시키는 '위장술/camouflage/'을 사용했다고 밝혔다. 또한 일련의 퍼포먼스는 위험한 상황에서는 사람들이 물건을 옷의 형태로 몸에 부착하여 은신처로 이동하고, 안전한 곳에서 새로운 환경을 구축할 수 있다는 메시지를 담고 있다.

95 나무 커피 테이블로 만든 스커트(2000 F/W)
1974년 키프로스 섬의 터키 - 그리스 무력 충돌이라는 정치적 상황에서 영감을 받았다.

후세인 샬라얀의 작품 속에는 특히 역사적으로 동서양의 문화가 만나고, 이슬람교와 가톨릭교가 충돌한 터키 출신만이 가질 수 있는 문화적 정체성의 혼란과 고민이 잘 표현되어 있다. 그는 런던 패션계의 주요 인물이지만, 과거의 역사 의상에서 영감을 받는 비비안 웨스트우드/Vivienne Westwood, 1941~/, 존 갈리아노/John Galliano, 1960~/, 알렉산더 맥퀸/Alexander Mcqueen, 1969~2010/ 등 동시대 런던 출신의 디자이너와는 다른 행보를 걷고 있다. 정치적 혼란, 죽음의 공포, 강제 이주, 피난 등을 겪은 키프로스 출신이라는 그의 독특한 이력은 후세인 샬라얀 만의 창의적인 작품 세계의 좋은 주제가 되었다.

후세인 샬라얀은 2002년 가을·겨울 'Ambimorphous' 컬렉션에서 서구 세계가 주도하는 패션계에서 자신의 문화적 정체성을 잊지 않고, 터키의 전통 의상을 분리·해체시켜 서양의 현대 의상에 접목하는 시도를 했다. 그만의 독창적인 작품을 창조하려는 시도가 잘 드러난 컬렉션이었다. 패션쇼는 화려한 자수 장식의 전통 터키 의상을 입은 모델로 시작하여, 점점

96 터키 전통의상으로 변하는 서양 리틀 블랙 드레스(2002 F/W)
터키의 전통 의상과 서구 현대의상의 점진적 혼합이 돋보인다.

전통 의상이 검은 색의 현대 '서양' 복식으로 변하는 과정을 차례차례 보여주었다. 쇼가 진행될수록 자수 장식, 술 장식, 프린트 등 다채로운 전통 의상의 장식이 점점 사라지고, 끝으로 완전한 검은색의 현대적인 슈트가 등장했다. 쇼의 끝에는 다시 리틀 블랙 드레스/Little Black Dress/로 출발하여, 조금씩 터키의 전통 복식 디테일이 추가된 작품들이 나오고, 마지막으로 화려한 컬러의 전통 터키 의상으로 끝을 맺었다. 후세인 샬라얀은 터키 전통 의상과 서구 현대 의상이라는 이중 형태를 지닌 작품들을 통해, 유기체와 기계, 현실과 초현실, 힘과 무력함, 전통과 현대, 동양과 서양 사이에 그늘진 중간 영역을 탐구했다고 밝혔다.

또한 그는 서구 강대국이 그들의 이데올로기를 다른 문화권의 나라들에 강요하고 있다는 점에 주목했다. 2003년 봄·여름 컬렉션 '명백한 사명/Manifest Destiny/'은 바로 이런 문제의식에서 시작되었는데, 서양 복식의 전통에 대한 강요는 바로 이런 서구 중심의 이데올로기를 가시적으로 드러내는 것이라고 해석했다. 샬라얀은 아름다움, 순결, 체면 치레에 대한 서구의 관념과, 엄격한 서양 복식에 대한 관습으로부터 몸을 자유롭게 하고자 인체의 해부학에서 영감

97 피부의 층과 장기를 상징하는 여러 겹의 저지 드레스(2003 S/S)
인체의 해부학에서 영감을 받아 자유로운 레이어링의 드레스를 선보이고 있다.

98 전쟁을 표현한 트로피컬 프린트 드레스(2004 S/S)
키프로스 섬에서 일어났던 베니스인과 터키인의 전쟁신을 그린 트로피컬 프린트 드레스이다.

을 받았다. 몸에 잘 맞는 서구 의상의 엄격한 착용법을 무시하고 복부에 구멍이 뚫린 여러 겹을 겹쳐 입은 저지 드레스들은 자유로운 느낌을 선사했다.

2004년 봄·여름 '속세의 명상들/Temporal Meditations/' 컬렉션에서는 제목과 같이 역설적인 의미를 담긴 작품들을 발표했다. 발랄한 트로피컬 문양과 러플 장식 드레스들은 경쾌하고 가벼운 느낌을 주었으나, 그 안에는 키프로스 섬의 이민 역사가 담겨 있었다. 트로피컬 문양은 니코시아/Nicosia/의 국경에서 싸우고 있는 베니스인들과 터키인들을 묘사한 것으로, 역사적인 전투신에 현대식 호텔, 수영장, 관광객, 야자수 등을 삽입하여 전쟁이라는 어두운 역사를 비관습적인 밝고 유머 감각 있는 느낌으로 표현했다. 패션을 겉으로만 보지 말고 그 안에 숨겨진 이야기에 주목하라는 그의 바람이 잘 드러나는 작품이라고 할 수 있다.

하이테크 패션 – 옷을 새로운 공간 영역으로 확장

후세인 샬라얀은 패션계에서 가장 혁신적인 디자이너 중 하나로 꼽히고 있다. 그는 "패션에서 유일하고 진정한 혁신을 기술로부터 온다."라고 밝힌 만큼, 첨단 과학기술과 신소재를 도입하여 옷의 형태와 기능에 혁신을 가져왔다. 특히 그는 인체와 옷 사이의 '사적인 공간'에 주목했는데, 옷을 건축물과 같이 인체를 둘러싼 하나의 환경, 즉 '건조 환경/Built Environment, 자연 환경과 대비되는 인간이 만들어낸 환경/'이라는 관점에서 바라보았다. 따라서 기존 패션의 영역을 넘어, 첨단 과학, 항공 역학, 산업디자인, 조각, 건축과 같은 타 영역에서 얻은 아이디어를 가지고 새로운 공간인 옷을 개선시키는 노력을 진행하고 있다.

후세인 샬라얀은 사회에 큰 변화를 초래하는 첨단 기술에 매료되었는데, 그 중에서도 20세기에 큰 진보를 가져온 비행기와 자동차를 특히 좋아했다. 기계, 자동차, 비행기에 대한 흥미는 1999년 봄·여름 '굴지성/Geotropics/', 1999년 가을·겨울 '에코폼/Echoform/', 2000년 봄·여름 '비포 마이너스 나우/Before Minus Now/' 컬렉션에서 잘 표현되었다. 샬라얀은 "우리가 하는 모든 것은 인체의 확장을 위한 것이다."라고 주장하며 스코트랜드 출신의 아티스트 폴 토펜/Paul Topen/과의 협업을 통해 신소재와 과학기술을 접목, 옷을 공간의 개념으로 확장시켰다.

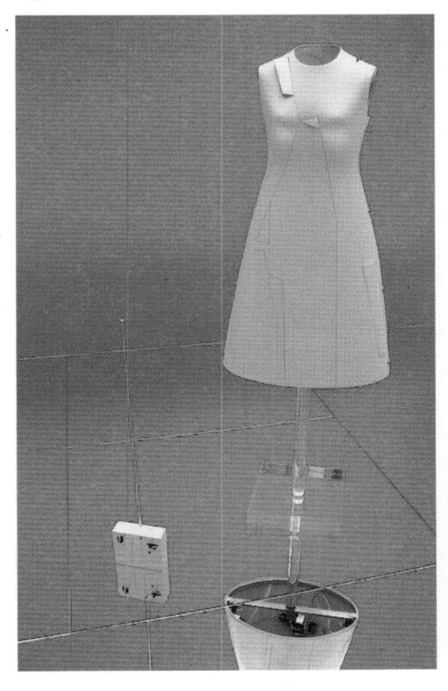

99 패션에 신소재와 과학기술을 접목한 리모트컨트롤 드레스(2000 S/S)

자동차 인테리어에서 영감을 받아 자동차 의자의 머리 받침이 목둘레에 달려 있는 가죽 드레스, 플라스틱 머리 받침과 팔걸이가 달린 '체어 드레스/Chair dress/'는 옷과 의자가 하나로 부착된 의상으로 인체보다 큰 개인 공간을 창조하는 옷이었다. 이것은 착용자가 개인 공간을 가지고 이동하여 외부 환경의 자극으로부터 보호할 수 있다는 개념을 추가했다. 비행기 동체와 같은 '에어플레인 드레스/Aeroplane Dress/'는 유리섬유로 제작되었는데, 앞판과 뒤판을 각각 제작해 메탈 걸쇠/catch/로 연결했다. 칼라/collar/ 부분, 스커트 정면의 하단, 스커트 옆부분에는 비행기 날개의 플랩을 상징하는 구조물들이 부착되어 있었고, 외부에서 리모트컨트롤로 조절하면 비행기 날개가 확장되듯이 형태가 변했다. 이것은 외부 자극에 의해 부피 조절이 가능한 전혀 새로운 형식의 옷이었다. 후세인 샬라얀의 비행기 드레스는 2000년 봄·여름 시즌에는 '리모트컨트롤 드레스/Remote Control Dress/'로 등장했다. 이 컬렉션에서 후세인 샬라얀은 형태를 구성하는 무형의 힘에 주목했다. 9세짜리 소년이 런웨이에서 리모트컨트롤로 조작하자, 리모트컨트롤 드레스 뒷면의 조각들이 열리면서 안에 있던 핑크색 튤의 페티코트가 노출되었다. 이런 움직임은 미래주의 패션의 하나로, 디지털 테크놀로지를 패션에 적극적으로 도입했기에 가능한 작업이었다.

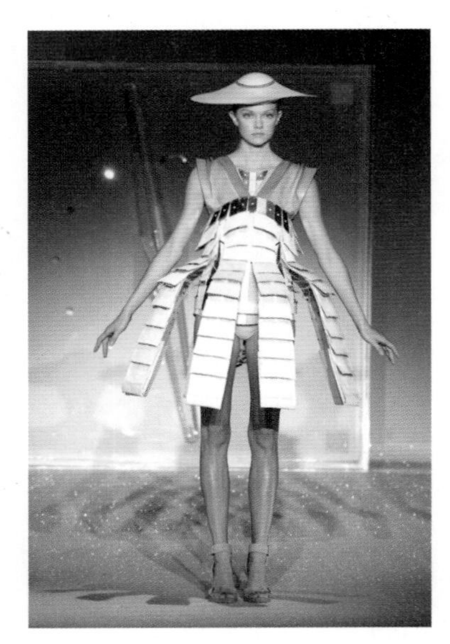

100 1950년대 드레스 실루엣으로 변하는 로보틱 드레스(2007 S/S)

첨단 테크놀로지를 도입한 형태가 변하는 옷에 대한 도전은 2007년 봄·여름 '111/One hundred and Eleven/'에서도 빛을 발했다. 샬라얀은 전쟁, 혁명, 정치와 사회변화가 지난 100년간의 패션사를 형성했다는 점에 주목했다. 그는 창립 111주년을 맞이한 스와로브스키/Swarovski/ 사의 지원을 받아, 기계적으로 작동하여 형태가 한 시대의 스타일에서 다른 시대 스타일로 변하는 드레스들을 제작했다. 높은 칼라, 땅에 끌리는 길이감의 1895년 빅토리안 시대 드레스가 점점 헐렁해지고 짧아지면서 1910년을 지나 1920년대 플래퍼 룩/Flapper Look/ 드레스로 변했다. 산업디자이너 모리츠 발데마이어/Moritz Waldemeyer/와 협업하여 완성한 '로보틱 드레스/robotic dresses/'는 장관을 선사했다. 모자챙이 점차로 좁아지고, 넓은 어깨의 배트윙/batwing/ 소매가 좁아지고, 연회색 오간자/organza/ 패널들로 만들어진 스커트는 점점 폭이 넓어졌다가 좁아지면서 은색 메탈조각들이 덧붙여져, 1940년대 넓은 어깨의 H실루엣, 디오르의 뉴룩/New Look/, 1960년대의 파코 라반 메탈 드레스에 이르는 시간의 흐름을 보여줬다.

후세인 샬라얀은 2007년 가을·겨울 '에어본/Airborne/' 컬렉션에서 몸을 둘러싼 환경인 옷이 이동을 해도 항상 인체를 보호할 수 있기를 원했다. 일본 사무라이의 갑옷 의상에서 영감을 받아 톡톡한 재질의 스트라이프 원단으로 제작된 코트에는 자동적으로 열렸다가 닫히는 후드가 달려 악천후에 대비할 수 있도록 했다. 밖이 어두워졌을 때 붉은 빛을 발하는 LED/light-emitting diodes, 발광 다이오드/ 헬멧도 옷이 인체를 보호하는 환경, 즉 보호복이 되어야 한다는 그의 기능주의 철학을 잘 드러내고 있다.

후세인 샬라얀은 옷을 넓을 공간으로 확장시키기 위해 빛을 이용했다. 산업디자이너 모리츠 발데마이어와 협업을 통해서 2007년 가을·겨울 시즌에는 '비디오 드레스/Video Dress/'를, 2008 봄·여름 '레딩' 컬렉션에서는 '레이저 드레스/Laser Dress/'를 발표했다. 비디오 드레스는 원단 아래 스와로브스키/Swarovski/ 크리스털과 LED 전구 15,000개가 달려 있어 빛을 발했는데, 프로그래밍에 따라 빛의 색깔이 변하고 겉을 덮은 흰색 직물이 빛을 흐리게 하여 옷의 경계를 모호하게 하면서 몽환적인

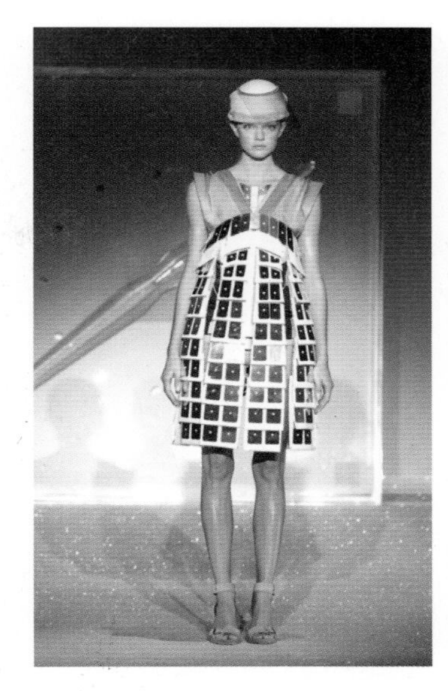

101 1960년대 드레스 실루엣으로 변하는 로보틱 드레스(2007 S/S)

102 후드가 자동으로 열렸다가 닫히는 코트 (2007 F/W)
일본의 사무라이 갑옷 의상에서 영감을 받았다.

103 산업디자이너 모리츠 발데마이어와 협업한 비디오 드레스(2007 F/W)

분위기를 자아내었다. 2008년의 레이저 드레스는 스와로브스키 크리스털에서 뿜어져 나오는 레이저 광선이 몸으로부터 나오는 빛을 굴절시키고 옷을 둘러싼 거울들에 의해 반사되면서 끊임없이 주변 환경과 상호 작용을 하고 공간을 확장시켰다.

끊임없는 실험정신과 험난한 여정

후세인 샬라얀은 1994년 자신의 패션 하우스를 설립한 이래 매 시즌 깜짝 놀랄만한 창의적인 작품들을 선보였다. 기능성/functionality/에 근거를 둔 그의 디자인 철학은 첨단 테크놀로지, 신소재와 패션의 만남인 하이테크 패션이라는 새로운 영역을 탄생시켰고, 마법과 같은 작품들과 그 안에 숨어 있는 이야기, 형이상학적인 사상들은 평론가, 학자, 큐레이터, 동료 디자이너들을 열광시키기에 충분했다. 후세인 샬라얀은 자신은 트렌드를 좇는 '패션'이 아니라 '옷'을 만드는 예술가라고 칭하고 있는데, 실제로 그의 작업 영역은 패션을 넘어 퍼포먼스 아트, 단편 영화 제작까지 미치고 있다. 그는 세계 유수의 박물관에서 가장 많이 작품이 전시되고 있는 현존하는 패션 디자이너 중의 하나이며, 2005년 51회 베니스 비엔날레/Venice Biennale/에 터키 대표로 참가하는 등 다양한 영역에서 기량을 발휘하고 있다. 그의 높은 실험 정신과 패션계에 미친 영향을 인정받아 1999년, 2000년에는 '올해의 영국 디자이너상/the British Designer of the Year/'을 수상했고, 2006년에는 대영제국 훈장/MBE, Member of the most Excellent Order of the British Empire/을 받았다.

샬라얀의 다양한 작품 활동은 유명세와 높은 평판을 가져왔지만, 재정적으로는 도움이 되지 못했다. 그는 1990년대에 다른 런던 출신의 패션 디자이너들과 달리 파리 패션 하우스에서 일하지 않았고/존 갈리아노는 디오르에서, 알렉산더 맥퀸은 지방시에서, 스텔라 맥카트니는 끌로에에서 근무했음/, 패션 거대 기업인 LVMH나 구찌 그룹/Gucci Group/ 소속이 아니기 때문에 항상 재정적인 불안 속에서 사업을 전개해왔다. 1998년에는 뉴욕의 캐시미어 니트웨어 회사인 'TSE Cashmere'와 디자인 컨설턴트로 계약했지만 3년 만에 계약이 파기되면서 2001년 후세인 샬라얀은 파산신청을 하게 되었다. 이후 그는 자신의 컬렉션을 운영할 자금을 구하기 위해서 영국의 의류회사 막스 앤 스펜서/Marks & Spencer/와 이탈리아의 의류 회사 기보/Gibo/, 영국의 주얼리 회사 아스프레이/Asprey/에서 패션 디렉터로 근무했고, 작품들을 세계 각국의 유명 뮤지엄에 판매하면서 수입을 올리며 근근이 사업을 진행해왔다.

재정적 곤란을 겪던 후세인 샬라얀은 2008년, 독일의 스포츠 용품 회사인 푸마/Puma/가 후세인 샬라얀 회사의 지분을 사들이면서 안정적인 상황에서 디자인 하우스를 이끌어가게 되었다. 그는 푸마의 크리에이티브 디렉터로 푸마 브랜드도 함께 이끌게 되었다. 후세인 샬라얀은 "캣워크에서만 경이로운 것이 아니라, 사람들을 행복하게 하고 진실된 부가가치를 제공할 수 있는 제품을 디자인하겠다."라는 소감을 밝히기도 했다. 전통적인 옷에 대한 관습에 의문을 품고, 신기술을 도입하고, 옷을 인체를 둘러싼 공간의 영역으로 확장시킨 후세인 샬라얀의 작품들은 겉으로는 단순해 보이나 많은 이야기들을 담고 있다. 스스로 '아이디어인/ideas person/'이라고 부르는 후세인 샬라얀이 앞으로 또 어떤 혁신적인 아이디어로 우리를 깜짝 놀라게 할지 그의 대담한 행보를 기대해본다.

Stella McCartney
스텔라 매카트니 1971~

"스텔라는 엄격한 채식주의자로, 어떠한 동물 제품도 사용하지 않는다. 그럼에도 불구하고, 바로 이 점 때문에 그녀의 라벨은 더욱 쿨(cool)하다."

*스텔라 매카트니*는 이른 나이에 클로에/Chloe/의 수석 디자이너로 성공적인 출발을 한 후 대중적인 유명세와 함께 급성장했다. 그녀는 전설적인 그룹 비틀스의 멤버였던 폴 매카트니/Paul McCartney/의 딸로 어려서부터 셀러브리티/celebrity/의 삶을 살아왔으나, 스스로의 힘으로 자신의 브랜드를 성장시켜 에코 시크/eco chic/와 윤리적 트렌드의 대명사가 되었다. 또한 그녀는 아디다스/Adidas/, 에이치앤엠/H&M/ 등과의 수많은 컬래버레이션/collaboration/으로 폭넓은 대중에게 확고히 자리매김하면서 변덕스러운 패션계에서 '강철 스텔라/Stella Steel/'로 불리며 지속적인 성장을 하고 있다.

비틀스 멤버의 딸, 패션 디자이너 스텔라

스텔라 매카트니는 비틀스의 폴 매카트니와 사진작가 린다/Linda/ 매카트니 사이에서 둘째 딸로 태어났다. 그녀는 세계적으로 유명한 아버지와 예술계에 종사하는 어머니 덕에 태생적으로 유리한 점이 많았지만, 동시에 부모의 그늘 때문에 많은 이들로부터 그녀의 경력에 대한 의구심을 자아내기도 했다.

스텔라는 센트럴 세인트 마틴 예술대학교/Central Saint Martin' s School of Art/을 졸업하고 26세라는 어린 나이에 프랑스 브랜드 클로에의 수석 디자이너로 임명되었는데, 이것은 확실히 그녀와 쇼 비즈니스 세계와의 긴밀한 관계로 빚어진 결과였다. 그녀의 친구들 중에는 쇼 비즈니스 업계에 종사하는 전문가들이 많았는데, 리브 타일러/Liv Tyler/, 케이트 허드슨/Kate Hudson/, 기네스 펠트로/Gwyneth Paltrow/처럼 그들 중 대다수는 스텔라처럼 유명 연예인의 자제들이였다. 그러나 스텔라 매카트니에게 가문의 명성은 양날의 칼날처럼, 한편으로는 그녀에게 기회를 열어주었지만 다른 한편으로는 그녀의 마음을 닫게 만들고 '매카트니'라는 자신의 성/姓/과 투쟁하도록 했다. 디자이너 칼 라거펠트/Karl Lagerfeld/를 포함한 많은 사람들은 그녀의 성공의 원인을 비틀스 멤버인 아버지의 유명세 때문인 것으로 매도하면서, 스텔라의 발전과 재능을 비난하곤 했던 것이다. 그러나 스텔라는 결국 스스로가 재능이 있을 뿐만 아니라, 세계적으로 많은 여성들이 사랑하는 브랜드를 만들 힘과 능력을 가지고 있음을 당당하게 증명해 보여 그와 같은 비평가들의 잘못된 판단을 일축했다.

클로에에 불어 넣은 새로운 활력

스텔라는 1996년 프랑스의 여성복 브랜드 클로에/Chloe/의 대표 무니르 무파리즈/Mounir Moufarrige/에 의해 클로에의 수석 디자이너로 스카우트된다. 당시 클로에는 47년이나 된 낡은 브랜드로, 칼 라거펠트가 이끌던 1970년대에 절정을 맞았다가 1983년 그가 떠난 후 광채를 잃고 다시 갱생하지 못할 것처럼 보였다. 위기의 클로에 하우스에 새로운 디렉터의 영입은 무척 중요한 일이었고, 무파리즈는 무려 41명이나 되는 후보자들과 인터뷰한 끝에 스텔라의 강한 캐릭터, 그리고 여성과 의복에 대한 이해력에 매료되었다. 이렇게 해서 패션 스쿨을 졸업한 지 얼마 되지 않은 초보 디자이너 스텔라는 클로에의 공식 수장이 되었다.

104 젊은 이미지의 뷔스티에 톱과 팬츠의 앙상블(2001 F/W)
스텔라 매카트니는 올드한 클로에를 단번에 젊고 펑키하며 섹시한 이미지로 탈바꿈시켰다.

스텔라 매카트니는 클로에 1998년 봄·여름 컬렉션에서 숙련된 테일러링 기술을 바탕으로 한 레이스 페티코트 스커트를 강조한 룩으로 섬세하고 유동적이며 여성스런 1970년대 패션을 현대적으로 재해석해냈다. 이 컬렉션에서 그녀가 선보인 군더더기 없는 깨끗한 라인과 섬

105 스텔라 매카트니의 모던하고 시크한 스타일 (2005 S/S)

세하고 섹시한 로맨틱 룩은 곧이어 다른 디자이너들에게도 강한 영감을 주었다. 스텔라의 리더십 하에 클로에의 매출은 점차 상승하기 시작했는데, 이것은 클로에 기존 고객층인 중년 여성에게서 벗어나 다소 펑키하고 섹시한 라인으로 재창조한 스텔라의 능력 덕분이었다. 그것은 그녀 자신을 포함한 많은 여성들이 원했던 것으로 곧이어 클로에는 스텔라의 스타일에 열광하는 새롭고 젊은 고객을 확보했을 뿐만 아니라, 케이트 허드슨/Kate Hudson/, 니콜 키드먼/Nicole Kidman/, 카메론 디아즈/Cameron Diaz/와 같은 할리우드의 유명 여배우들과 심지어 팝 가수 마돈나/Madonna/까지도 선호하는 브랜드가 되었다.

스텔라가 클로에에 영입된 지 2년 만에 판매고는 4억 2천만 달러에 달했으며, 그녀의 임기 동안 판매는 500%까지 상승했다. 〈워싱턴 포스트〉 지는 스텔라 매카트니의 클로에에 관해 "클로에는 훨씬 나아진 정도가 아니라, 완전히 변형되었다."라고 극찬했다.

구찌의 새로운 여성과 스텔라 매카트니 사의 론칭

스텔라 매카트니는 2001년 4월 세계적인 명품 기업인 구찌/Gucci/ 그룹/PPR/의 디렉터 톰 포드/Tom Ford/와 CEO 도메니코 드 솔레/Domenico de Sole/와의 계약으로 구찌 그룹에 합류함과 동시에, 시그니처/signature/ 라벨인 '스텔라 매카트니' 사를 론칭한다. 이 계약은 그동안 동물 권리 보호 디자이너로 공공연하게 알려진 스텔라 매카트니가 주로 가죽을 사용해온 구찌 그룹과 체결한 것인 만큼 수많은 소문과 파장을 불러 일으켰다. 그러나 정작 스텔라는 이 계약을 통해 패션계에서 에코 디자인의 선구자가 되고자 했으며 동물 재료 대신 대체 소재를 장려하겠다는 포부를 밝혔다. 결국 구찌 그룹 하에서 진행된 '스텔라 매카트니' 사는 스텔라 자신에게도 많은 기회와 수익을 가져다주었다.

에코 패션과 윤리적 트렌드

스텔라 매카트니는 엄격한 채식주의 가정에서 자랐는데, 그녀의 동물보호에 대한 관심은 열렬한 동물 권리 옹호자였던 어머니 린다에게 물려받은 것이었다. 모든 종류의 동물 착취에 반대하는 스텔라는 아주 어린 나이 때부터 세상에서 가장 아름다운 패션을 위해서조차 자신의 이와 같은 신념을 굽히지 않을 것이며, 자신이 동물 재료를 배제한 최고의 패션을 창조할 것을 결심한다.

초기에 스텔라의 '베지테리언 슈즈/vegetarian shoes, 동물 가죽을 사용하지 않은 구두/'는 조소의 대상이 되었지만, 2009년이 되자 그녀는 스텔라가 〈타임〉 지가 선정한 '우리 시대의 가장 영향력 있는 사람들' 중의 1인이 될 정도로 많은 이들에게 에콜로지/ecology/나 윤리적 트렌드를 확산시키는 중요한 일인이 되었다. 그리고 스텔라의 강한 신념과 함께 에코 디자인은 2008년 이후 패션계에 불어닥친 불황에도 불구하고, 새로운 라인의 론칭과 숍 오픈을 가능하게 해 주었다. 실제로 스텔라 매카트니의 전 라인, 즉 기성복, 란제리, 액세서리, 화장품, 아디다스 스포츠웨어, 갭 아동복 등은 모두 그녀의 오가닉/organic/ 원칙과 일관된다.

그럼에도 불구하고, 스텔라는 자신의 브랜드가 환경친화적 브랜드로 알려지는 데에 무관심했으며, 소비자에게도 역시 에코 디자인을 직접적으로 강요하지 않았다. 오히려 그녀는 소비자들이 동물 가죽을 전혀 쓰지 않은 '에코 시크/eco chic/'를 구매하고 있음을 인식하지 못할 정도로 '쿨'한 구두나 지갑을 디자인하고자 했다. 그녀는 모든 것이 내부로부터 자연스레 스며들기를 원했던 것이다. 스텔라의 구두는 길고 타이트하게 맞는 허벅지 높이의 레깅 부츠/legging boots/처럼 우리의 상상력을 확실히 북돋웠으며 그녀의 환경친화적 모조/imitation/ 가죽 제품들은 실제 가죽보다 70% 이상이나 비쌀 정도로 대성공적이었다.

믹스 매치를 통한 균형감각

스텔라는 클로에를 칼 라거펠트가 수장으로 있었던 시절만큼이나 큰 규모로 성장시켰다. 그리고 이러한 성장의 원인에는 그녀의 스타일이 본질적으로 다수를 위한 보편적이고, 어디서나 입을 수 있는 여성적인 드레스와 잘 재단된 재킷의 조합과도 같은 단순한 의복이라는 점에 있었다. 경제위기로 인한 럭셔리 소비의 급락에 맞서기 위해 그녀는 의상 1벌보다는 개별

피스/pieces/와 의복 디테일/details/에 주목했다.

스텔라는 세계 최고의 남성복이 제작되는 새빌로/Savile Row/에서 견습생으로 일하면서 거의 완벽한 테일러드 재킷을 만드는 데에 이미 숙달되어 있었지만, 그녀는 이를 결코 슈트 팬츠와 함께 조합하지는 않았다. 대신에 섬세한 빈티지/vintage/ 룩 드레스와 테일러드 재킷을 믹스/mix/하곤 했다. 이렇듯 기존 관념을 해체하면서 일상생활에서 훨씬 자유롭고 멋스러움을 주었던 스텔라 매카트니의 '쿨'한 패션은 2가지 이상의 스타일을 혼합한 믹스 매치 페르소나/mix-match persona/에서 온 것이다. 즉, 스텔라 매카트니는 '모던, 스포티, 섹시/Modern, Sporty, Sexy/'를 지향하면서도 탁월한 테일러링 재단에 페미닌한 스타일을 조합함으로써 믹스 앤 매치를 보여준다. 이러한 스타일을 대표하는 아이템이 바로 점프슈트로, 특히 이것으로 인해 그녀는 더욱 유명세를 얻게 된다.

106 로맨틱 무드의 점프슈트(2012 S/S)
랩(wrap) 형식의 상의와 팬츠를 결합시켜 로맨틱 무드를 강조했다.

스텔라는 스스로 팬츠/pants/를 가장 큰 성공 아이템이라고 여겼다. 그녀는 "어느 누구도 팬츠를 이보다 더 섹시하게 만들지는 못한다!"라고 언급했는데, 이때 그녀가 팬츠와 함께 믹스했던 것은 진지한 라인이라기보다는 젊고 가볍고 유쾌하며 부드러운 페미닌/feminine/ 감각이었다. 이처럼 스텔라는 자신의 디자인에서 혼합을 통한 균형 감각을 매우 강조한다. 따라서 그녀의 스타일은 항상 컨템퍼러리/contemporary/ 패션 무드를 드러내면서도 스포티하고 섹시한 편안함을 멋지게 포착해낸다.

대중적 브랜드와의 컬래버레이션

스텔라는 다수의 기업과의 컬래버레이션/collaboration, 협업/을 통해 브랜드 인지도 향상을 위해 지속적으로 노력해 왔다. 그녀는 아디다스/Adidas/, 에이치앤엠/H&M/, 스킨케어 제품/Care with YSL

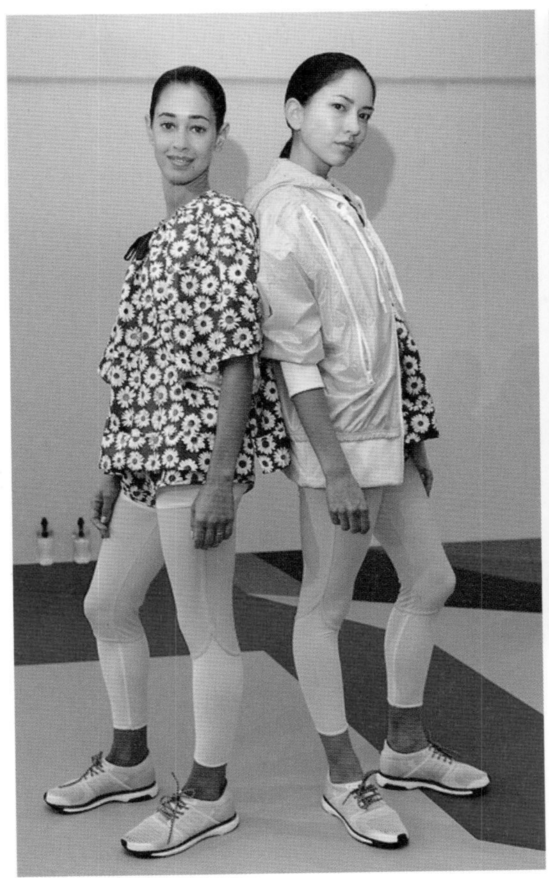

107 아디다스 바이 스텔라 매카트니 라인의 출시 (2008년 봄·여름 컬렉션)
스텔라는 자신의 브랜드를 폭넓은 대중에게 알리기 위한 전략으로 다양한 컬래버레이션을 시도했다.

Beaute/, 갭/Gap collections/, 레스포삭/LeSportsac/ 등과의 컬래버레이션을 통해 자신의 이름을 폭넓게 대중성을 확보한 브랜드들에 적용했다.

스텔라는 거대 의류 브랜드 아디다스와의 장기계약을 통해 '아디다스 바이 스텔라 매카트니/Adidas by Stella McCartney/' 라인을 시장에 도입했는데, 이 라인에는 체육, 요가, 테니스, 러닝, 수영, 춤, 골프, 겨울 스포츠 등을 위한 여성용 액티브웨어/active wear/가 포함되어 있었다. 아디다스 바이 스텔라 매카트니에 대한 그녀의 목표는 당시 지나치게 기본적이고 유사한 디자인 중심의 스포츠웨어 시장에서 실제로 여성들이 입고 싶어 하는 액티브웨어를 공급하는 것이었다. 이 라인은 2005년 2월 아디다스 직영점에서 첫 출시되었는데, 여기에는 기존의 스포츠웨어와는 다소 다른 리버서블 재킷/reversible jacket/, 타이트하게 맞는 스포츠 탑, 한정판 요가 신발·핑크·레몬, 그레이 같은 색상의 박서/boxer/ 스타일 수영복 등과 더불어, 네크라인/neckline/과 헴라인/hemline/에 드로우스트링/drawstrings/이나 자수 장식을 넣은 느슨한 스웨트셔츠/sweatshirts/, 승마바지/jodhpurs/ 스타일의 팬츠, 발목 근처에 지퍼 장식이 달린 스웨트팬츠/sweatpants/ 등도 포함되었다. 특히 매카트니와 아디다스의 파트너십은 스키웨어 컬렉션에서 잘 드러났는데, 이것은 스텔라 매카트니의 미학과 아디다스 스포츠웨어의 기술력을 잘 조합하여 페미닌하면서도 실용적인 형태로 나타났다. 아디다스 바이 스텔라 매카트니는 일반 스포츠웨어보다 훨씬 고가임에도 불구하고 곧바로 유럽과 아시아 등지로 확산되었고, 여성 스포츠웨어 시장에 새바람을 일으켰다.

2005년 스텔라는 한때 그녀에게 비평을 서슴지 않던 디자이너 칼 라거펠트의 발자취를 따라가고 있었다. 그녀는 스웨덴을 기반으로 한 대형 패스트패션 업체인 에이치앤엠과의 협업을 시도해서 자신만의 스타일을 보여주었다. 스텔라는 과거 자신의 작업에서 선보인 페미닌룩에 기본 소재를 사용하고, 루마니아 제작으로 생산단가를 절감해서 저가 선호 고객을 대상으로 대단히 성공적인 컬렉션을 발표했다. 총 45개의 피스로 구성된 이 컬렉션 아이템에는 핑크 메시/mesh/ 안감이 달린 브라운 컬러의 배기/baggy/ 트렌치 코트, 스키니 팬츠/skinny pant/, 좁은 지퍼가 달린 진, 옐로 트리밍 포켓과 단추 구멍이 있는 그레이 크롭트/cropped/ 재킷, 선 드로잉에 체인/chains/, 라인스톤/rhinestones/, 자수 장식이 있는 그래픽 티셔츠 등이 있었다. 이 컬렉션은 에이치앤엠 매장 약 400여 개에서 단 몇 분 만에 소진되는 등 인기를 끌었다.

스텔라는 의류 외에도 다양한 컬래버레이션을 시도하여 사업 영역을 확장하는 영민한 사업가 기질을 발휘했다. 2007년에 그녀는 YSL Beaute와 손잡고 최초의 럭셔리 오가닉 스킨케어 라인 '케어/Care/'를 출시했다. 이 라인은 100% 오가닉 액티브/organic active/ 재료로 만들어졌으며, 일상생활에서 책임 있는 선택하는 사람들에게 희망을 주기 위해 창조했다는 그녀의 철학을 담고 있었다. 스텔라 매카트니의 컬래버레이션은 아동복으로도 이어져 그녀는 베이비갭/babyGap/과 갭키즈/Gapkids/와도 협업했고, 2008년에는 뉴질랜드 회사 벤돈/Bendon/과의 파트너십으로 란제리 컬렉션을 론칭했다. 그녀의 란제리에 대한 관심은 세인트 마틴 시절의 졸업 컬렉션부터 시작된 것으로, 이 컬렉션에서 그녀는 스텔라 매카트니의 시그니처인 부드러운 크림톤, 블루, 펄 그레이, 빈티지 핑크와 같은 미묘한 색상들에 실크, 오가닉 코튼/organic cotton/, 조젯 실크 시폰/georgette silk chiffon/ 등 투명한 실크 소재를 사용해 자연스럽고 자신감이 넘치며 모던한 미학을 제시했다. 또한 스텔라는 레스포삭을 위한 한정판 트레블 컬렉션으로 자신의 브랜드를 판촉했다.

일과 삶, 사랑 그리고 성공

스텔라 매카트니는 의류 외에도 다양한 새로운 라인들을 확장하여 중요한 사업적 성과를 보였다. 2003년 그녀는 자신의 이름을 건 향수를 론칭해서 향수사업가로 변신한다. 황색 빛이 도는 부드럽고 여성스런 장미향을 가진 로맨틱한 향수는 빈티지에서 영감을 받은 자수정 크리스털 병으로 포장되었다. 스텔라는 자신의 믹스 매치 페르소나를 분출하기 위해 2006년에 '스텔라 인 투/Stella In Two/'라고 불리는 두 번째 향수를 발표했다. 이것은 기존 스텔라 향수의 2가지 향을 구분했는데 모란 향은 액체 형태로, 호박 향은 고체 향수로 만들어서 사용자/여성/가 기분에 맞추어 언제든지 쓸 수 있도록 했다. 또한 2006년에 그녀는 패션에 동물 가죽을 사용하지 않은 채식주의 액세서리 라인을 출시했는데, 캔버스/canvas/, 나일론, 벨벳/velvet/, 비닐과 같은 인조 소재와 천연 소재를 사용한 아이템들은 동물 권익 옹호론자뿐만 아니라 일반 소비자들까지 역시 매료시킬 정도로 충분히 매력적이었다.

2003년 8월 스텔라의 사적인 삶은 남자친구이자 잡지 출판업자 알라스데어 윌리스/Alasdhair Willis/와 결혼했을 때 최고조에 달했으며, 지금 그녀는 슬하에 아이 3명을 둔 엄마이기도 하다. 구찌 그룹에 들어간 이후 론칭한 주식회사 스텔라 매카트니 사는 2006년 남편 알라스데어가 디렉터로 임명되면서 가족사업의 형태가 되었다.

이처럼 스텔라 매카트니의 작업세계는 평범하지 않았던 어린 시절과 부모의 영향, 세 아이들을 포함한 가족과 긴밀히 연결되어 있다. '강철 스텔라'라는 별칭을 얻었던 그녀의 지속적인 사업 확장은 스텔라 매카트니 라벨에 금전적 성공을 가져왔고, 현재 그녀는 전 세계에 매장 23개를 확보하고 있다. 또한 스텔라는 윤리적 디자이너로의 명성과 더불어 2005년에 올해의 오가닉 스타일 여성인상/Organic Style Woman of the Year Award/, 2008년에 최초로 올해의 그린 디자이너상/Green Designer of the Year at the Accessories Council Excellence Awards/을 수상하는 등 에코 디자인에 걸맞는 수많은 상을 수상했다. 또한 2009년에는 영국을 대표하는 디자이너이자 성공한 여성 경영인으로서 〈타임〉 지의 가장 영향력 있는 100인에 선정되기도 했다.

Viktor & Rolf

빅터 앤 롤프 1969~ / 1969~

"우리에게 패션은 옷 또는 사물 그 이상을 상징한다. 그것은 아우라(aura)이고, 현실로부터의 도피이다. 패션이 정말 존재하지 않는 나라, 네덜란드의 시골 출신인 우리에게 패션은 빛나는 동화 속의 세계를 현실로 만들어 주는 것이었다."

*빅터 앤 롤프*는 동갑내기 패션 디자이너 듀오, 빅터 호스팅/Viktor Horsting, 1969~/과 롤프 스뇌렌/Rolf Snoeren, 1969 ~/이 이끄는 패션 브랜드이다. 같은 나이, 같은 키, 같은 안경, 같은 옷, 같은 무표정한 얼굴의 두 사람은 행위 예술과 같은 패션쇼, 개념주의 패션 작품들을 선보여 패션계의 '길버트 앤 조지/Gilbert & George, 영국 현대 미술계의 거성인 듀오 아티스트/'라고 불리기도 한다. 패션의 불모지인 네덜란드 출신의 빅터와 롤프는 미디어에 의해 좌우되는 현대 패션계에서 성공을 이루기 위해서는 '창의적인 브랜드'라는 이미지를 만들어내야 한다고 생각했다. 1993년 파리 패션계에 출사표를 던진 이래, 두 사람은 스스로 흥미로운 '상품'이 되고, 미디어의 관심을 끄는 파격적인 작품들을 발표하면서 어린 시절의 꿈인 21세기 새로운 패션 디자인 하우스의 설립을 이루어가고 있다. 전위적이면서 동시에 우아하고, 초현실적인 유머에 정교한 재단 테크닉이 더해진 마법과 같은 그들의 작품은 지나친 상업성의 강조로 인해 신선한 아이디어가 사라져가는 심드렁한 패션계에 큰 활력소가 되고 있다.

패션에 매혹된 네덜란드의 두 소년

'빅터 & 롤프'의 듀오 디자이너는 1969년 네덜란드 남부 교외의 작은 도시에서 탄생했다. 빅터 호스팅은 겔드롭/Geldrop/에서 바쁜 맞벌이 부모의 삼형제 중 둘째로, 롤프 스뇌렌은 동겐/Dongen/에서 역시 맞벌이 부모의 삼형제 중 막내로 태어났다. 남성 형제만 있는 집에서 자랐지만, 두 사람 모두 또래와 어울려 바깥에서 뛰어놀기보다는 홀로 앉아 여성의 몸과 옷을 그리는 것을 즐겼다고 한다. 빅터와 롤프는 네덜란드인들은 전통적으로 옷차림에 그다지 관심이 없으며 패션을 중요하게 생각하지 않기 때문에 패션 잡지를 구하는 일이 쉽지 않았고, 텔레비전에서 패션에 관한 프로그램을 볼 수 있는 것도 1년에 2번 정도 있을까 말까 한 일이라고 회상했다. 패션, 세련미, 화려함이라고는 찾아볼 수 없는 성장 환경 속에서 패션 잡지 화보의 아름다운 이미지들은 두 소년의 마음을 사로잡았다. 그들에게 패션이란 단순히 일상에서 착용하는 옷이라기보다는 교외의 지루한 생활을 벗어나게 해주는 꿈의 세계였다.

빅터와 롤프, 두 사람은 1988년 네덜란드 최고의 패션 학교인 아른헴 예술학교/Arnhem Academy of Art/에 진학하면서 만나게 되었다. 당시 네덜란드의 패션 교육은 유명 디자인 하우스에서 인턴십의 기회를 얻거나, 졸업 패션쇼에 저명한 패션 미디어 인사나 바이어들이 참석하는 파리, 런던, 뉴욕의 패션 학교와는 다른 방식으로 진행되었다. 패션 미디어, 패션 산업을 비롯하여 패션과 관련한 기반이 부족했던 네덜란드의 패션 학교의 커리큘럼은 디자인, 의복 구성, 재단, 봉제에 이르는 전 과정에 걸쳐 정교한 테크닉을 익히도록 하고, 개인의 예술적인 소양을 키우는 것에 초점이 맞추어 있었다. 즉, 패션 산업계와 같은 외부의 영향 없이 학생 개개인이 자신의 철학을 창의적으로 펼치도록 장려되었던 것이다. 빅터와 롤프는 "패션의 불모지에서 성장하고 교육을 받아 패션에 대한 이미지와 정보가 부재했던 것이 오히려 상상력을 더욱 키울 수 있게 하고, 패션이 무엇인지 스스로 답을 찾도록 해주었다."라고 회상했다. 실험적인 패션에 대한 미적 취향, 패션계에서 일하고 싶다는 목표가 같았던 두 사람은 1992년 졸업 후 팀을 이루기로 결정, 함께 파리로 이주했다.

디자이너 듀오 빅터 앤 롤프의 탄생

유명 패션 하우스에서 일하면서 패션 디자이너로서의 경력을 쌓겠다는 야심찬 목표를 가지고 파리에 도착한 빅터와 롤프는 작은 아파트를 아틀리에 삼아 작품 활동을 시작했다. 잠시 메종 마틴 마르지엘라/Maison Martin Margiela/와 진 콜로나/Jean Colonna/에서 인턴으로 일하기도 했지만, 파리는 네덜란드 출신의 뜨내기 디자이너들에게 호락호락한 곳이 아니었다. 그러나 이때 겪은 경제적인 곤란과 소외감은 두 사람으로 하여금 더욱 작품 활동에 매진하게 만들었다. 그들은 1993년 10벌로 구성된 컬렉션을 완성해서 남부 프랑스 이에르/Hyères/에서 개최된 '국제

아트 앤 패션 페스티벌/the Salon Europeen des Jeunes Stylistes at the Festival International de Mode et de Photographie/'에 참가했다. 유럽의 신진 디자이너를 발굴한 이 저명한 콘테스트에서 두 사람은 주요 상을 3개나 석권하는 기쁨을 누리게 되었다. 콘테스트 주최 측에서 특별한 팀 이름이 없던 이들을 '빅터 앤 롤프'라고 호명하면서 세계적인 패션 디자이너 듀오, '빅터 앤 롤프/Viktor & Rolf/'가 탄생했다.

두 사람에게 커다란 영광을 안겨준 이 컬렉션은 오래된 남성 재킷, 셔츠 등을 해체하여 겉감과 안감을 모두 이어 만든 거대한 부피의 의상으로 구성되었다. 당시 파리 패션계의 높은 벽을 실감하면서 위축되어 있던 빅터와 롤프는 커다란 부피의 옷을 만들어 주눅 들고 작아진 자신들을 은유적으로 표현했다. 수잔나 프랭켈/Susannah Frankel/과의 인터뷰에서 두 디자이너는 "이 컬렉션은 주목 받기 위한 절규/a scream for attention/였다."라고 밝혔는데, 당시 거대한 패션의 중심지 파리에서 느낀 무기력함과 나약함이 착용자를 왜소하게 만드는 압도적인 부피의 옷으로 표현되었다. 그러나 두 사람은 수상이 성공으로 이어지는 것은 아니라는 것을 곧 깨닫게 되었다. 빅터와 롤프는 패션계에서 살아남기 위해서는 '창의적인 디자이너 듀오'라는 브랜드 이미지의 구축이 필요하다는 것을 간파했고, 영리하게 경력을 쌓아가기 시작했다.

개념주의 설치예술 – 패션 시스템의 도전과 구애

파리 패션계의 이방인 빅터 앤 롤프는 패션을 옷이 아니라 패션 시스템의 관점에서 볼 수 있는 장점이 있었다. 그들은 자신의 꿈인 21세기의 새로운 패션 하우스를 세우기 위해서는 아름다운 옷을 만드는 것 못지않게 미디어의 관심을 끌고 명성을 얻는 것이 중요하다는 것을 깨달았다. 오트 쿠튀르 컬렉션, 기성복 라인을 발표하면서 데뷔하는 다른 패션 디자이너와 달리 빅터 앤 롤프는 갤러리에서 설치예술 작품을 발표하면서 경력을 쌓기 시작했다. 그 근저에는 철옹성 같은 파리 패션계에 진출하기 위해서, 예술 시장에서 먼저 유명세를 얻고 창의성을 인정받아 독보적인 위치를 선점하겠다는 전략이 숨어 있었다. 이에 따라 빅터 앤 롤프는 1998년 오트 쿠튀르 컬렉션을 발표하기 전까지 옷을 매개체로 한 설치 작품, 행위 예술과 같은 작품들을 발표였고, 이런 설치 작품들의 주된 테마는 패션, 즉 패션 시스템 그 자체였다.

1995년 '공간/空間/의 모습/L' Apparence Du Vide/' 전시에서는 빅터 앤 롤프는 5벌의 금색 의상들을 천장에 매달고 그 아래에 검은색의 오간자 옷들을 그림자처럼 펼쳐 놓은 작품을 발표했다.

벽에는 슈퍼모델의 이름들이 금빛으로 쓰여 있었고, 출석을 부르듯 슈퍼모델의 이름을 부르는 목소리가 갤러리 내부의 배경 음악으로 깔렸다. 1990년대는 슈퍼모델이 붐이었던 시절로, 디자이너는 이들을 자신의 쇼에 세우기 위해 엄청난 비용을 지불해야 했다. 이로서 디자이너의 작품보다 어떤 슈퍼모델이 쇼에 나오는지가 더욱 화제가 되어 주객이 전도된 상황이 종종 발생하기도 했다. 전시된 금빛 의상 5개는 실제로는 착용할 수 없고 그림자 역할의 검은 의상들은 실제로 착용 가능한 것들로, 빅터와 롤프는 옷이 아니라 슈퍼모델이라는 허상을 쫓는 당시 패션계를 비판하면서 공허함을 표현했다. 이 전시가 예술잡지 〈아트포럼/Artforum/〉과 패션잡지 〈비져네어/Visionaire/〉에 실리면서 두 사람은 주목할 만한 아티스트 듀오로 미디어의 관심을 받기 시작했다.

열심히 준비한 전시가 주류 패션지 에디터나 바이어들에게는 아무런 관심을 끌지 못하자 빅터 앤 롤프는 밀려오는 당혹감을 1996년 '빅터 앤 롤프는 파업 중/Viktor & Rolf On Strike/' 포스터로 표출했다. 그들은 이 포스터를 주류 잡지의 편집자에게 발송하는 한편, 1996년 3월 파리 패션 위크 기간에 파리 시내 곳곳에 포스터를 붙이는 것으로 컬렉션을 대신했다.

1996년 '출시/Launch/' 컬렉션에서는 파리 패션계에 진출하고자 하는 그들의 염원을 패션쇼 무대, 부티크, 포토 스튜디오, 작업실을 미니어처 사이즈로 만들어 가시화했다. 이때 베스트셀러 향수인 샤넬 No.5와 닮은 용기의 향수를 발표하고 광고 사진까지 공개했다. '빅터 앤 롤프 르 퍼퓸/Viktor & Rolf Le Parfum/'이라는 이 향수는 뚜껑이 열리지 않는 가짜 향수로, 250점 한정 생산되어 상당한 금액에 실제 판매되었다. 이런 가짜 향수 해프닝은 패션 하우스가 실제로 옷이 아니라 향수에서 수익을 올리는 세태를 조롱하면서, 동시에 자신들도 나중에 성공을 거두어 향수를 론칭하고 싶다는 소망을 담겨 있다.

빅터 앤 롤프의 초기 개념주의 설치 작품들은 자신을 받아들여주지 않는 패션계에 대한 반발과 조롱을 담고 있지만, 사실은 패션계에 입성해서 세계적인 패션 하우스를 세우고 싶다는 간절한 염원을 담고 있다. 즉, 패션 시스템의 부조리와 구태의연한 관습에 도전하면서도 패션에 대한 강렬한 사랑과 열정으로 패션계에 입문하고 싶다는 처절한 구애의 제스처라고 할 수 있다.

미디어를 유혹한 실험적이고 기발한 오트 쿠튀르

빅터 앤 롤프는 5년간의 예술적인 실험을 마치고, 1998년 봄·여름 '첫번째 쿠튀르 컬렉션/First Couture Collection/'이라는 오트 쿠튀르 컬렉션을 발표하면서 본격적으로 패션계에 입문했다. 테일러링과 입체 재단이 어우러진 다양한 실루엣의 옷에 자수, 주름 등 수공예적인 디테일이 더해진 의상 위에 모델들은 도자기로 만든 거대한 목걸이, 도자기 모자 등을 착용하고 등장했다. 단상 위에 올라가서 조각과 같은 포즈를 취하던 모델들은 자신이 착용하고 나온 도자기 액세서리를 땅에 떨어뜨려 깨뜨리는 퍼포먼스를 했는데, 캣워크에서 옷보다 액세서리에 더욱 주목하는 실태를 비판한 것이었다.

1999년 가을·겨울 오트 쿠튀르 컬렉션 '러시안 인형/Russian Doll/'은 정교한 디테일과 재단의 아름다운 의상뿐만 아니라 눈길을 사로잡는 퍼포먼스로 디자이너 듀오의 창의성을 재확인할 수 있는 쇼였다. 모델 매기 라이저/Maggie Rizer, 1978~/가 삼베와 새틴 실크로 성글게 짠 미니 드레스를 입고 나와 뮤직박스 위의 돌아가는 턴테이블 위에 서면, 빅터와 롤프 두 디자이너가 무대 위에서 직접 한 겹씩 옷을 입혀주면서 10벌의 의상을 선보였던 것이다. 각 옷에는 레이스 자수나, 페이즐리 모양의 크리스털 자수가 놓여 있었고, 안에 입은 옷과 위에 덧입은 옷의 문양이 퍼즐처럼 서로 맞는 등 완벽한 완성도를 뽐냈다.

빅터 앤 롤프의 오트 쿠튀르 컬렉션들은 비평가에게는 호평을 받았지만, 상업적인 성공을 가져오지는 못했다. 1993년 데뷔 이후 이들은 정부 보조금, 갤러리에서 얻는 수입, 후원금 등으로 사업을 근근이 유지해 오고 있었다. 그들의 오트 쿠튀르 의상 중 실제로 입기 위해서 개인 고객에게 판매된 것은 3벌에 불과했고, 대부분은 뮤지엄의 작품으로 판매되었다. 그들의 기발하고 창의적인 컬렉션이 매스컴에 알려지면서 빅터 앤 롤프는 1999년 7월 파리의상조합/Chambre Syndicale de la Haute Couture/의 초청으로 정식으로 오트 쿠튀르 멤버가 되었다.

빅터 앤 롤프는 "우리의 작품은 꼭 매스컴에 나온 후에나 존재하는 것으로 보였다. 미디어는 패션에 생명을 불어 넣어준다."라고 밝혔는데, 미디어 중심의 패션계에서 그들의 전략이 적중한 것을 알 수 있다.

'빅터 앤 롤프' 글로벌 디자인 하우스의 시작

108 빅터 앤 롤프의 이니셜이 박힌 밀랍 봉인 모양의 브랜드 로고(2003 F/W)

실험의 연속이었던 오트 쿠튀르 컬렉션 시절은 빅터 앤 롤프에게 자신만의 언어로 패션을 창조하기 위한 시행착오의 시간이었다. 빅터 앤 롤프는 1999년 미국 패션 잡지 〈보그〉와의 인터뷰에서 "우리는 캘빈 클라인과 같은 꿈을 가지고 있다. 그러나 우리는 우리만의 방식으로 실현시키기를 원할 뿐이다."라며 기성복 라인의 론칭 계획을 밝혔다.

이듬해 빅터 앤 롤프는 2000년 가을·겨울 '별과 스트라이프들/Stars and Stripes/'이라는 첫 기성복 컬렉션을 선보였다. 그들의 첫 기성복 컬렉션에서는 전 세계 사람이 알아볼 수 있고, 상업주의를 대변하는 미국의 성조기를 선택하여 아메리칸 스포츠웨어의 클래식 아이템인 스웨트셔츠/sweatshirts/, 터틀넥 스웨터, 청바지와 함께 테일러드 슈트와 실용적인 의상을 발표해서 상업적인 성공을 거두었다. 두 사람은 이 컬렉션을 상업주의에 헌사하는 시라고 표현했는데, 세계적인 브랜드가 되고 싶은 소망을 드러내기 위해 누구나 알아볼 수 있는 미국의 아이콘을 은유적으로 이용했다고 밝혔다. 그들의 이니셜인 'V&R'이 박힌 밀랍 봉인 모양의 브랜드도 함께 공개되어 상업적인 디자인 하우스로의 면모를 드러내기 시작했다.

존 갈리아노/John Galliano/, 톰 포드/Tom Ford/ 등 스타 디자이너의 활약이 두드러졌던 패션계에서 빅터 앤 롤프는 디자이너 자신이 곧 '상품'임을 잘 알고 있었다. 쌍둥이와 같은 외모에, 여러 개의 언어를 유창하게 구사하는 두 사람은 매력을 십분 발휘하여 브랜드와 함께 자신들을 홍보하는 데 매진했다. 2001년 봄·여름 컬렉션 '쇼 비즈니스만한 비즈니스는 없다/There's no Business like Show Business/'에서 탭 댄스를 추면서 등장하거나, 2003년 남성복 '무슈/Monsieur/' 컬렉션에서는 직접 모델로 서기도 했다.

21세기 새로운 럭셔리 디자인 하우스를 건립하겠다는 그들의 꿈은 2003년 남성복 라인인 '무슈/Monsieur/'를 론칭하고, 2004년 첫 여성용 향수/Flowerbomb/를 프랑스 화장품 회사 로레알/L' Oréal/

109 '쇼 비즈니스만한 비즈니스가 없다'의 피날레에 선 빅터와 롤프(2001 S/S)
패션쇼에 디자이너들이 직접 탭댄스를 추면서 등장해서 극적인 효과를 높였다.

과 협력하여 출시하면서 하나씩 이루어졌다. 2005년 4월 밀라노의 명품 쇼핑 거리인 산탄드레아 거리/Via Sant' Andrea/에 오픈한 빅터 앤 롤프의 첫 부티크는 네덜란드 건축가 시에브 테테로/Siebe Tettero/와의 협업으로 완성되었는데, 옷을 제외한 모든 것, 즉 카펫, 벽난로, 로고, 문, 샹들리에 등이 거꾸로 달려 있어 환상적인 느낌을 주는 명소로 자리를 잡았다. 2006년에는 칼 라거펠트/Karl Lagerfeld/와 스텔라 매카트니/Stella McCartney/에 이어 세 번째로 스웨덴 브랜드 에이치앤엠/Hennes & Mauritz/과 컬래버레이션을 선보이며 컬렉션을 론칭하여 대중에게도 확실히 이름을 알리게 되었다.

빅터 앤 롤프는 아름다운 옷을 창조하는 뛰어난 기술의 소유자이면서 브랜딩에 대한 높은 이해를 바탕으로 샤넬 등 수많은 디자인 하우스를 성공적으로 이끄는 칼 라거펠트/Karl Lagerfeld/를 롤 모델로 꼽고 있는데, 예술성과 상업성을 모두 놓치지 않으려는 의지를 확인할 수 있다.

패션 시스템에의 반발, 클래식의 건설적 해체

빅터 앤 롤프는 "하나의 시스템으로의 패션에 대해 끊임없이 의문을 품는 것이 우리 작품의 뿌리"라고 밝히고 있는데, 그들의 작품 세계를 관통하는 주된 테마 역시 패션 시스템 자체이다. 패션 아트 디렉터 스테판 간/Stephan Gan/은 빅터 앤 롤프를 '패션의 가장 열렬한 팬이며 가장 엄격한 비평가'라고 칭하기도 했는데, 그 말대로 이들 듀오는 패션 시스템을 신랄하게 비판하는 것을 주제로 삼아 작업하거나, 가장 익숙한 패션 클래식 아이템을 소재로 한 기발한 작품을 선보이고 있다. 2007년 가을·겨울 컬렉션 '패션쇼/Fashion Show/'에서 빅터 앤 롤프는 새로운 의상을 발표하는 패션쇼를 주제로 삼았다. 이 컬렉션에서 각 모델은 직접 패션쇼의 조명과 음향 장치를 매고 나와 각자 자신만의 패션쇼를 보여주었다. 빅터 앤 롤프는 패션모델의 유명세와 옷 사이의 균형에 주목했는데, 각각의 옷은 패션모델의 유명세와 상관없이 완성된 하나의 컬렉션이 될 수 있을 정도로 중요하다는 의미였다. 이 컬렉션에서 모델들은 네덜란드의 전통 신발인 나막신을 변형한 하이힐을 신고 나왔는데, 자국의 전통을 새롭게 패션 아이템으로 재창조시킨 아이디어가 돋보였다.

110 이브 생 로랑의 르 스모킹을 오마주한 검은색 의상(2001 F/W 블랙홀 컬렉션)
모델의 머리끝부터 발끝까지 검은색으로 칠해 보는 이에게 충격을 주었다.

111 조명, 음향장치를 달고 나와 자신만의 패션쇼를 진행하는 모델(2007 F/W 패션쇼 컬렉션)
네덜란드의 전통신발인 나막신을 변형한 하이힐을 신고 있다.

112 '안 돼!(No)'라는 글자를 통해 패션계를 풍자한 디자인(2008 F/W)

2008년 가을·겨울 컬렉션 '안 돼!/NO!/'와 2011년 가을·겨울 '태양을 위한 전투/Battle for the Sun/' 컬렉션에서는 변화의 속도가 점점 빨라지는 패션계의 경향에 대한 디자이너의 비평이 잘 드러나 있다. '안 돼!' 컬렉션에서 빅터 앤 롤프는 "디자이너에게 짧은 시간 내에 너무 많은 것들을 요구하는 현실에서 우리가 계속 해낼 수 있을까?" 하는 의문에서 이 컬렉션이 출발했다고 밝혔다. 창의적이고 실험적인 작품을 준비하기에는 너무 급한 스케줄 속에서 계속 나왔던 "안 돼!'라는 말을 입체로 옷에 표현했고, 스테이플러/stapler/를 마구 찍은 듯한 디테일은 바쁜 시간 속에 졸속으로 창조 활동을 하도록 강요당하고 있다는 점을 상징적으로 나타내고 있다. 2011년 가을·겨울 컬렉션은 빠른 변화를 요구하는 패션계에서 창의성을 유지하기 위해 싸우겠다는 의지를 중세 십자군 기사에서 영감을 받아 표현했다. 빨갛게 칠한 얼굴의 모델은 투사의 의지를 드러내며, 칼이 뚫지 못할 것 같은 뻣뻣하고 두꺼운 울 소재나 실제 메탈 소재가 갑옷의 느낌을 잘 살렸다. 두 컬렉션 모두 1996년 '빅터 앤 롤프는 파업 중/Viktor & Rolf On Strike/' 컬렉션 이후 너무 빨리 돌아가는 패션의 상업적인 사이클에 대한 강경한 언급을 보여주고 있다.

빅터 앤 롤프는 "존재하는 모든 것에는 의미가 있다. 우리는 존재하는 것을 취하고 이를 비틀어서 새로움을 발견하고자 한다."라며 전통적인 요소에 대한 애정을 드러냈다. 그들은 전통적인 패션 클래식 아이템이나 러플, 리본, 프릴, 레이스와 같은 클래식 디테일들을 창의적인 아이디어로 해체하고 새롭게 조합하여, 반항적이고 충격적이면서 동시에 우아한 작품으로 재창조하고 있다.

113 8겹의 셔츠가 중첩된 슈트
(2003 F/W 원 우먼 쇼 컬렉션)
어깨의 구조적인 디자인은 빅터 앤 롤프의 높은 테일러링 실력을 보여준다.

데뷔 10주년 기념 쇼였던 2003년 가을·겨울 컬렉션 '원 우먼 쇼/One Women Show/'에서는 전통성이 강한 남성의 테일러드 슈트를 해체하여 8겹의 셔츠가 중첩된 슈트나 10겹의 재킷이 중첩된 재킷 등 볼륨이 크고 과장된 실루엣을 발표했다. 2011년 봄·여름 '셔츠 심포니/Shirt Symphony/' 컬렉션에서는 가장 단순하며 보수적인 클래식 아이템인 남성 셔츠를 테마로 잡았는데, 실생활에서 입기 좋은 옷에서부터 과장된 실루엣의 웨딩가운까지 다양한 스타일을 선보였다. 셔츠 칼라 4개, 거대한 크기의 소매와 커프스 4개, 넓은 폭의 셔츠 보디스의 웨딩가운 4겹은 과장된 크기로 우스꽝스러운 느낌도 주었으나, 그들의 뛰어난 재단 기술과 기교가 잘 드러나는 의상이었다.

초현실주의적인 판타지 패션 세계

빅터 앤 롤프는 더위, 추위와 같은 외부 환경에서 인체를 보호하는 옷의 실용적인 기능보다는 창조 활동의 수단으로 옷을 바라보았다. 그들은 "우리는 사람들에게 무엇이 필요/need/한지를 생각하지 않는다. 우리는 우리가 하고 싶은 것, 말하고 싶은 것을 생각하고, 이런 메시지가 타당한지를 고민한다."라고 밝히며, 초현실주의적인 판타지 세계를 보여주고 있다.

2005년 가을·겨울 '베드타임 스토리/Bedtiem Story/'는 사랑을 나누는 은밀하고 사적인 공간인 침실에서 영감을 받았다. 각종 침구류에서 아이디어를 착안하여 실크, 새틴, 레이스 소재와 함께 브로드리 앙글레이즈/Broderie Anglais, 구멍을 뚫어 주위를 자수하는 아일렛 워크/, 퀼팅/quilting/, 러플 디테일의 컬렉션을 선보였다. 침대 시트가 이브닝 가운으로 변신하고, 누빔 이불이 코트가, 베개 2개가 거대한 칼라가 되어, 마치 모델이 침대에 누워 있는 것과 같은 차림으로 몽유병 환자처럼 런웨이를 활보했다. 이때 모델의 머리카락은 꼭 누워 있는 것처럼 베개 위에 펼쳐 있어 그로테스크한 느낌과 함께 즐거움을 주었다.

2006년 봄·여름 '업사이드 다운/Upside Down/' 컬렉션은 제목 그대로 모든 것이 거꾸로 된 환상의 세계를 보여주었다. 거꾸로 뒤집혀서 있는 'V&R' 로고가 아래로, 두 디자이너가 피날레 인사를 하며 쇼의 시작을 알렸고 모델들의 피날레 워킹이 시작되었다. 가수 다이애나 로스/Diana Ross/의 노래 '업사이드 다운'이

114 각종 침구류에 영감을 받은 앙상블(2005 F/W 베드타임 스토리 컬렉션)

거꾸로 흘러나오는 가운데, 바지가 소매가 되고 뷔스티에/Bustier/를 스커트로 입은 위아래가 거꾸로 된 옷이 정상적인 옷들과 함께 나오면서 흥미를 자아냈다.

2012년 봄·여름 컬렉션에서는 프랑스 가수 듀오 브리지트/Brigitte/가 입고 있는 거대한 드레스 2개 사이에서 모델들이 등장했다. 핑크색 속눈썹에 무표정한 표정의 모델은 꼭 인형이 걷고 있는 것과 같았다. 커다란 스케일의 레이스 프린트, 극도로 과장한 바늘 땀 등은 꼭 거인 봉제사가 완성한 옷을 입고 있는 것 같은 느낌을 주었다.

115 위아래가 거꾸로 된 이브닝드레스 (2006 S/S 업사이드 다운 컬렉션)

빅터 앤 롤프는 두 사람만의 상상 속의 세계를 순서나 위치를 도치시키거나, 사이즈를 과장되게 확대 또는 축소시키고, 여러 겹을 쌓아 과장된 실루엣을 만드는 등 다양한 기법을 통해서 현실화한 작품을 통해 보는 이에게 유희적인 즐거움을 주고 있다. 빅터 앤 롤프의 컬렉션은 개념적이면서 동시에 쉽게 이해되는 유머스러운 작품들로, 이 점은 옷을 통해 심오한 사상을 이야기하는 다른 개념주의 패션 디자이너인 후세인 샬라얀/Hussein Chalayan/이나 화려하고 극적인 쇼의 알렉산더 맥퀸/Alexander McQueen/과의 차별점이라고 할 수 있다.

2005년 이탈리아의 밀라노에 오픈한 빅터 앤 롤프의 부티크는 천장과 바닥이 거꾸로 되어 있는 독특한 인테리어로 초현실적인 분위기를 자아내며 작품을 발표하는 중요한 플랫폼이 되고 있다.

패션의 불모지, 네덜란드 출신의 두 남성 디자이너 듀오 빅터 앤 롤프/Viktor & Rolf/는 '패션을 현실 도피의 장, 아름다운 환상 속의 세계'로 삼아 아름다운 작품들을 발표하고 있다. 이들은 스스로 패션쇼와 작품을 자신의 이야기를 다루는 자서전이라고 부르며, 자신을 영감의 원천으로 삼아 패션계에서 독창적인 창조 활동을 계속해오고 있다. 이들은 "패션은 꼭 심오한

116 패션쇼에서 프랑스 가수 듀오 브리지트의 치마 사이로 등장한 모델(2012 S/S)

사상을 담고 있지 않아도 옷 자체로만으로도 존재의 이유가 있다."는 심미주의적인 견해를 가지고 있는데, 장미, 리본, 프릴, 러플, 레이스, 핑크 등 전통적으로 아름다운 것으로 받아들여지는 디자인 요소를 변형, 왜곡, 중첩한 흥미로운 작품들을 발표해오고 있다. 매 시즌마다 뛰어난 기교를 바탕으로 맞음새, 디테일, 봉제, 재단에 정성을 다한 의상과 함께 기발한 패션쇼를 선보이고 있는데, 뉴욕 메트로폴리탄 뮤지엄 큐레이터 리처드 마틴/Richard Martin/은 "빅터 앤 롤프가 독창적으로 만들어낸 패션과 예술의 혼합체는 예술 혹은 패션 그 어느 하나의 잣대로만 평가할 수 없다."라며 예술성과 상업성의 경계를 넘나들고 있는 작품 세계를 찬양했다.

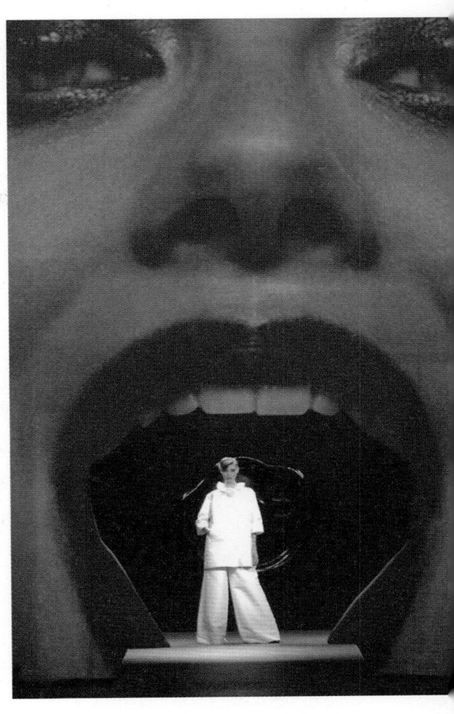

117 패션쇼에서 커다란 입 속에서 등장한 모델 (2008 S/S)

2008년 이탈리아의 의류 회사 디젤/Diesel/ 사의 소유주 렌초 로소/Renzo Rosso, 1955~/가 빅터 앤 롤프 디자인 하우스를 인수하면서 빅터와 롤프는 더욱 안정적인 환경에서 디자인 활동을 계속할 수 있게 되었다. 빅터는 롤프를, 롤프는 빅터를 가장 중요한 영감의 원천으로 꼽고 있는데, 여태껏 두 사람이 만나 '1+1=3'이라는 마법과 같은 성과를 이룬 것처럼, 앞으로도 환상적인 팀워크로 우리를 판타지 세계로 이끌어 줄 것이다.

도서

김민자(2008). **복식미학강의 2: 복식미 엿보기**. 교문사.

김민자, 최현숙, 김윤희, 하지수, 최수현, 고현진(2010). **서양패션멀티콘텐츠**. 교문사.

데이나 토마스 저, 이순주 역(2008). **럭셔리 그 유혹과 사치의 비밀**. 문학수첩.

디디에 그룸바크 저, 우종길 역(1994). **패션의 역사**. 도서출판 창.

레나타 몰로 저, 이승수 역(2008). **아르마니 패션제국**. 문학수첩.

밸러리 멘데스, 에이미 드 라 헤이 저, 김정은 역(2003). **20세기 패션**. 시공사.

살바토레 페라가모 저. 안진환, 허형은 역(2004). **꿈을 꾸는 구두장이**. 웅진닷컴 무크 편집부.

스테파니아 리치 저, 정연희, 정인희 역(2004). **오드리 헵번(스타일과 인생)**. 푸른솔.

이재정, 박신미(2011). **패션, 문화를 말하다: 패션으로 20세기 문화 읽기**. 예경.

전혜정(2007). **현대패션 디자이너**. 신정

제르다 북스바움 저, 금기숙, 남후남, 박현신, 허정선 역(2009). **20세기 패션아이콘**. 미술문화.

최경원, 김세나, 유재부(2005). **World Fashion Designer Story**. 패션인사이트.

테리 어긴즈 저, 박문성 역(1999). **패션 디자이너의 세계**. 씨엔씨미디어.

페이든 출판사 편집부 저. 손성옥 역(2009). **더 패션북**. 마로니에북스.

하웰 데이비스 저, 박지호 역(2012). **디자이너의 패션북**. 시드페이퍼.

해리엇 워슬리, 김지윤 역(2012). **패션을 뒤바꾼 아이디어 100**. 시드포스트.

후카이 아키코 저, 허은주 역(2011). **자포니즘 인 패션: 바다를 건넌 기모노**. 제이앤씨.

Adolphus, F.(2012). *Some memories of Paris*. University of California Libraries, 190.

Agins, T.(2000). *The end of fashion: How marketing changed the clothing business forever*. Quill.

Aldridge, R.(2011). *Famous fashion designers: Stella McCartney*. Chelsea House Publications.

Alford, H. P. & Stegemeyer, A.(2009). *Who's who in fashion*. 5th Edition. Fairchild Books.

Arizzoli-Clémentel, P.(2011). *Balenciaga*. Thames & Hudson Ltd.

Backman, C.(2012). *100 years of fashion*. Laurence King Publishers.

Baker, P.(1991). *Fashions of a decade: The 1950s*. B.T. Batsford Ltd.

Battersby, M.(1984). *Art Deco fashion*. St. Martin' s Press.

Baudot, F.(1996). *Christian Lacroix*. Assouline Publishing.

Baudot, F.(1997). *Alaia*. Universe Publishing.

Baudot, F.(1999). *A century of fashion.* Universe Publishing.
Baudot, F.(1999). *Fashion, the twentieth century.* Universe Publishing.
Baudot, F.(2005). *Yohji Yamamoto.* Assouline Publishing.
Baudot, F.(2006). *Fashion: the twentieth century.* Random House Inc.
Bee, D.(2010). *Couture in the 21st century.* Harrods Publishing.
Bolton, A. S.(2010). *Anna Sui.* Chronicle Book.
Bolton, A. S.(2011). *Alexander McQueen Savage Beauty.* The Metropolicatn Museum of Art.
Bond, D.(1989). *The guinness guide to 20th century fashion.* Guinness Superlatives.
Bond, D.(1992). *Glamour in fashion.* Guinness Publishing.
Boucher, F.(1987). *20,000 years of fashion.* Harry N. Abrames.
Breward, C. et al.(2002). *The Englishness of English dress.* Berg Publishers, 161-172.
Breward, C.(2003). *Fashion.* Oxford University Press.
Bridget, F.(2004). *Marc Jacobs.* Assouline Publishing.
Bridget, F.(2010). *WWD: 100 Years, 100 Designers.* 1st ed. Fairchild Books.
Buxbaum, G.(2005). *Icons of fashion: The 20th century.* Prestel.
Calasibetta, C. M.(2003). *The fairchild dictionary of fashion.* 3rd edition. Fairchild Books.
Callan, G. O.(2008). *The Thames & Hudson Dictionary of fashion and fashion designers.* 2nd ed. Thames & Hudson Ltd.
Carnegy, V.(1990). *Fashions of a decade: the 1980s.* B.T. Batsford Ltd.
Carrillo, L.(1996). *Oscar de la Renta.* Steck-Vaughn Company.
Casadio, M.(2001). *Moschino.* Skira.
Casadio, M.(2003). *Emilio Pucci.* Assouline Publishing.
Charles-Roux, E.(2004). *Chanel and her world: friends, fashion and fame.* The Vendome Press.
Cody, M. W.(2011). *Calvin Klein(Famous fashion designers).* 1st ed. Chelsea House Publications.
Connikie, Y.(1990). *Fashions of a decade: the 1960s.* B.T. Batsford Ltd.
Costantino, M.(1991). *Fashions of a decade: The 1930s.* B.T. Batsford Ltd.
Darraj, S. M.(2010). *Oscar de la Renta.* Chelsea House Publications.
De la Haye, A.(1988). *Fashion source book.* Macdonald Orbis.
De la Haye, A.(1997). *The cutting edge: 50 years of british fashion, 1947-1997.* The Overlook Press.
De la Haye, A.(2005). *Zandra Rhodes and the art of textiles: a life long love affair.* Antique Collectors Club Ltd.
De Nicolay-Mazery, C.(2010). *Cristobal Balenciaga, Philippe Venet, Hubert de Givenchy: grand traditions in French Couture.* Flammarion.
De Osma, G.(1999). *Fortuny.* Aurum Press Ltd.
Design museum(2009). *Fifty dresses that changed the world.* Conran.
Dimant, E.(2010). *Minimalism and fashion: Reduction in the postmodern era.* Harper Design.

Drake, A.(2006). *The beautiful fall: Lagerfeld, Saint Laurent, and glorious excess in 1970s Paris Little.* 1st edition. Brown and Company.

Edwards, A.(1977). *The queen's clothes.* An Express Book.

Elmo, T.(2012). *Ann Demeulemeester: Waregem, Belgium, Paris fashion week.* Loc Publishing.

English, B.(2007). *A Cultural history of fashion in the twentieth century: from the catwalk to the sidewalk.* Berg Publishers.

English, B.(2010). *Fashion: The 50 most influential fashion designers of all time.* Barron' s Educational Series.

English, B.(2011). *Japanese fashion designers: The work and influence of Issey Miyake, Yohji Yamamoto, and Rei Kawakubo.* Berg Publishers.

Evans, C., Frankel, S.(2008). *The house of Viktor & Rolf.* Merrell Publishers.

Evans, C., Menkes, S.(2005). *Hussein Chalayan.* Art Pub Inc.

Ewing, E.(1986). *History of twentieth century fashion.* Barnes & Noble.

Farrell-beck, J. & Parsons, J.(2007). *20th-century dress in the United States.* Fairchild Books.

Feldman, E.(1992). *Fashions of a decade: the 1980s.* B.T. Batsford Ltd.

Gibson, W.(2003). *Paul Smith: You can find inspiration in everything, and if you can't, look again.* Thames & Hudson Ltd.

Golbin, P.(2001). *Fashion designers.* Watson-Guptill.

Golbin, P.(2012). *Louis Vuitton / Marc Jacobs: in association with the musee des arts decoratifs, Paris.* Rizzoli International Publications.

Gross, M.(2003). *Genuine authentic: The real life of Ralph Lauren.* Harper Collins.

Guillaume, V.(2004). *Courreges.* Assouline Publishing.

Herald, J.(1991). *The 1920s: fashions of a decade series.* B.T. Batsford Ltd.

Herald, J.(1992). *Fashions of a decade: the 1970s.* B.T. Batsford Ltd.

Holborn, M.(1995). *Issey Miyake.* Taschen.

Howell, G.(1991). *In Vogue: 75 years of style.* Conde Nash Books.

Husain, H.(1999). *Key moments in fashion.* Hamlyn.

Hywel. D.(2009). *British fashion designers.* Laurence King Publishers.

Ince, C., & Nii, R.(Eds)(2010). *Future beauty: 30 years of Japanese fashion.* Merrell Publishers.

Jones, T. & Mair, A.(eds)(2005). *Fashion now: i-D selects the world's 150 most important designers.* Taschen.

Jones. T.(Eds.)(2009). *100 contemporary fashion designers.* Taschen.

Jouve, M.(2004). *Balenciaga.* Thames and Hudson.

Kamitsis, L.(1999). *Paco Rabanne(Fashion memoir).* Thames and Hudson.

Kawamura, Y.(2004). *The Japanese revolution in Paris fashion.* Berg Publishers.

Kennett, F.(1984). *Secrets of the couturiers.* Exeter.

Kirke, B.(1998). *Vionnet.* Chonicle Books.

Koda, H., Bolton, A.(2005). *Chanel.* Metropolitan Museum of Art Publications.

Kyoto Costume Institute(2002). *Fashion: a History from the 18th to the 20th Century.* Taschen.

Lauren, R.(2011). *Ralph Lauren.* Rizzoli International Publications.

Laver, J.(1995). *Costume & fashion.* Thames & Hudson Ltd.

Lehnert, G.(2000). *History of fashion in the 20th century.* Konemann.

Loriot(2011). *The Fashion World of Jean Paul Gaultier: From Sidewalk to Catwalk.* The Montreal Museum of Fine Arts.

Mackenzie, M.(2010). *Isms: Understanding Fashion.* Universe Publishing.

MacSweeney, E.(2011). *Nostalgia in Vogue.* Rizzoli International Publications.

Marly, D.(1980). *The history of Haute Couture, 1850-1950.* B.T. Batsford Ltd.

Marsh, L.(2003). *The House of Klein: Fashion, Controversy, and a Business Obsession.* 1st edition. Wiley.

Martin, R.(1996). *Fashion & surrealism.* Rizzoli International Publications.

Martin, R.(1996). *Fashion encyclopedia: a survey of style from 1945 to the present.* Visible Ink Press.

Martin, R.(1997). *Gianni Versace.* Universe of Fashion.

Martin, R.(1997). *The St. James Fashion Encyclopedia: A Survey of Style from 1945 to the Present.* Visible Ink Press.

Mauries, P.(1996). *Christian Lacroix: The diary of a collection.* Simon & Schuster.

Mazza, S.(1997). *Moschino.* Corte Madera. Gingko Press.

Mcdermott, C.(2002). *Made in Britain: Tradition and style in contemporary British Fashion.* Mitchell Beazley.

McDowell, C.(1987). *McDowell's Directory of Twentieth Century Fashion.* Federick Muller Ltd.

McDowell, C.(1997). *Galliano.* Rizzoli International Publications.

McDowell, C.(2000). *Fashion Today.* Phaidon.

McDowell, C.(2002). *Ralph Lauren: The man, the vision the style. London.* Cassell Illustrated.

McGee, D.(1987). *A Passion for Fashion.* Simmons-Boardman Books Inc.

Mendes, V., De la Haye, A.(1999). *20th Century Fashion.* Thames & Hudson Ltd.

Mendes, V., De la Haye, A.(2010). *Fashion Since 1900.* 2nd ed. Thames & Hudson Ltd.

Merceron, D.(2007). *Lanvin.* Rizzoli International Publications.

Milbank, C. R.(1985). *Couture.* Stewart Tabori & Chang.

Milbank, C. R.(1985). *Couture: The Great Fashion Designers.* Thames & Hudson Ltd.

Milbank, C. R.(1996). *New York fashion.* Harry N. Abrams.

Mitchell, L.(2005). *The cutting edge: Fashion from Japan.* Powerhouse Publishing.

Miyake I., Fujiwara, D., Kries. M.,(2001). *A-Poc making: Issey Miyake & Dai Fujiwara.* Vitra Design Museum.

Moffitt, P., William, C.(1991). *The Rudi Gernreich Book*. Taschen.

Mulvagh, J.(1988). *Vogue: History of 20th century fashion*. Viking.

National Design Museum(2004). *Fashion in colors*. Assouline Publishing.

Orban, C.(1999). *Emanuel Ungaro*. Thames & Hudson Ltd.

Paidon Press Inc.(2008). *The fashion book*. Phaidon Inc Ltd.

Palomo-Lovinski, N.(2010). *The world's most influential fashion designers: hidden connections and lasting legacies of fashion's iconic creators*. Barron's Educational.

Paracchini, G. L.(2009). *The Prada life: a biography*. B.C.Dalai editore.

Pick, M.(2007). *Be dazzled!: Norman Hartnell, sixty years of glamour and fashion*. Pointed Leaf Press.

Poiret, P.(2009). *King of Fashion: The autobiography of Paul Poiret*. V&A Publishing.

Polan, B., Tredre, R.(2009). *The great fashion designers*. Berg Publishers.

Polhemus, T.(1994). *Street style*. Thames & Hudson Ltd.

Progetto Prada Arte.(2006). *Waist down: skirts by Miuccia Prada*. Progetto Prada Arte SRL.

Quinn, B.(2002). *Techno fashion*. Berg Publishers.

Reese, J.(2010). *Essential French fashion and designers: Coco Chanel, Christian Dior, Jean Paul Gaultier, Givenchy, Yves Saint Laurent, et. al*. Webster's Digital Services.

Reese, J.(2010). *Essential Italian fashion designers: Roberto Cavalli, Prada, Valentino, Versace, Dolce & Gabbana, Gucci, et. al*. Webster's Digital Services.

Ricci, S.(2008). *Salvatore Ferragamo, evolving legend 1928-2008*. Skira Editore SPA.

Rock, M.(2009). *Prada*. Progetto Prada Arte.

Rubenstein, H.(2011). *100 Unforgettable dresses*. Harper Design.

Rushton. S. & Jones. T.(2008). *Fashion Now 2*. Taschen.

Safer, S. E.(2010). *Zandra Rhodes: textile revolution: medals, wiggles and pop 1961-1971(Textile design)*. Antique Collectors Club Ltd.

Saillard, O.(2009). *Sonia Rykiel/ Sonia Rykiel exhibition*. Rizzoli International Publications.

Sainderichin, G.(1999). *Kenzo*. Universe Publishing.

Schiaparelli, E.(2007). *Shocking life*. Victoria & Albert Museum.

Schwabb, C.(2010). *Talk about fashion*. Flammarion.

Seeling, C.(2000). *Fashion: the century of the designers, 1900-1999*. Konemann.

Seeling, C.(2010). *Fashion-150 years couturiers designers, labels*. H.F.Ullmann.

Shirley K.(1991). *Pucci-A Renaissance in fashion*. Abbeville Press Inc.

Sozzani, C., & Yamamoto, Y. (Eds)(2002). *1981/2002*. Yohji Yamamoto Inc.

Sozzani, F.(2005). *Dolce & Gabbana*. Assoulime.

Sprague, L.(2011). *WWD 100 years / 100 designers*. Fairchild Books.

Steele, V.(1988). *Paris fashion: a cultural history*. Oxford University Press.

Steele, V.(1991). *Women of fashion: Twentieth-century designers*. Rizzoli International Publications.

Steele, V.(1997). *Fifty years of fashion: New Look to now.* Yale University Press.

Steele, V.(2004). *Encyclopedia of clothing and fashion.* Charles Scribners & Sons.

Steele, V.(2010). *The Berg Companion to fashion.* Berg Publishers.

Stevenson, N. J.(2011). *The chronology of fashion.* A & C Black.

Tamae, A. M., Quinn B., Saillard, O., Bonami, F.(2010). *Kenzo.* Rizzoli International Publications.

The Kyoto Costume Institute(2007). *Fashion: the collection of the Kyoto Costume Institute: a history from the 18th to the 20th century.* Taschen.

Tortora, P. G. & Eubank, K.(2010). *Survey of historic costume.* 5th Edition. Fairchild Books.

Troy, N. J.(2003). *Couture culture: a study in modern art and fashion.* Massachusetts Institute of Technology.

Tucker, A.(1999). *Dries Van Noten: shape, print, and fabric.* Watson-Guptill.

Turner, L.(1998). *Gianni Versace: Fashion's last emperor.* Trans-Atlantic Pubns.

Valerie M., De la Haye, A.(1999). *20th-century fashion.* Thames and Hudson Ltd.

Van Noten, D.(2005). *Dries van Noten 01-50.* 1st edition. N. V. Van Noten Andries.

Vinken, B.(2005). *Fashion zeitgeist: trends and cycles in the fashion system.* Berg Publishers.

Violette, R., Judith, C., Hussein, C., Frankel, S, King, E.(2011). *Hussein Chalayan.* Rizzoli International Publications.

Walker, H.(2011). *Less is more: minimalism in fashion.* Merrell Publishers.

Walker, M.(2006). *Balenciaga and his legacy: haute couture from the texas fashion collection.* Yale University Press.

Watson, L.(1999). *Vogue fashion.* Firefly Books.

Watson, L.(1999). *Vogue: twentieth century fashion.* Carton Books Ltd.

Werle, S.(2010). *50 Fashion designers you should know.* Prestel USA.

Wilcox, C.(2001). *Radical fashion.* V&A Museum.

Wilcox, C.(2004). *Vivienne Westwood.* V&A Museum.

Wilcox, C.(2009). *The golden age of couture: Paris and London 1947-1957.* V&A Museum.

Wilson, E.(2004). *Adorned in dreams: fashion and modernity.* Rutgers University Press.

Wilson, E., Taylor, L.(1989). *Through the looking glass.* BBC Books.

Wollen, P.(1987). *Fashion / Orientalism / the body.* New Formation.

Worsley, H.(2000). *Decades of fashion.* Konemann UK Ltd.

Yamamoto, Y., Mitsuda, A.(2010). *Yohji Yamamoto: My dear bomb.* Antwerp.

Yarwood, D.(1978). *The Encyclopedia of world costume.* Bonanza Books.

Yohannan, K. & Nolf, N.(1998). *Claire McCardell: redefining modernism.* 1st edition. Harry N. Abrams.

논문

고윤정, 김민자(2009). 현대 대중매체에 나타난 롤리타 룩에 관한 연구. **한국의류학회지 33**(5).

고현진(2003). 복식에 표현된 엘레강스에 관한 연구. 서울대학교 박사학위논문.

곽혜영(2009). 발렌시아가 패션디자인 연구. 이화여자대학교 대학원 박사학위논문

김경희, 조경숙, 최종명(2005). 겐조의 작품에 나타난 사상과 패션 이미지. **생활과학연구논총 9**(1).

김민자(1988). 아르 데코(Art Deco) 양식과 폴 푸아레의 의상디자인. 서울대학교 가정대학 생활과학연구.

김민자(1986). 1960년대 팝 아트(Pop Art)의 사조와 패션. **의류학회지 10**(1).

김선영(2007). 크리스티앙 라크루와의 오트 쿠튀르 작품에 표현된 미적 특성. **복식문화연구 15**(2).

김선영(2008). 지방시 오트 쿠튀르 작품의 특성. **대한가정학회지 46**(10).

김선영(2011). 21세기 패션에 나타난 그런지 룩의 표현특성. **복식문화연구 19**(5)

김선영(2011). 이브 생로랑(Yves Saint Laurent) 작품에 수용된 예술과의 교류. **복식문화연구 19**(2).

김의경(2005). 20세기 후반 이탈리아 패션디자인 연구: 여성복을 중심으로. 국민대학교 박사학위논문.

김정미(2011). 파워슈트 스타일에 관한 연구. **한국의류산업학회지 13**(5).

김주영, 양숙희(1997). 현대 복식에 나타난 외부로부터의 해체-1980년대부터 1990년대를 중심으로-. **한국의류학회지 21**(8).

김지영(2009). 루이비통 디자인 혁신의 원동력에 관한 연구. **복식문화연구 17**(4).

김지영(2010). 빅터 앤 롤프의 디자인 발상과 작품 특성. **복식 60**(10).

나현신, 전혜정(2000). 현대패션에 나타난 역사주의에 관한 연구-비비안 웨스트우드와 크리스티앙 라크로아 작품을 중심으로- , **한국의류학회지 24**(4).

박선경(1995). 푸치 작품에 나타난 조형적 특징에 관한 연구. **디자인학연구 9**.

박선경(2004). 클레어 맥카델 의상디자인의 표현된 기능주의 스포츠 룩에 관한 연구. **한국패션디자인학회지 4**(1).

박주희, 김민자(2005). 1930년대 할리우드에 나타난 글래머스타일에 관한 연구. **복식 55**(6). 121-135

배수정(2000). 영국 패션의 원동력에 관한 연구 II- 후세인 샬라얀을 중심으로. **한국패션비즈니스학회 4**(4).

변미연, 이지은, 이인성(2007). 안나 수이 컬렉션에 나타난 에스닉 스타일에 관한 연구. **복식문화연구 15**(2).

오윤정(2011). 푸치의 프린트 디자인 특징 연구. **한복문화 14**(1).

오윤정, 김지영(2011). 지아니 베르사체의 패션디자인 발상 연구. **복식 61**(8).

윤지영(2009). 후세인 샬라얀 컬렉션 분석. **복식 59**(1)

이귀영, 조규화(2009). 존 갈리아노 컬렉션의 디자인 특성에 관한 연구- 크리스티앙 디오르의 컬렉션을 중심으로- . **패션비즈니스학회지 13**(2).

이미숙, 조규화(1999). 샤넬 스타일의 변천과 조형적 특성에 관한 연구. **패션비즈니스학회지 3**(2). 1-17

이봉덕, 양숙희, 파코 라반(Paco Rabanne). 작품에 표현된 다원주의. **복식문화연구 9**(1). 141-153.

이영민, 이영희, 박재옥(2007). 빅터 & 롤프 의상에 나타난 초현실주의 특성. **복식문화연구 15**(2).

이예은, 조규화(2010). 이브 생로랑 디자인에 표현된 아트 인스피레이션. **패션비지니스 14**(1).

이지현, 노윤선(2011). 빅터 & 롤프 작품에 나타난 맥시멀리즘 연구. **한국패션디자인학회 11**(4).

이진민(2010). 잔느 랑방 디자인의 미적 특성. 한국디자인포럼 29.

임은혁, 김민자(2003). 1990년대 하위문화스타일에 관한 연구. **한국복식학회지**.

장정임, 이연희(2006). 마틴 마르지엘라의 작품에 나타난 해체주의 패션. **패션과 니트 4**(1).
전은비(2010). 레이 카와쿠보의 패션과 공간에 나타난 사고와 디자인 특성에 관한 연구. 건국대학교 석사학위논문.
전혜정(1991). 클레어 맥카델의 모더니즘에 관한 연구. **대한가정학회지 29**(4).
정소영(2004). 헐리우드 스타의 패션 아이콘- 1930년대~1950년대 여성 스타를 중심으로-. 이화여자대학교 박사학위논문.
정연자(1993). 다카다 겐조의 작품에 관한 연구. **복식 21**.
정유경, 금기숙(1990년대와 2000년대의 그런지(Grunge). 패션에 관한 연구. **한국의류학회지 29**(3/4).
정정희, 고현진(2009). 디오르 패션 하우스 디자인의 아이덴티티 연구. **복식 59**(6).
조규화(2007). 일본 패션의 미적 특성에 관한 연구: 모드 자포니즘을 중심으로. **한국패션비지니스학회지 11**(4).
최경희(2005). 파코 라반의 작품에 나타난 미래주의 디자인 연구. **패션비즈니스 9**(4), 94-112.
최영옥, 파코 라반 복식의 조형적 특성에 영향을 미친 요인. **복식문화연구 7**(5), 122-139.
최윤희(1988). 엠마뉴엘 웅가로의 디자인 특성 연구. 숙명여성대학교 석사학위논문.
최현숙(1992). 루디 건릭의 작품에 나타난 시대정신. **의류학회지 16**(4).
최호정, 하지수(2005). 우먼파워로 나타나는 최근 패션 스타일에 관한 연구. **복식 55**(2).
허정아(1993). 위베르 드 지방시 디자인의 미적 특성에 관한 연구. 이화여자대학교 대학원 석사학위논문.

Breward, C.(2006). Fashion's front and back: Rag trade cultures and cultures of consumption in post-war London c. 1945-1970. *The London Journal 31*(1), 15-40.
Bryant, N.(1993). Facets of Madeleine Vionnet's cut: The manipulation of grain, slashing and insets. *Clothing and Textiles Research Journal 11*(2), 28-37.
De la Pena, C. T.(2003). Ready-to-wear globalism: Mediating materials and Prada's GPS. *Winterthur Porfolio 38*(2/3), 109-129.
Driscoll, C.(2010). Chanel: the order of things. *Fashion Theory 14*(2), 135-158.
Evans, C.(2008). Jean Patou's american mannequins: early fashion shows and modernism. *Modernism/modernity 15*(2).
Font, L.(2004). L'allure de Chanel: The couturier as literary character. *Fashion Theory 8*(3), 301-314.
Ryan, N.(2007). Prada and the art of patronage. *Fashion Theory 11*(1), 7-24.
Waddell, G.(2001). The Incorporated society of london fashion designers: its impact on post-war british fashion. *Costume 35*, 92-115.

기사

김은희(2008. 4. 29). '푸마' 후세인 샬라얀 대주주 됐다. 패션비즈.
보그 코리아(2010. 9). 'real REI -보그, 레이 카와쿠보를 만나다.
심성민(2011. 4. 22). 전설적 럭셔리 미니멀리즘 대표주자 '헬무트 랭' 컨템포러리 시장 강타. 패션비즈.
이혜진(2012. 5. 23). 패션인물사전- 폴 스미스, 예술과 인생을 사랑하는 만년 소년. Style.com
조엘 킴벡(2012. 6. 22). 아류로는 더 이상 안 통해, 세컨드 브랜드의 독립선언. 동아일보.
최보윤(2012. 7. 2). 20세기 패션왕 '이브 생 로랑' 브랜드명 바뀐다. 조선일보.

Blanchard, T.(2000. 9. 24). Mind over material. The Observer.
Blanks, T.(2012. 3. 28) Tom Ford. Style.com.
Chang, B.(2012. 4. 11). Perry Ellis Still Has Something to Say. The New York Times.
Corliss, R(2009. 3. 18). Ode to a fashion legend, Valentino: the last emperor. Times.
Grigoriadis, V.(2008. 11. 27). The deep shallowness of Marc Jacobs. Rolling Stone.
Haramis, N.(2008. 9. 8). Viktor & Rolf Pop Quiz. BlackBook Online.
Horyn, C.(1999. 6. 1). Two Dutch designers take couture to the surreal side. The New York Times.
Larocca, A.(2005. 8. 21). Lost and found. New York Storyes.
Menkens, S.(2006. 7. 3). Paris made me! Valentino as keeper of the couture flame-Style-International Herald Tribune. The New York Times.
Menkens, S.(2011. 12. 5). Valentino Virtual Fashion Museum Opens Its Doors. The New York Times.
Menkes, S.(2003. 10. 8). Viktor & Rolf: concept to concrete. International Herald Tribune.
Menkes, S.(2006. 7. 3). Paris made me! Valentino as keeper of the couture flame. The New York Times.
Menkes, S.(2010. 3. 22). Pierre Cardin: one step ahead of tomorrow. The New York Times.
Mistry, M.(2011. 8. 25). Fashion's Better Halves. The Wall Street Journal.
Morrisroe, P.(1986. 8. 11). Patricia the death and life of Perry Ellis. New York Magazine.
Mulvagh, J.(1994. 9. 21). Franco Moschino. Obituary, Independent, 21-23.
Overbey, E.(2010. 2. 11). Postscript: Alexander McQueen. The New Yorker.
Passariello, C.(2011. 5. 2). Pierre Cardin ready to sell his overstretched label. The Wall Street Journal.
Phelps, N.(2009. 10. 28). Will you wear spring' s bodysuits?. Style.com.
Pisa, N(2010. 12. 5). Versace murdered because of debts to Mafia. The Telegraph.
Rahlwes, K.(2005). Viktor & Rolf. Index Magazine and Index Worldwide.
Souza, C. D.(2012. 9). Going Stella. Vogue Korea.
The Telegraph(2010. 2. 11). Alexander McQueen. The Telegraph.
The Telegraph(2011). Celebrity obituaries: Alexander McQueen. The Telegraph.
Time(1955. 5. 2). Fashion: The American Look. Time.
Trebay, G.(2002. 5. 28). Familiar, but not: Marc Jacobs and the borrower's art. The New York Times.
Vernon, P.(2005. 11. 13). We are one brain, one person, one designer. The Guardian.
Viktor & Rolf(2008. 6. 12). For the moment: Viktor & Rolf. The New York Times.
Walden, C.(2010. 12. 8). Jean-Paul Gaultier interview. The Telegraph Media.
Weber, C.(2006. 9. 17). Designing men. The New York Times.
Wilkey, R.(2012. 3. 27). The fashion world of Jean Paul Gaultier' celebrates premiere at san francisco's de young museum. Huff Post San Francisco.
Wilson, E.(2011. 7. 29). At the met, McQueen's final showstopper. The New York Times.
Wilson, E.(2014. 5. 26). Decline and Fall of Helmut Lang. The New York Times.

인터넷 자료

http://adropofink.net/2011/05/21/celebrity-ink-marc-jacobs
http://blog.naver.com/fashionmil/40163312880
http://chanel-news.chanel.com
http://cristobalbalenciagamuseoa.com
http://designmuseum.org
http://en.wikipedia.org
http://viktoretrolf.typepad.com
http://world.balenciaga.com
http://www.annasui.com
http://www.biography.com
http://www.booknoise.net
http://www.calvinkleininc.com
http://www.cfda.com
http://www.design.co.kr
http://www.designboom.com
http://www.driesvannoten.be
http://www.fashionencyclopedia.com
http://www.fendi.com
http://www.findagrave.com/cgi-bin/fg.cgi?page=gr&GRid=4607
http://www.fusionassociates.eu
http://www.invisiblebooks.com
http://www.lanvin.com
http://www.lesartsdecoratifs.fr
http://www.luxist.com
http://www.metmuseum.org
http://www.oscardelarenta.com
http://www.pacorabanne.com
http://www.perryellis.com
http://www.philamuseum.org
http://www.pierrecardin.com
http://www.puig.com
http://www.style.co.kr
http://www.valentino.com
http://www.vam.ac.uk
http://www.viviennewestwood.com
http://www.vogue.co.uk
http://www.youtube.com
http://www.zandrarhodes.com

PICTURE CREDITS **사진출처**

토픽이미지

Chapter 2	파투의 수영복
Chapter 3	15, 바닷가재 드레스
Chapter 4	26, 31, 졸리 마담 컬렉션
Chapter 5	15, 21, 메리 퀀트, 미니스커트, 앙드레 쿠레주
Chapter 7	16
Chapter 8	슈퍼모델

셔터스톡

Chapter 3	트롱프뢰유
Chapter 5	20

퍼스트뷰코리아

면지

Chapter 2	15, 17, 18, 19, 20, 21
Chapter 3	13, 14, 17
Chapter 4	19, 20, 22, 28, 29, 30, 32, 33, 35, 36, 레오타드와 셔츠 드레스
Chapter 5	18, 19, 25, 27, 28, 31, 32, 33, 34, 36, 37, 피에르 가르뎅, 스페이스 슈트(左, 中), 파코 라반, Le 69-세상을 변화시킨 백
Chapter 6	15, 16, 17, 18, 19, 20, 21, 22, 23, 27, 28, 29, 30, 35, 37, 38, 39, 40, 41, 43, 45, 46, 47, 48, 49, 소니아 리키엘, 비비안 웨스트우드, 발렌티노 가라바니, 발렌티노 레드, 빅 룩, 랄프 로렌, 오스카 드 라 렌타
Chapter 7	3, 4, 12, 17, 18, 19, 20, 21, 22, 24, 25, 26, 27, 28, 29, 30, 31, 33, 34, 38, 39, 40, 41, 42, 43, 44, 47, 48, 49, 50, 51, 52, 53, 54, 55, 56, 57, 58, 61, 62, 64, 65, 67, 68, 69, 70, 71, 72, 앤드로지너스 룩, 아제딘 알라이아, 레이 카와쿠보, 카와쿠보의 해체주의, 요지 야마모토, 칼 라거펠트, 조르조 아르마니, 페리 엘리스, 프랑코 모스키노, 폴 스미스, 도나 카란, 보디슈트, 이세이 미야케, 장 폴 고티에, 크리스티앙 라크루아, 라크루아의 역사주의 左
Chapter 8	1, 10, 11, 12, 13, 14, 15, 17, 18, 19, 20, 22, 23, 24, 25, 28, 29, 31, 36, 37, 38, 39, 41, 42, 43, 44, 45, 46, 47,

48, 49, 51, 52, 53, 54, 56, 57, 59, 60, 61, 62, 63, 64, 65, 66, 67, 68, 69, 70, 71, 72, 73, 74, 75, 76, 77, 78, 79, 80, 82, 83, 86, 87, 88, 89, 90, 91, 92, 93, 94, 95, 96, 97, 98, 99(中, 右), 100, 101, 102, 103, 104, 105, 106, 107, 108, 110, 111, 112, 113, 114, 115, 116, 117, 지아니 베르사체, 존 갈리아노, 슬립 드레스, 미우치아 프라다, 파트리치오 베르텔리, 질 샌더, 헬무트 랭, 마틴 마르지엘라, 톰 포드, 마크 제이콥스, 그런지 룩, 안나 수이, 알렉산더 맥퀸, 돌체 앤 가바나, 앤 드뮐미스터, 드리스 반 노튼, 후세인 샬라안, 스텔라 매카트니, 빅터 앤 롤프

베르사체

Chapter 8 15, 21

프라다

Chapter 8 30, 프라다 나일론 백

위키피디아

Chapter 1 1, 2, 3, 4, 5, 6, 7, 8, 9, 10(St Edmundsbury Borough Council, 🅭🅯🄎), 11, 13, 15, 16(Stefano Remo, 🅭🅯), 트렌치코트, 찰스 프레드릭 워스, 폴 푸아레, 마리아노 포르투니, 델포스 가운

Chapter 2 1, 2, 4, 5, 6, 7, 9, 10, 11, 13, 뱀프-리타 헤이워스, 그레타 가르보, 폴라 네그리(Abbé, 🅭🅯), 코코 샤넬, 샤넬 N°5, 장 파투, 수잔 렝글렌

Chapter 3 1, 2, 3, 4(Nic Dafis from Cymru, 🅭🅯), 5, 6, 7(freeparking, 🅭🅯), 8(Louis Calvete, 🅭🅯🄎), 9, 10, 11, 16(JoulesVintage, 🅭🅯🄎), 18, 할리우드 글래머 스타일

Chapter 4 1, 2, 3, 4, 5, 6, 7, 8, 9, 10, 11(Roger Rössing, 🅭🅯🄎), 12, 13, 14, 17(Esther, 🅭🅯🄎), 23, 24, 27(Indianapolis Museum of Art, 🅭🅯🄎), 34, 주트 슈트, 노먼 하트넬(Allan warren, 🅭🅯🄎), 디오르의 뉴룩과 A라인 下(shako, 🅭🅯🄎), 크리스토발 발렌시아가(jaypofromvox, 🅭🅯)

Chapter 5 1, 2, 3, 4, 5(Infrogmation, 🅭🅯🄎), 6(Bundesarchiv, 🅭🅯🄎), 7, 8(Derek Redmond and Paul Campbell, 🅭🅯🄎), 10(Michel Bernanau, 🅭🅯🄎), 11, 14(Roy Kerwood, 🅭🅯), 15, 16(nyaa_birdies_perch, 🅭🅯), 20, 21, 22(Nationaal Archief, Den Haag, Rijksfotoarchief: Fotocollectie Algemeen Nederlands Fotopersbureau, 🅭🅯🄎), 23, 24(Calliopejen, 🅭🅯🄎), 29, 30(Paul Esparre, salarié Deuxl Sarl, 🅭🅯🄎), 39, 위베르 드 지방시(Robert Doisneau, 🅭 0), 스페이스 슈트 右(Benjamin Loyauté, 위키피디아 🅭🅯), 비틀스 슈트(audvloid, 🅭🅯)

Chapter 6 1(Rik Walton, 🅭🅯🄎), 2, 4, 5(Justso, 🅭🅯🄎), 6(Ed Uthman, 🅭🅯🄎), 7, 8(Ulrich Häßler, 🅭🅯🄎), 9(Mike Powell, 🅭🅯🄎), 10(reeparking, 🅭🅯), 11, 12(Ignoto, 🅭🅯🄎), 13(Allan warren, 🅭🅯🄎), 14, 24(Woehning, 🅭🅯), 25(Woehning, 🅭🅯), 26(Daniel Milner, 🅭🅯), 31(Loquax, 🅭🅯), 33(mararie, 🅭🅯🄎), 36(Loquax, 🅭🅯🄎), 44(Gryffindor, 🅭🅯🄎), 47, 48, 펑크 스타일 左(Nationaal Archief, Den Haag, Rijksfotoarchief, 🅭🅯🄎), 펑크 스타일 右

Chapter 7 1, 2, 6, 7, 8(Aavindraa, 🅭 🅯 🄎), 9(Andwhatsnext, 🅭 🅯 🄎), 10(edenpictures, 🅭 🅯), 13(Raimond Spekking, 🅭 🅯 🄎), 14, 32(Chater Armani, 🅭 🅯 🄎), 36, 45(Jgsho, 🅭 🅯 🄎), 46(JorgenCarlberg, 🅭 0), 60 右(ellenm1, 🅭 🅯), 63(Brandon Carson, 🅭 🅯)

Chapter 8 3(Infrogmation, 🅭 🅯 🄎), 4(Airwolfberlin, 🅭 🅯 🄎), 5(P.B. Rage, 🅭 🅯 🄎), 6(Joe Mabel, 🅭 🅯 🄎), 7(Notwist, 🅭 🅯 🄎), 8(The Arches, 🅭 🅯), 16(ellenm1, 🅭 🅯), 26~27(Shakko, 🅭 🅯 🄎), 33, 34(Wiiii, 🅭 🅯 🄎), 35(Warburg, 🅭 🅯 🄎), 40, 55(Museum Boijmans Van Beuningen, 🅭 🅯 🄎), 81(wesley chau, 🅭 🅯)

플리커

Chapter 1 12(Double--M, 🅭 🅯), 디렉투아르 양식(Double--M, 🅭 🅯)

Chapter 2 8(pennyspitter, 🅭 🅯), 16(..love Maegan, 🅭 🅯), 22(_sarchi, 🅭 🅯), 뱀프-마를렌 디트리히(classic film scans, 🅭 🅯)

Chapter 3 12(Sacheverelle, 🅭 🅯), 바이어스 재단(snkprotoss, 🅭 🅯), 엘사 스키아파렐리(routenine, 🅭 🅯 🄎), 19 左(Tim Evanson, 🅭 🅯 🄎), 19 右(Twm1340, 🅭 🅯 🄎), 레티 린턴 드레스(Cliff1066™, 🅭 🅯)

Chapter 4 15(InSapphoWeTrust, 🅭 🅯 🄎), 16(mikecogh, 🅭 🅯 🄎), 18(skyepeale, 🅭 🅯), 25(inyrussiank-ingdom, 🅭 🅯), 엘리자베스 2세 여왕의 드레스(Lee Haywood, 🅭 🅯 🄎), 디오르의 뉴룩과 A라인 上(pennyspitter, 🅭 🅯)

Chapter 5 9(Karen Roe, 🅭 🅯), 12(Daniel Kruczynski, 🅭 🅯 🄎), 13(hinhippo, 🅭 🅯 🄎), 17(jjramos, 🅭 🅯 🄎), 26(George Arriola, 🅭 🅯 🄎), 38(David Hilowitz, 🅭 🅯), 롤리타 룩(Failuresque, 🅭 🅯), 지방시의 리틀 블랙 드레스(Debarshi Ray, 🅭 🅯 🄎), 루디 건릭(Honeyohoneyohoney, 🅭 🅯), 푸치 프린트(Colros, 🅭 🅯), 이브 생 로랑(Victorismaelsoto, 🅭 🅯)

Chapter 6 3(RMarchewka, 🅭 🅯 🄎), 14(Nadia308, 🅭 🅯 🄎), 32(Prusakolep, 🅭 🅯), 34(Uglynoid, 🅭 🅯)

Chapter 7 5(Arabani, 🅭 🅯 🄎), 11(Shinyfan, 🅭 🅯 🄎), 15(ellenm1, 🅭 🅯), 23(ellenm1, 🅭 🅯), 35(derästhet, 🅭 🅯), 37(cinz, 🅭 🅯), 59(木夕兔^Marguerite Mengjie, 🅭 🅯), 60 左(Associated Fabrication, 🅭 🅯), 66(HellN, 🅭 🅯), 마돈나의 콘 브라 左(Shemp65, 🅭 🅯), 마돈나의 콘 브라 右(FaceMePLS, 🅭 🅯), 라크루아의 역사주의 右(木夕兔^Marguerite Mengjie, 🅭 🅯)

Chapter 8 2 左(travelingswede, 🅭 🅯 🄎), 2 右(Ivan Mlinaric, 🅭 🅯), 9(HellN, 🅭 🅯), 32(Marshall Astor - Food..., 🅭 🅯 🄎), 50(we-make-money-not-art, 🅭 🅯 🄎), 84(Eva Rinaldi, 🅭 🅯 🄎), 85(Daniel Kruczynski, 🅭 🅯 🄎), 99 左(saschapohflepp, 🅭 🅯)

INDEX 찾아보기

ㅂ

ㅅ

ㅇ

ㅈ

ㅊ

ㅋ

ㅌ

ㅍ

ㅎ

영문

김민자

서울대학교 사범대학 가정교육과를 졸업하고 동 대학원 의류학과에서 석사학위를 받았다. 이후 미국 오리건주립대학교 대학원에서 의류학과 사회학을, 시카고 레이보그스쿨, 런던 미들섹스대학교 예술·디자인 대학과 세인트 마틴 예술대학에서 패션디자인을 공부했다. 현재 서울대학교 명예 교수로 재직하고 있다.

권유진

서울대학교 의류학과 졸업 후 동대학원에서 석사학위를, 미국 아이오와주립대학교에서 박사학위를 받았다. 삼성물산 유통부문에서 근무했고, 워싱턴주립대학교에서 조교수로 근무했으며, 현재 한국방송통신대학교 자연과학대학 가정학과 조교수로 재직 중이다.

송수원

서울대학교 의류학과 졸업 후 동대학원에서 석·박사학위를 받았다. 현재 건국대학교 대학원 의상디자인전공 강사로 20세기 패션과 문화에 대해 강의하고 있다.

이예영

서울대학교 의류학과 졸업 후 동대학원에서 석사학위를 받고, 미국 FIT(Fashion Institute of Technology)에서 패션디자인을 전공했으며, 미국 아이오와주립대학교에서 의류학 박사학위를 받았다. 현재 고려대학교 사범대학 가정교육과 부교수로 재직 중이다.

최경희

이화여자대학교 의류직물학과 졸업 후 서울대학교 의류학과에서 석·박사학위를 받았다. 런던예술대학교 LCF(London College of Fashion)에서 패션디자인 전공 석사학위를 받았으며, 대구대학교 패션디자인학과에서 조교수로 근무했다. 현재 한성대학교 의생활학부 의류패션산업전공 조교수로 재직 중이다.

이진민

서울대학교에서 석·박사학위를 받고, 미국 FIT(Fashion Institute of Technology)에서 패션디자인을 전공했다. ㈜이랜드에서 디자이너로 근무했고 현재 신구대학교 산업디자인학부 섬유의상코디과 조교수로 재직 중이다.

이민선

서울대학교 의류학과 졸업 후 ㈜쌈지, 지오다노 코리아에서 디자이너와 바이어로 근무했다. 미국 AAU(Academy of Art University)에서 석사학위를 받고, 뉴욕 리퍼블릭클로딩그룹(Republic Clothing Group)에서 니트웨어 디자이너로 일했다. 서울대학교에서 박사학위를 받고, 현재 명지대학교 디자인학부 패션디자인전공 조교수로 재직 중이다.

패션 디자이너와 패션 아이콘

FASHION DESIGNER & FASHION ICON

2014년 10월 8일 초판 발행 | 2022년 3월 17일 초판 2쇄 발행

지은이 김민자 외 | **펴낸이** 류원식 | **펴낸곳** 교문사

편집팀장 김경수 | **책임진행** 손선일 | **본문·표지 디자인** 다오멀티플라이 | **일러스트** 함동협

주소 10881, 경기도 파주시 문발로 116 | **전화** 031-955-6111(代) | **팩스** 031-955-0955
등록 1968. 10. 28. 제406-2006-000035호 | **홈페이지** www.gyomoon.com | **E-mail** genie@gyomoon.com

ISBN 978-89-363-1418-7(93590) | **값** 35,000원

* 저자와의 협의하에 인지를 생략합니다. * 잘못된 책은 바꿔 드립니다.

불법복사는 지적 재산을 훔치는 범죄행위입니다.